U0857435

中国科学院年鉴

（2017）

中国科学院科学传播局　编

科学出版社
北　京

内 容 简 介

《中国科学院年鉴（2017）》全面、系统反映了中国科学院2016年各方面工作，分综合情况、学部与院士工作和院直属单位情况三部分。综合情况主要记录中国科学院领导、机构变更、规划与战略、科研管理、重大科技成果、队伍建设与人才培养、基础设施与支撑条件、科技成果转移转化与对外合作、国际合作、基本建设、党群工作与创新文化、科学传播、2016年大事记等内容；学部与院士工作主要记录学部领导机构、院士名单、院士大会、咨询评议工作、科学道德建设、学术与出版工作、科学普及与教育工作、陈嘉庚科学奖基金会工作等内容；院直属单位情况全面介绍分院机构、科研机构、学校及公共支撑单位、其他机构、院直接投资的全资及控股企业情况等。

本年鉴各种资料的截止时间为2016年12月31日。

图书在版编目(CIP)数据

中国科学院年鉴.2017／中国科学院科学传播局编.—北京：科学出版社，2017.11

ISBN 978-7-03-054711-8

Ⅰ.①中… Ⅱ.①中… Ⅲ.①中国科学院-2017-年鉴 Ⅳ.①G322.21-54

中国版本图书馆CIP数据核字（2017）第244249号

责任编辑：王海光 王 好／责任校对：张凤琴

责任印制：肖 兴／封面设计：刘新新

科学出版社 出版

北京东黄城根北街16号

邮政编码：100717

http://www.sciencep.com

中国科学院印刷厂 印刷

科学出版社发行 各地新华书店经销

*

2017年11月第 一 版 开本：787×1092 1/16

2017年11月第一次印刷 印张：27

字数：726 000

定价：128.00元

（如有印装质量问题，我社负责调换）

中国科学院年鉴（2017）编辑委员会

目　　录

综 合 情 况

学部与院士工作

院直属单位情况

综 合 情 况

中国科学院领导集体

（2016 年）

院　　长　白春礼

副 院 长　刘伟平①　李静海②　詹文龙③　丁仲礼　张亚平

王恩哥　谭铁牛④　相里斌⑤　张　涛⑥

党组书记　白春礼

党组副书记　刘伟平①

中纪委驻院纪检组组长　李志刚

党组成员　李静海②　詹文龙③　李志刚　张亚平　王恩哥

谭铁牛④　相里斌⑤　张　涛⑥　何　岩　邓麦村

秘 书 长　邓麦村

副秘书长　何　岩　曹效业　邓　勇　汪克强⑦

---

① 刘伟平 2016 年 4 月任副院长（正部长级）、党组副书记

② 李静海 2016 年 12 月免职

③ 詹文龙 2016 年 4 月免职

④ 谭铁牛 2016 年 12 月免职

⑤ 相里斌 2016 年 4 月任职

⑥ 张涛 2016 年 12 月任职

⑦ 汪克强 2016 年 3 月任职

中国科学院院设委员会

发展咨询委员会
科学思想库建设委员会
教育委员会
学术委员会

中国科学院院部机关机构

办公厅（党组办）

主　任　汪克强[①]　乔均录[②]

副主任　吴　钰[③]　黄从利　高春东　张学成[④]

处　室：综合处、政策研究室（重点工作督查室）、秘书处（院总值班室）、文书处、安全保卫处、保密处、财务处、机关事务管理处、网络安全与信息化工作处[⑤]

学部工作局

局　长　李　婷

副局长　王敬泽

处　室：综合处（陈嘉庚科学奖基金会办公室）、咨询与科普教育处、学术与文化处、数理化学办公室、生命地学办公室、技术信息办公室

前沿科学与教育局

局　长　高鸿钧

副局长　王　颖　张永清[⑥]　黄　敏

处　室：综合处（香山科学会议办公室）、教育处、数理化学处、生命科学处、地球科学处、技术科学处、重点实验室处

重大科技任务局

局　长　王越超

副局长　苏荣辉　戴博伟　于英杰[⑦]　徐帆江[⑧]

---

① 汪克强 2016 年 2 月免职
② 乔均录 2016 年 2 月任职
③ 吴钰 2016 年 6 月退休
④ 张学成 2016 年 6 月任职
⑤ 2016 年 12 月，设置网络安全与信息化工作处
⑥ 张永清 2016 年 1 月任职
⑦ 于英杰 2016 年 6 月免职
⑧ 徐帆江 2016 年 6 月任职

处　室：综合处、综合技术处、光电空天处、信息海洋处、材料能源处、资环生物处

科技促进发展局

局　长　严　庆

副局长　赵千钧　段子渊　陈文开

处　室：综合处、农业科技办公室、生物技术处、资源环境处、高技术处、科技合作处（科技副职办公室）、知识产权管理处

发展规划局

局　长　潘教峰①　汪克强②

副局长　张　凤③　张学成④　黄晨光⑤

处　室：综合处、规划管理处、综合改革处、评估奖励处（奖励办）、战略研究处⑥

条件保障与财务局

局　长　吴建国⑦　刘会洲⑧

副局长　洪佳林⑨　曹　凝　聂常虹　林明炯

处　室：综合处、基建办公室、重大设施处、预算制度处、资产财务处、投资处、科技条件处、后勤保障处⑩

人事局

局　长　李和风

① 潘教峰2016年1月免职
② 汪克强2016年1月任职
③ 张凤2016年1月免职
④ 张学成2016年1月任职，6月免职
⑤ 黄晨光2016年6月任职
⑥ 2016年3月，增设综合改革处，智库建设处更名为战略研究处，撤销制度法规处
⑦ 吴建国2016年1月免职
⑧ 刘会洲2016年1月任职
⑨ 洪佳林2016年1月任职
⑩ 2016年12月，撤销信息化工作处

副局长 苗 鸿[①] 陈 光 李猛力[②] 董伟锋

处 室：综合处、领导干部处、人才处、机构与岗位管理处、薪酬与社会保障处、继续教育与干部监督处、机关人事处（机关党委办公室）

国际合作局

局 长 曹京华

副局长 曹殿文[③] 于润升[④]

处 室：综合处、国际组织处（TWAS 中国中心、人与生物圈秘书处）、亚非合作处、美大合作处、欧洲合作处、港澳台办公室

科学传播局

局 长 周德进

副局长 赵 彦

处 室：综合处、新闻联络处、政务信息处、科普与出版处

京区党委

书 记 何 岩（兼）

常务副书记 马 扬

副书记 乔均录[⑤] 倪 宏[⑥] 房自正

处 室：见北京分院（筹）内设机构

中央纪律检查委员会驻院纪检组

组 长 李志刚

副组长 李 定[⑦] 孙中和[⑧]

---

① 苗鸿 2016 年 2 月免职
② 李猛力 2016 年 2 月任职
③ 曹殿文 2016 年 6 月任职
④ 于润升 2016 年 6 月任职
⑤ 乔均录 2016 年 3 月免职
⑥ 倪宏 2016 年 3 月任职
⑦ 李定 2016 年 3 月免职
⑧ 孙中和 2016 年 3 月任职

监督与审计局[1]

局　长　杨卫平[2]
副局长　袁　东[3]
处　室：综合处、党建室、纪检与监督室、审计室、巡视室

离退休干部工作局

局　长　孙建国
副局长　李　杰　曹以玉
处　室：综合处（局值班室）、组织调研处、宣教活动处、机关离休干部处、机关退休干部处

京区纪委

书　记　乔均录[4]　倪　宏[5]

机关党委

书　记　李和风（兼）
常务副书记　陈　光（兼）
副书记　杨卫平（兼）[6]

机关纪委

书　记　孙中和（兼）[7]　杨卫平（兼）[8]

---

① 2016年5月，设置监督与审计局，撤销监察审计局
② 杨卫平2016年4月任职
③ 袁东2016年4月任职
④ 乔均录2016年3月免职
⑤ 倪宏2016年3月任职
⑥ 杨卫平2016年6月任职
⑦ 孙中和2016年6月免职
⑧ 杨卫平2016年6月任职

中国科学院院属机构变更

截至2016年12月31日，中国科学院直属事业单位124个，包括：科学研究机构104个（含3个植物园）；学校及公共支撑机构4个；院与分院管理机构12个；其他机构4个。中国科学院直属事业单位的下属法人单位25个。中国科学院直接投资的控股企业27家。另外，院非法人单元137个。

综　　述

2016 年是“十三五”规划的开局之年，中国科学院积极贯彻落实党中央、国务院决策部署和全面从严治党要求，全面实施“率先行动”计划，系统谋划和推进“十三五”改革创新发展，创新能力持续提升，创新效益和社会影响进一步显现，各项工作迈上新台阶。

一、规划战略

（一）组织开展“十三五”规划体系建设

2016 年 8 月，《中国科学院“十三五”发展规划纲要》（以下简称“《纲要》”）向院内外发布。《纲要》编制工作突出中国科学院国家科研机构的战略定位，贯彻民主办院、开放兴院理念，以“三重大”产出为主线明确了 60 项重大突破和 80 项重点培育方向，并在此基础上凝练形成以 21 项预期重大成果产出为代表的全院科技创新重点，同步制订组织实施方案。前沿交叉科学研究规划、重大科技任务发展规划、科技促进经济社会发展规划等 7 个重点规划，科教基本建设与创新平台规划、国际合作与国际化发展规划、信息化建设规划等 11 个专门规划也完成编制工作，进入全面组织实施阶段。

组织 107 个研究所开展“十三五”时期“一三五”规划交流评议，推动研究所科技布局碎片化、重复布局、低水平竞争等问题的解决，完成“十三五”时期“一三五”规划任务书签署工作。

（二）全面实施“率先行动”计划

牢牢把握“三个面向”要求，围绕战略重点布局，齐心协力，攻坚克难，产出一批有重要影响的创新成果。以研究所分类改革为突破口，不断探索现代科研院所治理体系。突出重点，加强人才工作和科教融合，高起点推动科技智库建设，深化拓展国际科技合作，推动各项工作协调发展。以“两学一做”学习教育为抓手，全面加强党建工作。

（三）深入推进研究所分类改革

根据四类机构改革目标和发展要求，加强个性化政策支持，在编制、经费、政策上给予重点倾斜，对改革举措取得显著进展的试点单位进一步加大支持力度，不断探索现代科研院所治理体系。

卓越创新中心显现出集群和聚集效应，形成中国科学院前沿科学的人才高地。2016 年，中国科学院组织国际国内知名科学家，完成青藏高原地球科学、脑科学与智能技术、粒子物理前沿、纳米科学、分子植物科学、超导电子学共6个卓越创新中心的验收工作。量子信息与量子科技前沿卓越创新中心完成验收转入创新研究院的建设。

上海大科学中心在生命科学、物质科学、能源科学领域取得一系列原始创新成果和突破。2016年4月，以上海光源、蛋白质科学研究（上海）设施为重点基础条件的“上海张江综合性国家科学中心”获得国家批复。合肥大科学中心在新能源与核聚变、新材料、物质与生命科学交叉等领域产生一系列重大产出和突破。上海、合肥大科学中心通过验收，进入正式运行阶段。天文大科学研究中心组织和部署宇宙大尺度结构、星系物理、银河系与恒星、太阳和行星系统等重要方向的前沿研究，取得一批具有国际影响的重大成果。同时，中心甚长基线干涉测量、天体力学和天体测量网等天文应用研究在保障国家空天安全等重大领域发挥了不可替代的作用。

创新研究院各项筹建工作进展顺利，阶段性亮点成果开始显现。目前，微小卫星、药物、空间科学、海洋信息技术和量子科学与技术5个创新研究院正式运行；先进核能、机器人与智能制造、信息工程和地球科学4个创新研究院批准筹建；干细胞与再生医学、材料、空间信息技术、种子和网络计算5个创新研究院启动立项。

特色研究所通过对“学科-领域-服务项目”3个层级的梳理，凝练了研究所的定位方向与学科特色，明确了发展目标；通过设计领域群组织，形成合力，避免同质化竞争；通过建立服务项目青年人挂帅机制，谋求研究所长久发展；通过研究所“一三五”目标与特色所重点服务项目结合，加强重大产出培育；在承担国家重点研发计划项目、争取国家科技任务方面发挥积极作用，部分试点单位牵头承担项目获中央财政经费支持过亿元。

（四）落实重大改革发展举措

确立“8+2”科技领域整体布局。八个重大创新领域指事关我国经济社会发展的能源、材料、信息领域，事关国家安全和核心利益的空间、海洋领域，事关可持续发展的生命与健康、资源生态环境领域，事关国家原始创新能力的基础前沿交叉领域；两类公共支撑平台指事关国家科技创新基础能力的国家重大科技基础设施和数据与计算平台。围绕“8+2”布局凝练提出60项有望实现跨越发展的重大突破和80项塑造未来发展新优势的重点培育方向，并在此基础上梳理凝练21项重大成果产出。

围绕习近平总书记关于国家实验室建设重要讲话精神，深入调研分析，完成并向国家领导人和有关部门报送《关于建设中国特色国家实验室的研究报告》。谋划、形成网络空间安全、量子信息、洁净能源、空间科学与前沿技术、深海技术、上海张江6个国家实验室组建方案并向国家领导人和科技部报送。制定《关于建设量子科学与技术创新研究院的工作方案》，推进量子信息国家实验室先期建设。

完成中国科学院贯彻落实国家深化科技体制改革工作任务进展情况阶段性评估、2016年半年总结、2016年全年总结及2017年工作要点等报告，研究提出全面深化改革、加快跨越发展系列举措，向国务院报送《中国科学院关于贯彻落实全国科技创新大会精神深入实施“率先行动”计划的报告》。

（五）完善科技评价体系、战略研究体系建设

完成中国科学院杰出科技成就奖评审委员会换届，委员中院士及院学术委员会成员的比例明显增加，平均年龄大幅下降，学科分布更加均衡。

完成国家有关评估任务和重大课题研究、国家科技体制改革和生态文明建设体制改革进展情况第三方评估、国务院扶贫开发领导小组委托的省级党委和政府扶贫开发工作成效第三方评估，修改完善《国家精准扶贫工作成效2017年第三方评估方案》，并承担2017年评估任务。

根据改革发展新形势新要求，修订完成《中国科学院章程》并于2016年8月发布。

（六）院设委员会工作

发展咨询委员会对进一步修改完善中国科学院“十三五”规划纲要、抓好“十三五”时期各项改革创新发展工作提出意见建议；通过实地调研、专题活动等多种方式，对全院重大科技任务、科技体制改革、创新人才队伍和科技智库建设、国际科技合作等重点工作给予指导和支持。科学思想库建设委员会对全院“十三五”时期科技智库建设的指导思想与总体目标、工作思路与重点任务、保障措施进行总体安排，推动形成服务决策、适度超前、特色突出的高水平科技智库运行体系。教育委员会充分发挥决策咨询与评议作用，审议明确中国科学院大学、中国科学技术大学及上海科技大学的发展目标，确定“科教融合、育人为本、质量优先、追求卓越”的高等教育发展思路。学术委员会对中国科学院“十三五”发展规划纲要和9个候选B类先导专项开展咨询评议，6个专门委员会对全院“十三五”相关领域科技布局和四类机构建设布局等进行了评议研讨。

二、科研工作

（一）承担和设立重大科技任务

2016年，批准国家杰出青年基金项目198项，中国科学院获批55项，占全国项目的27.8%；批准重大项目23项，总经费35 076.73万元，中国科学院获批7项，总经费11 217.33万元；批准创新研究群体38项，直接经费38 955万元，中国科学院获批12项，总经费12 285万元。中国科学院承担的载人航天工程、探月工程、高分专项、油气专项、水专项等重大科技任务进展顺利。院属相关单位在2016年度国家重点基础研究发展计划（973计划）的38个专项中牵头承担项目198个（不含涉密、定向项目），项目承担单位的牵头项目获中央财政支持经费达58.69亿元。组织完成国家重大科研装备研制项目“新一代厘米–分米波射电日像仪”和“大型高精度衍射光栅刻划系统的研制”验收；继续积极组织国家自然科学基金委员会重大科研仪器研制项目推荐工作，获项目支持1项、支持经费7468万元。

（二）加强专项组织管理

A 类先导专项首批专项成果显著，干细胞、碳收支专项顺利通过验收，第二、第三批专项呈现良好发展态势，个性化药物、南海环境变化专项获准启动，深地导钻、空间科学（二期）专项已通过咨询评议。B 类先导专项新增 9 个专项；完成 10 个专项的中期检查，强化 B 类先导专项目标、内容和预算等的动态调整。

（三）科研工作取得重要进展

1. 前沿科学领域重要进展

（1）数理化学领域

解决了典型群和 L-函数的若干猜想，在 Langlands 纲领问题研究中取得突破；成功实验制备二维硼（硼烯）；双层石墨烯中畴壁对等离激元反射的研究获得重要进展；在超冷原子量子模拟方面取得突破；大亚湾中微子实验测得最精确的反应堆中微子能谱；北京正负电子对撞机对撞亮度创造新的世界纪录；利用引力波信号对爱因斯坦弱等效原理进行高精度检验；侧链工程助力非富勒烯聚合物太阳能电池效率攀升；实现珍珠母结构材料的人工合成；高效选择性加氢反应取得重要进展。

（2）生命科学领域

揭示水稻产量性状杂种优势的分子遗传机制；提出基于胆固醇代谢调控的肿瘤免疫治疗新方法；发现精子 RNA 可作为记忆载体将获得性性状跨代遗传；构建出世界上首个非人灵长类自闭症模型；揭示胚胎发育过程中关键信号通路的表观遗传调控机理；首次揭示侧杏仁核在听觉恐惧记忆中的重要作用；在埃博拉病毒入侵机制研究方面取得重要成果；光合作用 PSII-LHCII 超级复合物结构研究进展；飞蝗表皮代谢调控研究取得重要进展；棉花–真菌跨界小 RNA 抗病研究取得重要进展；基因组研究揭示金丝猴属物种高海拔适应遗传机制；人类大脑进化遗传机制方面取得新进展。

（3）地球科学领域

绘制出冰河时代欧亚人群的遗传谱图；发现青藏高原生态系统和气候变化相互作用机制；中国生态系统服务评估取得重要进展；揭示我国当前雾霾期间硫酸盐的重要形成机制；揭示海马基因组特征及其环境适应进化机制。

（4）技术科学领域

“海斗”号无人潜水器创造深潜纪录；开创煤制烯烃新捷径；单原子催化研究取得新进展；利用超强超短激光成功获得“反物质”；上海超强超短激光实验装置研制取得重大突破；绘制出全新人类脑图谱；超导单光子探测器件成功应用于卫星激光测距实验；研制出将二氧化碳高效清洁转化为液体燃料的新型钴基电催化剂。

2. 重大任务领域重要进展

暗物质卫星“入选”习近平主席 2016 新年贺词；“实践十号”成功发射并返回；世界首颗量子科学实验卫星成功发射；中国科学院自主研制的世界首台空间冷原子钟在“天宫二号”上成功运行；“天宫二号”伴随卫星成功释放；平流层飞艇飞行试验圆满成功；“风云四号”两大主载荷达国际先进水平；我国首颗二氧化碳监测科学实验卫

星、搭载发射两颗SPAPK-1宽幅光谱微纳卫星及一颗高分微纳卫星成功发射；关键材料支撑我国目前推力最大的运载火箭“CZ5”首飞成功；材料配套保障“神舟十一号”及其与“天宫二号”交会对接任务。

国内首套工业4.0智能制造示范线发布；“寒武纪深度神经网络处理器”入选第三届世界互联网大会发布的15项世界互联网领先科技成果奖；“千万核可扩展全球大气动力学全隐式模拟”成果获国际高性能计算应用领域最高奖——戈登贝尔奖；“海云计算系统”在计算领域取得国际领先的技术突破。

“海翼”水下滑翔机开启商业推广应用；热带西太平洋海洋系统物质能量交换及其影响专项取得系列进展；ADS质子加速器再创国际最高指标；循环流化床技术连续取得突破；百万吨合成油投产；国产20英寸①高量子效率光电倍增管打破国际垄断；干细胞与再生医学研究取得系列进展；分子模块设计育种创新体系专项揭示了水稻产量性状杂种优势的分子遗传机制，在模块新品系培育方面取得重大突破；重大新药创制安全性评价平台通过美国食品药品监督管理局（FDA）的药物非临床研究质量管理规范（GLP）检查和审计。

3. 科技促进发展领域重要进展

生态草牧业试验示范成效突显；有力推动渤海粮仓科技示范工程实施；科技支撑海洋生态牧场建设；第二粮仓预研取得显著成果；生物纺织酶为印染业带来绿色变革；酶法明胶生产工艺技术实现规模化工业生产；模式与特色动物实验平台提供重要科研支撑服务；《西藏生态安全屏障保护与建设工程（2008—2014年）建设成效评估》正式发布；《资源环境承载能力监测预警技术方法（试行）》正式印发；川藏铁路沿线山地灾害分布规律、风险分析与防治工作成效显著；中国特征环境重大工程风沙危害形成机理、防治技术及其应用成果丰硕；南方土壤重金属污染风险区划与修复技术研发实现引领；村镇污水综合治理技术模式研发取得积极进展；国际首条年处理20万吨难选冶氧化锰矿低温流态化示范线投产；整套牵引系统应用于首都机场线。

4. 获2016年度国家科学技术奖励情况

根据《国务院关于2016年度国家科学技术奖励的决定》（国发〔2017〕2号），中国科学院2016年度获国家科学技术奖励共26项（人）。中国科学院作为第一完成人或完成单位，获自然科学奖一等奖1项、二等奖12项，获技术发明奖一等奖1项、二等奖3项，获科学技术进步奖一等奖1项、二等奖5项。由中国科学技术大学推荐的凯瑟琳娜·科瑟-赫英郝斯教授和地球环境研究所推荐的约翰·库茨巴赫教授获2016年度国际科技合作奖。

三、人力资源管理

（一）人力资源管理研究

开展全院近10年科研骨干流动状况研究、加强新时期管理队伍建设研究、新时期

① 1英寸≈2.54厘米。

中国科学院科研人员收入分配制度研究、全院中层干部工作问卷调研，并对5个单位的中层干部工作进行现场评估检查和指导。

（二）领导班子与干部队伍建设

完善修订《领导人员选拔任用工作实施办法》等一系列干部选拔、任用和管理文件，印发《中国科学院领导人员兼职和科技成果转化激励管理办法》《中共中国科学院党组关于健全所（局）级领导人员谈心谈话机制的意见》《中共中国科学院党组关于加强“十三五”期间所（局）级后备领导人员队伍建设的指导意见》等文件。

完成40个院属单位行政班子换届或届中考核，24个单位党委换届工作。对55个单位领导班子进行个别调整，新组建4个单位（部门）的领导班子。新提任所局级领导人员73人，免职36人，交流干部44人。

深化干部监督工作，对28个院属单位开展了干部选拔任用“一报告两评议”工作，对7位院属单位主要领导履行干部选拔任用工作职责进行离任检查。认真做好个人事项报告工作，全院任前核查、随机抽查共计825人次。进一步规范因私出境审批和兼职审批等工作，全年共完成152人次因私出境审批和47人兼职审批。

（三）机构编制与岗位管理

贯彻落实全国科技创新大会精神和中央深化人才发展体制机制改革意见，进一步完善中国科学院岗位管理，印发《中国科学院岗位管理实施办法》，下放研究所岗位管理权限。根据国家有关政策，研究制订《中国科学院科技人员离岗创业管理暂行办法》，促进科技成果转移转化。

研究制订“十三五”编制配置具体方案，新增编制主要用于支持“一三五”评估优秀、承担“重大原创成果、重大战略性技术与产品、重大示范转化工程”和“8+2”科技布局的单位，体现绩效优先、增减结合、盘活存量、动态调整的编制配置原则。下达院属事业单位2016—2018年事业编制控制数。面向高层次科技人才试行“预聘—长聘”制度，遴选4家单位启动首批试点。

完成第二批支持“率先行动”中国博士后科学基金会、中国科学院联合资助优秀博士后项目，择优支持50人。入选全国首批“博士后创新人才计划支持”项目48人，占全国24%，入选“香江学者计划”4人，入选“博士后国际交流计划”26人，获得中国博士后科学基金资助623人。

（四）科技创新人才培养与引进

深入实施人才培养引进系统工程，2016年全院共有104人入选第十二批海外高层次人才引进计划（“千人计划”）各类项目；160人入选第二批国家高层次人才特殊支持计划（“万人计划”）领军人才，同时推荐“万人计划”青年拔尖人才50人，通过“创新人才推进计划”推荐50位中青年科技创新领军人才、5个重点领域创新团队、3个创新人才培养示范基地；通过率先行动“百人计划”共引进8名学术帅才、22名技术英才，完成111名青年俊才的备案工作。

稳定激励骨干人才，完成第二批“特聘研究员”遴选工作，共新增“特聘研究员”561人、“特聘客座研究员”81人。同时，增加“特聘研究员”补助人员经费，进一步加大对高层次骨干人才的稳定激励力度。

加强青年人才培养，“青年创新促进会”新增会员500人，其中优秀会员86人，增加对会员的人才专项经费支持；对获得中国科学院“青年科学家奖”的9位青年科技工作者进行表彰奖励。

完善人才智力共享机制，共遴选支持10个“王宽诚率先人才计划”卢嘉锡国际团队和21个创新交叉团队，聘请40名海外知名科学家担任中国科学院海外评审专家，积极鼓励院内学术领军人才及中青年骨干与海内外优秀学者开展跨系统、跨地域、跨学科学术交流与科研合作，拓宽人才柔性引进渠道。

加强“西部之光”、工程技术和产研人才的培养支持，遴选“西部引进人才”7人、“西部青年学者”221人，接收“西部之光”访问学者33人，组织完成“西部之光”人才培养计划实施20周年系列活动。遴选关键技术人才50人。支持“王宽诚率先人才计划”产研人才扶持项目10个。

（五）薪酬与福利管理

根据中央事业单位实施绩效工资的要求，清理核查全院津贴补贴，提出绩效工资总量需求，制订中国科学院事业单位实施绩效工资方案。改革中国科学院收入分配制度，建立以岗位绩效工资制为主体，高层次人才协议薪酬为补充的收入分配体系；改革研究所法定代表人年薪管理办法，对其党政主要负责人薪酬实行备案审批制。根据中央“放管服”的改革精神，结合人事人才专项评估工作，进一步规范研究所收入分配秩序及管理程序，加强宏观调控、监督检查等力度。

按照机关事业单位养老保险制度改革政策和要求，稳步推进中国科学院事业单位养老保险制度改革工作。截至2016年底，上海和宁波地区14个院属单位已完成参保缴费；北京地区47个院属单位已完成数据采集和预报送；其他地区研究所的养老保险改革按照所在省社保中心的要求稳步推进。

根据国家政策和统一部署，从2016年7月1日起，调整在职人员基本工资，做好养老保险个人缴费部分预扣和其他津贴补贴扣减工作，提高离休人员离休费；从2016年1月1日起，增加退休人员养老金。出台中国科学院有毒有害保健津贴管理办法，提高从事有毒有害工作科技人员2.3万人保健津贴标准。调整艰苦边远地区津贴的标准。按照属地化政策，提高成都、沈阳、兰州和石家庄地区16个院属单位离退休人员补贴。

（六）继续教育与培训

制定《中国科学院继续教育与培训学时登记管理办法》，修订《中国科学院公派出国留学研修管理办法》。深入推进“全员能力提升计划”，全院共举办5000多期培训班，培训29万多人次；国家和院公派留学共遴选585人赴国外留学。继续实施“创新人才培训计划”，16个团组类项目获国家外国专家局（以下简称“外专局”）资助。加强培训资源和平台建设，“中国科学院继续教育网”正式上线运行。持续推进国家级专业技术人员继续教育基地建设，经积极协调争取，上海分院成为中国科学院第四个国家级专业技术人员继续教育基地。

四、对外交流与合作

（一）院地合作与交流

2016 年，中国科学院通过科技成果转移转化，使地方企业当年新增销售收入 3831.43 亿元，利税 472.44 亿元。自行设立或与地方政府共建 39 个主要从事科技成果转移转化工作的非法人单元，包括 31 个产业技术创新与育成中心、7 个技术转移中心、1 个科技园，总人数达 10 059 人，其中中国科学院人数达 3997 人，转化项目 919 个，实现销售收入超过 316 亿元，孵化企业 250 个，为社会培训各类人才 43 376 人次。

与地方科学院互派、兼职挂职干部 39 人，为地方科学院培训科技骨干 1682 人，联合培养、进修 55 人，联合承担国家项目 12 项，联合承担院支持项目 21 项，联合承担地方科技项目 103 项，获得地方科技项目资助金额 6801 万元，开展交流活动 214 次，共建转化及研发平台数 33 个。

（二）国际化推进战略

紧密围绕“十三五”规划、“一带一路”等国家重大部署凝智聚力、协作创新；对先期启动的 5 个海外基地建设进展进行全面评估，新建全院第一个以产业转移转化为中心任务的境外机构“中国科学院曼谷创新合作中心”；拓展双多边合作网络，深度融入全球创新；强化全院国际合作统筹管理和战略导向；实现中国科学院合作奖和国际人才计划战略转型。全年出访 21 042 人次，来访 14 682 人次，举办多边和双边国际学术会议 284 个；新签、续签 17 个院级国际合作协议，审批通过 82 个重点对外合作项目。

（三）港澳台工作

与港澳台地区开展常态化交流与实质性合作。在港召开中科院-香港中文大学合作指导委员会第三次会议，继续实施“中科院院士访校计划”；与澳门科学技术协进会签署《中国科学院与澳门科学技术协进会科技师友计划合作协定》，完成澳门科技发展基金项目专家评审工作，在京举办首期澳门青年科技工作者研修培训班；全年赴台共 900 余人次，支持在大陆举办两岸系列性学术研讨会 10 项，继续实施“台湾青年访问学者计划”和“中科院-工研院两院合作计划”，与台湾工研院在沈阳共同主办第六届两岸产业科技交流论坛、与台湾“中研院”在上海共同主办第三届海峡两岸生命科学论坛，积极推动与台湾在知识产权方面的交流；做好港澳台地区青少年和基层层面的交流及科普工作。

（四）院、所投资企业

2016 年，中国科学院纳入统计范围的 542 家院所投资企业营业收入 3850 亿元，同比增长3%；资产总额4823亿元，同比增长9%；利润总额134亿元，同比增长3%；净利润76亿元，同比增长10 %；上缴税金109亿元，同比增长21%。1家企业成功上市（国科控股下属企业东方中科），6家企业挂牌新三板，截至2016年底，院所投资企业共有24家上市公司，14家挂牌新三板。上市公司（不含新三板）总市值约3401亿元；直接或间接持有股份市值约305亿元（按2016年12月31日收盘价计）。

五、学部工作

2016年5月29日至6月3日，中国科学院第十八次院士大会与全国科技创新大会、中国工程院第十三次院士大会、中国科学技术协会第九次全国代表大会共同在北京召开，600位中科院院士和14位中科院外籍院士参加大会。本次院士大会审议通过了学部主席团工作报告和各专门委员会、各学部常委会工作报告，选举产生了新一届学部常设领导机构成员，完成了各学部常委会、各专门委员会和学部主席团的换届工作，召开了第五届学部学术年会，颁发了2016年度陈嘉庚科学奖和陈嘉庚青年科学奖。

2016年，中国科学院学部以环境资源生态、新兴产业发展、科学社会影响等主题为重点领域部署相关项目，共立项44项。两院资深院士工作委员会重点组织开展了“百年科技强国发展战略研究”咨询项目的研究工作。全年完成并向国务院报送了18份咨询报告，得到国务院领导的重要批示20余份次。

2016年，中国科学院学部道德委员会从弘扬科学精神、加强科技伦理研究等方面出发，组织多场道德主题宣讲活动，策划开展“科学人生”主题宣传活动，探索建立媒体宣传与实地活动相结合，覆盖老、中、青三代院士群体科学精神的正面宣传体系。组织以“科技评价与科研诚信”为主题的科技伦理研讨会。结合科技发展中的热点难点伦理问题，联合国家自然科学基金委员会、中国工程院重点部署开展基因编辑伦理问题研究，召开2次专题研讨会。

2016年，中国科学院学部出版《土壤生物学》《水利科学与工程》《大气科学》等9本学科发展战略研究专著，举办“中国学科发展战略学术报告会”和党校讲坛；顺利完成《中国科学》和《科学通报》（简称“两刊”）理事会成员调整，进一步加强对“两刊”的学术指导，审议通过并推动落实《关于改进和加强“学部平台办刊”的建议》，举办“中国科技类期刊发展战略研究”论坛。组织百余位院士专家开展多项专题活动，全年共举办报告活动200余场，听众人数近3万人。与中央党校建立合作，组织院士为中央党校省部级、地厅级、国防班全体学员做报告；打造“科学与中国——学习中国”移动新媒体科普平台；与国家开放大学合作的“院士专家视频讲座”在歌华有线、爱奇艺实现上线点播，视频点播量均逾2万人次。

六、科技基础设施建设

2016年12月，国家发展和改革委员会（以下简称“国家发展改革委”）发布《国家重大科技基础设施建设“十三五”规划》，明确提出“十三五”时期优先布局10个建设项目，其中由中国科学院牵头提出或与院外单位共同提出的建设项目有 7 个。高能同步辐射光源验证装置、上海光源线站工程、综合极端条件实验装置、模式动物表型与遗传研究设施立项进展顺利，截至 2016 年底，全院重大科技基础设施投入运行 16 个，在建设施 9 个，拟建设施 9 个。

2016 年，根据国家批准中国科学院的“十二五”科教基础设施建设规划实施方案及相关立项文件，组织项目单位编报投资计划，共计申请 16 亿元国拨资金，涉及 15 个整体项目（包括 43 个子项目）。编报完成 2017 年修购项目的申报计划，向财政部报送的 2017 年 109 个修缮项目全部得到财政修购专项的支持，财政部安排的预算经费额度为 5. 78 亿元。

截至 2016 年底，中国科学院共有重点实验室 218 个，国家工程研究中心 11 个，国家工程技术研究中心 20 个。

2016 年，中国科学院信息化发展整体水平进一步提升。成立了中国科学院网络宣传和信息化领导小组，科研信息化、“中国科技云”等内容首次纳入国家发展战略，初步建成了“科教云”“管理云”“教育云”三类云集，制定了“十三五”信息化发展规划、数据与计算平台建设规划。

2016 年，中国科学院科研样地建设工作成效明显，《中国科学院野外站网络科研样地建设规划》（试点）获批的 13 个野外站的科研样地试点建设和中国生态系统研究网络（CERN）土壤分中心土壤样品库建设全面展开，基本完成了建设任务。中国生态系统研究网络 2011—2015 年度五年综合评估（第三次）顺利完成。对我国敏感地区、重点工程生态成效（变化）等进行科学评估，针对性地重点回应政府和社会关切的问题。

2016 年，中国科学院 15 个植物园（树木园）植物种质资源收集保存能力增强，年内新收集植物 5331 种（次），定植成活率达 84%，园内定植乔木数量稳定在 170 万株；科技创新实力稳步提升，年内共发表 SCI 收录的学术论文 922 篇，出版专著 55 部；资源评价与发掘利用成为热点，获得授权专利 92 项，审定、登录植物新品种 53 个；科学传播工作稳步推进，科普活动、冬夏令营等品牌活动有序开展，青年科学节等创新活动不断涌现；与非洲、中亚、东南亚及南美等地区的合作逐渐展开，植物资源交换遍及 60 多个国家和地区。

2016 年，中国科学院 18 家生物标本馆（博物馆）在继续开展国内重要地区生物资源考察的同时，继续对周边国家或地区，以及部分发展中国家的生物资源进行考察与收集，共组织考察采集活动 319 次，采集标本近 63 万余号。全院标本馆（博物馆）工作人员共计 399 人。全年举办各类的专场科普活动 286 次，接待社会各界公众参观达 76 万人次。

2016 年，中国科学院全面推动全院文献情报系统及中心“十三五”规划，继续夯实综合知识资源基础设施建设，共完成引进数据库 171 个，全院全文数据库和二次文摘数据库的使用量分别为 5192. 31 万次和 2034. 36 万次，在开通全文资源量、数据库使用量等方面有所提升。精心打造基于移动互联的知识服务品牌“中国科讯”，截至 2016 年底，中国科讯累计使用量 280 万次，用户注册量达到 1. 21 万。面向院所改革方案建设完成可支撑卓越中心、创新研究院、大科学研究中心、特色研究所的研究所一线监测服务平台。

规划与战略

2016年，中国科学院认真贯彻落实党的十八大和十八届三中、四中、五中、六中全会精神及习近平总书记系列讲话精神，按照国家创新驱动发展战略的总要求，坚持“三个面向”“四个率先”办院方针，稳步推进“率先行动”计划，以“十三五”规划编制、“率先行动”计划实施、四类机构试点建设验收、深化科技体制改革等为重点，狠抓落实，加强协同，高质量完成规划管理、综合改革、评估奖励、战略研究、制度建设等各项重点任务。

一、组织开展“十三五”规划体系建设

2016年8月，《中国科学院“十三五”发展规划纲要》（以下简称“《纲要》”）向院内外发布。《纲要》编制工作突出中国科学院国家科研机构的战略定位，贯彻民主办院、开放兴院理念，以“三重大”产出为主线明确了60项重大突破和80项重点培育方向，并在此基础上凝练形成以21项预期重大成果产出为代表的全院科技创新重点，同步制定了组织实施方案。前沿交叉科学研究规划、重大科技任务发展规划、科技促进经济社会发展规划、人才高地建设规划、教育发展规划、学部工作规划纲要、科技智库建设规划共7个重点规划，科教基本建设与创新平台规划、国际合作与国际化发展规划、信息化建设规划、修缮购置专项规划、经济资源发展规划、国防科技创新发展规划、重点实验室建设规划、科学传播发展规划、文献情报发展规划、科技期刊发展规划、档案工作发展规划共11个专门规划也完成编制工作，并进入全面组织实施阶段。

组织107个院属研究所开展“十三五”时期“一三五”规划交流评议。通过专家评议、中国科学院领导评议、中国科学院机关部门评议3个环节，重点评议研究所定位、重大突破、重点培育方向、相应改革举措与保障措施。及时将评议结果反馈有关部门，推动研究所科技布局碎片化、重复布局、低水平竞争等问题的解决。组织研究所根据评议意见修改完善规划，完成了研究所“十三五”时期“一三五”规划任务书签署工作。

二、全面实施“率先行动”计划

（一）牢牢把握“三个面向”要求，围绕战略重点布局，齐心协力，攻坚克难，产出一批有重要影响的创新成果

以组织实施先导专项为抓手，瞄准重大科学问题和重大战略需求，联合开展科技攻关和协同创新，形成一批新的优势领域方向和学科增长点，一些关键技术在产业和用户中推广应用，为国家提供了一批重要咨询建议。围绕国家重大需求和世界科技前沿，及

时启动了“南海环境变化”“超强激光与聚变物理”等10个专项。高质量完成重大专项、国防科技创新、重大科技基础设施建设等一批国家重大任务，突破一批关键技术，解决一批重大科技问题，为国家重大需求和国家安全提供了有力保障。积极承担国家重大科技任务和地方、企业等一批科技任务。启动了促进科技成果转移转化专项行动，系统部署一批重点示范转化项目，与相关行业骨干企业成立6家技术创新与产业化联盟。

（二）以研究所分类改革为突破口，不断探索现代科研院所治理体系

从院层面进一步加强统一领导和统筹协调，强化组织管理体制建设，根据四类机构改革目标和发展要求，加强个性化政策支持，在编制、经费、政策上给予重点倾斜，对改革举措取得显著进展的试点单位进一步加大支持力度，确保各项改革举措落实。通过试点工作，进一步强化全院面向重大创新领域的整体优势和战略布局，带动全院研究所的改革发展，一些改革做法为国家实验室建设提供了宝贵经验。以试点单位和优势力量为基础，积极参与谋划和推动国家实验室建设，先后向国家提交了若干份建议报告，主动向国家提出中国科学院国家实验室组建方案。

（三）突出重点，加强统筹组织，推动各项工作协调发展

加强人才工作和科教融合，以高端人才为重点，以青年人才为关键，立足培养与引进相结合，通过“特聘研究员”制度，进一步加大对高端人才的支持强度；启动中国科学院大学5个科教融合学院和网络空间安全学院建设，制订中国科技大学“所系结合共建学院”的整体规划；深化人事制度改革，实行离岗创业政策，放宽岗位管理权限，健全完善收入分配体系，首批遴选4个研究所开展高层次人才“预聘-长聘”制度试点。高起点推动科技智库建设，成功举办两院院士大会，全面推进国家高端智库建设试点，成立法人实体的科技战略咨询研究院，加强跨机构队伍整合和“小核心大网络”平台建设；积极组织院士和科技专家开展重大决策咨询和学科发展战略研究，向中央和国家有关部门报送近百份专报信息，多次得到中央领导的重要批示。深化拓展国际科技合作，与“一带一路”沿线相关国家、欧洲主要国家、美国等加强科技合作；实施“国际伙伴计划”积极部署重大合作项目，持续提升我国科技创新的影响力、辐射力和国际化水平。

（四）以“两学一做”学习教育为抓手，全面加强党建工作

中国科学院党组及时组织传达学习党中央、国务院的重大决策部署，在全院范围内组织开展多种形式的广泛深入学习活动。按照中央要求，认真抓好“两学一做”学习教育。认真贯彻落实全面从严治党的主体责任和党风廉政建设“两个责任”。

三、深入推进研究所分类改革

2016年，中国科学院按照“率先行动”计划确定的方向、目标、任务，进一步统一思想，增进改革定力，扎实推进研究所分类改革。上半年重点围绕四类机构体制机制

改革开展专题调研，及时研究分析改革中存在的突出问题，为深入推进研究所分类改革部署打好基础。下半年，完成对筹建期满的 17 个试点四类机构进行验收评估，并对 2017 年适时启动新的四类机构建设做出部署，对“十三五”时期深入推进分类改革工作进行了部署和安排。

自 2014 年启动试点以来，中国科学院按照不同类型科技创新活动的特点、规律和要求，高起点、高标准布局建设了微小卫星创新研究院等 8 个创新研究院、量子信息与量子科技前沿卓越创新中心等 9 个卓越创新中心、上海大科学中心等 3 个大科学研究中心、南京土壤研究所等 14 个特色研究所的筹建工作，试点机构已达 34 个，参与单位约 70 余家。

总体上看，四类机构建设试点两年多来，分类改革理念逐步深入人心，改革方向、目标和举措得到了院内外广泛认同和积极支持，试点四类机构在明确战略定位、优化科技布局、整合集成队伍和改革体制机制等方面都取得了积极进展，在提升创新能力、强化竞争优势、促进重大产出等方面也有明显的阶段性成效。一是强化综合建制化优势，形成面向重大创新领域的战略布局。二是深化体制机制改革，加快建设现代科研院所治理体系。三是大力加强协同创新，有效促进机构、人才、用户的联合攻关和文化融合。四是落实科技领域“放管服”改革，释放和激发创新活力。

（一）卓越创新中心 2016 年进展情况

2016 年，卓越创新中心进一步加强制度化建设，统筹协调项目、平台、人才等资源，队伍建设坚持优中选优，显现出集群和聚集效应，形成中国科学院前沿科学的人才高地。

2016 年，中国科学院组织国际国内知名科学家，对于筹建期满的卓越中心进行了验收。完成了青藏高原地球科学、脑科学与智能技术、粒子物理前沿、纳米科学、分子植物科学、超导电子学共 6 个卓越创新中心验收工作。量子信息与量子科技前沿卓越创新中心完成验收转入创新研究院的建设。

（二）大科学中心 2016 年进展情况

2016 年，大科学研究中心有效集聚国内外科研院所、大学的创新资源，开展跨部门协同创新。

上海大科学中心建设试点工作取得了一系列进展。2016 年 4 月，以上海光源、蛋白质科学研究（上海）设施为重点基础条件的“上海张江综合性国家科学中心”获国家批复。上海大科学中心在生命科学、物质科学、能源科学领域取得了一系列原始创新成果和突破，如染色体结构紊乱相关疾病的分子机制、原子极限下 MoS_2 的能带结构等。

合肥大科学中心依托并利用合肥同步辐射光源、全超导托克马克、稳态强磁场装置等设施，组织用户开展综合交叉前沿研究，推动设施开放共享，在新能源与核聚变、新材料、物质与生命科学交叉等领域产生了一系列重大产出和突破，如费托合成丙烯机理研究和单分子蛋白质磁共振研究等。

2016 年 9—12 月，中国科学院组织对筹建期满的上海大科学中心试点工作进行验收，在机构自评、专家组评议、大科学中心负责人交流评议的基础上，经2016年第九次院长办公会评议，上海、合肥大科学中心通过验收，进入正式运行阶段。

天文大科学研究中心依托郭守敬望远镜、500米口径球面射电望远镜等一批国家重大科技基础设施，建设和运行了光学、射电、太阳和天力天测装置集群，组织和部署了宇宙大尺度结构、星系物理、银河系与恒星、太阳和行星系统等重要方向的前沿研究，取得了一批具有国际影响的重大成果。同时，中心甚长基线干涉测量、天体力学和天体测量网等的天文应用研究在保障国家空天安全等重大领域发挥了不可替代的作用。

（三）创新研究院2016年进展情况

2016年，创新研究院进一步创新体制机制，集聚创新资源，整合优势力量，优化科研布局，加强组织管理，规范评价体系，各项筹建工作进展顺利，阶段性亮点成果开始显现。

目前，微小卫星、药物、空间科学、海洋信息技术和量子科学与技术5个创新研究院正式运行；先进核能、机器人与智能制造、信息工程和地球科学4个创新研究院批准筹建；干细胞与再生医学、材料、空间信息技术、种子和网络计算5个创新研究院启动立项。

（四）特色研究所2016年进展情况

2016年，特色研究所积极推进改革，力促重大成果产出，确保改革落到实处，初见成效。通过对“学科–领域–服务项目”三个层级的梳理，凝练了研究所的定位方向与学科特色，明确了发展目标；通过设计领域群组织，形成合力，避免同质化竞争；通过建立服务项目青年人挂帅机制，谋求研究所长久发展；通过研究所“一三五”目标与特色所重点服务项目结合，加强了重大产出培育。另外，特色研究所在承担国家重点研发计划项目、争取国家科技任务方面发挥了积极作用，部分试点单位牵头承担项目获中央财政经费支持过亿元。

四、落实重大改革发展举措

2016年，中国科学院围绕“8+2”科技领域布局、国家实验室建设谋划等全面贯彻落实深化科技体制改革重大举措。

（一）“8+2”科技领域布局

2016年，中国科学院着眼我国经济发展新常态和国家创新发展新要求，顺应世界新科技革命和产业变革新趋势，立足科学院作为国家战略科技力量的定位与使命，确立了“8+2”整体布局。八个重大创新领域，即事关我国经济社会发展的能源、材料、信息领域，事关国家安全和核心利益的空间、海洋领域，事关可持续发展的生命与健康、资源生态环境领域，事关国家原始创新能力的基础前沿交叉领域；两类公共支撑平台，即事关国家科技创新基础能力的国家重大科技基础设施和数据与计算平台。围绕“8+2”统筹重点科技布局，中国科学院凝练提出了60项有望实现跨越发展的重大突破和80项塑造未来发展新优势的重点培育方向，并在此基础上，梳理凝练21项重大成果产出，力争在一些战略必争领域抢占国际制高点，在若干新兴前沿交叉领域成为领跑者和开拓者，提升国家创新能力和相关产业国际竞争力。

（二）国家实验室建设

2016年，中国科学院围绕习近平总书记关于国家实验室建设重要讲话精神，调研分析发达国家，尤其是美国、德国国家实验室建设的经验和问题，组织专家深入研究国家实验室演变、定位和特征、体制机制、领域布局、政策建议等，完成《关于建设中国特色国家实验室的研究报告》，向国家领导人和有关部门报送。对科技部起草的《国家实验室组建方案》多次提出反馈意见。谋划提出网络空间安全、量子信息、洁净能源、空间科学与前沿技术、深海技术、上海张江6个国家实验室组建方案等，汇编形成《中国科学院关于在若干重大创新领域组建6个国家实验室的建议方案》，报送国务院领导和科技部。制定《关于建设量子科学与技术创新研究院的工作方案》，推进量子信息国家实验室先期建设。

作为国家科改领导小组办公室成员单位，中国科学院根据科改领导小组办公室要求，完成全院贯彻落实国家深化科技体制改革工作任务进展情况阶段性评估、2016年半年总结、2016年全年总结及2017年工作要点等报告；研究提出全面深化改革、加快跨越发展的一系列举措，向国务院报送了《中国科学院关于贯彻落实全国科技创新大会精神深入实施“率先行动”计划的报告》。

五、完善科技评价体系、战略研究体系建设

完成中国科学院杰出科技成就奖评审委员会换届，委员中院士及院学术委员会成员的比例明显增加，平均年龄大幅下降，学科分布更加均衡。

按照总体部署，成立由中国科学院、海南省政府、三亚市政府三方共同组成的验收委员会，于2016年5月10日完成深海科学与工程研究所总体验收。

2016年，中国科学院根据国家及相关部门委托任务，高质量完成国家有关评估任务和重大课题研究，形成高水平的咨询论证重大成果，提出具有本院特色、客观中肯的政策建议。完成中央全面深化改革领导小组经济体制和生态文明体制改革专项小组委托开展的国家科技体制改革和生态文明建设体制改革进展情况第三方评估任务。组织完成国务院扶贫开发领导小组委托的省级党委和政府扶贫开发工作成效第三方评估任务，并在系统总结基础上，修改完善《国家精准扶贫工作成效2017年第三方评估方案》，并承担2017年评估任务。

根据改革发展新形势新要求，中国科学院修订完成《中国科学院章程》，并于2016年8月22日发布；制定出台《中国科学院关于进一步规范院属单位分支机构管理和发展的指导意见》，明确责权利关系，引导有序发展。

六、院设委员会工作

（一）发展咨询委员会工作进展

对进一步修改完善中科院“十三五”规划纲要、抓好“十三五”时期各项改革创新发展工作提出意见建议；通过实地调研、专题活动等多种方式，对中科院重大科技任务、科技体制改革、创新人才队伍和科技智库建设、国际科技合作等重点工作给予指导和支持。

（二）科学思想库建设委员会工作进展

加强高端智库建设战略部署，对全院“十三五”时期科技智库建设的指导思想与总体目标、工作思路与重点任务、保障措施进行总体安排，推动形成服务决策、适度超前、特色突出的高水平科技智库运行体系。调整完善科学思想库建设委员会职能，建设有效富集全国高端智力资源的研究网络，组织开展全局性、战略性、综合性的重大研究。

（三）教育委员会工作进展

充分发挥决策咨询与评议作用，审议明确中国科学院大学、中国科学技术大学及上海科技大学的发展目标，确定了“科教融合、育人为本、质量优先、追求卓越”的高等教育发展思路。

（四）学术委员会工作进展

对中国科学院“十三五”发展规划纲要和 9 个候选 B 类先导专项开展咨询评议。数理与交叉、物质加工、生命与健康、可持续发展、信息技术、工程技术共 6 个专门委员会对全院“十三五”相关领域科技布局和四类机构建设布局等进行评议研讨。

科 研 管 理

一、国家重大科技任务

（一）国家自然科学基金项目

2016 年，批准国家杰出青年基金项目 198 项，其中中国科学院获批 55 项，占全国项目的 27.8%；重大项目 23 项，总经费 35 076.73 万元，其中中国科学院获批 7 项，总经费11 217.33万元；创新研究群体 38 项，直接经费 38 955 万元，其中中国科学院获批 12 项，总经费 12 285 万元。

（二）国家重大科技专项

2016 年，中国科学院进一步加强重大专项管理工作，一方面充分发挥各专项总体（非法人单元）的作用，统筹院内单位、发挥整体优势；另一方面加强与院外单位战略合作，实现合作共赢。中国科学院承担的载人航天工程、探月工程、高分专项、油气专项、水专项等重大科技任务进展顺利。

核心电子器件、高端通用芯片及基础软件产品　中国科学院 2016 年新立项项目 2 个，总经费 1.72 亿元。为从根本上解决我国信息系统自主可控问题，专项提出国产芯片-操作系统-整机产业联动方案，中国科学院与上海市合作，整合国内技术优势力量，已成功研制出 2 代全自主国产软硬件系统，并在上海市党政领域 500 余家试点用户使用。

极大规模集成电路制造装备与成套工艺　光学系统突破和验证了纳米级超高精度光学部件制造及检测等核心单元技术，NA0.75 ArF 光刻投影物镜实现波像差优于 5.1 纳米、畸变优于 5.7 纳米；极紫外光刻原理曝光装置曝光实现 32 纳米线条。与院外企业深入合作，在光刻仿真优化及 OPC 关键技术、FinFET 金属栅应变、可靠性等关键工艺技术优化和 10 纳米 Pathfinding 技术取得突破。在面向 7 纳米以下技术代应用的新型 FinFET、环栅纳米线器件与 Ge 基器件和面向未来产业的集成技术研究中取得广泛成果。

新一代宽带无线移动通信网　在高性能基站 A/D、D/A 芯片研制方面，完成了验证系统的总体方案论证，完成了 750MS/s 12bit 折叠内插架构子 ADC 系统架构设计，子 ADC 功耗<100mW，有效位大于 10bit；在基站宽带高频段功率放大器研制方面，完成了 9—15GHz 功率放大器系统及 25—30GHz 功率放大器系统架构设计，制定功率放大器模块的性能测试方案及环境适应性指标测试方案。

大型油气田及煤层气开发　成功研制了 30 000 Nm^3/天、60 000 Nm^3/天及 100 000 Nm^3/天不同规格的三套煤层气液化装置；创建了完整的日处理十万方级系列规格小型撬装式煤层气液化成套装置技术体系，建立了具有自主知识产权的液化成套装置技术和工艺规范；归纳了原型盆地控源、热-构造改造控烃、碎屑岩储层结构非均质性控藏、碳酸盐岩储层深埋溶蚀控藏的理论模型，研发了盆地深层烃源岩的生烃、留烃、排烃评价技术体系和有效储集体预测关键技术；攻克了新一代 MEMS 传感器架构与 ASIC 电路设计和批量加工工艺难关，打破国外技术垄断，为 6 英寸 MEMS 传感器规模化生产做好了技术储备。

水体污染控制与治理 研发了具有自主知识产权的机械蒸汽再压缩污水处理技术；构建了河流生态完整性评估方法，对海河流域河流生态完整性进行了系统诊断；研发集成了河流生态流量保障、水生植物恢复、鱼类/底栖生物恢复等关键技术；研发了生物毒性在线监测预警技术，建成水质安全生物预警技术平台，为密云水库南水北调入库水质安全和突发污染事故的快速响应提供了重要技术支撑；初步阐明了我国重点流域水源水质特征，为水源水保护、供水规划实施及水质标准制定提供了基础数据；研发了大规模引水降氮、生态引布水、沉水植物恢复与群落优化调控等关键技术，并建设了示范工程。

转基因生物新品种培育 鉴定栽培大豆控制籽粒性状的基因共表达调控网络，揭示了大豆驯化过程中籽粒油分和粒重提高的分子机制；利用非同源末端连接（NHEJ）修复途径在水稻中建立了靶向内含子的 CRISPR/Cas9 基因替换及基因定点插入体系，成功获得了具有草甘膦抗性的 epsps 水稻优异种质。

重大新药创制 安全性评价平台积极追踪国际发展步伐，顺利通过美国 FDA 的 GLP 检查和审计，并获得高度评价。治疗肺动脉高压新药 TPN171 片获批进入临床研究，如成功上市，不仅可大大方便患者用药，且用药费用将显著降低。

艾滋病和病毒性肝炎等重大传染病防治 发现防己诺林碱等多种化合物在制备治疗或预防艾滋病毒药物方面具有较大前景。发现 CCR5 等一系列抗艾滋病的药物作用靶点，为后续药物的研发提供理论基础。

高分辨率对地观测系统 2016 年，我国民用领域首颗分辨率为 1 米的微波遥感卫星 GF-3 成功发射，中国科学院圆满完成 C-SAR 分系统研制任务，在轨状态正常，已实现业务化运行；北极卫星地面数据接收站完成现场验收，开展试运行；地面数据接收系统初步完成建设，具备高分卫星全球数据接收、传输能力。

载人航天 “天宫二号”14 项应用载荷和 3 项在轨支持设备状态良好，在轨测试进展顺利；冷原子钟已经获得了地面无法获取的 Ramsey 干涉条纹，具有里程碑意义；伽马暴偏振探测仪不仅探测到伽马射线暴，还获得了太阳 X 射线暴和脉冲星信号，预期将取得更丰富的科学成果；空间材料制备、高等植物培养和液桥热毛细对流实验顺利，材料和植物返回样品完好，三项实验预期产出具有特色的科学成果。天地量子密钥分配试验和激光通信试验进展顺利，验证了高精度双向跟瞄、信道保持等关键技术。宽波段成像仪、三维成像微波高度计、紫外临边成像光谱仪图像清晰、层次丰富，经初步评估指标满足任务要求，后续将持续产生显著的应用效益。

探月工程 “嫦娥三号”任务科学应用研究取得一批重大科学产出，多项研究成果在 *Science*、*PNAS* 等国际刊物上发表；“嫦娥五号”任务正样研制进展顺利，将于 2017 年实现月球样品采样返回并开展实验室研究；“嫦娥四号”任务启动实施并直接进入正样研制，将于 2018 年实现世界首次月球背面着陆巡视探测；我国首次火星探测任务正式立项并进入初样研制，将于2021年实现我国首次火星绕落巡探测。

北斗卫星导航系统　2016年，完成了2颗试验卫星的在轨试验与交付，以及“北斗三号”首组2颗MEO卫星正样产品生产，瞄准2017年中发射；星载氢钟搭载试验卫星在轨成功运行；完成了新一代星载铷钟样机研制和环境试验。

（三）国家重点研发计划

2015年11月—2016年4月，科技部陆续发布了2016年度国家重点研发计划42个专项项目的申报指南。中国科学院统一部署，开展院内国家重点研发计划项目的组织推荐等工作。截至2016年5月，全院统一组织申报436个国家重点研发计划项目，部分院属相关单位自愿从地方、行业等渠道自行申报了部分项目。据2016年统计数据显示，院属相关单位在38个专项中牵头承担项目198个（不含涉密、定向项目），项目承担单位的牵头项目获得中央财政支持经费达58.69亿元。

（四）国家重大科研仪器设备研制专项

2016年，中国科学院加强国家重大研制项目过程管理，促进成果产出。组织完成了国家重大科研装备研制项目“新一代厘米-分米波射电日像仪”和“大型高精度衍射光栅刻划系统的研制”的验收。由中国科学院国家天文台牵头承担的“新一代厘米-分米波射电日像仪”项目主持研制的新一代专用太阳射电望远镜，建成的观测设备由分布在方圆10千米的三条旋臂上的100面天线组成高、低频两个综合孔径阵列，将显著提升我国太阳活动预报和空间天气监测的能力。由中国科学院长春光学精密与物理研究所承担的“大型高精度衍射光栅刻划系统的研制”项目研制出一套大型高精度光栅刻划系统，并成功刻划出目前世界上最大面积400mm×500mm的中阶梯光栅，打破了我国大型光学系统、大科学装置及战略高技术领域所需大面积高精度中阶梯光栅受美国等国家严格限制和技术封锁的局面。

2016年，中国科学院继续积极组织国家自然科学基金委员会重大科研仪器研制项目推荐工作，获基金委项目支持1项，支持项目经费7468万元。

（五）其他重大项目

2016年，中国科学院向科技部推荐科技基础性工作专项重大需求65项，涉及生物多样性、地理与地质、生态与环境、海洋、农林、人口健康等领域；完成科技基础性工作专项3个重点项目、6个一般项目的验收工作；参与完成科技基础性工作专项“十三五”规划战略研究报告。

二、战略性先导科技专项

（一）A类先导专项

2016年，中国科学院进一步贯彻A类先导专项“目标清、可考核、用得上、有影响”的“十二字”要求，在专项管理体系中引入军工项目管理理念，建立了“一办两线三组”专项管理模式，即专项领导小组办公室，“行政指挥线”和“科技指挥线”双线并行，专项协调组、总体组和监理组三组协同。各部门明确分工，相互协作，共同推进A类先导专项各项工作有序进展。首批A类专项成果显著，干细胞、碳收支专项顺利通过验收，第二、第三批专项呈现良好发展态势，个性化药物、南海环境变化专项获准启动，深地导钻、空间科学（二期）专项已通过咨询评议。2016年，A类先导专项工作在相关领域均取得重要进展。

干细胞与再生医学研究 在重构小鼠全胚胎时空三维转录组图谱、全新人造细胞类型构建、单倍体干细胞实现同性生殖、体外获得功能性精子等方面取得了一系列重大原创成果；在干细胞结合智能生物材料临床研究方面实现了重大突破，子宫内膜再生临床研究10名婴儿相继诞生，脊髓损伤修复已开展60例临床研究；建立了临床级干细胞培养技术系统及全国首株临床级胚胎干细胞系，完成了相关标准的制定和检测，极大推进了我国干细胞临床研究的发展。

未来先进核裂变能（TMSR系统） 被评为中国科学院“十二五”标志性进展，整体达到国际先进水平：实现熔盐堆若干核心关键技术突破；关键新材料实现中试规模制备，完成实验堆工程初步设计并获得国家核安全局Ⅱ类实验堆批复；与核电企业合作推进热基地选址，为建设世界首座实验堆奠定了坚实的科学技术基础；建成了功能齐全的TMSR非核研究设施，开展了以对美合作为主的卓有成效的国际合作。

未来先进核裂变能（ADS系统） 原创性地提出可持续发展、绿色、安全的加速器驱动先进核能系统，并开展了实验验证；研制了强流超导直线加速器国际样机，多次创造了质子连续束和脉冲束流强的世界纪录；创造性地提出流态固体颗粒高功率散裂靶，引致国际同行跟踪研究；建造了大型铅铋实验台架，研发了次临界反应堆模拟装置和零功率实验装置；自主知识产权的新型抗辐照结构材料SIMP钢达中试规模；后续国家重大科技基础设施“加速器驱动嬗变研究装置”获国家发展改革委批复立项。

空间科学 2015—2016年，空间科学先导专项实现了暗物质、“实践十号”和量子卫星的发射、在轨稳定运行或回收，硬X射线调制望远镜卫星进入发射倒计时。目前，暗物质卫星已完成两遍全天区扫描，获得大量高质量科学数据，有望于2017年发布重大科学成果；“实践十号”卫星在国际上首次开展了15项空间科学实验，并取得了人类首次实现哺乳动物胚胎在太空发育等科学成果；量子卫星顺利完成了在轨测试，建立星地双向纠缠光链路和隐形传态光链路量子信道，正式交付用户并开展科学实验，有望于2017年发布首批科学成果。《2016—2030年空间科学规划研究报告》将由斯普林格出版社出版。空间科学卫星计划入选《“十三五”国家科技创新规划》。习近平总书记在2016年“科技三会”上指出：“必须推动空间科学、空间技术、空间应用全面发展”，将空间科学的重要性提升到了前所未有的高度。空间科学先导专项引发了国内外媒体及社会公众关注热潮，并获*Nature*、*Science*等国际顶级科技期刊连续跟踪报道。

应对气候变化的碳收支认证及相关问题 精确测定了碳排放参数并测算了我国能源利用碳排放量，结果表明我国碳排放被国外研究机构长期高估10%—15%；在国家尺度上准确评估了中国陆地生态系统固碳现状和潜力。2015年12月，在巴黎气候大会中国角成功举办了“追踪碳足迹——中国科学家在行动”边会，在国际上展示了专项研究成果，引起广泛关注。获得了应对气候变化的碳收支认证科学数据库，支撑了国家温室气体排放清单编制。

面向感知中国的新一代信息技术研究 提出海网云协同的新一代信息技术体系，构建了以专用计算为核心，可弹性汇聚边缘与终端资源的海计算框架，创新性地提出数据驱动的海云资源协同调度模式，突破了专用计算芯片、深度可编程网络等关键技术，研制了基于代数计算、神经计算等创新架构专用芯片和海云服务器，较传统云计算模式效能比提升近一个数量级，实现局部威胁全局响应功效提升1—2个数量级，在重点区域、重要领域开展了海云安防、工业物联网等应用示范，取得了显著的社会经济效益。

低阶煤清洁高效梯级利用关键技术与示范 突破了热解、燃烧、气化、合成、CO_2封存和利用等多项关键技术并落实了示范工程。10^4吨/年低阶煤加氢热解、2.5×10^4 Nm^3/h烟气多种污染物脱除等中试装置实现满负荷稳定运行；8×10^4吨/年固体热载体粉煤低温热解、2×10^5吨/年甲醇制油品等示范工程已经提前投入运行；350MW超临界循环流化床燃烧、10^5吨煤制乙醇等示范工程正在紧张建设之中，预计2017年将陆续建成运行，专项的社会和经济效益初步显现，将有力带动我国煤化工产业的升级和转型。

分子模块设计育种创新体系 已完成2万份水稻、小麦、大豆、玉米、鲤等种质资源材料的搜集、整理和入库保存；解析并获得高产、稳产、优质、高效等具有重要应用价值的分子模块33个，分子模块系统27个，开发新耦合模型2个；培育初级模块新品系36个，其中3个已通过省级品种审定；在水稻耐冷机制、杂种优势遗传机理等前沿基础重大理论和核心科技问题研究方面，均取得了重要阶段性成果和突破。

变革性纳米产业制造技术聚焦 突破多项核心技术，工艺中试和产业示范进展顺利。基于纳米新材料体系的长续航动力锂离子电池及下一代大容量固态锂硫、锂空电池技术达到世界先进水平并实现中试；建成世界上首条纳米绿色印刷版材/绿色油墨生产线，纳米绿色制版设备进入韩国市场；甲烷无氧制烯烃和芳烃技术与沙特SABIC、中石油合作；光催化纳米水处理技术在牧区实现精准扶贫示范；新型金属网栅格、3D打印、GaN基激光器等纳米产业制造技术取得突破和应用。

江门中微子实验 中心探测器设计方案通过国际评审，35米直径有机玻璃球启动招标，正在筹备41米直径的巨型钢架主体结构招标；建成新型光电倍增管生产线并通过验收；20英寸大尺寸光电倍增管的防爆设计与试验基本完成；液体闪烁体研制完成了蒸汽剥离、氮气纯化、水萃取等中型纯化设备的安装与调试，正在筹备关键原材料的招标；竖井已开挖350米（总长611米），斜井已开挖941米（总长1000米）。

热带西太平洋海洋系统物质能量交换及其影响 累计执行12个综合性调查航次，总航程40 000余海里，完成调查站位600余站次，样品近10 000余号，累计收集现场观测数据6.72 TB。构建了国际上最大规模的热带西太主流系和印尼关键海峡通道潜标观测网并实现潜标实时化传输，开展深海海底原位长期观测和现场实验并证实南海存在海底可燃冰，深海近海底地形探测分辨率从亚米级提升到厘米级，自主研发水下无人装备在东海黑潮区和西太平洋关键区实现长期自主观测，建成了印度洋-太平洋30年模式产品和南海环境数值预报试验平台，赤潮防治技术成功应用于我国沿海核电行业。

个性化药物——基于疾病分子分型的普惠新药研发 开展了国际首个靶向Aβ的抗阿尔茨海默病候选新药971的Ⅲ期临床试验，并同步开展了对阿尔茨海默病病人疗效指标生物标志物的影响研究，引领国际阿尔茨海默病药物研发方向，对提升我国创新药物的国际地位意义重大；分子靶向抗肿瘤候选新药AL3810正在欧洲和中国开展临床研究，对*FGFR*基因扩增的恶性肿瘤疗效尤为显著，有望成为中国首个在国际上取得新突破的个性化抗肿瘤候选新药。

南海环境变化 面向“经略南海”和“建设21世纪海上丝绸之路”国家重大战略需求，以南海关键海区为主要研究区，开展地质、生态、海洋环境和可持续发展等方面的协同研究，推动相关成熟技术的优化与应用示范，建成“五库四装备三图谱二站一中心”，在生态、绿化、能源、防腐等用户急需领域取得了重要进展，形成多份咨询报告、指南和专报，为南海可持续开发利用提供强有力的科技支撑。

（二）B类先导专项

2016年，B类先导专项按照工作计划组织实施，进展顺利。面向国际科技前沿，通过跨所跨学科的交叉合作和研讨，经过两年多的组织和评议，形成了“超强激光与聚变物理前沿研究”“多波段引力波宇宙研究”等9个新的B类先导专项的立项建议，并通过国际函评、学术委员会咨评和院长办公会审定后完成论证和启动工作。

在加强组织管理方面，组织召开了2016年B类先导工作会，加强专项之间的总结和交流；完成了10个专项的中期检查，强化B类先导专项目标、内容和预算等的动态调整。

三、中国科学院部署项目

（一）前沿科学方面

2016年，中国科学院以“夯实基础，探索未知，图谋引领”为出发点，启动了前沿科学重点研究计划，面向全院科研机构，征集、遴选、支持一批具有冲击国际一流甚至国际顶尖水平科学创新思想的科学家，稳定支持顶尖科学家、中年拔尖科学家、青年拔尖科学家等三类人才。2016年，该计划共支持408个项目，涉及98个院属单位。

（二）重大任务方面

2016年，中国科学院在重大任务方面新部署“随钻方位声波成像与旋转导向关键技术研究”等14项重点部署项目，总经费3.14亿元。

（三）科技促进发展方面

2016年，中国科学院按照“抓大放小”原则，结合院“十三五”重大突破，在农业科技、生物技术、资源环境和高技术4个领域方向部署了“第二粮仓”、生态草牧业、海洋生态牧场、明胶酶法绿色制造2.0工艺研发及应用、国门入侵生物预防与控制技术、全国及重点区域生态环境评估、土壤重金属污染治理、典型县域乡村污染综合治理、中巴经济走廊自然灾害风险评估与减灾对策、深度学习处理器（寒武纪）研发及其产业化、面向新一代移动通信的5G芯片产业化共11个重大项目，总计投入经费2.13亿元。同时，聚焦相关重点领域安排院重点部署项目27个，均与国家重点研发计划有机衔接，支持经费1.06亿元。

重大科技成果

一、2016年度获国家科技奖

根据《国务院关于2016年度国家科学技术奖励的决定》（国发〔2017〕2号），中国科学院2016年度获国家科学技术奖励共26项（人）。赵忠贤获最高科学技术奖；中国科学院作为第一完成人或完成单位，获自然科学奖一等奖1项、二等奖12项，获技术发明奖一等奖1项、二等奖3项，获科学技术进步奖一等奖1项、二等奖5项。其中，中国科学院高能物理研究所研究员、院士王贻芳牵头完成的“大亚湾反应堆中微子实验发现的中微子振荡新模式”获国家自然科学奖一等奖，中国科学院光电技术研究所牵头完成的项目获技术发明奖一等奖（专用项目），中国科学院高能物理研究所牵头完成的“北京正负电子对撞机重大改造工程”获科学技术进步奖一等奖。中国科学院推荐的德国比勒菲尔德大学教授凯瑟琳娜·科瑟-赫英郝斯和美国威斯康星大学教授约翰·库茨巴赫获国际科技合作奖。

（一）国家最高科学技术奖（1人）

赵忠贤，男，1941年出生，辽宁新民人，1964年自中国科学技术大学毕业后到中国科学院物理研究所工作至今。曾担任国防课题组业务负责人和超导国家重点实验室主任。现任中国科学院物理研究所研究员。1991年当选中国科学院院士。50多年来，除参加国防任务的几年外，他一直从事超导研究，是我国高温超导研究的奠基人之一。

超导临界温度很低，广泛应用受到影响，寻找液氮温区的高温超导体甚至室温超导体一直是科学家长期的梦想。在百余年超导研究史中，出现了两次高温超导重大突破，赵忠贤及其合作者都取得了重要成果：即独立发现液氮温区高温超导体和发现系列50K以上铁基高温超导体并创造55K纪录。

赵忠贤是国际上最早认识到柏诺兹和缪勒关于“在Ba-La-Cu-O中存在可能高达35K超导性”（后获诺贝尔奖）的重要意义的少数几位学者之一。该工作与他多年坚持的“结构不稳定性可以导致高临界温度”的思路产生共鸣。1987年2月，赵忠贤及合作者独立发现液氮温区高温超导体，并在国际上首次公布其元素组成为Ba-Y-Cu-O，推动了国际高温超导研究热潮。1987年，获得第三世界科学院（TWAS）物理奖，这是中国科学家首次获此奖项。1989年，因“液氮温区氧化物超导电性的发现”获国家自然科学奖集体一等奖（排名第一）。

赵忠贤的第二个主要贡献是发现系列50K以上铁基高温超导体并创造55K纪录。在长期的坚持和积累下，赵忠贤在探索新的高温超导体方面逐渐地发展了一种新的思路，即存在多种合作现象的层状四方体系中，有可能实现高温超导。2008年，日本一小组报道了LaFeAsO有26K的超导电性，赵忠贤结合他的学术思路，认识到其中可能孕育着新的突破。基于LaFeAs（O，F）压力效应研究，赵忠贤提出轻稀土元素替代和高温高压的合成方案，率先将铁基超导体的临界温度从 26K 提高到 52K，显著超过了 40K 的麦克米兰极限，并很快又合成了绝大多数 50K 以上的系列铁基超导体，创造了大块铁基超导体 55K 最高临界温度纪录。2013 年，赵忠贤因“40K 以上铁基高温超导体的发现及若干基本物理性质研究”获国家自然科学奖一等奖；2015 年，获国际超导领域重要奖项马蒂亚斯奖（Matthias Prize）。

赵忠贤坚持高温超导研究 40 年。他注重培养人才，积极为年轻人营造良好环境。他是我国高温超导研究主要的倡导者、推动者和践行者，为高温超导研究在中国扎根并跻身国际前列做出了重要贡献。

（二）国家自然科学奖一等奖（1 项）

项目名称：大亚湾反应堆中微子实验发现的中微子振荡新模式

主要完成人：王贻芳（中国科学院高能物理研究所）
曹　俊（中国科学院高能物理研究所）
杨长根（中国科学院高能物理研究所）
衡月昆（中国科学院高能物理研究所）
李小男（中国科学院高能物理研究所）

推荐单位：中国科学院

中微子振荡参数 θ13 描述了一种中微子振荡的幅度，其大小关系到中微子研究的未来发展，是粒子物理学 28 个基本参数之一，并和宇宙中“反物质消失之谜”相关。大亚湾中微子实验项目组于 2003 年提出了原创性的实验方案，2011 年建成了国际领先的实验装置，并于 2012 年在激烈的国际竞争中率先取得重大成果：发现对应 θ13 的中微子振荡新模式，并精确测得其振荡幅度。该成果赢得国际粒子物理学界的高度评价，并获得多个国际奖项。

（三）国家自然科学二等奖（12 项）

项目名称：重离子碰撞中的反物质探测和夸克物质的强子谱学与集体性质研究

主要完成人：马余刚（中国科学院上海应用物理研究所）
陈宏芳（中国科学技术大学）
程建平（清华大学）
陈金辉（中国科学院上海应用物理研究所）
刘　峰（华中师范大学）

推荐单位：中国科学院

本项目是原子核物理的前沿基础研究。项目在极端相对论能区的重离子碰撞中探测到两个反物质原子核，并研究了夸克物质的强子谱学特征与集体运动性质。主要成就：①发现了首个反物质超核-反超氚核，该发现打开了三维核素图的大门；②发现反氦 4 核，这是迄今人类所能探测到的最重的反物质；③通过强子谱学和集体性质研究给出夸克胶子等离子体的信号；④研制成功了 RHIC-STAR 的大型飞行时间探测器，并首次运用在高能重离子对撞机实验上。

项目成果受到国际广泛关注，对人们认识自然界的物质形态和理解宇宙早期物质形态的演化等具有十分重要的意义。项目 8 篇代表性论文被 SCI 他引 897 次。

项目名称：磁电演生新材料及高压调控的量子序

主要完成人：靳常青（中国科学院物理研究所）
望贤成（中国科学院物理研究所）
刘清青（中国科学院物理研究所）
邓　正（中国科学院物理研究所）
禹日成（中国科学院物理研究所）

推荐单位：中国科学院

本项目以发现磁电演生新材料及量子序的高压调控为目标，围绕铁磁、反铁磁及强自旋轨道耦合 3 类典型磁电相互作用：①发现并命名了国际公认的铁基超导主要体系之一的“111”体系；②首次研制了系列铁磁演生材料并揭示了新奇量子序；③揭示了压力诱导的强自旋轨道耦合量子序演化新现象，首次发现了压力诱发的拓扑化合物宏观量子凝聚。这些工作引领了磁电演生新材料研究，引发国际上 30 多个国家和地区 300 多个研究机构的跟进和拓展。

项目名称：生物分子界面作用过程的机制、调控及生物分析应用研究

主要完成人：樊春海（中国科学院上海应用物理研究所）
李根喜（南京大学）
宋世平（中国科学院上海应用物理研究所）
王丽华（中国科学院上海应用物理研究所）
李　迪（中国科学院上海应用物理研究所）

推荐单位：中国科学院

本项目属于生物分析化学与界面物理化学交叉的基础研究。本项目以生物传感“界面”为核心，针对生物分子在传感界面上的吸附、组装和识别过程这一关键科学问题开展了系统研究。提出并发展了一种基于生物分子构象变化的“动态”生物传感检测新策略，通过构建一系列基于界面调控的生物传感器，实现了若干与重大疾病相关的生物分子的高灵敏、高选择性生物分析检测。以上研究成果产生了 20 篇核心研究论文，论文他引 4269 次。

项目名称：有机场效应晶体管基本物理化学问题的研究

主要完成人：胡文平（中国科学院化学研究所）
刘云圻（中国科学院化学研究所）
李洪祥（中国科学院化学研究所）
汤庆鑫（中国科学院化学研究所）
董焕丽（中国科学院化学研究所）

推荐单位：中国科学院

有机场效应晶体管是有机电路的基础和核心，其研究涉及化学、物理、材料、半导体、微电子等多个学科。然而，场效应分子的设计合成策略、结构和性能的关系、器件物理及器件性能的调控规律等基本的物理化学问题，尚不清楚。围绕有机场效应晶体管的基本物理化学问题，项目在高性能有机场效应材料、材料凝聚态结构和性能的关系、场效应器件方面开展了系统的研究，取得了系列创新性成果，形成了国际特色。

项目名称：高效不对称碳—碳键构筑若干新方法的研究
主要完成人：林国强（中国科学院上海有机化学研究所）
徐明华（中国科学院上海药物研究所）
钟羽武（中国科学院上海有机化学研究所）
冯陈国（中国科学院上海有机化学研究所）
孙兴文（中国科学院上海有机化学研究所）
推荐单位：上海市

不对称合成是获得手性化合物最有效的方法。本项目围绕碳—碳键的高效不对称构筑这一挑战性问题，在手性科学基础与应用问题上，设计发展多类手性亚磺酰辅剂诱导策略的高立体选择性反应和性能独特的新型手性双烯及线性硫烯配体。探索在有机功能分子、天然产物和生物活性分子的高效不对称合成，过渡金属催化的高对映选择性反应及应用，对手性有机化学及药物研发等领域具有重要意义，极大地推动不对称反应的研究与发展。

项目名称：氧基簇合物的设计合成与组装策略
主要完成人：杨国昱（中国科学院福建物质结构研究所）
郑寿添（中国科学院福建物质结构研究所）
孙燕琼（中国科学院福建物质结构研究所）
张漫波（中国科学院福建物质结构研究所）
程建文（中国科学院福建物质结构研究所）
推荐专家：于吉红、卜显和、苏成勇

本项目属于无机、配位及结构化学中的基础前沿交叉领域，在过渡金属、稀土及主族金属等氧合团簇领域分别提出了缺位导向与导向组装、配体诱导与协同配位及自聚合与诱导聚集等思想与策略，构建了系列新颖氧合团簇。这些思想/策略在催化及磁性材料的设计合成领域具有指导作用，推动了我国氧合团簇化学基础研究的发展。该项目20 篇主要论文被他引 2705 次并在 *Chemical Reviews* 及 *Chemical Society Reviews* 等期刊中得到国内外同行高度评价。

项目名称：亚洲季风变迁与全球气候的联系
主要完成人：安芷生（中国科学院地球环境研究所）
孙有斌（中国科学院地球环境研究所）
蔡演军（中国科学院地球环境研究所）

周卫健（中国科学院地球环境研究所）
沈 吉（中国科学院南京地理与湖泊研究所）

推荐单位：中国科学院

本项目属地球科学领域。亚洲季风作为连接高-中-低纬气候和海-陆-气相互作用的关键纽带，是全球气候系统的重要组成部分，具有鲜明的区域特色和重要的全球意义。研究团队通过整合亚洲地区高质量代表性气候环境演化序列，揭示冰期-间冰期至千年尺度亚洲季风的演变特征，提出“冰期-间冰期印度季风动力学”理论，阐明季风变化同南北半球冰量变化、太阳辐射、大洋环流、ITCZ等气候系统内外部因子的动力联系，查明不同环境单元不同气候子系统响应的异同。从地球系统科学的视角，将亚洲古季风研究拓展为多尺度与多动力因子和区域与全球相结合的集成研究，极大地推动了与季风相关的过去全球变化科学的发展。研究成果已在国际上获得良好评价和广泛引用，20篇论文SCI他引620次，8篇代表性论文（其中6篇在2010年后发表）SCI他引374次。

项目名称：猪日粮功能性氨基酸代谢与生理功能调控机制研究

主要完成人：印遇龙（中国科学院亚热带农业生态研究所）
谭碧娥（中国科学院亚热带农业生态研究所）
吴 信（中国科学院亚热带农业生态研究所）
孔祥峰（中国科学院亚热带农业生态研究所）
姚 康（中国科学院亚热带农业生态研究所）

推荐单位：湖南省

围绕猪氨基酸代谢与生理功能调控机制开展研究，揭示了精氨酸、亮氨酸等功能性氨基酸在猪肠道高效利用的规律及其对营养沉积分配和孕体发育等功能的调控机制，可为人类营养代谢与健康研究提供参考，推动功能性氨基酸在猪生产中的应用，产生了显著的经济和社会效益。成果发表在本领域TOP期刊并被广泛引用，完成人印遇龙因此连续2年入选世界“高被引科学家”。成果列入了中科院科技创新案例和国家自然科学基金委资助成果典型创新案例。

项目名称：复杂动态网络的同步、控制与识别理论与方法

主要完成人：吕金虎（中国科学院数学与系统科学研究院）
虞文武（东南大学）
陈关荣（香港城市大学）
陆君安（武汉大学）
周 进（武汉大学）

推荐单位：中国科学院

本项目属于系统与控制科学领域，揭示了一类典型时变复杂动态网络同步的普适性规律，提出了网络同步的基本判别准则，解决了复杂动态网络同步理论中结构时变的难题；揭示了复杂动态网络牵制控制的基本规律，发现了复杂网络的结构耦合强度、牵制

节点数与控制增益之间的定量关系；揭示了复杂动态网络结构识别的内在机理，发现了同步阻碍拓扑识别的本质规律。理论成果为连续运行参考站网络（含中国北斗地基增强系统）厘米级服务的参考站组网法则、可靠性和完备性提供了关键理论支撑。8 篇代表性论文总 SCI 他引 1739 次，20 篇论文总 SCI 他引 2852 次，15 篇 ESI 高被引论文。

项目名称：氧化物阻变存储器机理与性能调控

主要完成人：刘　明（中国科学院微电子研究所）
　　　　　　刘　琦（中国科学院微电子研究所）
　　　　　　管伟华（中国科学院微电子研究所）
　　　　　　龙世兵（中国科学院微电子研究所）
　　　　　　王　艳（中国科学院微电子研究所）

推荐单位：中国科学院

本项目属于微电子领域，高性能存储是信息技术的基础。本项目针对新型氧化物阻变存储技术中的基础科学问题开展了系统研究，主要科学发现包括在纳米尺度揭示了阻变机理、发现了功能层掺杂调控存储性能的规律、提出了局域电场增强器件参数一致性的方法。8 篇代表性论文和 20 篇主要论文被 SCI 他引 750 次/1158 次。作为典型进展被写入 15 本著作和 40 篇综述。成功研制了基于 HfO_2 的 1kb 阻变存储器测试芯片，相关专利授权/许可给中芯国际和武汉新芯。

项目名称：纳米结构单元的宏量制备与宏观尺度组装体的功能化研究

主要完成人：俞书宏（中国科学技术大学）
　　　　　　梁海伟（中国科学技术大学）
　　　　　　从怀萍（中国科学技术大学）
　　　　　　刘建伟（中国科学技术大学）
　　　　　　姚宏斌（中国科学技术大学）

推荐单位：安徽省

本项目属于材料科学、材料合成与加工工艺学及其与纳米科技的交叉领域。围绕纳米材料实际应用中的关键科学问题，建立和发展了纳米结构单元的宏量制备新方法，实现了不同维度纳米结构单元的制备、复合与组装体制备，建立了纳米结构单元的界面可控组装及宏观组装体制备的新方法，对进一步推动纳米材料的宏量制备、宏观组装体制备与功能化研究具有重要的指导作用。8 篇代表性论文被他引 1182 次，20 篇主要论文被他引 2694 次，10 篇入选 ESI TOP 1% 高被引论文。

项目名称：新型核能系统的中子输运理论与高效利用方法

主要完成人：吴宜灿（中国科学院合肥物质科学研究院）
　　　　　　邱励俭（中国科学院合肥物质科学研究院）
　　　　　　黄群英（中国科学院合肥物质科学研究院）
　　　　　　蒋洁琼（中国科学院合肥物质科学研究院）

王明煌（中国科学院合肥物质科学研究院）

推荐单位：中国科学院

本项目属于核科学技术领域。中子被称为核能系统的“灵魂”，其行为直接关系到核反应堆的安全性和经济性。项目围绕革新型核能系统中子物理问题，建立了多过程直接耦合输运理论，提出了一体化非规则建模思想，搭建了复杂中子输运问题从过程离散孤立到大空间全过程耦合的理论桥梁，推动了中子学科发展，为从源头上解决核安全问题提供了理论基础。成果为全球最大能源科技计划“国际热核反应堆ITER”等30余个国际重大项目做出了重要贡献。

（四）国际科技合作奖

凯瑟琳娜·科瑟-赫英郝斯

推荐单位：中国科学技术大学

凯瑟琳娜·科瑟-赫英郝斯是德国比勒菲尔德大学教授，德国科学院院士，德国国家科学与工程院院士，现任国际燃烧学会主席。她是燃烧诊断领域专家，新型低温燃烧实验技术开拓者之一，国际生物燃料燃烧研究领军人物；曾获国际纯粹和应用化学联合会“化学/化工领域杰出女性科学家奖”和德国十字勋章。

她与中国科学技术大学合作发展了同步辐射生物质热解诊断方法，并利用同步辐射燃烧诊断新技术检测到了烯醇类中间体、解析了新型生物醇类燃料的微观燃烧化学结构。在她的培养与推荐下，中国科学院三位青年学者获国际燃烧界最高青年学术奖“伯纳德·刘易斯奖”。在她的积极推动下，我国燃烧基础研究快速发展，在两大权威燃烧期刊上发表论文数已跃居世界第二位。中国科学技术大学“大尺度火灾国际联合研究中心”被科技部认定为国家级国际科技合作基地。

2012年，她受邀出席习近平总书记与在华外国专家代表座谈会，为我国创新型国家建设献计献策，受到了习近平同志的充分肯定。2014年，她受外专局邀请，向国务院提出了关于中国环境治理和国际化发展的一系列建议。

约翰·库茨巴赫

推荐单位：中国科学院地球环境研究所

约翰·库茨巴赫美国威斯康星大学教授，美国国家科学院院士，长期担任麦迪逊分校气候变化研究中心主任。他是世界一流的气候模拟学者，也是古气候模拟领域的开拓者和奠基人之一。

他利用物理与生物地球化学数值方法，模拟地球变化过程，开创性地将气候、地质和生态科学相联系，研究其间的响应与反馈机制，成功揭示了气候环境变化在构造和轨道等不同时间尺度上的变化机理和驱动因子，为人类深入理解地球系统过去、现在、未来的变化开辟了新方向，同时开启了公众认知气候科学的新纪元。他与中国科学院科学家合作近30年，开启了我国传统地质学与数值模拟相结合的动力学研究新阶段，多次合作在国际一流期刊上发表研究成果，推动了国家自然科学基金委中美重大和重点国际合作项目的产生，为中国科学院全球变化研究的快速发展、为我国地球系统科学走上国际舞台并取得原创性突破做出了不可磨灭的贡献。

他无私传授先进学术思想、新技术、新方法，为中国科学院优秀领军人才成长做出了突出贡献，多年来持续邀请中国科学院科研骨干赴美开展合作研究，并在华举办系列气候动力学讲座。在他实验室中进行合作研究的中国学者先后有 3 人成为中科院院士，多人获得国家杰出青年基金。

二、2016 年度重大科技成果

（一）前沿科学方面重大科技成果

1. 数理化学领域

解决了典型群和 L-函数的若干猜想，在 Langlands 纲领问题研究中取得突破 Langlands 纲领是 21 世纪最重大的数学难题之一，是现代数学研究的一个制高点，已产生两个菲尔兹奖，其研究涉及数论、代数群与李群、代数几何、分析等诸多数学方向。L-函数是 Langlands 纲领的核心研究对象，而典型群重数一猜想是高阶 L-函数研究中的基本问题之一。中国科学院数学与系统科学研究院孙斌勇研究员领衔的团队证明了阿基米德域上的典型群重数一猜想，解决了 Howe 重数保守猜想、Kudla-Rallis 守恒律猜想及 Kazhdan-Mazur 非零假设。论文在顶级期刊 *Annals of Mathematics*、*Inventiones Mathematicae* 和 *Journal of the American Mathematical Society*（两篇）上发表。这些工作为相关 L 函数理论发展奠定了基础。

二维硼（硼烯）的成功实验制备 从原子层面上构筑新型量子材料是当前凝聚态物理的热点，中国科学院物理研究所的团队采用原子层构筑的方法，首次实现单元素硼的二维结构——硼烯。工作证明具有不同周期孔的三角形晶格，证明了长期以来理论的预期。此外，还发现硼烯有相当稳定的抗氧化性，并且与衬底仅有较弱的相互作用。与石墨烯类似，硼烯可视为含硼的新型材料的一个基本构件，硼烯的实验获得为进一步调控含硼的化合物的材料和物性（如超导 MgB_2 材料）提供了基石，也对将来可能的二维硼电子提供了诱人的前景。论文发表在 *Nature Chemistry* 上，已经成为 ESI“热点论文”，并引领了国际上该领域的一系列最新进展。

双层石墨烯中畴壁对等离激元反射的研究获得重要进展 双层石墨烯中由位错导致的畴壁是具有孤子性质的一维体系，有奇特的电学及光学性质。中国科学院物理研究所与国外合作者一起，利用近场红外纳米显微技术观测到机械剥离的双层石墨烯中存在的畴壁图案，证实了石墨烯中的表面等离激元在畴壁处发生了反射。同时发现，表面等离激元的反射行为强烈依赖于畴壁的孤子类型，并且可以通过栅极电压对表面等离激元的反射行为进行调控。该结果证实了双层石墨烯中表面等离激元与一维畴壁孤子的可调控的耦合作用，并提供了一种新的在纳米尺度控制石墨烯中表面等离激元的方法。论文发表在 *Nature Materials* 上。

在超冷原子量子模拟方面取得突破 量子计算具有强大的并行计算和模拟能力。中国科学技术大学团队与北京大学合作，通过拉曼耦合技术，可以用中性原子模拟自旋耦合-轨道耦合的若干重要性质。验证了一维自旋轨道耦合在零温和非零温条件下的相图，在国际上首次实现二维自旋轨道耦合；实现了超冷原子光晶格中两两原子之间的量子纠缠等。相关结果发表在 *Science* 杂志上。

大亚湾中微子实验测得最精确的反应堆中微子能谱 2016 年，在高效运行并采集到世界上最大的反应堆中微子样本的基础上，大亚湾中微子实验测得了迄今为止最精确、与模型无关的反应堆中微子能谱，并发现了与理论预期存在的两处偏差。相关论文发表在 *Physical Review Letters* 上，受到国内外同行的高度评价。此外，大亚湾中微子实验研究获 2016 年度国家自然科学奖一等奖。

北京正负电子对撞机对撞亮度创造新的世界纪录 2016 年 4 月 5 日，北京正负电子对撞机（BEPCⅡ）在设计能量 1.89 GeV 下的对撞亮度达到 $1\times10^{33}\,cm^{-2}\cdot s^{-1}$ 的设计目标，达到改造前的 100 倍，被誉为我国加速器领域一次新的跨越，将为 τ-粲能区粒子物理前沿研究和多学科研究等提供更有力的支撑。相关工作受到国内外同行的高度关注和评价。此外，北京正负电子对撞机重大改造工程获 2016 年度国家科技进步奖一等奖。

利用引力波信号对爱因斯坦弱等效原理进行高精度检验 中国科学院紫金山天文台高能时域天文团组及其合作者利用引力波信号精确验证了爱因斯坦广义相对论中的弱等效原理假设。他们指出，引力波及其电磁对应体信号的联合探测有望把后牛顿参数 γ（单位质量引起的空间弯曲）的差值上限限制到 10^{-10} 量级，这一结果比之前相关限制（都是利用银河系引力势）至少提高了 1 个量级，从而进一步证明了爱因斯坦等效原理假设的正确性。相关成果发表在 *Physical Review D* 上。

侧链工程助力非富勒烯聚合物太阳能电池效率攀升 中国科学院化学研究所研究人员发展了一类与窄带隙有机半导体受体材料匹配的中间带隙二维共轭聚合物给体光伏材料，通过这类聚合物给体共轭侧链上的烷硫基及硅烷基取代和受体材料侧链的异构化，使非富勒烯聚合物太阳能电池的能量转换效率逐步提高到 10.57%、11.41% 和 11.77%。该工作为高效光伏材料的分子设计提供了新思路，也使研究者重新认识聚合物太阳能电池中激子电荷分离的驱动力。该系列工作分别发表在 *Journal of the American Chemical Society* 和 *Nature Communication* 上。

实现珍珠母结构材料的人工合成 中国科学技术大学研究团队受天然珍珠母生长过程的启发，创造性地提出了一种基体组装与仿生矿化相结合的全新策略，获得三维宏观尺度人工珍珠母材料。这种人工珍珠母材料具有与天然珍珠母高度类似的化学组分、无机含量、多级结构形式、精细微纳结构，以及超常的断裂强度和断裂韧性。国际顶尖期刊 *Nature* 以“Bulk Production of Mother-of Peral”（批量生产珍珠母）为题将本成果选为研究亮点。相关研究论文发表在 *Science* 上。

高效选择性加氢反应取得重要进展 国家纳米科学中心研究团队和澳大利亚格里菲斯大学合作，提出用 MOFs 作为选择性加氢反应调控器的理念，巧妙地设计和精准构筑了三明治结构 MIL-101@Pt@MIL-101 催化剂，实现了 α,β-不饱和醛中 C═O 官能团的高选择性加氢。该研究为新型多功能催化剂的合理结构设计和制备提供了新思路，同时也可为一些具有重要工业应用和挑战性的催化难题的解决提供重要借鉴。相关成果发表在 *Nature* 上。

2. 生命科学领域

揭示水稻产量性状杂种优势的分子遗传机制 为了揭示水稻产量性状杂种优势的遗传基础，中国科学院上海植物生理生态研究所韩斌和黄学辉研究组与中国水稻研究所杨仕华合作，对17套代表性杂交水稻品系的10 074份F2代材料进行了基因型和表型性状分析。因此系统鉴定了与水稻产量杂种优势相关的遗传位点，并将现代杂交水稻品系鉴定为3个群系，代表了不同的杂交育种体系。他们发现，虽然在所有杂交稻中并没有完全相同的与杂种优势相关的遗传位点，但在同一群系内，都有少量来自母本的基因位点通过不完全显性的机制对大部分杂种的产量优势有重要贡献。这一发现将有利于进行高效的杂交优化配组，以快速获得具有高产、优质和抗逆的杂交品种。相关研究论文以长文形式于2016年9月发表在*Nature*上。

提出基于胆固醇代谢调控的肿瘤免疫治疗新方法 上海生物化学与细胞生物学研究所许琛琦、李伯良与合作者从全新角度研究了T细胞的肿瘤免疫应答反应。他们认为通过调控T细胞的“代谢检查点”可改变其代谢状态，使其获得更强的抗肿瘤效应功能。他们鉴定出胆固醇酯化酶ACAT1是调控肿瘤免疫应答的代谢检查点，抑制其活性可以增强CD8+ T细胞的肿瘤杀伤能力。其主要机理是CD8+ T细胞质膜胆固醇水平明显增加，帮助T细胞抗原受体簇和免疫突触高效形成。他们还发现ACAT1抑制剂Avasimibe（作为用于治疗动脉粥样硬化相关疾病的药物，已进行了III期临床试验）具有很好的抗肿瘤效应，并且能与现有的临床药物PD-1抗体联合治疗来获得更好的肿瘤免疫治疗效果。他们的研究开辟了肿瘤免疫治疗的一个全新领域，证明了代谢调控的关键作用；同时发现ACAT1这一新的治疗靶点，拓展了ACAT1小分子抑制剂的应用前景，为肿瘤免疫治疗提供了新思路与新方法。相关研究论文于2016年3月发表在*Nature*上。

发现精子RNA可作为记忆载体将获得性性状跨代遗传 中国科学院动物研究所周琪、段恩奎研究组与中国科学院上海营养科学研究所翟琦巍研究员合作，基于高脂肪饮食小鼠模型，发现精子中一类来源于tRNA的5′端序列的、大小富集在30—34nt的小RNA（tsRNAs）在高脂饮食下发生了表达谱和RNA修饰谱的显著改变。分离高脂小鼠精子中的tsRNAs片段并注射到正常受精卵内，可诱导F1子代产生代谢性疾病。高脂小鼠精子的tsRNAs进入受精卵后导致早期胚胎及后代小鼠胰岛中代谢通路基因发生显著改变。该研究第一次从精子RNA角度为研究获得性性状的跨代遗传现象开拓了全新的视角，提出精子tsRNAs是一类新的父本表观遗传因子，可介导获得性代谢疾病的跨代遗传。相关研究论文于2016年发表在*Science*上。

构建出世界上首个非人灵长类自闭症模型 中国科学院上海神经科学研究所仇子龙研究组与非人灵长类平台孙强团队合作，通过构建携带人类自闭症基因*MECP2*的转基因猴模型并对转基因猴进行分子遗传学与行为学分析，发现*MECP2*转基因猴表现出类似于人类自闭症的刻板动作与社交障碍等行为。他们首次在灵长类中成功通过精巢异体移植的方法加快猴类繁殖周期，历时三年半得到了携带人类*MECP2*基因的第二代转基因猴，且发现其在社交行为方面表现出了与亲代相同的自闭症样表型。这是世界上首个自闭症的非人灵长类模型，为深入研究自闭症的病理与探索可能的治疗干预方法做出了重要贡献。相关研究论文于2016年2月发表在*Nature*上。

揭示胚胎发育过程中关键信号通路的表观遗传调控机理 中国科学院上海生物化学与细胞生物学研究所徐国良研究组与美国威斯康星大学孙欣、北京大学汤富酬等合作，利用生殖系特异性敲除小鼠得到 *Tet* 基因三敲除胚胎，通过一系列形态发育特征的检测，结合基因功能互补分析，解析了 TET 缺失造成胚胎死亡的机制，发现了 TET 三个成员之间功能上相互协作，介导的 DNA 去甲基化与 DNMT 介导的 DNA 甲基化相互拮抗，通过调控 Lefty-Nodal 信号通路控制胚胎原肠运动。该工作从长期困扰发育生物学领域的基本重大问题出发，着眼于人类新生儿出生缺陷的可能机理和防治，第一次系统地揭示了胚胎发育过程中关键信号通路的表观遗传调控机理，为发育生物学的基本原理提供了崭新的认识。相关成果于 2016 年 10 月发表在 *Nature* 上。

首次揭示侧杏仁核在听觉恐惧记忆中的重要作用 中国科学院神经科学研究所蒲慕明团队发现了一个新的投射通路：侧杏仁核——听觉皮层，此通路在恐惧记忆中起着关键作用，证明突触可塑性可由连接通路决定，提示此通路可能与恐惧记忆的存储相关。新形成的突触绝大多数都是在已存在的突触结构上添加新的突触结构的方式形成，很少有突触前后均为新形成的“全新”突触。这个新增突触连接的方式可以节省空间和结构蛋白数量，是一种很“经济”的突触形成方式。并且，在所有观察过的皮层下-皮层及皮层-皮层通路中，突触形成都遵循此规律，故而此规律可能是成年动物大脑皮层中新增突触的通用规则。此研究为研究通路特异结构的可塑性提供了新方法，对条件恐惧学习的神经环路研究是重要的补充，并且提示了成年动物大脑中新突触形成的基本规律。该成果于 2016 年 9 月发表在 *Nature Neuroscience* 上。

埃博拉病毒入侵机制研究方面取得重要成果 中国科学院微生物研究所高福研究团队在埃博拉病毒入侵机制方面率先解析了 NPC1 分子的腔内结构域 C 及其与激活态糖蛋白复合物的三维结构，发现结构域 C 主要利用两个突出来的环状结构插入激活态糖蛋白头部的疏水凹槽里，从而发生相互作用。这提示着可以针对激活态糖蛋白头部的疏水凹槽设计小分子或多肽抑制剂，来阻断埃博拉病毒的入侵过程。进一步的分析发现，激活态糖蛋白与腔内结构域 C 结合后，会发生构象变化，使得糖蛋白的融合肽更容易暴露出来，插入内吞体膜上，从而启动膜融合过程。该研究加深了人们对埃博拉病毒入侵机制的认识，为应对埃博拉病毒病疫情及防控提供了重要的理论基础，也从分子水平阐释了一种新的病毒膜融合激发机制（第五种机制），成为近年来国际病毒学领域的一大突破。研究成果于 2016 年 1 月 18 日发表在 *Cell* 上。

光合作用 PSII-LHCII 超级复合物结构研究进展 中国科学院生物物理所研究团队通过单颗粒冷冻电镜技术，在 3.2 埃分辨率下解析了高等植物（菠菜）光系统 II-捕光复合物 II 超级膜蛋白复合体（PSII-LHCII supercomplex）的三维结构。近年来，人工模拟光合作用研究的一个重要方向是在人工体系中模拟光系统 II 高效的光激发裂解水反应，以实现开发和利用太阳能的目的。该研究结果首次揭示了这个高度复杂的超分子体系的总体结构特征和各亚基的排布规律；在每个菠菜 PSII 核心复合物的外周，结合了三种外周捕光复合物，包括 LHCII 三聚体、CP29 单体和 CP26 单体。该项工作首次发现了这三个不同外周捕光复合物与核心复合物之间相互装配、识别的机制和位点；在对菠菜 PSII-LHCII 超级复合物内部高度复杂的色素网络进行深入分析的基础上，首次揭示了

LHCII、CP29 及 CP26 向核心天线复合物传递能量的途径。研究结果对于进一步在分子水平理解 PSII-LHCII 超级复合物中的能量传递时间动力学和光保护机理具有重要意义。研究成果于 2016 年 5 月 18 日发表在 *Nature* 上。

飞蝗表皮代谢调控研究取得重要进展 中国科学院动物研究所康乐课题组发现，两类小 RNA：miR-71 和 miR-263，通过负调控几丁质代谢通路的两个关键基因——几丁质合成酶 1（*chitin synthase1*，*CHS1*）和几丁质酶 10（*chitinase10*，*CHT10*），进而影响飞蝗的蜕皮发育过程，为筛选潜在的小分子药物作用靶标、设计更加有效环保型药物以调控飞蝗的表皮代谢和信息素合成及感知，从而实现蝗灾精准控制提供科学依据。研究结果于 2016 年 8 月作为封面文章发表在 *PLoS Genetics* 上。

棉花-真菌跨界小 RNA 抗病研究取得重要进展 黄萎病素有“棉花癌症”之称，严重威胁着棉花的生产和相关产业的发展。中国科学院微生物研究所郭惠珊课题组研究在对棉花和大丽轮枝菌的互作研究中发现，棉花的一类内源小 RNA（miRNA）能够受大丽轮枝菌侵染的诱导并转运到病菌细胞中，介导大丽轮枝菌靶基因 *Clp-1* 和 *HiC-15* 的剪切降解。敲除 *Clp-1* 和 *HiC-15* 的突变体 VdaΔclp-1 和 VdaΔhic-15 对棉花的致病性都明显下降，表明这两个基因是大丽轮枝菌的致病因子。研究结果证明了植物寄主可以跨界输出特异的 miRNA 进入病原真菌中引起靶标致病性基因沉默从而获得抗性，在国际上首次揭示了植物-真菌跨界 RNAi 抗病新途径。研究结果于 2016 年 9 月发表在 *Nature Plant* 上。

基因组研究揭示金丝猴属物种高海拔适应遗传机制 中国科学院昆明动物研究所张亚平团队联合云南大学于黎团队对金丝猴的比较基因组和转录组分析显示，高海拔分布的滇金丝猴中氧化磷酸化相关基因显著扩张与高表达；在 3 个高海拔金丝猴物种中（滇金丝猴、怒江金丝猴和川金丝猴）发现了 6 个基因中的 8 个共有氨基酸替换。功能分析表明，其中与 DNA 修复相关的 CDT1 分子的突变型具有更强的稳定性，可能有助于金丝猴在高海拔环境中对紫外线的抵抗；而 RNASE4 的突变型具有更强的诱导血管生成的活性，可能有助于高海拔金丝猴的血管生成与低氧适应。此研究揭示了金丝猴属动物高海拔环境适应的遗传机制。研究成果于 2016 年 7 月发表在 *Nature Genetics* 上。

人类大脑进化遗传机制方面取得新进展 中国科学院昆明动物研究所宿兵团队与乔治亚理工大学的 Soojin V. Yi 教授合作对人类、黑猩猩和猕猴 3 个物种的大脑前额叶进行了大脑全基因组甲基化测序，发现了 85 个人类特异的甲基化变化区域（DMR）。同时，他们通过对多个灵长类代表物种（人类、黑猩猩、长臂猿、猕猴和食蟹猴）大脑样本的甲基化重测序对发现的人类特异的 DMR 进行了验证。研究结果显示，有相当一部分 DMR 集中在基因间区域，而这些区域基本上都是 H3K4me3 标识的转录活跃区域；进一步的基因表达分析发现，这些区域可能通过影响一些神经特异转录因子的结合参与神经发育调控过程。该研究提示在进化中表观遗传变化对人类大脑起源的重要作用。研究结果于 2016 年 8 月发表在 *Molecular Biology and Evolution* 上。

3. 地球科学领域

冰河时代欧亚人群的遗传谱图 中国科学院古脊椎动物与古人类研究所付巧妹研究员与国外科学家合作，提取和研究了 51 个末次冰期欧亚不同人群个体的基因组数据，首次揭示了该时段欧亚地区完整的人口动态变化情况，绘制出冰河时代欧亚人群的遗传谱图。研究表明：①早期现代人中尼安德特人的基因含量在很短的时间里下降 1.5—3 倍。在距今 37 000—14 000 年，欧洲人群具有很大的连续性，因此尼安德特人的基因含量在很短的时期内下降可能是自然选择去除不利于现代人适应环境造成的结果；②欧洲存在一个早期现代人的重要群体，他们对后期人群影响很大。该地区有些群体在其间消失。这些在不同时空分布的 51 个个体不仅揭示出各自本身和所在群体的遗传信息，还反映了不同人群的相互关系，并在探讨已知的考古文化体系间的复杂关系方面具有重要作用；③末次冰期结束后的第一个强烈变暖事件对欧洲人群结构影响很大，那里的人群在距今 14 000 年左右的冰期结束后与近东人群出现了很强的联系。成果于 2016 年发表在 *Nature* 上。

青藏高原生态系统和气候变化相互作用机制 中国科学院青藏高原地球科学卓越创新中心沈妙根副研究员研究发现：近 30 年来，遥感观测显示高原生长季植被活动呈持续增强趋势。增强的植被活动降低了地表生长季白天温度，对生长季夜间温度的影响不显著，总体上则降低了局地生长季平均温度。这种局地降温效应，主要是由于植被增加导致局地蒸腾作用增强，从而降低了地表能量。不同于北极植被对气候变化的“正反馈”作用，青藏高原植被活动对气候变化形成了“负反馈”。高原植被对气候的这种“负反馈”作用，表明中国政府在青藏高原实施的“退牧还草”等植被恢复措施有助于减缓当地气候变暖。成果于 2016 年发表在 *PNAS* 上。

中国生态系统服务评估取得重要进展 中国科学院生态环境研究中心欧阳志云研究组建立了关联生态系统服务与受益者的区域生态保护重要性评估新方法，揭示了我国生态系统服务空间格局和生态保护的关键区域，阐明了我国生态保护政策取得显著成效。研究发现，2000—2010 年，我国食物生产、水源涵养、土壤保持、防风固沙、洪水调蓄、固碳、生物多样性保护 7 项生态服务中，有 6 项在 10 年中得到明显改善，只有生物多样性保护功能下降。天然林保护、退耕还林还草等生态建设与保护工程对生态系统服务功能的提升发挥了重要作用。研究还揭示了各项生态系统服务的空间格局，明确了对保障国家生态安全具有重要意义的关键区域，这些区域虽然仅占全国国土面积的 37%，但提供了全国 56%—83% 的生态系统服务。论文在 *Science* 上发表。

揭示我国当前雾霾期间硫酸盐的重要形成机制 中国科学院地球环境研究所王格慧研究组联合国内外团队，针对我国京津冀乃至整个华北秋冬季时常遭遇大范围雾霾污染并伴随着 $PM_{2.5}$浓度暴增现象，通过外场观测与实验室烟雾箱模拟，发现并证实大气细颗粒物上二氧化氮液相氧化二氧化硫是我国当前雾霾期间硫酸盐的重要形成机制。由于具有强吸水性，形成的硫酸盐在雾霾天高湿度条件下会促进硝酸盐和二次有机气溶胶的形成，这些物质之间的协同效应进一步加剧我国华北雾霾污染。根据这些新认识，研究团队指出：当前我国大气二氧化硫有效减排的同时，亟须进一步加强氮氧化物、氨气和挥发性有机污染物减排控制，本着由易到难的原则，应优先加强氮氧化物减排控制。成果于 2016 年发表在 *PNAS* 上。

揭示海马基因组特征及其环境适应进化机制 中国科学院南海海洋研究所林强研究团队通过全基因组数据分析得知海马是目前已获得全基因组鱼类中进化速率最快的物

种，发现海马与环境适应相关的基因在长期的进化过程中发生了明显收缩，并从基因层面探讨了育儿袋形成和怀孕过程，揭开了海马雄性育儿之谜；与此同时，该团队瞄准国际上对于海洋鱼类的进化研究高地，首次阐明了海马特异体型进化机制，为人类重新认识海洋鱼类进化地位和环境适应性开拓了新视角，对推动海洋生物学科发展具有重大意义。成果于2016年在*Nature*上以封面文章形式发表。

4. 技术科学领域

“海斗”号无人潜水器创造深潜纪录 2016年6月至8月，我国“探索一号”科考船在马里亚纳海域开展了我国海洋科技发展史上第一次综合性万米深渊科考活动。其中，我国自主研制的“海斗”号无人潜水器成功下潜，最大潜深达10 767米并悬停52分钟，创造了我国无人潜水器的最大下潜及作业深度纪录，这也使我国成为继日、美两国之后第三个拥有研制万米级无人潜水器能力的国家。作为我国第一次万米深渊科考，获得了深度序列完整的原位探测数据及水体、沉积物和大生物样本，取得系列国际和国内领先科技成果，初步奠定我国在深渊领域的优势，为进一步建立和夯实在此领域的领先地位开辟了道路。

开创煤制烯烃新捷径 2016年3月4日，*Science*发表中国科学院大连化学物理研究所煤基合成气直接转化制烯烃研究所取得的重大突破。该技术颠覆了90多年来煤化工一直沿袭的费托路线，创造性地采用一种新型复合催化剂，可将合成气直接转化成为低碳烯烃，其选择性高达80%，突破了传统费托合成中低碳烃选择性的理论极限，从原理上摒弃了高耗能和高耗水的水煤气变换制氢过程，降低煤制烯烃过程中的化学反应水耗和能耗。该技术对拓展合成气催化转化领域有重大意义，并且该成果具有很高经济效益，将促进我国煤化工的发展，被同行誉为“煤转化领域里程碑式的重大突破”。*Science*同期刊发了C1化学领域国际知名专家de Jong教授以“Surprised by Selectivity”（令人惊奇的选择性）为题的专家评述文章，认为该过程未来在工业上将具有巨大的竞争力。

单原子催化研究取得新进展 中国科学院大连化学物理研究所张涛院士团队在国际上首次提出的“单原子催化”入选美国化学会化学工程新闻评选出的2016年度化学化工领域“十大科研成果”，这也是2016年唯一入选该榜单的中国科学家的研究成果。研究团队于2011年首次合成了单原子铂催化剂，近几年该团队进一步拓展了单原子催化剂的种类及催化反应，包括将单原子催化剂用于水煤气变换反应，开拓了单原子/准单原子催化剂在芳香硝基化合物选择加氢反应中的应用和在烯烃氢甲酰化反应中的应用。与此同时，国际研究纷纷跟进，单原子催化研究得到迅速发展，在短短几年内便迅速成为多相催化领域的研究热点。

利用超强超短激光成功获得“反物质” 每一种粒子都有一个与之相对的反粒子，反物质研究在高能物理、宇宙演化等方面具有重要意义，同时也具有重要应用，如正电子断层扫描成像（PET）在癌症诊断等方面已广泛应用。中国科学院上海光学精密机械研究所强场激光物理国家重点实验室利用超强超短激光，成功产生反物质——超快正电子源，这一发现将在材料的无损探测、激光驱动正负电子对撞机、癌症诊断等领域具有重大应用价值。2016年3月7日，国际学术期刊《等离子体物理》发表了这项重要的研究成果。

上海超强超短激光实验装置研制取得重大突破 2016 年 8 月，中国科学院上海光学精密机械研究所承担的上海超强超短激光实验装置（SULF）的预研工作取得重大突破，成功实现了 5.3 拍瓦、24 飞秒激光脉冲输出，为当前国际最高激光脉冲峰值功率。该激光装置采用基于大口径钛宝石晶体的啁啾脉冲放大（CPA）技术路线，通过创新发展大口径高增益 CPA 放大器的主动寄生振荡抑制技术和激光光谱色散的精密控制补偿技术等，在国际上首次实现了 200 焦耳以上能量水平的宽带（70 纳米）激光放大输出。主放大器输出的数纳秒级啁啾脉冲经过采用大口径光栅的脉冲压缩器压缩至亚 30 飞秒脉冲，压缩后激光脉冲的峰值功率最高可达 5.3 拍瓦。上海超强超短激光实验装置是上海建设具有全球影响力的科创中心、打造世界级重大科技基础设施集群的首批重大项目，也将是上海张江综合性国家科学中心的核心平台之一。该项重大突破为进一步实现上海超强超短激光实验装置 10 拍瓦激光脉冲输出目标奠定了坚实的技术基础。

中国科学家绘制出全新人类脑图谱 中国科学院自动化研究所脑网络组研究中心蒋田仔团队联合国内外其他团队通过 6 年的努力，成功绘制出全新的人类脑图谱：脑网络组图谱。该图谱包括 246 个精细脑区亚区，以及脑区亚区间的多模态连接模式，突破了 100 多年来传统脑图谱绘制思想，引入了脑结构和功能连接信息对脑区进行精细划分和脑图谱绘制的全新思想和方法，比传统的 Brodmann 图谱精细 4—5 倍，具有客观精准的边界定位，第一次建立了宏观尺度上的活体全脑连接图谱。自 2011 年以来，这项系统性研究工作的部分成果陆续在 *Journal of Neuroscience*、*Cerebral Cortex*、*Human Brain Mapping* 等本领域著名刊物上发表，累计 20 余篇。2016 年，全脑精细分区图谱及其全脑连接图谱在 *Cerebral Cortex* 上在线发表，引起国际学术界广泛关注。

超导单光子探测器件成功应用于卫星激光测距实验 中国科学院上海微系统与信息技术研究所尤立星团队在超导纳米线单光子探测（SNSPD）器件研究方面取得系列突破，成功研发了从可见光到近红外波段高探测效率 SNSPD 器件。其中 532nm 工作波长器件在暗计数 0.1Hz 条件下，系统探测效率达到 75%，为国际报道最好水平。与中国科学院上海天文台张忠萍团队合作，在国际上首次利用 SNSPD 开展 532nm 波长的卫星激光测距。这也是继 2013 年美国 NASA 利用 SNSPD 开展 1550nm 波长卫星测距之后再次利用 SNSPD 开展卫星测距的报道。利用上海天文台佘山台站的 60cm 口径望远镜，双方合作完成了对距离台站 3000 千米国际联测激光相对论卫星 LARES 的测距，精度达 8mm。相关结果发表于 *Optics Express*。2016 年初，经过进一步优化系统，测量能力获得进一步提升，上海天文台佘山台站已成功观测到近 2 万千米的俄罗斯 Glonass 卫星，精度约 2cm。

研制出将二氧化碳高效清洁转化为液体燃料的新型钴基电催化剂 将二氧化碳在常温常压下电还原为碳氢燃料，是一种潜在的替代化石原料的清洁能源策略，并有助于降低二氧化碳排放对气候造成的不利影响。中国科学技术大学谢毅和孙永福研究组制备了四原子厚的钴金属层和钴金属/氧化钴杂化层，发现在低过电位下，相对于块材表面的钴原子，原子级薄层表面的钴原子具有更高的生成甲酸盐的本征活性和选择性。而部分氧化的原子层进一步提高了它们的本征催化活性，在过电位仅为0.24伏下实现了10毫安/平方厘米的电流输出超过40小时，且其甲酸盐选择性接近90%，这超过此前报道的金属或金属氧化物电极在同等条件下得到的结果。该研究工作有助于让研究者重新思考如何获得高效和稳定的二氧化碳电还原催化剂。相关研究论文发表在*Nature*上。

（二）重大任务方面重大科技成果

暗物质卫星“入选”习近平主席2016新年贺词 国家主席习近平在2016年新年贺词中，将“我国科学家研制的暗物质探测卫星发射升空”作为2015年重大科技成就。暗物质粒子探测卫星“悟空”于2015年12月17日成功发射，是中国科学院空间科学战略性先导科技专项首批科学实验卫星，也是我国空间科学卫星系列的首发星，是迄今世界上观测能段范围最宽、能量分辨率最优的空间探测器，有望推动人类探索宇宙奥秘取得重大突破。

“实践十号”成功发射并返回 2016年4月6日，我国首颗返回式微重力科学实验卫星“实践十号”成功发射，并于4月18日顺利返回。这是中国科学院空间科学战略性先导科技专项首批科学实验卫星，旨在利用太空中微重力和空间辐射等特殊环境开展科学实验，研究揭示物质运动及生命活动的规律。该卫星已成功获取大量实验数据和资料，预期产出一批重大科学发现和原创成果。

世界首颗量子科学实验卫星成功发射 2016年8月16日，中国科学院自主研制的世界首颗量子科学实验卫星“墨子号”成功发射。这是中国科学院空间科学战略性先导科技专项首批科学实验卫星，主要科学目标是进行星地高速量子密钥分发和广域量子密钥网络实验，并在空间尺度进行量子纠缠分发和量子隐形传态等实验研究。该卫星在世界上首次实现了星地量子通信，构建了天地一体化的量子保密通信与科学实验体系，对我国巩固和扩大量子通信领域的国际领先地位，实现从经典信息技术时代跟踪者向未来信息技术引领者的转变，具有里程碑意义。

中国科学院自主研制的世界首台空间冷原子钟在“天宫二号”上成功运行 开展了伽玛暴偏振探测等14项重大科学实验；研制了温控元件、空间特种胶等10多种材料、仪表，为“神舟十一号”载人飞船成功发射和在轨实验的顺利开展提供了有力保障。空间冷原子钟采用激光冷却铷原子与微波作用Ramsey方法，获得了地面无法获取的Ramsey干涉条纹，在空间时频基准研究领域达到国际领先水平，具有重大科学意义和应用价值。

“天宫二号”伴随卫星成功释放 “天宫二号”伴星自“天宫二号”与“神舟十一号”的组合体成功释放。该伴随卫星采用了小型化、轻量化、功能密度的设计，搭载多个实验载荷，并具备较强的变轨能力，具备了开展空间任务的灵活性与机动性。将在在轨任务期间开展对空间组合体的伴飞、飞越观测及多平台空间协同等试验，为主航天器的技术试验提供支持，并进行多项新技术的试验，拓展空间技术应用。伴星突破了对1.4千米轨道高度差的近距离航天器的精准飞越成像技术，攻克了对非合作目标的姿态高精度导引技术，首次获得了“天神”组合体的天基全景图像。

平流层飞艇飞行试验圆满成功 中国科学院光电研究院牵头研制的临近空间平流层

飞艇缩比原理样机飞行试验完成全部科目，获得圆满成功。其中，驻空时间及动力飞行时间均创造了世界纪录。此次试验为后续平流层飞艇技术的研发提供重要了的科学支撑，为临近空间平流层飞艇早日在国民经济主战场发挥效益奠定了基础。

“风云四号”两大主载荷达国际先进水平 新一代静止轨道气象卫星“风云四号”成功发射。中国科学院经过十余年攻关，研制成功的干涉式大气垂直探测仪在国际上首次实现静止轨道大气温湿度廓线的垂直探测；多通道扫描成像辐射计性能指标与国际先进水平相当；这两型载荷也是国际上首次基于同一卫星平台实现成像观测与大气垂直探测的综合观测。目前，两型载荷运行良好，图像清晰，为我国气象卫星研制与世界气象卫星应用水平的提升做出重要贡献。

“一箭四星”闪耀苍穹 自主研制的中国首颗二氧化碳监测科学实验卫星、搭载发射两颗 SPAPK-1 宽幅光谱微纳卫星及一颗高分微纳卫星成功发射，体现了我国在空间科学水平能力的进一步提升。碳卫星填补我国在温室气体监测方面的技术空白，将为我国掌握全球变暖的变化规律和全球碳排放分布提供依据，提高我国在应对全球气候变化方面的话语权，对世界碳排放交易市场产生较大影响；SPARK-1 宽幅光谱微纳卫星采用分舱式快速配置设计，集成了高功能密度综合电子，缩小了卫星体积，具有标准接口，可快速拼装，同时具备太阳帆板在轨二次展开获取更大功率的能力；高分微纳卫星突破了超分成像、微型天线、星上自主导引等关键技术，实现了微纳卫星的高分辨率五谱段多光谱成像、视频成像和点播成像功能。

国内首套工业 4.0 智能制造示范线发布 中国科学院沈阳自动化研究所以自主研发的 WIA 系列工业物联网技术与产品体系、工业 SDN、CPS 智能管控系统等技术与产品为基础，融合了德国 SAP 公司的 HANA 平台、ERP 和 MES 软件系统，针对高度定制化产品的规模化生产与传统刚性制造模式的矛盾，提供了面向工业 4.0 的智能工厂整体解决方案。该成果入选第三届世界互联网大会发布的 15 项“世界互联网领先科技成果奖”。该成果提升了中国科学院在智能制造领域的国际影响力，将促进我国自主核心技术与德国智能制造技术的对接，推动中国工业物联网标准与德国企业管理软件标准的对接，为探索适应中国现状的智能制造技术标准体系和针对个性化定制产品快速、规模化生产的新模式，推动离散制造企业数字化转型，起到积极的推动作用。

“寒武纪深度神经网络处理器”入选第三届世界互联网大会发布的 15 项“世界互联网领先科技成果奖” 中国科学院计算技术研究所研发的寒武纪-1A（cambricon-1A）商用智能处理器产品，可集成至各类终端，每秒可处理 160 亿个虚拟神经元，每秒峰值运算能力达 2 万亿虚拟突触，性能比通用处理器高两个数量级，功耗降低了一个数量级。作为面向人工智能应用的处理器，寒武纪-1A 能有效地支撑语音识别、机器视觉、自然语言理解、图像搜索、广告推荐等关键智能应用，使得手机、玩具、摄像头、机器人等嵌入式终端，能得到强大的本地智能能力。中国科学院计算技术研究所和寒武纪芯片产业化公司正在积极地联合从应用、算法、硬件到芯片各个领域的同行，围绕指令集、架构、IP 和芯片，共建新型的智能生态，推动寒武纪处理器的产业化。

"千万核可扩展全球大气动力学全隐式模拟"成果获国际高性能计算应用领域最高奖——戈登贝尔奖 实现了我国高性能计算应用在此奖项上零的突破，成为我国高性能计算应用发展的一个新的里程碑。中国科学院软件研究所联合国内相关单位设计并开发了一种新的用于大气动力框架的高可扩展全隐式求解器，世界上首次在大规模异构系统上实现了高效和千万核可扩展的全隐式求解，并将模拟分辨率提升至500米以内，有望未来应用于全球高分辨率气候模拟和高精细数值天气预报。

"海云计算系统"在计算领域取得了国际领先的技术突破 通过可重塑处理器设计思路，在国际上首次验证了"性能功耗比提升千倍"（1000 GOPS/W）的可行性，从部件层次破解了性能与能耗挑战。可重塑处理器在计算机体系结构领域国际顶级会议ISCA'16上公开了全球首个智能处理器指令集"DianNaoYu"，获同行评议分数第一名。可重塑处理器完成FPGA验证平台并流片，并扩大国际影响力至RISC-V社区。针对万物互联网与感知中国需求，研制了创新的处理系统设备。与现有的x86机群云计算系统相比，海云服务器原型运行家电物联网服务应用时，平均单节点支持的并发度有一个数量级的提升。

"海翼"水下滑翔机开启商业推广应用 中国科学院沈阳自动化研究所与天津深之蓝海洋设备科技有限公司签署了《关于"海翼"水下滑翔机的运营协议》，标志着我国水下滑翔机技术进入商业推广应用阶段，将对促进我国水下滑翔机的技术发展与应用发挥积极的促进作用。目前，针对不同海上观测任务需求，"海翼"水下滑翔机已经发展形成最大作业深度从300米到7000米不等的系列水下滑翔机，续航范围突破1000千米。自2014年以来，"海翼"水下滑翔机累计海上工作天数450多天，累计观测距离接近10 000千米。通过近几年多次海上观测应用，验证了"海翼"水下滑翔机已经达到了实用化水平，具备商业化推广应用条件。

热带西太平洋海洋系统物质能量交换及其影响专项取得系列进展 构建了国际上最大规模的热带西太平洋主流系和印尼海域关键海峡通道潜标观测网，初步实现了深海潜标的实时化传输；形成了30年印度洋-太平洋模式产品，建立了"南海海洋环境数值预报试验平台"；赤潮防治技术成功应用于我国沿海核电行业，并在智利等国家开展赤潮防治应用；在深海海底进行原位长期观测和现场实验，实现了"把实验室搬到海底"的梦想，深海近海底地形探测分辨率从亚米级提升到厘米级，发现并证实南海存在裸露于海底的可燃冰；自主研发水下滑翔机等设备在东海黑潮区和西太平洋关键区实现长期自主观测。

ADS质子加速器再创国际最高指标 中国科学院高能物理研究所在ADS强流质子加速器注入器I上获得了能量为10.1MeV、峰值流强为10.03mA的脉冲质子束流。这是国际上首个由14个极低beta的Spoke 012（beta=0.12）超导腔系统集成的质子加速器，单腔运行梯度可达7 MV/m。这一重大突破，标志着我国强流质子超导直线加速器技术的创新研发、系统集成及调束运行能力，达到了国际领先水平。

循环流化床技术连续取得突破 在枣庄八一水煤浆热电公司实施示范工程，完成350 MW超临界循环流化床锅炉承压件建设及锅炉安装，锅炉水压实验一次顺利通过；实现240吨/天粉煤热解提油装置连续稳定运行362小时，达到了年度168小时考核要求；成功解决了焦油与灰分离问题，通过了第三方满负荷72小时现场标定和科技成果鉴定，获得了“国际领先水平”的评价。

百万吨合成油投产 以中国科学院山西煤炭化学研究所研发的高温铁基浆态床煤炭间接液化技术为核心，神华宁煤400万吨/年煤制油装置成功投产试车，这是全球单套规模最大的煤炭间接液化装置，标志着我国自主研发的煤炭间接液化技术经过中试、工业示范正式进入商业化运营阶段。该工程的成功将对煤炭清洁高效转化利用产业具有重要的带动示范效应、对促进我国核心装备制造产业的发展、生产的超清洁油品对缓解我国大城市群的环境压力具有重要意义，习近平总书记对此做出了重要指示。

国产20英寸高量子效率光电倍增管打破国际垄断 具有高探测效率、单光子探测能力的大尺寸光电倍增管是江门中微子实验的关键器件。国内首条年产7500支20英寸微通道板型光电倍增管（MCP-PMT）的生产线在北方夜视技术公司建成并运行，标志着完全自主的20英寸新型光电倍增管正式进入批量生产阶段。该成果已获得中国、美国、俄罗斯、日本等国专利，不仅打破了国外公司的技术垄断，大大降低了江门中微子实验专项的成本，也提高了国内企业在光电探测领域的技术和创新能力。

关键材料支撑“CZ5”首飞成功 我国目前推力最大的运载火箭“CZ5”在海南文昌发射场实现首飞，中国科学院金属研究所、化学研究所、上海硅酸盐研究所、山西煤炭化学研究所和兰州化学物理研究所5个单位研制的钛合金氢泵叶轮和镁合金惯性支架、硅橡胶密封剂和环氧固化剂、涡轮泵密封动环涂层等10余种关键材料及构件得到成功应用。中国科学院金属研究所提供的钛合金氢泵叶轮成为我国首件通过火箭发动机飞行考核的钛合金粉末冶金转动件。

材料配套保障“神舟十一号”及其与“天宫二号”交会对接任务 中国科学院上海硅酸盐研究所、金属研究所等近10个单位承担了温控元件、空间特种胶、对接消杂散光涂层等10多种品类材料、仪表的研制和生产任务，为“神舟十一号”载人飞船的成功发射和“天宫二号”在轨实验的顺利展开提供了保障。

干细胞与再生医学研究取得系列进展 首次获得哺乳动物异种杂合二倍体胚胎干细胞，为研究进化与基因组调控问题提供新技术和新工具；开展了临床级胚胎干细胞来源的RPE细胞治疗出血性老年黄斑变性、转分化来源人肝细胞的新型生物人工肝、可注射胶原支架结合自体骨髓细胞或脐带间充质干细胞引导心肌梗死再生等一系列干细胞临床研究，均取得了重大突破性进展。

分子模块设计育种创新体系专项揭示了水稻产量性状杂种优势的分子遗传机制 为实现杂种优势高效利用、推动育种技术变革的奠定了基础。中国科学院上海生命科学研究院植物生理生态研究所通过对17套代表性遗传群体基因组进行分析，系统地鉴定出了控制水稻杂种优势的主要基因位点，阐明了水稻杂种优势的遗传机制，对推动杂交稻和常规稻的精准分子设计育种实践有重大意义，相关成果于2016年9月发表在*Nature*上。

分子模块设计育种创新体系专项在模块新品系培育方面取得重大突破 中国科学院遗传与发育生物学研究所在南方稻区利用IPA1优异等位模块和多个抗稻瘟病模块培育的多模块新品系‘嘉优中科1号’‘嘉优中科2号’‘嘉优中科3号’，2016年度分别获得上海市、江西省和浙江省新品种审定。其中，‘嘉优中科 3 号’ 亩产 900 公斤[①]以上，产量比对照增产 15%，推广面积达 5 万亩[②]。在东北稻区，攻关任务姚善国团队以‘空育 131’为底盘品种培育的抗稻瘟、米香五模块新品系‘中科 902’，表现出广谱高抗稻瘟病和香米品质，正在佳木斯进行生产性试验，示范面积 300 亩。该品系有望解决当前黑龙江第三积温带建三江地区 3000 万亩水稻品质下降和抗病性退化这一瓶颈问题。

重大新药创制安全性评价平台通过美国 FDA 的 GLP 检查和审计 真正实现与国际药物非临床安评研究能力和水平的接轨、安评数据的国际互认，为推动中国自主研发新药进入国际市场和参与国际竞争创造了更多的机会和条件。自主研制的治疗肺动脉高压新药 TPN171 片获批进入临床研究，有望成为“中国老百姓用得起的好药”。

（三）科学促进发展方面重大科技成果

生态草牧业试验示范成效突显 针对草原牧场“生产力低、覆盖度低、优质牧草比例低，生态功能和生产功能失调”等问题，组织中国科学院 22 个研究所、200 多位人员开展“多兵种、大兵团”联合作战，形成协同创新合力，在地方政府和农垦的积极配合下，呼伦贝尔草牧业试验区建设工作取得明显成效。构建了人工草地新型栽培模式、提高了人工草地生产能力；构建了天然草地恢复技术体系，草地退化现象得到明显遏制，生态功能显著提升；提高了畜产品饲料转化率，建立了试验区草牧业物联网系统，形成了农畜产品从田间到餐桌的追溯体系。汪洋副总理视察生态草牧业试验示范区时，充分肯定了中国科学院在生态草牧业方面取得的成果。

有力推动渤海粮仓科技示范工程实施 中国科学院、科技部联合河北省、山东省、辽宁省和天津市启动实施的“渤海粮仓科技示范工程”针对环渤海低平原区 5000 万亩中低产田和盐碱荒地受淡水资源匮乏、土壤瘠薄制约，影响粮食增产和现代农业发展的问题开展技术研发和示范推广。选育了一批抗逆耐盐作物新品种，集成了咸水雨水等多水源利用的适水灌溉技术，创立了盐碱地高效改良与适应性种植技术与产品，构建了棉田增粮与雨养旱作区增粮技术体系，搭建了农情监测与服务平台，形成了整县制农牧结合、增粮增效新模式。已示范推广 2000 余万亩，增粮 40 余亿斤[③]，增效 30 余亿元，推动了种业、畜牧业的发展。2016 年，“渤海粮仓科技示范工程”写入中央 1 号文件。

科技支撑海洋生态牧场建设 中国科学院相关研究团队集成数十年研究基础，首次提出“生态优先、陆海统筹、三产贯通、四化同步、创新跨越”的现代海洋牧场新理念，发展了海洋生态牧场安全保障技术，集成构建了“互联网+生态牧场”的生产体系，使牧场海域资源量增加了两倍并有效保护了生态环境，创新了科技与产业结合的发展模式。海洋生态牧场的成功示范及全面建设将对我国渔业资源保护、渔业生态建设和渔业可持续发展具有重大意义，并有力支撑该行业领域的跨越发展，满足我国日益增长的水产品市场需求。

---

① 1 公斤 = 1 千克。

② 1 亩 ≈ 666.7 平方米。

③ 1 斤 = 0.5 千克。

“第二粮仓”预研取得显著成果 “第二粮仓”预研紧密结合国家粮食安全重大需求，在淮北以中低产田提质增效为目标，针对亟待解决的技术瓶颈，凝聚地方政府、科研院所、企业多方力量在技术突破与示范推广等方面取得显著进展，为国家实施“藏粮于地、藏粮于技”战略，为“第二粮仓”科技工程的全面实施打造技术推广模式和示范样板。围绕砂姜黑土改良和水资源高效利用问题，形成改良水土综合技术解决方案；围绕高产、抗逆、适宜机收和秸秆还田等目标，选育玉米、水稻、小麦三种主要农作物优良品种；围绕农业面源污染问题，研发、推广环保化肥和农药控失技术产品；围绕农业生产机械化、智能化问题，进行农业机械设备和物联网技术研发示范。截至2016年底，技术示范推广30万亩，形成“百亩试验、千亩示范、万亩辐射推广”格局；建立了皖北中低产田科技增粮技术集成模式，每亩节本增效100元以上。

生物纺织酶为印染业带来绿色变革 由中国科学院天津工业生物技术研究所成功开发出的纺织用生物复合酶制剂，专用于纺织品退浆精炼的染前处理步骤，解决了现有生物酶在纺织工业应用中性质不稳定、工艺兼容性不好、效率低等难题。该成果已经在天津纺织集团完成了超过300万米布的中试生产实验，在河北宁纺集团完成了10万米布的实验。与传统工艺相比，可节约蒸汽50%，节省电量40%，节约用水50%，减少烧碱用量40%，废水中的COD值降低60%以上，纯棉棉布和芳纶热波卡布的酶法前处理可分别降低成本30%和70%，在军用迷彩布、帐篷防水布、泡皱产品、芳纶系列产品等多类纺织产品生产中也有显著效果。预计未来三年可完成10—20家纺织企业的推广应用，该技术的应用转化将推动我国纺织行业从传统的高能耗、高水耗、高污染的传统工艺向绿色、环保、可持续发展的生物新工艺的转型升级。

酶法明胶生产工艺技术实现规模化工业生产 由中国科学院理化技术研究所研发的酶法骨明胶生产技术2016年9月在宁夏实现3000吨/年生产线投产运行，标志着我国自主研发的酶法骨明胶生产工艺技术经过中试、工业示范正式进入规模化、商业化运营阶段。该工程的成功使得骨明胶生产周期由60天缩短至3天，吨胶耗水减少50%，消除了固废排放，减少了吨胶用工量，提高了优质胶得率，同时降低了成本，该技术将对明胶行业的绿色生产具有重要的带动示范效应，对促进我国由明胶大国转向明胶强国具有重要意义。

《西藏生态安全屏障保护与建设工程（2008—2014年）建设成效评估》正式发布 历时近3年完成的《西藏生态安全屏障保护与建设工程（2008—2014年）建设成效评估》报告，于2016年10月26日在国务院新闻办公室新闻发布会上正式发布，引起了良好的社会反响，中央电视台、《人民日报》、《人民日报》（海外版）、新华网、《光明日报》、《经济日报》等主流媒体纷纷予以报道。该报告旨在全面认识西藏生态环境变化动态，客观评价国家生态安全屏障工程实施成效，科学宣传生态保护与建设成就，保障生态工程顺利实施。该项工作得到了西藏自治区党委、政府的充分认可和高度评价。

《资源环境承载能力监测预警技术方法（试行）》正式印发 建立资源环境承载能力监测预警机制，是中央全面深化改革的一项重大任务，也是推进生态文明体制改革的核心制度。中国科学院作为总体技术支撑单位，牵头组织中国土地勘测规划院等9部委直属科研机构，研制完成了《资源环境承载能力监测预警技术方法（试行）》，于2016年9月26日，由国家发展改革委会同中国科学院等12部委联合正式印发，成为各省、自治区、直辖市开展以县级行政区为单元的资源环境承载能力试评价工作的技术指南。这项工作是国家推进“建立资源环境承载能力监测预警机制”深改任务的一个标志性事件，是中国科学院支撑服务于国家战略决策实施的又一重大成果。

川藏铁路沿线山地灾害分布规律、风险分析与防治工作成效显著 查明了康定至林芝段（1300余千米）山地灾害分布规律、活动特征、危害方式，完成了该路段不同尺度山地灾害的风险分析与制图，研发山地灾害防治系列关键技术15项，建成了川藏铁路山地灾害数据库与信息管理平台，开展关键节点重大山地灾害防治方案示范与应用推广4处。向中铁二院工程集团有限责任公司提交相关技术咨询报告10份全部被采纳，为川藏铁路规划选线工作提供了全面的科技支撑。

中国特征环境重大工程风沙危害形成机理、防治技术及其应用成果丰硕 面向我国东南沿海、内陆极端干旱区和青藏高原三个特殊风沙环境对海岸重要国防设施、珍贵文化与自然遗产、铁路运输安全和少数民族城镇发展造成的威胁，研究了不同自然环境背景下风沙运动的动力学过程，分析了重大工程受风沙活动危害的关系，提出了“拦、固控源-阻、截沙流-输、导风沙路径”的风沙危害防治模式，研发了不同风沙带防治的新技术和新材料，构建了特殊环境下重大工程风沙危害防治体系。为东南沿海海岸国防设施安全、青藏铁路安全运营、敦煌莫高窟等文化遗产保护等提供了重要保障。研究成果获2016年度中国科学院科技促进发展奖。

南方土壤重金属污染风险区划与修复技术研发实现引领 形成土壤污染治理“管制风险、分类修复、分区试点”的修复思路，提出了省级土壤重金属污染风险控制区划的基本框架和县级土壤重金属污染风险控制区划方法，研发了污染农田植物修复和安全利用的技术体系，初步实现了修复技术的标准化和修复产品的定型化，构建了“政府主导、科技支撑、企业参与和农民实施”土壤修复的合作模式，建成了土壤环境风险控制信息平台与我国最大规模的千亩级土壤重金属污染示范基地。为国家土壤污染治理工程实施提供了实用技术和模式，推动了国家《土壤污染防治行动计划》的出台，并直接为湖南省常德市和广西壮族自治区河池市两个国家级土壤污染综合防治先行区相关工作提供了核心科技支撑。

村镇污水综合治理技术模式研发取得积极进展 针对我国乡村污水治理管理能力与技术能力不足的问题，提出核心思路为“区域规划、城乡统筹、统一管理、集中采购（PPP模式）、优质高效”的乡村污水治理的系统解决方案，包含管理方案、技术方案和产业转化三部分，在浙江省常熟市成功示范，形成了我国乡村污水治理的“常熟模式”。其中的管理方案在我国大部分县域均可复制推广，技术方案适用于我国约1/3地区的乡村污水处理。相关成果得到住建部、浙江省及部分大型企业的高度重视和肯定，住建部在全国选择100个县域试行推广“常熟模式”，中国中车应用“常熟模式”新增农村污水治理PPP项目投资近50亿元。

国际首条年处理20万吨难选冶氧化锰矿低温流态化示范线投产 以中国科学院过程工程研究所研发的流态化技术为核心的国际首条20万吨/年低温流态化还原氧化锰矿

产业化示范工程在云南省文山州砚山县正式投产，标志着我国自主研发的低温流态化还原技术经过实验室小试、中试正式进入工业化示范生产阶段，大幅提升了我国低品位难选冶锰矿的综合利用效率，缓解了我国因高品位锰矿储量不足而导致的金属锰依赖进口的局面，有力地支撑了锰矿加工行业的技术升级和我国电解锰及相关锰产业的可持续发展。

整套牵引系统应用于首都机场线 中国科学院电工研究所研发的完全国产化的整套直线电机地铁牵引系统（包括牵引变流器、牵引电机及牵引控制系统）已应用于北京地铁机场线车辆；整套牵引系统在北京地铁首都机场线上完成10万千米载客试运营，性能稳定可靠，标志着我国自主研发的直线电机车辆牵引系统完成充分考核验证，开始正式进入商业化运营阶段。项目的成功进一步推动了我国城市轨道交通的技术升级和发展，为我国城镇化建设提供了一种中大运量交通的有效解决途径。

三、中国科学院杰出科技成就奖

2016年，共评出中国科学院杰出科技成就奖10项（2项个人，8项集体），其中4项为专用项目。

1. 获奖集体：复现高超声速飞行条件激波风洞研究集体（中国科学院力学研究所）

研究集体主要科技贡献：

该研究集体提出了系统的爆轰驱动激波风洞理论，建立了完整的高超声速复现风洞技术体系，研制成功的世界首座复现高超声速飞行条件的超大型激波风洞实现了马赫数5—9、高度25—50千米范围地面试验由“模拟”到“复现”的跨越。发明的大功率爆轰驱动技术变革了国际主流机械压缩模式，提出的长实验时间方法将试验时间提升一个量级，发展的复现风洞高精度测量技术大幅度提升了极端条件下测量精准度。该风洞技术创建了先进高超声速地面试验技术的国际新高度，获得了美国航空航天学会2016年度地面试验奖，并在国家重大任务实施和高温气体动力学前沿问题探索中发挥着不可替代的作用。

研究集体突出贡献者及主要科技贡献：

姜宗林（中国科学院力学研究所）

主要科技贡献：提出爆轰驱动长实验时间激波风洞理论，构建复现风洞技术体系，领导风洞集体突破国家重大项目和型号任务关键技术。

赵 伟（中国科学院力学研究所）

主要科技贡献：建立模型风洞验证关键技术，突破多项技术难题实现复现风洞设计指标，完成某型号、某重大专项项目相关研究。

俞鸿儒（中国科学院力学研究所）

主要科技贡献：提出反向爆轰驱动组合“小驱大”运行模式及同时实现总温总压、纯净空气、流场尺度和试验时间的顶层目标。

研究集体主要完成者及工作单位：

刘云峰（中国科学院力学研究所）

王　春（中国科学院力学研究所）
林建民（中国科学院力学研究所）
谷笳华（中国科学院力学研究所）
吴　松（中国科学院力学研究所）
李进平（中国科学院力学研究所）
罗长童（中国科学院力学研究所）
孙英英（中国科学院力学研究所）
陈　宏（中国科学院力学研究所）
韩桂来（中国科学院力学研究所）
苑朝凯（中国科学院力学研究所）
汪运鹏（中国科学院力学研究所）
胡宗民（中国科学院力学研究所）
滕宏辉（中国科学院力学研究所）

2. 获奖个人：陈大华（中国科学院动物研究所）

主要科技贡献：

陈大华研究员长期以果蝇等模式生物为模型，在生殖干细胞不对称分裂、细胞发育动态调控和表观遗传研究中做出系统性和原创性工作。阐明了生殖干细胞命运决定过程中干细胞及其分化子细胞对微环境信号响应梯度形成机理。陈大华及其合作者（陶毅）提出了控制生殖干细胞不对称分裂的“双稳态调控”模型；揭示了细胞发育过程中系统稳定性维持的“双向调控”机制，为一些疾病发生和发病机理研究提供新线索。近年来，陈大华及其合作者（汪海林）在果蝇基因组中首次发现新型DNA修饰形式（6mA）及其动态调控机制，该研究揭示了高等真核生物中表观遗传调控的新途径，在基础研究中取得了原创性成果。为表观遗传学和发育生物学开辟了一个新的研究方向。

3. 获奖集体：生态系统服务研究集体（中国科学院生态环境研究中心）

研究集体主要科技贡献：

该研究集体围绕生态系统服务机理、评估方法与政策应用开展了长期系统的研究，提出了链接生态系统过程与服务的研究方法，揭示了不同类型生态系统服务相互作用机理；建立了生态系统服务定量评估方法与权衡分析系统；首次开展了全国生态功能区划和生态系统服务评价，明确了对国家生态安全保障具有重要意义的生态功能区，支撑了国家重大生态保护与恢复政策的制定和实施。把我国生态系统服务研究推进到国际前沿水平，在科学创新和支撑国家生态保护重大需求方面做出了突出贡献。

研究集体突出贡献者及主要科技贡献：

傅伯杰（中国科学院生态环境研究中心）

主要科技贡献：集体的组织者和领导者。开辟生态系统过程与服务研究新方向，建立生态系统服务权衡分析方法与综合评估系统。

欧阳志云（中国科学院生态环境研究中心）

主要科技贡献：提出生态功能区划理论和方法，并主持完成全国生态功能区划，揭示了全国生态系统服务空间格局特征。

郑　华（中国科学院生态环境研究中心）

主要科技贡献：建立了整合生态系统服务供需主体及其生计策略的评估方法。

研究集体主要完成者及工作单位：

吕一河（中国科学院生态环境研究中心）

王效科（中国科学院生态环境研究中心）

王　帅（中国科学院生态环境研究中心）

肖　燚（中国科学院生态环境研究中心）

刘国华（中国科学院生态环境研究中心）

徐卫华（中国科学院生态环境研究中心）

冯晓明（中国科学院生态环境研究中心）

逯　非（中国科学院生态环境研究中心）

陈利顶（中国科学院生态环境研究中心）

饶恩明（中国科学院生态环境研究中心）

高光耀（中国科学院生态环境研究中心）

张　路（中国科学院生态环境研究中心）

汪亚峰（中国科学院生态环境研究中心）

吕　楠（中国科学院生态环境研究中心）

卫　伟（中国科学院生态环境研究中心）

肖　洋（中国科学院生态环境研究中心）

江　凌（中国科学院生态环境研究中心）

4. 获奖个人：丁　健（中国科学院上海药物研究所）

主要科技贡献：

丁健研究员领导建成了技术先进、国际规范的创新药物综合性研发体系。作为主要发明者，研发的十余个分子靶向抗肿瘤新药处于临床和临床前不同阶段，9 个已实现转让，经济与社会效益显著，为我国抗肿瘤原创药物研制及创新能力体系建设做出了重要贡献。围绕抗肿瘤药物临床有效率低、易产生耐药等世界难题，提出并发展了敏感标志物与疗效监控标志物同步的个性化药物研发策略，发现了十余个配套的疗效监控标志物，为避免临床的无效治疗、监控耐药产生、制定联合用药方案提供了科学依据，得到国际认可。提出并领衔中科院“个性化药物”A 类先导专项，为我国抗肿瘤药物精准治疗的国际同步化战略实施，抢占国际新药研究制高点，做出了基础性贡献。

5. 获奖集体：有机光功能材料研究集体（中国科学院化学研究所）

研究集体主要科技贡献：

该研究集体率先开展了低维有机光功能材料的研究工作，在国际上引领了这一领域的发展；首次发现了有机体系中的量子尺寸效应，突破了人们对有机分子聚集体的传统认识，进而发展了有机纳米光子学这一重要的研究方向，在这一方向上目前该研究集体在国际上处于领先水平；成功研制了若干自主创新的科学仪器，突破了纳米光子学研究中的瓶颈问题，并在国内多家企业和研究机构推广，极大地提高了我国在纳米光电子学领域的整体创新能力。

研究集体突出贡献者及主要科技贡献：

姚建年（中国科学院化学研究所）

主要科技贡献：开创了有机纳米光功能材料的研究方向，引领了20年来国际上有机低维材料的研究热潮，通过发展先进的表征技术突破了光功能材料研究中的瓶颈问题。

赵永生（中国科学院化学研究所）

主要科技贡献：发展了有机纳米光子学材料与器件，最早报道了有机一维晶体材料的受激发射现象，提出了构筑有机柔性光子学集成回路的新思路。

付红兵（中国科学院化学研究所）

主要科技贡献：将量子尺寸效应的研究从无机半导体拓展到了有机纳晶体系，首次报道了有机低维光功能材料的激子手性、尺寸依赖及其对能带结构的调控作用。

研究集体主要完成者及工作单位：

钟羽武（中国科学院化学研究所）

陈　辉（中国科学院化学研究所）

骆智训（中国科学院化学研究所）

詹传郎（中国科学院化学研究所）

闫永丽（中国科学院化学研究所）

吴义室（中国科学院化学研究所）

李勇军（中国科学院化学研究所）

邵将洋（中国科学院化学研究所）

龚忠亮（中国科学院化学研究所）

贾美叶（中国科学院化学研究所）

6. 获奖集体：高光谱遥感研究集体（中国科学院遥感与数字地球研究所）

研究集体主要科技贡献：

该研究集体瞄准国际前沿，创新发展了系列高光谱遥感基础理论与模型，实现了成像光谱地面测量技术与高光谱图像模拟技术的重大突破；攻克了高光谱图像处理、信息提取、地表参量反演、系统研发等核心技术；有效解决了高光谱遥感前沿理论与多领域实际应用之间的关键瓶颈，在地矿、农业、环保、文物、军事等多个领域得到成功应用，有力推动了我国航空、航天高光谱遥感事业的发展。在我国高光谱遥感的起步开创、技术引领、人才培养、推广应用等方面发挥了核心作用，在国际上产生了重大影响，为我国高光谱遥感始终处于该领域国际前沿做出了不可替代的重大贡献。

研究集体突出贡献者及主要科技贡献：

张　兵（中国科学院遥感与数字地球研究所）

主要科技贡献：团队学科带头人，引领基础与前沿技术发展，主持研发系列高光谱数据处理分析模型及软硬件系统。

张立福（中国科学院遥感与数字地球研究所）

主要科技贡献：高光谱遥感学术带头人，主持研发了系列地面成像光谱系统，开拓了高光谱遥感的跨学科多领域创新应用。

童庆禧（中国科学院遥感与数字地球研究所）

主要科技贡献：我国高光谱遥感学科的创始人，为我国高光谱遥感的发展、人才培养、多领域应用和国际推广做出了巨大贡献。

研究集体主要完成者及工作单位：

刘良云（中国科学院遥感与数字地球研究所）
张　霞（中国科学院遥感与数字地球研究所）
高连如（中国科学院遥感与数字地球研究所）
黄文江（中国科学院遥感与数字地球研究所）
陈正超（中国科学院遥感与数字地球研究所）
申　茜（中国科学院遥感与数字地球研究所）
吴太夏（中国科学院遥感与数字地球研究所）
张文娟（中国科学院遥感与数字地球研究所）
吴远峰（中国科学院遥感与数字地球研究所）
孙　旭（中国科学院遥感与数字地球研究所）
黄长平（中国科学院遥感与数字地球研究所）
张　浩（中国科学院遥感与数字地球研究所）
李俊生（中国科学院遥感与数字地球研究所）
焦全军（中国科学院遥感与数字地球研究所）
杨　杭（中国科学院遥感与数字地球研究所）
吴艳红（中国科学院遥感与数字地球研究所）
彭代亮（中国科学院遥感与数字地球研究所）

四、科技论文与著作

（一）科技论文

2016 年，利用国际三大检索工具对 2015 年度发表科技论文进行检索后统计得出，中国科学院科技人员作为第一作者被国际三大检索系统收录论文 36 876 篇，比 2014 年减少 3.3%。其中，被 SCI（扩展版）收录论文 20 630 篇，比 2014 年减少 1234 篇；被 EI 收录论文 14 705 篇，比 2014 年增加 878 篇；被 CPCI-S 收录论文 1541 篇，比 2014 年减少 887 篇。另外，SCI（网络版）被引论文 148 906 篇，被引次数达 2 081 341（2005—2014 年 SCI 收录中国科学院论文在 2015 年被引用情况）。中国科学院科技人员被 1985 种国内科技期刊收录论文 10 161 篇，比 2014 年减少 1171 篇。

（二）专著

2016 年，中国科学院科研机构出版科技专著 439 种，达 15 685 万字，其中译成外文 81 种，达 1460 万字。出版大专院校教科书 9 种，达 164 万字。出版科普著作 78 种，达 2338 万字。

五、重大科技专利

2016 年，中国科学院进一步加强知识产权管理，提高知识产权创造质量；调整奖励政策，鼓励院属单位通过转化运用知识产权为全社会创造更多的经济、社会效益；知识产权人才队伍不断壮大，知识产权管理和运营水平不断提高。

2016 年度，中国科学院专利申请 13 986 件，比上年增长 3.8%。其中，国内发明专利申请 11 713 件，比上年增长 1.4%；国外专利申请 781 件，比上年增长 28.2%。专利授权 9153 件，比上年增长 7.3%。其中，国内发明专利授权 7631 件，比上年增长 9.3%；国外专利授权 261 件，比上年增长 22%。

2016 年，中国科学院获批软件著作权 1131 件，较上年下降 21.7%；集成电路布图设计登记 83 件；授权植物新品种 35 件；注册商标 50 件。

2016 年，中国科学院新签知识产权转移转化合同 499 项，合同金额 28.24 亿元，比上年增长 57.7%，其中转让 6.49 亿元，许可 4.57 亿元，作价入股 17.18 亿元；2016 年知识产权转移转化到位金额 7.24 亿元，比上年增长 79.2%，其中转让 2.53 亿元，许可 1.27 亿元，股权收益 3.44 亿元。

2016 年，"基于等离子波的纳米光刻光学装置"（ZL200510011971.7）等 18 项专利荣获第十八届中国专利优秀奖（表 1）。

表 1　第十八届中国专利优秀奖中国科学院获奖项目

专利号	专利名称	专利权人
ZL200510011971.7	基于等离子波的纳米光刻光学装置	中国科学院光电技术研究所
ZL200610036419.8	一种采用固体酸催化剂和活塞流反应器连续生产生物柴油的方法	中国科学院广州能源研究所
ZL200610049287.2	苯甲酸亚锡的新合成方法	浙江海正生物材料股份有限公司、中国科学院长春应用化学研究所
ZL200710055780.X	一种平板显示器光色参数校正方法及装置	中国科学院长春光学精密机械与物理研究所
ZL200710159029.4	一种血管紧张素转化酶抑制剂及其制备	中国科学院大连化学物理研究所、抚顺市九九鹿业有限责任公司
ZL200810104584.1	一种产生视频大纲的方法和系统	中国科学院计算技术研究所
ZL200810197242.9	一种用于污水净化和回用的生物生态组合的方法及装置	中国科学院水生生物研究所
ZL200810229324.7	转轨机械手	中国科学院沈阳自动化研究所
ZL200910147915.4	一种光电倍增管	中国科学院高能物理研究所

续表

专利号	专利名称	专利权人
ZL201010174581.2	一种大功率半导体激光器光纤耦合模块	中国科学院长春光学精密机械与物理研究所
ZL201010222381.X	全球卫星导航系统广播电离层时延修正方法	中国科学院测量与地球物理研究所
ZL201010568201.3	一种多车道机动车尾气检测系统	中国科学技术大学、安徽宝龙环保科技有限公司
ZL201110171871.6	一种带有铁环结构的开放式核磁共振磁体系统	中国科学院电工研究所
ZL201110173596.1	一种烧结烟气脱除二氧化硫和二噁英的装置及方法	中国科学院过程工程研究所、北京正实同创环境工程科技有限公司
ZL201110357356.7	一种永磁极化器	中国科学院武汉物理与数学研究所
ZL201110366877.9	导电聚合物/金属/质子交换膜型复合膜及其制备和应用	中国科学院大连化学物理研究所
ZL201210018818.7	编解码方法和装置	华为技术有限公司、中国科学技术大学
ZL201210461262.9	一种促进胡杨无性繁殖的嫁接方法	中国科学院寒区旱区环境与工程研究所

队伍建设与人才培养

一、人才队伍建设

（一）人力资源管理研究

为进一步提高全院人力资源管理水平，2016 年中国科学院继续深入加强人力资源管理研究。开展中国科学院近 10 年科研骨干流动状况研究，通过对京区部分研究所的深度访谈、集体座谈，以及向全院单位发送调查问卷等方式，总结分析了科研骨干流出的主要因素并提出相关政策建议，为中国科学院人才工作提供参考。开展加强新时期管理队伍建设研究，对管理队伍现状、工作状态及影响管理队伍建设的若干关联因素进行调研，构建了管理岗位胜任力模型，对进一步加强新时期中国科学院管理队伍建设提出政策建议。开展新时期中国科学院科研人员收入分配制度的课题研究，分析了中国科学院收入分配制度面临的内外形势和突出问题，撰写研究报告，为中国科学院下一步收入分配制度改革提供了理论、数据和案例支撑。开展对全院中层干部工作的问卷调研工作，并结合中国科学院人事局人事人才工作评估检查，对 5 个单位的中层干部工作进行了现场评估检查和指导，以此形成了调研分析报告，为中国科学院进一步加强中层干部选聘工作提供现实依据和决策参考。

（二）领导班子与干部队伍建设

根据中央对干部工作的新要求，修订完善了《领导人员选拔任用工作实施办法》等一系列干部选拔、任用和管理的文件。印发了《中国科学院领导人员兼职和科技成果转化激励管理办法》《中共中国科学院党组关于健全所（局）级领导人员谈心谈话机制的意见》《中共中国科学院党组关于加强“十三五”期间所（局）级后备领导人员队伍建设的指导意见》等文件。

全年共完成了 40 个院属单位行政班子换届或届中考核，24 个单位党委换届工作。对 55 个单位领导班子进行了个别调整，新组建 4 个单位（部门）的领导班子。新提任所局级领导人员 73 人，免职 36 人，交流干部 44 人。不断推出新的举措，进一步完善领导班子考核工作及领导人员选拔任用程序。

进一步贯彻落实“四项监督”制度，深化干部监督工作，对 28 个院属单位开展了干部选拔任用“一报告两评议”工作，对 7 位院属单位主要领导履行干部选拔任用工作职责进行了离任检查。认真做好个人事项报告工作，全院任前核查、随机抽查共计 825 人次。进一步规范因私出境审批和兼职审批等工作，全年共完成 152 人次因私出境审批和 47 人兼职审批。

（三）机构编制与岗位管理

1. 事业单位法人调整

经中央编办批复同意：中国科学院科技政策与管理科学研究所更名为中国科学院科技战略咨询研究院。

2. 院非法人单元

成立中国科学院知识产权运营管理中心、中国科学院青岛科教园发展中心 2 个院非法人单元。

撤销中国科学院科技战略咨询研究院。

中国科学院城市大气环境研究卓越创新中心更名为中国科学院区域大气环境研究卓越创新中心。

中国科学院卡弗里理论物理研究所更名为中国科学院大学卡弗里理论科学研究所。

贯彻落实全国科技创新大会精神和中央深化人才发展体制机制改革意见，进一步完善中国科学院岗位管理，印发《中国科学院岗位管理实施办法》，下放研究所岗位管理权限。根据国家有关政策，研究制定《中国科学院科技人员离岗创业管理暂行办法》，促进科技成果转移转化。

研究制定“十三五”编制配置具体方案，新增编制主要用于支持“一三五”评估优秀、承担“重大原创成果、重大战略性技术与产品、重大示范转化工程”和“8+2”科技布局的单位，体现绩效优先、增减结合、盘活存量、动态调整的编制配置原则。下达院属事业单位 2016—2018 年事业编制控制数。面向高层次科技人才试行“预聘-长聘”制度，遴选 4 家单位启动首批试点。

完成第二批支持“率先行动”中国博士后科学基金会、中国科学院联合资助优秀博士后项目，择优支持 50 人。入选全国首批“博士后创新人才计划支持”项目 48 人，占全国 24%，入选“香江学者计划”4 人，入选“博士后国际交流计划”26 人，获得中国博士后科学基金资助 623 人。

（四）薪酬与福利管理

根据中央事业单位实施绩效工资的要求，清理核查了中国科学院津贴补贴，提出了绩效工资总量需求，制订中国科学院事业单位实施绩效工资的方案。改革中国科学院收入分配制度，建立以岗位绩效工资制为主体，高层次人才协议薪酬为补充的收入分配体系；改革研究所法定代表人年薪管理办法，对其党政主要负责人薪酬实行备案审批制。根据中央“放管服”的改革精神，结合人事人才专项评估工作，进一步规范了研究所收入分配秩序及管理程序，加强宏观调控、监督检查等力度，充分发挥研究所在收入分配中的主体作用。

按照机关事业单位养老保险制度改革的政策和要求，稳步推进中国科学院事业单位养老保险制度改革工作。截至 2016 年底，上海和宁波地区 14 个院属单位已完成了参保缴费；北京地区 47 个院属单位已完成数据采集和预报送；其他地区研究所的养老保险改革正在按照所在省社保中心的要求推进。

根据国家政策和统一部署，从 2016 年 7 月 1 日起，调整了在职人员基本工资，做好养老保险个人缴费部分预扣和其他津贴补贴扣减工作，提高了离休人员离休费；从2016年1月1日起，增加退休人员养老金。出台中国科学院有毒有害保健津贴管理办法，提高从事有毒有害工作科技人员2.3万人保健津贴标准。调整了艰苦边远地区津贴的标准。按照属地化政策，提高中国科学院成都、沈阳、兰州和石家庄地区的16个单位离退休人员补贴。

（五）科技创新人才培养与引进

以海外高层次人才引进计划（“千人计划”）、国家高层次人才特殊支持计划（“万人计划”）及中国科学院率先行动“百人计划”为重点，深入实施人才培养引进系统工程。坚持“按需引进、确保质量”原则，加大“千人计划”引才力度，2016年中国科学院共有104人入选第十二批“千人计划”各类项目；共有160人入选第二批“万人计划”领军人才，同时推荐“万人计划”青年拔尖人才50人，通过“创新人才推进计划”推荐50位中青年科技创新领军人才、5个重点领域创新团队、3个创新人才培养示范基地；通过率先行动“百人计划”共引进8名学术帅才、22名技术英才，完成111名青年俊才的备案工作。

推进“特聘研究员”计划，稳定激励骨干人才。完成第二批“特聘研究员”遴选工作，共新增“特聘研究员”561人、“特聘客座研究员”81人。同时，增加“特聘研究员”补助人员经费，进一步加大对高层次骨干人才的稳定激励力度，发挥“特聘研究员”稳定高端人才的激励作用。

以“青年创新促进会”为主导，加强青年人才培养。新增“青年创新促进会”新会员500人，优秀会员86人，增加对会员的人才专项经费支持；对获得中国科学院“青年科学家奖”的9位青年科技工作者进行表彰奖励。

强化团队建设，完善人才智力共享机制。充分发挥平台和科研环境优势，继续推进人才智力共享机制建设，加强团队协同合作。共遴选支持10个“王宽诚率先人才计划”卢嘉锡国际团队和21个创新交叉团队，聘请40名海外知名科学家担任中国科学院海外评审专家，积极鼓励院内学术领军人才及中青年骨干与海内外优秀学者开展跨系统、跨地域、跨学科学术交流与科研合作，拓宽人才柔性引进渠道。

加强“西部之光”、工程技术和产研人才的培养支持。通过“西部之光”人才培养引进计划遴选“西部引进人才”7人、“西部青年学者”221人，接收“西部之光”访问学者33人，组织完成“西部之光”人才培养计划实施20周年系列活动。遴选关键技术人才50人。支持“王宽诚率先人才计划”产研人才扶持项目10个。

（六）继续教育与培训

制定《中国科学院继续教育与培训学时登记管理办法》，修订《中国科学院公派出国留学研修管理办法》。深入推进“全员能力提升计划”，强化全员培训理念，努力打造品牌培训项目，全院共举办5000多期培训班，培训29万多人次；国家和院公派留学共遴选585人赴国外留学，继续实施“创新人才培训计划”，16个团组类项目获外专局资助；加强培训资源和平台建设，“中国科学院继续教育网”正式上线运行；持续推进国家级专业技术人员继续教育基地建设，经积极协调争取，上海分院成为中国科学院第四个国家级专业技术人员继续教育基地。

二、人才教育培养

2016 年，中国科学院录取本科生 2257 人、硕士生 12 765 人、博士生 7781 人，在学本科生 8463 人、硕士生 35 360 人、博士生 27 174 人，授予学士学位 1751 人、硕士学位 7849 人、博士学位 5901 人。

（一）研究制定中国科学院高等教育“十三五”规划

中国科学院“十三五”期间将努力建成以科教融合为特色的高等教育培养体系。提出完善科教融合的教育培养体系、构建高水平师资队伍、改革招生选拔制度、深入实施人才培养模式改革、健全创新创业教育体系、深入推进与国内高校的协同育人、加强国际合作与交流、健全教育质量保证与监督体系、建设信息化教育环境 9 项重点工作任务。

（二）深化落实科教融合工作

出台《进一步加强科教融合的若干措施和规定》文件，明确院属高校的定位与分工；梳理“岗位教师”设置的相关工作；统一科研成果署名的标注方式；强调院属各分院、研究所的教育职能。截至 2016 年底，中国科学技术大学已与合肥物质科学研究院、金属研究所、南京分院部分研究所、长春应用化学研究所实现了研究生教育的统一管理工作，组建了 5 个所系结合共建学院；中国科学院大学与院属研究所组建了 20 个科教融合学院，共有 65 个研究所（京区 38 个、京外 27 个）参与承建。在加强岗位教师队伍建设方面，中国科学院大学已聘请一线科研人员岗位教师 2599 名。

（三）积极组织科教结合协同育人行动计划

2016 年，“科教结合协同育人行动计划”共支持中国科学院院属 57 个研究所与国内 47 所高校举办 117 个“联合培养本科生”菁英班；资助 100 个研究所举办 108 个大学生夏令营（或暑期学校）。“中国科学院大学生创新实践训练计划”共资助 1900 余项科研实践项目，吸收高校优秀学生、2500 余名在学本科生到中国科学院研究所从事科研实践训练，参与指导的导师有 1700 余名。组织京区研究所参与北京市“实践创新人才培养计划”，2016 年共有 35 个研究所获得该计划资助，吸引并接收 15 所市属高校 365 名在学本科生到研究所开展科研实践训练。参与各类计划的大学生成为中国科学院研究生的潜在优秀生源。

（四）修订《中国科学院教育教学成果奖评选办法》

中国科学院教育教学成果奖评选工作每 4 年进行 1 次，奖励在教育教学改革实践中取得重大突破、对提高教学水平和教育质量有突出贡献的各类成果。2016 年 11 月，2016 年度中科院教育教学成果奖的评审工作正式启动。

基础设施与支撑条件

一、重点实验室、工程实验室及工程中心建设与管理

（一）重点实验室建设与管理

1. 制定了重点实验室“十三五”规划

制定了《中国科学院“十三五”实验室体系发展规划》，分析了重点实验室的发展基础，明确了战略定位与发展目标，提出了优化中国科学院重点实验室结构布局、进一步发挥学术委员会的指导作用、加强人才队伍建设、加强实验室能力建设、完善择优支持与动态调整机制、完善管理和评估制度、探索建立同类实验室平台和加强重点实验室开放、合作与交流等主要任务与工作举措。

2. 完善了重点实验室管理制度

制定了《中国科学院重点实验室建设与运行管理办法》（以下简称“《管理办法》”），修订了《中国科学院重点实验室评估实施细则》（以下简称“《评估细则》”）。《管理办法》包括总则、管理体系、建设、运行、考核与评估、择优经费等内容，共7章31条；《评估细则》包括总则、评估周期与评估内容、评估组织与程序、评估结果与处理等内容，共5章26条。

3. 重点实验室建设

组织完成了数理、地学两个领域29个国家重点实验室科研仪器设备更新改造申请工作，平均每个实验室通过专家评审的仪器设备经费超过6000万元。

对2年前筹建的3个院重点实验室进行了验收。为促进中国科学院前沿交叉研究工作产生重大成果，经过专家论证、院长办公会议批准，决定试点建设微观磁共振、仿生材料与界面科学2个前沿交叉类院重点实验室。截至2016年底，中国科学院重点实验室总数达到218个。

4. 重点实验室评估

配合科技部完成了2个国家重点实验室的整改验收工作；组织中国科学院生物、医学两个领域21个国家重点实验室参加科技部的评估。

2016年是信息领域院重点实验室的评估年，共有22个院重点实验室参加了评估，评出A类实验室4个、B类实验室13个、C类实验室3个、D类实验室2个（表2）。

表2　2016年信息领域院重点实验室评估结果

序号	实验室名称	依托单位	评估结果
1	红外探测与成像技术	上海技术物理所	A
2	环境光学与技术	合肥物质科学研究院	A

续表

序号	实验室名称	依托单位	评估结果
3	微电子器件与集成技术	微电子研究所	A
4	量子信息	中国科学技术大学	A
5	空间信息处理与应用系统技术	电子学研究所、中国科学技术大学	B
6	光谱成像技术	西安光学精密机械研究所	B
7	分子影像	自动化研究所	B
8	语言声学与内容理解	声学研究所	B
9	数字地球	遥感与数字地球所	B
10	光学系统先进制造技术	长春光学精密机械与物理所	B
11	健康信息学	深圳先进技术研究院	B
12	无线传感网与通信	上海微系统与信息技术所	B
13	智能信息处理	计算技术所	B
14	纳米器件与应用	苏州纳米技术与纳米仿生所	B
15	网络数据科学与技术	计算技术所	B
16	原子频标	武汉物理与数学所	B
17	电磁辐射与探测技术	电子学研究所	B
18	噪声与振动	声学研究所	C
19	微波遥感技术	国家空间科学中心	C
20	网络化控制系统	沈阳自动化研究所	C
21	太赫兹固态技术	上海微系统与信息技术所	D
22	精密导航定位与定时技术	国家授时中心	D

（二）工程实验室及工程中心建设与管理

1. 国家工程实验室

2016 年 9 月，受国家发展改革委委托，中国科学院组织专家对中国科学院南京土壤研究所承担的土壤养分管理国家工程实验室进行了验收（表 3）。

2016 年 12 月，受国家发展改革委委托，中国科学院组织专家对中国科学院大连化学物理研究所膜技术国家工程研究中心创新能力建设项目进行了验收。

2016 年 10 月 21 日，国家发展改革委批复中国科学院在资环领域新设立 5 家国家工程实验室。

表 3　中国科学院国家工程实验室名单

序号	工程实验室名称	项目法人单位名称	批准时间
1	甲醇制烯烃	大连化学物理研究所	2008 年 6 月 6 日
2	中药标准化技术	上海药物研究所	2008 年 6 月 13 日
3	工业酶	微生物研究所	2008 年 6 月 13 日
4	煤炭间接液化	山西煤炭化学研究所	2008 年 7 月 4 日
5	湿法冶金清洁生产技术	过程工程研究所	2008 年 11 月 28 日
6	遥感卫星应用	遥感与数字地球研究所	2008 年 11 月 28 日
7	信息内容安全技术	信息工程研究所	2008 年 11 月 28 日
8	真空技术装备	沈阳科学仪器研制中心有限公司	2008 年 11 月 29 日
9	碳纤维制备技术	山西煤炭化学研究所	2009 年 2 月 26 日
10	土壤养分管理	南京土壤研究所	2011 年 8 月 17 日
11	农田土壤污染防控与修复技术	南京土壤研究所	2016 年 10 月 21 日
12	畜禽养殖污染控制与资源化技术	亚热带农业生态研究所	2016 年 10 月 21 日
13	高浓度难降解有机废水处理技术	生态环境研究中心	2016 年 10 月 21 日
14	挥发性有机物污染控制材料与技术	中国科学院大学	2016 年 10 月 21 日
15	大气环境监测先进技术与装备	合肥物质科学研究院	2016 年 10 月 21 日

2. 国家工程中心

截至 2016 年底，国家发展改革委已在中国科学院建设了 11 个国家工程研究中心，科技部已在中国科学院建设了 20 个国家工程技术研究中心（表 4）。

2016 年，由中国科学院主管的国家网络新媒体工程技术研究中心等 17 家中心顺利通过科技部国家工程技术研究中心第五次评估。

表 4　中国科学院国家工程中心名单

序号	工程中心名称	依托单位	批准部门
1	机器人技术国家工程研究中心	沈阳自动化研究所	国家发展改革委
2	高档数控国家工程研究中心	沈阳计算技术研究所	国家发展改革委
3	精细石油化工中间体国家工程研究中心	兰州化学物理研究所	国家发展改革委
4	膜技术国家工程研究中心	大连化学物理研究所	国家发展改革委
5	工程塑料国家工程研究中心	理化技术研究所	国家发展改革委
6	基础软件国家工程研究中心	软件研究所	国家发展改革委
7	信息安全共性技术国家工程研究中心	软件研究所	国家发展改革委
8	光电子器件国家工程研究中心	半导体研究所	国家发展改革委

续表

序号	工程中心名称	依托单位	批准部门
9	高性能均质合金国家工程研究中心	金属研究所	国家发展改革委
10	手性药物国家工程研究中心	成都有机化学有限公司	国家发展改革委
11	燃料电池及氢源技术国家工程研究中心	大连化学物理研究所	国家发展改革委
12	国家网络新媒体工程技术研究中心	声学研究所	科技部
13	国家生化工程技术研究中心	过程工程研究所	科技部
14	国家遥感应用工程技术研究中心	遥感应用研究所	科技部
15	国家并行机工程技术研究中心	计算技术研究所	科技部
16	国家高性能计算机工程技术研究中心	计算技术研究所	科技部
17	国家专用集成电路设计工程技术研究中心	自动化研究所	科技部
18	中国岩土工程研究中心	武汉岩土力学研究所	科技部
19	国家卫星定位系统工程技术研究中心	测量与地球物理研究所	科技部
20	国家淡水渔业工程技术研究中心	水生生物研究所	科技部
21	国家金属腐蚀控制工程技术研究中心	金属研究所	科技部
22	国家真空仪器装置工程技术研究中心	沈阳科学仪器中心有限公司	科技部
23	国家催化工程技术研究中心	大连化学物理研究所	科技部
24	国家光栅制造与应用工程技术研究中心	长春光学精密机械与物理研究所	科技部
25	国家节水灌溉工程技术研究中心	水土保持与生态环境研究中心	科技部
26	国家天然药物工程技术研究中心	成都生物研究所	科技部
27	国家光电子晶体材料工程研究中心	福建物质结构研究所	科技部
28	国家环境光学监测仪器中心	合肥物质院安光所	科技部
29	国家荒漠-绿洲生态建设工程技术研究中心	新疆生态与地理研究所	科技部
30	国家半导体泵浦激光工程技术研究中心	北京国科世纪激光技术有限公司、光电研究院	科技部
31	国家海洋腐蚀防护工程技术研究中心	海洋研究所	科技部

二、重大科技基础设施建设与管理

（一）中国科学院国家重大科技基础设施基本情况

中国科学院一直是我国重大科技基础设施建设和运行的主要力量，已经投入运行和正在建设的重大科技基础设施共20余项，包括用于高能物理、重离子物理、等离子体物理、天文望远镜等专用研究设施，也有为多学科领域基础研究、应用基础研究和应用研究服务的同步辐射公共实验平台，以及遥感卫星地面站、长短波授时台、遥感飞机等公益基础设施。截至2016年底，投入运行设施16个、在建设施9个、拟建设施9个（表5）。

表5 中国科学院重大科技基础设施建设情况

类别	序号	名称	类别	序号	名称
运行设施	1	北京正负电子对撞机	运行设施	9	神光高功率激光实验装置
	2	兰州重离子研究装置		10	中国西南野生生物种质资源库
	3	郭守敬望远镜		11	上海光源
	4	合肥同步辐射装置		12	“实验1”科学考察船
	5	超导托卡马克核聚变实验装置EAST		13	东半球空间环境地基综合监测子午链
	6	遥感飞机		14	大亚湾反应堆中微子实验
	7	中国遥感卫星地面站		15	海洋科学综合考察船
	8	长短波授时系统		16	国家蛋白质科学研究（上海）设施
在建设施	1	500米口径球面射电望远镜	在建设施	6	散裂中子源
	2	稳态强磁场实验装置		7	X射线自由电子激光试验装置
	3	陆地观测卫星数据全国接收站网		8	高能同步辐射光源验证装置
	4	国家生物安全实验室		9	上海光源线站工程
	5	航空遥感系统			
拟建设施	1	加速器驱动嬗变研究装置	拟建设施	6	地球系统模拟装置
	2	强流重离子加速器		7	高效低碳燃气轮机
	3	高海拔宇宙线观测站		8	海底科学观测网
	4	综合极端条件实验装置		9	南极天文台
	5	模式动物表型与遗传研究设施			

（二）中国科学院提出的一批设施列入国家“十三五”规划

在全院相关研究所和专家的共同努力下，中国科学院“十三五”重大科技基础设施规划项目申请获得成功。2016年12月，国家发展改革委发布了《国家重大科技基础设施建设“十三五”规划》，明确提出“十三五”时期优先布局10个建设项目，其中由中国科学院牵头提出或与院外单位共同提出的建设项目有7个。该规划为加强国家科研基础条件建设，推动中国科学院“率先行动”计划顺利实施，规划布局上海张江、北京怀柔等综合性国家科学中心建设奠定了坚实的物质基础。

（三）一批设施立项进展顺利

1. 高能同步辐射光源验证装置

2016 年 2 月，国家发展改革委批复高能同步辐射光源验证装置可行性研究报告。该项目主要就未来建设高能同步辐射光源涉及的高能加速器、光束线和实验站等系统的多个关键技术难点进行攻关，并开展关键设备的样机研制与工程验证，同时完成高能同步辐射光源的物理设计和工程方案。项目法人单位为中国科学院高能物理研究所，建设地点为北京市，建设周期 3 年。

2. 上海光源线站工程

2016 年 5 月，国家发展改革委批复上海光源线站工程可行性研究报告。该项目将在上海光源现有基础上新建一批高水平的光束线站、实验辅助系统，并拓展光源性能，大幅提升上海光源整体实验能力和综合研究能力。项目法人单位为中国科学院上海应用物理研究所，建设地点为上海市浦东新区，建设周期 6 年。

3. 综合极端条件实验装置

2016 年 3 月，国家发展改革委批复综合极端条件实验装置项目建议书。该项目针对当前凝聚态物理、化学、材料前沿研究所需的极端条件向综合化、集成化和规模化发展的趋势，围绕为量子物质、功能材料和物态变化动力学过程等研究提供科学手段的目标，建设总体设计方案和综合技术指标达到世界一流水平的综合极端条件用户实验装置，为我国物质科学基础研究、应用研究，以及创新驱动发展战略提供最先进的科技基础条件。项目法人单位为中国科学院物理研究所，建设地点为北京市和吉林省长春市，建设周期 5 年。

4. 模式动物表型与遗传研究设施

2016 年 2 月，国家发展改革委批复模式动物表型与遗传研究设施项目建议书。该项目将建立一个对猪和灵长类动物表型与遗传进行全尺度研究、国际一流的大型综合研究设施，构建从分子到细胞、从组织到整体、从胚胎发育到成体行为等多方位研究的综合体系。中国农业大学和中国科学院昆明动物研究所作为共同项目法人单位，分别负责猪和灵长类动物设施建设。建设地点为河北省涿州市和云南省昆明市，建设周期 5 年。

（四）500 米口径球面射电望远镜落成启用

2016 年 9 月，500 米口径球面射电望远镜（FAST）落成启用，习近平总书记致信祝贺。这是具有我国自主知识产权、世界最大单口径、最灵敏的射电望远镜，将在未来 20—30 年保持世界领先地位，成为国际射电天文学研究和学术交流中心。FAST 打破了世界上射电望远镜的百米极限，开创了巨型射电望远镜建设的新模式，将为人类发现脉冲星、巡视中性氢、探索暗物质和黑洞、研究宇宙起源和地外文明等提供独一无二的手段，实现基础研究众多领域的新发现和新突破，并为带动深空探测等高技术发展和开展国际科技合作提供一流创新平台。

（五）设施开放共享工作成效显著

2016 年，中国科学院采取多种措施，进一步推动重大科技基础设施向社会开放，充分发挥设施对科技创新的服务和支撑作用，释放服务潜能，提高科技资源利用效率，为实施创新驱动发展战略提供有效支撑。一是建立了重大设施共享服务平台。将现有重大科技基础设施全部纳入管理，实现管理、服务、监督、评价的有机衔接，进一步推动设施开放共享。所有用户可通过共享服务平台进行课题申请和实验预约，管理人员和评审专家可通过平台进行课题评审和机时安排。二是完善设施的考核评估体系，建立了设施运行、开放、管理等的评估指标，明确了考核标准，为进一步推进设施的开放共享奠定了基础。三是通过多种方式吸引培育用户。采取部署高水平用户项目、专题研讨、定向邀请、国际拓展等多种方式吸引用户开展学术交流，并利用设施开展高水平研究工作，进一步发挥设施科技效益，不断推动设施产出重大科技成果，提升设施国际影响力。

（六）设施建设运行产生一批重大成果

1. 生物分子界面作用过程的机制、调控及生物分析应用研究

中国科学院上海应用物理所研究所等研究团队依托上海光源，针对生物分子在传感界面上的吸附、组装和识别过程开展了系统研究，提出并发展了一种基于生物分子构象变化的“动态”生物传感检测新策略，构建了一系列基于功能生物界面的高性能生物传感器，并用于多种疾病相关基因和功能性小分子的高灵敏检测。该成果获 2016 年国家自然科学奖二等奖。

2. 发现提高 T 细胞抗肿瘤免疫功能的新方法

2016 年 3 月，依托国家蛋白质科学研究（上海）设施，中国科学院上海生命科学研究院生化与细胞所科研团队发现“代谢检查点”可以调控 T 细胞的抗肿瘤活性，鉴定了肿瘤免疫治疗的新靶点——胆固醇酯化酶 ACAT1 及相应的小分子药物前体，为开发新的肿瘤免疫治疗方法奠定了基础。该成果荣获 2016 年度中国科学十大进展。

3. 揭示重大流行病跨种传播机制

2016 年 1 月，中国科学院微生物研究所科研团队依托上海光源，阐释了一种新的病毒膜融合激发机制，这种新型机制与之前病毒学家们熟知的 4 种病毒膜融合激发机制均有较大差异，成为近年来国际病毒学领域的一大突破。该研究为抗病毒药物设计提供了新靶点，并入选 2016 年度中国医学科技十大新闻。

4. EAST 物理实验获重大突破

2016 年 1 月，全超导托卡马克核聚变实验装置 EAST 成功实现了电子温度超过 5000 万摄氏度、持续时间达 102 秒的超高温长脉冲等离子体放电。这是国际托卡马克实验装置上电子温度达到 5000 万摄氏度持续时间最长的等离子体放电，展示了 EAST 作为超导装置在较高参数下开展稳态实验研究的特长和能力，这一里程碑性的成果标志着我国在稳态磁约束聚变研究方面继续走在国际前列。

5. 最精确的反应堆中微子能谱测量

2016 年，大亚湾中微子实验装置实验发表了反应堆中微子流强和能谱的首次精确测量结果。该研究结果对研究“反应堆中微子反常”和反应堆中微子能谱有重要价值。

6. 从合成气到高值化学品的一条“捷（洁）径”

2016 年 3 月，中国科学院大连化学物理研究所研究团队依托合肥光源开展的研究

成果“煤基合成气直接制备烯烃”发表在 *Science* 上。该成果从原理上创制了一条低耗水和低耗能的煤转化新途径，被国内外同行誉为“里程碑式的重大突破”。

7. 北京同步辐射装置助力第一块琥珀中恐龙标本的发现

2016 年 12 月，中国科学院高能物理研究所研究团队和来自多国的古生物学家依托北京同步辐射装置和上海同步辐射光源发现并分析出一块埋藏在白垩纪中期琥珀中的疑似鸟类化石属于非鸟虚骨龙类恐龙的一段尾骨，该研究成果在国际社会上获得高度关注。

8. 设施建设成果显著

北京正负电子对撞机重大改造工程按指标、按计划、按预算高质量建成，实现重大创新和跨越发展，有力地推动了我国相关高技术发展；对撞亮度达到 1×10^{33} 的设计目标，为改造前的 100 倍，是前世界纪录的 14 倍；日均获取数据提高两个数量级，实现大能量范围高效运行和高能物理与同步辐射一机两用；北京谱仪国际合作组在轻强子谱和粲偶素衰变等方面取得一批重大物理成果；保持和发展了我国在粲物理领域的国际领先地位。该工程获得 2016 年度国家科学技术进步奖一等奖。

三、科技基础设施建设与管理

（一）信息化建设

2016 年，中国科学院信息化发展整体水平进一步提升。主要工作进展如下。

1. 成立中国科学院网络安全和信息化领导小组

2016 年 12 月 19 日，中国科学院网络安全和信息化领导小组（以下简称“院网信领导小组”）正式成立，这彰显了中国科学院推动网信工作的决心和力度。院网信领导小组是中国科学院网络安全和信息化工作统筹协调和决策机构，中国科学院院长白春礼担任组长，副院长谭铁牛、秘书长邓麦村担任副组长。

2. 科研信息化、“中国科技云”等内容首次纳入国家发展战略

经过中国科学院多年的努力和长期呼吁，科研信息化、“中国科技云”等内容首次纳入国家发展战略。2016 年 7 月，中共中央办公厅、国务院办公厅印发《国家信息化发展战略纲要》，提出要“加快科研信息化”，要求“加强科研信息化管理，构建公开透明的国家科研资源管理和项目评价机制。建设覆盖全国、资源共享的科研信息化基础设施，提升科研信息服务水平。加快科研手段数字化进程，构建网络协同的科研模式，推动科研资源共享与跨地区合作，促进科技创新方式转变。”12 月，国务院印发《“十三五”国家信息化规划》，在“优先行动”中明确提出“建设基于云计算的国家科研信息化基础设施，打造‘中国科技云’”。

3. 进一步加强“十二五”信息化成果的推广应用

通过“十二五”规划建设，初步建成了三类云集，即面向全国、支撑科技创新的“科技云”，服务管理创新和辅助决策支持的“管理云”，以及服务科教融合和创新人才培养的“教育云”。

截至2016年底，中国科技云通行证注册用户数达到54万。超级计算机“元”二期投入使用，通用计算能力超过每秒700万亿次，“元”计算节点全年平均利用率53.2%。建成存储容量达50PB的分布式的海量存储环境，面向全院提供云存储、云归档、云处理等服务，支撑全院重要数据资产的容灾备份、长期保存、共享服务与增值应用。面向学科发展和科研应用，通过20个重点数据库与20个专业数据库的建设，集成整合且可共享数据总量达655TB。

“管理云”基础设施环境持续推进平台优化与应用，加强对“云”内安全的防护。2016年，形成网站页面317.3万篇，图片135.2万张。

“教育云”完成资源池化，科教资源总量达到300余TB，其中视频课程3900余门次，学位论文21.6万篇，课程站点2.3万个，培训课件2300余个。平台用户已达30万人、年访问量超过1000万次。

初步建成面向空间科学、天文、高能物理、微生物等8个科学领域的科技领域云，为中国科学院暗物质粒子探测卫星、“实践十号”返回式科学实验卫星、量子科学实验卫星等10个空间科学卫星任务实施，北京谱仪、大亚湾中微子实验等7个高能物理相关大科学工程等重大科技任务，提供了有力支撑。

为适应中国科学院信息化发展态势，2016年重新修订了信息化评估体系，2016年全院评估研究所平均得分61.7分。与国家科技基础条件平台中心共同主办第三届中国科学数据大会。承办第三届世界互联网大会大数据论坛。

4. 制订“十三五”信息化发展规划、数据与计算平台建设规划

按照“把握大势、剖析问题、了解需求、整体设计”的工作思路，结合中国科学院“十三五”发展规划纲要布局，制订并完善中国科学院“十三五”信息化发展规划，着眼三个显著提升，启动实施“中国科技云”建设工程、“智慧中科院”建设推进工程、科学大数据工程、科研信息化应用工程、网络安全保障体系建设工程，谋划中国科学院信息化的创新发展。

同时，按照中国科学院关于“8+2”布局设计的相关工作部署，研究制定数据与计算平台规划，主要目标是打造一批国内最权威的科学数据库、一批国际一流的大数据与高性能计算应用、一个国际一流的数据与计算平台设施、一批国际知名的数据与计算科学家队伍，有力支撑中国科学院“率先行动”计划实施，全面提升中国科学院科技创新能力，促进信息化科研模式的变革，助力中国科学院产生若干具有世界领先水平的重大科学发现与科技突破。

（二）野外台站网络

1. 野外站建设

科研样地建设工作成效明显。《中国科学院野外站网络科研样地建设规划》（试点方案）获批的阜康、海北、太湖、安塞、忠县、常熟、怀柔、清原、三江、禹城、珠峰、内蒙古草原、环江共13个野外站的科研样地试点建设和中国生态系统研究网络（CERN）土壤分中心土壤样品库建设全面展开，基本完成了建设任务；在此基础上，各类型试点站组织相关类型野外站（中心）研讨，编写完成了《中国科学院野外站网

络科研样地建设规划》，共涉及43个野外站（中心），拟对中国科学院院级野外站的科研样地进行全面建设，彻底解决野外站科研样地建设零散、无专项支持经费的现状，为推动野外站科研平台和数据资源共享、开展联网研究打下基础。

中国生态系统研究网络2011—2015年度5年综合评估（第三次）顺利完成。对CERN 50个生态站/中心5年来在能力提升和建设、学术贡献和成果产出、公众服务和社会效益、人才培养、对外合作与交流及发展态势分析等方面的工作进行综合评估，包括各生态站/中心的学习型互评估、专家诊断性评估、5年监测成绩考核等三部分。评选出综合中心、太湖站、内蒙古草原站、封丘站、鼎湖山站、沙坡头站6个CERN优秀单位，评估成绩排位最后的洞庭湖站、鄱阳湖站、会同站、北京森林站4个生态站为整改站，进入为期1年的整改期，完成整改后提请专家进行现场检查、诊断问题、检查整改成效。

高寒区地表过程与环境观测研究网络（HORN）工作全面推进。召开HORN科学委员会会议和学术研讨会、科研样地建设规划研讨会、设立联合基金研讨会等重要会议，起草了《中国高寒区地表过程与环境监测研究网络数据共享管理暂行条例》（讨论稿），明确未来发展核心是数据平台建设和数据共享，通过整合数据和平台资源、进行协同合作，获得更大的发展空间，同时以服务国家发展战略为总体目标，推进台站国际化发展，服务国家“一带一路”发展战略，提升和推动高寒网在青藏高原地球系统与环境科学研究方面的重要基础支撑作用。

日地空间环境观测研究网络工作进一步提升。开展了全天空流星雷达联网观测和综合观测研究，完善了中国全球卫星导航系统（GNSS）电离层观测网，推动了野外站观测仪器研制和技术开发，在数据中心及其网络各站的努力下，部分实现了数据共享，进一步发展了国内、国际的合作交流和应用服务。

2. 野外站联盟

利用已搭建起的野外站联盟，联合院内外野外站，利用长期监测、观测、科学研究的积累，对我国敏感地区、重点工程生态成效（变化），如新疆农垦的生态成效、中国自然保护区成效、中国水土保持成效、东北生态变化成效、三峡工程对库区及长江中下游湿地生态系统的影响等进行科学评估，针对性地重点回应政府和社会关切的问题，利用取得的科研数据和研究结论，撰写相关咨询建议争取被采纳，或者得到相关部门和领导的批示。

3. 综合成效

2016年，科技部推出了“最美科技人员”系列活动，经推荐和评选，中国科学院中国生态系统研究网络沙坡头沙漠研究试验站站长李新荣研究员、太湖湖泊生态系统研究站站长秦伯强研究员入选科技部2016年“最美野外科技工作者”。李新荣热爱野外科技工作，他和他的团队用“草方格”阻止了沙漠的入侵，把科研论文写在沙漠里，充分展示了新时代野外科技工作者孜孜不倦的精神风貌。他长期置身于干旱地区、奋斗在科研一线，甘于奉献、乐观向上、积极进取、勇攀高峰，在自然地理学（流域水文学、流域水土资源学、流域恢复生态学）和生态学（寒旱区生态学、植物生理学、农业生态学、极端环境下植物基因工程、恢复生态学）方面多有建树。秦伯强和他的研究团队带领太湖站走向国际知名湖泊研究基地，他们长期坚持太湖湖泊研究和水质监测，创建了系统集成观测、实验和模拟、环境与生态时空格局耦合的多学科协同湖泊科学研究方法，揭示内源污染释放和蓝藻水华暴发的影响规律，提出湖泊富营养化蓝藻水华发展的机制、控制对策和湖泊生态系统退化的机理及恢复途径，成为目前国家治理湖泊富营养化的主导理论，形成了包括技术方法、基础理论和应用实践全方位多层次的成果。

（三）植物园、标本馆建设

1. 植物园建设

中国科学院15个植物园（树木园）在战略生物资源管理委员会的指导和科技促进发展局的组织下，以中国植物园联盟与中国科学院植物园工作委员会为媒介平台，合力谋划植物园共同发展。2016年，“中国植物园联盟建设”项目一期完成合同规定的主要内容，在增进全国植物园的联合发展，保护和利用战略植物资源方面发挥了积极作用；各植物园在科学研究、物种保育与新品种培育，以及植物科学知识传播等方面均取得了可喜的成就。

植物种质资源收集保存能力增强 年内新收集植物5331种（次），定植成活率达84%。园内定植乔木数量稳定在170万株。优化原有专类园40个，新建专类园8个，如中国科学院昆明植物研究所昆明植物园“扶荔宫”（温室群）完成景观建设与植物配置并实现对外开放，初步建成第一个极小种群野生植物专类园，秦岭国家植物园新建海棠园、竹亚科园，华南植物园新建藤本园等。中国植物园联盟组织相关成员单位共同参与，继续开展本土植物全覆盖保护（试点）计划，集成各植物园特色和优势，努力摸清试点地区本土植物家底，使本土植物引种保育能力不断增强。

科技创新实力稳步提升 年内共发表SCI收录的学术论文922篇，出版专著55部。分别完成了英文版《植物园学》（*PHYTOHORTOLOGY*）、《中国外来入侵植物彩色图鉴》、《中国迁地栽培植物大全》（第三卷）等专著的编研出版工作。在植物基因功能研究、保存和迁地保护原理与技术、植物生理学与生态学、遗传改良与品种培育、能源植物、恢复生态学等方面做出了突出成绩，展示了中国科学院植物园的科技创新能力。

资源评价与发掘利用成为热点 获得授权专利92项；审定、登录植物新品种53个，包括野牡丹属植物新品种‘碧霞’、中药材铁皮石斛新品种‘中科3号’‘中科4号’和花卉兜兰新品种‘迎春’等；培育并向社会转化了一批新品种，‘钟山神韵’等6个荷花新品种在全国荷花展展示。

科学传播工作稳步推进 各植物园充分挖掘中国科学院的资源优势，形成具有品牌效应、受众定位明确、内容形式丰富多样的科普活动，草地音乐会、珍稀濒危植物展、“生物多样性日”科普活动、冬夏令营等品牌活动有序开展；青年科学节等创新活动不断涌现，2016年共吸引进入植物园游览参观的人数近1075万，较2015年增长近40%。本年度名园名花展在吐鲁番沙漠植物园举办，“沙拐枣·桑葚”展系统展现了沙拐枣、桑葚种质资源的收集与开发利用成果。

国际合作与交流重点突出 与非洲、中亚、东南亚及南美等地区的合作逐渐展开，植物资源交换遍及60多个国家和地区。主办和承办了关于资源共享利用的重大会议35

次，与许多国家的植物园、研究所、大学签订了合作协议，与欧美地区植物园间的合作与交流频繁。中-非联合研究中心正式移交，东南亚生物多样性研究中心正式揭牌运行，面向非洲、东南亚地区的科研工作有序推进。

2. 标本馆（博物馆）建设

中国科学院18家生物标本馆（博物馆）在继续开展国内重要地区生物资源考察的同时，继续对周边国家或地区，以及部分发展中国家的生物资源进行考察与收集，共组织考察采集活动319次，采集标本近63万余号。

标本量不断增加　各馆共计整理制作标本35万余号，鉴定18万号，使现有馆藏量达到近2097万号，其中定名标本达1070万余号。新增模式标本701种4656号，使现有模式标本达到4.7万种31.7万余号。标本数字化信息录入25.7万号，总录入数量达到近906万号。各馆工作人员积极发挥经典分类方面的专业优势，在整理鉴定馆藏标本的同时，系统开展分类学研究。全年各馆或依托各馆馆藏资源出版专著56部，发表科学论文485篇，不断有新物种被发现并命名。

促进学术交流活动　全年共向国内外各单位借阅标本近3.8万份次；交换或赠送标本2.3万份次。以各标本馆为依托，举办了多项与标本共享利用有关的重大会议或专业培训班；同时注重国际交流，继续与国外研究机构开展互访。今年各馆或依托各馆馆藏资源承担科研项目共计361项。

科研队伍建设情况　2016年，全院标本馆（博物馆）工作人员共计399人，其中正式职工157人，临时聘用人员97人，研究生98人。新增正式职工5人，退休2人，新招收研究生37人，毕业研究生27人。职工出现减少趋势，研究生数量有所下降。

发挥社会服务功能　各馆不断加强自身能力建设，积极利用馆藏标本资源和人员优势，向社会公众提供专业的鉴定、咨询与技术等服务。全年各标本馆接待国内外社会各界专业咨询共计2946人次，网站访问量1100万人次，较去年有明显增加。

开展特色科普活动　各馆利用各自丰富而独特的科普资源和区域优势，全年举办各类专场科普活动286次。特别是以科普功能为主的各个博物馆，以“全国科技周”“中科院公众科学日”“国际博物馆日”及各地方组织的科普平台为契机，开展了丰富多彩的科普活动，还通过举办培训班和讲座开展科普宣传及科学教育，全年接待社会各界公众参观达76万人次。积极利用最新的社交媒体，如微信公众号、微视频等，积极开拓科普传播新渠道。

（四）文献情报

2016年，中国科学院积极探索支撑“四个率先”、全面推动全院文献情报系统建设及面向科技决策、面向科技创新、面向区域发展战略性科技信息需求的文献情报服务创新，取得了积极效果。

1. 继续夯实综合知识资源基础设施建设

2016年，中国科学院精心设计和优化研究所资源保障模式，并继续在有限文献资源经费下加大资源引进力度。截至2016年12月31日，共完成引进数据库171个，全院全文数据库和二次文摘数据库的使用量分别为5192.31万次和2034.36万次，院内共计1680所次参加了2016年集团采购。目前，全院相关研究所可共享的外文电子全文资源（现刊）达：外文期刊16 836种（包含DOAJ登记开放获取期刊9451种），外文图书112 160卷/册，外文工具书31 211卷/册，外文会议录45 303卷/册，外文学位论文607 946篇，外文行业报告1 711 835篇；中文图书353 854种（套）、382 461册，中文期刊17 201种，中文学位论文3 111 057篇。2016年，集团在开通全文资源量、数据库使用量等方面有所提升。相比2015年，通过商业渠道获取外文全文期刊保障能力提升0.8%；外文电子图书、工具书保障能力提高5%；外文会议录保障能力提高11.2%。在数据库使用量方面，2016年全文下载量提高2.5%；二次文献及事实、工具型数据库检索量比2015年提高28.6%。

2. 持续加强情报服务支撑，不断完善情报服务体系，有序推进情报产品研发

加大对国家战略问题、科技体制改革和科技发展的深度支撑，对上提供决策咨询服务。针对“面向国家重大战略问题”和“面向国民经济主战场”的科技创新需要，建设科技促进社会经济发展工程和科技服务网络，大力拓展面向区域、行业和技术转移转化工作的科技信息服务。开展合作机制建设，以省科院联盟（18家）、产业情报分中心（5家）、区域查新站（5家）为纽带和抓手，拓展区域用户情报咨询服务，建立覆盖区域用户创新价值链的文献保障、查新检索、情报咨询服务产业链。

聚焦明确情报服务规划目标，不断完善情报服务体系，稳步有序推进情报产品研发工作。积极探索建立多层次、可持续情报研究产品与服务，设计覆盖创新价值链的“竞争力T系列情报产品”，包括竞争力报告、学科发展蓝皮书、全球科技人才报告、研发机构定标分析、产业技术分析系列、数据产品，从产品定位、产品形式、数据来源、目标用户和合作机制5个层面展开详细设计。

3. 深化院所协同资源与知识服务

精心打造基于移动互联的知识服务品牌——中国科讯，方便用户在电脑、手机APP、手机微信、PAD多场景随时随地访问中国科讯获取文献、情报等资源和服务。截至2016年底，中国科讯累计使用量280万，用户注册量达到1.21万，其中院内用户10 501人，院外用户1620人，共有140家中国科学院院属机构安装并使用中国科讯。用户对中国科讯实现随时随地获取文献、情报产品给予了极大的肯定。

继续推进面向科研一线的学科化知识服务。2016年，持续走访研究所领导、院士与“百人计划”入选者、重点实验室/课题组、科研管理部门及各类科研用户，了解用户需求、了解研究所重点科研布局及其信息需求、了解所承担的重点项目任务及其信息需求。基于研究所、重大项目和实验室评估等需求，有效组织、协同推进知识服务开展，产出满足需求的情报产品。2016年，中国科学院通过院属单位文献情报中心面向院内责任研究所，本地下所1026次，外地下所426次，服务院内1152个课题组，累积服务科研人员9345人次，服务研究生12 751人次，发放培训及宣传材料12 759份；面向全国文献情报业界、全院研究所一线、省科院一线、中国科学院大学本科生研究生、全院期刊编辑组织开展知识服务、知识库建设、科研数据管理、情报研究新方法新工具应用、企业信息服务、科技态势监测、电子资源使用、数字出版与传播、企业园区文献情报服务等各类专题服务培训，全年共组织培训900场，培训35 000人次。

4. 信息服务支撑能力显著提升

利用前沿信息技术，创新知识服务系统建设，包括中国科讯、网络科技自动监测云服务、中国科学院科技论文预发布平台、iSwitch 数据交换中心等。“中国科讯”文献移动获取第一平台正式发布，促进科技文献服务在移动、开放、互联环境下的服务转型。网络科技自动监测云服务进一步对焦科技信息服务需求痛点，提升服务能力，形成规范的产品服务模式。

2016 年，中国科学院面向院所改革方案建设完成了可支撑卓越中心、创新研究院、大科学研究中心、特色研究所的研究所一线监测服务平台。2016 年 6 月 13 日正式发布“ChinaXiv”，为全国科研人员提供本土领域的中英文科技论文预印本存缴，保障优秀科研成果首发权的认定。截至 2016 年 12 月，在半年的时间内，共提交论文 3100 篇，审核通过 2079 篇，拒稿 921 篇，待审核 100 多篇，注册用户 887 人，访问量 342 923 人次，论文点击量 32 288 人次，论文下载量 8123 人次。

四、科研装备与技术监督

（一）科研装备建设工作

1. 积极落实修缮购置专项

2016 年，依据修缮购置专项 2016—2018 三年规划，经院所两级共同努力，精心组织，完成了 2017 年修缮购置专项资金的申报及争取工作，落实财政部仪器设备类修购专项 238 个项目，经费 10.9 亿元。

加强修购专项执行过程管理，为进一步争取和落实专项资金提供保障。完善从项目实施、设备运行到项目验收系列管理流程，为修购专项顺利实施提供保障；强化工作组作用，严格执行财政部定期进度报告制度，督促研究所按计划逐步推进专项实施，截至 2016 年底，当年修购项目预算执行完成 95.45%；装备项目管理办公室加强项目的验收管理，依托大型仪器区域中心，有序进行修购项目验收工作，共完成 171 个修购项目的验收工作。

2. 深入推进技术支撑系统建设

继续推进大型仪器区域中心和所级公共技术服务中心平台建设工作。进一步完善区域中心布局，组织新建“北京信息电子技术”和“南京地球资源环境”两个大型仪器区域中心。组织专家对新建所级公共技术服务中心进行评审，中国科学院遗传与发育生物学研究所等 5 个所级中心纳入院择优支持范围；完成生命科学领域动物研究所等 14 个所级中心评估，其中 2 个所级中心评估结果为优秀。目前，中国科学院共有大型仪器区域中心 15 个，择优支持的所级中心 82 个。

推进中国科学院仪器设备共享管理平台 V3.0 的建设与部署实施工作。完成全院 13 个大型仪器区域中心、104 个研究所的数据迁移、系统切换和刷卡器安装工作。截至 2016 年 12 月 31 日，上线仪器设备达到 7000 余台（套），价值超过 100 亿元，系统用户数超过 3.6 万人。

3. 稳步推进科研装备自主研制

加强院级研制项目的组织工作。继续鼓励跨研究所合作研制，鼓励35周岁及以下青年科研人员积极参与科研装备研制工作，鼓励对科研装备研制开展持续攻关，并综合考虑四类机构分类改革提出的设备研制需求。2016年，全院共受理院级科研装备研制项目申请272个，通过形式审查、书面评审和现场答辩，资助项目75个，涉及50个院属单位，院资助经费19 988万元。

4. 积极参与国家科技基础条件平台建设工作

进一步加强与科技部、财政部等部门的联系，积极参与平台建设工作。中国科学院113个院属单位参加了科技部、财政部组织的以大科学装置、大型科学仪器设备、科学数据信息、生物种质资源库等为主要内容的国家重点科技基础条件资源调查工作，并按要求全部完成填报和提交工作。

（二）技术监督工作

由中国科学院分管承担的国际、全国专业技术标准化技术委员会（ISO/TC202，微束、声学、超导、纳米、空间、遥感、光电测量）秘书处，根据国家标准化管理委员会的工作部署，完成了推荐性国家标准集中复审工作，并继续开展相关领域的标准化修订及管理工作。

“国家计量认证中国科学院评审组”依据国家认证认可监督管理委员会的年度计划，于2016年对中国科学院系统进行了3个新申请实验室的CMA首次评审，3个新申请实验室的CMA+CNAS首次评审，4个实验室的CMA复查评审，1个实验室的CMA扩项评审和6个实验室的CMA+CNAS复查评审。

五、后勤支撑体系建设

（一）完善组织架构

推动设立中国科学院“3H工程”推进委员会，这是充实完善中国科学院“3H工程”领导机制和工作组织的重要举措，有利于进一步提升工作效率，统筹安排、充分调动多方人力物力资源，形成推动中国科学院“3H工程”突破发展瓶颈的建设合力。

（二）继续推进人才周转公寓建设

为推动京区“3H工程”人才周转公寓的规范流转和科学管理，深入研究制定针对京区人才周转公寓院预留房源的《中科院京区顶尖人才周转公寓使用管理办法》，面向顶尖领军科技人才，以解决其住房困难为出发点，通过由顶级人才所在单位向北京分院提出申请并定向租赁的方式组织实施。

2016年，中国科学院继续推进人才周转公寓建设。截至2016年底，立项建设“3H工程”人才周转公寓7175套，院财政支持项目6112套，覆盖全院13个分院和地区。除此以外，部分分院和研究所还通过住房补贴、整租、购置等多样化方式满足人才住房需求，积极拓展人才住房保障资源。

（三）做好子女入园入学保障

在入园保障方面，中国科学院幼儿园在全国范围内布局25所幼儿园（其中京区16所），2016年新接收职工子女入园748名，其中京区675名。截至2016年底，累计接收子女入园3107名。基本实现京区院所职工子女就近入园全覆盖；同时，与武汉分院、成都分院及光电技术研究所、高能物理研究所等其他13家学前教育联盟幼儿园，共同为院内职工子女入学提供保障。此外，紫金山天文台、深圳先进技术研究院等部分研究所还通过自办、合作办园等方式解决职工子女入园问题。

在入学保障方面，2016年，以中科院附属实验学校、中科院中关村学校、中科院附属玉泉小学等三所冠名学校和北京中科启元学校为保障重点，加强软硬件支持力度，提升学校接收能力，并着力加强与中关村地区优质小学的合作；首次将海淀区民族小学、海淀区双榆树第一小学、北京林大附小纳入接收中科院子弟入学范畴，拓展了职工子女入学的新渠道，实现院所分布区域入学保障全覆盖；与中关村、永定路等京区院所集中区域的学区管理中心建立了工作对接机制，推出集体户籍科研人员子女入学资料集中联审等新举措，减轻了科研人员的负担；加强与中组部、北京市政务服务管理办公室，以及海淀、西城、朝阳、石景山等区政府外联部门的协调，实现重点人才全保障。2016年，解决京区院所科研人员子女入学329名，其中“幼升小”243名，“小升初”86名。截至2016年底，共保障京区院所科研人员子女入学1096名，其中“幼升小”838名，“小升初”258名。在京外，沈阳分院、上海分院及南海海洋研究所、广州生物医药与健康研究院等还通过合作共建、争取地方政府支持等方式，解决当地研究所职工子女入学问题。

（四）深入推进职工健康管理工作

一是开通中国科学院京区院所科研骨干人才就诊绿色通道。以信息技术为支撑手段，以中关村医院为平台，聘请来自北大医院、北医三院等北京市三级甲等医院专家，开设诊疗专区、畅通住院转诊通道，让骨干人才就近享受到一站式诊疗服务。截至2016年底，京区院所科研人员绿色通道报名人数达到6857人，就诊2324人次。二是广泛开展健康教育培训；开展离休干部健康巡诊，解决离休干部看病困难的问题；为院士提供优质医疗保障服务；对首批123名自愿报名的科研骨干人才进行为期一年的健康管理干预。三是在京外，沈阳分院、新疆分院及中国科学技术大学等通过加强与当地医院合作，引入优质医疗资源；金属研究所、光电技术研究所等加强对所属医院、卫生所的建设，为当地职工提供医疗服务。

科技成果转移转化与对外合作

一、整体情况

2016年，中国科学院全面深入实施“率先行动”计划，系统谋划和推进“十三五”改革创新发展，继续秉承“创新科技、服务国家、造福人民”的科技合作宗旨，以面向国民经济主战场、支撑服务国家和区域创新发展为己任，以实施“促进科技成果转移转化专项行动”为抓手，进一步完善科技服务网络布局，充分发挥研究所主体作用，发挥分院区域统筹协调作用，推进科技成果转移转化和规模产业化，通过与地方共建研究机构和技术转移平台、实施面向地方科技需求的专项工程、加强人员交流与培养等多种形式，促进科技与经济的紧密结合，推动大众创新、万众创业，在“十三五”的开局之年取得了良好进展。

（一）科技合作工作成效显著

中国科学院科技成果的转移转化和规模产业化坚持以需求为牵引，以市场为导向，加强组织领导，扎实推进工作，促进科技创新活动与国家经济社会发展需求紧密衔接，为不同领域和地域的经济发展与产业升级做出了贡献。2016年，中国科学院通过科技成果转移转化，使地方企业当年新增销售收入3831.43亿元，利税472.44亿元。科技合作促进科技成果转移转化的作用日益显著。

（二）创新平台建设集聚各方资源

中国科学院联合地方政府、企业、大学和其他科研机构等国家创新体系各单元，以提升服务经济社会发展能力为核心，完善科技布局、承担科技任务、集聚优秀人才、创新体制机制、促进转移转化，扎实推进创新平台建设，服务经济发展的能力大幅提升。中国科学院自行设立或与地方政府共建的39个主要从事科技成果转移转化工作的非法人单元，包括31个产业技术创新与育成中心、7个技术转移中心、1个科技园，以促进成果转移转化为核心，集聚中国科学院技术、成果、项目和人才等创新资源，不断优化体制、壮大队伍、规范管理，有效提升了服务区域经济社会发展的能力。39个主要从事科技成果转移转化工作的非法人单元总人数达10 059人，其中中国科学院人数达3997人，转化项目919个，实现销售收入超过316亿元，孵化企业250个，为社会培训各类人才43 376人次。

（三）创新联盟建设促进协同创新

全国科学院联盟建设有效推动了中国科学院与地方科学院的联合合作，在共同承担科学任务、开展合作研究、促进科技成果转化、培养创新创业人才、探索和实践科技与经济结合、协同创新的体制机制等方面取得积极进展。2016年10月22日，全国科学院联盟理事会第五次全体会议在新疆乌鲁木齐召开。据统计，2016 年，中国科学院与地方科学院互派、兼职挂职干部 39 人，为地方科学院培训科技骨干 1682 人，联合培养、进修 55 人，联合承担国家项目 12 项，联合承担院支持项目 21 项，联合承担地方科技项目 103 项，获得地方科技项目资助金额 6801 万元，开展交流活动 214 次，共建转化及研发平台数 33 个。

（四）启动促进科技成果转移转化专项行动

为促进科技与经济更加紧密结合，更有力地推动科技成果转移转化工作，2016 年 3 月，启动了中国科学院“促进科技成果转移转化专项行动”，针对制约科技成果转移转化的关键问题和薄弱环节，面向国家重大需求、面向国民经济主战场，组织全院科技力量全面推动科技成果转移转化工作，部署实施 5 方面 25 项重点任务。2016 年 7 月，成立中国科学院知识产权运营管理中心，通过挑战、增值、加速、普惠 4 个计划，促进全院科技成果转移转化工作，打通知识产权、资本和产业之间的通道，保障支撑中国科学院科技成果转化工作的顺利开展，实现创新链、产业链、资本链“三链”有效联动。2016 年 8 月，与科技部联合印发《中国科学院关于新时期加快促进科技成果转移转化指导意见》，该文件是中国科学院落实“率先行动”计划，大胆创新、先行先试的重要举措，为国立科研机构转移转化工作探索了新经验、做出了示范。

（五）创新联盟抱团作战辐射带动作用日显

截至 2016 年底，组建了先进计算、智能制造与机器人、晶体材料高端装备、新型特种化学品、医疗器械产业、绿色城市 6 家“两链嫁接联盟”，涵盖高端装备制造、新一代信息技术、新材料、节能环保和生命健康等新兴产业领域。各联盟成员单位总计 89 家，其中院内科研机构 41 家、企业 24 家，院外科研机构 6 家、企业 15 家、医院 3 家。东方中科成功在中小板上市，高精数控、成都瑞拓在新三板挂牌。各联盟管理体系不断完善、联合研发稳步推进、“抱团作战”效应逐渐显现。

（六）科技促进发展奖表彰先进团队

2016 年，授予中国科学院大连化学物理研究所“高效纳米金属催化剂的创新及其在绿色化工中的工业应用团队”等 10 个团队 2016 年度中国科学院科技促进发展奖。

1. 团队名称：高效纳米金属催化剂的创新及其在绿色化工中的工业应用团队

推荐单位：中国科学院大连化学物理研究所

主要合作单位：山东联盟化工股份有限公司
大连康宇化工有限公司
凯凌化工（张家港）有限公司
延长石油集团榆林煤化公司
江苏索普集团公司

主要完成人：丁云杰（中国科学院大连化学物理研究所）
陈曙光（中国科学院大连化学物理研究所）

严　丽（中国科学院大连化学物理研究所）
吕　元（中国科学院大连化学物理研究所）
朱何俊（中国科学院大连化学物理研究所）
王　涛（中国科学院大连化学物理研究所）
安丽华（中国科学院大连化学物理研究所）
马立新（中国科学院大连化学物理研究所）
刁成际（中国科学院大连化学物理研究所）
金　明（中国科学院大连化学物理研究所）

2. 团队名称：猕猴桃育种创新及产业化应用团队

推荐单位：中国科学院武汉植物园

主要完成人：钟彩虹（中国科学院武汉植物园）
刘义飞（中国科学院武汉植物园）
李大卫（中国科学院武汉植物园）
韩　飞（中国科学院武汉植物园）
张　琼（中国科学院武汉植物园）
李　黎（中国科学院武汉植物园）
姜正旺（中国科学院武汉植物园）
陈美艳（中国科学院武汉植物园）
龚俊杰（中国科学院武汉植物园）
黄宏文（中国科学院武汉植物园）

3. 团队名称：高功率、高光束质量半导体激光合束技术及应用团队

推荐单位：中国科学院长春光学精密机械与物理研究所

主要完成人：王立军（中国科学院长春光学精密机械与物理研究所）
宁永强（中国科学院长春光学精密机械与物理研究所）
彭航宇（中国科学院长春光学精密机械与物理研究所）
朱洪波（中国科学院长春光学精密机械与物理研究所）
张　俊（中国科学院长春光学精密机械与物理研究所）
单肖楠（中国科学院长春光学精密机械与物理研究所）
付喜宏（中国科学院长春光学精密机械与物理研究所）
秦　莉（中国科学院长春光学精密机械与物理研究所）
刘　云（中国科学院长春光学精密机械与物理研究所）

4. 团队名称：难选冶金矿高效绿色利用集成技术及产业化团队

推荐单位：中国科学院过程工程研究所

主要合作单位：招金矿业股份有限公司
山东联盟磷复肥有限公司
招远中环科技有限公司

主要完成人：陈运法（中国科学院过程工程研究所）
钱　鹏（中国科学院过程工程研究所）

魏连启（中国科学院过程工程研究所）
仉小猛（中国科学院过程工程研究所）
叶树峰（中国科学院过程工程研究所）
丁　剑（中国科学院过程工程研究所）
李青春（中国科学院过程工程研究所）
吕翠翠（中国科学院过程工程研究所）
鲁永刚（中国科学院过程工程研究所）

5. 团队名称：中国新型城镇化发展的合理格局与决策支持示范应用团队
推荐单位：中国科学院地理科学与资源研究所
主要完成人：方创琳（中国科学院地理科学与资源研究所）
陆大道（中国科学院地理科学与资源研究所）
刘彦随（中国科学院地理科学与资源研究所）
刘　毅（中国科学院地理科学与资源研究所）
樊　杰（中国科学院地理科学与资源研究所）
金凤君（中国科学院地理科学与资源研究所）
刘卫东（中国科学院地理科学与资源研究所）
毛汉英（中国科学院地理科学与资源研究所）
陈　田（中国科学院地理科学与资源研究所）
张文忠（中国科学院地理科学与资源研究所）

6. 团队名称：长江经济带的区域规划研究与应用团队
推荐单位：中国科学院南京地理与湖泊研究所
主要完成人：陈　雯（中国科学院南京地理与湖泊研究所）
曹有挥（中国科学院南京地理与湖泊研究所）
陈江龙（中国科学院南京地理与湖泊研究所）
孙　伟（中国科学院南京地理与湖泊研究所）
吴　威（中国科学院南京地理与湖泊研究所）
段学军（中国科学院南京地理与湖泊研究所）
陈　诚（中国科学院南京地理与湖泊研究所）
袁　丰（中国科学院南京地理与湖泊研究所）
李平星（中国科学院南京地理与湖泊研究所）
张落成（中国科学院南京地理与湖泊研究所）

7. 团队名称：酶工程技术体系创新及其在氨基酸与医药中间体生产上的应用团队
推荐单位：中国科学院上海生命科学研究院
主要合作单位：中国科学院上海生命科学研究院湖州工业生物技术中心
上海工业生物技术研发中心
长春大合生物技术开发有限公司
湖南福来格生物技术有限公司
浙江顺风海德尔有限公司

安徽华恒生物科技股份有限公司
洛阳华荣生物技术有限公司
湖州颐辉生物科技有限公司
主要完成人：杨　晟（中国科学院上海生命科学研究院）
姜卫红（中国科学院上海生命科学研究院）
蒋　宇（中国科学院上海生命科学研究院）
陶荣盛（中国科学院上海生命科学研究院湖州工业生物技术中心）
黄　鹤（中国科学院上海生命科学研究院）
范文超（中国科学院上海生命科学研究院湖州工业生物技术中心）
杨蕴刘（中国科学院上海生命科学研究院）
袁中一（中国科学院上海生命科学研究院）

8. 团队名称：青海高镁锂比盐湖提锂关键技术及应用团队
推荐单位：中国科学院西北生态环境资源研究院（筹）
主要合作单位：青海锂业有限公司
主要完成人：马培华（原中国科学院青海盐湖研究所）
李增荣（青海锂业有限公司）
邓小川（原中国科学院青海盐湖研究所）
李　健（青海锂业有限公司）
温现明（原中国科学院青海盐湖研究所）
马　军（青海锂业有限公司）
王　敏（原中国科学院青海盐湖研究所）
李法强（原中国科学院青海盐湖研究所）
梁青生（原中国科学院青海盐湖研究所）
朱朝梁（原中国科学院青海盐湖研究所）

9. 团队名称：中国特征环境重大工程风沙危害形成机理、防治技术及其应用团队
推荐单位：中国科学院西北生态环境资源研究院（筹）
主要完成人：屈建军（原中国科学院寒区旱区环境与工程研究所）
杨根生（原中国科学院寒区旱区环境与工程研究所）
俎瑞平（原中国科学院寒区旱区环境与工程研究所）
张克存（原中国科学院寒区旱区环境与工程研究所）
韩庆杰（原中国科学院寒区旱区环境与工程研究所）
柳本立（原中国科学院寒区旱区环境与工程研究所）
牛清河（原中国科学院寒区旱区环境与工程研究所）
凌裕泉（原中国科学院寒区旱区环境与工程研究所）
谢胜波（原中国科学院寒区旱区环境与工程研究所）
肖建华（原中国科学院寒区旱区环境与工程研究所）

10. 团队名称：辽东山区森林资源保育与林下资源利用技术研究及示范团队
推荐单位：中国科学院沈阳应用生态研究所

主要合作单位：沈阳农业大学
清原县科技开发中心
主要完成人：朱教君（中国科学院沈阳应用生态研究所）
于立忠（中国科学院沈阳应用生态研究所）
何兴元（中国科学院沈阳应用生态研究所）
闫巧玲（中国科学院沈阳应用生态研究所）
杨　凯（中国科学院沈阳应用生态研究所）
张金鑫（中国科学院沈阳应用生态研究所）
孙一荣（中国科学院沈阳应用生态研究所）
高　添（中国科学院沈阳应用生态研究所）
李秀芬（沈阳农业大学）
于宏光（清原县科技开发中心）

二、经营性国有资产管理

2016年，中国科学院国有资产经营有限责任公司深入贯彻落实“率先行动”计划，全面实施《“联动创新”纲要》，围绕“改革、创新、布局、引领”的工作主题，努力开创全院产业发展新局面。

2016年，全院纳入统计范围的542家院所投资企业营业收入3850亿元，同比增长3%；资产总额4823亿元，同比增长9%；利润总额134亿元，同比增长3%；净利润76亿元，同比增长10 %；上缴税金109亿元，同比增长21%；中国科学院经营性国有资产权益355亿元，同比增长7%。其中，国科控股持股企业实现营业收入3302亿元，同比增长2%；资产总额3646亿元，同比增长9%；利润总额95亿元，同比增长3%；净利润46亿元，同比增长9%；上缴税金83亿元，同比增长33%；国科控股权益24亿元，同比增长7%。

2016年，中国科学院所投资企业共有1家企业成功上市，新三板挂牌6家。截至2016年底，院所投资企业共有24家上市公司，新三板挂牌14家。上市公司（不含新三板）总市值约3401亿元；中国科学院直接或间接持有股份市值约305亿元（按2016年12月31日收盘价计）。

三、港澳台工作

2016年，在新的两岸关系形势下，中国科学院继续认真落实中央对港澳和对台最新工作精神和指示，推动中国科学院与港澳台地区开展常态化交流与实质性合作。

2016年，全院赴台共900余人次，支持在大陆举办两岸系列性学术研讨会10项，继续实施“台湾青年访问学者计划”和“中科院-工研院两院合作计划”；稳定院级交流机制，与台湾工研院在沈阳共同主办了“第六届两岸产业科技交流论坛”、与台湾“中研院”在上海共同主办了“第三届海峡两岸生命科学论坛”；积极推动与台湾在知识产权方面的交流。

中国科学院组织在港召开了“中科院-香港中文大学合作指导委员会第三次会议”，继续实施“中科院院士访校计划”；与澳门科学技术协进会签署《中国科学院与澳门科学技术协进会科技师友计划合作协定》，完成澳门科技发展基金项目专家评审工作，在京举办首期“澳门青年科技工作者研修培训班”。积极做好港澳台地区青少年和基层层面的交流及科普工作。

国 际 合 作

2016 年是中国科学院国际合作全面开拓新局面的一年。中国科学院提出新时期国际化推进战略的思考与重大举措、完善印发中国科学院“十三五”国际合作规划、启动实施共建“一带一路”国际科技合作行动方案，深度构建双多边创新合作网络，强化全院国际合作统筹管理和战略导向，各项工作成效显著。全院全年出访 21 042 人次，来访 14 682 人次，举办多边和双边国际学术会议 284 个。新签、续签 17 个院级国际合作协议（表6），审批通过 82 个重点对外合作项目（表7）。

表6　2016 年新签续签国际合作协议

序号	协议名称	签署时间	签署地点
1	中国科学院与澳门科学技术协进会科技师友计划合作协定	2016 年 1 月 8 日	澳门
2	中国科学院与伊朗科技副总统办公室关于“丝绸之路科学基金”的谅解备忘录	2016 年 1 月 23 日	德黑兰
3	中国科学院与意大利宇航局关于在和平利用太空领域的合作框架协议	2016 年 2 月 18 日	罗马
4	中国科学院与匈牙利科学院续签合作协议	2016 年 2 月 19 日	布达佩斯
5	中国科学院与缅甸环保林业部交流合作备忘录	2016 年 3 月 25 日	内比都
6	中国科学院与意大利研究理事会科技合作协议	2016 年 6 月 7 日	函签
7	中国科学院与法国健康医学研究院合作协议	2016 年 7 月 1 日	巴黎
8	中国科学院与捷克科学院续签科技合作协议	2016 年 7 月 30 日	布拉格
9	中国科学院与西班牙高等科研理事会合作协议	2016 年 9 月 6 日	马德里
10	中国科学院与哥伦比亚国立大学大学研究与学术合作谅解备忘录	2016 年 9 月 13 日	波哥大
11	中国科学院与英国科学与技术设施理事会谅解备忘录	2016 年 9 月 23 日	上海
12	中国科学院与德国慕尼黑工业大学续签科技合作协议	2016 年 9 月 29 日	函签
13	中国科学院与伊朗科技副总统办公室关于“丝绸之路科学基金”的补充协议	2016 年 10 月 24 日	北京
14	中国科学院与斯里兰卡卫生部合作备忘录	2016 年 10 月 25 日	北京

续表

序号	协议名称	签署时间	签署地点
15	中国科学院与澳大利亚联邦科学与工业研究组织第七届联合指导委员会会议公报	2016 年 11 月 2 日	北京
16	中国科学院与昆士兰大学协议备忘录（续签）	2016 年 11 月 28 日	布里斯班
17	中国科学院与泰国科技部科技合作更新协议	2016 年 12 月 9 日	北京

表 7　2016 年资助的对外合作重点项目

序号	项目名称	承担单位
1	徐书华马普青年科学家小组	上海生命科学研究院
2	通过对纤维素酶的基因编辑生产可溶性 β-葡聚小麦	遗传与发育生物学研究所
3	发展城市对极端气候的盈利型适应方案	城市环境研究所
4	亚澳季风区极端气候事件及其模拟与预估研究	大气物理研究所
5	用于土壤中营养物质浓度测绘的功能化纳米传感平台	过程工程研究所
6	抗分枝杆菌药物的发现	广州生物医药与健康研究院
7	清洁低成本太阳电池	合肥物质科学研究院
8	传统中药的现代研究	上海药物研究所
9	随机真空加热机制下激光粒子加速的实验研究	物理研究所
10	利用 LAMOST 与 Subaru 望远镜探索第一代恒星与早期银河系形成	国家天文台
11	应用于人工光合作用的单片集成 InGaN/GaAs 太阳光电化学电池	苏州纳米技术与纳米仿生研究所
12	金属板材柔性步进成形技术研究	深圳先进技术研究院
13	面向复杂海量视觉信息的深度学习技术与应用	深圳先进技术研究院
14	心外膜与心脏再生	上海生命科学研究院
15	利用大样本疏散星团研究银河系结构和演化	上海天文台
16	miR876-3p/cyP10 调控通路在主动脉夹层疾病进程中的作用研究	上海药物研究所
17	基于无线光传感网在智慧医疗应用关键技术的研发	福建物质结构研究所
18	系外行星地基天文成像关键技术及实测研究	南京天文光学技术研究所
19	始新世-渐新世亚洲南部与西南部灵长类演化与类人猿起源研究	古脊椎动物与古人类研究所
20	南美生物多样性保护与生物资源利用研究	华南植物园
21	健康长寿人群维持良好线粒体功能的分子机制研究	昆明动物研究所

续表

序号	项目名称	承担单位
22	分子靶向抗肿瘤药物在体作用机制可视化研究	上海药物研究所
23	保幼激素拮抗蜕皮激素信号的分子机制	上海生命科学研究院
24	含硫氨基酸对母猪繁殖力的影响机制及其应用研究	亚热带农业生态研究所
25	新型非人灵长类脑疾病模型及机理研究	深圳先进技术研究院
26	依托 AOSS 巡天的暗能量研究	国家天文台
27	中国古人类演化及其与欧洲古人类的关系	古脊椎动物与古人类研究所
28	基于单体 14C 技术的草地土壤有机碳周转与稳定性研究	植物研究所
29	横断山与西帕米尔阿莱山植物多样性比较研究	昆明植物研究所
30	森林昆虫生态网络与系统发育研究	动物研究所
31	末次盛冰期以来轨道-千年尺度亚洲-澳大利亚热带季风变化	地球环境研究所
32	西半球同步轨道动态监视光电设备的联合研制	上海天文台
33	过冷液体动力学松弛行为的理论与模拟研究	长春应用化学研究所
34	增生型造山带大陆地壳形成和演化	广州地球化学研究所
35	中尺度海洋过程下的海洋声学耦合机理及声场快速预报技术	声学研究所
36	时间序列遥感大数据异常信息分析技术	光电研究院
37	面向下一代水处理的二维纳米复合纳滤膜制备与应用	城市环境研究所
38	引力波事件对应体 Li-Paczynski 巨新星观测研究	紫金山天文台
39	中亚黄土与第四纪气候变化	地球环境研究所
40	大湄公河次区域典型地区水生生物资源调查评估与联合平台建设	水生生物研究所
41	X 波段高梯度加速技术微波系统国际合作研究	上海应用物理研究所
42	基于视觉语义结构表达的大规模图像物体识别	自动化研究所
43	北方冻土区沼泽湿地退化过程及恢复机制研究	东北地理与农业生态研究所
44	航空发动机旋流适应性紧凑波瓣混合器研究	工程热物理研究所
45	天山北坡土地利用与覆被变化对山地-绿洲-荒漠系统水热格局和局地气候的影响	新疆生态与地理研究所
46	长余辉发光成像技术在小鼠体内重金属离子检测中的应用	城市环境研究所
47	京津冀土地-水资源-粮食布局调控决策	遗传与发育生物学研究所

续表

序号	项目名称	承担单位
48	高效低成本太阳能光伏光热建筑一体化系统关键技术问题研究	中国科学技术大学
49	微波光子混合集成技术研究	半导体研究所
50	中非国家公园反盗猎合作	上海高等研究院
51	NLRP3 炎症小体与利什曼原虫的相互调控研究	上海巴斯德所
52	中韩飞秒激光三维形貌测量技术联合研究	光电研究院
53	人参对大脑化学谱的调控研究	大连化学与物理研究所
54	中国生物多样性保护研究的亚太战略	植物研究所
55	中国极端天气气候事件演变归因和情景预估	大气物理所
56	纳米光催化复合过滤材料制备及其在空气净化中的应用研究	上海硅酸盐研究所
57	开放科学政策措施与实施机制	文献情报中心
58	印尼海洋生态环境保护与生物资源开发利用	海洋研究所
59	中以合作质子治疗关键技术研究	上海光学精密机械研究所
60	决定亚洲成年人身体活动性水平的遗传和环境因素	遗传与发育生物学研究所
61	生物安全战略咨询智库研究和建设	武汉病毒研究所
62	太阳能热发电站运行模式及规程研究	电工研究所
63	全球遥感定标基准网	光电研究院
64	干细胞与转化国际大科学计划培育专项	动物研究所
65	中国聚变工程实验堆设计及先行科学技术研究	合肥物质科学研究院
66	基于 FAST 大科学装置的国际研究网络	国家天文台
67	微生物资源深度挖掘和可持续利用国际合作网络	微生物研究所
68	国际健康大数据共享计划	北京基因组研究所
69	国际深部地质工程研究计划	武汉岩土力学研究所
70	植物代谢和碳氮平衡	上海生命科学研究院
71	全球季风模拟研究国际计划	大气物理所
72	极低温区国家温度基准建设国际合作研究计划	理化技术研究所
73	清洁水技术及水务合作计划	生态环境研究中心
74	泛第三极与“一带一路”协同发展	青藏高原研究所
75	“一带一路”的新发突发病原研究支撑计划	微生物研究所
76	“一带一路”自然灾害风险与综合减灾国际研究计划	成都山地灾害与环境研究所

续表

序号	项目名称	承担单位
77	气候变化研究及观测计划	大气物理所
78	“一带一路”民族药研发与产业化合作	上海药物研究所
79	中国科学院一带一路全球技术转移转让中心	上海高等研究院
80	“一带一路”国立科研机构及科学家联盟	地理科学与资源研究所
81	“一带一路”沿线国家生物科技促进与产业合作计划	天津工业生物技术研究所
82	21 世纪海上丝绸之路低成本健康国际联盟行动计划	深圳先进技术研究院

一、围绕国家重大部署凝智聚力、协作创新，发挥重要战略引领作用

及时制定实施“一带一路”国际科技合作行动方案，提出到 2030 年的战略目标和重点布局，致力打造中国科学院在亚太、亚欧、亚非地区“协同创新网络体系”中的龙头和枢纽地位。

组织“国家实验室国际研讨会”，邀请 10 多个国际知名国家实验室负责人参会并作报告，对我国建设国家实验室提出重要建议，为国家和中国科学院推动国家实验室建设提供有益经验。

在已有工作基础上，进一步完善制定“十三五”国际合作规划和国际化推进战略重大布局，明确提出“十三五”期间重大举措，聚焦国际伙伴计划、“一带一路”科技合作联盟、全球治理能力提升计划、国际人才队伍培养、国际化创新管理体制机制五大方向，进一步凝聚全院国际化发展共识，切实发挥国际合作的引领和催化剂作用。

出台新版国际伙伴计划，集成“一带一路”国际合作、国际大科学计划培育、双边项目和国际合作重点项目，旨在打造有影响力的国际合作项目品牌。

聚焦全院优势学科领域，围绕前沿科学问题和全球共性挑战，孕育和培养有潜力牵头发起大科学计划的合作与交流项目。

成功促成国家外国专家局于 2016 年 9 月印发相关实施方案，对外国专家来华实施分类管理、简化归并申报材料、统一证件管理、优化审批流程、为外国高端人才开辟“绿色通道”、提升服务水平，切实提高了我国对于高端外国专家的吸引力。

二、实施重要战略举措，“一带一路”战略合作成效初步显现

成功举办“一带一路”科技创新国际研讨会，发表“一带一路”《北京宣言》，建立“一带一路”国家科研组织联盟，实现中国科学院服务“一带一路”战略布局上的重大战略部署。近 40 个国家和地区的 350 多名中外科学家参会并就相关重大科技发展和科教合作问题进行讨论，确定未来重点合作方向，前瞻部署带路合作项目。

为落实习近平主席和西里塞纳总统共同见签的《中国科学院与斯里兰卡城市发展与供排水部合作备忘录》，针对斯里兰卡不明原因慢性肾病高发问题，发挥中国科学院综合科技优势，启动了“一带一路”饮用水安全科技合作计划，与商务部合作援建“水技术研究与示范联合中心”，联合国内水务企业，开展协同创新，带动企业走出去，解决南亚和东南亚国家重大民生需求。

在前沿基础科学各领域，针对重大共性科技需求和挑战，与带路沿线科研机构和相关国际组织共同开展科技合作，牵头启动“环第三极资源环境问题与区域协同应对策略”等多项重大国际合作计划，注重环境生态研究与保护及可持续发展。

实现中国科学院合作奖和国际人才计划战略转型。为表彰乌兹别克斯坦科学院与中国科学院长期实质合作，向乌兹别克斯坦科学院院长授予中国科学院合作奖。全年有180位带路沿线国家的外国专家得到中国科学院资助来华工作，200位优秀发展中国家研究生得到中国科学院资助来华攻读博士学位。

三、全面评估海外科教基地建设，对接“一带一路”战略布局

2013—2016年，中国科学院已在“一带一路”沿线国家布局9个海外科教基地，2016年新建中国科学院曼谷创新合作中心，成为中国科学院第一个以产业转移转化为中心任务的境外机构。

2016年，中国科学院对先期启动的5个海外基地建设进展进行了全面评估，及时总结成效、明确问题、提出对策。引导已建海外科教基地成为国家外交战略重要依托平台，推进海外科教基地对接“一带一路”战略布局，催生“国际一流成果”。

四、拓展双多边合作网络，深度融入全球创新

2016年，中国科学院与欧洲的科技合作呈现机制化、多样化发展趋势，机构间合作日趋活跃。中国科学院和英国约翰·英纳斯中心合作成立的植物和微生物科学联合研究中心正式揭牌。该中心汇集中英两国三个世界一流研究所的优势科研力量于一身，共同应对食品安全和可持续医疗保健全球性挑战。中国科学院在瑞典基律纳航天中心建立了我国第一个海外陆地卫星接收站（北极站）。中国科学院和德国马普学会召开前沿探索战略合作会议，深入探讨两家机构未来合作重点方向及相关举措。中国科学院还与意大利签署中意航天合作协议，与英国皇家学会和研究理事会形成科学创新和人员交流合作计划，与奥地利、荷兰和意大利等科研机构在先进材料和脑科学等领域共同支持科研合作项目方面建立联合支持和工作机制，与比利时、瑞士和英国等科研机构和大学共同推进大科学合作计划和项目，与法方协商建立中法新发传染病防控合作新机制。

2016年，中国科学院扎实推进中美科技合作，继续推进与美国航天局在深化空间测地、对地观测等重点领域的合作交流。组织中美前沿会、中美高能物理会谈、第一届中巴空间科学会议、第十二届中澳科技研讨会、中新澳知识产权研讨会、中澳第七届联合指导委员会会议，推动中国科学院知识产权管理和运营工作走向国际化。中阿40米

射电望远镜项目（CART）获阿政府层面批准。

在中日韩关系处于低谷时期，中国科学院和日韩在新一代核能领域合作并在中国科学院大学联合建立“中韩学院”。

2016 年，中国科学院共资助 272 位来自发达国家的科技人才来华工作。

2016 年，中国科学院充分发挥自身在发展中国家科技界的领导力和智库作用。中国科学院院长白春礼在卢旺达主持召开发展中国家科学院（TWAS）第 27 届院士大会，组织全球 60 多个国家和地区的 300 多名科学家讨论“科技创新与可持续发展”，卢旺达总统 Paul Kagame 出席大会并致贺词；组织发展中国家科学院中国院士代表座谈会；牵头组织国际科学院组织联合会议，在科学咨询、项目研究等工作中发挥战略咨询作用。

五、2016 年度中科院国际合作奖获奖者简介

陈德亮

推荐单位：中国科学院青藏高原研究所

陈德亮是瑞典哥德堡大学奥古斯特·罗斯讲席教授，瑞典皇家科学院院士，哥德堡皇家艺术与科学院院士，发展中国家科学院院士，国际知名的气候学家。他在区域气候与大气环流关系、气候动力学及气候变化等领域取得了重要成果。

陈德亮与中国科学院开展科技合作十余年，长期深度参与中国科学院整体发展与战略规划、科学评估与咨询等工作，先后被中国科学院青藏高原研究所、遥感与数字地球研究所、地球环境研究所等聘为特聘教授。

在担任国际科学理事会（ICSU）执行主任期间，陈德亮努力促成了灾害风险综合研究计划（IRDR）项目办公室落户中国科学院，成为亚洲首个 ICSU 麾下的国际计划办公室。他共同参与完成了《西藏高原环境变化科学评估》报告，为青藏高原的环境保护和生态建设提供了科学依据和有力指导，并为习近平总书记关于西藏生态文明建设重要论述提供了可靠科学依据。

陈德亮热心投身于中国科学院优秀人才的国际推送，不遗余力向国际组织、科研机构、国际科技奖励机构等介绍、推荐中国科学院科学家的科研成果和科学成就。他高度关注对中青年人才的培养，每年坚持访问中国科学院多个研究所，主动邀请与科研骨干开展合作研究，在此项工作中做出了突出贡献。

厄尔·沃德·普拉默

推荐单位：中国科学院物理研究所

厄尔·沃德·普拉默是美国路易斯安纳州立大学物理与天文系教授，美国国家科学院、艺术和科学学院院士，凝聚态物理学家。迄今发表过学术论文 400 余篇，总被引次数超过 17 000 次。他关于表面单原子隧道谱、光电子能谱分析、低维电子体系等成果享有极高的国际声誉，获得过多项奖励。

普拉默教授与中国科学院合作超过 15 年，担任中国科学院物理研究所国际量子结构中心首席科学顾问，合肥物质科学研究院强磁场科学中心外国顾问，为我国凝聚态物

理人才的培养和研究水平的快速提升奠定了坚实基础。他同时长期致力于中美双边合作与人才培养，亲自领导了一支基于物理所的国际化团队开展工作，累计在 *Science*、*PNAS*、*PRL*（《物理评论快报》）等顶级期刊发表论文约30篇，为中国科学院培养具有国际化视野的优秀科技后备力量做出了杰出贡献。

普拉默教授十分重视在国际场合积极宣传与中国科学院的合作。他曾在法-美科技合作高层研讨会上专门做大会报告介绍与中国的合作经历。2016年，他陪同美国能源部官员来华访问并详细介绍了中国科学院的情况，为巩固深化中国科学院与美国能源部的战略合作发挥了积极作用。

肖开提·萨利霍夫

推荐单位：中国科学院新疆理化技术研究所

肖开提·萨利霍夫是乌兹别克斯坦科学院院士、院长、乌内阁成员、乌国家科技委员会主席，2008年荣获乌兹别克斯坦总统颁发的“英雄勋章”。作为乌国生物有机化学领域的领军人物，发表学术论文300余篇，出版专著5本，申请专利70余项，研发新药10余种。

在肖开提·萨利霍夫的带领下，乌兹别克斯坦科学院与中国科学院开展合作长达16年，双方合作发表论文40余篇，申请专利5项，3位乌科院专家荣获新疆维吾尔自治区人民政府颁发的中国天山奖。他积极推动两国科学院科技合作的深化升级，促成了双方长期高效人才培养机制的建立，为深化双方间科技合作做出了杰出的贡献。

2013年，中国科学院首批海外机构之一“中亚药物研发中心”在乌兹别克斯坦成立，萨利霍夫教授主动担任乌方首席科学家，积极为中心的平台建设出谋划策，主动参与中心核心科研工作，并亲自到施工现场勘查施工情况，为中心顺利、安全、快速的发展倾注了大量的智慧、心血和精力，保证了中心建设发展的高层面、高水平和高标准。在他的倾心投入下，中亚药物研发中心正在成为中国科学院国际化发展和“一带一路”科技合作建设的优秀典范。

基 本 建 设

一、基本建设项目批复情况

2016 年，中国科学院批复项目建议书 3 项，新建总建筑面积 5. 61 万平方米，总投资 3. 32 亿元，投资均由研究所多渠道筹措。

2016 年，中国科学院批复建设项目可行性研究报告 11 项，新建总面积 12. 24 万平方米，总投资 6. 44 亿元，投资均由研究所多渠道筹措。

2016 年，中国科学院批复院所投资修缮项目实施方案 16 项，总投资 0. 78 亿元，投资均由研究所多渠道筹措。

2016 年，中国科学院完成了国家天文台 FAST 和高能物理研究所散裂中子源项目初步设计及概算调整；高能物理研究所高能同步辐射光源和上海应用物理研究所上海光源线站项目初步设计及概算的审批和报批工作；地质与地球物理研究所 WEM 工程地点变更及设备调整审批工作。批复总建筑面积 6. 36 万平方米，总投资 50. 05 亿元，其中国家投资 40. 22 亿元，多渠道筹措及其他专项 9. 83 亿元。

二、落实“十二五”建设投资及财政部修购专项工作

2016 年，根据国家批准中国科学院的“十二五”科教基础设施建设规划实施方案及相关立项文件，中国科学院组织项目单位编报投资计划，共计申请 16 亿元国拨资金，涉及 15 个整体项目（包括 43 个子项目）。

2016 年，中国科学院编报完成 2017 年修购项目的申报计划，向财政部报送的 2017 年 109 个修缮项目全部得到财政修购专项的支持，财政部安排的预算经费额度为 5. 78 亿元。

三、基本建设投资计划

2016 年，中国科学院编制年度基本建设投资计划 4 批，涉及 68 个建设单位，建设项目 90 项。共计安排资金 31. 14 亿元。其中，国家拨款资金 23. 2 亿元（包括“十二五”科教基础设施预算内投资 16 亿元，大科学工程预算内投资 7. 2 亿元）；中国科学院投资 0. 5 亿元；自筹资金 7. 44 亿元。

四、基本建设投资完成情况

2016 年，中国科学院全年基本建设完成投资 38. 48 亿元。其中，国家拨款 28. 43 亿元（包括“十二五”科教基础设施预算内投资 16 亿元，2016 年修缮专项投资 5. 23 亿

元，大科学工程预算内投资 7.2 亿元）；中国科学院投资 0.5 亿元；自筹资金 7.44 亿元。

五、工程建设及竣工情况

2016 年，中国科学院新开工项目 139 个，其中科研及辅助用房建设和改造项目 73 个，园区基础设施改造建设项目 66 个。新开工项目总建筑面积 90.3 万平方米，其中科研及辅助用房建设和改造项目的新建面积 73.71 万平方米，改造面积 16.59 万平方米。

2016 年，中国科学院新竣工项目 134 个，其中科研及辅助用房建设和改造项目 74 个，园区基础设施改造建设项目 60 个。新竣工项目总建筑面积 45.64 万平方米，其中科研及辅助用房建设和改造项目的新建面积 28.69 万平方米，改造面积 16.95 万平方米。

六、工程验收情况

2016 年，中国科学院组织并完成了全院 13 个分院所属建设单位的 74 个基本建设项目验收工作，涵盖 2011—2015 年财政部修缮专项建设项目，其中，中国科学院条件保障与财务局负责完成项目 11 项，各分院完成 63 项。

党群工作与创新文化

2016 年，中国科学院党组认真贯彻落实党的十八大和十八届三中、四中、五中、六中全会精神，深入学习领会习近平总书记系列重要讲话精神，坚决贯彻全面从严治党各项要求，重点组织开展“两学一做”学习教育，以坚强有力的党建工作和稳步推进的创新文化建设为“三重大”成果产出和实施“率先行动”计划提供有力支撑。

一、思想建设

1. 加强理论武装，认真学习贯彻落实中央各项要求

中国科学院党组先后印发了《中共中国科学院党组关于在“两学一做”学习教育中认真学习贯彻习近平总书记在庆祝中国共产党成立 95 周年大会上的重要讲话精神的通知》《中共中国科学院党组关于认真学习〈胡锦涛文选〉的通知》《中共中国科学院党组关于认真学习宣传贯彻党的十八届六中全会精神的通知》等一系列文件，组织召开了全院学习宣传贯彻党的十八届六中全会精神工作部署视频会议、加强新形势下院所投资企业党的建设工作部署会和贯彻落实全国高校思想政治工作会议精神座谈会等会议，切实把思想和行动统一到党中央的要求上来。

2. 全院各级党组织高度重视、精心谋划、扎实推进“两学一做”学习教育

中国科学院党组以上率下、引领示范，制定了《中共中国科学院党组“两学一做”学习教育实施方案》，召开了 4 次中心组专题学习会，党组成员通过个人自学、参加支部活动、带头讲党课、参加院属单位民主生活会的方式，从严从实落实学习教育要求。落实责任、精心部署，制定了《中国科学院关于在全院党员中开展“两学一做”学习教育方案》。结合实际情况，设计了 4 个专题学习：学党章，坚定理想信念；学党规，严守政治纪律；学讲话，增强“四个意识”；学宗旨，创新科技为民。专题学习的做法被中组部《“两学一做”学习教育情况通报》采用，并被中央国家机关刊物《紫光阁》刊发。召开全院落实中央“两学一做”学习教育工作座谈会精神视频会议，对全院开展学习教育进行了动员部署。培训交流，督促指导，召开“以学促做”党支部工作视频交流会，成立全院“两学一做”学习教育督导组，对 12 个分院的 31 个院属单位和 2 个院直管单位进行督查，与 700 余名党员面对面进行了访谈交流，通过“飞行检查”“随机抽查”“情景访谈”等方式，把全面从严治党要求落实到每个支部、落实到每名党员。

3. 持续推进创新文化建设

继续推进创新文化广场建设，举办“求是论坛”“科普论坛”“全国科普日”等系列活动。巩固网站、刊物、讲座、论坛、展览、科普活动等传统宣传阵地，不断拓展新的文化传播平台，整合各类传播途径，形成传播合力。院属各单位认真落实中国科学院新时期办院方针，引导广大科技工作者努力践行“创新科技、服务国家、造福人民”的

科技价值观，为实现习近平总书记对中国科学院提出的“三个面向”“四个率先”奋斗目标营造了风清气正的良好氛围。

二、组织建设

为强化全面从严治党主体责任，中国科学院对院党的建设工作领导小组进行了调整，组建了以党组书记白春礼任组长，党组副书记刘伟平任常务副组长，院党组成员、副秘书长何岩任副组长，由院党组办、人事局、科学传播局和监督与审计局主要负责同志为成员的领导小组。为加强全院党建工作的顶层设计与行业系统指导，中国科学院党建工作领导小组办公室由京区党委转至院监督与审计局，并设立党建室承担日常工作。

按照中组部要求，全院各级党组织围绕党员组织关系排查、党代会代表和党员违纪违法未给予相应处理情况排查清理、基层党组织按期换届专项检查、党费收缴工作专项检查和抓严抓实领导机关党员干部学习教育5项重点任务，不断规范党员教育管理，对未按期换届的基层党组织进行整改，重新核定党费缴纳基数，平稳有序完成党费补缴。在中国科学院党组的指导下，在地方各级党的主管部门统一部署下，全院各级党组织稳步落实了各项重点任务。

为进一步增强全院基层党组织活力，激励广大党员干部积极投身科技创新，中国科学院召开了纪念建党95周年表彰大会，表彰了98名优秀共产党员、49名优秀党务工作者和50个先进基层党组织，挖掘了一批具有中国科学院特色的先进典型。《瞭望新闻周刊》《光明日报》《中国科学报》等媒体对中国科学院评选出的先进典型进行了报道。

截至2016年底，全院共有基层党组织3376个，其中党委195个（直属单位党委6个，院部或分院机关党委12个，院属一级法人单位党委107个，院属二级法人单位党委14个，院属单位所属党委30个，院直接投资企业党委26个），党总支189个（院属单位党总支2个，院属单位所属党总支187个），党支部2992个。中国科学院党员总数为95 410名，其中在职党员44 527名，学生党员26 593名，离退休党员21 687名。全年共发展党员1380名。

三、作风建设

为贯彻落实中央八项规定精神，中国科学院组织开展了全院“回头看”专项检查工作。在院属124家单位认真开展自查自纠的基础上，根据新形势新要求，结合中国科学院情况修订了《贯彻落实中央八项规定精神，改进工作作风密切联系群众的12项要求》，使相关要求更加具体化，更加贴近科研工作实际，操作性进一步增强。对多名违反中央八项规定精神和院党组12项要求的院管干部、处级干部等人员进行了严肃查处，给予了党纪政纪处分或组织处理。

修订了《中国科学院巡视工作实施办法（暂行）》。2016年8月底启动了中国科学院新一轮巡视工作，以政治巡视为重点，先后巡视了中国科学院上海高等研究院等10家单位，并从巡视发现的问题中梳理出了全院存在的10项共性问题。注重巡视成果运用，将这些问题在全院通报，狠抓巡视整改落实，进一步发挥巡视的“利剑”和震慑作用。

四、反腐倡廉建设

根据中央部署，结合中国科学院实际，院党组统筹谋划，要求各分院配备专职的纪检组长，设立专门的纪监审机构，设置专职的纪监审工作人员。院属各单位均设立了纪委或纪监审工作机构。全院新配备了多名专职纪委书记，并明确纪委书记不再兼任行政等工作，建立了一支较为精干、专兼职相结合的纪监审干部队伍。新组建了监督与审计局，作为院机关职能部门之一，主要负责全院的党风廉政建设工作。

全院各级领导干部进一步强化责任意识，进一步明确“一岗双责”。院党组成员在民主生活会上对分管领域和职责范围内党风廉政建设和反腐败工作述责述廉，院机关相关厅局负责人向分管院领导和驻院纪检组述责述廉，部分分院还组织召开了分院系统单位党委书记、纪委书记的述责述廉会议。各级领导干部和科研管理骨干层层签订动态更新的个性化责任书，层层传导压力、逐级明确责任，切实做到“人、岗、责”的“相对应、不脱节、常态化”。

在中央纪委驻院纪检组的指导下，修订完成《中国科学院党风廉政建设责任制实施办法》；组织召开年度反腐倡廉工作汇报研讨会；全力做好处级及以下人员信访处理与案件查办工作；严把“党风廉洁意见回复”关，进行了 19 批次，合计 552 人次党风廉洁意见或科研诚信意见回复；结合会议、调研，指导基层单位查处违规违纪行为。

五、制度建设

坚持思想建党和制度治党同向发力、同时发力，不断夯实全面从严治党的制度基石。通过制订修订《中共中国科学院党组工作规则》《中国科学院分党组（党委）意识形态工作责任制实施细则》《中国科学院关于落实全面从严治党要求实施方案》，着力构筑中国科学院全面从严治党制度体系。制定落实《中国共产党廉洁自律准则》《中国共产党纪律处分条例》《中国共产党问责条例》和《中国共产党巡视工作条例》的具体办法，进一步完善党内监督和问责制度体系，健全责任考核和责任追究机制，严明党的纪律和规矩，既树立了高线、又划出了底线。

六、统战工作

认真贯彻落实中央统战工作会议精神，组织召开了全院统战工作会议，全面部署和统筹推进中国科学院统一战线工作。组建了由党组书记白春礼任组长，党组副书记刘伟平任常务副组长，院党组成员、副秘书长何岩任副组长，院相关部门负责人组成的院统一战线工作领导小组，办事机构设在院监督与审计局。接受了中央统一战线工作领导小组第 10 调研小组对中国科学院统战工作进行的实地调研检查。根据调研小组的反馈意见，组织召开了两次专题会议，制定整改方案并系统谋划未来中国科学院统战工作，形成《中国科学院党组关于统一战线工作整改情况的报告》报中央统一战线工作领导小组。

七、群团工作

中国科学院工青妇体各群团组织坚持“党建带群建、群建促党建”的工作原则，紧密围绕纪念建党95周年和“两学一做”学习教育重点工作和部署，通过组织书画摄影展、表彰交流、推优荐先等主题活动，进一步激发广大干部职工爱党爱国爱院情怀，为服务科技创新中心工作营造良好氛围。2016年，中国科学院西安光学精密机械研究所李学龙获“全国五一劳动奖章”；近代物理研究所辐射医学研究团队获“全国五一巾帼奖状”；电子学研究所雷斌研究员获“中国青年五四奖章”；动物研究所乔格侠研究员家庭荣获第十届“全国五好文明家庭标兵户”及首届“全国文明家庭”荣誉称号，并作为代表受到习近平总书记接见；生物物理研究所阎锡蕴院士、大连化学物理研究所陈萍研究员获“全国三八红旗手”荣誉称号；声学所郭良浩研究员家庭获第十届“全国五好文明家庭”。

科学传播

2016年，中国科学院科学传播工作坚持围绕和服务全院中心工作，不断提升新闻宣传、党的宣传、政务信息、网络宣传、信息公开、舆情应对、科学普及和科技出版等科学传播“八项工作”的体系化水平，着力强化全院科学传播工作人员传播意识，积极完善院所两级科学传播渠道，努力打造科学传播系列品牌，各项工作取得明显成效。制订印发《中国科学院“十三五”科学传播发展规划纲要》《中国科学院科技期刊“十三五”发展规划》，为“十三五”工作开展奠定基础。

一、新闻宣传工作取得突破性进展

中国科学院通过积极参与重大选题策划和提供宣传资源，推动中宣部、国新办将中国科学院作为重要的新闻宣传典型来源和可依靠的新闻宣传支撑力量。例如，协助中宣部开展“留学回国创业就业典型人物”专题宣传，参与制作《光阴帝国》《运行中国》《创新中国》等系列专题片。党和国家新闻宣传主管部门对中国科学院新闻宣传工作的支持力度进一步加大并实现常态化。

主动策划重大科研成果与大型活动宣传。围绕全院重要举措、典型人物、重大成果及成效策划组织实施的中国科学院“十二五”工作进展、“十三五”规划发布、“实践十号”科学实验卫星、量子科学实验卫星、FAST望远镜最后一块反射面板安装及落成启用、“西部之光”人才计划20周年等重大成果和活动均获密集报道。

开展与媒体的全面战略合作。与中央电视台策划主办《机智过人》品牌栏目、策划制作《国之利器·大科学工程》《开讲啦》《创新驱动发展》等人物和成果专题片。与新华社、《紫光阁》、《人民日报》合作策划专题系列报道。与《中国青年报》打造《来·科学》H5周刊新媒体传播平台等。

新闻宣传品牌活动系列化。全年围绕热带雨林生态保护、生态草牧业试验区、精准扶贫开展3次“走进中国科学院·记者行”主题活动，品牌活动影响力进一步增强；“中国科学院科星奖”申报作品和媒体数量大幅增长；继续与中央电视台联合主办《科技盛典》，社会反响良好，品牌效应凸显。

规范新闻发布工作，实现制度化和常态化。印发《中国科学院新闻发布和新闻发言人制度（试行）》；全年组织召开院级新闻发布会20余场。

二、政务信息工作成绩斐然

围绕科技热点、难点问题和中国科学院改革创新发展重要进展成果，着力提升上报信息工作质量，进一步提升服务党中央国务院领导科学决策的能力。向中办、国办报送《中国科学院专报信息》245期，共被采用71期，获党和国家领导批示43期；加大

《中国科学院简报》组稿力度，全年刊发49期，获党和国家领导批示7期，获中国科学院领导批示18期。通过《要情》《领导参阅材料》《情况通报》《“率先行动”动态》等院内政务信息刊物，进一步增强对“率先行动”计划深入实施过程中重要进展、成功经验、存在问题、意见建议的全面、及时反映，有力支撑全院创新改革发展。

三、网络宣传工作再创佳绩

中英文官方网站内容不断优化。及时报道或集中宣传全院改革创新发展重要进展成果，向中国政府网“部长之声”平台报送中国科学院领导活动信息；组织开展全院纳入政府网站普查的33个网站的季度抽查工作，促进网站建设规范化。院网三站获中国信息化研究与促进网等颁发的2016年度中国政务网站领先奖。

新媒体群不断成长、壮大。“中科院之声”新媒体群关注度不断攀升，微博粉丝接近200万人，全年发布信息4200条。微信累计被13.2万人关注，发布信息366期。利用多平台做好信息发布和公众关切回应，相继开通网易、一点资讯客户端和知乎机构账户，各客户端累计同步更新文章1000余篇，知乎账号获点赞近万次。“中科院之声”微博、微信获中国信息化研究与促进网等颁发的2016年度中国最具影响力政务新媒体奖；“中科院之声”微博在《人民日报》、微博联合发布的《2016年度人民日报·政务指数微博影响力报告》中获2016年度全国十大中央机构微博奖。

四、信息公开工作稳步前进

2016年，中国科学院深入落实党中央国务院关于政府信息公开的相关文件精神，进一步加强主动公开工作、规范充实公开内容，及时回应社会关切问题，发挥各类信息公开平台和渠道作用，加强队伍建设，并认真做好依申请公开工作，信息公开工作取得新进展。在全院信息公开工作体系建设方面，建成并优化完善覆盖全院的信息公开工作体系，组织各单位、部门首次完成全院2015年度信息公开工作报告起草、发布和工作情况统计、上报工作。在公开力度方面，进一步拓展主动公开内容，细化公开范围和公开目录。在人才队伍建设方面，举办覆盖全院的相关培训班，并邀请国务院办公厅相关负责人对全院信息公开工作进行业务指导。

五、科普工作体系化程度明显增强

“高端科研资源科普化”计划成效显著。组织院属单位在全国科技周展示以FAST、种质资源库、上海光源、散裂中子源等大科学装置为主体的精品科普展项，形成“科学重器”展区，受到中共中央政治局委员、国务院副总理刘延东高度评价和社会广泛关注；科技创新年度巡展在全国15个省、自治区、直辖市20余站举行，覆盖范围逐步扩大，助力科技扶贫和科普维稳；“公众科学日”期间，117个单位对外开放，吸引公众近45万；“老科学家科普演讲团”讲座受众100多万。出版近20部原创性科普图书，其中《图说中国古代四大发明》版权以5种语言输出6个国家和地区，《科学文化工程》首批出版了5部《中国大科学装置出版工程》图书。着力培育科普队伍，推动成立“老科学家科普演讲团”长春和新疆分团；五大科普联盟的组织建设日渐规范。

“科学与中国”科学教育计划推动有力。联合科技部政策法规与监督司、中国植物园联盟举办首届罗梭江科学教育论坛，为科学界、教育界、社会力量打造科学教育合作平台。“求真科学营”“北京青少年科技俱乐部”等活动规模不断扩大；面向低幼儿童编写科学教育教材课程。

加强部委协调联动，“创新报国七十年”报告文学丛书的编创工作取得阶段性进展。

六、期刊国际影响力显著提升

中国科学院期刊国际影响力持续提升。全院进入国际同学科前25%的期刊由12种上升至16种（全国占比76%）；《细胞研究》影响因子为14.812，列我国期刊第1位，《光：科学与应用》影响因子在高水平保持稳定，国际同学科排名第二，《国家科学评论》进入国际同学科排名前10%；全院SCI收录期刊增加至76种（全国占比54%）。

围绕体制机制、数字平台、国际精品学术期刊、中文期刊、国际合作出版策略、新形态期刊6项重点任务的科技期刊改革发展开局有力，覆盖全业务链的信息化办刊平台初现雏形，研究所期刊编辑部整合全面启动，9个研究所的65种科技期刊加入“整合”队伍。

53种期刊获得中国科技期刊国际影响力提升计划支持，所获项目数比例达42.4%，共获资助经费数额5100万元；全国首批科技期刊“登峰计划”中国科学院共有8种入选，占比50%。3个项目获财政部文化产业资金支持，总额1650万元。

围绕中国科学院期刊改革发展战略目标择优支持“期刊出版领域引进优秀人才”4人。

中国科学院 2016 年大事记

一　月

1.4　中共中央政治局委员、国务院副总理刘延东出席永久性小行星命名仪式。

1.8　印发《中国科学院人员聘用制度实施办法》(科发人字〔2016〕2 号)。

1.9　在国家科学技术奖励大会上，中国科学院共获 2016 年度国家科学技术奖励 26 项（人)。中国科学院物理研究所赵忠贤院士获最高科学技术奖；中国科学院作为第一完成人或完成单位，获自然科学奖一等奖 1 项，自然科学奖二等奖 12 项；获技术发明奖一等奖 1 项，技术发明奖二等奖 3 项；获科技进步奖一等奖 1 项，科技进步奖二等奖 5 项。其中，中国科学院高能物理研究所王贻芳院士牵头完成的“大亚湾反应堆中微子实验发现的中微子振荡新模式”获国家自然科学奖一等奖，中国科学院光电技术研究所牵头完成的专用项目获技术发明奖一等奖，中国科学院高能物理研究所牵头完成的“北京正负电子对撞机重大改造工程”获科学技术进步奖一等奖；中国科学院推荐的德国比勒菲尔德大学教授凯瑟琳娜·科瑟-赫英郝斯和美国威斯康星大学教授约翰·库茨巴赫获国际科技合作奖。

1.12　中共中央政治局委员、国务院副总理刘延东在中国科学院国家空间科学中心考察时指出，创新是引领发展的第一动力，中国科学院要紧扣“四个率先”目标，坚持战略和前沿导向，强化重大基础研究攻关，重视突破性创新，积极抢占未来发展制高点。

1.14—15　中国科学院 2016 年度工作会议在京召开。本次会议的主题是：认真学习贯彻落实党的十八大和十八届三中、四中、五中全会精神，认真学习领会习近平总书记系列重要讲话精神，认真贯彻落实党中央、国务院决策部署，全面总结“十二五”工作和 2015 年工作，积极谋划“十三五”改革创新发展，全面深入实施“率先行动”计划，部署 2016 年重点任务。中国科学院院长、党组书记白春礼做题为《学习贯彻十八届五中全会精神，全面深入实施“率先行动”计划》的会议报告，传达了中共中央政治局委员、国务院副总理刘延东 2016 年 1 月 12 日视察中国科学院时的重要讲话精神，颁发了中国科学院 2015 年度杰出科技成就奖、国际科技合作奖、科技促进发展奖、青年科学家奖。

1.23 在国家主席习近平和伊朗总统鲁哈尼的见证下，中国科学院院长白春礼在德黑兰和伊朗主管科技事务的副总统萨塔里签署了《中国科学院和伊朗科技副总统办公室关于设立丝绸之路科学基金的谅解备忘录》。双方将在纳米技术、可再生能源、脑认知科学、生物技术等重点领域以多种形式开展合作。

二 月

2.16—17 发展中国家科学院（TWAS）院长、中国科学院院长白春礼在意大利主持召开了TWAS院长办公会议，就2016年TWAS院士选举、TWAS大会、TWAS战略发展规划和其他工作进行部署。白春礼首次作为联合国教科文组织（UNESCO）指定的发展中国家科学家代表参加了由UNESCO主持的TWAS指导委员会会议，审定了TWAS 2015年工作及2016年工作计划。

2.18—23 中国科学院院长白春礼访问意大利、匈牙利和波兰。与意航天局局长等举行会谈并签署中意航天合作协议；与匈牙利科学院续签了两院双边合作协议，确定在双方获益的领域加强合作。波兰科学院院长希望与中国科学院建立联合实验室以推动实质性合作。白春礼表示期待与波科院推进在天文、动植物学等领域的合作。

2.23 中国科学院遗传与发育生物学研究所高彩霞团队首次在植物中建立了CRISPR基因组编辑技术体系，相关研发成果被国际著名技术评论期刊《麻省理工科技评论》评为2016年十大技术突破之一。团队利用基因组编辑技术成功地创制了世界上第一株抗白粉病小麦优异种质材料，创制了具有香味的优异水稻种质资源，搭建植物对DNA病毒的防御体系，有望为主粮作物新品种培育带来革命性变化。

2.25 中国科学院党组中心组举行学习会，学习贯彻《习近平关于科技创新论述摘编》和李克强总理2月14日在国务院常务会议上关于当前经济形势和做好有关工作的重要讲话精神。

三 月

3.3 中共中央组织部印发第十二批国家海外高层次人才引进计划（“千人计划”）入选名单，中国科学院共104人入选各类项目。其中，创新长期项目5人，创新短期项目5人，青年项目85人，外专项目 4 人，新疆项目 5 人。

3.7　中国科学院与宁夏回族自治区人民政府在北京签署新一轮科技合作协议。中国科学院院长白春礼、宁夏回族自治区党委书记李建华、宁夏回族自治区主席刘慧出席会议。白春礼与刘慧代表双方签署协议。“十三五”期间，双方将重点围绕宁夏特色产业发展、优势资源开发与利用、生态环境保护与建设、高等教育等方面的需求，不断完善创新合作机制和保障措施，拓展合作领域，开展多形式、多层次、多领域的科教合作与交流，推动中国科学院科技成果在宁夏集成创新和转移转化及产业化，为宁夏实施创新驱动发展战略提供科技支撑。

3.8　中国科学院生物物理研究所阎锡蕴院士获 2016 年“全国三八红旗手”荣誉称号。

3.10　由中国科学院计算机网络信息中心牵头，联合工业和信息化部电子科技情报研究所、电信研究院、中国物品编码中心共同承担的国家发展改革委项目“物联网标识管理公共服务平台”顺利通过竣工验收。项目完成了各项建设任务并提供稳定运行的基础服务，完成了全国范围内 5 个根节点建设，以及 Handle、CID、Ecode 3 个标识体系子平台建设。截至项目验收，平台标识注册量已达 11.2 亿条，累计标识服务量超过 8.2 亿次，初步建立了我国物联网标识领域的自主知识产权体系。物联网标识服务及相关应用在商品追溯、工业互联网、智慧农业、智能家居、智慧物流、数字资源管理等领域实现了应用示范和产业化推广。

3.10　中国科学院与天津市人民政府在北京签署新一轮科技合作协议。中国科学院副院长张亚平与天津市副市长何树山代表双方签署协议。“十三五”期间，双方将围绕生物医药、电子信息、高端装备、新能源、新材料等重点产业领域，共同推进先进适用的新技术、新工艺、新产品等科技成果在津转化，孵化壮大一批具有核心竞争力的骨干企业，构建天津乃至中国北方高端产业集群和创新集群。

3.12　中国科学院与新疆维吾尔自治区人民政府在北京签署新一轮科技合作协议。中共中央政治局委员、新疆维吾尔自治区党委书记张春贤出席会议，中国科学院院长白春礼，新疆维吾尔自治区主席雪克来提·扎克尔代表双方签署协议。“十三五”期间，双方将在新疆丝绸之路经济带核心区建设、打造新疆科技创新的引领力量、推进丝路经济带创新驱动发展试验区建设、推进新疆社会稳定和长治久安、发挥科技智库作用服务区域创新发展和加强人才培养交流等方面开展合作。

3.12 中国科学院与江苏省人民政府在北京签署新一轮科技合作协议。中国科学院院长白春礼、江苏省委书记罗志军、江苏省省长石泰峰出席会议。白春礼与石泰峰代表双方签署协议。“十三五”期间，双方将在推进国家重大科技基础设施建设、产业技术研发机构布局、创新集群和战略性新兴产业集群建设、科技服务网络建设、人才培养和交流合作，以及探索科技金融结合新机制等方面开展务实合作。

3.15 由中国科学院与斯里兰卡城市规划与供水部共同举办的“不明原因慢性肾病（CKDu）联合研讨会”在斯里兰卡首都科伦坡举行，双方公共卫生、环境科学、饮用水、水文地质等领域专家150余人就肾病研究、防治与中斯合作等展开研讨交流。斯里兰卡总统西里塞纳、斯里兰卡城市规划与供水部部长哈齐姆、中国驻斯里兰卡大使易先良等出席会议。

3.16 中国科学院与甘肃省人民政府在北京签署新一轮科技合作协议。中国科学院副院长张亚平与甘肃省副省长郝远出席会议并代表双方签署协议。“十三五”期间，双方将重点围绕甘肃省生态环境保护和建设、区域资源高值综合利用、特色优势产业发展、人才队伍建设等方面的需求，有效集成中国科学院科技力量与资源，充分发挥中科院系统的研发优势，全面推进相关院所与甘肃省经济社会发展相关领域建立有效紧密的合作关系。

3.18 印发《中国科学院公派出国留学研修管理办法》（科发人字〔2016〕35号）。

3.21 第七届中国科学院学部主席团第十九次会议在京召开，听取了第十八次中国科学院院士大会筹备工作进展情况汇报、第五届中国科学院学部学术年会安排的汇报及中国科学院学部工作局2015年经费执行情况和2016年经费预算情况的汇报，通报了科技战略咨询研究院建设进展情况。

3.22—29 中国科学院院长白春礼访问柬埔寨和尼泊尔。在柬埔寨，与柬埔寨工业与手工业部部长、环境部部长进行了会谈；会见了柬埔寨副首相、柬国家遗产局局长索安，参观了中国科学院在柬建设的联合国教科文组织项目工作站。在尼泊尔，与尼泊尔国家科学技术院院长共同签署了两院合作交流谅解备忘录，出席了尼泊尔第七届国家科学技术大会并作主旨报告。尼泊尔总理、尼泊尔国家科学技术院荣誉院长向白春礼和发展中国家科学院前院长拉奥（印度）颁发了尼泊尔国家科学技术院荣誉院士证书和奖章。

3.22—26 中国科学院副院长张亚平率团访问缅甸，出席了《中国科学院-缅甸环保与林业部合作谅解备忘录》签约仪式和“中国科学院东南亚生物多样性研究中心”启用仪式。张亚平表示，2013 年以来双方开展了一些实质性合作，希望东南亚中心今后成为中缅两国科技合作的重要平台，为两国科技和友好事业的发展作出积极贡献。

3. 27—31 中国科学院副院长谭铁牛随国务院副总理刘延东访问以色列，出席了中以创新合作联委会第二次会议。会议回顾了 2015 年以来中国科学院深圳先进技术研究院、上海光学精密机械研究所、声学研究所等与以色列特拉维夫大学、本古里安大学在光学、声学及 3D 技术方面的合作成果。谭铁牛还出席了中以大学校长论坛和中以卫生合作研讨会，考察了舍巴国家医疗中心等机构。

四　月

4. 5 中国科学院院长白春礼会见了英国约克公爵安德鲁王子一行。白春礼充分肯定了中国科学院与英国皇家学会近年来在推动中英联合科学创新基金（牛顿基金）启动和利用方面的作用，希望中英科技教育界能够用好这个支持渠道，并帮助宣传中科院“国际人才计划（PIFI）”。约克公爵强调，要实现更多的合作，最重要的是加强两国青年学者和学生之间的交流和构建互信，他本人愿意在这方面做更多的工作。

4. 8 根据国务院《关于刘伟平任职的通知》（国人字〔2016〕67 号），刘伟平任中国科学院副院长（正部长级）。根据中国共产党中央委员会《关于刘伟平同志职务任免的通知》（中委〔2016〕194 号），刘伟平同志任中国科学院党组副书记。

4. 8 根据国务院《关于相里斌、詹文龙职务任免的通知》（国人字〔2016〕65 号），相里斌任中国科学院副院长，免去詹文龙的中国科学院副院长职务。根据中共中央组织部《相里斌、詹文龙同志职务任免》（组任字〔2016〕62 号）的通知，相里斌同志任中国科学院党组成员，免去詹文龙同志中国科学院党组成员职务。

4. 8 中国科学院党组中心组召开“两学一做”第一次专题“学党章，坚定理想信念”学习会。院长、党组书记白春礼主持学习会，并就下一步做好全院“两学一做”学习教育工作提出明确要求。

4. 14 中央机构编制委员会办公室批复（中央编办复字〔2016〕58 号），同意成立中国科学院监督与审计局。

4. 14 中国科学院与澳大利亚联邦科学与工业研究组织、新南威尔士大学、新西兰奥克兰大学和新西兰驻华大使馆在北京联合召开中-澳-新知识产权交流研讨会。中国科学院副院长张亚平出席并致辞。与会代表就知识产权运营管理、收入分配机制、人事系统和考评制度等方面的情况做报告，并进行深入研讨。

4.15　中国科学院副院长谭铁牛在北京古观象台会见了到访的澳大利亚总理特恩布尔及澳大利亚科技界相关人士。谭铁牛表示，中国科学院与澳大利亚相关科研机构与大学近年来的合作呈现积极增长的态势，在两国科技合作中发挥重要的引领作用。特恩布尔对此表示赞赏和肯定，并希望澳大利亚科技界进一步加强与中国科学院的合作。谭铁牛还会见了澳大利亚国立大学校长、诺贝尔奖得主布莱恩·施密特和澳大利亚联邦科工组织（CSIRO）执行董事彼得·利德尔斯一行。

4.17　全国政协副主席、国家科技部部长万钢到中国科学技术大学先进技术研究院调研并召开大众创新创业座谈会。

4.18　《中国科学院关于调整中国科学院纪检监察机构的通知》：中央纪委驻中国科学院纪检组由中央纪委直接领导，向中央纪委负责，履行驻在部门的监督责任，不再保留中国科学院监察审计局。

4.18—21　应台湾“中研院”邀请，中国科学院副院长谭铁牛率22人代表团赴台湾出席第十一届两岸三院信息技术与应用交流研讨会。在开幕式上谭铁牛表示，研讨会已成为中国科学院、中国社会科学院和“中研院”共同推进两岸开展学术交流与合作的重要平台，希望继续发挥好作为自然科学和社会科学交叉交流的重要平台作用，积极推进两岸跨学科的学术交流。谭铁牛一行还访问了“中研院”有关院所。

4.20—29　中国科学院院长白春礼应邀访问非洲。在埃塞俄比亚，白春礼会见了畜牧业和渔业部长、科学院院长、亚的斯亚贝巴大学副校长等，出席了“中-非联合研究中心”埃塞俄比亚办公室的成立仪式；在坦桑尼亚，白春礼会见了国家公园管理局局长、科学技术委员会主任等，出席了双方研究所举办的研讨会；在卢旺达，白春礼与总统保罗·卡加梅进行了会谈，对总统和卢旺达政府承办第二十七届发展中国家科学院大会表示衷心感谢，愿接受更多卢旺达学生来华学习，推动在卢旺达的国际理论物理中心东非中心和亚洲中心的合作。卡加梅总统希望加强与中国科学院和中国的科教合作，形成合作链条。白春礼还会见了卢旺达教育部长，访问了卢旺达大学、科学技术学院等。

4.21　中国科学院与重庆市人民政府在重庆签署新一轮全面科技合作协

议。中国科学院副院长张亚平与重庆市副市长吴刚出席会议并代表双方签署协议。“十三五”期间，双方将在合作共同推动建设重庆成果转移转化科技服务平台、共建中科院重庆创新发展智库、立足重庆需求培养高层次创新人才等方面不断深化合作。

4.21　第十二届中国重庆高新技术交易会暨第八届中国国际军民两用技术博览会在重庆南坪国际会展中心举行，主题为“军民融合·创新创业”。中国科学院副院长张亚平率团参加。中国科学院集中展示了360度全景摄像机及虚拟现实应用、激光雷达、热成像无人机、3D瞬时成像打印、水下仿生机器人、石墨烯第三代智能手机等140余项科技成果，取得良好效果，获本届高交会特别贡献奖和优秀组织奖。

4.26　中共中央总书记、国家主席、中央军委主席习近平到中国科学技术大学考察。习近平总书记指出，量子通信研发工作“很有前途、非常重要”，这些科研成果，表明你们在新兴产业发展方面动作快、力度大、成绩明显。创新居于五大新发展理念之首。我国经济发展进入新常态，必须用新动能推动新发展。要依靠创新，不断增加创新含量，把我国产业提升到中高端。在合肥微尺度物质科学国家实验室自旋磁共振实验室考察时，习近平总书记对中国科学技术大学科学家在基础研究和应用研究领域取得的成绩表示祝贺，对在核心技术上实现从跟跑到并跑、再到领跑的突破表示赞赏，对实验室传承中国科学技术大学“科教报国”精神表示肯定。

4.28　中国科学院和环保部共建鼎湖山国家级自然保护区第一次工作会议暨生物多样性观测合作协议签字仪式在广东省肇庆市鼎湖山国家级自然保护区举行，中国科学院副院长张亚平与环保部副部长黄润秋出席会议并签署合作协议。双方将加强院部联络，建立合作机制，共同制定观测方案，建立观测平台，开展常态化观测，实现数据共享，发布观测报告，联合开展人员培训和公众教育，推动生物多样性观测相关基础科研工作，不断提高生物多样性保护与研究水平。

4.29　中国科学院党组中心组举行学习会，学习贯彻习近平总书记4月26日考察中国科技大学时发表的重要讲话精神。院长、党组书记白春礼主持学习会并就贯彻落实习近平总书记重要讲话精神提出明确要求。

五　月

5.4　中国科学院与大连市人民政府在大连签署全面科技合作战略协议。

中国科学院院长白春礼，辽宁省委常委、大连市委书记唐军，大连市市长肖盛峰出席会议。中国科学院秘书长邓麦村和大连市副市长刘岩代表双方签署协议。“十三五”时期，双方将共同支持中国科学院大连化学物理研究所牵头筹建洁净能源国家实验室、大连先进光源等重要科技创新载体及设施，支持中国科学院沈阳自动化研究所海洋机器人试验与工程中心建设和中国科学院沈阳国家技术转移中心大连分中心建设。

5.4　中国科学院电子学研究所研究员雷斌获第二十届“中国青年五四奖章”荣誉称号。

5.7　中国科学院党组中心组召开学习会，学习贯彻习近平总书记4月26日在知识分子、劳动模范、青年代表座谈会上发表的重要讲话，以及日前就深化人才发展体制机制改革做出的重要指示精神。院长、党组书记白春礼主持学习会，并就全院贯彻落实讲话和指示精神提出明确要求。

5.7　中国科学院党组中心组召开学习会，邀请国家知识产权局局长申长雨作《创新驱动与知识产权》专题报告。院长、党组书记白春礼主持学习会并就进一步做好知识产权相关工作提出明确要求。当天召开的中国科学院院长办公会议，审议通过了“中国科学院知识产权运营管理中心”建设方案。

5.9　第七届中国科学院学部主席团第二十次会议在京召开，会议听取了第十八次院士大会筹备工作进展情况汇报，审议了第十八次院士大会学部主席团工作报告，学部主席团成员、各学部常委会和各专门委员会主任换届建议人选名单，《关于新兴和交叉学科确定的参考原则与方法的建议》《中国科学院院士增选工作实施细则（修订建议稿）》《关于改进和加强“学部平台办刊”的建议》，通报了《中国科学院学部咨询评议项目选题指南（2016年）》有关情况。

5.12　中国科学院电工研究所率先研制出国内24T全超导磁体，使我国成为继美国、日本、韩国之后实现24T全超导磁体的国家。该项目的研制成功，标志着我国在研制高场内插磁体方面走在世界前列，也标志着我国逐步吸收和掌握了极高场磁体的制作技术并积累了丰富的经验。

5.14—15　中国科学院第十二届公众科学日在117个院属单位举行。活动以“科技创新 追梦未来”为主题，展示重大科技创新成果、弘扬科学精神、关注社会热点，共有包括35名院士在内的5300余名科学家、科普工作者和3000余名科普志愿者参与，吸引近45万社会公众，社会反响强烈。

5.16 由中国科学院地学部联合相关部委、国际学术组织共同举办的“一带一路空间认知国际会议”在北京举行。来自40多个“一带一路”沿线及相关国家和地区、联合国教科文组织等国际组织的300余位专家学者与会。大会主席郭华东院士主持开幕式，并作主旨报告。中国科学院副院长谭铁牛在致辞中表示，中国科学院积极构建“一带一路”国际科学院联盟和信息网络平台，推动全球科技能力建设计划。地球观测组织秘书长等国际组织代表和徐冠华院士、傅伯杰院士等在大会致辞。

5.16 由联合国教科文组织（UNESCO）、中国工程院、中国科学院联合主办的“UNESCO科学中心主任工作会议”在北京开幕。来自UNESCO总部及30多个国家的一类、二类科学中心的160余代表与会。UNESCO自然科学部门生态与地球科学部主任韩群力主持会议，UNESCO助理总干事弗莱维娅·史莱格尔、中国工程院院长周济、中国科学院副院长谭铁牛、中国联合国教科文组织全委会副秘书长周家贵等出席会议并致辞。会议讨论了建立信息共享平台及未来举办会议的机制，通过了二类中心行动计划。

5.22 由环保部、国土资源部、水利部、农业部、国家林业局、中国科学院和国家海洋局7部门联合主办的“国际生物多样性日暨中国自然保护区发展60周年大会”在人民大会堂举行，中国科学院副院长李静海代表中国科学院和环保部联合发布了《中国生物物种名录》，受到社会广泛关注。《中国生物物种名录》2016年度收录了中国已知物种及种下单元数86 575种，其中动物界35 905种、植物界41 940种、细菌界469种、色素界2239种、真菌界3488种、原生动物界1729种、病毒805种，为我国生物多样性工作的开展奠定了坚实基础。

六　月

6.2 中国科学院召开全国科技创新大会精神传达会，传达习近平总书记在大会上的重要讲话精神，院长、党组书记白春礼主持传达会，并就全院传达学习、贯彻落实全国科技创新大会精神提出明确要求；党组副书记、副院长刘伟平传达李克强总理重要讲话精神；副院长丁仲礼传达刘延东副总理总结讲话精神。

6.4 中国科学院党组中心组召开“两学一做”第二专题“学党规，严守政治纪律”学习会。院长、党组书记白春礼主持会议并就进一步推动全院“两学一做”学习教育、抓好党规党纪学习落实提出了明确要求。

6.6 全国人大常委会副委员长、农工民主党中央主席陈竺到中国科学院上海药物研究所考察调研。

6.15 中国科学院党组、中央纪委驻中国科学院纪检组印发《中央纪委驻中科院纪检组与中科院工作协调联系暂行办法》（科发党字〔2016〕34号）。

6.20 第五届中国科学院-美国能源部联合协调委员会会议在上海举行。中国科学院副院长王恩哥与美国能源部科学办公室主任 Cherry Murray 共同主持会议，并致辞高度评价联合协调委员会会议的作用，鼓励通过多种形式的合作交流，互利共赢，推动世界科学的发展。与会专家就高能物理等领域的专题汇报了合作的进展及下一步合作计划，进行了深入研讨。

6.24 中国科学院西北生态环境资源研究院（筹）在兰州宣布成立。研究院实行院长负责制，整合了中国科学院寒区旱区环境与工程研究所、兰州油气资源研究中心、兰州文献情报中心、西北高原生物研究所及青海盐湖研究所。

6.29 中国科学院党组印发《关于表彰中国科学院先进基层党组织、优秀共产党员和优秀党务工作者的决定》（科发党字〔2016〕42号）。

6.30 中国科学院纪念建党95周年表彰大会举行，院长、党组书记白春礼出席并发表讲话，院党组副书记、副院长刘伟平出席并主持会议，中央纪委驻院纪检组组长、院党组成员李志刚，院党组成员、副秘书长何岩出席会议。会议对中国科学院50个先进基层党组织、98名优秀共产党员和49名优秀党务工作者进行了表彰。

七　月

7.7 由国际数字地球学会（ISDE）主办，中国科学院有关研究所和国际组织合办的第六届国际数字地球高峰会议在北京开幕，30余个国家及相关国际组织的300余位代表与会。ISDE主席、大会联合主席郭华东，国际科技数据委员会主席 Geoffrey Boulton 和德国航空航天中心教授 Gunter Schreier 分别做大会报告。一些国际组织的代表和全国人大常委会原副委员长路甬祥，中国科协党组书记、常务副主席尚勇，中国科学院副院长相里斌出席开幕式并致辞。

7.7 全国人大常委会副委员长、全国妇联主席沈跃跃到中国科学院第三幼儿园调研幼儿早期教育工作开展情况，对其在幼儿教育中的科学特色和成果表示赞赏。

7.12 由全国政协副主席王家瑞率队，全国政协教科文卫体委员会部分在京科协界、科技界委员组成的调研团，到中国科学院高能物理研究所、物理研究所北京凝聚态物理国家实验室（筹）进行考察和座谈。

7.13—14 中国科学院2016年反腐倡廉工作汇报研讨会在京召开。中央纪委监察部副部长王令浚应邀作专题辅导报告，中国科学院党组副书记、副院长刘伟平，中央纪委驻中国科学院纪检组组长、中国科学院党组成员李志刚出席会议并讲话。中国科学院党组成员、副秘书长何岩主持会议总结。中国科学院各分院分党组书记、纪检组组长、副组长，相关单位党委书记、纪委书记、副书记等80余人参加会议。会上，各参会单位汇报了上半年党风廉政建设和反腐败工作情况，监督与审计局部署安排了下半年重点工作，中央纪委驻中国科学院纪检组通报了改革调整情况并部署了有关工作。

7.15 全国政协副主席、民建中央常务副主席马培华到中国科学院青海盐湖研究所考察。

7.18—21 中国科学院2016年夏季扩大会议在京召开，这是在“十三五”开局之际召开的一次重要会议。会议主要内容是，研究部署贯彻落实全国科技创新大会精神，启动部署中科院“十三五”规划。院长、党组书记白春礼主持会议，中国科学院全体院领导和院机关各部门、中国科技大学、国有资产经营有限责任公司主要负责人出席。

7.21 中国科学院办公厅获评公安部–国家网络与信息安全信息通报中心2015年度国家网络信息通报工作先进单位、荆涛获“先进个人”称号。

7.22 中国科学院党组中心组召开“两学一做”第三专题“学讲话，增强‘四个意识’”学习会。院长、党组书记白春礼主持学习会并就进一步推进全院“两学一做”学习教育第三专题、抓好习近平总书记系列重要讲话精神的学习贯彻提出明确要求。

7.28 中共中央政治局委员、北京市委书记郭金龙调研中国科学院怀柔科教产业园，赴国家空间科学中心怀柔园区进行实地考察，并听取有关中国科学院和北京市共建国家综合性科学中心建设规划情况汇报。

八　月

8.1 中国科学院院长白春礼应邀出席在北京召开的第33届国际半导体

物理大会开幕式并发表讲话，对半导体物理学在推动当代社会进步方面的重要意义给予高度评价。他希望全世界的专家、学者携手共进，为人类科学发展做出新的贡献。哥本哈根大学等大学的4位教授在开幕式上作报告。名古屋大学、曼彻斯特大学等单位的学者、诺贝尔物理学奖获得者及国内科研院所、大学的院士、学者出席大会。

8.1 中共中央组织部印发了第二批国家高层次人才特殊支持计划（“万人计划”）领军人才入选名单，中国科学院共160人入选各类项目，其中科技创新领军人才148人，百千万工程领军人才11人，教学名师1人。

8.2 全国政协副主席、科技部部长万钢到中国科学院上海光学精密机械研究所南京先进激光技术研究院考察调研。

8.2 “创新驱动发展 科技引领未来——中国科学院科技创新年度巡展2016”在中国科学技术馆开幕。展项出自“十二五”期间中国科学院重大科技成果及标志性进展。此次巡展在全国15余省（区、市）、20站举行，受众逾百万人，地方政府的领导干部约2万人现场参观。

8.9 全国政协副主席、科技部部长万钢到国家天文台500米口径球面射电望远镜（FAST）工程现场进行调研。

8.16 中国科学院与河南省人民政府在北京签署了新一轮科技合作协议。中国科学院院长白春礼、河南省委书记谢伏瞻出席会议。中国科学院副院长丁仲礼和河南省副省长徐济超代表双方签署协议。“十三五”时期，双方将围绕河南省经济社会发展的战略需求，充分发挥中科院的研发优势、人才优势、技术成果优势和河南省的区位优势、资源优势、市场优势，着力在加强研发机构和研发平台建设、加快中科院科技成果在河南省转移转化、推进郑洛新国家自主创新示范区建设、共同组织开展重大关键技术攻关、共同培养国际化高层次创新创业人才、组织开展战略研究与科技决策咨询等方面继续深化科技合作。

8.16 世界首颗量子科学实验卫星在酒泉卫星发射中心成功发射升空。中共中央政治局委员、国务院副总理刘延东在北京航天飞行指挥控制中心通过视频全程观看发射活动，并向量子科学实验卫星的全体参研参试人员致以热烈祝贺和亲切慰问。刘延东强调，要认真贯彻落实全国科技创新大会精神，瞄准世界量子科学发展前沿，努力攻克核心关键技术，加快量子通信技术发展应用，为我国进入创新型国家行列、建设世界科技强国作贡献。她指出，成功发射量子科学实验卫星，标志着我国空间科学研究迈出了重要一步，对于抢占战略制高点、保障国家信息安全具有重要意义。

8. 16 印发《中共中国科学院党组关于进一步加强和改进离退休干部工作的实施意见》（科发党字〔2016〕48 号），指导院属各单位全面贯彻落实《中共中央办公厅 国务院办公厅关于进一步加强和改进离退休干部工作的意见》（中办发〔2016〕3 号）精神。

8. 17 印发《中国科学院新闻发布和新闻发言人制度（试行）》（科发传播字〔2016〕101 号）。

8. 18 民进中央和中国科学院科技战略咨询研究院召开“创新型国家建设专题务虚会”。全国人大常委会副委员长、民进中央主席严隽琪，全国政协副主席、民进中央常务副主席罗富和等出席会议。

8. 18 印发《中国科学院分党组（党委）意识形态工作责任制实施细则》（科发党字〔2016〕47 号）。

8. 23 全国人大常委会副委员长、农工党中央主席陈竺到中国科学院宁波材料技术与工程研究所进行调研。

8. 25 中国科学院与安徽省人民政府在合肥签署全面创新合作协议。中国科学院院长白春礼，安徽省委书记王学军、省长李锦斌出席会议。白春礼与李锦斌代表双方签署协议。“十三五”时期，双方将围绕安徽省经济社会发展战略需求，坚持科技创新和经济发展紧密结合，充分发挥中科院的研发、人才、技术成果等优势和安徽的区位、资源、市场等优势，开展多形式、多层次、多领域的科技合作与交流，推动中科院在安徽开展高水平的科技创新活动，为推动安徽省实施创新驱动发展战略和供给侧结构性改革，建设有影响力的综合性国家科学中心和产业创新中心，打造创新型现代产业体系注入强大动能。

8. 29 中共中央政治局委员、国务院副总理汪洋在内蒙古自治区呼伦贝尔农垦集团现场考察了中国科学院与呼伦贝尔农垦集团联合开展的生态草牧业试验区阶段性成果，中国科学院院长、党组书记白春礼，农业部部长韩长赋，国务院副秘书长江泽林，财政部副部长胡静林等陪同考察。汪洋对中科院牵头组织与呼伦贝尔农垦集团合作，集成中科院多个研究所和国内相关力量联合公关，系统提升草原牧区生产能力、生态功能和提高农牧民生活质量的草牧业建设探索所取得的工作成效给予充分肯定。汪洋指出，中科院这些年来紧紧围绕保障国家粮食安全、农业结构战略性调整、提升农业科技创新能力等方面取得一批重大成果。尤其值得肯定的是在这一过程中，中科院联合各院所及高校力量，不断深化与地方、企业的合作，推动科技成果的转化应用和试验示范，取得了重大的经济和社会效益。

8.29 中国科学院中亚生态与环境研究中心杜尚别分中心揭牌仪式在塔吉克斯坦首都杜尚别举行，这是该中心在中亚建立的第三个分中心。白春礼写信表示祝贺，希望双方充分利用这一平台，为两国的可持续发展提供坚实的科技支撑，为沿线国家人民的福祉做出应有的贡献。塔吉克斯坦第一副总理 Azim Ibrohim、新疆维吾尔自治区人大常委会副主任王永明等为中心成立剪彩。

九 月

9.1 中国科学院党组中心组召开“两学一做”第四专题“学宗旨、创新科技为民”学习会。院长、党组书记白春礼主持学习会并就进一步推进全院“两学一做”学习教育提出明确要求。

9.2—10 中国科学院院长白春礼一行应邀访问了西班牙、葡萄牙和比利时。在西班牙，白春礼拜会了西班牙研发创新国务秘书 Carmen Vela Olmo 女士，就中国科学院与西班牙科研机构合作的重点、方式、领域交换了意见；与加那利天体物理研究所领导就加强设备联合开发及深化、拓展合作进行了会谈。在葡萄牙，白春礼出席了上海微小卫星中心与 TEKEVER 公司合作协议签署仪式，参观了伊比利亚国际纳米联合实验室；在米尼奥大学，白春礼与该校校长和葡萄牙国家科技基金会主席等举行了三方会谈。在比利时，白春礼访问了欧盟联合研究中心总部，与中心主席围绕数字地球、土壤研究等问题进行讨论，与根特大学领导就有关专业及与国科大合作交流进行了商讨。

9.9 中国科学院电工研究所研制成功世界首根百米量级铁基超导长线，标志着我国在铁基超导材料技术领域的研发走在了世界最前沿。

9.12 中央机构编制委员会办公室批复（中央编办复字〔2016〕136号），同意中国科学院科技政策与管理科学研究所更名为中国科学院科技战略咨询研究院。

9.13 第八届中国科学院学部主席团第二次会议在京召开，会议通报了第八届学部主席团顾问聘任情况，审议了《中国科学院外籍院士转为中国科学院院士暂行办法》，审议确定了2017年院士增选国防和国家安全特别推荐小组组成人员名单，各学部在会上交流2017年院士增选新兴和交叉学科特别推荐工作推进情况。

9.18 印发《中国科学院科技人员离岗创业管理暂行办法》（科发人字

〔2016〕111 号）。

9.18 印发《关于加强党委（党组）中心组学习管理的通知》（科发党字〔2016〕54 号）。

9.21 中国科学院与四川省人民政府在绵阳签署全面科技合作协议。中国科学院院长白春礼，四川省委书记王东明、省长尹力出席会议。中国科学院副院长张亚平和四川省副省长刘捷代表双方签署协议。“十三五”时期，双方将充分发挥中科院科技、人才优势，加速科技和经济深度融合，围绕四川省全面创新改革试验区建设的重点工作，加速科技成果转移转化，加快推动四川优势产业提质增效、转型发展，提升四川自主创新创业能力和中科院支撑服务地方经济社会发展的水平，打造具有全球影响力的区域创新创业中心，实现双方共同创新发展。

9.21—22 由中国科学院与澳大利亚科学院、澳大利亚技术科学与工程院共同主办的第十二届中澳科技研讨会在宁波召开，双方 120 余位研究人员和学生参加了会议。中国科学院副院长谭铁牛、澳大利亚科学院院长 Andrew Holmes，澳大利亚技术科学与工程院院长 Peter Gray 出席会议并致辞。两国科学家就未来 3D 打印、有机光电、新能源电池技术的发展进行交流。会前，谭铁牛会见了两院院长。

9.25 我国 500 米口径球面射电望远镜落成启用仪式在贵州省黔南布依族苗族自治州平塘县举行。中共中央总书记、国家主席、中央军委主席习近平发来贺信，向参加研制和建设的广大科技工作者、工程技术人员、建设者表示热烈的祝贺和诚挚的问候。习近平在贺信中指出，500 米口径球面射电望远镜被誉为“中国天眼”，是具有我国自主知识产权、世界最大单口径、最灵敏的射电望远镜，其落成启用，对我国在科学前沿实现重大原创突破、加快创新驱动发展具有重要意义。习近平希望参与项目的科技工作者、工程技术人员和建设者再接再厉，发扬开拓进取、勇攀高峰的精神，弘扬团结奋进、协同攻关的作风，高水平管理和运行好这一重大科学基础设施，早出成果、多出成果，出好成果、出大成果，努力为建设创新型国家、建设世界科技强国做出新的更大的贡献。中共中央政治局委员、国务院副总理刘延东在启用仪式上宣读了习近平的贺信并致辞。她表示，要落实科技创新大会精神和创新驱动发展战略，依托我国 500 米口径球面射电望远镜先进技术条件，瞄准科学前沿，加强国际合作，聚集拔尖人才，打造高端科研平台，努力取得重大原创性成果，为我国天文学跻身世界一流水平和建设世界科技强国做出贡献。

9.26　国际科学院（Inter Academy Partnership，IAP）组织联合会议在中国科学院召开。来自美国、英国、印度、巴西等20多个国家的国家科学院和欧洲、美洲、非洲、亚洲等地区科学院组织的近50位代表参加会议。中国科学院副院长李静海代表院长白春礼欢迎各国科学院代表，他表示在应对全球挑战和迎接新的科技革命的历史时期，国际科学院可以发挥更加关键的作用。会议就国际科学院法律地位和管理机制、未来发展等进行了评议和讨论。

9.26　中国科学院党组中心组召开学习会，传达学习习近平总书记致500米口径球面射电望远镜落成启用的贺信和刘延东副总理重要讲话精神。院长、党组书记白春礼主持学习会。

9.26　印发《中国科学院研究生科研活动行为规范》（科发监审字〔2016〕116号）。

9.28　中国科学院与北京市人民政府在北京签署新一轮合作协议。中共中央政治局委员、北京市委书记郭金龙，中国科学院院长白春礼，北京市市长王安顺出席会议。中国科学院副院长王恩哥与北京市副市长隋振江代表双方签署《中国科学院 北京市人民政府共建怀柔科学城合作协议书》；中国科学院副院长丁仲礼与北京市委常委、北京市常务副市长李士祥代表双方签署《“十三五”时期北京市人民政府与中国科学院合作推进全国科技创新中心建设行动计划》。“十三五”时期，双方围绕将北京建设成为具有全球影响力的科技创新中心的总体目标，共同推动中关村科学城建设、怀柔科学城建设、中科院科技成果转化、公共技术服务平台开放、高端科技资源科普化共5个方面的重点工作。

9.30　印发《中国科学院领导人员兼职和科技成果转化激励管理办法》（科发党字〔2016〕61号）。

十　月

10.6—13　中国科学院院长白春礼访问美国、缅甸。访美期间，白春礼会见了美国国家科学基金会主任科多瓦，双方认为，在基础科学领域两国科学家之间会有更多的实质性合作交流；赴波士顿出席了美国艺术与科学院的院士授予仪式，与该院董事会主席和院长就加强两院间的交流合作事宜进行了商讨。在缅甸，白春礼拜会了缅甸教育部部长和自然资源与环保部常务秘书长；出席了东南亚中心揭幕仪式并参观了实验室。他希望中心进一步推动中科院内外相关科研单位与缅甸科研机构的合作，为缅甸生物多样性研究与保护做出更多贡献。

10. 14　中国科学院院党组中心组召开学习会，专题研究宇宙学发展现状与趋势和干细胞技术发展前沿。院长、党组书记白春礼主持学习会并对中科院下一步科技领域布局工作提出明确要求。

10. 18　中科院-德国亥姆霍兹联合会战略合作研讨会召开。中国科学院院长白春礼、副院长谭铁牛，亥姆霍兹联合会主席 Otmar Wiestler 和来自中国科学院高能物理研究所、亥姆霍兹于利希中心等双方 15 个研究所的 40 多人与会。白春礼致辞希望通过本次研讨会，给未来的合作指明方向，着力在个别领域联合做大事，做有影响力的工作。谭铁牛对下一步的合作重点等提出了建议与希望。德方主席希望能够建立某种机制，让两个机构负责不同科研领域的领导和重点科学家开展深入细致的研讨。围绕脑科学、生命健康等重点领域，代表们对进一步加强合作提出了建议。

10. 21　中国科学院南京土壤研究所获批农田土壤污染防控与修复技术国家工程实验室；中国科学院亚热带农业生态研究所获批畜禽养殖污染控制与资源化技术国家工程实验室；中国科学院生态环境研究中心获批高浓度难降解有机废水处理技术国家工程实验室；中国科学院大学获批挥发性有机物污染控制材料与技术国家工程实验室；中国科学院合肥物质科学研究院获批大气环境监测先进技术与装备国家工程实验室。

10. 22　全国人大常委会副委员长兼秘书长王晨到中国科学院上海生命科学研究院调研。

10. 24　中国科学院院长白春礼会见由主管科技的伊朗副总统萨塔里博士率领的伊朗政府科技代表团一行。白春礼指出，随着“丝绸之路科学基金”的持续深入实施，双方的合作必将迈上一个新的台阶。萨塔里同意拓展双方的合作领域，并适度增加该基金每年资助项目数和资助力度。伊朗驻华大使哈吉、中国科学院副院长谭铁牛出席会见活动。

10. 25　全国人大常委会副委员长、民革中央主席万鄂湘到中国科学院技术大学先进技术研究院、科大讯飞股份有限公司参观考察。

10. 25　中国科学院副院长丁仲礼与斯里兰卡卫生部部长塞纳拉特纳举行会谈，代表双方签署了关于围绕不明原因肾病开展科研和教育合作的谅解备忘录。丁仲礼指出，中方期待与斯方进一步加强在公共卫生方面的研究合作。塞纳拉特纳表示，中国科学院科研团队针对不明原因肾病这一问题与斯方一起做了大量工作，他对中方提供的各种支持表示衷心的感谢，并将全力支持双方科研团队的各项工作。

10.26 西藏生态安全屏障保护与建设工程（2008—2014年）建设成效评估》新闻发布会在国务院新闻办公室新闻发布厅召开。会上，中国科学院副院长张亚平发布了《西藏生态安全屏障保护与建设工程（2008—2014年）建设成效评估》报告，西藏自治区副主席汪海洲介绍了西藏自治区推进《西藏生态安全屏障保护与建设规划》的有关做法，并就评估报告的科学性、客观性、可靠性，评估工作对西藏生态建设的具体贡献，生态安全屏障建设存在的难点和问题，西藏自治区生物多样性保护，西藏水电资源开发情况，落实中央提出加强民族团结、建设美丽西藏具体举措等问题回答记者提问。

10.26 修订印发《中国科学院科学传播工作管理办法》（科发传播字〔2016〕126号）、《中国科学院科学传播工作能力建设与工作绩效统计细则》（科发传播字〔2016〕127号）。

10.28 中国科学院党组召开会议，传达学习党的十八届六中全会精神。院长、党组书记白春礼主持会议，传达了习近平总书记代表中共中央政治局所做的工作报告、习近平总书记在闭幕式上的讲话精神，并就全院学习贯彻全会精神提出明确要求。

10.28 中国科学院党组中心组召开学习会，集中学习《胡锦涛文选》。院长、党组书记白春礼主持学习会并在发言中联系科技创新和中科院工作实际，重点谈了学习《胡锦涛文选》的认识和体会。

十一月

11.1 第十八届中国国际工业博览会在国家会展中心（上海）开幕。中国科学院秘书长邓麦村出席活动。中国科学院围绕“科技与未来”主题，在1300平方米的展区设立了前沿技术区、创新产品区、科技服务平台区等板块，重点展示了21家院属单位在航空航天、智能制造、智能信息等领域所取得的90项优秀成果，一批以应用为导向的自主创新技术和产品受到嘉奖。

11.2 中国科学院和英国约翰·英纳斯中心合作成立的植物和微生物科学联合研究中心（CEPAMS）在北京举行揭牌仪式，第一个研究组入驻中心北京园区。中国科学院副院长张亚平、英国驻华使馆公使兼副馆长 Martyn Roper 出席仪式。CEPAMS 由中国科学院遗传与发育生物学研究所、上海生命科学研究院植物生理生态研究所与英国约翰·英纳斯中心联合成立，重点开展作物改良、植物和微生物高附加值天然产物领域的科学研究。

11. 3　　中国科学院院长白春礼会见英国皇家学会会长、诺贝尔化学奖得主 Venkatraman Ramakrishnan 一行。白春礼希望英国皇家学会能够推动更多的英国学者借助中国科学院“国际人才计划（PIFI）”计划合作交流。Venkatraman 希望能与中国科学院共同举办中英战略科技政策圆桌会议，共同推动两国政策对话和战略研究。双方就转基因技术等共同关心的问题进行了深入的探讨。

11. 3　　中国科学院党组中心组召开学习会，学习贯彻《习近平关于巡视工作论述摘编》。院长、党组书记白春礼主持学习会并就进一步做好全院巡视工作提出明确要求。

11. 3　　印发《中共中国科学院党组关于健全所（局）级领导人员谈心谈话机制的意见》（科发党字〔2016〕71 号）。

11. 5　　第 23 届中国杨凌农业高新科技成果博览会开幕，中国科学院参展主题为“加强草牧业科技创新促进农业转型发展”，集中展示全院最新科技成果 100 余项，涵盖在内蒙古呼伦贝尔、甘肃武威、青海三江源等地开展实施的生态草牧业的新品种、新技术、新模式的试验示范和推广工作。其中，高产燕麦栽培示范、羊草抗逆丰产人工草地栽培示范、放牧场和天然打草场恢复技术、甜高粱盐碱地改造种植与产业化示范、牛羊品系提纯复壮、草产品青贮复合菌剂、先进草牧业农机具与物联网等展出成果得到参会观众的关注和好评。

11. 7—8　　由中国科学院科技战略咨询研究院与亚洲研究网络共同主办的“2016 亚洲科技创新论坛”举行。来自日本、韩国、伊朗、马来西亚和我国政府机构、高等院校、科研院所的 100 多名专家、学者、政要参会，并就科技创新战略与网络建设问题进行深入交流。中国科学院副院长李静海、日本文部科学省原审议官、马来西亚首相科学顾问发表主旨演讲。中国科学技术大学教授陈宇翱、中国科学院科技战略咨询研究院院长潘教峰等 16 位专家做报告。中国科学院党组原副书记、中国科学院大学公共政策与管理学院院长方新对本届论坛进行总结，肯定了论坛所取得的成果。

11. 7—8　　由中国科学院主办，中国科学院上海生命科学研究院承办的“第三届海峡两岸生命科学论坛”在上海举行，两岸专家学者 200 余人与会。中国科学院副院长张亚平、台湾“中研院”副院长刘扶东出席并致辞。张亚平希望两院科学家携手努力，探索合作渠道、拓展合作领域，共同提升两院科技竞争力和自主创新能力。刘扶东转达了“中研院”院长廖俊智对与会嘉宾的诚挚问候，希望两岸有更为密切的交流和互动，为今后的双方合作打下良好的基础。

11. 8　　中国科学院院长白春礼会见波兰科学院院长 Jerzy Duszynski。双方就波兰科学院参与中国科学院所倡导的“一带一路”科技合作计划进行了讨论，包括集中优势领域的科研力量，建立联合实验室，联合申请欧盟地平线计划项目等。

11.9 中国科学院副院长谭铁牛会见亚美尼亚科学院院长 Radik Martirosyan 一行。谭铁牛希望亚美尼亚科学院的科研人员和学生，借助中国科学院“国际人才计划（PIFI）”进行合作交流。双方就科技人才培养等问题进行了探讨。

11.14—15 发展中国家科学院（TWAS）第27届院士大会在卢旺达首都基加利开幕。TWAS 院长白春礼主持开幕式，卢旺达总统 Paul Kagame 出席大会并致贺词。来自60多个国家和地区的300多名科学家、部分国家科技部长、国际组织的代表参会。白春礼对科技的重要地位、非洲国家面临的挑战、可持续发展的途径等作阐述，表示 TWAS 将继续致力于促进科技推动发展中国家发展进步的事业。Kagame 总统介绍了卢旺达重视科技，努力实现国家发展的坚忍不拔的精神。大会向获得 TWAS 学科奖、讲演奖、联想奖获得者颁发了证书和奖章。白春礼代表 TWAS 为卢旺达总统颁发 TWAS 奖章。来自17个国家的40名科学家当选 TWAS 院士，其中包括中国科学院遗传与发育生物学研究所曹晓风等10名中国大陆科学家。会议宣布了本年度的9个科学奖项，其中中国科学院国家纳米科学中心研究员赵宇亮获化学奖，中国科学院动物研究所研究员周琪与印度科学家共同获得生物学奖。

11.14 印发《中国科学院科技成果转移转化重点专项项目管理办法》（科发促字〔2016〕138号）。

11.16 第十八届中国国际高新技术成果交易会在深圳会展中心开幕。中国科学院秘书长邓麦村出席活动。中国科学院展区以“科技改变生活，智能引领未来”为主题，总面积5000平方米，集中展示了全院39家研究所及院属机构在人工智能、智能制造、生命健康、机器人、材料与新能源、大数据与智慧城市等领域的265项最新科技创新成果，获本届高交会优秀组织奖和优秀展示奖。

11.17 全国人大常委会副委员长、农工党中央主席陈竺到中国科学院海西研究院调研。

11.20 中共中央政治局委员、国务院副总理刘延东到上海考察超强超短激光试验装置和上海科技大学，并听取张江科学中心4个重大科技基础设施建设情况汇报。

11.22 中科院-德国马普学会前沿探索圆桌会之战略合作会召开。中国科学院院长白春礼、副院长谭铁牛，马普学会主席 Martin Stratmann、副主席 Bill Hansson 等出席会议。白春礼指出，在新的形势下，两家机构应积极探索更广阔的合作领域，通过有效的手段推进合作。Stratmann 表示，希望与中科院探讨在大科学设施和交叉科学领域内开展重点合作。围绕核物理、射电天文等重点领域，与会代表就具体合作内容、方式进行了研讨并达成了共识。

11.24 由中国科学院、中央电视台共同发起，联合科技部等 7 部委共同举办的 2016 年度“科技盛典——CCTV 2016 年度科技创新人物”推选活动评审会成功举行，现场评选出 10 位“科技创新人物”和 3 个“科技创新团队”。其中，中国科学院的赵忠贤、包信和、杜江峰、南仁东、胡郁获选“科技创新人物”；中国科学院西安光学精密机械研究所“中科创星”科技产业化团队，“天宫二号”和“神舟十一号”任务团队获选“科技创新团队”。

11.26 印发《中国科学院“十三五”科学传播发展规划纲要》（科发传播字〔2016〕142 号）、《中国科学院科技期刊“十三五”发展规划》。

11.27—12.4 中国科学院副院长刘伟平率团访问了美国和加拿大，在纽约、芝加哥、洛杉矶、温哥华举办了多场海外科技人才座谈会，就科学原创思想的培养、跨学科研究团队的协作、人才培养和引进等进行了沟通和研讨。代表团访问了美国能源部布鲁克海文国家实验室、芝加哥大学及英属哥伦比亚大学等知名科研机构和大学，刘伟平介绍了中科院在人才培养和引进方面的整体情况，就中国科学院在“十三五”期间，如何发挥战略科技力量，努力实现“四个率先”的战略目标等方面阐述了规划意见。他希望海外学者就优秀人才的培养引进和国际合作等工作提出意见建议。刘伟平一行还拜会了中国驻外总领馆领事官员。

十二月

12.5 第八届中国科学院学部主席团第三次会议在北京召开，会议听取了 2017 年院士增选国防和国家安全特别推荐小组相关情况汇报，听取了各主推荐学部关于新兴和交叉学科特别推荐工作情况汇报，审议确定了 2017 年院士增选总名额及其分配，审议了 2017 年院士增选相关工作安排的建议，审议了 2017 年外籍院士选举相关工作安排的建议，审议了有关外籍院士转为院士的申请，审议了《关于建立“国家科学顾问委员会”制度的建议》。

12.8 中国科学院与广东省人民政府在广州签署新一轮全面战略合作协议。中共中央政治局委员、广东省委书记胡春华，中国科学院院长白春礼，广东省省长朱小丹出席会议。中国科学院副院长张亚平与广东省副省长袁宝成代表双方签署协议。“十三五”时期，院省双方将在联合争取国家大科学工程建设、共同争取国家实验室等科研平台建设、引导重大产业化成果转移转化、探索科技与经济结合新模式和新机制、加强高层次人才培养和引进、推进粤东西北振兴发展战略实施等方面深入开展合作，切实发挥科技创新在广东省全面创新中的引领作用。

12.9 中国科学院院长白春礼会见泰国科技部长披切·杜隆卡威洛一行。白春礼指出，围绕中国政府提出的“一带一路”倡议，中国科学院决定在泰国建设“曼谷创新合作中心”，以加快促进双方科研合作、技术创新与成果转化，服务于两国乃至地区经济的发展。披切·杜隆卡威洛表示，泰国科技部欢迎中国科学院在泰国建设“曼谷创新合作中心”，并对中心的筹建和运行提供支持。

12.11 中共中央政治局委员、国务院副总理刘延东到中科院西双版纳热带植物园考察，并对版纳植物园提出瞄准世界科技前沿，加强国际合作，聚人才、育人才、出人才，与经济社会发展紧密结合等希望。

12.13 首届“中国科学院科学传播奖”表彰活动成功举办，共评选出先进单位奖10个，单项集体奖19个，单项个人奖40个。

12.14 全国政协教科文卫体委员会赴中国科学院遥感与数字地球研究所开展委员活动日。全国政协副主席王家瑞出席并讲话。

12.15 我国首个海外陆地卫星接收站——中国遥感卫星地面站北极接收站投入试运行。该站由国家高分重大专项支持，中国科学院遥感与数字地球研究所承建、运行。

12.16 中国科学院院长白春礼访问香港，出席“香港-广州国际干细胞与再生医学论坛”。白春礼希望本次论坛能够促进各方加强交流，提升我国干细胞和再生医学领域的研究水平，推动相关产业的发展，为人类的健康事业做出积极贡献。白春礼还出席了香港理工大学“杰出中国学者学术讲座”并作特邀报告；会见了香港特首梁振英，就中科院与香港加强合作，提升国家的创新及促进科技发展，为香港经济注入新动力等议题交换了意见。

12.16 中国科学院副院长谭铁牛会见了土库曼斯坦共和国教育部长Purli Agamyradov和土库曼斯坦共和国驻华大使Chynar Rustamova女士。谭铁牛对客人为推动双方交流与合作所做的贡献表示感谢。Purli Agamyradov部长表示，土库曼斯坦将积极参与中国科学院于2018年举办的第二届“一带一路”科技创新国际研讨会，以及中科院主导的其他互利的科技合作项目。双方决定建立两国科学院的直接联系，并集中优势领域的科研力量开展合作。

12. 19　印发《中国科学院党风廉政建设责任制实施办法（修订稿）》（科发党字〔2016〕74 号）。

12. 20　中国科学院党组召开会议，传达学习中央经济工作会议精神。院长、党组书记白春礼传达了习近平总书记、李克强总理在中央经济工作会议上的重要讲话精神，并就全院学习贯彻会议精神提出明确要求。

12. 21—23　中国科学院 2016 年冬季扩大会议在京召开。会议深入贯彻落实党中央、国务院重大决策部署，总结中国科学院 2016 年工作，研究部署 2017 年重点工作。全体院领导和院机关各部门、中国科技大学、国有资产经营有限责任公司主要负责人出席。

12. 22　全国政协副主席、民进中央常务副主席罗富和到中科院地球环境研究所调研大气灰霾研究工作。

12. 23　全国老干部工作先进集体和先进工作者表彰大会在京举行，中共中央总书记习近平对大会做出重要指示，中共中央政治局常委、中央书记处书记刘云山出席表彰大会并讲话。大会对 106 个全国老干部工作先进集体和 306 名先进个人进行了表彰。中国科学院上海硅酸盐研究所离退休干部工作办公室获评“全国老干部工作先进集体”，受到中共中央组织部、人力资源社会保障部表彰。

12. 26　中国科学院办公厅获中央国家机关社会治安综合治理先进单位。

12. 28　根据国务院《关于张涛、李静海职务任免的通知》（国人字〔2016〕254 号），张涛任中国科学院副院长，免去李静海的中国科学院副院长职务。根据中共中央组织部《张涛、李静海同志职务任免》（组任字〔2016〕343 号）通知，张涛同志任中国科学院党组成员，免去李静海同志中国科学院党组成员职务。

12. 28　根据国务院《关于谭铁牛职务任免的通知》（国人字〔2016〕241 号），免去谭铁牛的中国科学院副院长职务。根据中共中央组织部《谭铁牛同志免职》（组任字〔2016〕324 号）的通知，免去谭铁牛同志中国科学院党组成员职务。

学部与院士工作

中国科学院学部领导机构

第八届中国科学院学部主席团

名誉主席　周光召　路甬祥

第八届中国科学院学部主席团

执行主席　白春礼

成　　员　(以姓氏笔画为序)

王恩哥　朱道本　刘国治　安芷生　许智宏　李树深
李静海　杨　卫　杨玉良　沈文庆　陈　颙　陈宜瑜
欧阳钟灿　周其凤　胡海岩　侯建国　饶子和　秦大河
顾秉林　傅伯杰　詹文龙　褚君浩　裴　钢

第八届中国科学院学部主席团执行委员会

执行主席　白春礼

成　　员　(以姓氏笔画为序)

王恩哥　朱道本　李树深　李静海　杨　卫　杨玉良
沈文庆　陈宜瑜　秦大河　傅伯杰　裴　钢

秘 书 长　曹效业

第八届中国科学院学部主席团顾问组成名单（以姓氏笔画为序）

万　钢　王伟光　王志刚　宁吉喆　刘国治　李　伟
杨　卫　肖　捷　吴艳华　陈宝生　林念修　周　济
黄守宏

中国科学院学部第六届咨询评议工作委员会组成名单

主　　任　沈文庆

副 主 任　吴国雄　饶子和　赵宪庚

委　　员　(以姓氏笔画为序)

王光谦　申长雨　邢定钰　杨元喜　杨学军　张　希
张学敏　陈凯先　陈晓亚　郑晓静　郝　跃　段　雪
徐宗本　郭华东　雒建斌

中国科学院学部第六届咨询评议工作委员会顾问组成名单（以姓氏笔画为序）

马　援　王延觉　王春法　吕　薇　朱道本　任志武
邬贺铨　刘应杰　吴国凯　何鸣鸿　余　健　汪文斌

赵　路　　赵忠贤　　姜静波　　潘云鹤

中国科学院学部第六届科学道德建设委员会

主　　任　裴　钢

副 主 任　欧阳钟灿　翟明国

委　　员　(以姓氏笔画为序)

丁　汉　　马志明　　王　曦　　冯守华　　江桂斌　　李启虎
怀进鹏　　陈木法　　林国强　　周　琪　　周卫健　　周成虎
贺福初　　郭　雷　　翟婉明

中国科学院学部第四届学术与出版工作委员会

主　　任　秦大河

副 主 任　郑兰荪　梅　宏

委　　员　(以姓氏笔画为序)

于起峰　　包信和　　朱作言　　许宁生　　李　林　　武维华
高　松　　高　福　　高鸿钧　　郭正堂　　龚旗煌　　崔向群
彭实戈　　程时杰　　焦念志　　魏炳波

中国科学院学部第二届科学普及与教育工作委员会

主　　任　杨玉良

副 主 任　石耀霖　吴一戎

委　　员　(以姓氏笔画为序)

叶培建　　朱　荻　　朱邦芬　　李　灿　　何积丰　　张　杰
张启发　　陈小明　　武向平　　金之钧　　周忠和　　南策文
侯凡凡　　郭光灿　　康　乐

中国科学院数学物理学部第十六届常务委员会

主　　任　王恩哥

副 主 任　马志明　张　杰　郑晓静　崔向群

委　　员　(以姓氏笔画为序)

邢定钰　　孙昌璞　　吴岳良　　张伟平　　陈木法　　陈仙辉
武向平　　罗　俊　　赵政国　　袁亚湘　　高鸿钧　　潘建伟

中国科学院化学部第十六届常务委员会

主　　任　朱道本

副 主 任　包信和　江桂斌　张　希　陈小明

委　　员　(以姓氏笔画为序)

丁奎岭　　田　禾　　田中群　　白春礼　　刘忠范　　安立佳

严纯华　李静海　张　涛　周其林　程津培　谢　毅

中国科学院生命科学和医学学部第十六届常务委员会

主　　任　陈宜瑜

副 主 任　武维华　侯凡凡　饶子和　贺福初

委　　员　(以姓氏笔画为序)

方精云　李　林　李家洋　张亚平　张学敏　孟安明
赵国屏　桂建芳　高　福　康　乐　舒红兵　曾益新

中国科学院地学部第十六届常务委员会

主　　任　傅伯杰

副 主 任　杨元喜　周成虎　周忠和　郭正堂　焦念志

委　　员　(以姓氏笔画为序)

王成善　王会军　朱日祥　刘丛强　吴立新　陈　骏
金之钧　郑永飞　郝　芳　郭华东　龚健雅　崔　鹏
穆　穆

中国科学院信息技术科学部第十六届常务委员会

主　　任　李树深

副 主 任　吴一戎　郭　雷　徐宗本　梅　宏

委　　员　(以姓氏笔画为序)

王立军　尹　浩　包为民　杨学军　怀进鹏　郑建华
郝　跃　黄　维　龚旗煌　谭铁牛

中国科学院技术科学部第十六届常务委员会

主　　任　杨　卫

副 主 任　王　曦　王光谦　朱　荻　沈保根　程时杰

委　　员　(以姓氏笔画为序)

丁　汉　于起峰　申长雨　李应红　金红光　高德利
赖远明　雒建斌　翟婉明　薛其坤　魏炳波

中国科学院学部国际合作和外籍院士工作小组

组　　长　李静海

成　　员　(以姓氏笔画为序)

于　渌　戎嘉余　李　未　吴培亨　张　泽　陈运泰
欧阳钟灿　侯建国　饶子和　费维扬　曾益新　薛其坤

中国科学院学部增选工作小组

组　　长　李静海

成　　员　(以姓氏笔画为序)

朱作言　朱道本　李衍达　沈保根　陈建生　欧阳钟灿

周　远　周卫健　郑兰荪　胡海岩

2016 年中国科学院院士名单

（2016 年 12 月 31 日统计，753 人）

数学物理学部（144 人）

于 敏　于 渌　万哲先　马志明　王乃彦　王广厚　王 元
王世绩　王业宁（女）　王 迅　王诗宬　王贻芳　王恩哥
王梓坤　王绶琯　王鼎盛　文 兰　方 成　方守贤　邓小刚
甘子钊　艾国祥　石钟慈　龙以明　叶叔华（女）　叶朝辉
田 刚　白以龙　邝宇平　冯 端　邢定钰　曲钦岳　吕 敏
朱邦芬　朱诗尧　向 涛　江 松　汤定元　孙义燧　孙昌璞
孙 鑫　严加安　苏定强　苏肇冰　杜江峰　李大潜　李方华（女）
李邦河　李安民　李家明　李家春　李惕碚　李德平　杨 乐
杨应昌　杨国桢　杨福家　励建书　吴文俊　吴岳良　何祚庥
邹广田　闵乃本　汪承灏　汪景琇　沈文庆　沈学础　张仁和
张平文　张伟平　张 杰　张宗烨（女）　张恭庆　张焕乔
张淑仪（女）　张涵信　张维岩　张裕恒　张殿琳　张肇西
陈十一　陈木法　陈仙辉　陈永川　陈式刚　陈和生　陈佳洱
陈建生　陈恕行　陈难先　陈 彪　武向平　范海福　林 群
欧阳钟灿　欧阳颀　罗民兴　罗 俊　周又元　周光召
周向宇　周 恒　周毓麟　郑厚植　郑晓静（女）　赵光达
赵忠贤　赵政国　郝柏林　胡仁宇　胡和生（女）　俞昌旋
姜伯驹　洪家兴　洪朝生　贺贤土　袁亚湘　莫毅明　夏道行
徐至展　徐叙瑢　高鸿钧　郭尚平　郭柏灵　席南华　唐孝威
陶瑞宝　龚昌德　鄂维南　崔向群（女）　章 综　彭实戈
葛墨林　景益鹏　程开甲　童秉纲　谢心澄　詹文龙　解思深
熊大闰　潘建伟　霍裕平　戴元本　魏宝文

化学部（124 人）

丁奎岭　于吉红（女）　万立骏　万惠霖　王方定　王佛松
王 夔　支志明　方维海　计亮年　卢佩章　申泮文　田中群
田 禾　田昭武　白春礼　包信和　冯小明　冯守华　朱起鹤
朱清时　朱道本　任詠华（女）　刘元方　刘云圻　刘若庄
刘忠范　江 龙　江 明　江桂斌　江 雷　安立佳　孙世刚

麦松威　严纯华　苏　锵　李玉良　李永舫　李亚栋　李　灿
李洪钟　李静海　杨玉良　杨秀荣（女）　杨学明　吴云东
吴　奇　吴养洁　吴新涛　何国钟　何鸣元　佟振合　余国琮
汪尔康　沙国河　沈之荃（女）　沈家骢　宋礼成　张玉奎
张礼和　张存浩　张　希　张俐娜（女）　张洪杰　张　涛
张乾二　张锁江　陆熙炎　陈小明　陈庆云　陈凯先　陈俊武
陈洪渊　陈家镛　陈新滋　陈　懿　林国强　卓仁禧　周同惠
周其凤　周其林　郑兰荪　赵玉芬（女）　赵东元　赵进才
胡　英　查全性　段　雪　侯建国　俞汝勤　洪茂椿　费维扬
姚守拙　姚建年　袁　权　袁承业　柴之芳　钱逸泰　倪嘉缵
徐如人　高　松　郭景坤　席振峰　唐本忠　唐有祺　唐　勇
涂永强　黄乃正　黄本立　黄春辉（女）　曹　镛　麻生明
梁敬魁　彭少逸　蒋锡夔　韩布兴　程津培　程镕时　谢毓元
谢　毅（女）　谭蔚泓　黎乐民　颜德岳　戴立信

生命科学和医学学部（140 人）

王大成　王文采　王正敏　王志珍（女）　王志新　王恩多（女）
王福生　毛江森　方荣祥　方精云　尹文英（女）　孔祥复
邓子新　石元春　卢永根　叶玉如（女）　田　波　印象初
匡廷云（女）　朱玉贤　朱兆良　朱作言　庄文颖（女）
庄巧生　刘以训　刘允怡　刘建康　刘新垣　许智宏　孙大业
孙汉董　孙曼霁　孙儒泳　苏国辉　李　林　李季伦　李振声
李家洋　李朝义　李　蓬（女）　杨焕明　杨雄里　杨福愉
吴　旻　吴孟超　吴祖泽　吴常信　汪忠镐　沈允钢　沈自尹
沈　岩　沈善炯　宋微波　张友尚　张永莲（女）　张亚平
张　旭　张启发　张明杰　张学敏　张春霆　张新时　陆士新
陈义汉　陈子元　陈文新（女）　陈可冀　陈孝平　陈国强
陈　竺　陈宜张　陈宜瑜　陈晓亚　陈润生　陈　霖　邵　峰
武维华　林其谁　林鸿宣　尚永丰　金　力　金国章　周　俊
周　琪　郑光美　郑守仪（女）　郑儒永（女）　孟安明
赵玉沛　赵进东　赵国屏　赵继宗　段树民　侯凡凡（女）
饶子和　施一公　施教耐　施蕴渝（女）　洪国藩　洪德元
姚开泰　贺　林　贺福初　桂建芳　徐国良　高　福　郭爱克
唐守正　唐崇惕（女）　黄路生　曹文宣　曹晓风（女）
戚正武　常文瑞　康　乐　阎锡蕴（女）　梁栋材　梁智仁
隋森芳　葛均波　蒋有绪　韩启德　韩济生　韩家淮　韩　斌
程和平　舒红兵　童坦君　曾益新　曾　毅　谢华安　谢联辉

强伯勤 赫　捷 裴　钢 翟中和 薛社普 鞠　躬 魏于全
魏江春

地学部（124 人）

丁仲礼 丁国瑜 万卫星 马宗晋 马　瑾（女） 王　水
王成善 王会军 王铁冠 王　颖（女） 王德滋 文圣常
丑纪范 邓起东 石广玉 石耀霖 叶大年 叶嘉安 冯士筰
戎嘉余 吕达仁 朱日祥 朱显谟 伍荣生 任纪舜 刘丛强
刘光鼎 刘昌明 刘宝珺 刘嘉麒 安芷生 许志琴（女）
许厚泽 孙　枢 孙鸿烈 苏纪兰 李吉均 李廷栋 李崇银
李德仁 李德生 李曙光 杨元喜 杨文采 杨树锋 肖序常
吴立新 吴国雄 吴新智 吴福元 邱占祥 汪品先 汪集旸
沈其韩 沈树忠 张人禾 张国伟 张弥曼（女） 张　经
张培震 陆大道 陈大可 陈发虎 陈　旭 陈运泰 陈俊勇
陈晓非 陈　骏 陈　颙 林学钰（女） 欧阳自远
金之钧 金振民 周卫健（女） 周成虎 周志炎 周秀骥
周忠和 於崇文 郑永飞 郑　度 赵其国 赵柏林 赵鹏大
郝　芳 胡敦欣 钟大赉 姚振兴 姚檀栋 秦大河 袁道先
莫宣学 贾承造 夏　军 徐冠华 殷鸿福 高　俊 高　锐
郭正堂 郭华东 涂传诒 陶　澍 黄荣辉 龚健雅 常印佛
崔　鹏 符淙斌 巢纪平 彭平安 程国栋 傅伯杰 焦念志
舒德干 童庆禧 曾庆存 曾融生 谢学锦 翟明国 翟裕生
滕吉文 薛禹群 穆　穆 戴金星 魏奉思

信息技术科学部（88 人）

干福熹 王　圩 王　越 王　巍 王之江 王占国 王立军
王永良 王阳元 王启明 王育竹 王家骐 尹　浩 包为民
匡定波 吕　建 朱中梁 刘　明（女） 刘永坦 刘国治
刘颂豪 刘盛纲 许宁生 李　未 李启虎 李树深 李衍达
杨芙清（女） 杨学军 吴一戎 吴宏鑫 吴培亨 吴德馨（女）
何积丰 沈绪榜 怀进鹏 宋　健 张　钹 张景中 张嗣瀛
陆元九 陆汝钤 陆建华 陈国良 陈定昌 陈星旦 陈星弼
陈俊亮 陈桂林 陈翰馥 林惠民 林尊琪 金亚秋 周兴铭
周志鑫 周炳琨 周巢尘 郑有炓 郑建华 郑耀宗 房建成
郝　跃 保　铮 侯　洵 侯朝焕 姜　杰（女） 姚建铨
秦国刚 夏建白 顾　瑛（女） 徐宗本 郭　雷 郭光灿

黄　如（女）　黄　维　黄　琳　黄民强　黄宏嘉　梅　宏
龚旗煌　彭堃墀　董韫美　雷啸霖　简水生　褚君浩　谭铁牛
薛永祺　戴汝为

技术科学部（133 人）

丁　汉　于起峰　王　曦　王大中　王立鼎　王光谦　王自强
王希季　王补宣　王崇愚　王淀佐　王锡凡　方岱宁　卢　柯
卢　强　叶恒强　叶培建　申长雨　邢球痕　过增元　成会明
朱　荻　朱　静（女）　朱位秋　朱森元　伍小平（女）
任新民　任露泉　庄逢辰　刘广均　刘竹生　刘宝镛　刘维民
齐　康　闫楚良　孙　钧　孙家栋　严陆光　李　天　李应红
李述汤　李依依（女）　李济生　杨　卫　杨　槱　杨叔子
吴良镛　吴承康　吴硕贤　邱　勇　邱大洪　何雅玲（女）
何满潮　余梦伦　邹世昌　邹志刚　闵桂荣　汪　耕　汪卫华
沈志云　沈保根　宋玉泉　宋振骐　宋家树　张　泽　张兴钤
张佑启　张统一　张楚汉　陈云敏　陈创天　陈学俊　陈祖煜
陈维江　范守善　林　皋　欧阳予　金红光　金展鹏　周　远
周尧和　周孝信　周国治　郑　平　郑时龄　郑哲敏　赵淳生
胡文瑞　胡聿贤　胡海岩　南策文　柯　俊　柳百新　钟万勰
俞大鹏　俞鸿儒　闻邦椿　姜中宏　宣益民　祝世宁　姚　熹
都有为　顾秉林　顾诵芬　顾逸东　倪晋仁　徐性初　徐建中
徐祖耀　高镇同　高德利　唐叔贤　陶文铨　黄克智　曹春晓
曹楚南　常　青　彭一刚　葛昌纯　韩杰才　韩祯祥　程时杰
程耿东　温诗铸　赖远明　路甬祥　蔡其巩　雒建斌　翟婉明
熊有伦　潘际銮　薛其坤　魏炳波

2016 年中国科学院外籍院士名单

（2016 年 12 月 31 日统计，80 人）

中文姓名	英文姓名	当选年份	国籍
丘成桐	Shing-Tung Yau	1994	美国
冯元桢	Yuan-Cheng Fung	1994	美国
杨振宁	Chen Ning Yang	1994	美国
李政道	Tsung-Dao Lee	1994	美国
丁肇中	Samuel C. C. Ting	1994	美国
雷文	Peter H. Raven	1994	美国
朱经武	Ching-Wu Chu	1996	美国
沈元壤	Yuen-Ron Shen	1996	美国
简悦威	Yuet Wai Kan	1996	美国
毛河光	Ho-kwang David Mao	1996	美国
彼得·威利	Peter John Wyllie	1996	英国
卓以和	Alfred Y. Cho	1996	美国
高锟	Charles K. Kao	1996	美国
朱棣文	Steven Chu	1998	美国
黎念之	Norman N. Li	1998	美国
马库斯	Rudolph A. Marcus	1998	美国
莫里茨	Helmut Moritz	1998	奥地利
伯奇费尔	Burrell Clark Burchfiel	1998	美国
米歇尔	Hartmut Michiel	2000	德国
崔琦	Daniel Chee Tsui	2000	美国
霍克费尔特	Tomas Hokfelt	2000	瑞典
何毓琦	Yu-Chi Ho	2000	美国
萨支唐	Chihtang Sah	2000	美国
库什	Gurdev S. Khush	2002	印度
傅睿思	Else Marie Friis	2002	丹麦
霍西金斯	Brian John Hoskins	2002	英国
黄煦涛	Thomas S. Huang	2002	美国

续表

中文姓名	英文姓名	当选年份	国籍
吴耀祖	Theodore Yao-Tsu WU	2002	美国
杰马里・莱恩	Jean-Marie Lehn	2004	法国
肖荫堂	Yum-Tong Siu	2004	美国
托斯登・威塞尔	Torsten N. Wiesel	2004	美国
姚期智	Andrew Chi-Chih Yao	2004	美国
理查德・杰尔	Richard Neil Zare	2004	美国
萨姆韦尔・格里戈良	Samvel S. Grigorian	2006	俄罗斯
克劳斯・冯・克利钦	Klaus Von Klitzing	2006	德国
彼得・史唐	Peter J. Stang	2006	美国
若列斯・阿尔费罗夫	Zhores I. Alferov	2006	俄罗斯
钱煦	Shu Chien	2006	美国
蔡南海	Nam-Hai Chua	2006	新加坡
罗伯特・迪金森	Robert E. Dickinson	2006	美国
艾伦・黑格	Alan J. Heeger	2007	美国
法捷耶夫	Ludwig D. Faddeev	2007	俄罗斯
胡正明	Chenming Calvin Hu	2007	美国
费里德・穆拉德	Ferid Murad	2007	美国
万森・库尔提欧	Vincent Courtillot	2007	法国
郎尼・汤姆森	Lonnie Thompson	2007	美国
菲立普・希阿雷	Philippe G. Ciarlet	2009	法国
王中林	Zhong Lin Wang	2009	美国
徐立之	Lap-Chee Tsui	2009	加拿大
马佐平	Tso-Ping Ma	2009	美国
蒲慕明	Muming Poo	2011	美国
罗格欧文	D. Roger J. Owen	2011	英国
弗朗斯瓦马蒂	Francois Mathey	2011	法国
罗伯塔．鲁德尼克	Roberta L. Rudnick	2011	美国
戴维．格罗斯	David Gross	2011	美国
刘必治	Bede Liu	2011	美国
阿夫拉姆赫什科	Avram Hershko	2011	以色列
野依良治	Ryoji Noyori	2011	日本

续表

中文姓名	英文姓名	当选年份	国籍
饭岛澄男	Sumio Iijima	2011	日本
克里斯汀・阿芒托	Christian Amatore	2013	法国
弗莱明・贝森巴赫	Flemming Besenbacher	2013	丹麦
阿龙・切哈诺沃	Aaron J. Ciechanover	2013	以色列
雅各布・帕里斯	Jacob Palis	2013	巴西
拉奥	C. N. R. Rao	2013	印度
苏布拉・苏雷什	Subra Suresh	2013	美国
王晓东	Xiaodong Wang	2013	美国
迈克・沃特曼	Michael S. Waterman	2013	美国
张首晟	Shoucheng Zhang	2013	美国
艾思本	Richard Lawrence Edwards	2015	美国
高华健	Huajian Gao	2015	美国
马丁・格勒切尔	Martin Groetschel	2015	德国
罗伯特・格拉布斯	Robert Howard Grubbs	2015	美国
马库・库马拉	Markku Tapio Kulmala	2015	芬兰
查尔斯・李波	Charles M. Lieber	2015	美国
安德森・林奎斯特	Anders Lindquist	2015	瑞典
保罗・纳斯	Paul Nurse	2015	英国
阿塔・拉曼	Atta-ur Rahman	2015	巴基斯坦
西蒙・怀特	Simon D. M. White	2015	英国
张翔	Xiang Zhang	2015	美国
庄小威	Xiaowei Zhuang	2015	美国

2016 年逝世的中国科学院院士名单

（共 24 人）

姓名	学部	去世时间
谢家麟	数学物理学部	2016 年 2 月 20 日
刘应明	数学物理学部	2016 年 7 月 15 日
李荫远	数学物理学部	2016 年 8 月 22 日
张家铝	数学物理学部	2016 年 12 月 19 日
刘有成	化学部	2016 年 1 月 31 日
闵恩泽	化学部	2016 年 3 月 7 日
胡宏纹	化学部	2016 年 5 月 19 日
严东生	化学部	2016 年 9 月 18 日
蔡启瑞	化学部	2016 年 10 月 3 日
黄志镗	化学部	2016 年 11 月 13 日
游效曾	化学部	2016 年 11 月 19 日
王世真	生命科学和医学学部	2016 年 5 月 27 日
张树政	生命科学和医学学部	2016 年 12 月 10 日
赵尔宓	生命科学和医学学部	2016 年 12 月 24 日
刘振兴	地学部	2016 年 3 月 23 日
高　山	地学部	2016 年 5 月 3 日
张本仁	地学部	2016 年 11 月 1 日
梁思礼	信息技术科学部	2016 年 4 月 14 日
王守觉	信息技术科学部	2016 年 6 月 3 日
谢光选	技术科学部	2016 年 2 月 28 日
许学彦	技术科学部	2016 年 3 月 5 日
徐采栋	技术科学部	2016 年 4 月 14 日
陈能宽	技术科学部	2016 年 5 月 27 日
陈　达	技术科学部	2016 年 7 月 22 日

2016年逝世的中国科学院外籍院士名单

中文姓名	英文姓名	国籍	去世时间
哈迈德·泽维尔	Ahmed H. Zewail	美国	2016年8月2日

中国科学院第十八次院士大会情况

2016 年 5 月 29 日至 6 月 3 日，中国科学院第十八次院士大会与全国科技创新大会、中国工程院第十三次院士大会、中国科学技术协会第九次全国代表大会共同在北京召开，600 位中科院院士和 14 位中科院外籍院士参加了本次大会。

中国科学院第十八次院士大会的主题是：高举中国特色社会主义伟大旗帜，围绕国家“十三五”规划总体要求，号召并团结广大院士和全国科技工作者，深入推进创新驱动发展战略，系统谋划学部“十三五”工作，进一步加强学部组织自身建设，为建设一流国家科学思想库而努力奋斗。

本次院士大会审议通过了学部主席团工作报告和各专门委员会、各学部常委会工作报告，选举产生了新一届学部常设领导机构成员，完成了各学部常委会、各专门委员会和学部主席团的换届工作，召开了第五届学部学术年会，颁发了 2016 年度陈嘉庚科学奖和陈嘉庚青年科学奖。

咨询评议工作

2016 年，咨询评议工作在组织建制、顶层设计方面取得新的进展。研究编制了《学部“十三五”咨询评议工作专项规划》，规划提出了体现时代性、前瞻性、拓展性、开放性要求的咨询工作思路，明确了未来研究布局、项目管理等方面的重点工作，对支撑工作体系、合作网络建设、信息化建设和国际合作交流等保障条件做了梳理，为未来 5 年咨询工作提供指导。

根据党中央国务院的重大战略部署，系统分析国家发展和宏观决策需求，2016 年以环境资源生态、新兴产业发展、科学社会影响等主题为重点领域部署相关项目，全年共立项 44 项。其中，环境生态领域包括北方农牧交错区草原利用与禁牧政策适时调整的研究、探索实行耕地轮作休耕制度试点问题咨询研究等；新兴产业战略包括精准医疗战略实现关键问题识别及对策研究、关于实施国家大数据战略的关键举措与政策建议等；科学与社会方面的问题包括社会治理现代化过程中的公民科学素养建设研究、渤海海峡隧道建设的社会经济意义分析等问题，以及国家高度关注的南海海域、岛礁开发与海疆权益、我国科技评价与奖励的问题与对策研究等热点问题。

两院资深院士工作委员会重点组织开展了“百年科技强国发展战略研究”咨询项目的研究工作。“百年科技强国发展战略研究”咨询项目设立综合、基础研究、民生前沿、国防科技和人才培养 5 个子课题组，中心任务是调查研究中国在基础科学研究、科技开发能力和人才培养等方面与美、俄、日、欧的差距、追赶措施，以此为建设科技强国提出可操作的宏观政策建议。

全年完成并向国务院报送了 18 份咨询报告，得到国务院领导的重要批示 20 余份次。

科学道德建设

为贯彻落实《中国科学院学部“十三五”工作规划纲要》中对学部科学道德建设工作的相关要求，道德委员会从弘扬科学精神、加强科技伦理研究等方面出发，切实履行委员会职能，提升道德引领作用。

一是在泉州、长春、杭州等地组织多场道德主题宣讲活动；策划开展“科学人生”主题宣传活动，探索建立媒体宣传与实地活动相结合，覆盖老、中、青三代院士群体科学精神的正面宣传体系。

二是组织以“科技评价与科研诚信”为主题的科技伦理研讨会，70 余位科技领域的院士专家、人文社科学者及媒体人员参加了会议，剖析了当前我国科技评价与科研诚信的相关问题与根源，探讨了解决科技评价与诚信问题的对策。会议产生了良好的社会反响，展现了学部在科研道德建设、科技评价改革方面的引领作用。

三是结合科技发展中的热点难点伦理问题，联合基金委、工程院重点部署开展基因编辑伦理问题研究，召开 2 次专题研讨会，搭建科技人员与人文学者的沟通平台，取得良好效果，力求发挥学部在科技伦理方面的引领作用，代表我国科技界在国际科技热点问题上发出中国的声音，提升伦理问题国际话语权，保障相关技术有序规范发展。

学术与出版工作

2016年，出版了《土壤生物学》《水利科学与工程》《大气科学》《理论与计算化学》《载人深空探测》《环境科学》《土木工程建设与工程力学》《基本天文学》《RNA研究的重大科学问题》9本学科发展战略研究专著，并结合图书出版，在郑州、北京等地举办“中国学科发展战略学术报告会”和党校讲坛，提升学部学术影响力。

顺利完成“两刊”理事会成员调整，进一步加强对《中国科学》和《科学通报》的学术指导。审议通过并推动落实《关于改进和加强“学部平台办刊”的建议》；举办“中国科技类期刊发展战略研究”论坛，8位院士专家做了主题报告，130余人出席论坛，为中国的科技期刊发展建言献策。

科学普及与教育工作

2016年，依托“科学与中国”院士专家巡讲团平台，在各专委会和学部常委会的大力支持下，继续积极组织百余位院士专家开展“生态文明建设”和“创新驱动发展”主题巡讲、科学思维与决策课程讲座、院士专家视频讲座、院士与中小学生面对面、“科学道德和学风建设”宣讲等多项专题活动，全年共举办报告活动200余场，听众近3万人。与中央党校建立合作，组织院士为中央党校省部级、地厅级、国防班全体学员做报告；打造“科学与中国–学习中国”移动新媒体科普平台，录制高清视频，以APP方式通过移动端将院士报告面向全体领导干部和全国公务员进行传播。与国家开放大学合作的“院士专家视频讲座”，在中国教育频道持续播出基础上，今年正式在歌华有线实现上线点播，视频点播量达261 151次，并在爱奇艺实现点播，总点播量突破21 000人次。

陈嘉庚科学奖基金会工作

2016年，在陈嘉庚科学奖基金会（以下简称“基金会”）理事会领导下，基金会办公室认真贯彻落实民政部和国家科学技术奖励工作办公室相关政策法规要求，不断完善各项工作。

认真组织完成2016年度陈嘉庚科学奖和陈嘉庚青年科学奖评审工作，最终评选产生陈嘉庚科学奖获奖项目2项和陈嘉庚青年科学奖获奖人3位；认真组织2016年度陈嘉庚科学奖及陈嘉庚青年科学奖颁奖仪式。颁奖仪式在中国科学院第十八次院士大会上举行，中国科学院院长、陈嘉庚科学奖基金会理事长白春礼为获奖人颁奖。

顺利完成陈嘉庚科学奖第七届评奖委员会和陈嘉庚科学奖基金会第四届理事会换届工作；不断完善规章制度，修订《陈嘉庚科学奖和陈嘉庚青年科学奖奖励条例实施细则》；采取多种方式进行宣传，结合“嘉庚讲坛”组织两场报告会；加强对外交流，在新加坡陈嘉庚基金成立35周年之际，陈嘉庚科学奖基金会组团出访了新加坡，与新加坡陈嘉庚基金建立了良好互动的合作关系；加强基金会办公室能力建设，支撑基金会有序规范运行，2015年度民政部工作检查结论为“合格”。

院直属单位情况

分 院 机 构

北京分院（筹）

院　　长：何岩（兼）
地　　址：北京市海淀区中关村南四街 18 号紫金数码园 1 号楼
邮政编码：100190
电　　话：010-62661266
传　　真：010-62661245
电子信箱：bjb@cashq. ac. cn
网　　址：http://www. bjb. cas. cn

中国科学院北京分院（以下简称“北京分院”）筹建于 2005 年 3 月 1 日成立，与中科院京区党委采用“同一机构、两块牌子”的形式合署办公。

北京分院是中国科学院机关的派出机构，负责联系和管理中国科学院在北京、天津、山西的 42 个研究机构，1 个教育机构，2 个公共支撑单位，1 个新闻单位，1 个其他单位。

截至 2016 年底，北京分院系统共有在职职工 2.64 万余人。其中专业技术人员 2.17 万余人，包括高级专业技术人员 9104 人，中国科学院院士 169 人，中国工程院院士 19 人。

一、领导班子和后备干部队伍建设

抓好分院系统单位领导班子建设。2016 年，北京分院按院人事局年度考核工作计划的安排，完成了 9 个单位的领导班子换届（届中）考核工作；完成了 19 人的个别提任考察及转正考核；完成了 37 个单位的班子成员宣布任免工作；完成了 12 个单位的后备领导人员考察推荐工作。举办 2016 年度所局级领导人员研究班，邀请中国科学院院长白春礼为京区 200 余位领导人员做重要报告。

指导中科院京区各单位认真开好民主生活会。根据中央及院党组的统一要求，对京区各单位召开 2016 年度民主生活会做出具体部署。在京区 4 个协作片的基础上，成立了 4 个督导组，基本上做到了督导全覆盖。京区各单位 2016 年度民主生活会准备充分，整体质量比往年有较大提升。

加强对领导人员日常监督和服务。北京分院完成了 2015 年度京区各单位领导人员个人有关事项报告的收集整理、审核工作，其中，所级领导人员 238 份、中层领导人员 774 份。对现任中层领导人员中 69 人的个人事项进行了随机抽查，对拟提拔为中层领导人员或所长助理 135 人的个人事项进行了重点核查。抽查存在问题的，都责成相关单位党委对相关人员进行了批评教育。严格审核领导人员因私出国（境）事宜，完善流程，加强管理。严格要求干部和关心关爱干部相结合，为领导人员生日送去生日祝福，送上推荐书籍；走访看望生病、有困难的领导人员。

二、党建工作

（一）开展“两学一做”学习教育

推动管党治党向基层支部延伸。根据中央和中科院党组关于开展“两学一做”学习教育的部署，京区党委认真组织京区 47 个直属机关党委和直属党总支、1100 多个支部、4 万余名党员，全面参与到学习教育之中。京区局所级领导讲党课共 328 余场（次），基层党支部书记讲党课共 1263 余场（次）。建立从京区、协作片到研究所的三级督导体系，组建京区“两学一做”督导组，共现场督导 110 次，派员督导 160 余人次。

抓好基层党建重点任务的推进落实。京区党委做好党员组织关系集中排查工作，建立所属 40 200 多名在册党员的名册，全面梳理汇总 7600 多名失联党员和“口袋党员”情况，对 3800 余名组织关系转出但未收到回执的党员，通过联系确认、重开介绍信等方式落实了组织关系。

接受中央组织部督导并获肯定和好评。京区党委先后于7月和9月，接受中组部“两学一做”学习教育协调小组督导二组两次现场督导。中组部督导组认为，中科院党组认真贯彻落实中央精神，带领全院各级党组织和广大党员深入开展学习教育，京区党委扎实有序地推进院部机关和京区单位的学习教育，增强了广大党员干部和科技人员的“四个意识”，形成了“院士标杆引领”“督导工作台账”“党课展评交流”和“党员行为规范”等经验做法。

（二）统筹推进基层党组织建设

加强思想理论武装。抓好京区各单位中心组学习督导。举办“求是论坛”。积极向《紫光阁》杂志、人民网等权威党媒推送京区单位基层党建工作进展。拓展传播载体，打造“北京分院京区党委”微信公众号。

抓好主题宣传教育。举办京区纪念建党95周年“颂党恩、科学情、创新美”专题活动；举行纪念红军长征胜利80周年系列活动，组织中科院干部职工参加中央国家机关工委庆祝建党95周年暨长征胜利80周年干部职工文艺汇演。开展“长征路上科苑人”活动，走访野外台站，挖掘科学院人弘扬长征精神的典型事迹；举办“清风正气传家远”表彰交流活动、科普志愿活动、系列文体活动，积极营造创新文化氛围。

推进基层党组织建设。抓好京区“科研、机关、支撑、学生、企业、离退休”6个领域党组织和“异地大科学工程、外场重大科研任务、野外台站”3个领域新型党组织的党建工作，采取个性化、针对性的举措，推动京区党建工作全面从严、创新发展、务求实效。2016年，重点推进企业党建工作，成立京区企业党委，统筹抓京区企业党的建设工作。推动社会组织党建工作“两个全覆盖”。充分发挥组织员作用，抓好党建日常工作指导督促。

完善党建工作考评体系。构建形成包括党建述职评议、党建创新奖评选、党委考核在内的“三位一体”的党建工作考评体系，从履行党建责任、创新方式方法、强化班子合力3个维度，推动京区党建工作。认真开展2016年度党建述职评议考核工作，组织17家京区单位党委书记现场述职、30家单位党委书记书面述职。同时，组织完成5个单位党委换届考核和8个单位党委届中考核。认真做好2016年度“党建创新奖”评选。

抓好各类典型选树。京区共有40名党员、20名党务工作者、20个基层党组织分别获得中科院“优秀共产党员”“优秀党务工作者”和“先进基层党组织”称号；有7名党员、1名党务工作者、6个基层党组织分别获得中央国家机关“优秀共产党员”“优秀党务工作者”和“先进基层党组织”称号。组织京区单位参加第二届“中央国家机关十大学习品牌案例”征集展示，中国科学院高能物理研究所的“创新论坛”在239个学习品牌中脱颖而出，荣获“十大学习品牌”。

深入开展党建理论研究。组织开展《京区党建创新》课题研究，回顾和总结历年来京区党建创新的经验，探索新形势下党建创新的途径，由17家单位参与完成，课题成果将正式出版；开展《科研院所基层党组织整体功能的发挥》研究；完成全国党建研究会自选课题《科研院所党务干部队伍建设研究》。上述课题成果获全国党建研究会等多项表彰。

做好全国党建研究会科研院所专委会的工作，组织开展选题交流、中期报告、成果评选等环节工作，抓好理论学习和研究，组织召开“两学一做”学习教育专题研讨会，举办了“学习党的十八届六中全会精神座谈会”。通过持续不断的学习，专委会领导和工作人员、课题组和成员单位普遍提高了理论水平，进一步增强了党性修养，提高了正确把握党建研究方向的能力。

（三）加强对统战和群团工作的领导

切实抓好统战工作，组织召开中国科学院建院以来首次院统战工作会议，完成中央统战工作专项督查工作。及时修订《中共中国科学院党组贯彻〈中国共产党统一战线工作条例（试行）〉实施细则》。向中央统战部六局“无党派重点人士库”新推荐5名，保留推荐14名。与中央统战部六局联合举办“党外院士专家黑龙江行”活动，团结凝聚党外人士为党建和中心工作出谋划策。举办第16期非中共科技骨干培训班、非中共领导人员研究班等不同层次的培训班。贯彻落实《关于加强和改进新形势下侨联工作的意见》，建设好侨胞之家。

引领工青妇体等群团组织发挥凝心聚力作用。做好专项体检、休养、慰问和送温暖等服务职工的品牌活动，扩大品牌工作的覆盖面和影响力。推动落实全民健身日、全院职工羽毛球比赛等各项品牌文体活动，不断营造院所联动、基层互动的全民健身良好氛围。积极做好推优荐先工作，分别推荐优秀人才荣获“中国青年五四奖章”、第一届“全国文明家庭”、“全国三八红旗手”、第十届“全国五好文明家庭”等荣誉称号。

三、院地合作

紧密围绕“创新驱动发展”“京津冀协同发展”等国家战略，紧抓北京科技创新中心建设机遇，以各类转移转化平台为抓手，引导分院研究所重大产业化项目在全国范围合理布局，有效支撑区域经济社会发展。与北京、天津召开院市合作座谈会，推动签署了《“十三五”时期北京市人民政府与中国科学院合作推进全国科技创新中心建设行动计划》《中国科学院北京市人民政府共建怀柔科学城合作协议书》《中国科学院天津市人民政府全面科技合作协议书》等一系列重要合作文件。

抓好重大成果转移转化。推动大型低温设备、深度学习处理器、大气物理研究所环境监测和预报预警等重大项目落户北京。设立“中国科学院北京分院天津创新产业园区”，中国科学院电工研究所、自动化研究所、微电子研究所、光电技术研究院等6家单位入驻，获得协议支持经费共计3.8亿元。深化与内蒙古、河北、山西等区域合作，围绕产业布局，建设内蒙古包头稀土中心，通过参加“第八届包头稀土产业论坛”“第四届秦皇岛科技周”等科技交流活动，支持科技服务地方企业发展。

鼓励研究所仪器设备开放共享，通过“首都科技条件平台”建设，分院研究所开展研发、测试、技术转移活动4724项，服务京内外企业1312家，实现服务合同额5.37亿元。积极贯彻落实中科院《关于新时期加快促进科技成果转移转化指导意见》等系列文件精神，通过组织实施“中科创赛”、STS区域重点项目、“美丽天津”生态环保专项、“中科院联想学院研修班”，打造品牌、凝聚力量，营造科技成果转化良好氛围，提升科技成果转化队伍专业素质能力。

四、纪检、监察和审计

通过签订个性化的党风廉政建设责任书，督促基层研究所党委落实党风廉政建设主体责任。明确各单位落实“两个责任”清单。配强配齐分院系统单位纪检干部，2015年至今，京区23个单位新任了专职纪委书记、29个单位新设了纪委副书记。通过开展专业培训、任前谈话、交流座谈、业务指导等工作，提升新任纪委书记履职能力。认真开展了纪委书记述职评议考核工作。在47位纪委书记书面述职的基础上，组织16家单位的纪委书记进行了现场述职，强化纪检队伍的忠诚干净担当。

加强党风廉政建设学习宣传。加强对《关于新形势下党内政治生活的若干准则》和《中国共产党党内监督条例》《中国共产党问责条例》等党内规章的学习宣贯。组织京区47个单位的11 199名党员报名参加了“党章党规在我心中——中央国家机关党章党规知识竞赛”。通过典型案例情景模拟、参观廉政教育基地、观看反腐教育影片等活动创新廉政文化教育。

抓好“回头看”专项检查，持之以恒地贯彻落实中央“八项规定”精神和中科院党组“12项要求”，扎实推进分院各单位党风廉政建设和反腐败工作。建立完善了节假日廉政提醒和信访举报初核、立案核查、反馈说明的工作流程和机制，切实发挥纪检、监察、审计有效联动的优势。做好各类人员的廉政鉴定，累计271人次。落实好科研诚信负面清单制度，协助院巡视办完成京区5个单位巡视工作任务。全年共督促17位所领导整改超标办公用房。

提高“四种形态”运用实效。结合日常信访、科研经费专项检查及专项巡视工作中发现的问题，对个人进行诫勉谈话5人，提醒谈话2人，批评教育16人次。与分院系统单位纪委负责人开展谈话共57人次；进行干部任前廉政谈话96人次。对工作中发现的问题，同研究所领导开展提醒、批评谈话15人次。共对5名领导干部实施了责任追究，给予了党纪政纪处分。

抓好经济责任审计。全年共实施经济责任审计 13 项，完成审计公告 11 项，审计总金额 248.24 亿元，发现内部控制问题 33 条，审计问题 30 条，涉及违规金额 8 230.6 万元，提出审计建议 78 条。分院系统研究所实施自主审计 427 项，发现真实性合法性问题 17 条，涉及违规金额 770.82 万元。

抓好非法人单元专项检查。对京区 35 家单位的 58 家中科院级非法人单元进行专项检查，提出管理建议。同时，分院纪检组对 6 家研究所的 8 家院级非法人单元进行了重点抽查并形成调研报告，提出具体工作建议，得到白春礼同志的肯定及批示，并以《情况通报》的形式编发至院领导、院属各单位和院机关各部门，为全院非法人单元的检查清理工作发挥了示范引领作用。

五、综合管理

落实“人才强院”方针，认真细致做好人事调配工作。落实中科院 2016 年京外调干指标 13 名，办理京外调干报批手续 14 人，上报绿色通道 1 人，上报解决干部夫妻两地分居 289 人，办理接收留学人员进京落户手续 90 人。落实 2016 年接收毕业生计划 2081 名。超额完成军转干部接收工作。完成 90 批次因私报备人员信息录入和上报工作，其中新增报备人员 371 人、撤销 413 人、更新 75 人；办理高干医疗手续 90 人次。推进“启明星”优秀人才培训和培养工作，做好第二届“启明星”人才培养和第三届“启明星”人才遴选工作。

认真做好后勤支撑保障工作。成功举办地下空间突发事件应急处置演练，中央国家机关人防办、中央国家机关各部门、京区各单位人防主管领导和干部共 210 余人参与观摩学习。积极抓好控烟工作，声学所等 6 家单位获得“北京市控烟示范单位”荣誉称号。积极推进后勤信息化平台建设，并开展试点工作。

抓好安保工作和档案工作。从保障科研工作顺利进行和公共财产安全的高度出发，高度重视安保工作，进一步健全安保工作制度，规范危化品处置，起到了良好的示范作用。认真抓好档案工作，积极推进二期档案进馆工作。

（撰稿：韩　博　审稿：房自正）

沈阳分院

院　　长：韩恩厚

地　　址：辽宁省沈阳市和平区三好街 24 号

邮政编码：110004

电　　话：024-23983356

传　　真：024-23983343

电子信箱：syb@mail.syb.ac.cn

网　　址：http://www.syb.cas.cn

中国科学院沈阳分院（以下简称“沈阳分院”的前身是 1951 年成立的中国科学院东北分院，负责管理中国科学院驻东北的工业化学研究所等 8 个科研单位。1954 年 8 月，东北分院撤销，所属研究所归中国科学院直接领导。1958 年 12 月，成立中国科学院辽宁分院，负责管理中国科学院在辽宁地区和地方的科研机构。1961 年 8 月，辽宁分院撤销，所属科研机构划归辽宁省科委领导。1962 年 10 月，恢复中国科学院东北分院，负责管理中国科学院在东北的科研单位。1970 年 8 月，东北分院撤销，所属单位归地方领导。1978 年 5 月，中央批准恢复成立中国科学院沈阳分院。

沈阳分院是中科院的派出机构，负责联络和协调中国科学院驻辽宁的大连化学物理研究所、金属研究所、沈阳生态研究所、沈阳自动化研究所，和驻山东的海洋研究所、青岛生物能源与过程研究所、烟台海岸带研究所。此外还负责联系中科院国有资产经营有限责任公司所属的沈阳计算技术研究所有限公司和沈阳科学仪器股份有限公司。

在推动“率先行动”计划落实上，沈阳分院积极与辽鲁两省政府部门沟通，使“率先行动”计划实施得到了地方政府支持。多次向辽宁省主管科技领导汇报国家实验室、大科学装置及机器人创新研究院建设情况，与地方密切协作，落实相关工作；洁净能源国家实验室已纳入中科院向国家推荐的 6 个国家实验室之一，纳入中科院与大连市“十三五”全面科技合作协议，获大连市政府1亿元支持；海洋创新基地正式启动并开始建设；机器人创新研究院一期建设项目已全面开工建设，获辽宁省1.5亿元支持；

截至2016年底，沈阳分院系统共有在职职工5269人。其中高级研究人员2340人，包括中国科学院院士16人，中国工程院院士7人。

一、领导班子和后备干部队伍建设

2016年，依照新制定的《沈阳分院系统所局级领导干部年度考核办法》对所级领导开展年度考核，并在系统内通报考核结果；开展党政一把手廉政谈心谈话，分院院长、分党组书记、纪检组组长逐一约谈系统单位所长书记；认真做好所局级领导干部重大事项申报、干部提任考核和信息核查等工作。

举办第30期所级领导干部暑期学习班；组织2次"党委书记学习日"活动；集中对系统各研究所的后备干部进行重新选拔推荐，确定42人；推荐优秀干部作为地方后备干部人选，共37人次。

二、党建、党群与创新文化建设

加强分党组自身建设，履行全面从严治党责任。制定了《沈阳分院分党组工作规则》；研究部署分党组意识形态工作责任制；针对分院系统工作特点制订印发推进党建工作4个文件；分党组成员不断加强自身学习，积极参加系统9家单位基层党支部的专题学习并讲党课。

深入开展"两学一做"教育工作。指导各单位党委制定或修订了相关制度；检查并督促基层党支部落实"三会一课"等基本制度，组织开展整顿软弱涣散基层党支部工作，开展党支部书记工作交流和现场观摩活动；沈阳分院直属单位党委在全院率先完成党费补缴工作，补缴金额500多万元；以视频会议方式集中组织了3次分院系统党课报告；组建分院系统讲师团开展授课服务；深入实地对系统9家单位"两学一做"情况进行督导检查，对发现的问题督促整改形成工作闭环；积极组织开展"两优一先"的推荐和评选工作。

组织分院系统统战工作培训；推荐2人当选辽宁省第十二届党代会党代表，1人增补为辽宁省第十二届人大代表。

认真做好扶贫工作。积极推广长白山系中华蜂种群繁育技术和经济林产业技术等科技扶贫示范项目；对口资助25名困难学生上学，资助金额总计82 300元；积极争取社会资金修缮学校基础设施，大力推动地方特色产业发展；沈阳分院被辽宁省委省政府评为2015年度扶贫先进单位。

继续开展以"四个一"工程和"对标管理、追求卓越"为主题的创新文化建设活动，组织开展分院软课题研究12项；制订和修订制度18项并组织制度宣讲培训；机关工会开展了丰富多彩的文体活动。

三、院地合作

提升区域创新能力。积极推动洁净能源国家实验室、机器人创新研究院的建设；积极推动大连先进光源项目列入国家科技中长期发展规划；推动水下机器人试验基地在大连落户；组建产业技术联盟、企业研发中心、院士站等共性、专业技术创新平台93个；持续推动丹东育成中心建设，2016年新入驻3个项目。

完善院地合作网络体系。完成与辽宁省"十三五"全面合作签约准备工作；与大连市、葫芦岛市签署"十三五"合作协议；与山东省经信委签署合作协议；深化与山东省科学院合作；新建沈阳国家技术转移中心大连中心，新建山东综合技术转化中心淄博中心；沈阳国家技术转移中心荣获第八届中国技术市场金桥奖先进集体奖。

促进科技成果转化。推动分院系统研究所科技成果转化细则制定；签署实施新一轮"中科院-威高计划"，资金5000万元/年；推动STS先进钢铁技术在山东推广应用，已生产7万吨157个品种特钢；组织申报2017年4个STS平台型项目，获中科院2100万元经费支持；建设完成沈阳分院系统科技成果展室；完成沈阳分院科技成果信息网建设（网页版和手机版），上线半年访问量突破12万；2016年共推动签订技术合同237项，合同金额60 147万元。

四、纪检、监察和审计

大力推进系统各单位落实“两个责任”，对照责任清单，开展分院系统研究所党风廉政建设检查考核，将考核结果、存在问题等进行通报和逐一反馈，督促整改落实，形成闭环；探索“互联网+”党风廉政建设，开发党风廉政建设过程管理软件（网页版和手机版）并在系统推广；完成各种审计任务12项，开展科研业务真实性合法性审计全覆盖和“回头看”工作，提出审计意见45条；开展对所长书记廉政谈心谈话14人次，机关各级廉政谈心谈话25人次，提醒谈话5人次；承办信访举报21件。

五、院士联系工作

为院士服务，发挥院士专家智库作用。解决院士异地就医问题；完成《机器人产业发展》和《石化产业发展》咨询报告，部署《海洋产业发展》研究；积极组织开展院士报告会、科技行等活动；沈阳分院院士联络处荣获“2016年中国科学院优秀院士联络处”称号。

六、公共事务管理和协调

积极推动完成了丰乐小区和五一大院锅炉房（供热面积共14.3万平方米）供暖联网社会化工作；争取地方资金320万元，推动分院联建统管的两个老旧家属小区地下管线、路面设施更新整修；积极开展院后勤协会沈阳分会工作，提升系统各单位后勤服务管理水平。

（撰稿：王绍辰　曲文生　审稿：徐　岩）

长春分院

院　　长：王利祥
地　　址：吉林省长春市人民大街7520号
邮政编码：130022
电　　话：0431-85380224
传　　真：0431-85384068
电子信箱：ccb@ms. ccb. ac. cn
网　　址：http://www. ccb. ac. cn

中国科学院长春分院（以下简称“长春分院”）是中国科学院的派出机构，恢复成立于1978年5月。长春分院的定位与任务是：配合院有关部门做好所在地区院属单位的领导班子建设和后备干部队伍建设，并组织指导党建和创新文化建设工作；组织开展中国科学院与吉黑两省的院地合作；配合院有关部门负责所在地区院属单位的纪检、监察、审计工作，并指导和监督财务管理工作；联系和服务所在地区的中国科学院院士；承担院赋予的其他公共事务管理和协调工作，为相关单位提供必要的公共服务。分院系统现有4个院属研究机构：长春光学精密机械与物理研究所、长春应用化学研究所、东北地理与农业生态研究所及国家天文台长春人造卫星观测站。

长春分院系统现有在职职工3345人，其中科技人员2222人；现有中国科学院院士9人，中国工程院院士1人，发展中国家科学院院士4人，设有博士点17个，硕士点23个，现有在学研究生1003人。

2016年，通过有效的组织与协调，长春分院系统研究所的“率先行动”计划和“一三五”规划任务部分进入国家发展改革委和吉黑两省发展规划。向国家发展改革委及吉黑两省进行积极建议和沟通，积极推动长春分院系统研究所“十三五”期间在吉黑两省布局的大科学装置、国家实验室及重大战略性技术和产品、重大示范转化工程等，纳入“中科院振兴科技引领行动计划”。

一、领导班子和后备干部队伍建设

以开展“两学一做”学习教育为载体，强化领导班子思想建设。采取理论中心组学习、报告会等方式，组织各单位领导班子成员认真学习党的十八届六中全会精神和习近平总书记系列重要讲话精神。开展学党章、学党规、学讲话、学宗旨和学习《胡锦涛文选》等为主题的理论中心组学习。

加强班子党风廉政建设，认真执行中央“八项规定”和院党组“12项要求”，积极落实“两个责任”。开展领导干部个人事项报告、核查和述职述廉工作。组织各单位主要领导参加党员干部廉政教育培训班，组织领导干部参加“预防职务犯罪”主题廉政教育活动。

协助完成长春应用化学研究所届中考核和纪委书记的调整工作。完成长春人造卫星观测站届中考核、后备干部推选工作。

二、党建、党群与创新文化建设

长春分院分党组认真履行抓好“两学一做”学习教育的主体责任，积极开展“两学一做”学习教育。组织党员学习党的十八届六中全会精神、习近平总书记系列重要讲话精神及《党章》《中国共产党廉洁自律准则》等党内法规。引导科技人员树牢“创新科技，服务国家，造福人民”的科技价值观。结合纪念建党95周年、红军长征胜利80周年开展主题教育。

制定《长春分院分党组工作规则》。开展党内基本情况统计清查、党员组织关系排查、党费收缴自查自纠、基层党组织换届、党员违纪违法清查等专项工作。深入各所站开展工作调研和督查。开展各级党代表的推荐和考察工作。完善党建工作制度，细化党建工作职责。

认真落实中科院《关于继续深化创新文化建设的指导意见》。支持群团组织开展工作。认真落实中央统战工作会议和中科院统战工作会议精神。组织先进人物评选推荐。积极做好离退休干部工作。承办院职工羽毛球比赛。

三、院地合作

加强顶层设计。组织参与国家和地方10余项规划的编制和实施。组织20家研究所与企业召开6场专题研讨会，凝练吉林省与中科院“十三五”期间的21项重点合作任务，4个项目获批为STS区域重点项目。

深化平台建设。2016年，长春技术转移中心升级为“国家级众创空间”，新设立长春技术转移中心四平中心，共吸引14家非长春地区中科院研究所进驻，孵化企业40家；哈尔滨育成中心引进中科院20家研究所进驻，孵化企业36家，成立长春分院大庆产业育成中心，与大兴安岭地区行署签署战略合作框架协议；长春中俄科技园引进企业12家，签订国际科技合作协议2个。

推动产业发展。在汽车电子领域，“电动汽车一体式热管理机组”应用于一汽集团部分车型，“新能源车用宽温镍氢高能电池”达到大规模商用标准；在生物质领域，推动长春应用化学研究所与吉林中粮开展聚乳酸薄膜制品制备技术合作，推动广州能源研究所与哈尔滨良大实业开展纤维素生物航空燃油工程化示范；在智能装备领域，推动电子学研究所等6家研究所与企业开展多项技术合作；在现代农业领域，推动成立华榜天和玉米研究院，东北地理与农业生态研究所等单位选育的‘雄玉581’成为吉林省2016年主导推广品种。

征集吉林省与中科院合作资金项目87项，支持28项，总经费1500万元。黑龙江省省院合作资金支持18个项目，总经费400万元。推动科学院联盟发展。加强科技培训，举办11个专业技术培训和论坛。

四、纪检、监察和审计

积极落实“两个责任”。召开分院党政班子联席会，研究部署党风廉政建设工作。召开党风廉政建设工作会，听取各单位纪委履职履责情况报告。推进惩防体系建设，制定2016年惩防体系任务分解表。开展督导，推动落实各项任务。组织各单位主体责任部门开展风险防控工作。提升内部审计成效，实施审计项目4项。探索践行“四种形态”，规范信访举报核查。开展作风建设“回头看”，推动完善作风建设制度体系。制定《长春分院领导人员配置办公用房管理实施细则》，开展领导办公用房核查。

五、院士联系工作

积极发挥院士作用，在吉林省科学道德和学风建设宣讲报告会、纪念中国共产党成立95周年、纪念红军长征胜利80周年等活动中邀请院士做专题报告。协助学部工作局、长春分院各所站做好省外院士来长访问工作。协助完成在长院士科技人物展系列活动。组织开展驻长院士走访慰问。

六、公共事务管理和协调

建立分院安全包保责任制，与各单位签订安

全责任书，实行“全覆盖”安全检查规则。持续探讨“安全风险分析与防范和应急处置体系”建设。组织对兰州分院4家单位进行安全检查。二期档案进馆工作荣获“最佳组织管理奖”等多项表彰。完成对兰州分院、新疆分院7家单位的档案互检工作。承担院机关布置的多项软课题研究。开展人力资源管理研究会东北分会业务交流，开展人事人才特派员监督工作。开展各类专家人才服务工作。举办中层干部培训班等培训班。

以完善务实高效、快速反应的管理体系为重点，不断加强分院机关建设。组织接待地方政府、企业到研究所调研。接受吉林省保密局工作检查，获得好评。信息宣传及科学传播取得新进展。加强财务资产管理，完成资产清查工作。完善《分院机关差旅费管理办法》等制度。科技网地区网中心节点运行平稳。承办“中科院2016年科学传播工作人员培训班”等会议或培训。实施分院机关基础设施改造，组织举办中科院后勤协会首届厨艺大赛。

（撰稿：赵　军　李佰慧　审稿：甘建国）

上海分院

院　　长：朱志远
地　　址：上海市徐汇区岳阳路319号
邮政编码：200031
电　　话：021-64310242
传　　真：021-64374915
电子信箱：zhousg@shb. ac. cn
网　　址：http://www. shb. ac. cn

中国科学院上海分院（以下简称“上海分院”）的前身是1950年3月经政务院批准成立的中国科学院华东办事处。1958年11月，华东办事处在接管并改造原中央研究院和北平研究院在上海、南京的研究机构的基础上，正式成立了中国科学院上海分院。1961年，上海分院改为华东分院。1970年，中国科学院撤销分院建制。1977年11月，恢复成立中科院上海分院。

上海分院是中国科学院机关的派出机构，负责联系和管理中国科学院驻上海、浙江、福建地区的研究院所。上海分院现有14个法人研究机构，包括上海微系统与信息技术研究所、上海硅酸盐研究所、上海光学精密机械研究所、上海应用物理研究所、上海技术物理研究所、上海有机化学研究所、上海生命科学研究院、上海天文台、上海药物研究所、上海巴斯德研究所、福建物质结构研究所、宁波材料技术与工程研究所、城市环境研究所、上海高等研究院。

落实推进“率先行动”计划是上海分院各项工作的重中之重。发挥组织沟通协调作用，督促、支持研究所科技创新活动，推动研究所重大成果产出。上海光学精密机械研究所成功实现5拍瓦世界最高功率激光脉冲输出，中科院微小卫星创新研究院、上海技术物理研究所、上海光学精密机械研究所、上海硅酸盐研究所等参与研制的暗物质卫星、世界首颗量子科学实验卫星等成功发射。上海硅酸盐研究所染料敏化太阳能电池成功转让。

上海分院以参与“四类机构”的调研、验收、评估等为契机，关注改革中的共性问题和难点问题，协调推进微小卫星创新研究院的建设用地，支持促进先进核能创新研究院成果转化工作等。坚决贯彻院党组决策部署，积极发挥牵头组织和统筹协调作用，推进上海生命科学研究院的改革。

上海分院作为上海推进科创中心建设领导小组的成员单位之一，与上海市共推上海科创中心建设。张江综合性国家科学中心首批推进的“上海超强超短激光实验装置（SULF）”等3个新建设施项目，实现了当年立项、当年开工建设，被刘延东副总理称为“上海速度”，已获4.8亿资金支持。“硬X射线自由电子激光”已列入国家重大基础设施“十三五”规划，完成了专家预评估。召开国际研讨会，探讨推进重大科技基础设施群管理机制。

牵头谋划和推进上海脑-智工程，落实临港研发用房11 000平方米、专项资金超7000万等；第一个合作研发的双目仿生双臂协作机器人获第十八届中国国际工业博览会的工业设计金奖。协调推进生物医药大数据基础设施、SKA、8英寸

MEMS 中试线等研究所重大项目。

牵头实施“张江科技创新成果转化集聚区”重大专项，构建技术评估与成果交易服务、企业孵化与创业服务平台，组织协调研究所面向地方经济社会发展需求，建设中试研发公共服务平台。项目顺利通过中期评估，并被列入中科院 STS 区域重点项目。

截至 2016 年底，上海分院（含各研究所）共有在职职工 11 151 人。

一、领导班子和后备干部队伍建设

注重研究所领导班子的思想建设，开展多种形式学习活动，拓宽思路，提升能力和水平。抓党委纪委书记队伍，层层抓主体责任落实，召开分院系统党委纪委书记会议，研究所党委书记进行述职述廉，提升党的工作责任意识。

注重研究所领导班子的组织建设，完成系统领导班子及后备队伍建设情况调研报告，制定《中国科学院上海分院系统领导班子及后备领导人员队伍建设规划（2016—2021 年）》，完成 5 家研究所届中考核，6 家单位纪委书记调整落实到位；配合上海生命科学研究院改革，做好生化细胞所等 4 家研究所的干部推荐考察工作；完成 3 家研究所两委换届工作，筹备召开中共中科院沪区第二次代表大会；完成 38 人次的干部调整交流。

注重新形势下领导干部管理工作，做好个人有关事项申报、因私护照管理、兼职管理、办公用房清理等工作。完成 75 名所局级领导个人有关事项申报；按照“凡提必核”原则，核实分院系统个人有关事项报告，其中中层干部 51 人，所局级副职后备干部 12 人。

加强后备干部队伍建设，完成 4 家研究所及分院机关后备干部的推荐工作；完成 9 名关键岗位（含所长助理）的考察和任免工作。

二、党建、党群与创新文化建设

扎实推进“两学一做”学习教育。制订《上海分院分党组落实推进“两学一做”学习教育实施方案》，精心策划，抓“学做融合”。通过组织培训、交流、竞赛、宣贯等形式，通过编发工作提示、领导带队调研督导、研究所自检自查、交流研讨等做法，通过指导督促、落实督办、定期检查，抓“以学促做”。坚持“结合实际、分类指导”，帮助研究所找准推动“两学一做”与中心工作之间的最佳结合点，抓“以做践学”。

深入开展党的十八届六中全会精神、全国科技创新大会、两个条例和系列讲话的学习，把它作为分院的重要政治任务来抓，引导党员干部自觉地在思想上政治上行动上同党中央保持高度一致，更加扎实地把各项决策部署落到实处。

持续开展“支部建在实验室”主题实践活动。组织开展 31 个试点党支部交流研讨，深入试点党支部走访调研、凝练案例 13 个，下拨分院党费支持研究所支部主题活动，引导基层党组织发挥战斗堡垒作用。

纪念建党 95 周年。开展“两优一先”推荐、评选和表彰，中科院上海微小卫星工程中心党总支获全国先进基层党组织称号，1 人获“上海市优秀共产党员”称号，6 个基层党组织获“中国科学院先进基层党组织”称号，6 人获“中国科学院优秀党务工作者”称号，10 人获“中国科学院优秀共产党员”称号。组织“党旗辉耀·科技强国”主题歌咏大赛，开展“科学美”主题摄影作品展，出版发行《创新之魂——中科院上海分院创新文化建设案例选编》。

推进创新文化建设。组织开展 2015—2016 年度文明单位创建考评工作，已形成 3 个全国文明单位；组织“聚力创新·文明行暨文明室组”创建活动，38 个研究室（组）进入首批试点；以“廉洁从业、保驾率先”主题为主线开展廉政宣传月；举行廉政原创漫画征集活动，形成了浓厚、清廉的创新文化氛围。

三、院地合作

探索院地合作新机制，成立中科院上海国家技术转移中心嘉定产业基地，打造由政府、科学院、企业三方共同发起的民办非企业法人、政府引导基金、战略投资管理企业组成的三位一体构架。探索成果转化新模式，以产业需求为导向，与均瑶集团签署战略合作协议，与上海电气在先进核电装备等方面开展实质性合作。

嘉定产业基地集聚效应初显。截至 11 月底，引进企业148家，新增投资8亿元；积极营造创新创业环境；策划落实上海应用物理研究所核创院先进技术工程化中心等入驻；推进宁波材料技术与工程研究所、上海技术物理研究所、声学研究所东海站和上海临床中心等技术产业化进程。

推动STS行动计划。浙江中心聚焦“机器换人”主题，策划部署了2项产业化示范项目，并获地方600万配套支持；联合推广中科院“五水共治”系统技术、激光显示技术等，宁波材料技术与工程研究所“新一代锂电池正负极材料技术”在2016年浙江网上技术市场活动周上以800万元成交。福建中心围绕光电技术产业，部署了3个示范项目，获得地方2000万配套支持。

四、纪检、监察和审计

督促落实责任，与所长、书记、纪委书记等约谈党风廉政建设工作，督促提醒履行“一岗双责”；开展惩防体系专项检查，进一步统筹谋划推进分院系统党风廉政建设。

抓好纪委书记队伍建设，开展党委纪委工作述职述廉，层层传导压力，落实一岗双责；开展纪委领导集体约谈学习，提升履职尽责意识和水平；抓好新任领导廉政意识，开展任前廉政谈话；发挥纪委一班人作用，强化纪委委员参与监督、执纪的意识和能力，协助落实好党风廉政建设责任制；把握运用好监督执纪“四种形态”，强化责任追究。

落实中央“八项规定”及中科院党组“12项要求”，根据中科院专项检查工作的要求进行周密部署，指导和督促专项检查工作的开展。上海分院三公经费使用严格按照“八项规定”和“12项要求”，符合科技创新活动规律，总体呈下降趋势。

五、院士联系工作

依托院士和专家资源，围绕重大的科学问题，利用香山科学会议、交叉论坛、科学沙龙等平台，策划、组织、举办“寨卡病毒致病机制及综合防治策略”等20多期学术交流研讨会，促进学科交叉与融合，加强思想库建设。

六、公共事务管理和协调

（一）安全保卫保密

建立健全“党政同责、一岗双责、齐抓共管”的安全保卫保密工作责任体系。签订个性化安全稳定责任书。组织跨区域安全检查、非法人单元安全检查、建筑工地和氢气站检查等各类常规和专项检查工作。组织安全现场会、专题培训班、交流研讨会，提高安保人员安全管理意识，提升安全管理能力；全年无重大安全事故和失泄密事件发生。

（二）制度建设

牵头落实中科院“简政放权、放管结合、优化服务”相关制度建设推进方案，完成燃动费内部结算、内部测试化验加工等4个内部报销管理规定。重新梳理、修订了分院机关各项制度，新建3项、修订27项、废止5项。

（三）国际合作

进一步加强与美国能源部关于钍基熔盐堆核能系统等方面的合作，该项合作入选最新一轮中美战略经济对话的成果清单；与亥姆霍兹联合会于立希研究中心签署第三轮战略合作协议；继续与日本新能源产业技术综合开发机构（NEDO）合作建设的“建筑节能示范项目”。

（四）“3H工程”

完成嘉定人才公寓施工建设，完成工程各专项验收并交付使用；创新嘉定人才公寓管理模式，组织成立管委会负责后期综合管理；与嘉定区合作建设的中国科学院上海实验学校（初中部）项目持续推进。

（五）基建工作

完成6个修缮项目的验收；督促指导高研院生物医药与生物技术创新综合研究中心的建设工作；协调生命科学建设项目、交叉前沿科学中心建设项目各类专项验收工作；实施38#楼及附属设施改造工作。

（六）审计工作

完成上海技术物理研究所、福建物质结构研究所等8家单位领导干部任期经济责任审计工作，提出问题47条，提出建议47条；提前并超额完成上海分院系统科研经济业务真实性合法性审计双覆盖，提出问题178条，提出建议57条，已落实建议15条。

（七）人事人才工作

成功申报国家级专业技术人才继续教育基地；举办“第五届杰出青年科技创新人才”评选表彰活动；积极应对机关事业单位养老并轨后涉及的一系列问题；解决编制限制，协调研究所一所两账户工作试点申请；做好人事人才特派员指派工作；对研究所岗位竞聘、工资社保、居转户、居住证积分等业务进行指导。

（八）科学传播

继续探索运行上海分院官方微博；门户网站改版并正常运行；策划完成《量子通信》等4个科普视频的拍摄。举办四期分院系统信息宣传员培训班。

七、研究生教育基地建设

完成上海地区研究生公共必修课、公共选修课12门课程的开课计划纳入中国科学院大学教务系统；践行科教融合，支持上海科技大学的建设发展，完成上海科技大学与分院系统研究所远程教学系统建设；完成大学英语四六级考点的申报和落地。

（撰稿：周四根　聂嫄媛　审稿：田申荣）

南京分院

院　　长：周健民
地　　址：江苏省南京市北京东路39号
邮政编码：210008
电　　话：025-83367159
传　　真：025-83362239
电子信箱：mmzhou@njbas.ac.cn
网　　址：http://www.njb.cas.cn

中国科学院南京分院（以下简称“南京分院”）的前身是中国科学院华东办事处。1950年，中国科学院接管原中央研究院在南京的科研单位，成立了中国科学院华东办事处。1969年，华东办事处撤销，全部业务交由江苏省科技主管部门管理。1978年11月，经国务院批准恢复成立中国科学院南京分院。

南京分院是中国科学院的派出机构，负责联络和协调中国科学院在江苏地区的研究所工作，以及江苏省和江西省的院地合作工作。分院现设办公室、人事教育组织处、科技合作处和财务审计处4个处室。分院系统现有9个法人研究机构，包括紫金山天文台、南京地质古生物研究所、南京土壤研究所、南京地理与湖泊研究所、南京天文仪器有限公司、国家天文台南京天文光学技术研究所、苏州纳米技术与纳米仿生研究所、苏州生物医学工程技术研究所和江苏省中国科学院植物研究所（双重领导）等单位。

南京分院全面落实中科院党组部署，持续关注各单位“一三五”规划实施情况。积极组织系统所领导开展研讨，督导“一三五”规划实施、交流机制体制改革举措、促进产出重大创新成果、协调解决改革发展中的具体困难。

截至2016年底，南京分院共有在职职工2265人，其中科技人员1750人，两院院士10人。

一、领导班子和后备干部队伍建设

加强所级领导班子选拔、管理和监督。完成紫金山天文台、南京地理与湖泊研究所领导班子届中考核；完成南京地理与湖泊研究所专职党委副书记、纪委书记配备工作。

加强后备干部队伍建设，规范中层干部提任程序。完成系统内5位后备干部担任所长助理；对系统内24位提任的中层干部开展个人事项集中申报审查。

积极推荐系统科技人员获地方人才计划资助及多岗位锻炼机会。系统63位科技人员入选“333高层次人才培养工程”，4位获“江苏省有突出贡献中青年专家”称号。派出64位以博士为主体的中科院科技人员到江苏各地担任科技镇长团成员，其中5位担任团长。12名科技人员成为第三批省“企业创新岗”特聘专家。

重视统战工作，加强党外干部培养选拔。加强与江苏省委组织部、统战部，苏州市委组织部、统战部的沟通交流，推荐优秀知识分子到人大、政协任职。

二、党建与纪监审工作

推进全面从严治党。分党组坚持以上率下，形成一级抓一级、层层抓落实的党建工作责任体系。加强思想教育、加强干部监督、加强作风建设。

开展“两学一做”学习教育。制作应知应会手册，开展全系统、全覆盖、全过程的现场督促检查。组织学习习总书记系列讲话精神，举行纪念建党95周年暨“两优一先”表彰大会与“重温入党誓词”活动。全面落实“三会一课”等基本制度，强化党支部主体作用。集中开展党员组织关系排查、整顿软弱涣散基层党组织工作，开展党代会代表和党员违纪违法未给予相应处理情况排查清理，开展基层党组织按期换届情况专项检查与党费收缴工作专项检查。开展党员亮身份树形象活动，机关党员工作岗位全部配有“共产党员岗”桌牌。

加强基层党建工作。组织系统党务干部参加中科院及省委组织部举办的党务干部培训班，并联合江苏省部属企事业单位在延安干部学院举办4期党务干部培训班。举办党支部组织生活现场模拟会，规范党支部建设。深化“三转”，全面梳理“树木与森林”情况，不定期深入研究所督导落实工作。组织对88个科研单元开展科研经济业务真实性合法性审计。组织核查信访件7件，积极践行监督执纪“四种形态”。

三、院地合作

推动江苏、江西各地与中科院签署新一轮战略合作协议。推动中科院与江苏省签署新一轮战略合作协议，南京分院与南昌市、常州市、盐城市分别署新一轮全面科技合作协议。

南京分院提出“院省共建中科院科技服务网络（STS）江苏中心为牵引，充分调动和整合中科院已在江苏布局的优质科技资源和人才团队，打造与江苏省科技创新体系深度融合的区域科技创新体系”的建议，引起江苏省主要领导高度重视，省委书记李强提议将“院省共建STS江苏中心”列入江苏省“十三五”期间重点关注的十件大事，要求相关部门跟踪督办。

突出重点开展江西院地合作。围绕江西需求，促成中科院秘书长邓麦村及中科院50余位科技专家赴江西开展调研，落实一批重大合作任务。推动全国科学院联盟江西省科学院建设，积极协调中科院科研骨干到江西省科学院科挂职。在科技副职团队的指导下，江西省科学院2016年争取国家自然科学基金6项，获批“国家知识产权分析评议服务示范创建机构”，成为江西省唯一获此资质的单位。团队出色的工作表现获得江西省委书记鹿心社的高度好评。

已有共建平台科技服务成效显著。中国科学院在江苏5个转移转化型平台和2个研究型中心发展势头良好，已集聚2400余人，其中中科院人员近600人；2016年承担各级各类科技项目67项，获经费约7500万元；转化项目95项，为企业创造效益近80亿元；新孵化企业79家，销售收入约40亿元。苏州生物医学工程技术研究所的新型成果转化模式，成功引入百余项成果转化项目，累计吸引社会资本逾1.5亿元。

院属单位获江苏地方科技资源稳中有升。2016年，南京分院牵线院地双方，协助院属单位获江苏省级科技计划140余项，获资助经费近2亿元；其中省重大科技成果转化项目11项，资助金额8000余万元。

院士智库作用持续显现，为地方创新发展提供战略咨询。组织院士对江苏省深化人才体制改革进行讨论，意见建议得到江苏省委、省政府高度重视，部分建议被采纳。组织院士向南京、扬州、泰州等地提出咨询建议，得到地方主要领导的高度重视。

四、公共事务管理和协调

迎难而上，新园区建设突破阶段性瓶颈。落实新园区300亩用地指标，进一步明确征地资金来源，突破现阶段阻碍项目顺利实施的关键瓶颈。

创新监管模式，全年未发生安全事故和失泄密事件。制定并实施“分院重点检查、区域安保部门定期联查、研究所常规检查、所与所之间不定期互查、研究室自查”的五级安全保卫检查体系。分院与地方有关部门密切配合，建立长效监管机制，协力做好院所安保工作。

扎实开展科学传播，讲好中科院故事。紧扣

中心工作，深度挖掘政务信息报送潜力，组织各单位总结创新发展中涌现出的先进集体和优秀人物，讲好研究所故事，形成一批典型事迹推送院有关部门；改版分院门户网站，更好展示中科院形象、服务社会公众；率先在院内承担“科学探究计划”试点示范项目，完成7项科研课题，形成研究论文；组织开展5批“求真科学营”活动，累计培训学生540余人；推出“科学面对面”“科学在身边”中科院科普专场品牌活动，受惠公众近万人；南京分院科学巡讲团累计举办科普讲座86场，受惠公众突破2万人。

（撰稿：范晓松　周苗苗　审稿：杨桂山）

武汉分院

院　　长：袁志明
地　　址：湖北省武汉市武昌区小洪山
邮政编码：430071
电　　话：027-87197170
传　　真：027-87199480
电子信箱：whb@ms. whb. ac. cn
网　　址：http://www. whb. ac. cn

中国科学院武汉分院（以下简称“武汉分院”）于1956年开始筹建，1958年7月正式成立。1961年与广州分院合并成立中国科学院中南分院，武汉分院调整为中国科学院中南分院武汉办事处。1969年中南分院撤销，1970年中南分院武汉办事处撤销。1978年经国务院批准恢复中国科学院武汉分院建制。

武汉分院是中国科学院机关的派出机构，负责联络和协调中国科学院在武汉地区的武汉岩土力学研究所、武汉物理与数学研究所、武汉病毒研究所、测量与地球物理研究所、水生生物研究所、武汉植物园和武汉文献情报中心。

2016年，武汉分院全面贯彻落实十八届六中全会精神，扎实抓好“两学一做”学习教育，加强领导班子建设，服务研究所创新发展，圆满完成各项任务。

截至2016年底，武汉分院系统共有在职职工1939人。其中科技人员1669人，包括中国科学院院士8人、中国工程院院士1人。

一、领导班子和后备干部队伍建设

（一）加强领导班子建设

一是抓干部队伍战略思维能力提高。坚持武汉分院分党组中心组学习制度，通过研修班、报告会等方式谋划“十三五”创新发展。二是抓领导班子组织建设。协助完成武汉植物园、武汉文献情报中心、武汉物理与数学研究所领导班子个别调整和武汉岩土力学研究所届中考核工作，组织完成分院8个单位党政正职述职述廉和考核。三是抓“两个责任”落实。制定分院党风廉政建设和反腐败工作年度任务分解，督促各单位落实，并建立定期的检查和考核制度。

（二）加强后备干部队伍建设

一是做好后备干部结构搭配、群众认可度等情况的综合分析。2016年，各单位领导班子个别调整提任的领导人员均为研究所所局级后备领导人员。二是实现后备干部信息库动态更新。进一步完善分院后备干部基础信息库，采集所局级后备干部信息500余条，实行信息动态化管理。

二、党建、党群与创新文化建设

（一）开展“两学一做”学习教育

一是抓督导落实。分党组成员牵头成立4个督导组，督促各单位推进学习教育工作。二是成立讲师团，创新方式讲党课。领导干部带头撰写读书笔记、带头学习交流、带头为支部党员讲党课。三是建立“支部主题党日”制度。四是重宣传。开展“向我身边好党员”学习活动，集中表彰和宣传“两优一先”典型，引导广大党员自觉在科技创新中奋发有为、建功立业。

（二）强化党建科研融合

分院机关党委实行“支部建在处室、处长担任书记”的制度。分院分党组指导各研究所科研党支部开展特色活动。例如，武汉岩土力学研究所成立了南海岛礁科研项目临时党支部，组建党员先锋队，在恶劣海洋作业环境中积极开展战略性先导科技专项任务；水生生物研究所组织部分党支部联合组成精准扶贫工作队，在湖北恩施建立“渔业生态养殖示范基地”，提升村民收入。

（三）营造创新文化氛围

一是组织小洪山地区各院属单位150余名在职党员到社区报到，进行慰问帮扶工作；二是协调解决29名科研骨干子女就近就读优秀小学；三是开展丰富多彩的文体活动。

三、院地合作

（一）完善服务体系，推动院地合作

一是探索鄂湘两中心运行新机制，湖北育成中心新建中科巴斯转化中心服务平台、完善生态技术创新中心专业平台、筹建荆门分中心区域平台，湖南技术转移中心与长沙高新区共建“双创基地”；二是完善科技合作网络体系，与荆门、黄石、株洲签订合作协议，持续与科学院联盟单位开展技术研究、信息情报和产业分析合作，承办光博会、长沙科交会和青桐汇中科院专场活动，做好科技扶贫和精准扶贫工作，帮扶恩施市龙马村28户贫困户实现当年全部脱贫。

（二）聚焦产业发展，稳固创新平台

一是武汉分院创新科技园入园4家企业顺利推进；二是生物技术研究院入驻团队23家，其中5家团队进入研究院2016年融资计划，新纵科公司成功融资100万元，推荐4位专家入围“武汉市城市合伙人”项目；三是中科育成公司创新运行机制，与上海盛知华知识产权服务公司构建全面战略合作关系，与武汉留创发展公司共建中科光谷创客中心，与湖北省高投公司等社会资本发起成立中科高投（湖北）双创投资基金，募集社会资本1.5亿元。

（三）围绕经济发展，推动成果转化

积极落实湖北省院合作基金，部署集成电路、生态农业等领域项目20项，支持经费2000万元，育成企业5家，全年实施项目为企业新增收入18亿元，新增利税3.8亿元。利用长沙“双创基地”，育成麓北环境等新企业3家，引进中湘华科等公司4家，带动企业直接投资近1.5亿元。

四、纪检、监察和审计

（一）严格落实党风廉政建设监督责任

建立常态化审计监督机制，形成分院集中审计和研究所互助审计模式，完成171个课题组审计，覆盖率达92%，编写工作手册、组织廉政教育宣传月、廉政报告、警示案例等宣传教育，推进机关修订完成风险防控流程。

（二）强化重点领域审计监督

分院集中审计3个所的9个课题组，审计资金7791.63万元，发现问题64条，问题涉及金额292.73万元，提出建议21条。促进完善制度6个，挽回经济损失21.75万元。完成分院机关2个基建项目跟踪审计，17次进度款审核，审减1204万元。

（三）部署推进各单位风险防控工作

系统各单位已优化完善流程236个，查找风险点588个，修订完善制度98个，试运行或正式运行的流程246个，开发应用的信息化系统6个。

五、院士联系工作

为在汉院士专家38人办理“荆楚院士专家服务卡”，凭卡省内享受优先医疗、航空、铁路和外事服务；做好“科学思维与决策”课程组织工作，邀请4位院士专家到省委党校作专题报告，共有公务员学员近1000余人次聆听了报告；做好院士生日节日慰问、生病看望等服务工作。

六、公共事务管理和协调

（一）组织实施“率先行动”计划和“一三五”规划

召开战略研讨会，凝练做好规划实施，利用政策资源调动人才的积极性，推动“率先行动”计划实施。积极参与武汉市创新型城市建设。组织各单位参与地方各类科技创新和产业发展平台建设，武汉病毒研究所提出武汉生物安全国家实验室建议报告与水生所提出围绕水资源利用和水环境保护建设国家实验室计划被列入武汉市建设创新型城市“十大计划”。举办小洪山交叉学科论坛促进学科交叉。

（二）科研园区建设取得进展

人才公寓建设项目6月顺利封顶，专家公寓修缮顺利完成，9月验收交付使用，幼儿园项目规划报建基本完成，年内取得建设许可，完成分院水灾受损恢复修缮方案，得到中科院大力支持；八一路沿线旧城改造从规划进入实施阶段，分院与武昌区政府签订共建“小洪山科学城”和“中科武大智谷”协议。

（三）创新完成科学传播工作

组织对猕猴桃产业推广、江豚保护、淡水养殖等新闻事件在主流媒体集中宣传报道。全年共开展15次新闻报道活动，为研究所创新发展营造良好舆论环境。全年组织特色科普活动48场，深入中小学、社区、机关、企业举办科普报告260场，全年科普受众达85余万人次。

七、研究生教育基地建设

发挥沟通纽带作用，为中国科学院大学和研究所科教融合牵线搭桥。加强学生社团建设，做好宣传报道，关注学生身心发展，实现思想政治教育工作常态化。出台教学管理制度、吸引一线科学家走上讲台，努力提升教学质量。统一召开开学典礼、毕业典礼、夏令营联合开营仪式，统一开展招生宣传和就业指导，形成管理服务的整体合力。配合中国科学院大学圆满完成湖北本科招生任务，生源质量逐年提升，最高分排名省理科第14名。

（撰稿：韩　轶　王以豪　审稿：李海波）

广州分院

院　　长：吴创之
地　　址：广东省广州市先烈中路100号
邮政编码：510070
电　　话：020-37656554
传　　真：020-87685791
电子信箱：zwxx@gzb.ac.cn
网　　址：http://www.gzb.ac.cn

中国科学院广州分院（以下简称“广州分院”）于1958年12月成立。1961年广州分院与中国科学院武汉分院合并成立中南分院。1969年中南分院撤销。1978年5月恢复成立广州分院。

广州分院是中国科学院机关的派出机构，联系南海海洋研究所、华南植物园、广州能源研究所、广州地球化学研究所、亚热带农业生态研究所、广州生物医药与健康研究院、深圳先进技术研究院、三亚深海科学与工程研究所、广州化学有限公司、广州电子技术有限公司共10个单位。此外，依托广州分院的非法人单元有3个：广州中国科学院工业技术研究院、中国科学院云计算产业技术创新与育成中心、佛山中国科学院产业技术研究院。在建或筹建的国家重大科技基础设施项目4个，如中国散裂中子源工程、江门中微子实验项目等。

广州分院定位是：开展所在地区院属单位领导班子建设；组织指导党建和创新文化建设工作；开展院地合作，推进中科院“率先行动”计划和研究所“一三五”规划实施；负责纪检、监察、审计工作；承担研究生教育基地建设。

截至2016年底，广州分院职工总数4339人，从事科技活动2890人，包括中国科学院院士1人、中国工程院院士3人、国际欧亚科学院院士2人；正高专业技术职称490人、副高专业技术职称658人。

2016年，广州分院认真学习贯彻党的十八届三中、四中、五中、六中全会精神和习近平总书记系列重要讲话精神，扎实开展“两学一做”学习教育，认真落实全面从严治党要求，大力推进“率先行动”计划实施，着力抓好“十三五”和“一三五”规划，积极推进科技成果的转移转化，自主创新能力、科技产出能力、队伍建设能力等均得到有效提升，各项事业得到新的发展，各项工作取得了新的成绩，实现了“十三五”的良好开局。

一、领导班子和后备干部队伍建设

紧抓领导干部思想政治建设，多维度开展学习教育、培训和谈心活动。做好领导班子考核工作，注重对领导班子运行过程考察，注重党政一把手合理配备，注重优化班子结构，注重领导干部监督管理。2016年，完成2个班子换届考核、

3 个班子届中考核、3 个党委换届、3 个单位所级后备干部民主推荐，完成重大事项申报 158 人，核查 25 人。规范领导干部个人有关事项报告 149 人。

二、党建、党群与创新文化建设

（一）加强党建工作，履行全面从严治党责任

落实党建工作责任制，明确分院分党组书记、研究所党委书记党建工作第一责任人职责。开展党建述职评议考核，研究所党委书记、纪委书记向分院分党组述职。健全党建工作的组织机构，成立了分院第一届直属机关党委、纪委；分院机关第一届党委、纪委。成立分院党建工作小组，统筹开展党建重点工作，协调开展党建工作研究。

（二）扎实开展“两学一做”学习教育工作

坚持“全覆盖”“常态化”，注重学习教育效果。加强组织领导，及时制订方案，部署分院系统单位党委和机关学习教育工作。丰富学习形式，认真组织好 4 个专题的学习和中心组学习，并督导系统单位党委的开展。抓好重点工作，扎实完成了党员组织关系集中排查、党费收缴专项检查、基层党组织按期换届等工作。

（三）开展创新文化建设

组织丰富多彩的创新文化建设活动。获中科院第三届职工羽毛球赛混合团体赛第二名、单项赛混合双打第二名，广东省直机关第三届运动会羽毛球混合团体赛第六名、领导组混合双打赛第二名，广州市“万国广场杯”扑克拖拉机大赛单项第五名。

三、院地合作

（一）推动签署“十三五”全面战略合作协议

2016 年 12 月 8 日，召开了中科院广东省合作领导小组会议，双方签署“十三五”全面战略合作协议。双方将制定一批先行先试政策、设立科技成果转化子基金、在广东实施中科院“科技成果转移转化专项行动”计划。

（二）加快建设重大科技基础设施和新型研发机构

稳步推进广东国家大科学中心筹备建设工作。目前，各重大科技基础设施工作进展顺利。围绕区域需求，聚集中科院优势资源，与广东各级政府和/或企业共建新型研发机构 24 家。

（三）规范院级非法人单元建设发展

加强对非法人单元督促指导。广州育成中心“锂离子动力电池工艺装备技术基础服务平台”“国家物联网标识管理与服务平台”两个国家级平台取得突破性进展。佛山育成中心共建专业中心 7 个、各类公共技术研发与服务平台 103 个，形成新产品 300 多项，近百个项目实现产业化。东莞育成中心建成东莞唯一 A 级国家级科技企业孵化器，孵化企业 200 多家，企业市值达 50 多亿元，该中心已正式成为世界和中国云计算标准化组织成员，提交核心技术标准 10 项。

（四）推动重大科技成果转移转化

广州能源研究所“纤维素类生物质高效转化利用技术”，建成国际首套百吨级水相合成生物航空燃油中试示范系统。广州生物医药与健康研究院研发的抗阿尔茨海默病 1.1 类新药-GIBH130 及其片剂获国家药监局颁发“药物临床试验批件”。成功组织深圳高交会参展工作，遴选了中科院 39 个单位的 265 个项目参展，获得好评。

（五）大力拓展桂琼两省（区）合作

中科院与海南省签订新一轮战略合作协议，省院共建的中科院深海工程技术所通过验收；搭建中科院驻琼单位与海南省的交流合作平台；谋划国家深海空间站和深海国家实验室建设，协助建设海南热带海洋学院。与广西科学院签订全面合作协议，共建工业微生物研发中心和环江喀斯特农业生态试验站；服务广西碳酸钙千亿产业、现代农业等地方支柱产业发展。

四、纪检、监察和审计

强化监督执纪问责，营造风清气正的工作环境。系统谋划建立党建、干部管理、纪监审多部门联动机制，将年度任务分解到岗，责任到人。深入掌握“树木与森林”，落实“四种形态”，把纪律挺在前面。督促各单位制定责任制实施细则，签订个性化责任书。建立集体约谈机制，并开展新提任所级领导任职廉政谈话，有关做法得到院领导充分肯定，要求在全院推广。建设广州

分院“岭南清风”反腐倡廉网站专栏。坚持科研经济业务真实性合法性审计“双覆盖”。

五、院士联系工作

与中国科学院学部工作局、中共广东省委党校联合举办“科学思维与决策”系列报告会2场，邀请院士作专题报告。协助广东院士联谊会举办年会，组织院士专家就新型城镇化建设、基因技术与生物医药产业发展、创新创业人才培养模式、知识产权驱动创新价值实现等专题建言献策。

六、公共事务管理和协调

（一）承担重大重点项目

2016年，广州分院系统各单位新增各类科研项目1535项，新增合同经费23.71亿元。其中，国家自然科学基金307项，总经费2.38亿元；国家科技计划项目和课题103项，总经费6.03亿元；中科院项目166项，总经费7.92亿元；广东省科技计划项目100项，总经费0.92亿元。此外，新增广东省“杰青”项目4项，广东省“团队项目”3项。

（二）加强科研平台建设

2016年，新获批畜禽养殖污染控制与资源化技术国家工程实验室和先进电子封装材料国家地方联合工程实验室2个，中国轻工业果蔬保鲜与加工重点实验室1个（联合），中国科学院深海极端环境模拟重点实验室1个，广东省机器视觉与虚拟现实技术重点实验室、生物医药计算重点实验室2个，海南省海底资源与探测技术重点实验室1个，广东省工程技术研究中心6个，新建市级重点实验室和工程实验室4个。

（三）科技成果取得佳绩

2016年，发表论文3380篇，其中“海马基因组特征及其环境适应进化机制”在*Nature*以封面论文形式发表。出版专著37种，共1233万字。申请发明专利1044件，授权793件。PCT国际专利申请55件，授权13件。依托大亚湾中微子实验站开展的“大亚湾反应堆中微子实验发现的中微子振荡新模式”研究成果获2016年国家自然科学奖一等奖，这是继铁基高温超导和量子通信后中科院5年内获得的第3项国家自然科学奖一等奖；亚热带农业生态研究所、三亚深海科学与工程研究所分别获国家自然科学奖二等奖1项。

（四）加强创新人才引进和培育

2016年，广州分院共入选“千人计划”2人，“万人计划”11人，中科院“百人计划”6人。入选第二批广东特支计划38人。国家“杰青”2人、国家优秀青年科学基金（简称“优青”）1人、广东省杰青4人、湖南省杰青1人。

（五）加强机关能力建设

完善制度建设和机关岗位设置，提升管理水平。2016年共梳理制度158项，修订76项、废止82项、新订13项，并汇编成册。通过公开招聘和岗位竞聘新入职12人，岗位人员基本配齐。

七、研究生教育基地建设

2016年，广州教育基地8个研究生培养单位总计招收研究生693人。另外，还招收了31名来自亚洲、欧洲、非洲的留学生。毕业博士研究生220人。

（撰稿：马学涛　谢昌龙　审稿：吴创之）

成都分院

院　　长：张雨东
地　　址：四川省成都市人民南路四段9号
邮政编码：610041
电　　话：028-85223696
传　　真：028-85223719
电子信箱：bgs@cdb.ac.cn
网　　址：http://www.cdb.cas.cn

中国科学院成都分院（以下简称“成都分院”）前身是1958年3月成立的中国科学院四川分院，1962年机构调整更名为西南分院，1970年隶属四川省管理，1978年1月恢复重建后使用现名。

成都分院负责组织协调的院属单位有：光电技术研究所、成都生物研究所、成都山地灾害与环境研究所、重庆绿色智能技术研究院、成都有机化学有限公司、成都信息技术有限公司、成都中科唯实仪器有限责任公司、成都文献情报中心。

成都分院不断提升机关自身能力，充分发挥组织协调作用，引导和推动各研究所实施“率先行动”计划和分类改革。中国科学院院长白春礼、副院长张亚平先后检查指导各单位落实“三重大产出”和全面贯彻实施“率先行动”计划及分类改革情况，以及调研成都生物研究所“十三五”发展改革落实情况和成都山地灾害与环境研究所建设特色所进展。

截至2016年底，成都分院系统共有在职职工3100余人。其中科技人员2300余人，包括中国科学院院士2人、中国工程院院士2人，研究员270余人、副研究员近730人。

一、领导班子和后备干部队伍建设

中国科学院党组副书记刘伟平带队完成成都山地灾害与环境研究所、重庆绿色智能技术研究院领导班子届中考核，开展了成都信息技术有限公司、成都有机化学有限公司、成都文献情报中心的领导班子和党委换届等工作。分院各单位领导班子队伍年龄和知识结构进一步优化。分党组注重班子成员的思想、作风和党风廉政建设及后备干部动态调整与培养。

二、党建与创新文化建设

（一）不断加强党建理论知识学习

坚持分院分党组季度中心组学习、直属单位党委会、年度民主生活会等形式，深入学习贯彻落实党的十八届六中全会精神和习近平总书记系列讲话精神，学习两个“准则”和两个“条例”。邀请李志刚、何岩、王庭大等作专题报告。

（二）深入开展“两学一做”学习教育

及时召开分院直属单位党委会等进行动员部署，制定下发实施方案，强化各级党组织的责任。邀请院内有经验的党委书记苗建明、彭玉水、陈胜利等作18场辅导报告送学到所，听众达3000多人次；举办分院党务骨干培训班，召开系统党办主任“两学一做”学习教育工作培训会等。

（三）持续加强基层党组织建设

落实好主体责任，组织系统单位开展党员党组织关系排查、党员领导干部双重组织生活自查、党费收缴情况自查补缴等工作。创新方式开展党建工作，举行庆祝建党95周年主题党日活动；命名分院机关设“共产党员示范岗”；推进分院系统党建述职考评。联合北京分院举办非党知识分子领导干部研讨班；分院统战工作在四川省统战部长会上做经验交流。成都分院共20多个集体和个人获得院省表彰。

（四）以学促做推进精准脱贫

在四川省广元市利州区8个定点扶贫村，深入村户开展定点技术扶贫。已投入资金290万元，重点实施水稻、食用菌、构树、石斛等产业示范项目，带动274个贫困户共1025人增加收益约680万元。

三、区域创新体系建设

据初步统计，2016年川渝藏企业新增销售收入超过200亿元，直接为院属单位的合作项目争取到各类经费1.18亿元。

（一）成都分院新园区破土动工

成都分院科学城园区项目破土动工，成立以中国科学院副院长王恩哥、成都市委书记唐良智为组长的新园区建设领导小组，确定以代建方式建设为主，成都市按“只予不取”和“特事特办”原则予以支持。

（二）开启“十三五”科技合作新局面

中国科学院院长白春礼与重庆市委书记孙政才、四川省委书记王东明等地方主要领导，就川渝新一轮科技合作进行顶层设计和全面布局。成都分院与成都市政府首次签署全面科技合作协议，共同编制2025年科技合作发展规划。

（三）LHAASO项目建设进展顺利

国家“十二五”重大科技基础设施LHAASO项目通过中咨公司论证评审，四川省配套经费建设的基础设施按计划开建，完成环评等组卷手续，加快推进国家发展改革委对可研报告的审批。

（四）平台建设与重大成果转化齐发力

新建成都技术转移中心乐山育成分中心。中科院系统单位与绵阳市合作签约15个项目，签约额达24亿元，中国科学院院长白春礼等到绵阳科博会指导。中国科学院秘书长邓麦村率中科院绿色城市产业联盟考察成德绵乐，就循环经济产业园等达成多方面合作意向。

中国科学院电工研究所与四川汉星航通公司共同实施了“目标方位传感器”产业化项目；重庆绿色智能技术研究院与四川宏华合作的“动态耐磨防腐涂层”可延长海洋平台钻井包关键紧固件使用寿命20%以上；微电子研究所等与绵阳力神公司合作的年产1亿Ah电池PACK装配能力生产线现已建成投产。

四、纪检、监察和审计

认真部署、督促分院各单位对贯彻落实中央“八项规定”精神和中科院党组“12项要求”“回头看”进行自查。完成成都山地灾害与环境研究所、重庆绿色智能技术研究院任中经济责任审计；完成光电技术研究所等3个单位的科研项目经费财务收支审计。坚持“四种形态”约谈函询、廉政谈话制度和党政负责人、纪检组长讲廉政党课；组织观看警示教育片。举办分院系统2016年纪监审干部培训班，选派纪检干部参加院巡视工作和重大项目试点审计等。

五、院士联系工作

崔鹏院士围绕“一带一路”战略中的防灾减灾需求，提出建设“中国-巴基斯坦地球科学中心”构想。谭铁牛院士出席成都全球创新创业交易会，丁汉院士在世界未来科技论坛上作机器人与智能制造主题报告。四川省委政研室成立由崔鹏院士牵头的“四川省生态保护与环境治理研究智库”。成都分院定期看望和慰问在川中国科学院院士，关心院士的工作和生活。

六、公共事务管理和协调

成都分院获得院科学传播表彰。分院系统养老保险改革按照中科院和四川省部署有序推进。落实好离退休人员“两项”待遇；“文化养老实践与思考”研究课题获院离研会一等奖。全年安全供水约41万吨，供电约627万度，绿化养护约4.24万平方米，道路及公共区域等保洁约6.86万平方米。全年无重大安全事故。继续实施“3H工程”，为65名职工子女入幼儿园退减免27.5万元。

七、研究生教育基地建设

成立“成都教育基地创新创业中心”，为研究生提供创业实践平台，培养研究生创新意识和创业精神。成都教育基地与武侯区磨子桥街区双创联盟共办创新创业分享会，营造创新创业氛围。举办首届成都分院研究生学术论坛，吸引在川高校研究生共同参与，促进科教融合，协同创新。围绕精准扶贫组织研究生实施了11个社会实践项目。

（撰稿：江晓波　彭　丽　审稿：王学定）

昆明分院

院　　长：李德铢
地　　址：云南省昆明市茨坝青松路19号
邮政编码：650204
电　　话：0871-65223106
传　　真：0871-65223217
电子信箱：office@mail.kmb.ac.cn
网　　址：http://www.kmb.ac.cn

中国科学院昆明分院（以下简称“昆明分院”）的前身是1957年成立的中国科学院昆明办事处，1958年扩建为中国科学院云南分院。1962年，中国科学院云南分院与四川分院、贵州分院合并，共同在成都成立中国科学院西南分院。1978年10月，经国务院批准，西南分院撤销，成立中国科学院昆明分院。

昆明分院是中国科学院机关派出机构，负责联络和协调中国科学院驻云南、贵州地区的科研机构，包括昆明植物研究所、昆明动物研究所、西双版纳热带植物园、地球化学研究所和云南天文台共5个单位。

昆明分院带领广大职工深入学习党的十八大、历次全会及习近平总书记系列重要讲话精神，以新时期办院方针为统领，紧密围绕中国科学院“创新2020”中心任务，切实履行分院职能，全面推进“一三五”规划的实施。2016年以来，结合学习全国科技创新大会精神，按照中科院党组“三重大”产出的新要求，积极推动“十三五”重点工作，圆满完成了既定的任务目标，工作成效显著。

截至2016年底，昆明分院系统共有在职职工2106人，其中科技人员1356人，包括中国科学院院士5人、第三世界科学院院士2人、研究员247人、副研究员319人。

一、领导班子和后备干部队伍建设

在中科院党组和地方党委的领导下，以学促做，面对新形势、新要求，增强领导干部使命感和紧迫感，引导领导干部增强“四个意识”，树立“四个自信”，强化“四个自觉”。

配合中科院有关部门，组织开展领导班子队伍建设和后备干部推荐工作。完成对昆明植物研究所和分院班子届中考核，昆明动物研究所班子个别调整，云南天文台民主推荐领导干部等工作，提任所局级干部2人，免职1人；完成西双版纳热带植物园后备干部推荐增补工作，目前分院系统后备干部22人。

从严管理干部，坚持问题导向，查摆干部工作中存在的问题，分析并提出整改措施。全面落实中央要求，健全完善管理监督等机制，不断强化对领导干部的监督，营造领导干部风清气正的从政环境。

二、党建、党群与创新文化建设

围绕创新，开展“两学一做”学习教育活动取得实效。分院坚持领导带头、以上率下，发挥带头示范作用。各研究所，有的坚持问题导向、注重实效，切实推动作风建设；有的坚持分类指导、有的放矢，实现学习对象全覆盖。通过学习活动，分院各单位落实主体责任、强化担当，保障学习教育效果。

服务创新，发挥分党组（党委）的政治核心作用。分党组督促和指导各单位党委加强基层党组织建设；深化“当先锋走前头”活动，开展党组织考核和党委书记述职评议党员；开展科学精神宣讲，推进创新文化建设；以思想促行动，解决“两张皮”的问题，加强实施“率先行动”计划的凝聚力和战斗力。

促进创新，发挥党员先锋模范作用。坚持培养选拔，选优配强基层支部书记；加强培训，提高党务工作者履职能力；以支部组织生活为基本形式，引导广大党员履职尽责、争先创优；落实支部书记工作考核评价制度，强化结果运用；把思想建设渗透到业务工作各环节，以党建促科研。

三、院地合作

谋划顶层设计，推进院省科技合作。积极谋划生物多样性与生态安全国家实验室建设，与云南省科技厅合作完成项目建议书初稿；强力推进由环保部牵头，与中科院和云南省政府共建的中国生物多样性博物馆项目；与昆明市政府签署新一轮科技合作协议，明确了15个方面重点合作推进的具体工作；配合做好云贵两省“十三五”科技发展规划，多项意见或建议被省市政府或各相关部门采纳；全力支持“贵州省中国科学院天然产物化学重点实验室”发展，依托该实验室和贵州医科大学的“药用植物功效与应用省部共建国家重点实验室”已通过专家论证，进入立项程序；贵州中心基本建设已全面完成并陆续投入使用；中科院科技产业网昆明分院站成立。

加强组织管理，力促科技成果转移转化。组织科技成果、科研人员参加各类科技成果对接会，组织召开农业创新成果专场发布会，7项成果获优秀奖。完成28个项目检查验收，取得较好经济社会效益。完成院STS项目申报，3个项目立项，获得经费支持1220万元。报送云南省环保储备项目11项。推荐云南省科技成果奖6项，登记成果10项。

着力探索京沪以外地区科教融合工作。中国科学院大学昆明生命科学学院和分院系统博士研究生公共课正式开班。继续全力配合中国科学院大学本科云南招生工作，招生质量在各省市中保持名列前茅。

急群众之所需，扶贫工作扎实推进。全面落实云南省扶贫攻坚“挂包帮”“转走访”工作要求，建立强有力的组织机构，通过产业帮扶、基础教育帮扶、实用技术培训等方式扎实开展澜沧科技扶贫工作。

四、纪检、监察和审计

认真履行全面从严治党责任。准确把握和规范党内政治生活总体要求，形成良好的政治生态。切实强化党内监督，突出党内监督重点。认真履行管党治党主体责任，牢固树立“抓党建是最大政绩”的理念，切实履行“一岗双责”，层层压实责任，形成全面从严治党整体合力。健全对各级党组织考核和书记述职制度，加大检查考核力度，认真总结经验，推动从严治党取得实效。

持续推进党风廉政建设工作。统筹谋划部署、定期研判形势。制定年度党风廉政建设与反腐倡廉工作计划，以“抓责任、健机制、强监督、重教育”为重点，部署全面工作。每季度召开“党风廉政建设工作会”，交叉检查工作进展、查摆问题，适时调整工作重点。履行监督职责、严肃党规党纪。贯彻执行中央“八项规定”精神和中科院“12项要求”。认真开展“落实中央八项规定精神回头看”专项检查。以审计为抓手，促进反腐倡廉与风险防控。开展两个所班子届中经济责任审计。开展科研经费真实性合法性双覆盖审计，2016年对系统5个所开展了“科研业务真实性合法性审计”，共审计99个科研单元、1204个科研课题、审计支出总额15 963.4万元。发现31个问题事项，违规开支经费3098元，提出改进建议26条。

五、院士联系工作

做好院士的服务与协调工作；做好云南省、昆明市相关领导春节期间看望慰问院士的联系协调工作；有效结合院士联络处和中国科学院大学本科招生工作，充分发挥院士作用，传播科学知识，弘扬科学精神。

六、公共事务管理和协调

开创后勤支撑体系建设新局面。稳步推进“院地合作与科技成果孵化中心用房修缮项目”建设，有序推进“3H工程”实施。积极组织和协调各单位争取和实施园区建设项目。

科学传播稳中有进，科学普及再创佳绩。开启科研与科普相结合的探究性实验课程研究。分院在全国高校科学营总结会、中科院科普工作培训会上作典型报告。西部营活动方案发表《特色营队活动案例集》。获得全国高校科学营特色营队活动案例优秀奖，被评为全国科普日特色活动优秀单位。

信息化建设稳步提升。区域信息化工作保障有力，确保科技网昆明分中心节点优质运行。分院新版外网顺利上线。

安全保卫工作有序开展。与各单位签订《安全保卫保密责任书》，组织开展各类专项安全检查，确保科研生产安全。

昆明老年人大学分校开班授课。高起点建成老年人大学，为分院系统离退休职工提供了老年教育的平台。

（撰稿：桂　嘉　黄璐璐　审稿：甘烦远）

西安分院

院　　长：赵　卫
地　　址：陕西省西安市咸宁中路125号
邮政编码：710043
电　　话：029-83282621
传　　真：029-83282611
电子信箱：xab@xab.ac.cn
网　　址：http://www.xab.cas.cn

中国科学院成都分院（以下简称“西安分院”）成立于1954年7月，其前身是中国科学院西北分院。1978年11月，国务院批准成立中科院西安分院，与陕西省科学院合署办公。

西安分院是中国科学院机关在西安的派出机构，负责联络和协调中国科学院在西安地区的西安光学精密机械研究所、中科院国家授时中心、地球环境研究所及共建单位水土保持与生态环境研究中心和秦岭国家植物园。

截至2016底，中科院西安分院共有在职人员1641人。

2016年，西安分院按照中科院党组的部署和要求，以新时期办院方针为统领，切实履行分院各项职能，全面推进“率先行动”计划和“一三五”规划的实施。认真学习、领会全国科技创新大会精神，对照中科院党组提出的“三重大”产出新要求，积极谋划和推动研究所“十三五”重点工作，较好地完成了各项工作任务。

一、领导班子和后备干部队伍建设

加强分省院领导班子自身建设和领导干部思想政治建设，坚持中心组学习制度，充分发挥学习示范带动作用，以学习促创新。加强日常管理监督，按照中组部和院党组的要求，积极开展和督促检查干部教育培训工作，并将干部教育培训情况作为领导班子建设和考核的重要内容。

严格执行领导干部选拔任用程序，选好配好研究所领导班子，地球环境研究所领导班子由原来的轮值所长制运行模式转为正常的5年一届所长负责制。加强后备干部队伍建设，坚持做好后备干部选拔工作，优化干部队伍结构，确保班子持续发展。具体工作中，针对专职管理型干部缺乏，着力加强管理型后备干部选拔力度；不断拓展后备干部的培养途径（理论培训、关键岗位任职）；重视中层干部的锻炼与培养，做好后备干部人才储备（轮岗锻炼）。目前，选拔6名45岁以下后备干部，均为博士，其中中共党员4名，专职管理型干部1名。

二、党建、党群与创新文化建设

认真贯彻落实《中国共产党党组工作条例（试行）》，制定了《西安分院分党组工作规则》，依据工作规则，认真履行党要管党、从严治党责任，落实党组书记是党建第一责任人，其他党组成员根据分工抓好职责范围内党的建设工作的职责。

认真履行政治领导责任，加强分院系统党员干部理论武装和思想政治工作，及时组织领导人员学习宣传十八届六中全会精神。在“两学一做”学习教育中组织研究所党员领导干部认真学党章党规学系列讲话，学《中国共产党问责条例》，强化领导班子成员特别是党委书记、所长的党建责任意识。发挥分院系统在把方向、管大局、保落实的重要作用，及时组织研究所党员领导干部学习贯彻院党组的重大部署和决策，适时对研究所“两学一做”学习教育、“十三五”规划制定、“一三五”规划落实、“三重大产出”等重大事项进行指导监督与检查。

为了展示分省两院科技成果，促进机关文化建设，完成科技展厅建设和办公楼过厅装饰，详细介绍了分省院历史沿革、人才队伍等内容，实物展示了科技成果和成果转化的工作成绩。科普宣传方面，认真贯彻中科院党组、中共陕西省委宣传工作文件精神，围绕“率先行动”计划实施和创新型陕西建设，做好服务研究所一线和分省院机关重要目标任务，为出成果出人才出思想做了一系列工作，创新亮点成绩显著，进一步提升了分省院及其研究所的社会影响力、认知度。

三、院地合作

推动陕西省和宁夏回族自治区经济社会发展是西安分院的重要职能。在“率先行动”计划指导下，不断调整思路、整合资源，努力深化区域院地合作的内涵；以“建设科技服务网络，促进知识和技术成果的转移与转化、辐射与扩散”为目标，积极探索促进科技成果“资本化、产业化”的有效模式，重点在院地合作体系建设、成果转移转化、项目合作、人才培训与培养、战略咨询和服务县域特色经济发展等方面取得了显著成效。

“十三五”开局首年中科院在陕宁两地科技合作成效显著，取得良好经济和社会效益，为区域社会经济发展做出贡献，分别与陕西省和宁夏回族自治区政府签署新一轮科技合作协议。在科技合作方面，中科院研究所与陕西、宁夏两省（区）近年来开展合作项目188项，涉及20多个地市（县），180多家企事业单位，中科院近30家研究机构，其中陕西160项，宁夏28项。科技合作项目为陕西和宁夏企业实现新增销售收入128.9亿元，新增利税14.4亿元，新增社会效益367.1亿元；其中，陕西新增销售收入109亿元、利税11.6亿元、社会效益361.3亿元，宁夏新增销售收入19.9亿元、利税2.8亿元、社会效益5.8亿元。

发挥智库作用，积极谏言献策，为陕西和宁夏社会经济发展提供智力支持：2016年，西安分院向省级政府提交了有关“共建中科院宁夏产业技术研究院”“分省院融合发展”及“共建军民融合产业技术研究院”的3项咨询建议被采纳并得到了相关领导批示。中科院西北生物农业中心向陕西省政府提交“盐碱地改造规划”，并在渭北进行盐碱地改造建立千亩以上示范区。

四、纪检、监察和审计

在中科院监督与审计局、中纪委驻院纪检组的指导下，认真学习贯彻党中央指示和习近平总书记系列讲话精神，聚焦反腐倡廉主责，深化细化“两个责任”落实，及时传达并组织学习中央纪委和中科院党组各项部署要求，强化对党规党纪的宣传教育，制定了党组班子及班子成员党风廉政建设主体责任清单，签订了党风廉政建设及反腐倡廉责任书，以个性化责任书或承诺书的逐级签订。

严格贯彻落实中央“八项规定”精神和院“12项要求”，提醒、警示、监督检查和情况跟踪上报等已形成常态化。在此基础上，还加强对领导干部个人事项报告检查，规范婚丧喜庆报备制度等。全年系统内未有违反“八项规定”精神和廉洁纪律的情况。以“回头看”自查自纠促整改，以廉洁从业风险防控作为深化惩防体系建设的重要抓手，在三公经费、会议及培训、领导干部兼职、办公用房等方面进行了详细自查，分析了问题的原因，提出了问题整改的措施。探索提升内审质量，更好发挥“保健”作用，聚焦纪律检查主责，规范执纪问责。通过党风廉政建设专题讲座、集中培训、支部学习等多种形式，以及反腐败宣传教育，引导广大党员干部守纪律、明底线、知敬畏，增强廉洁自律意识，筑牢思想防线。

五、院士联系工作

西安院士联络处在西安分院分党组的领导下，在学部工作局的业务指导下，圆满完成工作职责，被评为“2016年中国科学院优秀院士联络处”。

积极与陕西省委、省政府，宁夏回族自治区党委组织部等有关部门加强密切合作，协同陕西省委组织部院士活动中心、省人才办做好区域范围内常住院士的联系工作。陕西省委省政府在春节前召开“在陕院士、专家新春茶话会”，省领导出席并讲话，向院士、专家介绍全省经济发展情况和新的一年工作部署，征求院士的意见和建议，大力宣传院士的科学精神、探索精神，营造全社会崇尚科学、尊重院士的浓厚氛围，进一步增强服务意识，关心院士的工作和生活。

西安分院领导走访慰问在陕中科院院士，汇报介绍西安分院2016年院士联系与服务的主要工作情况，了解院士的身体、生活状况及科研工作进展，认真听取他们提出的相关建设性建议和意见。

服务地方科技、教育和经济社会发展需求，邀请院士、专家来陕考察盐碱地治理工作，组织院士、专家为宁夏经济发展提供战略咨询和帮助；推动院士进校园活动，与中共陕西省委组织部、团省委共同主办“院士报告进校园活动”，为地方科技教育事业进步做出切实的贡献。

六、公共事务管理和协调

加强分院自身建设，统筹做好公共服务，聚焦重大科技进展、改革举措、科研设施等，协助或组织媒体及记者站采访宣传西安光学精密机械研究所成就，特别是科技成果的转移转化模式或机制作法进行新闻宣传活动。落实离退休干部待遇，发挥老科学家作用。认真落实老同志“两项待遇”、中科院“共享机制”和离休干部“三个机制”，做到“两费”及时足额发放。协助社区落实本单位老同志的各项补贴和优惠政策，在保健检查、医疗保险、医药报销等方面提供服务。充分发挥老科学家作用，持续做好中科院老科学家科普宣讲团西安分团的工作，引导老同志发挥优势作用，为党的事业增添正能量。扎实做好安全保密工作，保障各单位无安全责任事故。联合陕西省公安厅，对各单位进行安全专项检查，组织分省院进行了剧毒品管理工作自查和督查，完成了专项检查报告并上报中科院。坚持完成分省院安委会与各单位安全责任书的签订。确保各单位全年未出现重大安全责任事故。调整落实分省院保密委员会组织成员和办公室工作人员，积极组织，认真落实，加强信息保密工作。

加强对来信来访的接待与处理工作，妥善处

置、化解矛盾，全年未产生不和谐因素。严格贯彻落实中央“八项规定”精神和院“12 项要求”，规范公务接待工作，优质高效地完成全年会议接待工作。

（撰稿：孙　凯　刘　铮　审稿：杨星科）

兰州分院

院　　长：王　涛
地　　址：甘肃省兰州市城关区天水中路 6 号
邮政编码：730000
电　　话：0931-2198855
传　　真：0931-8279855
电子信箱：lzb@lzb.ac.cn
网　　址：http://www.lzb.cas.cn

中国科学院兰州分院（以下简称“兰州分院”）的前身是 1954 年经政务院批准成立的中国科学院西北分院筹委会，1958 年经中国科学院决定撤销，成立中国科学院兰州分院。1962 年，中共中央西北局与中国科学院议定撤销陕、甘、宁、青四省（区）分院，成立中国科学院西北分院。1970 年，中国科学院西北分院撤销。1978 年恢复成立中国科学院兰州分院。

兰州分院作为中国科学院机关派出机构，负责联络和协调中国科学院所属驻甘肃、青海两省的研究机构，包括近代物理研究所、兰州化学物理研究所、西北生态环境资源研究院（筹）。主要职能为配合中科院机关有关部门，做好所在地区院属单位的领导班子和领导人员队伍建设；推动、督促和检查所在地区院属单位的科技创新及事业发展重点工作；组织开展院地合作，推动科技成果转化；指导和推动所在地区院属单位基层党建工作和创新文化建设；协调组织开展监察审计工作；公共事务管理工作；联系和服务所在地区的中国科学院院士；加强与地方政府部门的联系，为所在地区院属单位提供联络协调和服务；研究生教育基地的管理等主要八项职能。

2016 年，兰州分院积极贯彻落实“率先行动”计划相关工作，倾力推动改革发展。

一是组织协调督促引导。包括积极发挥联系沟通作用，促进深化认识，助力解决问题；通过组织跨研究所研讨，加强思想和经验交流，共商解决共性问题之策；深入研究所参与战略研讨与发展规划，全力服务于研究所落实“一三五”规划。

二是聚焦重点大力推进。深化改革整合寒区旱区环境与工程研究所、兰州油气资源研究中心、兰州文献情报中心、西北高原生物研究所及青海盐湖研究所“三所两中心”，组建西北生态环境资源研究院（筹），形成特色研究所群。目前，西北生态环境资源研究院（筹）在“一院两地五个单元”格局下运行平稳，认可度较好。

截至 2016 年底，兰州分院系统共有在职职工 2891 人，包括中国科学院院士 7 人，中国工程院院士 2 人。

一、领导班子和后备干部队伍建设

完成分院班子换届及西北生态环境资源研究院（筹）班子组建。从严做好分院系统领导人员管理、教育、监督、选拔、聘用工作，重点围绕整合成立西北生态环境资源研究院（筹），配合上级组建院所两级新党委纪委，协调做好与职工思想沟通，保证“一院两地五个单元”运行平稳。健全后备干部培养选拔机制，做好动态管理。通过规范程序遴选形成了一支由 37 人组成的后备干部队伍。

二、党建、党群与创新文化建设

认真开展“两学一做”，为贯彻“四个率先”要求奠定思想基础。督导研究所分类制定 5 种方案，突出针对性和实效性。创新“四个抓手”形成“组合拳”：坚持“每会一学”，形成学教制度；开展“主题征文”，引导入心入脑；开展“三查比”，督学促学互学；建立联席会议，整体协调推进。相关信息被《紫光阁》网站和中科院《党建工作简讯》采用。

加强理论武装。提高认识，为深化改革创新发展奠定思想基础；切实发挥“两研会”、离研会等作用，组织理论研究指导工作实践。

落实党建工作报告联系制度，做好中科院党组部署工作，加强向甘、青省委的联系报告，落实省委部署要求；坚持党员领导人员双重组织生活会、带头讲党课制度，落实分党组成员参加研究所民主生活会的要求。

加强基层党支部建设。通过“三会一课”抓实支部学习，支部书记累计讲党课 184 人次；举办支部书记“两学一做”学习教育示范培训班；以支部为单元开展“两学一做”知识问答 40 余次。

履行以党建带群建责任，加强对统战和群团工作的领导，充分发挥工青妇等组织联系广泛的优势，围绕创新发展凝心聚力。

成功承办“西部之光”计划实施 20 周年座谈会；成功举办纪念建党 95 周年暨红军长征胜利 80 周年歌咏比赛，1498 人参加。

三、院地合作

（一）深化与企业的技术创新与战略合作

协调兰州化学物理研究全力支持金川公司发展循环经济和新兴产业，实施的“活性硫化镍法用于镍电解阳极液化除铜中试实验研究”解决了长期困扰企业一系列关键技术难题，凸显节能环保、资源高效利用与经济效益。

（二）促进与科研院所、高校的协同创新

加强与甘肃省科学院的实质性合作，成效得到甘肃省委书记王三运大会点名表扬和副省长郝远等领导的赞誉。深化与高校的协同创新，研究所与院内外省内外 10 余所大学共同培养人才、共建科研平台，联合承担项目。在 8 所 985 大学设立了奖学金和助学金，在 4 所大学设立了“菁英班”，在 10 所高校成立了联合研究中心。

（三）大力支持重点合作项目

被甘肃省列为战略性新兴产业重大项目之一的“科技惠民工程”重离子治疗肿瘤专用示范装置（HIMM）产业化项目在兰州、武威两地并进，我国首台医用重离子加速器建成出束。协调工程热物理研究所与兰石集团投资 3.6 亿元的“金化加压煤气化项目”为我国先进煤气化技术提供了新的路径。支持兰州化学物理研究研发“马铃薯淀粉工艺水提取蛋白高值化利用与废水达标排放技术装备”，开发出经济、社会和环保效益显著的成套技术并推广应用。

（四）发挥科技智库优势

参与组建了“兰白试验区创新研究院”，并选派分院干部任研究院院长负责筹建工作。抓好黄河上游生态环境治理，协调安排孙鸿烈、刘昌明、秦大河和崔鹏等院士及相关专家开展“黄河上游白银市生态环境综合治理规划”的咨询活动。

（五）科技副职工作受到好评

应甘肃省委、省政府建议，2014 年中科院选派 14 名干部挂任科技副职，2016 年再次选派科技副职 18 人到任。挂职干部工作受到一致好评，分院倾力服务得到各方认可。

（六）持续抓好“双联”扶贫

突出科技智力优势，全力扶助西迭村和王能干村脱贫发展。目前，西迭村已基本实现整体脱贫；王能干村人均年收入较扶贫前显著提高。分院两次被评为全省“双联”先进单位，一次荣获“民心奖”。

四、纪检、监察和审计

狠抓系统单位党建责任考评，落实“一岗双责”，分党组书记向省委述职并接受考核评议，组织系统各单位党政一把手年度述职述廉述责总结评议。

督导系统单位贯彻“八项规定”精神，学习《中国共产党廉洁自律准则》《中国共产党纪律处分条例》，落实“两个责任”，运用监督执纪问责“四种形态”，把纪律挺在前面，在纪监审访“四位一体”主职要务和院、分院、研究所三级联动工作机制中发挥中坚作用。

率先开展新时期“党支部纪检委员队伍和作用建设”课题研究，探索将监督责任延伸到基层组织末梢与日常科研与管理细节，经过在 3 个单位试点，目前正在全面推行。

五、院士服务工作

协调组织院士专家开展“黄河上游白银市生态环境综合治理规划”的咨询活动。邀请了刘维民等 8 名院士出席“2016 中国兰州科技成果博览会”并举办论坛讲座。协调配合做好了甘肃省委书记、省人大常委会主任王三运对程国栋院士、魏宝文院士的看望慰问活动。

六、公共事务管理和协调

着力抓好“3H工程”项目建设。分院主导、研究所参与，被群众称为“大好事也是大难事”的一期工程棚户区改造项目约6.8万平方米、351套住房建设进入建筑安装阶段。新建房源除安置拆迁户外已全部分配到各单位，主要为吸引稳定人才提供住房或公寓周转房。

着力做好后勤保障服务。保障综合科研工作区与统管5个住宅小区公共基础设施修缮、维护管理、水暖电供给及物业服务。督导完成8项基础设施改造（修缮）项目。

着力做好离退休工作。认真贯彻《关于进一步加强和改进离退休干部工作的实施意见》，积极倡导和推进离退休老同志发挥正能量。依托政府投资并主导的“虚拟养老院”积极推进养老服务“四就近”，做好帮扶解困和送温暖工作。千方百计争取解决了离退休人员津补贴这一热点难题。

着力做好公共事务管理。开展财务督导和培训取得实效，预算执行整体位居前列。区域信息化建设与应用成效突出，连续获评11个分院第一名。档案进馆与数字化建设优质达标完成。安全保卫保密通过自查互查，工作合力得到加强。

七、研究生教育基地建设

积极改善住宿与食堂环境，创新丰富校园文化，切实提升公共课质量，与研究所互补健全培养体系，协助招生与派遣。

（撰稿：宋华龙　王　晶　审稿：谢　铭）

新 疆 分 院

院　　长：张小雷
地　　址：新疆乌鲁木齐市新市区北京南路科学一街341号
邮政编码：830011
电　　话：0991-3835430
传　　真：0991-3835229
电子信箱：zhangxl@ms.xjb.ac.cn
网　　址：http://www.xjb.cas.cn

中国科学院新疆分院（以下简称“新疆分院”）成立于1957年7月30日。设水土生物土壤资源综合所、物理所、化学所、地质地理所、民族历史研究所。“文化大革命”期间下放地方，后与自治区科委、科协合署办公。1977年11月27日，经党中央、国务院批准恢复中国科学院新疆分院。

新疆分院负责联系新疆生态与地理研究所、新疆理化技术研究所、新疆天文台。

新疆分院围绕新疆实现跨越式发展和长治久安的重大科技需求，全面构思院地合作工作蓝图，并积极征求自治区科技厅、人社厅、教育厅、经信委、卫生厅国土资源厅，党委组织部人才办，兵团科技局等单位意见，提出新疆分院院地合作工作一个定位、三个突破、五个培育思路。一个定位：围绕新疆资源高值综合利用、特色产业发展、生态环境保护方面科技需求，扎实推进和深化院区科技合作，服务新疆实现资源优势向经济优势转化，为新疆实现跨越式发展和长治久安提供科技支撑。三个突破：新疆高层次科技人才队伍建设、科技惠民工程、新疆大型斑岩铜矿资源勘探及靶区圈定。五个培育：荒漠环境保育与生态修复、干旱区种质资源保育、新材料开发与示范、现代农业产业化示范、维吾尔医药和干旱区可食植物的现代化。

截至2016年底，新疆分院系统共有在职职工891人。

一、领导班子和干部队伍建设

加强领导班子和干部队伍建设。完成了新疆理化技术研究所党委换届；遴选产生了7名研究所后备干部；任命了2名所长助理。完成新疆生态与地理研究所班子届满换届和新疆天文台班子届中考核工作。

深化“两学一做”学习教育。新疆分院召开分党组中心组（扩大）学习会议，传达学习中央《关于在全体党员中开展“学党章党规、学系列讲话，做合格党员”学习教育的通知》，启动“两学一做”学习教育，及时制定“两学一做”学习教育方案。分院机关和研究所台每个党支部制定了各自的“两学一做”学习计划，并认真履行学习教育工作的主体责任，部署教育活动，创新开展教育。

加强党风廉政建设。根据中科院监督与审计局每年的《院属事业单位领导干部任期经济责任审计工作计划》和新疆分院相关工作安排，新疆分院审计工作组积极开展对新疆生态与地理研究所和新疆天文台的审计工作。对分院系统研究所、台进行了科研业务真实性合法性审计。认真落实领导干部的“一岗双责”、个人重大事项报告、述职述廉等制度。认真学习贯彻《中国共产党廉洁自律准则》《中国共产党纪律处分条例》。

新疆分院分党组、纪检组高度重视“回头看”专项检查工作，根据中国科学院办公厅关于印发《中国科学院关于贯彻落实中央八项规定精神和院党组“12项要求”“回头看”专项检查工作方案》的通知，安排部署相关工作。

二、贯彻“率先行动”计划，加强和深化院地合作

（一）深化院地合作工作，进一步凝练科学目标，梳理核心工作，全面推动“率先行动”计划的实施

2016年3月，新疆分院组织和协调新疆维吾尔自治区与中国科学院举行科技合作座谈会，签署了双方第三轮科技合作协议书。已完成新疆生产建设兵团与中科院科技合作座谈会和第三轮科技合作协议书的前期准备工作。组织新疆区域成功申请中科院2016年科技成果转移转化项目3项，获经费支持1200余万元。成功承办2016年中国科学院联盟理事会议和第二次全国分院科技系统会议。

（二）加强人才队伍建设

召开中国科学院与新疆维吾尔自治区人才培养座谈会。完成第八期“新疆博士班”15名学员的录取工作。经过分院积极沟通联系，现博士班名额增至30人。完成对2013年立项的“西部之光”人才培养计划进行中期检查、2012年“西部之光”人才培养计划结题验收工作及2016年立项工作。2016年度新疆分院系统共引进（招聘）博士14人、硕士2人、“百人计划”1人、“千人计划”5人。

（三）推进“丝绸之路经济带创新驱动发展试验区”建设

新疆分院与自治区科技厅联合两次召开科技部、中科院、新疆、深圳四方会谈，并配合自治区科技发展战略研究院完成了“丝绸之路创新发展研究院筹建初步方案”编写。

（四）科技合作工作

对2014年立项的院地合作专项项目开展实地勘验和结题验收工作；梳理新疆分院科技成果转化十大重点任务并上报中科院科技促进发展局，征集组织了10余家科研院所10个项目进入了区域STS项目储备库；结合“访惠聚”工作，对科技扶贫项目进行跟踪管理。与相关企业、科研机构、地方高校开展多种形式的交流与合作。

（五）深入开展“访惠聚”工作

在中国科学院党组的指导支持下，新疆分院顺利完成了第一轮为期三年的“访惠聚”驻村工作，推进了基层组织建设，增强了村班子的凝聚力和战斗力；加强宣传教育，深入开展了“去极端化”活动；充分发挥科技优势，在开展脱贫致富民生工程方面起到了良好的引领示范作用。

在驻村维稳工作中累计实施项目20多个，涉及各类资金及投入2300余万元。用于当地建设民生工程、发展科技项目、培育新兴产业，解决当地农民增收等问题，取得了良好的实效，帮扶村的村容村貌得到了极大的改善，许多困扰农村发展的问题得到了解决，农民人均年收入由住村前的3800元提高到5600元。

（六）科普宣传工作

在和田地区投入大量资源开展科普大宣讲活动，举办各类专题科普讲座，受众人数约2000人；带领村干部和村民参观爱国主义教育基地；2016年“科技活动周”期间，分院组织几十名科普专家组成多个科普小组赴和田地区中小学校、村委会开展科普活动。工作组积极协调自治区科协为村委会捐赠1000余册双语科普读物，邀请科普大篷车走进学校、走进村委会，通过3D科普展板、球幕电影、科学实验器材等普及科学知识，传播现代文明。

（七）双语教学及应用

发挥中国科学院科普优势，以点带面推进宣传教育。围绕双语教育和双语培训开展了“职业学校双语教学数字化资源研制和应用”“基层干部双语培训网络平台研发和应用”“喀什地区干部人才双语学习手机平台”“新疆公安民警双语学习训练平台调研和设计”“‘学维语’手机应用的研发与应用”等一系列研究和应用工作。

三、纪检、监察和审计

根据中科院监督与审计局每年的《院属事业单位领导干部任期经济责任审计工作计划》和新疆分院相关工作安排，新疆分院审计工作组积极开展对新疆生态所和新疆天文台的审计工作。对分院系统研究所、台进行了科研业务真实性合法性审计。认真落实领导干部的“一岗双责”、个人重大事项报告、述职述廉等制度。认真学习贯彻《中国共产党廉洁自律准则》《中国共产党纪律处分条例》。

新疆分院分党组、纪检组高度重视“回头看”专项检查工作，根据中国科学院办公厅关于印发《中国科学院关于贯彻落实中央“八项规定”精神和院党组“12 项要求”“回头看”专项检查工作方案》的通知，安排部署相关工作。

四、公共事务管理和协调

组织召开“2016 年度媒体联谊会”；承办了“中国科学院第五期一级社会体育指导员培训班”“中国科学院人力资源管理研究会西北东北分会 2016 年年会”等大型会议。

各基层工会组织结合实际循序渐进开展了多项活动，全面完成了年内的工作内容和预期目标，新疆生态与地理研究所、新疆理化技术研究所、新疆天文台等单位工会组织积极组织并及时召开了职代会。设立专项资金鼓励开展职工的继续教育培训。走访慰问离退休职工，并组织开展多种形式的庆祝活动。组织职工和研究生开展丰富多彩，健康向上的文化体育活动。

不断加大发挥老同志作用和文体活动的工作力度，深入开展以“展示阳光心态、体验美好生活、畅谈发展变化”为主题的正能量活动。

成立中科院后勤协会新疆分会成立并召开第一届理事会；承接中国科学院专家公寓联盟第四次常务理事会；签订《新疆医科大学附属肿瘤医院与二工科北社区卫生服务站合作协议书》，启动肿瘤医院专家坐诊活动；完成新疆分院新建幼儿园教学楼项目立项。补充完善各项规章制度。

保证中国科技网新疆节点的正常运行，为科研工作提供稳健的支撑保障平台；与自治区安全厅、通讯管理局等机构密切合作，确保网络空间安全；完善网络基础设施建设，购买并安装调试了分院上网行为管理系统；协调开通了分院网站移动版。

（撰稿：红　霞　金华亮　审稿：张小雷）

科　研　机　构

数学与系统科学研究院

执行院长：王跃飞
地　　址：北京市海淀区中关村东路55号
邮政编码：100190
电　　话：010-82541777
传　　真：010-82541972
电子信箱：contact@amss. ac. cn
网　　址：http://www. amss. cas. cn

中国科学院数学与系统科学研究院（以下简称“数学院”）成立于1998年12月28日，由中国科学院所属的数学研究所、应用数学研究所、系统科学研究所、计算数学与科学工程计算研究所整合而成。

数学院是综合性国立学术研究机构，覆盖了数学与系统科学的主要研究方向。数学院的办院方针是：在数学与系统科学领域，面向国际发展前沿，面向国家战略需求，做出原创性、突破性和关键性的重大理论成果与应用成果，造就具有国际重要影响的学术带头人和一批杰出人才。数学院的发展目标是：在数学与系统科学领域内，成为国际上有重要影响的研究中心、培养和造就高级研究人才的著名中心、国民经济和国防建设有关问题研究和咨询的重要中心。数学院的优势研究领域有：分析数学与数学物理，数论、代数、几何与拓扑，运筹与管理科学，系统与控制科学，概率统计，科学计算，计算机数学。新兴交叉学科有：金融数学，生物信息学，复杂系统科学，不确定性决策，复杂网络理论，计算材料科学，知识科学理论等。应用研究领域有：工程技术，经济金融，生命科学，生态与环境等。

2016年，数学院抓住中科院实施“率先行动”计划的历史机遇，数学科学科教融合卓越创新中心顺利进入实施阶段，而“流形上的几何、分析与计算”中心项目成为基金委首批启动的三个项目之一。数学院在机制体制、科研创新、开放交流、人才培养等方面采取了系列有效措施，取得了显著成效。

数学院共有4个研究所。

数学研究所　成立于1952年7月，著名数学家华罗庚为首任所长。数学研究所以基础数学研究为主，兼顾应用数学、计算数学和数学物理的基础理论及理论计算机科学等方面的研究。

应用数学研究所　成立于1979年10月，著名数学家华罗庚为首任所长。应用数学研究所以具有实际背景的应用数学基础理论研究为主，发展和创造在自然科学、高新技术、经济金融和管理决策等领域中有普遍意义的数学分支和方法，为国民经济建设服务。

系统科学研究所　成立于1979年10月，著名数学家、控制学家关肇直为首任所长。该所是以多学科交叉为特点的基础型研究所，面向航空航天、经济金融、生产制造等国家重大需求，发展系统与控制科学、管理科学与经济金融、数学机械化、统计学等，探索并解决系统科学和与之有关的数学及交叉学科领域的关键性、基础性、前瞻性科学问题，为实际生产、控制和管理问题提供理论和方法的支撑。

计算数学与科学工程计算研究所　成立于1995年3月，其前身是冯康院士于1978年创立的中国科学院计算中心。该所的主要任务和发展定位是面向科学与工程中的重大应用问题，着眼于代表国际水准的基础性和关键性计算方法的理论创新和技术创新；伴随计算机技术的进步，进行反映国际科学计算最新研究成果的高性能计算程序和软件的研究与开发；同时培养和造就大批适应当代需求的科学与工程计算的高素质人才。

此外，中国科学院数学科学科教融合卓越创新中心、中国科学院国家数学与交叉科学中心、晨兴数学中心、预测科学研究中心以数学院为依托单位；数学院还设有科学与工程计算国家重点实验室、中国科学院管理决策与信息系统重点实验室、系统控制重点实验室、数学机械化重点实验室、华罗庚数学重点实验室、随机复杂结构与数据科学重点实验室。数学院拥有全国馆藏最为丰富的数学专业图书馆，订有大量国外期刊，藏书逾 21 万册。数学院有先进的计算机及网络系统，包括 24 万亿次机群和多个超级计算服务器，并拥有多种大型数学软件包。

截至 2016 年底，数学院共有在职职工 327 人（在编人员 326 人，不在编项目聘用 1 人）。其中科研人员 243 人、管理支撑人员 84 人，包括中国科学院院士 15 人、中国工程院院士 1 人、发展中国家科学院院士 6 人、研究员及正高级工程技术人员 121 人、副研究员及高级工程技术人员 69 人。共有“万人计划”百千万工程领军人才入选者 1 人、“万人计划”科技创新领军人才 5 人、“万人计划”青年拔尖人才 3 人、海外高层次人才引进计划（“千人计划”）入选者 3 人、“青年千人计划”入选者 5 人、中国科学院“百人计划”入选者 21 人、中国科学院“百人计划”青年俊才入选者 2 人。

数学院是 1981 年国务院学位委员会批准的首批具有博士学位授予权的单位之一。现设有数学、系统科学、统计学、计算机科学与技术、管理科学与工程 5 个一级学科博士研究生培养点，基础数学、计算数学、概率论与数理统计、应用数学、运筹学与控制论、系统理论、统计学、计算机软件与理论、计算机应用技术、管理科学与工程、管理运筹学、企业管理、数量经济学、应用统计、经济计算与模拟 15 个二级学科博士或硕士研究生培养点。数学院还设有数学、系统科学、管理科学与工程、计算机科学与技术、统计学 5 个一级学科博士后流动站，共有在学研究生 579 人（其中硕士生 251 人、博士生 328 人）。

2016 年，数学院主持 973 计划 1 项，课题 4 项；主持国家重点研发计划 1 项，课题 4 项；主持和参加国家基金委项目 222 项，其中主持重大项目 1 项，重大项目课题 2 项，创新研究群体 2 项，重点项目 14 项，重大研究计划重点支持项目 2 项；国家杰出青年科学基金项目 7 项；优秀青年科学基金 7 项；海外及港澳学者合作研究基金项目 2 项、面上项目 87 项（含青年-面上连续资助项目 2 项），青年科学基金 36 项；主持中国科学院前沿科学重点研究项目 12 项；院地合作项目 16 项。

2016 年，数学院取得了一批原创性、突破性和关键性重大理论与应用成果。例如，解决了典型群和 L-函数的若干猜想，在 Langlands 纲领问题研究中取得突破，论文在顶级期刊 *Annals of Mathematics*、*Inventions Mathematicae* 和 *Journal of American Mathematical Society*（两篇）上发表；解决了不可压缩 Navier-Stokes 方程解的大时间行为的两个公开问题，在 Navier-Stokes 方程的研究中取得突破，这些结果发表在 *Advances in Mathematics*、*Communications in Mathematical Physics* 和 *Journal of Functional Analysis* 等；在几类典型复杂网络模型的分析与控制研究中取得关键性突破，论文在顶级期刊 *SIAM Journal on Scientific Computing*（4 篇）和 *Automatica* 上发表。

2016 年，数学院科研人员共发表期刊论文 660 余篇，其中 570 余篇发表在国际重要学术刊物上。累计获得各类重要科研成果奖励近十项，如 2016 年度国家自然科学奖二等奖、何梁何利基金科学与技术奖、第六届苏步青应用数学奖、2016 年度陈嘉庚科学奖等。此外，多人获得其他重要荣誉，如系统科学与系统工程科学技术终身成就奖、新增国际自动控制联合会（IFAC）Fellow 1 位、新增美国电子电气工程师协会（IEEE）Fellow 1 位、新增国际系统与控制科学院院士 1 位、国际投入产出学会副理事长等。

2016 年，数学院参与的多项国际合作项目研究工作进展顺利。获 2 项中国科学院国际人才交流计划资助；主办了 15 个国际会议；出国（境）项目 192 项共 236 人次，来访项目 280 项共 368 人次。数学院约 80 人次在国际重要学术会议和组织担任领导职务，包括国际知识与系统科学学会理事长、国际运筹学联合会副主席、国际自动控制联合会青年作者奖评审委员会主席、国际自动控制联合会执委、国际符号和代数计算会议指导委员会主席、国际知识与系统科学学会副主席、亚太工业工程与工程管理协会理事等。

根据“率先行动”计划要求，数学院积极改革创新，明确重点发展领域，部署科研攻关团队，全面推进数学和系统科学的“率先行动”

计划。

2016年2月，中国科学院数学科学科教融合卓越创新中心获得中国科学院批准正式成立。中心围绕基础数学中的若干世界级难题、应用数学中的重大共性问题，及有重大应用价值的数学与系统科学交叉前沿问题，凝聚优势力量集中攻关，已经取得了阶段性的重要进展。在科教融合方面，通过与中国科学院大学研究生院多年合作培养研究生积累了丰富的人才培养和教学经验，数学院和中国科学院大学数学科学学院进一步紧密融合，在原有模式基础上革陈创新，建立了“四所一院”的培养新模式。

2016年，数学院继续以中国科学院国家数学与交叉科学中心为平台，围绕信息技术中的先进通信与控制方法、生物/医学中的建模与分析、经济金融系统分析预测与仿真、先进制造设计中的数学方法、材料环境中的科学计算问题，以及数学与物理/工程交叉的若干重大问题开展研究。通过体制机制创新，有效组织我国数学及相关学科力量，联合国内外有关单位，促进数学及交叉应用发展，为我国战略性新兴产业发展方式转变、提升我国科学技术水平做出基础性、战略性、前瞻性贡献。此外，中国科学院预测科学研究中心继续与国家发展改革委、中央人民银行、商务部、国家外汇管理局等政府决策部门建立长期战略合作关系，为中央和相关部门提供预测研究报告和政策建议。2016年在全国粮食产量预测、经济预测预警、全球价值链与国际贸易利益等研究方向上，中心向中央各部门提交了20余篇政策报告，部分报告获得总书记和总理等多位国家领导人的重要批示。

中国数学会（CMS）、中国运筹学会（ORSC）和中国系统工程学会（SESC）3个国家一级学会挂靠在数学院。数学院主办的学术刊物有18种：《数学学报》（中、英文版）、《应用数学学报》（中、英文版）、《系统科学与数学》、《系统科学与复杂性学报》（英）、《计算数学》（中、英文版）、《数学译林》、《代数集刊》（英）、《数学的实践与认识》、《数值计算与计算机应用》、《系统工程理论与实践》、《系统科学与信息学报》、《应用泛函分析学报》、《控制理论与应用》、《控制理论与技术》（英）、《系统与控制纵横》等，其中5种英文刊物被SCI收录。

（撰稿：王　玲　审稿：汪寿阳）

物理研究所

所　　长：王玉鹏
地　　址：北京市海淀区中关村南三街8号
邮政编码：100190
电　　话：010-82649004
传　　真：010-82649533
电子信箱：zhc@iphy. ac. cn
网　　址：http://www. iop. cas. cn

中国科学院物理研究所（以下简称“物理所”）成立于1950年8月15日，其前身是成立于1928年的国立中央研究院物理研究所和成立于1929年的北平研究院物理研究所，1950年在两所合并的基础上成立了中国科学院应用物理研究所，1958年10月8日启用现名。

物理所是以物理学基础研究与应用基础研究为主的多学科、综合性研究机构，研究方向以凝聚态物理为主，包括凝聚态物理、光学物理、原子分子物理、等离子体物理、软物质物理、凝聚态理论和计算物理等。物理所的战略定位是“面向国家战略需求，面向世界科技前沿、面向国民经济主战场”，发展目标是“建成国际一流物质科学研究基地”。2016年是“十三五”规划的开局之年，更是中科院实施“率先行动”计划和全面深化改革的攻坚之年。坚持“三个面向”、基本实现“四个率先”的总目标、总任务、总要求，全面深入实施研究所“一三五”战略规划。2016年2月，中国科学院凝聚态物理科教融合卓越中心获批成立，加快了研究所追求卓越的步伐。

物理所是北京凝聚态物理国家实验室（筹）的依托单位，北京物质科学与纳米技术大型仪器区域中心筹建的牵头单位。现有超导、磁学、表面物理3个国家重点实验室，光学物理、先进材料与结构分析、纳米物理与器件、极端条件物理、软物质物理、清洁能源前沿研究、凝聚态理论与计算7个院重点实验室，固态量子信息与计算、微加工实验室2个所级实验室，它们与国际量子结构中心、量子模拟科学中心、北京散裂中子源靶站谱仪工程中心、清洁能源中心、超导技术应用中心、功能晶体研究与应用中心6个研究中心共同构成物理所的研究体系；技术部及各实验室、各研究组的公共技术岗位共同构成全所的技术支撑体系。

2016年，物理所在大科学装置建设方面取得重要进展。作为国家重大科技基础设施“十二五”重点建设内容的综合极端条件实验装置项目建议书于2016年3月29日获得国家发展改革委的正式批复，项目可研报告通过了中咨公司组织的专家评审，进入国家发展改革委最后审批阶段。物理所作为项目法人单位的材料基因组研究平台和清洁能源材料测试诊断与研发平台两个项目，已被纳入北京怀柔科学城建设重点内容，得到北京市的大力支持。与高能物理研究所共建中国散裂中子源（东莞）项目，靶站硬件安装工作基本完成，谱仪硬件安装工作完成近半，靶站谱仪工程已完成近70%的总投资。

截至2016年底，物理所所共有在职职工464人。其中科技人员266人、科技支撑人员104人，包括中国科学院院士14人、中国工程院院士1人、发展中国家科学院院士8人、研究员及正高级工程技术人员145人、副研究员及高级工程技术人员206人；全所进入创新岗位411人。

共有“千人计划”入选者5人，“青年千人计划”入选者12人（新增3人）；中国科学院“百人计划”入选者62人（新增8人）；国家杰出青年科学基金获得者34人。

物理所是1998年国务院学位委员会批准的首批物理学博士、硕士学位授予单位之一，现设有物理学、材料科学与工程等2个专业一级学科博士研究生培养点，材料工程、光学工程等2个专业学位硕士研究生培养点，并设有物理学1个专业一级学科博士后流动站，共有在学研究生846人（其中硕士生268人、博士生578人、留学生16人）。在站博士后48人。

2016年，物理研究所共有在研项目596项（包括新增项目124项）。其中，主持国家重点研发计划9项（2016年新增）；主持973计划项目（含国家重大科学研究计划项目）13项；主持国家自然科学基金重点项目18项（新增4项）、国家杰出青年科学基金项目6项、国家自然科学基金重大研究计划14项（新增1项）；主持中国科学院战略性先导科技专项A类项目1项、B类项目1项；主持中国科学院重点部署项目4项；重大仪器研制项目（科技部、国家自然科学基金委、财政部和院）15项；承担重点国际合作项目14项（新增5项），创新国际团队2个。

2016年，物理所取得了多项被国际同行广泛认可的重要进展。首次在中心对称结构的NiMnGa中发现了超过室温、宽温区、高磁性的新型双斯格明子自旋结构材料。它是迄今为止发现的在最宽和最高的温区内稳定存在的自旋拓扑结构。这个材料的发现，不仅在磁斯格明子的实际应用中获得了我国的自主知识产权，而且其相变特性也在深入研究物理机制的基础研究中具有重要的指导意义。采用原子层构筑的方法首次实现单元素硼的二维结构——硼烯，证明了长期以来理论的预期；硼烯的实验获得为进一步调控含硼的化合物的材料和物性（如超导MgB2材料）提供了基石，也对将来可能的二维硼电子提供了诱人的前景。利用角分辨光电子能谱（ARPES）对具有非简单空间群的拓扑绝缘体KHgSb的体态和表面态电子结构进行了细致的测量，首次揭示了沙漏型色散的表面态。通过与美国和日本多个实验和理论课题组合作，证实在具有强自旋-轨道耦合的$SrIr_1-xSn_xO_3$钙钛矿体系中可能实现了Slater绝缘体。相互作用导致的陈绝缘体在数值模拟中被发现。利用近场红外纳米显微技术观测到了机械剥离的双层石墨烯中存在的丰富多彩的畴壁图案，证实了畴壁在近场光学图像中的成像机制是石墨烯中的表面等离激元在畴壁处发生了反射，并证实了双层石墨烯中表面等离激元与一维畴壁孤子的可调控的耦合作用。拓扑半金属所对应的特异的表面态可以用一类“非紧致的黎曼面”进行描述。这一描述统一了外尔半金属和狄拉克半金属中表面态的理论模型和实验现象，并引导研究小组提出了两类全新的拓扑半金属态及相应的材料体系。

物理所赵忠贤院士荣获2016年度国家最高

科学技术奖。“磁电演生新材料及高压调控的量子序”项目（靳常青、望贤成、刘青清、禹日成、邓正）获2016年度国家自然科学奖二等奖。“原子气体玻色-爱因斯坦凝聚及应用”项目(刘伍明、王育竹、纪安春、张志东、梁九卿、王灯山、廖任远、齐燃、韩玖荣、梁兆新、孙青）获北京市科学技术奖一等奖。汪卫华院士当选发展中国家科学院院士。魏志义研究员当选美国光学学会会士。周兴江研究员当选美国物理学会会士。陆凌研究员获亚太物理学会联合会杨振宁奖。程金光研究员获马丁·伍德爵士中国物理科学奖。

根据中国科学技术信息研究所关于中国科技论文统计结果，2015年度，物理所发表第一署名单位的SCI收录论文数510篇，名列全国科研机构第6位。物理所近10年来（2006—2015）的国际论文截至2016年9月累计被引用篇数5018篇，被引用次数89 426次，名列全国科研机构第5位。2016年度共获得授权专利75项，提交专利申请118项。

在应用基础研究与高技术研究领域方面，2016年11月，北京天科合达半导体股份有限公司取得全国中小企业股份转让系统下发的同意挂牌函，股票代码870013。公司增加固定资产投资4000多万，产量增加两倍。2016年6月，星恒电源股份有限公司实现了股权融资3亿，为公司实现技术创新、装备升级、研发投入和抢占新能源汽车等提供了资金储备。

物理所现有控股、参股公司8个，其中以知识产权入股的4个。技术转移与成果辐射的省（市、区）有北京、江苏、浙江、广东等。

2016年，物理所在研重点国际合作项目14项，创新合作团队2个。来访人数约为487人次，其中约299人次来物理所进行合作研究，占总来访人数的61%；出访人数达到662人次，其中参加国际会议336人次，占出访量的69%；共290人次做了大会或分会报告。2016年主持召开国际学术会议7次。

物理所是中国物理学会的挂靠单位；承办的科技期刊有《物理学报》、*Chinese Physics Letters*、*Chinese Physics B* 和《物理》。

（撰稿：魏红祥　王　玉　审稿：孙　牧）

理论物理研究所

副 所 长：邹冰松（主持工作）
地　　址：北京市海淀区中关村东路55号
邮政编码：100190
电　　话：010-62554447
传　　真：010-62562587
电子信箱：office@itp.ac.cn
网　　址：http://www.itp.ac.cn

中国科学院理论物理研究所（以下简称“理论物理所”）成立于1978年6月9日，是在理论物理学领域各主要方向上从事基础研究的专业研究所。1985年，理论物理所成为中国科学院向国内外首批开放的研究所，1993年被第三世界科学院选为首批参加协联计划的优秀中心，1998年8月被列为中国科学院知识创新工程首批试点单位之一，2002年2月成立中国科学院交叉学科理论研究中心，2004年12月被批准为中国科学院与第三世界科学院奖学金学者培训基地，2006年成立中国科学院卡弗里理论物理研究所，2008年成立中国科学院理论物理前沿院重点实验室，2011—2015年筹建并运行。

理论物理所面向国家战略需求、面向世界科技前沿，以在探索自然界物质结构及基本运动规律方面做出具有国际影响的重大创新成果为目标，联合国内理论物理学工作者，把理论物理所办成从事理论物理基本核心问题研究，不断为国家输送优秀人才、注重交叉学科理论发展的“基础研究中心、人才培养基地、学术交流平台”，努力使理论物理研究所成为全国的理论物理研究所和国际一流水平的国家理论物理中心，在我国理论物理学界发挥引领作用，并做出真正原创性工作。

根据中国科学院“创新2020”的工作部署，理论物理所全面推进实施研究所制定的“一三五”发展规划，并制定了“十三五”学科发展目标，在理论物理核心领域，在目前具有国际竞争力的基础上，进入国际同类研究所的前列，争取某些方向在相关领域起到引领作用；进一步强化学科交叉，发展若干新兴交叉学科。制定“十三五”总体发展目标：建成科教融合的理论物理卓越创新中心。

综合分析理论物理学科的国际国内发展现状，结合理论物理所曾在粒子物理、场论和弦理论、引力和宇宙学、凝聚态物理、生物物理、统计物理、量子信息、核物理、冷原子物理等方面具有良好的研究基础和一流的研究队伍，理论物理所集中于粒子物理和粒子天体物理及核物理、引力理论和宇宙学、统计物理与理论生物物理、凝聚态物理与量子物理4个研究领域。

截至2016年底，理论物理所共有在职职工63人。其中科研人员38人、科技支撑人员11人，包括中国科学院院士6人、第三世界科学院院士3人；研究员27人、副研究员及高级工程技术人员13人。共有“青年千人计划”入选者6人，中国科学院“百人计划”入选者19人，国家杰出青年科学基金获得者10人。

理论物理所是国务院学位委员会批准的首批博士学位授予单位之一，现有理论物理专业硕士、博士研究生培养点，并设有理论物理专业博士后流动站；共有在学研究生134人（其中硕士生47人、博士生87人）、在站博士后19人。

2016年，理论物理所1名研究员获得“万人计划”百千万工程领军人才，1名研究生获得中科院院长特别奖，1名研究生的博士学位论文获得中科院优秀博士学位论文，1名博士后入选首届“博士后创新人才支持计划”。

2016年，理论物理所共主持承担了包括973计划、国家自然科学基金创新群体项目、基金委重点基金项目、中国科学院“百人计划”等国家级与省部委级重大、重点等项目或课题71项。其中，主持（参与）973计划课题4项；主持国家自然科学基金创新群体项目1项，主持国家自然科学基金国际（地区）合作与交流重大项目1项，主持（参与）国家自然科学基金重点项目5项、面上项目19项；国家杰出青年科学基金项目2项；主持国家自然科学基金优秀青年科学基金1项；主持其他基金项目8项；主持中国科学院重点部署项目1项，参与战略性先导科技专项A类项目1项、战略性先导科技专项B类项目4项；主持中国科学院前沿科学重点研究项目5项；主持“百人计划”（或“青年千人计划”）项目9项、“万人计划”第二批百千万工程领军人才1项、“万人计划”青年拔尖人才1项；主持修缮购置专项1项、中科院其他项目4项；承担其他项目3项。

2016年，理论物理所在粒子物理与粒子天体物理及核物理，弦论、引力理论与宇宙学，统计物理与理论生物物理，凝聚态物理与量子物理等方面均取得了系列高水平的研究成果和进展，受到了国际同行的广泛关注。

2016年，理论物理所共发表SCI论文369篇，其中在影响因子大于4的SCI刊物上发表论文177篇，国际国内邀请报告共63人次（包括顶级国际核物理特邀大会报告1人次）。

2016年，理论物理研究所继续坚持面向国内外理论物理学界开放，共出访61人次；接待日常来访学者110人次（不含国际会议的参会外宾），其中境外34人次，超过一个月的访问学者有16人次。充分发挥合作交流方面的优势，为促进世界范围内前沿交叉及新兴学科的基础研究、加强人才培养做出了重要贡献。

2016年，理论物理所举办前沿交叉论坛报告会6次、午餐讨论会15次、专题学术报告120次。举办了8次国际会议，11次国内学术会议。

2016年，理论物理所卡弗里国际交流平台KITPC共运行了6个各具特色科研项目，来自全世界约437名科学家参加了今年的科研项目，其中博士后65名。在历时一年的项目运行期间共作了285场学术报告，收到项目参加者完成学术论文40余篇。

2016年，理论物理所科学计算与信息平台完成了机房空调增容、后备电源扩容、研究所云计算平台的建设、应用环境迁移云环境，完成了2016年修购专项项目采购和执行，建设四路计算集群系统一套、高清视频会议系统一套。建设发布了研究所统一认证系统、内网发布平台，购置并发布了新版邮件系统、正版杀毒系统、云文档系统、网络管理系统、网络安全扫描系统。

由理论物理所主办和承办的英文版学术期刊 *Communications in Theoretical Physics*（《理论物理通讯》）继续保持较好的国际影响力。该刊2015

年度继续获得了中国科协等部委联合发布的“中国科技期刊国际影响力提升计划”的B类支持项目，以及中科院的择优出版基金的支持，并继续获得“2015中国最具国际影响力学术期刊”称号。

（撰稿：安慧敏 审稿：邹冰松）

高能物理研究所

所　　长：王贻芳
地　　址：北京市石景山区玉泉路19号乙院
邮政编码：100049
电　　话：010-88233092
传　　真：010-88233105
电子信箱：ihep@ihep.ac.cn
网　　址：http://www.ihep.cas.cn

高能物理研究所（以下简称“高能所”）成立于1973年，其前身是1950年成立的中国科学院近代物理研究所，1953年改称物理所，1958年改称原子能研究所。1973年2月，根据周恩来总理的指示，在原子能研究所一部的基础上组建了高能所。

高能所是以基础研究和应用基础研究为主的多学科综合性研究所。主要学科方向是粒子物理研究、加速器物理及技术研究和射线技术及应用研究，并兼顾核分析技术及多学科交叉研究。

高能所建有北京正负电子对撞机国家实验室、核探测与核电子学国家重点实验室（与中国科学技术大学共建），1个中科院卓越创新中心，3个中科院重点实验室，1个北京市重点实验室，1个非法人研究单位，1个国家级国际联合研究中心，1个北京市国际科技合作基地。高能所下设7个研究单位，并在广东东莞设有分部；拥有北京正负电子对撞机、北京谱仪、北京同步辐射装置、西藏羊八井国际宇宙线观测站、中国散裂中子源（在建）、大亚湾中微子实验装置、硬X射线调制望远镜卫星（在建）、江门中微子实验装置（在建）、高能光源验证装置（在建）、高海拔宇宙线观测站（在建）、阿里宇宙微波背景辐射实验（在建）等大型科研装置。

截至2016年底，高能所共有在职职工1437人。其中，专业技术人员1243人，包括中国科学院院士6人、中国工程院院士2人、正高级专业技术人员181人、副高级专业技术人员501人。共有“万人计划”入选者5人，“千人计划”入选者9人（新增3人），其中“青年千人计划”入选者6人，中国科学院“百人计划”入选者51人（新增3人），国家杰出青年科学基金获得者18人。

高能所是1981年国务院学位委员会批准的首批博士、硕士学位授予权单位之一，现设有理论物理、粒子物理与原子核物理、凝聚态物理、光学、无机化学、生物无机化学6个理学博士、硕士培养点，设有核技术及应用、计算机应用技术2个工学博士、硕士培养点，设有材料工程、动力工程、机械工程、电子与通信工程、核能与核技术工程、计算机技术、化学工程7个全日制工程硕士培养点，并设有物理学、核科学与技术2个博士后流动站，共有在学研究生561人（其中博士生328人、硕士生233人，外籍8人）、在站博士后91人（其中外籍12人）。

2016年，高能所共有在研项目（课题）633项（包括新增项目223项）。其中，主持（或承担）973计划和国家重大科学研究计划项目4项，承担（或参加）课题18项；主持（或承担）国家重点研发计划项目5项，承担（或参加）课题30项；主持（或承担）863计划课题2项（新增1项）；主持（或承担）国家自然科学基金重大项目4项，主持（或承担）国家自然科学基金重点项目13项（新增3项）、面上项目256项（新增77项）；国家杰出青年科学基金项目3项；国家自然科学基金联合基金14项（新增5项），承担（或参加）课题42项；主持（或承担）中国科学院战略性先导科技专项课题37项；主持（或承担）院重点部署项目1项；重大仪器研制项目（科技部、国家自然科学基金委、财政部和院）3项（新增1项）；承担（或参加）课题18项。

2016年，高能所在科学研究、大科学装置建造与运行、技术成果转化、人才队伍建设、创新文化建设等方面取得了丰硕成果。粒子物理研究成果显著，这些重要物理成果包括大亚湾实验测得最精确反应堆中微子能谱；北京谱仪 III 实验发现 X（1835）奇异谱型、hc 粒子的新衰变模式、粲重子 Lc+测量结果等；北京正负电子对撞机（BEPCII）在设计能量 1.89GeV 下对撞亮度达到设计指标，为改造前的 100 倍，也创造了该能区对撞亮度世界纪录；北京同步辐射装置实现 10 条光束线同时供光、“一机两用”，支持了 585 个课题实验；北京谱仪端盖飞行时间探测器及主漂移室内室完成改造，处于国际领先水平；大亚湾实验测量精度再创新高，达到 4%，获得 2016 年中科院大装置运行第一名；江门中微子实验建成并启动国内首条高量子效率 20 英寸新型光电倍增管生产线；散裂中子源项目进展顺利，建筑工程已全部交付使用，设备安装已基本完成；ADS 强流质子加速器注入器 I 质子束达到 10.6mA@ 10.67MeV，实现了先导专项任务目标，首个由 14 个低 b 轮辐射频超导腔系统集成的超导质子加速器成功实现突破，在国际上产生重要影响；硬 X 射线调制望远镜（HXMT）完成全部研制工作，已向全国征集第一轮核心科学观测提案；伽马暴偏振探测仪（POLAR）搭载“天宫二号”发射成功；高海拔宇宙线观测站项目启动开工；阿里原初引力波探测实验正式启动；医学 PET 设备、安全和精密检测类研制技术不断发展并向产业化推进；高能所积极推动国内外对未来高能物理发展的研讨，香山科学会议及基于加速器的高能物理发展战略研讨会已对环形正负电子对撞机（CEPC）建设达成共识；高能同步辐射光源验证装置（HEPS-TF）进入全面实施阶段。

2016 年，高能所在各类学术期刊及会议文集发表论文 1355 篇（作为第一机构发文 513 篇，占全部论文的 37.9%），全部论文中被 SCI 收录 973 篇、被 EI 收录 404 篇、ISTP 收录 82 篇、MEDLINE 收录 6 篇。根据基本科学指标数据库（ESI）统计，高能所进入全球论文影响力排名前 1% 的论文 42 篇，其中前 1‰的论文 9 篇。《中国物理 C》荣获 2016 中国最具国际影响力学术期刊。

2016 年，高能所被评为“2015 年度石景山区知识产权工作先进单位”。申请专利 58 项，其中中国发明专利 51 项、实用新型专利 7 项；获得发明专利授权 70 项，包括中国发明专利 54 项，实用新型专利 6 项；获得软件著作权 2 项。修订国家标准《便携式管激发 X 射线荧光分析仪》，已完成报批稿。共有中科院知识产权专员 7 人。

2016 年，“大亚湾反应堆中微子实验发现的中微子振荡新模式”荣获 2016 年度国家自然科学奖一等奖，“北京正负电子对撞机重大改造工程（集体奖）”荣获 2016 年度国家科学技术进步奖一等奖，大亚湾反应堆中微子振荡实验团队入选中科院“十二五”突出贡献团队，暗物质粒子空间探测团队获中科院“十二五”突出贡献团队称号。

2016 年，高能所继续积极推进科技成果转移转化工作。在辐照加速器方面，L 波段 10MeV/40kW 工业辐照加速器在天津完成装机调试，并投入运行，协助企业在兰州新建一座辐照中心；乳腺 PET 多渠道与医院建立合作，推动设备临床应用，同时启动增资融资，加快产业化进程；继续开拓核安全监测系列产品应用领域，组建了专业化服务队伍，为杭州 G20 峰会场馆提供了核安保服务，产品在核电站、核工基地、地方环保局等 10 家用户单位进行了应用推广；在低温超导磁选机方面，帮助合作企业完成研发及生产能力的建设，并成功实现销售，产品在福建厦门、广东嘉源、华北理工等单位投入生产；加强与大装置建设所在地的院地合作工作，积极筹建东莞高能前沿技术应用产业创新中心和大朗先进技术研究院；发挥院士工作站的平台作用，加强与地方经济的合作，天津院士专家工作站建立企业技术创新联盟，并获得天津市专项经费支持，丹东奥龙院士工作站为企业在提供技术指导，协助企业制定产品开发规划，并共同申请了国家重点研发计划。

2016 年，高能所共签署 13 项国际科技合作协议，包括德国亥姆霍兹柏林材料与能源研究中心，塞尔维亚万卡核物理研究所，巴基斯坦国家物理中心，俄罗斯科学院核能研究所，俄罗斯布德克核物理研究所，匈牙利科学院魏格纳物理研究中心，欧洲散裂中子源科学，意大利国家核物理研究院，以色列特拉维夫大学，芝加哥大学阿贡国家实验室，台湾理论科学研究中心及澳大利亚前沿粒子物理卓越创新中心等。承办高能物理领域国际研讨会 29 次，接待国外（境外）来访学者约 791 人次，组织所内科研人员出国（境）进行学术交流 1203 人次。参加欧洲核子研究中心的大型强子对撞机 LHC 上的 ATLAS 和 CMS 实验、丁肇中教授领导的 AMS 实验、国际直线对撞机（ILC）、BELLE & BELLE II、PANDA 等国际合作项目。

高能所是中国物理学会高能物理分会、粒子加速器分会，同步辐射专业委员会，核电子学与核探测技术学会，中国毒理学会纳米毒理学专业委员会，中国物理学会中子散射专业委员会的挂靠单位。主办的刊物有《中国物理 C》（月刊）、《现代物理知识》（科普双月刊）、*Radiation Detection Technology and Methods*（英文网络期刊）。

（撰稿：蒙　巍　贾英华　审稿：王贻芳）

力学研究所

所　　长：秦　伟
地　　址：北京市海淀区北四环西路 15 号
邮政编码：100190
电　　话：010-62560914
传　　真：010-62560914
电子信箱：imech@imech. ac. cn
网　　址：http://www. imech. cas. cn

中国科学院力学研究所（以下简称“力学所”）成立于 1956 年，是以工程科学思想建所的综合性国家级力学研究基地，在国际力学界享有盛誉。钱学森、钱伟长为第一任正、副所长；郭永怀副所长曾长期主持工作；继任所长为郑哲敏、薛明伦、洪友士、樊菁，现任所长秦伟。

“十三五”期间力学所的工作定位与目标是：面向世界科学前沿，面向国家重大需求，面向国民经济主战场，坚持工程科学思想，聚焦制约国家重大任务的关键共性技术和核心科学问题，创新组织体制和机制，结合中国科学院大学工程科学学院建设，促进科教融合，推动力学与相关学科的深度交叉，开创并发展系统力学，实现原始创新、系统集成、平台建设和人才培养的有机结合，建设国际一流科教融合工程科学研究基地。

力学所主要研究方向为：微尺度力学与跨尺度关联，高温气体动力学与跨大气层飞行，微重力科学与应用，海洋工程、环境、能源与交通中的重大力学问题，先进制造工艺力学，生物力学与生物工程等。

力学所现设有 5 个实体研究实验室：非线性力学国家重点实验室（LNM）、高温气体动力学国家重点实验室（LHD）、中国科学院微重力重点实验室（国家微重力实验室）（NML）、中国科学院流固耦合系统力学重点实验室（LMFS）、先进制造工艺力学重点实验室（MAM）。

力学所科研队伍实力雄厚，截至 2016 年底，共有在职职工 440 余人，其中科技人员 380 余人。包括中国科学院院士 7 人，中国工程院院士 1 人，研究员 70 余人，副研究员、高级工程师和高级实验师 150 余人。国家杰出青年科学基金获得者 8 人，“千人计划”青年项目入选者 1 人，中国科学院“百人计划”入选者 17 人，国家优秀青年科学基金获得者 2 人。

力学所是我国最早招收研究生、首批具有博士学位授予权和建立博士后科研流动站的单位之一，也是中国科学院博士生重点培养基地之一。现有博士生导师 73 人，硕士生导师 109 人。在读博士生 144 人，在读硕士 184 人。从 1956 年开始招收研究生至今，力学所共有毕业生 1330 余人，为国家培养了大批优秀的科研人才和管理人才。

1956 年建所以来，力学所已同 41 个国家和地区的科研机构开展了广泛的学术交流和科技合作，参加国际学术会议 1800 多人次，接待境外学者讲学及客座研究 1700 多人次。通过有效开展对外交流与合作，充分吸纳和利用海外资源、培养锻炼年轻人、引进高端人才和提升自主创新能力，促进了相关研究工作的深入开展，提升了力学所的国际学术地位。设立在力学所的“北京国际力学中心”依托中国力学学会建立，2010 年 9 月被国际理论与应用力学联合会（International Union of Theoretical and Applied

Mechanics，IUTAM）正式批准成为其关联所属组织，是该组织设在亚太地区唯一的国际性力学中心。

力学所图书馆创建于1956年，是国内力学类较为系统、完整的文献收藏部门之一。纸本藏书30万余册，电子书2万余册。

挂靠在力学所的全国性一级学会有中国力学学会。力学所主办有5种学术期刊，其中英文刊2种：*Acta Mechanica Sinica*、*Theoretical & Applied Mechanics Letters*；中文刊3种：《力学学报》《力学进展》《力学与实践》。

2016年，力学所作为独立完成单位，“复现高超声速飞行条件激波风洞实验技术”获国家技术发明奖二等奖，“复现高超声速飞行条件激波风洞研究集体”获中国科学院杰出科技成就奖；作为参加单位，“鄂尔多斯盆地东缘煤层气规模开发与技术应用”获中国石油和化工联合会科技进步奖一等奖。姜宗林荣获美国航空航天学会（AIAA）2016年度地面试验大奖。

2016年，力学所在研科研项目共400余项。主要包括：科技部国家重点研发计划项目1项、课题3项、子课题12项，973计划子课题10项，国家重大科技专项课题3项，863计划课题5项，重点国际合作项目1项，仪器设备开发专项项目1项，国家自然科学基金委杰出青年基金项目1项，优秀青年基金项目2项，国家重大科研仪器研制项目1项，重大项目课题1项，重点项目11项，重大研究计划项目7项，重点国际合作项目5项，面上项目106项，青年科学基金52项，中国科学院B类先导科技专项1项，课题4项，A类先导科技专项课题及子课题18项，前沿科学重点研究项目7项，重点部署项目1项，修购专项9项，装备项目6项，921项目4项，国防基础科研项目2项，另有其他部委项目19项，横向项目137项。2016年，力学所新增项目共200余项。主要包括：科技部国家重点研发计划项目1项、课题3项、子课题12项，国家重大科技专项课题1项，基金委国家重大科研仪器研制项目1项，重大项目课题1项，重大研究计划项目4项，背景型号项目4项，重点国际合作项目1项，面上项目26项，青年科学基金12项，基金其他项目7项，中国科学院B类先导科技专项1项，课题2项，A类先导科技专项子课题2项，前沿科学重点研究项目7项，修购专项2项，装备研制项目3项，另有其他部委项目21项，横向项目119项。

2016年度，力学所共申请发明专利94项，实用新型专利2项；授权发明专利64项，实用新型专利2项；软件登记10项。

2016年，力学所发表期刊论文299篇，其中SCIE收录244篇，EI收录215篇，CPCI收录的国际会议论文7篇。收录学位论文77篇，GF报告40篇；IMCAS系列科技报告114篇。

2016年，力学所共有198人次出访到30个国家和地区进行各种形式的交流与合作（国际会议143人次，合作研究52人次，院公派出国留学3人）；共有91名境外学者来力学所进行学术访问；举办、协办国际会议1个；有27位科学家在67个国际学术组织及学术期刊编委会任职。

（撰稿：王宇星　武佳丽　审稿：刘桂菊）

声学研究所

所　　长：王小民
地　　址：北京市海淀区北四环西路21号
邮政编码：100190
电　　话：010-82547850
传　　真：010-82547890
电子信箱：lwh@mail.ioa.ac.cn
网　　址：http://www.ioa.ac.cn

中国科学院声学研究所（以下简称“声学所”）成立于1964年，其前身是中国科学院电子学研究所的水声学研究室、空气声学研究室、超声学研究室和位于海南、上海、青岛的3个研究站。声学所是从事声学和信息处理技术研究的综合性研究所，总部位于北京市海淀区中关村。

声学所主要致力于声学和信息处理技术学科的应用基础和高技术发展研究，围绕我国在海洋、安全、能源、生命健康和信息网络等领域的战略急需，着力破解与声学和信息处理技术相关的前瞻性重大科技难题与系统集成瓶颈，着力提升自主创新与竞争能力，取得创新性重大成果，引领学科发展方向，保持特色鲜明和不可替代研究所的地位，把声学所打造成声学和信息处理技术领域国内外一流的国立专业研究机构。

目前，声学所在北京设有声场声信息国家重点实验室等 9 个研究单元；在上海建有东海研究站，在青岛建有北海研究站，在海南建有南海研究站，在嘉兴与地方政府共建了声学技术转移中心。声学所特色研究方向包括水声物理与水声探测技术、环境声学与噪声控制技术、超声学与声学微机电技术、通信声学和语言语音信息处理技术、声学与数字系统集成技术、高性能网络与网络新媒体技术。

2016 年，声学所顺利完成“十三五”规划制定，获中科院评估优秀奖。在中科院规划的“十三五”60 项重大突破中，声学所牵头负责 2 项，主要承担 3 项，一般参与 2 项，总体处于第一梯队水平。声学所积极争取承担重大科技任务，同时，积极部署所内科研项目，自主部署了“率先计划”和“青年英才计划”两类人才计划，鼓励科技创新和人才培养。全所按计划完成了各类科研、生产任务。

2016 年，声学所作为中科院海洋信息技术创新研究院（筹）（以下简称“海洋创新院”）依托单位，积极谋划布局，扎实推进海洋创新院筹建工作。10 月 24 日，海洋创新院召开第一届理事会，设立了战略咨询委员会，形成了理事会的运行模式，建立了理事会决策、指导、咨询机制。11 月 17 日，中科院发展规划局与重大科技任务局组织专家对海洋创新院建设试点工作进行验收。经中科院 2016 年第 9 次院长办公会评议，海洋创新院以优秀成绩通过验收，进入正式运行阶段。

截至 2016 年底，声学所共有在职职工 781 人。其中科技人员 519 人、科技支撑人员 168 人，包括中国科学院院士 4 人、研究员及正高级工程技术人员 128 人、副研究员及高级工程技术人员 255 人。共有新世纪百千万人才工程国家级人选 2 人，“万人计划”科技创新领军人才 2 人、青年拔尖人才 1 人；中国科学院“百人计划”入选者 15 人；国家杰出青年基金获得者 2 人，国家青年科技奖获得者 1 人。

声学所是国务院学位委员会批准的首批博士、硕士学位授予单位。现设有物理学（声学）、信息与通信工程（信号与信息处理）2 个一级学科博士、硕士学位授权点，地质资源与地质工程（地球探测与信息技术）硕士学位授权点，电子与通信工程、地质工程 2 个工程领域硕士学位授权点，并设有物理学、信息与通信工程 2 个博士后流动站。共有在学研究生 465 人（其中硕士生 234 人、博士生 231 人）、在站博士后 25 人。

2016 年，声学研究所共有在研项目 759 项（包括新增项目 417 项）。其中，主持（或承担）国家自然科学基金重点项目 8 项（新增 1 项）、面上项目 79 项（新增 9 项），国家杰出青年科学基金项目 1 项，国家自然科学基金重大研究计划重点项目 2 项；主持或承担国家重大科技专项 1 项；主持或承担国家重点研发计划 14 项（新增 14 项）；主持（或承担）973 计划和国家重大科学研究计划项目 2 项、承担（或参加）课题 5 项，主持（或承担）863 计划项目 18 项；主持（或承担）科技部、国家自然科学基金委、财政部及中国科学院重大仪器研制项目 11 项；主持（或承担）中国科学院战略性先导科技专项课题 12 项（新增 3 项）；主持（或承担）院重点部署项目 8 项；承担重点国际合作项目 15 项（新增 10 项）；承担院地合作项目 5 项（新增 5 项）。

2016 年，声学所获国家科技进步奖二等奖 1 项，获突出贡献奖 1 项，吴文俊人工智能科学技术进步奖二等奖 1 项。2016 年，声学所共发表论文 429 篇，其中 SCI 收录 72 篇，EI 收录 175 篇；出版著作 5 部。全年共申请专利 197 项，其中发明专利 175 项；通过 PCT 申请国际发明专利 19 项，国外专利申请增长迅猛；专利授权 162 项，其中发明专利 138 项，国外专利 5 项，香港专利 1 项；软件著作权登记 31 项，申请商标注册 7 件。

2016 年，声学所北京市海洋深部钻探测量工程技术研究中心获北京市科委认定。

声学所高度重视科研成果的转移转化，制定了《声学研究所科技成果转移转化管理暂行办法》，将科技成果转让净收益的 60% 奖励给成果完成人，20%奖励给研究单元作为发展基金，激励和鼓励科技成果转化。

2016年，声学所与斯里兰卡文化部郑和沉船水下考古项目得到中科院和中斯中心支持，开展了第二次海上考察探测，在上海举办了海洋声学学术交流活动。

2016年，中科院中以合作重点项目获批。声学所接待特聘国际人才以色列海法大学的Boris Grogoryevich Katsnelson教授和德国建筑物理研究所PHILIP教授等来访。与波兰亚西亚理工大学签订了1项国际合作项目协议。组织召开2个小型国际会议：中日韩A3研讨会、2016年第六届全国储层声学与测井技术前沿研讨会。组团赴国外参加的国际会议有：2016届IEEE口语技术研讨会、OCEANS′16国际会议、第141届国际音频协会国际大会、MAST EUROPE　2016国际会议等。2016年，声学所出访131人次，接待来访外宾54人次。

截至2016年底，声学所共有公司12家，其中研究所直接投资公司6家，声学所管理公司投资6家。

声学所是中国声学学会、全国声学标准化技术委员会、中国科学院声学计量测试站、中国环境科学学会环境物理分会等学术机构或组织的挂靠单位。主办的专业学术期刊有《声学学报》（中、英文版）、《应用声学》、《网络新媒体技术》、《声学技术》、《中国医学影像技术》和《中国介入影像与治疗学》等。

（撰稿：刘卫华　王璐瑶　审稿：李浩然）

理化技术研究所

所　　长：张丽萍
地　　址：北京市海淀区中关村东路29号
邮政编码：100190
电　　话：010-82543770
传　　真：010-62554670
电子信箱：zhc@mail.ipc.ac.cn
网　　址：http://www.ipc.cas.cn

中国科学院理化技术研究所（以下简称“理化所”）组建于1999年6月，是以原中国科学院感光化学研究所、低温技术实验中心为主体，联合北京人工晶体研究发展中心和工程塑料国家工程研究中心整合而成。

理化所是以物理、化学和工程技术为学科背景，以高科技创新和成果转移转化研究为职责使命的研究机构。主要研究领域为光化学转换与功能材料，低温科学（工程）与技术、功能晶体与激光技术、仿生智能界面材料、特种功能材料与生物医用技术。

理化所现有工程塑料国家工程研究中心，航天低温推进剂国家重点实验室（联合），光化学转换与功能材料，功能晶体与激光技术、低温工程学、固体激光、仿生材料与界面科学5个中科院重点实验室，低温生物医学工程学、热力过程节能技术2个北京市重点实验室，空间功热转换技术所级重点实验室等科研机构。技术支撑机构有国家级的低温计量站和抗菌检测中心、院级的机加工中心、所级的公共技术服务中心和信息中心等。

截至2016年底，理化所共有在职职工505人。其中科技人员443人，包括中国科学院院士5人、中国工程院院士2人、发展中国家科学院院士2人、研究员及正高级工程技术人员81人、副研究员及高级工程技术人员150人。共有中国科学院“百人计划”入选者25人，“青年千人计划”入选者2人，国家杰出青年科学基金获得者9人（新增2人），优秀青年科学基金获得者5人。理化所现设有物理学、化学、动力工程及工程热物理3个一级学科博士、硕士研究生培养点，化学工程与技术一级学科硕士研究生培养点，材料学二级学科博士、硕士研究生培养点，动力工程、化学工程、光学工程、材料工程4个专业学位硕士研究生培养点，化学、物理学、动力工程及工程热物理3个一级学科博士后流动站。共有在学研究生504人（其中硕士生242人、博士生262人），在站博士后58人。

2016年，理化所共有在研项目725项（包括新增项目409项）。其中，科技部重点研发计划项目及课题23项（新增23项），重大仪器设备开发专项3项，973计划项目9项，863计划项目3项，科技支撑计划3项，ITER项目3项，国际合作专项1项；财政部国家重大科研装备研制项目2项；国家自然科学基金重大项目11项（新增4项），重点项目4项（新增3项），面上项目67项（新增20项），杰出青年科学基金3项（新增2项），优秀青年科学基金3项，青年基金46项（新增11项）；承担中科院战略性先导科技专项课题8项（新增8项），院重点部署项目10项（新增6项），院科研装备研制项目3项（新增2项）；北京市科委项目7项（新增7项）；承担院地合作项目350项。

2016年，理化所认真贯彻落实“率先行动”计划，以建设特色研究所为契机，大力推动“十三五”发展规划和“一四五”重点目标的实施，取得阶段性成果。突破一“先进激光技术的创新与应用”基于自主创新方案，突破了多项固体激光关键核心技术，在多领域取得重要进展，为更高质量固体激光输出、相关技术实用化和相关技术人才培养提供了支撑和保障，申请重大项目并成功立项。突破二“液氮温区空间制冷技术创新及其应用”攻克了多项关键技术，多型制冷机实现在轨应用，其中某型制冷机累计在轨工作超过2万小时。突破三“大型低温制冷系统技术研发及工程应用”完成了主要关键技术实验平台的设计和研制，在透平膨胀机、氦螺杆压缩机等核心设备完全国产化的基础上，250W@4.5K氦制冷机系统制冷量达到了272W@4.5K。突破四“仿生智能超浸润界面材料体系构筑与调控”取得了一系列重要进展，发表了多篇高水平文章，持续引领和带动全球仿生超浸润领域的崛起和快速发展。

2016年，理化所全年共发表科技论文594篇，其中被SCI核心刊物收录501篇，EI收录33篇。新申请专利328项，其中发明专利284项（包括PCT 4项，美国1项、日本2项、欧盟1项），实用新型专利44项；获授权专利212项，其中发明专利170项（包括美国1项、日本1项），实用新型41项，外观设计1项。

2016年，“系列规格撬装式天然气液化装置技术开发及应用”项目获2016年度北京市科学技术奖一等奖，“北京正负电子对撞机重大改造工程”项目获2016年度国家科学技术进步奖一等奖（第6单位）。江雷院士当选美国工程院外籍院士，获联合国教科文组织科技发展贡献奖及日经亚洲奖；张铁锐研究员获中国科学院青年科学家国际合作伙伴奖。大型低温制冷装备研究团队获2016年北京分院技术转移工作组织奖特等奖，产业策划部获2016年北京分院技术转移工作组织奖一等奖。降解塑料和工程塑料研究团队获中国产学研合作奖一等奖，生物材料与应用技术研究团队获中国产学研合作奖优秀奖。

2016年，理化所继续探索成果转化和产业化与高新技术企业育成并重并有机结合的新思路，项目培育、企业育成与社会资源整合有机结合，若干重大项目产业化取得突破。成立中科富海低温科技有限公司，实施大型低温制冷装备产业化；与韩国国家核聚变研究所签订“中国-韩国大型低温制冷系统”应用合作协议。激光显示重大成果产业化稳步推进，系列激光电视产品研发定型并取得3C认证，20 000台/年整机组装生产线和200 000只/年光源生产线投产，全年实现销售订单3500万元。酶解法制备明胶新工艺产业化取得重大突破，应用新工艺已建成和在建产能突破1.5万吨，占全国骨明胶全部产能50%以上，该项成果获评中科院2016年度科技成果转化亮点工作。与山东悦泰签署15万吨/年规模PBS生产线建设合作协议，进一步巩固和扩大了理化所在该行业的领军地位。加强经营性资产管理，截至2016年底，所投资公司共计21家（其中上市公司两家），所有者权益近2亿元。

2016年，理化所积极推进国际合作与交流，新增国际合作项目14项。成功举办中国-奥地利先进材料会议，与奥地利研究机构建立了合作关系，并争取中-奥合作项目1项。明胶科研团队组织开办发展中国家培训班，吸引了来自埃塞俄比亚、蒙古和乌兹别克斯坦的10余名政府官员、研究人员和企业技术骨干参加了培训。全年学术交流出访148人次，接待来访60人次。

2016年，理化所积极参与中国科学院大学科教融合创新单元建设，牵头筹建的中国科学院大学未来技术学院正式成立，完成了未来技术学院首批研究方向和导师队伍的遴选工作，仿生智能材料科学与技术、光物质科学与能源技术、液态金属物质科学与技术3个研究团队成功入选首批研究方向及导师队伍。

理化所是中国感光学会、中国化学会光化学委员会、中国制冷学会低温专业委员会和中国感光学会光催化专业委员会的挂靠单位。负责编辑出版《影像科学与光化学》学术期刊。

（撰稿：刘世雄　朱世慧　审稿：张丽萍）

化学研究所

所　　长：张德清
地　　址：北京市海淀区中关村北一街2号
邮政编码：100190
电　　话：010-62554626
传　　真：010-62569564
电子信箱：huaxs@iccas. ac. cn
网　　址：http://www. ic. cas. cn

中国科学院化学研究所（以下简称“化学所”）始建于1956年。多年来，中国科学院以化学所一些学科方向为主先后组建了青海盐湖研究所（1958年）、感光化学研究所（1975年）和生态环境研究中心（1975年）；成都有机化学研究所成立时吸纳了化学所的十几位业务骨干；化学所有机氟工作于1963年并入上海有机化学研究所；1999年工程塑料国家工程中心并入新成立的理化技术研究所。1994年，化学所成为国家科技部和中国科学院基础性研究改革试点单位，1998年首批进入中国科学院知识创新工程试点，1999年3月成立中国科学院分子科学中心，2003年11月科技部批准化学所与北京大学共同筹建北京分子科学国家实验室。2016年，成立中国科学院分子科学科教融合卓越创新中心。

化学所是以基础研究为主，有重点地开展国家急需的、有重大战略目标的高新技术创新研究，并与高新技术应用和转化工作相协调发展的多学科、综合性研究所。主要学科方向为高分子科学、物理化学、有机化学、分析化学、无机化学。化学所坚持科学技术的原始创新，不断加强高技术创新和集成，重视化学与生命、材料、环境、能源等领域的交叉，在分子与纳米科学前沿、有机/高分子材料、能源与绿色化学领域，以及化学与生命科学交叉领域取得系列创新成果，并建设和逐步完善面向国家重大战略需求的先进高分子材料基地。

2016年，化学所高度重视党建和创新文化建设，认真实施“率先行动”计划，制定了“十三五”期间的“一三五”规划，积极建设分子科学科教融合卓越创新中心，认真组织落实先导计划的各项研究任务，集思广益，不断提升科技创新能力，促进重大科研成果产出，各项工作取得新进展。2016年恰逢化学所建所60周年，化学所按照“以学术活动为主，展示发展成就，凝心聚力，再创新辉煌”的所庆主题和“务实、节俭”的工作原则，精心策划，组织开展了一系列学术活动，展示了化学所的研究水平和创新成果，进一步提升了化学所的影响力，进一步增强了化学所的凝聚力。

化学所现有3个国家重点实验室、8个院重点实验室、1个所级实验室（中科院工程中心）、1个分析测试中心，与北京大学共同筹建北京分子科学国家实验室。国家重点实验室包括分子反应动力学国家重点实验室，分子动态与稳态结构国家重点实验室，高分子物理与化学国家重点实验室；院重点实验室包括有机固体院重点实验室，光化学院重点实验室，分子纳米结构与纳米技术院重点实验室，胶体、界面与化学热力学院重点实验室，工程塑料院重点实验室，分子识别与功能院重点实验室，活体分析化学院重点实验室，绿色印刷院重点实验室；所级实验室为高技术材料实验室，并以该实验室为基础成立了中科院先进高分子材料国防科技创新工程中心。

2016年，化学所继续实施“卓越人才战略”，人才队伍建设成绩显著。截至2016年底，化学所共有在职职工609人。其中科技人员468人、科技支撑人员86人，包括中国科学院院士11人、发展中国家科学院院士4人、研究员107人、副研究员及高级工程技术人员226人；全所进入创新岗位535人。化学所先后有10个团队获得国家自然科学基金委创新群体基金支持，目前有国家杰出青年科学基金获得者41人（新增

1人），国家“青年千人计划”入选者8人，中国科学院“百人计划”入选者36人（新增2人）、“西部之光”访问学者26人（新增1人）。化学所入选科技部创新人才培养示范基地，现有“万人计划”科技创新/创业领军人才7人（新增6人）、科技部创新人才推进计划中青年科技创新领军人才入选者6人（新增3人）、重点领域创新团队2个、科技创新创业人才1人、青年拔尖人才计划入选者4人。2016年，化学所荣获中国科学院“十二五”人事人才工作先进单位。

化学所是1996年国务院学位委员会批准的博士、硕士学位授予权单位之一，现设有化学一级学科硕士、博士研究生培养点，材料学二级学科硕士、博士研究生培养点，材料工程硕士研究生培养点，并设有化学一级学科博士后科研流动站，共有在学研究生970人（其中博士生315人、硕士生655人），在站博士后83人。

2016年，化学所共承担各类科研项目、课题700余项（包括新增项目240项）。其中，承担973计划和重大科学研究计划项目4项、课题11项，承担国家重点研发计划（新增）项目1项，课题6项，承担国家重大科技专项课题/子课题1项，主持863计划项目/课题3项，承担科技支撑计划项目课题2项；主持国家自然科学基金384项：重大项目7项、重点项目24项（新增2项）、面上项目189项（新增39项）、国家自然科学基金重大研究计划重点项目6项（新增1项）、国家杰出青年科学基金项目9项（新增1项）、创新研究群体5项（滚动支持1项）；主持中国科学院B类战略性先导科技专项1项，参加A类战略性先导科技专项1项、中科院-北京大学率先团队合作项目1项，主持院重点部署项目3项、前沿科学重点研究项目9项（新增）、中科院“百人计划”项目5项（新增1项）、“青年千人计划”4项；主持科技部、国家自然科学基金委、财政部和中科院重大仪器研制项目13项（新增3项）；承担科技部、国家自然科学基金委、中科院重大国际合作项目12项（新增2项）；承担院地合作项目260余项（新增115项）。

2016年，“有机场效应晶体管基本物理化学问题的研究”项目获得国家自然科学奖二等奖，“有机光功能材料研究集体”荣获2016年度中国科学院杰出科技成就奖，“纳米材料绿色打印印刷基础研究”项目获得北京市科学技术奖一等奖，化学所荣获“2011—2015年度国家自然科学基金委管理工作先进依托单位”称号。

根据科技部科技信息中心发布的全国科研机构发表科技论文情况统计：化学所2005—2015年发表的SCI收录论文累计被引用6941篇，被引用183 896次，居全国研究机构第1名。2016年，化学所共发表第一单位SCI收录论文771篇，非第一单位SCI收录论文424篇，其中，在有重要影响的学术期刊上发表论文156篇，在化学的各个分支学科，如高分子科学、物理化学、有机化学、分析化学和无机化学领域的高水平杂志（影响因子大于3.0）上发表论文901篇（包括合作发表332篇）。

2016年，化学所申请专利312项，获专利授权236项。气凝胶研究团队获得2016年度“中国科学院科技成果在北京转化先进团队”科技成果转化奖一等奖、科技成果转化管理团队获得2016年度“中国科学院科技成果在北京转化先进团队”技术转移工作组织奖二等奖。

2016年，化学所办理外事出访281人次，接待来访282人次。新增中国科学院国际访问学者3人，国际博士后2人，国际访问学者延续项目2项；举办分子科学论坛讲座报告19次；分子科学前沿讲座11次；主办国际会议4个。通过这些交流合作，进一步提升了化学所在国际学术界的影响力。

由科技部、中科院、教育部共建的“北京质谱中心”，院内共建的核磁共振实验室均设在化学所，拥有系列先进的质谱仪和核磁共振波谱仪。化学所拥有X射线单晶面探仪、X射线粉末衍射仪、小角X射线散射仪、高分辨透射电镜、场发射扫描电镜、600兆/500兆核磁共振谱仪和400兆固体核磁共振波谱仪、飞行时间质谱仪、X射线光电子能谱仪、傅立叶变换离子回旋共振质谱等高性能大型仪器。

化学所是中国化学会的依托单位，并与中国化学会共同主办《化学通报》《高分子学报》《高分子通报》和 *Chinese Journal of Polymer*

*Science*等学术期刊。

（撰稿：李　丹　石永军　审稿：张德清）

国家纳米科学中心

主　　任：刘鸣华
地　　址：北京市海淀区中关村北一条 11 号
邮政编码：100190
电　　话：010－82545605
传　　真：010－62656765
电子信箱：webmaster@nanoctr. cn
网　　址：http://www. nanoctr. cn

国家纳米科学中心（以下简称“纳米中心”）是由中国科学院和教育部共同建设，2003 年 12 月获中央机构编制委员会办公室批复成立的中国科学院直属事业单位。纳米中心实行理事会领导下的主任负责制，理事会由国家发展改革委、教育部、科技部、财政部、卫生和计划生育委员会、中国科学院、中国工程院、国家自然科学基金委员会和北京市人民政府等单位选派代表组成。

纳米中心定位于纳米科学的基础和应用基础研究，目标是建成具有国际先进水平的研究基地、面向国内外开放的纳米科学研究公共技术平台、中国纳米科技领域国际交流的窗口和人才培养基地。在努力为中国纳米科技发展提供支撑的同时，纳米中心还致力于促进国家纳米科技产业的标准化和规范化发展，以期为中国纳米科技的健康、有序发展做出贡献。

纳米中心现有 3 个中国科学院重点实验室，分别是中国科学院纳米生物效应与安全性重点实验室、中国科学院纳米标准与检测重点实验室和中国科学院纳米系统与多级次制造重点实验室。此外，纳米中心与北京大学、清华大学、中国科学院福建物质结构研究所等单位共建协作实验室 19 个。

纳米生物效应与安全性重点实验室　主要研究纳米结构和生物体之间相互作用、揭示纳米材料的生物效应并对其安全性进行评价。

纳米标准与检测重点实验室　包括纳米标准和纳米表征两个方向。纳米标准研究主要从事纳米技术标准化研究，如纳米检测技术标准化、纳米标准物质研制等工作；纳米表征研究主要发展对纳米尺度结构和性能的表征方法和研究设备，开发纳米表征新技术。

纳米系统与多级次制造重点实验室　主要从事功能纳米结构的制备和集成技术、新型纳米材料的制备和组装及纳米材料在环境科学和新能源应用的相关研究、集纳米材料和结构的宏量制备及体现“纳米效应”的产品和系统的应用基础研究。

3 个重点实验室里设有纳米生物效应与安全性、纳米表征、纳米标准、纳米器件、纳米材料、纳米制造与应用基础 6 个研究室。

纳米中心设立纳米技术发展部，致力于公共开放平台建设，为纳米科技研究提供支撑。纳米技术发展部下设纳米检测、纳米加工和纳米生物检测 3 个技术室。纳米检测室主要从事纳米检测技术服务，开展相关培训和研发工作；纳米加工技术实验室主要从事纳米结构加工、器件制备及系统技术研究；纳米生物检测室利用先进的设备检测纳米材料与生物体的相互作用。

截至 2016 年底，纳米中心共有在职职工 258 人。其中科技人员 195 人、支撑人员 27 人，包括研究员及正高级工程技术人员 53 人、副研究员及高级工程技术人员 84 人；国家“青年千人计划”入选者 2 人（新增 1 人），中国科学院“百人计划”入选者 27 人（新增 1 人），国家杰出青年科学基金获得者 13 人。

纳米中心是国务院学位委员会 2005 年批准的博士、硕士学位授予权单位之一。现设有凝聚态物理、物理化学、材料学和纳米科学与技术 4 个专业学科博士研究生培养点，凝聚态物理、物理化学、材料学、生物物理学、纳米科学与技术、生物工程、材料工程 7 个专业学科硕士研究生培养点，并设有博士后流动站，共有在学研究生 362 人（其中硕士生 160 人、博士生 202 人）、在站博士后 55 人，联合培养研究生 387 人。

2016 年，纳米中心共承担科研项目 327 项（包括新增项目 144 项）。其中，主持中国科学院战略性先导科技专项课题 1 项，承担课题 6

项；主持国家重点研发计划项目4项、承担课题9项。主持国家自然科学基金重点项目1项、面上项目56项（新增17项）、国家杰出青年科学基金项目7项、国家自然科学基金重大研究计划项目1项；承担院重点部署项目4项、院重大仪器研制项目4项，承担北京市科委项目26项（新增8项），国际合作项目31项（新增13项），院地合作项目29项（新增22项）。

2016年，纳米中心科研工作再上新的台阶，整体竞争力不断提升。在*Nature*出版社自然指数最新排名中，纳米中心位居全院第八位。多级次纳米结构复合催化剂设计和精准构筑及其催化α,β-不饱和醛加氢制备不饱和醇方面取得重要进展，相关成果在*Nature*发表。该研究提出了以MOFs取代传统金属氧化物作为新一代的载体材料，为负载型催化剂的结构设计和制备提供新思路。“碳纳米管复合材料柔性锂离子电池开发”研究团队创新性的将传统锂离子电池中使用的铜箔、铝箔集流体替代为可大面积制备的纳米复合材料，实现了电芯本体的柔性，且各项数据都已达到实用化要求。金属纳米颗粒电子器件研究方面取得新进展，相关成果发表在*Nature Nanotechnology*上。该工作为新原理电子器件的设计开发及电子器件的功能化提供了思路，也丰富了电子器件材料的可选性。组装的纳米生物材料在FRET分析及双光子光动治疗方面取得系列进展，能够在纳米尺度上精确地控制FRET发生效率，使常规的光敏剂能够间接地被双光子激发，为提高治疗深度提供了选择方案。微纳加工新方法研究取得重要进展，科研人员发展了一种“2D打印，3D成型”的新技术，可用来制备各种复杂的三维表面结构。该方法具有成本低、可精准设计和可控加工、易于大批量制造等优点。纳米技术标准方面完成多项国家标准发布和国际标准立项。此外，纳米中心还积极促进纳米科技成果的转移转化。

2016年，纳米中心共发表论文438篇，其中SCI论文428篇，第一单位论文254篇，主编专著3部，参编12部。申请专利151项，授权专利150项。2016年度获批国家标准8项，获批国家标准物质6种。

2016年，纳米中心蒋兴宇研究团队“基于金纳米颗粒的分析与检测”项目获北京市科学技术奖二等奖；何军研究团队“新型低维硫族半导体材料可控制备及器件应用”项目获北京市科学技术奖三等奖。赵宇亮研究员获2016年TWAS化学奖；唐智勇研究员入选国家“万人计划”科技创新领军人才；魏志祥研究员入选第十四届中国青年科技奖；魏志祥、张忠、陈春英3名研究员荣获2016年度政府特殊津贴。

2016年，纳米中心在国际交流与合作方面取得了重要进展。全年接待国外来访团组32个，共计49人；办理中心人员出访团组93个，共计112人。与澳大利亚格里菲斯大学签署1项合作协议，组织2项国际会议，在国内外取得广泛的影响。

2016年，按照院里的统一要求，纳米中心顺利通过了纳米科学卓越创新中心筹建的验收，标志着卓越中心建设进入了新的发展阶段。顺利完成了“十三五”规划的制定和任务书的签订工作，并在全院评审中获得优秀及奖励。

纳米中心是全国纳米技术标准化技术委员会（SAC/TC279）、中国合格评定国家认可委员会（CNAS）实验室技术委员会纳米专业委员会、中国微米纳米技术学会纳米科学技术分会的挂靠单位。纳米中心与英国皇家化学会联合主办的英文期刊*Nanoscale*受到国内外学界的广泛关注。

（撰稿：陈　伟　吴树仙　审稿：刘鸣华）

生态环境研究中心

主　　任：江桂斌
地　　址：北京市海淀区双清路18号
邮政编码：100085
电　　话：010-62923549
传　　真：010-62923549
电子信箱：zhb@rcees. ac. cn
网　　址：http://www. rcees. ac. cn

中国科学院生态环境研究中心（以下简称“生态中心”）始建于1975年，时为经国务院批准成立的中国科学院环境化学研究所，1986年与中国科学院生态学研究中心（筹）合并，改为现名。

生态中心以“国家生态环境安全与可持续发展”为战略主题，充分发挥环境科学、环境工程和生态学三大学科的综合优势，将国际环境科学与生态学研究前沿与国家环境保护与生态建设的重大需求紧密结合，不断突破关系到国家生态安全、环境健康和可持续发展的重大科学理论和关键技术，为我国生态文明建设、实现人与自然的协调发展做出基础性、战略性、前瞻性科技创新贡献，将生态中心建设成为我国生态环境科学应用基础研究和技术创新基地、高级专门人才培养基地，成为国内一流、国际上有重要影响的生态环境科学与技术综合性研究机构。

2016 年是“十三五”开局之年。生态中心牢牢把握中科院“三个面向”“四个率先”的要求，围绕战略重点布局，积极谋划生态中心“十三五”规划，明确了 3 个重大突破：环境污染的健康效应与危害机制，饮用水复合污染机理、过程和控制，生态系统服务形成机理和生态效益评估；7 个重点培育方向：新型污染物的识别和毒性效应、典型区域环境多介质复合污染协同消减与调控、城市化的生态环境效应与生态管理、大气污染成因与关键污染物控制技术、环境纳米材料与污染控制、污染物定向生物转化和固体废弃物资源化利用技术。2016 年，生态中心获批建设“高浓度难降解有机废水处理技术国家工程实验室”；获批与中国科学院大学联合建设“挥发性有机物污染控制材料与技术国家工程实验室”。

生态中心共有 11 个实验室，包括环境化学与生态毒理学国家重点实验室、环境水质学国家重点实验室（环境模拟与污染控制国家重点联合实验室）、城市与区域生态国家重点实验室 3 个国家重点实验室；中国科学院环境生物技术重点实验室和中国科学院饮用水科学与技术重点实验室 2 个中科院重点实验室；大气环境科学实验室、水污染控制实验室、土壤环境科学实验室、环境纳米材料实验室、固体废弃物处理与资源化实验室和大气污染控制中心 6 个实验室。设有文献信息中心、大型分析仪器实验室、二噁英实验室、水质分析实验室、环境评价部和北京城市生态系统研究站。组建有“持久性有毒污染物形态、环境过程与毒理效应”“环境微界面过程与污染控制”“土地利用与生态过程”“持久性有毒污染物的环境过程与毒理效应”4 个国家基金委创新研究群体和“持久性有毒化学污染物”“生态系统过程与服务”“饮用水安全”3 个中国科学院创新研究团队。二噁英实验室为国家实验室认可和计量认证实验室、水质分析实验室为计量认证实验室；联合国环境规划署持久性有机污染物分析示范实验室落户生态中心、住房和城乡建设部农村污水处理技术北方研究中心依托生态中心。生态中心与南澳大利亚水务公司共建国际水科学技术中心、与挪威共建中-挪环境综合研究中心、与横滨国立大学联合共建亚洲国际生态环境安全管理中国联合研究中心、与中国节能投资公司共建中环水务-生态中心联合研发基地。生态中心是农业部批准的农药登记残留试验认证单位之一。

截至 2016 年底，生态中心共有在职职工 473 人。其中科技人员 455 人（含科技支撑人员 78 人），包括中国科学院院士 2 人、中国工程院院士 2 人、发展中国家科学院院士 3 人、研究员及正高级人员 100 人、副研究员及高工 121 人。共有中国科学院“百人计划”入选者 31 人、国家杰出青年科学基金获得者 22 人，入选国家“百千万人才工程”6 人，入选“万人计划”青年拔尖人才 2 人，入选“万人计划”领军人才 3 人。

生态中心是国务院学位委员会批准的硕士学位（1980 年）、博士学位（1986 年）授予权单位之一，是中国科学院博士生重点培养基地。具有环境科学、环境工程、生态学、分析化学、有机化学、环境经济与环境管理 6 个专业博士学位点，环境科学、环境工程、生态学、分析化学、有机化学、环境经济与环境管理 6 个硕士学位点，环境工程、生物工程等工程硕士学位点。设有环境科学与工程、生物学、生态学博士后流动站。1998 年被评为中国科学院博士研究生教育重点培养基地。“环境科学与工程”流动站为全国优秀博士后流动站。截至 2016 年底，生态中心共有在学研究生 840 人，其中硕士生 369 人、博士生 471 人；在站博士后 187 人。

2016 年，生态中心共有在研项目（课题）

541 项（新增 180 项），主持 973 计划项目 2 项，承担课题 9 项，承担 863 计划项目（课题）10 项，国家重大科技专项课题 24 项（新增 1 项），国家科技支撑计划项目（课题）5 项，行业公益性专项课题 11 项。承担国家自然科学基金重大项目 4 项、课题 9 项（新增 6 项）、国家重大科研仪器研制项目 1 项，重点项目 23 项（新增 2 项）、杰出青年基金项目 20 项（新增 1 项）、创新研究群体 4 项、优秀青年科学基金项目 14 项（新增 3 项）、面上项目 162 项（新增 41 项）；承担国家重点研发计划项目（课题）30 项（新增 30 项）；承担中国科学院战略性先导科技专项 B 类项目 2 项，院 STS 项目 6 项（新增 2 项），院重点部署项目 2 项（新增 1 项）；承担国际合作项目 2 项，与地方政府合作项目 10 项。并参加了中国 2016 年北极科学考察。

2016 年，“生态系统服务研究集体”获 2016 年度中国科学院杰出科技成就奖；“辅助电还原/电凝聚及高效多相分离净水技术与应用”获 2016 年度环境保护科学技术奖一等奖；“基于物质形态原位调控的难降解有机废水低耗处理与资源化技术获”2016 年度中国石油和化学工业联合会科学技术奖二等奖；“全国生态环境十年变化（2000—2010 年）遥感调查与评估”获 2016 年测绘科技进步奖特等奖，“环境风险全过程优化管控技术研究”获 2016 年高等学校科学研究优秀成果奖一等奖。

2016 年，生态中心主持的一批重大项目取得重要进展。生态中心继续加强环境化学过程、污染现状与污染机制的研究，在纳米材料转化过程稳定同位素分馏方面取得的重大突破，在环境污染物及碳纳米材料的毒性研究、纳米银环境过程研究、纳米材料诱导细胞 DNA 甲基化修饰改变与表观遗传毒性、纳米材料界面行为的原位拉曼研究等方面取得重要进展；历时 6 年研发“基于生物毒性预警触发的智能化超级自动水站”关键技术通过了成果鉴定，并开发出先进的多光源紫外反应试验系统，在污泥抗生素抗性基因污染控制取得重要进展；在全国生态系统服务研究方面取得重要进展，揭示了我国生态系统服务空间格局及其变化趋势，明确了保障国家生态安全的关键区域。提出应该提升海洋资本在推进实现可持续发展目标（SDGs）中的作用；揭示了黄土高原生态恢复与生态服务的关系，黄河流域水沙变化规律特征与归因，并在全球植物损伤格局、城市化与 $PM_{2.5}$ 污染相关关系、在土壤抗生素抗性基因、丛枝菌根缓解植物铬毒害机理研究等方面取得重要进展。

2016 年，生态中心（第一作者单位）在国内外期刊发表论文 662 篇，其中 SCI 收录论文 507 篇，中文核心期刊论文 155 篇；申请专利 117 件，其中发明专利 111 件；获专利授权 68 件，其中发明专利 61 件；获软件著作权 3 件。

2016 年，生态环境研究中心的对外科技合作与学术交流规模再攀新高，累计派出科研骨干前往 40 个国家（地区）参加国际交流活动 483 人次；接待外国专家学者 336 人次。在境内外主办、承办“第 13 届持久性有毒污染物国际研讨会”（莱比锡）“第十一届海峡两岸水质安全控制技术与管理研讨会”“第六期发展中国家水卫生技术培训班”（长期、短期）等自主品牌系列会议（培训），“中斯不明原因慢性肾病（CKDu）联合研讨会（科伦坡）”等各类双、多边专题研讨会 14 场。2016 年，生态中心依托“中国科学院–发展中国家科学院水与环境卓越中心”，组建了“一带一路环境科技与产业联盟”；与柬埔寨签订了《中国科学院生态环境研究中心与柬埔寨科学与技术委员会合作备忘录》，与澳门科技大学签订了《中国科学院生态环境研究中心与澳门科技大学共建澳门环境科学与环境管理联合实验室协议》。

2016 年，生态中心主持编写的《中国生态环境变化十年评估报告》《国家重点生态功能区范围调整研究报告》《黄河水沙可持续管理的建议》《中国授粉与农业生产的建议》《加强我国生态系统监测与管理的政策建议》，生态承载力评估方法等各类咨询报告、建议等被政府部门采纳应用；依托生态中心的优秀科研团队，联合相关机构与企业，开展技术研发和成果转化，并作为国际合作平台，积极推进与“一带一路”沿线国家的科技合作；与盐城市人民政府共同签署中国科学院生态环境研究中心（盐城）先进环保技术研究院共建协议。

生态中心是中国生态学学会、国际环境问题

科学委员会中国委员会的挂靠单位。负责编辑出版 *Journal of Environmental Sciences*（SCI 和 EI 收录）、《生态学报》、《环境科学》、《环境科学学报》、《环境工程学报》、《环境化学》和《生态毒理学报》7 种自然科学学术期刊，国际刊物 *Environmental Science & Technology Asian office*、国际水协会 IWA Beijing office、国际环境问题科学委员会 SCOPE Beijing office 设在生态中心。生态中心科学家分别担任国际景观生态学会副主席、太平洋科学协会主席、国际科联科学计划和评估委员会、全球气候变化适应网络亚太区域科学委员会委员等重要学术组织职务；担任 *Environmental Science & Technology*，*Science* 姐妹刊 *Science Advances* 副主编等。

（撰稿：陈劲憬　杨克武　审稿：欧阳志云）

过程工程研究所

所　　长：张锁江
地　　址：北京市海淀区中关村北二街 1 号
邮政编码：100190
电　　话：010-62554241
传　　真：010-62561822
电子信箱：office@ipe. ac. cn
网　　址：http://www. ipe. cas. cn

中国科学院过程工程研究所（以下简称“过程工程所”）前身是 1958 年成立的中国科学院化工冶金研究所。50 多年来，研究范围逐步扩展到能源化工、生化工程、材料化工、资源/环境工程等领域，学科方向由“化工冶金”发展为“过程工程”。2001 年更为现名。

近年来，过程工程所进一步明确“引领过程工程科学前沿，支撑过程工业技术创新”的发展目标，瞄准国家战略需求和世界科技前沿，针对当前制约过程工程跨越发展的突出问题，制定并实施“一三五”战略规划和科技布局：“一个定位”，即大规模资源转化利用及替代的绿色过程在过程工业变革中发挥主导和支撑作用；“三项突破”，即多尺度放大调控及其重大应用、矿产资源高效清洁转化利用技术、生物过程关键技术与装备；“五大方向”，即绿色介质与过程节能、功能材料化工及工程应用、生物质全利用过程工程、绿色反应与分离工程、煤转化及油气综合利用。围绕重大突破和产出，探索适应过程工程跨越发展的体制机制，提出了创新科研组织模式和完善成果转化链两项重大改革举措，形成符合过程工程学科发展规律的科研创新体系。

过程工程所现有生化工程国家重点实验室和国家生化工程技术研究中心（北京）、多相复杂系统国家重点实验室、湿法冶金清洁生产技术国家工程实验室、中国科学院绿色过程与工程重点实验室、离子液体清洁过程北京市重点实验室，以及北京市纳米材料工程技术研究中心、过程污染控制环境工程研究中心、过程工程研发中心、生物质研究中心、循环经济技术研究中心、过程工程中关村开放实验室等科研机构。

截至 2016 年底，过程工程所共有在职职工 879 人。其中科技人员 821 人，包括中国科学院院士 4 人、中国工程院院士 1 人、研究员及正高级工程技术人员 74 人、副研究员及高级工程技术人员 267 人。共有“千人计划”入选者 1 人，“青年千人计划”入选者 5 人；中国科学院“百人计划”入选者 34 人，所级“百人计划”入选者 7 人；国家杰出青年科学基金获得者 12 人，国家自然科学基金优秀青年科学基金获得者 7 人；引进杰出技术人才 2 人。

过程工程所现设有化学工程与技术、环境科学与工程、材料科学与工程 3 个一级学科博士/硕士研究生培养点，并设有 2 个一级学科博士后流动站，共有在学研究生 461 人（其中硕士生 192 人、博士生 269 人），外国留学生 30 人，在站博士后 64 人。

2016 年，过程工程所主持 973 计划项目 3 项，主持课题 11 项，参加课题 24 项（新增 3 项）；主持 863 计划课题 6 项，参加课题 2 项；主持国家科技支撑计划课题 3 项，参加课题 7 项；承担国家科技重大专项课题 1 项，参加 6 项（新增 2 项）；承担或参加其他部委项目 7 项；参与中科院战略性先导科技专项 4 项；主持院前沿科学重点研究计划项目 6 项，主持中科院 STS 计划项目 3 项，参与 3 项；主持中科院重点部署项目2项，参与2项；中科院装备类项目8项（新增2项）；修购专项4项（新增2项）；2016年，过程工程所主持国家自然科学基金面上项目91项（新增24项）、青年基金97项（新增27项）、重点项目2项、杰出青年基金5项（新增1项）、优秀青年基金5项（新增1项）、国家重大科研仪器研制项目1项、国际合作重点项目3项、重大研究计划重点项目2项、重大研究计划培育项目21项（新增3项）、联合基金重点支持项目2项（新增1项）、联合基金培育项目8项（新增7项）；主持北京市自然基金重点项目2项、面上项目7项（新增2项），青年项目4项（新增2项），预探索项目1项。2016年，新增重点研发计划：项目3项，课题18个，参加课题17个。

2016年，过程工程所共审核合同971份，其中收款技术合同及项目247份，合同额约2.3亿元，到款额约1.21亿元；付款合同672份，协议52份。积极维护研究所经济利益和合法权益。完成技术合同技术市场认定登记111份，免税合同183份，免税合同额10 181.059万元，免税额约610.86万元。

持续完善过程工程所技术转移服务网络节点。完善线上线下技术转移推广信息网络。新加入行业及技术转移联盟6个、建设平台7个。利用“科易网”网络渠道参加泰州、吉安、泰兴、滨海、呼和浩特等地的专场对接会6次。全年发布过程工程所技术成果、技术转移等动态信息新闻稿件百余篇，被中科院、北京分院、中科院知识产权网等多家转载，提升过程工程所技术转移工作知名度、信任感与影响力，实现过程工程技术转移品牌效应。打造知识产权战略高地。2015年，过程工程所知识产权工作在培训体系建设、人才队伍培养、保护质量提升、经营实现价值等方面多管齐下，着力实现项目的知识产权全过程管理，带动科技成果产业化效率提升。全年申请专利310项，其中国际专利申请33项（含PCT国际阶段）；授权专利230项，其中国际专利授权9项；软件著作权登记12项；中国发明专利授权量位列中科院第五名。知识产权人才队伍不断发展壮大，2015年，新增国家专利代理人2名（总计6名），北京市知识产权法院专家型人民陪审员9名，北京市知识产权司法鉴定人7名（总计40余名），为过程工程所的创新发展提供有力的知识产权人才支撑。“国家专利审查员北京实践基地”落户过程工程所，助力知识产权创造与运用能力提升。

拓展省市级奖项申报渠道，力争获得更多推荐名额；联合企业共同申报，突出报奖项目的经济效益与社会效益；主动参与各类奖励专家库建设，注重奖励政策解读、申报材料审核和强化过程监督。2016年，组织策划科研骨干参加30余项奖励申报，共获得各类奖励26项，创建所以来历史新高。协助组织成果鉴定4项，其中2项国际领先，2项国际先进。同时，加大所内奖励力度，制定2016年度“最佳科技成果转化奖”评选办法并组织实施，表彰研究部优秀知识产权专员，通过表彰与奖励形成人人争优、重视转化的良好氛围。

2016年，过程工程所维护全所有效专利资产，争取北京市专利资助62万元，目前全所有效专利达1100余项，很好地支撑了技术开发与技术转让过程。立标准，出指南，提高专利质量与价值。编写专利价值自评价指标体系，化学化工领域专利撰写指南，与审查员、发明人积极沟通，修改新申请与专利审查意见答复500余份，力争获得满意的权利范围，全所专利授权率达80%以上，在全院名列前茅。实施知识产权国际化战略。积极推动核心专利的海外布局，2016年，向美、日等多个国家和欧洲申请专利（含PCT）34项，授权国际专利6项，为建设国际一流研究所，技术走出去拓展海外市场保驾护航。

2016年，过程工程所国际合作交流工作持续稳步推进：积极搭建国际平台，推动“一带一路”合作。推动建立中泰天然气转化中心、中蒙铜冶炼中心、成立Monash-IPE联合研究中心，进入中科院曼谷创新合作中心核心理事单位，与美国德州农工大学等签订框架合作协议，促成联合利华奖学金项目；举办6次大型国际会议，包括代表中科院承办IAP EC Meeting（国际科学院组织执行委员会会议），20多位国科学院院长及代表近50人参会；首次依托AIChE年会在海外举办人才招聘会，面向海外知名大学、研究机构和企业，参会人员超过400人，全面提升了过程工程所在国际上的影响力。2016 年共执行 4 项国际人才计划项目，2017 年获批国际合作经费约 1000 万，推动院“一带一路”专项部署 1000 万；推动与联合利华、万宝矿产、扬子铜业、壳牌、巴斯夫、道达尔等多家跨国企业的项目合作，年度到款 527 万。

中国颗粒学会及中国化工学会离子液体专业委员会挂靠过程工程所，所内主办 4 个学术期刊：*PARTICUOLOGY*（《颗粒学报》）、*Green Energy & Environment*（《绿色能源与环境》）、《过程工程学报》和《计算机与应用化学》。

（撰稿：李欣涛　窦红光　审稿：陈运法）

地理科学与资源研究所

所　　长：葛全胜
地　　址：北京市朝阳区大屯路甲 11 号
邮政编码：100101
电　　话：010-64854841；010-64889276
传　　真：010-64854230
电子信箱：office@igsnrr. ac. cn
网　　址：http://www. igsnrr. ac. cn

中国科学院地理科学与资源研究所（以下简称“地理资源所”）于 1999 年 9 月经中国科学院批准，由中国科学院地理研究所（前身是 1940 年成立的中国地理研究所）和中国科学院自然资源综合考察委员会（1956 年成立）整合而成。

地理资源所的定位是：以解决关系国家全局和制约长远发展的资源环境领域的重大公益性科技问题为着力点，以持续提升研究所自主创新能力和可持续发展能力为主线，建设成为服务、引领和支撑我国区域可持续发展的资源环境研究战略科技力量。

地理资源所的发展目标是：成为我国陆地表层过程、区域可持续发展、资源环境安全、生态系统及地理信息系统核心科学与技术研究中起引领作用的综合研究机构，成为国家区域发展、资源利用、环境整治和生态文明建设重要的思想库、人才库，通过实施国际化战略，开展亚洲、非洲和美洲等地区生态环境国际合作研究，提升国际竞争力，建设成为国际地理科学、资源科学和生态建设领域的著名综合性研究机构。

2016 年，地理资源所制定了研究所“十三五”规划，认真推进特色研究所改革试点工作。所领导班子团结带领全所职工，贯彻落实全面从严治党要求，推进实施新时期办院方针，主动作为、深化改革，推进特色研究所试点建设取得新进展；科技智库作用显著，支撑国家重大政策决策和精准扶贫第三方评估工作成为中科院代表性成果；新争取国家“十三五”重大科研任务成效突出，各项工作取得了新的进展，实现了“十三五”良好开局。

地理资源所科研系统由 7 个实验室（中心）、30 个研究室（中心）组成，形成了以重点实验室为纽带的“一三五”科研组织模式。7 个实验室（中心）是资源与环境信息系统国家重点实验室、陆地表层格局与模拟院重点实验室、区域可持续发展分析与模拟院重点实验室、生态系统网络观测与模拟院重点实验室、陆地水循环及地表过程院重点实验室、资源利用与环境修复所重点实验室、农业政策研究中心。

地理资源所拥有 1 个国家重点实验室、4 个中国科学院重点实验室，与其他单位共建国土资源部、北京市 2 个省部级重点实验室；设有理化分析中心和 5 个专业实验室构成的所级公共技术服务中心。拥有禹城综合实验站、拉萨高原生态试验站 2 个国家野外科学观测研究站，禹城站、拉萨站、千烟洲红壤丘陵综合开发试验站 3 个中国科学院生态系统研究网络（CERN）野外站。建成中国物候观测网、中国陆地生态系统通量观测研究网络（ChinaFLUX）和同位素观测网 3 个全国性观测研究网络，共同构成了研究所野外观测研究平台。建成完整的数据共享平台，国家地球系统科学数据共享平台、973 计划资源环境领域数据汇交中心、中国生态系统研究网络综合中心、中国科学院资源环境科学数据中心、国家电子政务工程资源环境科学数据分中心、中国科学院精准扶贫评估研究中心设在该所。此外，还设有地理科学与资源科学专业图书馆。

截至2016年底，地理资源所共有在编职工616人。其中科研人员443人、科技支撑人员124人，包括中国科学院院士5人、中国工程院院士3人、发展中国家科学院院士2人、研究员及正高级专业技术人员151人、副研究员及副高级专业技术人员222人。共有国家杰出青年科学基金获得者20人（新增2人），中国科学院“百人计划”入选者30人，“青年千人计划”入选者2人（新增1人），“外专千人计划”入选者1人，“百千万人才工程”国家级人选6人，“万人计划”百千万工程领军人才1人，“万人计划”青年拔尖人才2人（新增1人），“万人计划”科技创新领军人才2人（新增2人），“万人计划”科技创业领军人才1人（新增1人）。

地理资源所是国务院学位委员会批准的首批博士、硕士学位授予单位之一。现设有2个一级学科博士研究生培养点：地理学（含自然地理学、人文地理学、地图学与地理信息系统、自然资源学4个二级学科）、生态学；设有环境科学1个二级学科博士研究生培养点。设有自然地理学、人文地理学、地图学与地理信息系统、自然资源学、气象学、生态学、环境科学7个二级学科硕士研究生培养点；农村与区域发展（农业硕士）、农业信息化（农业硕士）、环境工程（专业学位）硕士培养点。设有地理学、生态学、生物学3个一级学科博士后科研流动站。共有在学研究生791人（其中硕士生273人、博士生493人、香港地区博士生1人、外国留学生24人），在站博士后278人。

截至2016年底，地理资源所共有在研项目/课题1207项（包括新增项目/课题533项）。其中，主持国家研发计划项目9项（新增9项）、课题39项（新增39项），863计划课题2项，973计划项目1项、课题14项，科技支撑项目1项、课题10项、国家科技重大专项高分课题5项，国家科技基础条件平台项目2项，国家科技基础性工作专项项目6项；承担国家自然科学基金重大项目1项，重点基金26项（新增3项），创新研究群体科学基金1项，国家重大科研仪器研制项目1项、面上项目213项（新增43项），青年科学基金项目103项（新增36项），国家杰出青年科学基金项目8项（新增2项），国家优秀青年科学基金项目1项；承担中国科学院战略性先导科技专项课题2项（新增1项），中国科学院重点部署项目3项（新增1项），中国科学院STS项目16项（新增2项）；科技部国际合作项目2项，国家自然科学基金委员国际（地区）合作与交流研究项目10项（新增2项）；承担经费在100万以上国家部委委托项目13项（新增3项）、与地方政府合作项目40项（新增26项）。

2016年，地理资源所获国家科技进步奖二等奖2项、省部级科技奖10项。其中，第三完成单位的成果“国家电子政务协同式空间决策服务关键技术与应用”、第四完成单位的成果“国家环境质量遥感监测体系研究与业务化应用”获国家科技进步奖二等奖；第一完成单位成果“城市工业有机污染场地修复关键技术研究与应用”获北京市科学技术奖一等奖，“中国新型城镇化发展的合理格局及决策支持示范应用”中国科学院科技促进发展奖，“城市群地区城镇化与生态环境协同发展关键技术及应用”获环境科学技术奖二等奖，“城市高精度时空信息获取关键技术及应用示范”获测绘科技进步奖二等奖，“中国城市发展空间格局优化关键技术及应用”获华夏建设科学技术奖二等奖。

2016年，地理资源所共发表论文1658篇，其中SCI和SSCI刊物收录论文877篇，国内刊物710篇，EI、ISTP及其他国外刊物论文71篇。出版学术著作（地图集）78部；获得授权专利25项；获得计算机软件著作权112项，完成区域（全国）发展规划25项；国家标准1项，地方标准3项。共有22份咨询报告与建议得到党和国家领导人批示或被中办、国办刊物采用。

2016年，孙九林分别被中央国家机关工委、中科院评为“中央国家机关优秀共产党员”和“中国科学院优秀共产党员”，刘卫东、董锁成被评为第七届“全国优秀科技工作者”，牛书丽、郭庆军入选“杰青”，张扬建、赵艳、陈同斌入选“万人计划”，汤秋鸿入选“创新人才推进计划中青年科技创新领军人才”，赵艳获得“百人计划”终期评估优秀，6人入选院特聘研究员“特聘核心骨干”，12人入选院特聘研究员“特聘骨干人才”，4人入选中科院青年创新促进会优秀会员。

2016 年地理资源所新争取到各类国际合作项目 21 项，新争取国际合作经费达到 2175 万元。与蒙古地理所、加拿大谢布克大学、加拿大西蒙弗雷泽大学、俄罗斯国立莫斯科 M. V. 罗蒙诺索夫大学地质学院、俄罗斯科学院、牛津大学、尼泊尔特里布文大学、老挝国立大学等国际机构签署科研合作协议 12 项；主办了 7 个国际学术会议、2 次两岸三地会议和 2 次国家级发展中国家培训班；全年出访人员 378 人次，接待来访人员 305 人次；引进中科院国际人才计划-国际杰出学者项目 1 项、国际访问学者项目 4 项、国际博士后项目 7 项；苏奋振当选国际地理联合会地理信息委员会共同主席，刘彦随当选国际地理联合会农业地理与土地工程委员会主席；闵庆文当选联合国粮农组织全球重要农业文化遗产科学顾问小组主席；兰恒星当选国际工程地质与环境协会滑坡术语专委会主席。董锁成荣获“第二十届独联体国家区域合作国际研讨会勋章”。

中国地理学会、中国自然资源学会和中国青藏高原研究会挂靠在地理资源所。该所为全国科学院联盟地理资源分会理事长单位。国际地圈生物圈计划中国全国委员会秘书处、国际全球环境变化人文因素计划中国国家委员会秘书处、全球碳计划亚洲区域办公室和全球土地计划北京节点办公室、国际生态系统管理伙伴计划等 13 个国际组织或科学计划的相关分支机构设在该所。主办的刊物有《地理学报》（中、英文版）、《地理研究》、《地理科学进展》、《自然资源学报》、《资源科学》、《地球信息科学》、《资源与生态学报》（英文版）、《全球变化数据学报》（中英文版）、《中国国家地理》、《中国生态旅游》等。

（撰稿：房世峰　袁肖蕾　审稿：葛全胜）

国家天文台

台　　长：严　俊
地　　址：北京市朝阳区大屯路甲 20 号
邮政编码：100012
电　　话：010-64888708
传　　真：010-64888708
电子信箱：goffice@nao. cas. cn
网　　址：http://www. nao. cas. cn

中国科学院国家天文台（以下简称“国家天文台”）成立于2001 年4 月，系由中国科学院天文领域原四台三站一中心撤并整合而成，包括总部及4 个直属单位，总部设在北京，直属单位分别是：云南天文台、南京天文光学技术研究所、新疆天文台和长春人造卫星观测站。紫金山天文台、上海天文台继续保留院直属事业单位的法人资格，为国家天文台的组成单位。

国家天文台关注国际前沿与态势、国内布局与结构，注重突出自身的优势、特色与核心竞争力，以有显示度的重大成果产出为突破目标，经过多形式、多轮次、多渠道地调研、征集、酝酿、交流、反馈，正式凝练、通过国家天文台“十三五”时期“一三五”规划目标；在中科院组织的研究所“一三五”规划评议中，国家天文台被评为优秀规划。国家天文台坚持“三个面向”，在面向世界科技前沿方面，形成宇宙大尺度结构、银河系结构和演化历史、恒星和致密天体、系外行星、太阳物理等若干国际著名的卓越团队；在面向国家重大需求和面向国民经济主战场方面，成为国家空天安全等领域不可替代的重要“方面军”。将国家天文台建设成为世界一流水平的集天文学前沿研究、天文技术与方法创新及应用、重大观测装置建造与运行、国家月球与深空探测科学应用和国家空间碎片监测与应用四位一体的综合性国立天文研究机构。三个重大突破为：银河系结构和化学-动力学演化，月球与深空探测和空间环境安全，优质建成 FAST 并成功运行、射电天文研究条件取得重大突破。五个重点培育方向为：星系宇宙学，恒星和致密天体，太阳活动与日地环境，先进望远镜与终端科学仪器关键技术，应用天文研究和产业化推广。

国家天文台牵头建设中国科学院天文大科学研究中心，坚持体制创新，建立治理结构、决策机制和管理制度体系，组织全国优势力量推荐大型光学红外望远镜（LOT）项目建议，在国家发展改革委召开“国家重大科技基础设施‘十三五’项目复评会议”中，以全票通过、排名第二位的评议结果高票当选，已正式列入“十三五”规划，国家优先布局建设；参与建设中国科学院空间科学研究院，顺利通过四类机构建设试点工作验收、中科院院长办公会专题审议；承办中国科学院大学天文与空间科学学院，第一次按照大学建制、按一级学科参加了全国第四次学科评估。

国家天文台建有光学天文、太阳活动、月球与深空探测、空间天文与技术、计算天体物理、天文光学技术、天体结构与演化7个院重点实验室，并与20余所大学、科研机构或高新技术企业建立了战略合作关系，成立联合研究中心或实验室。在河北兴隆，北京密云、怀柔，天津武清，昆明凤凰山，丽江高美谷，澄江抚仙湖，新疆南山、奇台、喀什、乌拉斯台，西藏阿里、羊八井，内蒙古明安图，吉林净月潭，贵州大窝凼等地建有观测台站。2016年，国家天文台被科技部、中科院联合评定为“国家科研科普基地”。国家航天局空间碎片监测与应用中心、中国科学院南美天文研究中心、中国科学院天文大科学研究中心、中国科学院月球与深空探测总体部依托在国家天文台。

国家天文台负责调试和运行国家重大科技基础设施“500米口径球面射电望远镜”（FAST），运行和维护国家大科学装置“郭守敬望远镜”（大天区面积多目标光纤光谱望远镜，LAMOST）。国家天文台拥有2.16米光学望远镜、2.4米光学望远镜、50米射电望远镜、40米射电望远镜、25米射电望远镜、1米太阳塔等一批天文观测设备。

截至2016年底，国家天文台共有在职职工1338人。其中科技人员1065人、科技支撑人员193人，包括中国科学院院士7人、发展中国家科学院院士2人、研究员及正高级工程技术人员202人、副研究员及高级工程技术人员343人。

国家天文台共有“千人计划”入选者2人，“万人计划”领军人才3人，“青年千人计划”入选者6人；中国科学院“百人计划”入选者38人（新增2人），“西部之光”人才入选者99人（新增15人）；国家杰出青年科学基金获得者16人（新增1人）。

国家天文台是首批国务院学位委员会批准的博士、硕士学位授予权单位之一，现设有天文学、光学工程天文技术与方法2个专业一级学科博士、硕士研究生培养点，天体物理、天文技术与方法、精密仪器及机械3个专业二级学科博士、硕士研究生培养点，天体力学与天体测量专业一级学科硕士研究生培养点，光学工程、精密仪器及机械2个专业学位硕士培养点，设有天文学、光学工程2个专业一级学科博士后流动站。共有在学研究生517人（其中硕士生229人、博士生284人、外国留学生4人），在站博士后54人。

2016年，国家天文台共有在研项目1059项（包括新增项目323项）。其中，承担国家重大科技专项5项（新增2项），主持（或承担）973计划或重点专项4项（新增1项）、承担（或参加）课题22项（新增2项），主持（或承担）863计划项目（含军口）15项（新增0项），主持（或承担）国家科技基础性工作专项1项（新增0项），主持科技部国际合作项目3项（新增1项）；主持（或承担）国家自然科学基金重大项目1项（新增0项），主持（参加）重大项目课题6项（新增1项）、重点项目26项（新增3项）、国家杰出青年科学基金项目6项（新增1项）、创新群体研究项目3项（新增0项）、面上项目149项（新增36项）；主持中国科学院B类战略性先导科技专项课题1项（新增1项），主持（或承担）中国科学院A类战略性先导科技专项课题8项（新增0项）；重大仪器研制（科技部、国家自然科学基金委、财政部和院）项目1项（新增0项）；承担院级国际合作项目7项（新增4项）。

FAST于2016年9月25日落成启用。中共中央总书记、国家主席、中央军委主席习近平发来贺信；中共中央政治局委员、国务院副总理刘延东出席启用仪式，宣读习近平的贺信并致辞。此外，FAST还入选*Nature* 2016年重大科学事件、中科院2016年月度重大科技成果等。

LAMOST于2016年6月对全世界公开发布DR2数据集，12月向国内天文学家和国际合作者发布DR4数据集。截至2016年底，LAMOST共获得光谱768万条，其中高质量光谱（S/N>10）621万条，恒星光谱参数表420万，远远超过国际上所有其他巡天项目发布的光谱数总和。

国家重大科研装备研制项目“新一代厘米-分米波射电日像仪”通过验收。它具有前所未有的在超宽带上同时以高时间、空间和频率分辨率观测太阳的能力，是国际太阳射电物理研究领域的领先设备。

国家天文台科研人员领导国际团队首次对发生在太阳暗条和冕环之间的磁重联过程中的精细结构和详细演化进行了直接的观测研究，在 *Nature Physics* 发表；国家天文台科研人员与合作者关于超大质量黑洞自旋起源的研究成果，以及对大质量和小质量的超大质量黑洞形成于完全不同机制的证实结果入选美国天文学会亮点；国家天文台科研人员领导联合团队发现星团中寄生的星族，成果在 *Nature* 发表；国家天文台参与研究首次观测到磁重联驱动扭缠的暗条解缠，成果在 *Nature Communications* 发表；国家天文台科研成果“首次发现相对论性高速喷流新模式”入选两院院士投票评选的“2015 年中国十大科技进展新闻”；云南天文台科研人员首次发现太阳黑子能够在数分钟内突然改变旋转方向，相关科研成果在 *Nature Communications* 在线发表；云南天文台一米新真空太阳望远镜首次观测到磁场重联释放磁扭缠的物理过程，相关研究成果在 *Nature Communications* 发表。“十二五”国家重大科技基础设施项目“南极天文台”在 2016 年底重新启动建设，南京天光所 3 人和国家天文台 1 人作为第 33 次南极科考队内陆队员，完成了第二台南极巡天望远镜 AST3-2 等设备维护和运控数据系统更新。首个中亚国家天文设备升级项目——乌兹别克斯坦 1 米望远镜改造于 10 月完成现场验收。

国家天文台 2016 全年共发表学术论文 716 篇（含会议论文）；出版著作 5 部；全年新增专利受理 54 件，专利授权 36 件；新增软件著作权登记 34 项目，国家标准获批 1 项。

“嫦娥三号”工程获 2016 年度国家科学技术进步奖一等奖；主持“500 米口径球面射电望远镜超大空间结构工程创新与实践”获 2016 年度北京市科学技术奖一等奖；“500MPa 应力幅耐疲劳高精度索网关键技术的研究与应用”获得 2016 年度广西技术发明奖一等奖；云南天文台主持“一米新真空太阳望远镜研制及其在太阳观测中的应用”获得云南省科学技术进步奖特等奖。此外，主持“全球最大单口径射电望远镜在贵州落成启用”、参与“成功发射世界首颗量子科学实验卫星‘墨子号’”入选 2016 年度中国十大科技进展新闻，主持“首次发现相对论性高速喷流新模式”入选 2015 年度中国十大科技进展新闻（2016 年 1 月揭晓）；南仁东研究员当选 2016 年度中国科学十大新闻人物、科技盛典——CCTV 2016 年度最具影响力十大科技创新人物；韩金林研究员、刘继峰研究员获第七届“全国优秀科技工作者”奖；韩金林研究员获得中国天文学会第十三届张钰哲奖；刘继峰研究员获得 2016 年“台达电子年轻天文学者奖”。

2016 年，在科技部国家国际科技合作基地认定工作中，国家天文台被认定为“国际天文国际联合研究中心”；国家天文台获得在智“国际科研组织地位”，享有与其他国际天文台在智利的同等福利和待遇；国家天文台与智利北方天主教大学（UCN）签署关于合作建设和发展天文观测基地的谅解备忘录；中美大学天文合作高峰论坛于 6 月在京举行，国家天文台参与的 TMT 项目成为会议重点讨论亮点，TMT 主镜研制合作为 12 米大型光学红外望远镜 LOT 解决主镜难题奠定了技术基础；武向平院士被科技部正式任命为中国 SKA 首席科学家，SKA 人才培育获得国家留学基金委创新型联合培养项目支持；由国家天文台和南非国家科研基金会共同支持的首届中国-南非天文双边研讨会“宇宙学与大型巡天”在南非德班举行，成立国家天文台-南非夸祖鲁-奈特大学（NAOC-UKZN）计算天体物理联合中心；国家天文台与西班牙加纳利天体物理研究所（IAC）签署合作谅解备忘录，与西班牙加纳利大望远镜（GTC）签署合作协议。中阿合作 40 米射电望远镜（CART）项目在 G20 杭州峰会上纳入中阿外长会谈纪要，CART 项目继续在阿推进。国家天文台代表团访问乌兹别克斯坦兀鲁伯天文研究所，考察 1 米蔡司望远镜升级改造项目实施情况。国家天文台与“突破计划”签署合作意向，共同探寻地外智慧生命。

云南省天文学会、新疆维吾尔自治区天文学会分别挂靠云南天文台和新疆天文台。国家天文台创办了拥有自主知识产权的国际核心英文学术

期刊 *Research in Astronomy and Astrophysics*（RAA），还办有中文核心期刊《天文研究与技术》和现代科普刊物《中国国家天文》。

（撰稿：陆 晔 黄京一 审稿：赵 刚）

遥感与数字地球研究所

副 所 长：顾行发（主持工作）
地　　址：北京市海淀区邓庄南路9号
邮政编码：100094
电　　话：010-82178146
传　　真：010-82178009
电子信箱：office@radi.ac.cn
网　　址：http://www.radi.cas.cn

中国科学院遥感与数字地球研究所（以下简称“遥感地球所”）在原中国科学院遥感应用研究所、中国科学院对地观测与数字地球科学中心基础上整合组建，于2012年9月7日成立，为中国科学院直属综合性科研机构。遥感地球所的成立，进一步加强了中国科学院在遥感与数字地球科技领域的综合优势，从而更好服务国家战略目标，更高水平地开展科学前沿研究。

遥感地球所旨在研究遥感信息机理、对地观测与空间地球信息前沿理论，建设运行国家航天航空对地观测重大科技基础设施，构建形成面向全球化服务的全球环境资源空间信息系统，为满足国家战略需求和促进学科发展做出创新性贡献。2016年，遥感地球所科学制定“一三五”规划与任务书，确立3个“重大突破”：建立天空地立体协同对地观测系统、建立全球环境资源空间信息系统、建立新型对地观测模拟评价系统；5个“重点培育方向”：空间大数据技术、航天航空智能对地观测技术、智慧城镇立体观测与脉动分析、行星和地球表面变化遥感探测与比较研究、“一带一路”与“胡焕庸线”空间观测与科学认知。

遥感地球所目前拥有我国唯一从事遥感科学基础研究的国家重点实验室——遥感科学国家重点实验室、从事数字地球科学与全球空间信息应用技术研究的专业实验室——中国科学院数字地球重点实验室，从事应用技术研究的遥感卫星应用国家工程实验室和国家遥感应用工程技术研究中心，国家级对地观测重大科技基础设施——中国遥感卫星地面站和航空遥感飞机；拥有联合国教科文组织、科技部、国家发展改革委等机构设立的国家级空间技术中心、国家工程实验室、工程技术中心、陆地卫星数据中心，与海南省共建的海南省地球观测重点实验室及喀什、三亚区域研究中心等科研基地，内容涵盖遥感科学、应用技术、全球信息等各主要领域。

截至2016年底，遥感地球所共有在职职工729人。其中科技人员602人、科技支撑人员52人，包括中国科学院院士2人、发展中国家科学院院士1人、研究员及正高级工程技术人员109人、副研究员及高级工程技术人员209人；全所进入创新岗位552人（在编）。共有“千人计划”入选者4人（新增1人）；中国科学院“百人计划”入选者19人（新增2人），“西部之光”人才入选者1人（新增1人）；国家杰出青年科学基金获得者1人（新增0人）。

遥感地球所现设有地理学一级学科博士研究生培养点，地图学与地理信息系统、信号与信息处理2个专业二级学科博士研究生培养点，地图学与地理信息系统、信号与信息处理、电子与通信工程、测绘工程、农业资源利用、农业信息化6个专业二级学科硕士研究生培养点，并设有地理学一级学科博士后流动站。共有在学研究生504人（硕士生254人、博士生250人），在站博士后38人，在读留学生34人。

2016年，遥感地球所共有在研项目1653项（包括新增项目427项）。其中，主持（或承担）国家高分辨率对地观测重大专项项目19项（新增6项），主持国家重点研发计划项目3项、课题15项；主持国家自然科学基金重大项目2项（新增2项）、重点项目7项（新增1项）、面上项目145项（新增17项）；主持中国科学院战略性先导科技专项课题12项，主持重大仪器研制（科技部、国家自然科学基金委、财政部和院）项目6项。

2016年，遥感地球所获各级别科技奖励12项，包括第一完成单位、第一完成人国家科技进步奖二等奖1项，中国科学院杰出科技成就奖1项，其中获国家科技进步奖二等奖的“国产陆地卫星定量遥感关键技术及应用”成果实现了国产陆地卫星定量化应用水平的跨越式发展。以第一单位发表SCI检索刊物论文416篇，EI检索刊物论文366篇；出版专著3本、编著6本；获得发明专利76项；计算机软件著作权登记87项。

2016年，遥感地球所深化国际合作工作，开拓中科院具有典型示范作用的国际化发展模式。全年累计出访467人次，来访200余人次，共与40余家国外机构签署合作协议，20余位科研人员在国际组织任职，10余名外籍人员受聘在所工作，25位外籍专家担任国际专家委员，主办/承办“一带一路”空间认知国际会议、第三届干旱半干旱环境对地观测国际研讨会、第六届国际数字地球峰会等具有较大国际影响力的会议和培训班10余个。

2016年，遥感地球所四大国际科技平台联合国教科文组织（UNESCO）国际自然与文化遗产空间技术中心（HIST）、国际数字地球学会（ISDE）与《国际数字地球学报》（IJDE）、灾害风险综合研究计划（IRDR）国际项目办公室、CAS-TWAS空间减灾卓越中心（SDIM）平稳运行。HIST6年期评估获积极评价，承办首届UNESCO科学中心主任会议；ISDE正式成为ICSU成员；IJDE影响因子达2.762，在SCI收录的地球科学和信息科学类的中国期刊中位居榜首，被《中国学术期刊国际引证年报》评为2016中国最具国际影响力学术期刊；IRDR新成立4个卓越中心，并通过国际专家中期评估；SDIM工作稳步推进，在中科院的TWAS卓越中心3年建设绩效评估中获优。

2016年，遥感地球所深度参与地球观测组织（GEO）工作，全球农业监测（GEOGLAM）被列为旗舰项目；亚太区域综合地球观测系统（AOGEOSS）和全球寒区观测（GEOCRI）作为启动项目，多源协同遥感网作为预研项目被列入GEO 2017—2019工作计划；发起“数字一带一路”（DBAR）国际科学计划，得到20余个国家/国际组织的支持，召开第一届DBAR会议并发布《数字丝路科学规划（V1.0）》；“泛第三极环境与一带一路协同发展”获批院国际合作重点计划，与NASA地学部共同承办第三届CAS-NASA中美高亚洲空间观测双边研讨会；中英“主要作物病虫害遥感监测与预测方法研究”获基金委支持，并成立中英作物病虫害测报与防控联合实验室。

2016年，遥感地球所加强院地合作与成果转化制度与平台建设，成立院地合作与成果转化办公室。与院内外科研单位、公司等签署合作协议，与10余个地方政府进行了技术对接。三亚遥感信息产业园正式立项。由遥感地球所控股的中科遥感集团公司进一步引领遥感产业化的发展。

遥感地球所拥有中国遥感委员会、中国地理学会环境遥感分会、国际数字地球学会中委会、中国环境科学学会环境信息系统与遥感专业委员会等挂靠的学会，并组织和协调亚洲遥感会议、中国遥感大会、环境遥感学术年会、中国青年遥感辩论会等多层次品牌学术活动。遥感地球所主办的中文学术期刊《遥感学报》《中国图象图形学报》均为“中国精品科技期刊”和“中国国际影响力优秀期刊”，覆盖全国各大科学文献数据库。《遥感学报》连续10年获“百杰期刊”，并连续获得中国科协精品期刊工程项目资助，目前被EI等8大国际科学数据库收录。

（撰稿：陆　鸣　王小梅　审稿：张　兵）

地质与地球物理研究所

所　　长：朱日祥
地　　址：北京市朝阳区北土城西路19号
邮政编码：100029
电　　话：010-82998001
传　　真：010-62010846
电子信箱：suoban@mail.iggcas.ac.cn
网　　址：http://www.igg.cas.cn

中国科学院地质与地球物理研究所（以下简称“地质地球所”）于1999年6月由原中国科学院地质研究所和原中国科学院地球物理研究

所整合而成，整合前的两个研究所都有长达60余年的历史积淀和丰硕的科研成果。2004年，中国科学院武汉物理与数学研究所电离层研究室整体调整到本所。地质地球所是目前国内最重要和最知名的地球科学综合研究机构之一。

地质地球所的战略定位是：瞄准全球性地球科学问题，在地球的形成与演化、地球圈层物质组成与相互作用及其资源能源、环境效应等前沿科学问题研究上实现重大突破，做出里程碑式的原创性成果，发展地球科学理论，引领国际地球科学研究；针对我国资源能源重大战略需求，创建“理论创新+技术研发+成果转化+科教融合”四位一体的新型研究机构，成为深部资源勘探装备与开发前沿技术的引领者，成为资源新理论与创新技术产业化的示范者和实践者，成为世界领先的深部资源技术解决方案提供者，成为高端地学人才培养者。2016年，地质地球所制定了“十三五”期间的“一三五”规划，力争在特提斯构造域演化与资源能源效应、克拉通破坏与巨量金属成矿、地球内部结构与过程、比较行星学等研究领域和学科方向取得突破；继续深入推进“率先行动”计划实施工作，根据中国科学院地球科学研究院筹建方案，不断深入探索体制改革与管理创新，扎实推进创新平台能力建设。

地质地球所现设有特提斯研究中心与地球深部结构与过程、岩石圈演化、油气资源、固体矿产资源、工程地质与水资源、新生代地质与环境、地磁与空间物理7个研究室；建有岩石圈演化国家重点实验室，北京空间环境国家野外科学观测研究站；建有地球与行星物理、油气资源研究、矿产资源研究、页岩气与地质工程、新生代地质与环境5个中国科学院重点实验室。

根据地球科学发展趋势，地质地球所聚焦国家资源能源领域重大需求，坚持树立前瞻性科研理论、开拓原创性技术方法，自主研发大型仪器装备、培育创新进取型人才，引领学科跨越发展，服务经济社会发展需求和国家战略目标。已建成地球物质成分与性质分析、地质年代学测定、地球内部结构探测、空间环境观测野外台站、古环境数据分析、数据计算处理与数值模拟、深部资源勘探装备研发七大实验观测系统，为地球科学测试、观测和实验提供了必要条件。由纳米离子探针、离子探针、电子探针、多接收-电感耦合等离子体质谱实验室组成的高精度微区微量原位分析系统，分析能力位居国际前沿。研究所布设的漠河、北京、武汉、三亚4个观测站及南极中山站的地磁观测站，是中科院“日地空间环境观测研究网络”和国家“子午工程”的骨干台站。地质地球所博物馆现收藏地质标本和文物11 000余件，其中岩石标本2000余件，矿物藏品8000多件，计900多个矿物种。

截至2016年底，地质地球所共有在职职工646人。其中科技人员345人、科技支撑人员234人，包括中国科学院院士15人、中国工程院院士1人、发展中国家科学院院士5人、正高级专业技术人员141人、副高级专业技术人员164人。共有“千人计划”入选者8人，“青年千人计划”入选者3人，科技部“创新人才推进计划”中青年科技领军人才5人（新增1人），重点领域创新团队负责人3人（新增1人）、国家青年拔尖人才2人。2009年获中组部授予“海外高层次人才创新创业基地”，2014年获科技部授予“创新人才培养示范基地”。中国科学院“百人计划”入选者17人（新增1人）；国家杰出青年基金获得者37人（新增2人），国家优秀青年基金获得者12人。7个国家自然科学基金委创新研究群体（新增1个）。

地质地球所是1981年国务院学位委员会批准的博士、硕士学位授予权单位和博士后流动站单位之一。现设有地质学、地球物理学、地质资源与地质工程3个专业一级学科博士研究生培养点和海洋地质学二级学科博士研究生培养点。设有地质学、地球物理学、地质资源与地质工程3个专业一级学科博士后流动站，共有在读研究生673人（其中硕士生213人、博士生460人），在站博士后198人。

2016年，地质地球所共有在研项目787项（含新增项目241项）。其中，牵头承担国家重点研发计划重点专项项目1项、课题8个，973计划项目2项、课题9个，863计划课题2个，国家科技基础性工作专项2项，国家重大科研装备研制项目1项、子项目4项，国家重大科学仪器设备开发专项1项、课题2个。基金委资助的国家重大科研仪器研制项目2项，重大项目1

项，基金重点项目25项（新增2项）。中国科学院战略性先导科技专项1项、项目9项（新增1项）、课题25个（新增2项），中科院重点部署项目1项，课题4个，中科院前沿科学重点研究项目5项。

2016年，地质地球所以第一署名单位发表科技论文545篇，其中SCI论文421篇（国际SCI论文322篇，国内SCI论文99篇）；出版专著12部；获得授权发明专利52项（其中国外专利授权1项）；新申请72项。地质地球所作为参与单位（单位排名第四），“延长油区千万吨大油田持续上产稳定勘探开发关键技术”荣获2016年度国家科学技术进步奖二等奖；“高储能岩体开挖卸荷变形破坏成因及其工程环境效应”荣获2016年度中国岩石力学与工程学会自然科学奖一等奖；“海量三维地震数据深层成像技术与装备”荣获2016年度中国地球物理学会科学技术进步奖一等奖。汪集旸院士荣获第三届“刘光文科技成就奖”；刘光鼎、孙枢两位院士荣获国家海洋局颁发“终身奉献海洋”纪念奖章。

2016年，地质地球所参加57个国家或地区举办的国际会议、合作研究和交流培训活动共465人次；邀请69个国家或地区共315人次外国专家来华合作交流；共承担6个在研国际合作项目；举办国际学术研讨会5项；获批5项中国科学院“国际人才计划”；新增10人次担任国际知名学术刊物编委以上职务；杨小平研究员获德国洪堡基金会“洪堡研究奖”。刘嘉麒院士任国际火山学与地球内部化学协会（IAVCEI）委员，刘洪研究员任美国勘探地球物理学会（SEG）委员，李晓峰研究员任经济地质学会（SEG）委员，王一博研究员任国际火山学与地球内部化学协会（IAVCEI）委员。地质地球所与老挝、罗马尼亚及伊朗等国家的地学机构签署合作协议；建有中-法生物矿化与纳米结构联合实验室和中-法季风、海洋与气候国际联合实验室。

地质地球所图书馆目前藏书35 000余册，中外文学术期刊现刊350余种，全文和文摘数据库20余个，电子期刊及其他网络资源数十种，与国际著名大学和研究机构保持长期的文献交流。地质地球所主办的国家一级学术刊物有：《地球物理学报》（SCI、EI收录）、《岩石学报》（SCI、EI收录）、《第四纪研究》、《地质科学》、《工程地质学报》、《地球物理学进展》、《沉积学报》。地质地球所是中国第四纪研究会、中国岩石力学与工程学会两个国家一级学会的挂靠支持单位。

（撰稿：陈竟志　徐志方　审稿：欧龙新）

青藏高原研究所

所　　长：姚檀栋
地　　址：北京市朝阳区林萃路16号院3号楼
邮政编码：100101
电　　话：010-84097100，010-84097101
传　　真：010-84097079
电子信箱：itpcas@itpcas. ac. cn
网　　址：http://www. itpcas. cas. cn

中国科学院青藏高原研究所（以下简称“青藏高原所”）是中国科学院党组根据国家经济社会发展重大战略需求和国际科学前沿发展趋势，在知识创新工程科技布局和组织结构调整中成立的研究所之一。青藏高原所始终围绕中科院党组提出的“出成果、出人才、出思想”目标，全面推动“高水平、国际化、重服务”研究所建设。

青藏高原所于2003年成立，实行“一所三部”的特殊运行方式，三个部分别设在北京、拉萨和昆明。北京部的主要功能是科学实验基地、学术交流基地、国际交流基地和综合协调基地；拉萨部的主要功能是科学观测研究的野外基地、国际合作研究的野外基地、西藏高水平科学实验基地、西藏社会经济发展的服务基地和西藏科学普及和爱国主义教育基地；昆明部的主要功能是青藏高原种质资源保存基地和极端环境下生物的生态适应性及遗传资源研究基地。

青藏高原所新时期的发展定位是：站在国家青藏高原研究的高度，协调组织全国青藏高原优势研究力量，推动国际青藏高原科学研究发展。以提升我国青藏高原研究原始创新能力为主线，以解决关系国家和区域长远发展的关键科学问题为着力点，发挥青藏高原所的组织引领作用。在科学研究方面，围绕青藏高原隆升过程及其对亚洲和北半球气候环境影响这一核心科学问题，研究青藏高原地球动力、地表过程与环境变化，以及极端环境下生物的生态适应性等国际前沿科学问题，做出独创性的、有重大国际影响的新成果，为东亚、中亚、南亚地区人类生存环境服务；在支撑平台方面，建设开放的、国际一流水平的野外观测研究平台和有特色、高水平的实验室，建设国内外共享的数据平台；在协调发展方面，站在国家青藏高原研究的高度，调动国内外积极因素，充分利用现有资源，提升我国青藏高原科学研究的整体水平。同时，青藏高原所在原来“高水平、国际化”的基础上，增加了“重服务”目标，即重视为西藏经济社会发展服务。

青藏高原所深刻领会习总书记视察中科院时提出的“四个率先”重要思想，牢记院党组提出的“三个面向”“四个率先”的新时期办院方针，引领示范“率先行动”计划四类机构改革，围绕“三重大”目标，站在青藏高原研究的世界前沿，创新发展，服务社会。在具体工作中，青藏高原所全力推动青藏高原地球科学卓越创新中心（简称“青藏卓越中心”）建设，扎实推动“一三五”规划实施，重点推动青藏高原先导专项B类、泛第三极环境（P-TPE）国际计划等重大研究计划，产出了重大原创成果，服务了西藏经济社会发展。

青藏高原所现有中科院重点实验室3个：青藏高原环境变化与地表过程重点实验室、大陆碰撞与高原隆升重点实验室、高寒生态学与生物多样性重点实验室。现有院重点野外台站5个：纳木错多圈层综合观测研究站、珠穆朗玛大气与环境综合观测研究站、藏东南高山环境综合观测研究站、阿里荒漠环境综合观测研究站和慕士塔格西风带环境综合观测研究站。

截至2016年底，青藏高原所全体在职职工为239人。包括中国科学院院士1人、中国科学院外籍院士1人（美籍学术副所长）、研究员41人、副研究员40人。共有“杰出青年基金”获得者11人、国家优秀青年基金获得者4人，国家“青年千人计划”2人、中国科学院“百人计划”入选者18人（藏族1人）；“万人计划”1人；国家级百千万人才工程入选者5人。

2016年，青藏高原所继续做好研究生培养工作。现有自然地理学、构造地质学、大气物理学与大气环境3个二级学科博士研究生培养点，自然地理学、构造地质学、大气物理学与大气科学、生态学4个专业二级学科硕士研究生培养点，并设有地理学和地质学2个一级学科博士后流动站。共有在学研究生266人（其中硕士生87人、博士生117人、外籍留学博士生62人）、在站博士后51人。

2016年，青藏高原地球科学卓越创新中心作为中科院首批验收的17个四类机构之一，以优异成绩通过了验收，全面启动运行。该中心产出了重大原创成果，中心共有11名科学家入选爱思唯尔（Elsevier）2015年中国高被引学者榜单。

青藏高原所以科技大师精神引领创新人才高地建设。2016年12月，瑞典人类学与地理学会（SSAG）决定授予青藏高原所所长姚檀栋院士2017维加奖（Vega Medal）金质奖章，这是该奖自1881年设立以来，首次颁发给亚洲科学家。这对提升我国青藏高原研究的国际影响力具有重要意义，将进一步加速我国青藏高原研究人才高地建设步伐。

青藏高原所成功启动墨脱地球景观与地球系统综合观测研究中心（简称“墨脱中心”）建设。作为构建支撑西藏生态环境保护的国家级高寒区网络观测研究关键平台之一，墨脱中心的建设将加强区域地球系统科学观测研究，填补喜马拉雅南坡区域观测空白，促进不同学科交叉融合，推动重大成果产出，对支撑西藏特色经济发展、生态环境保护和国家生态安全屏障建设具有深远意义。

青藏高原所组织实施了“十三五”时期相关国家项目集群。2016年度在研项目主要包括：主持中科院战略性先导科技专项（B类）1项：“青藏高原多圈层相互作用及其资源环境效应”，姚檀栋院士担任首席科学家，专项经费2.5亿元；“一带一路”专项1项，经费4500万元；科技部全球变化研究专项1项，经费2600万元；国家重点研发计划课题2项，经费1000万元；

国家科技基础性专项1项，经费1400万元；973计划课题10项，经费4780万元；国家基金委重大项目2项，经费4000万元；重点基金4项，经费1000万元；基金委创新群体2项，经费1200万元，杰出青年基金4项，经费1600万元，优秀青年基金4项，经费600万元；国家自然科学基金项目170余项。

青藏高原所全面优化科技布局推动“一三五”规划实施，在资源优化配置方面提出了具体举措，在全院“一三五”规划交流评议中被评为优秀规划。截至2016年底，青藏高原所累计发表SCI论文1867篇（2016年新增290篇），总被引频次达28 462次，取得了具有重要国际影响力的重大成果。

青藏高原所联合B类先导科技专项“青藏高原多圈层相互作用及其资源环境效应”的优势研究力量，推动产出了印度大陆与欧亚大陆碰撞时间与碰撞模式、高原隆升古高度、西风和季风分布三模态3个重大创新成果。提出了青藏高原碰撞隆升时空变化的新观点，证实了青藏高原的远程辐射源效应，发现了西风季风作用链对青藏高原现代环境的决定性影响。研究成果入选汤森路透2015年地学十大科学前沿第一方阵。

青藏高原所认真推动服务“一带一路”国家战略。以“第三极环境（TPE）”国际计划为契机，启动“泛第三极（P-TPE）”国际计划，围绕区域环境问题，构建TPE区域联盟和TPE全球网络，在季风和西风相互作用、气候变化对水资源和生态系统影响等地球系统科学前沿方向产出引领国际的突破成果，为国家“一带一路”战略实施提供科技支撑。值得一提的是，中科院加德满都科教中心建设以来，为第三极周边国家培养了一批本土高水平科技人才。

青藏高原所服务西藏生态文明建设和经济社会发展。习近平总书记高度认可《西藏高原环境变化科学评估》报告，高度重视西藏生态环境保护与经济社会协调发展并提出了具体要求。遵照这一指示，在过去工作基础上开展了区域环境灾害风险评价工作，特别是针对2016年阿里阿汝冰崩开展科学考察，加强气候变化对区域灾害风险的评估研究，得到了西藏党政主要领导的高度认可。

青藏高原所是国家一级学会中国青藏高原研究会的挂靠单位之一。

（撰稿：安宝晟　田新苗　审稿：姚檀栋）

古脊椎动物与古人类研究所

所　　长：周忠和
地　　址：北京市西城区西直门外大街142号
邮政编码：100044
电　　话：010-68351363
传　　真：010-68337001
电子信箱：bgs@ivpp. ac. cn
网　　址：http://www. ivpp. ac. cn

中国科学院古脊椎动物与古人类研究所（以下简称“古脊椎所”）的前身是创建于1929年的原中国农商部地质调查所新生代研究室。1951年并入位于南京的中国科学院古生物研究所，改称新生代及古脊椎动物研究组。1953年从古生物研究所分出，在北京成立了中国科学院古脊椎动物研究室。1957年改名古脊椎动物研究所，1960年更名为中国科学院古脊椎动物与古人类研究所至今。

古脊椎所以建设国家古脊椎动物与古人类学基础研究领域的“四个中心”（科研和学术思想中心、科技人才培养中心、化石标本和现代骨骼标本收藏中心及科学普及中心）为发展定位，以建设成为中国地球科学和生命科学在国际学术界享有盛誉的科研机构为发展目标。

古脊椎所设有4个研究室、1个重点实验室和1个研究中心。即古鱼类与爬行类研究室、古哺乳动物研究室、古人类与旧石器考古研究室、古环境演化研究室、中科院脊椎动物演化与人类起源重点实验室和周口店国际古人类研究中心。

古脊椎所拥有大型仪器设备40多台（套），包括高精度CT设备、古DNA分析设备、自动切磨片系统、激光光谱元素分析系统、扫描电镜、稳定同位素质谱仪等；建有亚洲规模最大的标本馆，馆藏标本达23万余件；拥有一个对公众开放的中国古动物馆，每年接待国内外观众20余万人；拥有一个小型开架式专业图书馆，馆藏书刊近 10 万册。

截至 2016 年底，古脊椎所共有在职职工 163 人。其中科技人员 67 人，科技支撑人员 67 人，包括中国科学院院士 4 人、美国国家科学院外籍院士 1 人、瑞典皇家科学院外籍院士 1 人、发展中国家科学院院士 1 人，巴西科学院通讯院士 2 人；正高级专业技术人员 41 人（含研究员 37 人）、副高级专业技术人员 60 人（含副研究员 28 人）。其中，“千人计划”入选者 1 人，中科院“百人计划”入选者 13 人（新增 2 人），国家杰出青年科学基金获得者 6 人，中科院特聘研究员 10 人，国家百千万人才工程入选者 8 人，“西部之光”人才入选者 1 人，中科院青年科学家奖 1 人。

古脊椎所现设有古生物学与地层学、地球生物学、科学技术史专业的博士、硕士研究生培养点和博士后科研流动站。共有在学研究生 92 人（其中硕士生 48 人、博士生 44 人），在站博士后 3 人。

2016 年，古脊椎所承担科研项目 144 项（新增 45 项）。其中，承担 973 计划项目 1 项，国家科技基础性工作专项 2 项，获科技部重大研究计划课题 1 项；获国家自然科学基金基础科学中心项目 1 项，承担重大研究计划项目 1 项、杰出青年基金 1 项、重点项目 3 项、重大国际合作项目 1 项，面上项目 35 项（新增 10 项）；获中国科学院战略性先导专项 B 类课题 1 项、前沿科学重点研究项目 2 项、国际合作重点项目 2 项，承担战略性先导科技专项课题 1 项、重点部署项目 2 项、“百人计划”项目 1 项、化石发掘和修理专项经费项目 1 项；承担修购专项 2 项（新增 2 项）。

2016 年，古脊椎所取得了一系列重要的基础研究成果：5 月 2 日，*Nature* 发表了付巧妹研究团队成果，首次揭示了末次冰期欧亚地区完整的人口动态变化情况，绘制出了冰河时代欧亚人群遗传谱图，是该领域研究的一项重大突破；5 月 6 日，*Science* 发表了倪喜军研究团队成果，提出了重大环境变化事件作用于生命演化的一种新机理模式；10 月 21 日，*Science* 发表了朱敏研究团队关于志留纪盾皮鱼的研究成果，首次提出全颌盾皮鱼类与硬骨鱼类的上颌骨、前上颌骨及齿骨与原颌盾皮鱼类的颌部骨板是同源的理论。2016 年，古脊椎所科研人员在 *Nature*、*Science* 共发表论文 8 篇，在 *Scientific Reports* 上发表论文 7 篇，在 *Nature Communications* 上发表论文 2 篇，在 *Current Biology* 上发表论文 3 篇，在 *Journal of Human Evolution* 上发表论文 3 篇。

在突出成果奖励方面，刘武课题组完成的“发现东亚最早的现代人化石”研究成果入选“2015 年度中国科学十大进展”；*Nature* 指数公布一年来文章的社会影响力得分，古脊椎所囊括 *Nature* 指数 2015 年社会影响力中科院单位前五名；付巧妹入选 *Nature* 评选出的十位中国科学之星行列；《中国古脊椎动物志》在国家出版基金资助项目的年检绩效考评活动中，获评为优秀项目；张弥曼荣获国际古脊椎动物学界最高奖罗美尔-辛普森终身成就奖；李淳研究的“奇异滤齿龙”入选 2016 年度“十大古脊椎动物发现”；周忠和荣获何梁何利基金奖“科学与技术进步奖”；《古脊椎动物学报》入选 2016 年“中国最具国际影响力学术期刊”名单。

2016 年，古脊椎所通过出版科普图书、举办专业培训班、开放科普场馆及特别展览等活动开展科技成果转移转化工作，产生了良好的社会效益。科普图书《征程：从鱼到人的生命之旅》获“2016 年全国优秀科普作品”、第四届中国科普作家协会优秀科普作品奖金奖等。以中国古动物馆为科普阵地，开展了达尔文大讲堂、博物馆奇妙夜和小达尔文试验站等大型科普活动。

在国际合作方面，古脊椎所于 2016 年 5 月在北京组织召开国际古生物学会理事会工作会议，来自于中国、美国、英国等 10 多个国家的国际知名学者参会，共同探讨国际古生物学发展大计，促进学科发展和国际合作。会议由现任国际古生物学会主席周忠和院士召集。2016 年 9 月，古脊椎所组织召开“人类演化与适应生存方式”国际学术交叉研讨会，来自德国马普进化人类学研究所、北京大学、复旦大学等 30 余位专家学者应邀参会交流。此外，与法国自然历史博物馆、伊朗赞詹大学签订合作备忘录，正式接待了外方访团 7 批次。

2016 年，古脊椎所承担的国家自然科学基金委员会国际合作重点项目 1 项、科技部中南非政府间协议交流项目 2 项、中科院国际合作项目 1 项均按计划执行；新获中科院国际合作重点项目资助 2 项；获中科院国际人才计划 5 项，执行院级协议交流 3 项、俄乌白项目 1 项。出访人员 87 人次，接待来访外宾 80 余人次，在国际学术组织、国际期刊任职 17 人，参加国内外会议做报告 130 余次。

古脊椎所负责主办《中国古生物志》（丙、丁种）、《古脊椎动物学报》、《人类学学报》、《中国科学院古脊椎动物与古人类研究所集刊》等专业杂志和《化石》、《恐龙》等科普杂志。古脊椎所是古脊椎动物学分会、中国第四纪科学研究会古人类–旧石器专业委员会及中国第四纪科学研究会地层专业委员会挂靠单位。

（撰稿：郭艳萍　魏涌澎　审稿：邓　涛）

大气物理研究所

所　　长：朱　江

地　　址：北京市朝阳区德胜门外祁家豁子华严里 40 号楼

邮政编码：100029

电　　话：010–82995381

传　　真：010–62028604

电子信箱：iap@mail. iap. ac. cn

网　　址：http://www. iap. cas. cn

中国科学院大气物理研究所（以下简称“大气所”）的前身是 1928 年成立的原国立中央研究院气象研究所。1950 年 1 月，中国科学院将气象、地磁和地震等部分科研机构合并组建成立中国科学院地球物理研究所。1966 年 1 月，根据我国气象事业发展的需要，中国科学院决定将气象研究室从地球物理研究所分出，正式成立中国科学院大气物理研究所。大气所是中国现代史上第一个研究气象科学的最高学术机构，目前已发展成为涵盖大气科学领域各分支学科的大气科学综合研究机构。

大气所致力于研究和探索地球大气中和大气与周边环境相互作用中的物理、化学、生物、人文过程的新规律；提供天气、气候和环境监测、预测和调控的先进理论、方法和技术；造就本领域的一流人才；服务于经济和社会的可持续发展和国家安全。

大气所现设有 2 个国家重点实验室，3 个中国科学院重点实验室，4 个所级实验室和研究中心。国家重点实验室包括：大气科学和地球流体力学数值模拟国家重点实验室、大气边界层物理与大气化学国家重点实验室；院重点实验室包括：中国科学院东亚区域气候–环境重点实验室（全球变化东亚区域研究中心）、中国科学院中层大气和全球环境探测重点实验室、中国科学院云降水物理与强风暴重点实验室；所级实验室和研究中心包括：国际气候与环境科学中心、竺可桢–南森国际研究中心、季风系统研究中心、中国生态系统研究网络大气分中心。

大气所还设有所公共技术服务中心和低层大气探测部，在河北香河和兴隆、安徽淮南、吉林通榆设有野外综合观测站。公共技术服务中心是面向全所进行仪器维护和技术服务的支撑部门。中国科学院气候变化研究中心和中国科学院减灾中心挂靠在大气所。大气所形成了以地球气候系统数值模拟平台、野外台站综合观测平台、专业大气探测实验技术平台为主体的科技支撑体系；代表性的仪器设备包括：SGI F4200、曙光、惠普、浪潮 4 套高性能计算集群，MST 雷达、325 米气象观测铁塔、风廓线雷达、高分辨飞行时间气溶胶质谱仪等。

截至 2016 年底，大气所共有在职职工 523 人。其中科技人员 410 人、科技支撑人员 64 人，包括中国科学院院士 7 人、第三世界科学院院士 1 人、欧亚科学院院士 2 人，研究员及正高级工程技术人员 116 人、副研究员及高级工程技术人员 188 人。共有“千人计划”入选者 4 人，“青年千人计划”入选者 7 人（新增 3 人），“万人计划”入选者 5 人；中国科学院“百人计划”入选者 21 人；特聘研究员 25 人（新增 8 人）；国家杰出青年基金获得者 17 人（新增 2 人）。

大气所是国务院学位委员会批准的首批博士、硕士学位授予单位之一，现设有一级学科大气科学硕士、博士学位培养点，海洋科学、环境科学与工程硕士培养点，拥有大气科学和海洋科学2个博士后科研流动站。截至2016年底，大气所共有在学研究生410人（其中博士生271人、硕士生139人），在站博士后66人。

2016年，大气所共有在研项目及课题共计507项（包括新增项目223项）。其中，主持国家自然基金重大项目1项（新增1项）、创新研究群体项目2项，主持国家自然科学基金重点项目8项（新增4项）、面上项目134项（新增41项），国家杰出青年科学基金项目4项（新增2项），国家优秀青年基金项目3项（新增2项），重点国际合作项目4项（新增1项），国家自然科学基金重大研究计划重点项目10项、青年项目95项（新增24项）；主持或承担国家重大科技专项；主持或承担国家重点研发计划4项（新增4项），承担课题15项（新增15项）；主持（或承担）973计划和国家重大科学研究计划项目5项、承担（或参加）课题16项；主持（或承担）（科技部、国家自然科学基金委、财政部和院）重大仪器研制项目3项（新增1项）；主持（或承担）中国科学院战略性先导科技专项课题6项；承担院重点国际合作项目7项（新增4项）；承担院地合作项目30项（新增10项）。

作为中科院首批验收的战略性先导科技专项（A类），“应对气候变化的碳收支认证及相关问题”专项顺利通过结题验收，并参与研制碳卫星；承担的中科院战略性先导科技专项（B类）“大气灰霾追因与控制”两个项目的科研成果有力支撑了国家重污染天气预报预警体系建设与实践；紫外临边环形成像仪入住“天宫二号”，给地球大气CT扫描中；973计划项目“典型流域陆地生态系统-大气碳氮气体交换关键过程、规律与调控原理”和“全球典型干旱半干旱地区年代尺度气候变化机理及影响研究”顺利结题。

2016年，大气所在国内外期刊上发表科技论文751篇，其中SCI（E）收录论文553篇，高质量论文不断增长，影响力进一步增强。此外，还出版专著3部。共申请发明专利5项；获发明专利授权4项，实用新型专利2项，外观专利1项；登记国家版权局软件著作权12项。

2016年，大气所院士曾庆存获第61届国际气象组织（IMO）奖。“复杂大气环境作战保障装备及应用”获国家科学技术进步奖二等奖。“中尺度系统动热力学新理论和预报新方法研究”获中国气象学会大气科学基础研究成果奖二等奖。“气候系统中陆地碳氮循环耦合模式的研发应用”获中国气象学会气象科学技术进步成果奖二等奖。“京津冀大气灰霾特征与控制途径研究”获环境保护科技奖二等奖。“典型生态系统中碳氮磷及重金属元素的生物地球化学循环”获吉林省自然科学奖二等奖。

2016年，大气所落实中科院-中国气象局“合作备忘录”深入开展与气象业务部门合作，实现所局合作共享双赢。与湖北省气象局签署框架协议。推进大气所“高分辨率洪涝和滑坡泥石流动力数值监测预报系统”落地；重点组织极端天气气候事件与山洪地质灾害监测预警方面联合开展合作研究和科技攻关，并加强高层次科技人才培养。

2016年，大气所密切与地方政府和科研业务单位的科技合作，共同服务于国家需求和发展。与北京市疾控中心签署战略合作协议，将共同在空气污染和人体健康影响方面进行深入探索和研究。与联通集成公司签署合作协议，中国科学院院长白春礼和联通集团总经理陆益民出席签约仪式。拟在大气污染预报预警模型、大气污染密集监测方面，为全国环境保护治理提供科学技术与信息服务，为中科院与中国联通的合作树立标杆，为全国环境保护治理提供科学技术与信息服务。充分利用科研成果，为国家重大活动和经济、科技、民生提供科技支撑。为G20峰会、北京及周边重污染天气管理等预警预报工作提供科学支持。

2016年，大气所成功举办12个国际会议、1个海峡两岸会议。其中“第二届中亚气象科技国际研讨会”旨在落实中央建设“一带一路”战略部署，积极发挥新疆地处丝绸之路经济带核心区的区位优势和语言文化优势，加强与中亚国家气象技术交流合作，为促进中亚气候变化重建研究项目顺利开展起到了积极推动作用。积极拓展新的国际交流平台，与与泰国科技部水电农业信息研究所、清迈大学、比利时皇家气象研究所及莫斯科大学核物理研究所签署合作协议和备忘录4个。执行的45项国际合作项目进展顺利，其中2016年新增14项。全年共执行187项出访任务，398人次出访参加国际会议及合作研究访问；外宾来访436人次。在中科院或国际交流项目资助下，4位外籍博士到所从事博士后研究工作及执行国际访问学者项目。全所共有74个国际组织任职，65个国际期刊任职。

大气所是中国科学探险协会、太平洋科学协会中国委员会、中国气象学会动力气象学委员会、大气环境学委员会、统计气象学委员会的挂靠单位；主办的刊物有：《大气科学》（中文版）、《大气科学进展》（英文版）（SCI收录）、《气候与环境研究》（中文版）、《大气和海洋科学快报》（英文版）。

（撰稿：周　权　任　丽　审稿：王生林）

植物研究所

副 所 长：汪小全（主持工作）
地　　址：北京市海淀区香山南辛村20号
邮政编码：100093
电　　话：010-62836220
传　　真：010-62590835
电子信箱：suoban@ibcas. ac. cn
网　　址：http://www. ibcas. ac. cn

中国科学院植物研究所（以下简称“植物所”）是我国建立最早的植物基础科学综合性研究机构，前身为1928年创建的静生生物调查所和1929年成立的国立北平研究院植物研究所，1950年合并为中国科学院植物分类研究所，1953年改名为中国科学院植物研究所。

“十二五”期间，植物所以“世界上有重要影响的一流研究机构”为发展目标，以“整合植物学”为学科定位，紧紧围绕植物学科发展，以及国家对生态文明建设和农业转型发展的战略需求，重点布局植物系统进化、生态环境、分子生理与发育、光合作用、资源植物可持续利用5个重点学科领域，力争在植物多样性格局与形成机制的若干重大基础和前沿问题、作物种子优质高产的分子机理、现代生态草牧业理论体系与技术集成3个方面实现重大突破，引领和推动我国现代植物科学的持续发展。

2016年，植物所按照党中央和中科院党组的统一部署，认真贯彻落实党中央关于全面从严治党的战略部署，紧密围绕中科院“率先行动”计划和“十三五”规划纲要，以制定和落实植物所“十三五”规划和新“一三五”规划为抓手，坚持“三个面向”，积极稳妥地推进科研项目争取、成果产出、队伍建设、合作交流、创新文化建设等各项工作

植物所拥有7个研究和支撑部门、10个野外台站、1个植物标本馆、1个公共技术服务中心、中国生态系统研究网络（CERN）生物分中心和1个中科院非法人研究单元（中科院内蒙古草业研究中心）。研究和支撑部门包括系统与进化植物学国家重点实验室、植被与环境变化国家重点实验室、中科院植物分子生理学重点实验室、中科院光生物学重点实验室、中科院北方资源植物重点实验室、北京植物园（含华西亚高山植物园）、文献与信息管理中心；野外台站包括内蒙古锡林郭勒草原生态系统国家野外科学观测研究站、内蒙古鄂尔多斯草地生态系统国家野外科学观测研究站、湖北神农架森林生态系统国家野外科学观测研究站、中科院北京森林生态系统定位研究站、植物所多伦恢复生态学试验示范研究站、植物所浑善达克沙地生态研究站、植物所东乌珠穆沁草原生态系统管理研究站、植物所北方林生态系统定位研究站、植物所古田山森林生物多样性与气候变化研究站、植物所-内蒙古农牧业科学院乌兰察布草地生态研究站。

截至2016年底，植物标本馆共收藏标本270万余份；数字植物标本馆共收录标本信息636万份；植物图像库已收录图片276万幅。拥有单价10万元以上仪器设备541台（套），其中50万元以上大型仪器设备93台（套）。2016年新购10万元以上仪器设备24台（套），包括叶绿体物质通透微测系统、紫外可见分光光度计、高分辨率相机、无人机机载激光雷达系统、无人机高光谱平台集成系统、全自动凯氏定氮仪、植物光合热释光测量系统、全自动凯氏定氮仪等。

截至2016年底，植物所共有在职职工596人。其中科技人员320人、科技支撑人员203人，包括中国科学院院士5人、第三世界科学院院士2人、欧亚科学院院士1人、研究员及正高

级工程技术人员90人、副研究员及高级工程技术人员149人。共有“千人计划”入选者2人，“万人计划”入选者1人，“青年千人计划”入选者6人；中国科学院“百人计划”入选者34人（执行中2人）；国家杰出青年科学基金获得者16人（新增1人），国家优秀青年基金获得者6人（新增1人，调离1人）；国家“百千万人才工程”入选者5人。

植物所是首批国务院学位委员会批准的博士、硕士学位授予权单位之一，现设有植物学、发育生物学、生态学、细胞生物学4个专业一级（或二级）学科博士研究生培养点，植物学、发育生物学、细胞生物学、生态学4个专业一级（或二级）学科硕士研究生培养点，设有生物工程专业硕士研究生培养点，并设有生物学、生态学2个专业一级学科博士后流动站。共有在学研究生685人（其中硕士生315人、博士生370人）、在站博士后53人、留学生16人。

2016年，植物所共有在研项目599项（包括新增项目234项）。其中，承担国家重点研发计划项目2项、课题9项（均为新增），973计划和国家重大科学研究计划项目4项、课题9项，国家科技基础性工作专项4项，科技支撑课题2项，科技基础条件平台项目1项；承担国家自然科学基金重点项目12项（新增1项）、面上项目208项（新增37项）、青年项目80项（新增12项）、国家杰出青年科学基金项目5项（新增1项）、优秀青年基金5项（新增1项）、特殊学科点建设项目1项、重点国际合作研究项目5项（增加2项）；承担其他部委项目4项；承担中科院战略性先导科技专项项目1项，中科院重点部署项目2项（新增2项），前沿科学重点研究项目4项（新增4项），主持中科院STS项目3项（新增1项）；中科院重点国际合作项目7项（新增2项），其他国际合作项目10项（新增5项）；横向项目221项（新增155项）。2016年，植物所到位经费4.69亿元，实际留所经费2.97亿元。

2016年，植物所在植物系统进化、植被与环境变化、植物分子生理、光合作用和资源植物等领域取得重要进展。2016年，植物所发表论文582篇，其中SCI收录期刊发表论文415篇，有279篇发表在领域前30%的SCI收录刊物上，作为第一作者单位发表影响因子8.0以上的论文18篇，5.0以上的84篇，3.0以上的182篇；出版专著14部；申请专利44项，授权专利32项。

2016年，植物所成果转移转化工作成绩显著。全年所地合作合同经费6000余万元；牵头实施的“生态草牧业试验区”项目取得显著成效，得到国家领导人的充分肯定；与福建三安集团合作的“植物工厂”项目进展顺利，产品已投放市场试销，三安集团还向植物所捐赠1000万元设立“三安奖学金”，用于人才培养；与宁夏就酿酒葡萄品种选育开展合作，服务当地的特色农业发展；为湖北神农架申遗提供技术服务，对申遗成功起到了关键性作用；“杂交构树”精准扶贫项目惠及2万余贫困人口，得到国家扶贫办的高度评价。

2016年，植物所共获批国际合作项目15项，到所国际合作经费约990万元；人员出访109批158人次，来访122批183人次；举办国际会议4次，国际培训班2次；有19人在30个国际组织任职，37人在79个国际期刊任职。

植物所是中国植物学会、北京生态学会、中国植物学会植物园分会、中国花卉协会蕨类植物分会和*Journal of Plant Physiology*中国编辑部挂靠单位。主办刊物有：*Journal of Integrative Plant Biology*、*Journal of Systematics and Evolution*、*Journal of Plant Ecology*、《植物生态学报》、《生物多样性》、《植物学报》、《生命世界》，其中前3个被SCI收录。

（撰稿：李东方　石　岳　审稿：曹爱民）

动物研究所

所　　长：康　乐
地　　址：北京市朝阳区北辰西路1号院5号
邮政编码：100101
电　　话：010-64807098
传　　真：010-64807099
电子信箱：ioz@ioz.ac.cn
网　　址：http://www.ioz.ac.cn

中国科学院动物研究所（以下简称“动物所”）的前身是1928年成立的静生生物调查所、1929年成立的北平研究院动物研究所和1930年成立的中央研究院动物研究所。新中国成立后，中国科学院接收上述3个研究所和原徐家汇博物馆（创建于1860年，1930年后改称震旦大学博物院）的部分资料、标本和设备，于1950年成立了中国科学院昆虫研究室和动物标本整理委员会。两者分别发展为昆虫研究所和动物研究所，1962年两所合并为现在的动物所。

动物所是以动物科学基础研究为主的社会公益型国家级科研机构，定位：以野生动物和模式动物为研究对象，开展现代动物学研究，服务于人口健康、农业和生物多样性保护等国家重大需求，在细胞编程与重编程的机制、生殖与发育调控、生物灾害爆发机制与控制、物种濒危机制与保护等领域发挥引领作用，在动物分类与进化、农业虫鼠害防控和濒危动物保护中发挥不可替代的作用。2016年，动物所“一三五”规划实施总体情况良好，综合创新能力达到国际先进水平。

动物所现有3个国家重点实验室、2个院级重点实验室和1个国家级动物博物馆，分别为农业虫害鼠害综合治理研究国家重点实验室、干细胞与生殖生物学国家重点实验室、膜生物学国家重点实验室、动物生态与保护生物学院重点实验室、动物进化与系统学院重点实验室和国家动物博物馆。

动物所拥有亚洲最大的动物标本馆，馆藏各类动物标本760多万号；拥有总建筑面积7300平方米的国家动物博物馆，含10个展厅和4D动感电影院；拥有总藏书量25万余册及图书资料较为齐全的专业图书馆，形成了科学研究、科学传播与技术支持相结合的完整体系。

截至2016年底，动物所所级中心共有7个仪器设备平台，配备流式细胞仪、激光（双光子）共聚焦显微镜、紫外显微切割系统、高性能集群计算等大中型仪器设备50余台（件）。在中科院组织的2016年生命科学领域14个所级公共技术服务中心评估中，动物所所级中心名列第三。目前，动物所仪器管理平台实现了信息化和智能化管理。

截至2016年底，动物所有在编职工422人。其中科技人员247人、科技支撑人员120人。科技人员中包括中国科学院院士3人、发展中国家科学院院士1人、研究员及正高级专业技术人员87人、副研究员及高级工程技术人员112人。动物所有“青年千人计划”入选者7人；中国科学院“百人计划”入选者32人（新增1人）；国家杰出青年科学基金获得者29人（新增1人）。

动物所是1981年国务院学位委员会批准的博士、硕士学位授予权单位之一，现设有生物学、生态学、基础医学、生物医学工程4个一级学科的学术型博士、硕士研究生培养点及生物工程专业型硕士培养点。2011年，动物学、细胞生物学、发育生物学、生态学4个专业被评为中国科学院重点学科。动物所在生物学、生态学2个一级学科博士后流动站的在站博士后有96人。动物所现有导师124人，其中博导76人、硕导48人；有在学研究生598人，其中硕士生232人、博士生366人。

2016年动物所共争取项目196项，总经费2.78亿元。其中，获得国家自然科学基金资助项目65项，包括面上项目35项、青年项目13项、重点项目2项、国际合作与交流项目4项、创新研究群体项目1项、杰出青年基金1项、优秀青年基金3项、重大研究计划项目4项、应急项目2项，获资助直接研究经费5828.5万元。获得“国家重点研发计划”资助项目4项，课题9项，子课题14项，总资助经费1.6亿元。获得中科院前沿科学重点研究计划项目和战略生物资源项目获资助9项，经费总额2100万元。获批北京市自然科学基金重点项目3项，总资助经费81万元。获批中科院国际合作项目6项，总经费1260万元；外籍人才项目9项，总经费257.3万元。获得横向项目75项，总经费2105万元。

在财政部对中央各部委开展的2015年度重点项目绩效评价中，动物所承担的A类战略性先导科技专项“干细胞与再生医学研究”以95.7分位列第一名，评价结果作为典型报送全国人大常委会；承担的B类战略性先导科技专项“作物病虫害的导向性防控——生物间信息流与行为操纵”，在专项绩效考核中总体排名第五，生物类第二。在2016年中科院发展规划局组织的全院研究所“十三五”规划评估工作中，动物所的“十三五”规划得分85.9023，排名全院第三，得到100万元的经费奖励。

2016年，动物所在科研工作方面取得重大进展。

重大突破一：干细胞与再生医学 周琪研究组首次人工创建能以稳定二倍体形式存在的异种杂合胚胎干细胞，包含大鼠和小鼠基因组各一套。它能够分化形成各种类型的杂种体细胞和早期生殖细胞，兼具两个物种特点的独特基因表达模式和性状及独特的X染色体失活方式，为从天然存在生殖隔离的物种制备包含稳定二倍体基因组的杂交干细胞提供了新方法（*Cell*）。

重大突破二：害虫害鼠行为调控 康乐研究组发现，发育同步是一致群集、迁移和性成熟的基础，是群居动物适应变化环境的一种重要策略。研究结果揭示出了蝗虫中miR-276提高*brm*表达促进发育同步的机制，提供了与生物同步性密切相关的发育稳态调控及种群维持的一些重要新见解（*PNAS*）。

重大突破三：动物进化与保护 魏辅文研究组研究发现，尽管大熊猫和小熊猫系统发育关系较远，它们却演化出相同的食竹食性，低营养、高纤维的竹子占其食物组成的90%以上；这两种熊猫的前掌还演化出一个特殊的结构——伪拇指，是适应性演化和趋同演化的经典案例。研究从代谢通路、蛋白趋同到假基因化等不同水平揭示了大熊猫和小熊猫形态与生理性状趋同的遗传学机制（*PNAS*）。

2016年，动物研究所作为第一完成单位发表278篇SCI论文，其中IF>10的论文15篇，TOP 15%的论文130篇，论文平均影响因子为4.5。2013—2016年，动物所作为第一完成单位发表SCI论文1057篇，其中在TOP 15%期刊发表论文431篇，占总论文数量的40.8%；在IF≥5期刊发表论文312篇，占总论文数量的29.5%。平均影响因子从2013年的3.8提高到2016年的4.5，增长18.4%。2016年，动物所获授权发明专利6项，申请发明专利8项。完成横向课题及科技开发合同审核及办理75项，涉及合同经费2105万元。

动物所与企业共同开发的绿色生物农药产品在我国30个省（市）棉花、西红柿、大豆、辣椒、烟草、油菜等作物上推广应用1.2亿亩次，销往欧盟、瑞士、美国、巴西、印度、南非、韩国等国家和地区，2014—2015年，产品出口欧美1200多万美元。双方在动物所共建了“科云生物农药技术研发中心”。2016年，公司销售总部迁至北京。

随着科研实力的提升，动物所的国际交流日趋频繁，国际合作愈发密切。2016年，动物所出访284人次，来访220人次。获批外籍人才项目9项，人才项目金额257.3万元。其中，获批院“国际访问学者”4项，“国际博士后”5项。获2017年度外籍人才项目11项，项目金额222.7万元。包括“国际杰出学者”1项，“国际访问学者”8项，“国际博士后”2项。完成6个国际会议的会议批件申请、会议资助申请及会前筹备等工作。

随着动物所科研水平和国际影响力不断提高，动物所主动布局外籍人才工作，通过外籍人才项目与国际合作项目的配合，建立“项目-人才-基地”国际科技合作协同发展新模式。通过引进国外优秀人才来所长期工作，不断促进实质性国际合作的开展，加强国内外科学家在相关领域的国际合作和学术交流。近年来，动物所有70余人次在国际组织任职，包括国际昆虫学会、国际动物学会、国际干细胞组织、国际生物科学联合会、亚太昆虫学会等。有90余人次在国际学术期刊担任主编、副主编、编委等职务。

中国昆虫学会、中国动物学会、国际动物学会、中国动物志编辑委员会和中华人民共和国濒危物种科学委员会挂靠在动物所。动物所与学会共同主办*Insect Science*（SCI源期刊，英文版）、*Integrative Zoology*（SCI源期刊，英文版）、*Current Zoology*（SCI源期刊，英文版）、《昆虫学报》、《动物分类学报》、《动物学杂志》、《昆虫知识》7种学术刊物。

（撰稿：吴敬文　白彦霞　审稿：苗　鸿）

心理研究所

所　　长：傅小兰
地　　址：北京朝阳区林萃路16号院
邮政编码：100101
电　　话：010-64879520
传　　真：010-64872070
电子信箱：webmaster@psych.ac.cn
网　　址：http://www.psych.ac.cn

中国科学院心理研究所（以下简称“心理所”）成立于1951年，前身是1929年成立的中央研究院心理研究所。心理所的战略定位是：探索人类心智本质，揭示心理和行为的生物学基础与环境影响机制，为促进国民心理健康和推动社会和谐发展提供重要知识基础和科技支撑，成为引领我国心理科学发展并有重要影响力的国际著名研究机构、服务国家科技创新与城镇化发展的心理学科技智库。

2016年，心理所明确了“十三五”战略规划目标，着力加强业已形成优势的3个“重大突破”心理疾患的识别与干预、感觉信息整合及其脑机制及精细化社会治理中的心理与行为适应的研究；5个“重点培育”创伤应激研究与心理干预、心理行为的个体差异及其毕生发展规律与应用、中国语言与文化的认知神经基础及素质提升、人机系统中的认知能力增强和基于网络大数据的心理行为研究及智能化应用研究方向，继续推进特色研究所建设，建立多个城镇化发展服务示范点。

心理所是中国科学院心理健康重点实验室和中国科学院行为科学重点实验室的依托单位。设有健康与遗传心理学、认知与发展心理学及社会与工程心理学3个研究室，并与香港中文大学合作成立生物社会心理学联合实验室。

在修购专项经费支持下，心理所建设“行为发展研究与训练平台”，配备了模拟磁共振扫描系统、MR空间分辨能力增强线圈、Avotec刺激呈现系统、啮齿类虚拟实境系统、触屏行为操作系统等10台/套关键设备，为深入开展行为的发展规律及其脑机制研究提供了重要支撑。

心理所信息中心下设图书馆、网络办公室和综合档案室，为满足科研人员文献情报信息需求，管理心理所知识产品和档案资料并提供相关服务，以及全所各项工作的信息化建设提供支撑服务。

截至2016年底，心理所共有在职职工207人。其中科技人员149人、科技支撑人员32人，包括发展中国家科学院院士2人、研究员及正高级工程技术人员41人、副研究员及高级工程技术人员68人。“千人计划”入选者4人（新增1人），其中“青年千人计划”入选者3人，“千人计划”短期项目入选者1人；“万人计划”青年拔尖人才入选者2人，中国科学院“百人计划”入选者16人，“百人计划”候选者1人，国家杰出青年科学基金获得者2人，“新世纪百千万人才工程”国家级人选2人。

心理所是1981年国务院学位委员会批准的博士、硕士学位授予权单位之一，现设有心理学一级学科博士研究生培养点，心理学一级学科硕士研究生培养点，并设有心理学一级学科博士后流动站，共有在学研究生319人（其中硕士生169人、博士生150人）、在站博士后41人。

2016年，心理所共有在研项目259项（包括新增项目93项）。其中，承担国家重大科技专项课题2项（新增2项），承担973计划课题2项；主持国家自然科学基金重点项目1项、国际合作交流项目1项、重大研究计划培育项目1项、国家优秀青年科学基金项目2项、面上项目49项（新增11项）、青年基金项目29项（新增6项）、国家杰出青年科学基金项目1项（新增1项）；主持国家社科基金重大项目1项、重点项目1项（新增1项）；承担中国科学院战略性先导科技专项课题1项，主持院重点部署项目1项（新增1项）；承担院地合作项目53项（新增26项）。

2016年，心理所科技创新活动取得重要进展。左西年研究组在人脑连接组及其毕生发展领域发表有重要影响的综述文章；蒋毅研究组发现工作记忆能够调制无意识状态下的情绪信息加工；韩布新研究组制订的“中国传统色名及其色度特征”国家标准填补领域空白；陈楚侨研究组阐明神经软体征检测精神分裂症谱系神经发育异常的敏感性和特异性；杜忆研究组揭示跨通道感觉运动整合功能对老年人在嘈杂环境下的言语认识障碍的代偿机制；罗非研究组证实动机成分在疼痛抑郁共病过程及疼痛相关注意偏向中的关键作用。

2016 年，心理所共发表文章 390 篇，其中，第一作者论文 234 篇，SCI/SSCI 论文 285 篇（Q1 类论文占 66%）；主持或参与写作或翻译书稿 11 部；授权专利 3 项；取得软件著作权 6 项。获北京市科学技术奖 1 项，全国教育科学研究优秀成果奖 1 项。

2016 年，心理所在知识产权与成果转化、科学普及、心理援助等方面取得重要进展。初步构建了知识产权与成果转化工作制度体系，建立了所知识产权联络员队伍，全所知识产权意识和能力普遍提升；心理所全年专利申请 12 项，软件著作权登记申请 18 项，商标注册获批 57 件，知识产权数量较往年显著提升；成果转化以技术服务和培训为主要形式，合作洽谈率及全年转化收入较往年有显著提升；在全国范围内开展了多项科普展览，积极配合中科院科学传播局完成科普征文、科普视频、科普书籍评选等各项工作，全院年度科普综合排名第 14，研究所类单位第 3，科普展品项综合得分排名第 1；组织成立中国科学院心理研究所全国心理援助联盟，开展“8. 12”天津港爆炸和“6. 23”阜宁风灾后心理援助工作，直接服务 1. 3 万人次，取得良好社会效益。

2016 年，心理所共获批中科院对外合作重点项目 1 项、中科院-荷兰科研组织项目 1 项、国际人才计划项目——国际杰出学者 1 项、国际访问学者 1 项；获批中科院国际组织任职出访参会资助项目 4 项。主办或联合主办国际会议 2 次，“首届北京视觉科学会议”“第三届决策与脑研究国际研讨会暨第二届全国决策心理学学术年会”均受到广泛关注。共接待国际来访 30 余人次，组织出访 120 余人次。张建新研究员连任国际心联执委。

2016 年，心理所主办的《心理科学进展》及与共建单位中国心理学会联合主办的《心理学报》入选“2016 中国最具国际影响力学术期刊”，并囊括《中国学术期刊影响因子年报》心理学类 Q1 期刊。其中《心理学报》名列人文社科类期刊中的第 3 名（前 2 名是英文的 SCI/SSCI 期刊），在中文人文社科类学术期刊中排名第 1。心理所主办、与 Wiley 出版社联合出版的我国第一本国际发行、全英文的心理学专业期刊 *PsyCh Journal* 被 Medline 、Scopus（Elsevier）等数据库收录。

（撰稿：黄　端　赵明旭　审稿：陈雪峰）

微生物研究所

所　　长：刘双江
地　　址：北京市朝阳区北辰西路 1 号院 3 号
邮政编码：100101
电　　话：010-64807462
传　　真：010-64807468
电子信箱：office@im. ac. cn
网　　址：http://www. im. cas. cn

中国科学院微生物研究所（以下简称“微生物所”）成立于 1958 年 12 月 3 日，其前身是中国科学院应用真菌研究所和中国科学院北京微生物研究室，目前已发展成为一个具有雄厚基础、强大实力和广泛影响的综合性微生物学研究机构。

微生物所坚持“微生物、高科技、大产业”的战略定位，围绕生命与健康和资源生态环境，面向工业升级、农业发展、人口健康和环境保护等国家重大需求，瞄准微生物学科的发展前沿，以微生物资源、微生物技术、病原微生物与免疫为主要研究领域，在研究微生物生物多样性、基本生命过程和生态功能的基础上，创建从微生物资源开发、功能改造和利用、生物技术创新到成果转化的自主研发体系及科技创新价值链和科技服务价值链，创建世界一流的微生物学研究中心和微生物生物技术研发基地。2016 年，微生物所顺利完成了“十三五”规划的制定，签订了“一三五”规划任务书，将在“十三五”期间推进 3 个重大突破和 6 个重大培育方向，涵盖生命与健康、生命多样性、现代农业等多个方向。

微生物所设有微生物资源前期开发国家重点实验室、真菌学国家重点实验室、中国科学院微生物生理与代谢工程重点实验室、植物基因组学国家重点实验室（与中国科学院遗传与发育生物学研究所共建）、中国科学院病原微生物与免疫学重点实验室5个重点实验室，另设有技术转移转化中心，2016年新成立了微生物资源与大数据中心。同时还设有依托微生物所建设的生物技术卓越中心和中国科学院流感研究与预警中心。微生物所拥有亚洲最大的、近50万号标本的菌物标本馆，和国内最大的、保藏了近5.8万株菌的中国普通微生物菌种保藏管理中心，建有网络信息中心、大型仪器中心和生物安全三级实验室、SPF实验动物房等技术支撑平台，拥有一个藏书（刊）5万余册的专业性图书馆。

截至2016年底，微生物所共有在职职工528人。其中科技人员353人、科技支撑人员113人，包括中国科学院院士6人、发展中国家科学院院士2人、研究员及正高级工程技术人员79人、副研究员及副高级专业技术人员113人。国家杰出青年科学基金获得者11人（新增1人），国家优秀青年科学基金获得者7人（新增2人）；中组部“青年千人计划”入选者5人；中国科学院“百人计划”入选者27人，“西部之光”人才入选者1人（新增1人）。1人入选2014年“万人计划”青年拔尖人才。

2016年，微生物所共承担研究项目471项（包括新增项目142项）。其中，主持国家重大科技专项课题3项、参加国家重大科技专项课题8项（新增2项）；主持973计划和国家重大科学研究计划项目3项、承担课题19项，参加课题25项；主持863计划项目1项，参加课题9项；主持、参加国家科技基础性工作专项9项；主持国家重点研发项目2项、承担课题9项，参加课题16项；主持国家自然科学基金重点项目9项、面上项目99项（新增23项）、国家自然科学基金重大项目2项；主持、参加中国科学院战略性先导科技专项课题15项；主持院前沿科学重点研究项目4项（新增4项）；承担重点国际合作项目7项（新增2项）。

2016年，微生物所主持完成的“阿维菌素的微生物高效合成及其生物制造”获国家科技进步奖二等奖。微生物所在*Cell*上发表论文，揭示了埃博拉病毒膜融合激发机制及人类胆固醇转运体NPC1与埃博拉病毒表面融合蛋白复合物的冷冻电镜结构，在国际上率先揭示了埃博拉病毒入侵人体的细胞模式，为防疫及抗病毒药物设计与研发提供了重要科学基础，该成果为近年来国际病毒学领域的一项重大突破，入选中国科学院2016年重大科技进展。

2016年，微生物所共发表SCI论文465篇，以第一完成单位发表SCI论文242篇，其中26篇发表在影响因子大于10的杂志上，79篇发表在TOP 10%期刊上，273篇发表在TOP25%杂志上。

2016年，微生物所获得专利授权38项，申请专利96项（包括88项国内申请，8项国际申请），获得软件著作权登记5项。出版或参编《魏江春科学论文选集》《中国地衣志第十三卷厚顶盘目（I）文字衣科（1）》《寨卡病毒病公众防护问答》等著作5部。

2016年，微生物所在与地方、企业合作研究及成果转移转化方面取得可喜成绩。全年共签订各项技术合同158项，到位经费较上一年度增长25%。目前，微生物所参股三家公司，即武汉惠华三农种业有限公司、北京中科隆泰生物科技有限公司和中科耐迪（唐山）生物技术股份有限公司。

2016年，微生物所接待国际来访113人次，执行国际出访159人次。获5项国际人才引进与交流计划项目，总经费达112.6万元。其中，“国际访问学者”2项，“国际博士后”2项，台湾青年计划1项。全所有18人在73个国际组织和国际期刊中任职。2016年，与日本、泰国、美国和欧洲4个国家或地区签署了5项合作谅解备忘录，主办2个国际或双边会议和2个发展中国家科技培训班计划。

2016年，微生物所积极推动了“一带一路”计划，积极推动CAS-TWAS生物技术卓越中心建设及与“一带一路”沿线国家的合作研究，发布了《中国微生物资源发展报告2016》和《发展中国家生物技术竞争力分析报告》，成为亚洲研究资源中心网络新的主持单位。

微生物所是 1981 年国务院学位委员会批准的博士学位授予权单位之一，现设有生物学一级学科，包括微生物学、遗传学、生物化学与分子生物学 3 个二级学科专业博士、硕士学位研究生培养点；设有免疫学、病原生物学（一级学科为基础医学）2 个二级学科专业硕士学位研究生培养点；设有生物工程领域专业硕士学位研究生培养点；同时设有生物学一级学科下微生物学、遗传学、生物化学与分子生物学 3 个二级学科专业博士后流动站。共有在学研究生 495 人（其中硕士生 224 人、博士生 271 人），在站博士后 50 人。

目前挂靠微生物所的学术组织有中国微生物学会、中国菌物学会、中国生物工程学会 3 个国家级学会，微生物所与相关学会共同主持编辑出版的学术刊物有《微生物学报》《微生物学通报》《菌物学报》《生物工程学报》及英文刊物 *MYCOLOGY*。

（撰稿：刘黎琼　喻亚静　审稿：李俊雄）

生物物理研究所

所　　长：徐　涛
地　　址：北京市朝阳区大屯路 15 号
邮政编码：100101
电　　话：010-64889872
传　　真：010-64871293
电子信箱：office@ibp. ac. cn
网　　址：http://www. ibp. cas. cn

中国科学院生物物理研究所（以下简称“生物物理所”）是国家生命科学基础研究所，创建于 1958 年，其前身是 1957 年建立的北京实验生物学研究所，著名生物学家贝时璋院士任第一任所长，现任所长为徐涛研究员。建所以来，在贝时璋、邹承鲁、梁栋材和杨福愉等老一辈科学家的带领下，历经几代科技工作者的辛勤努力，研究所在高水平研究成果、授权专利和成果转化等方面一直位居全国生物学研究机构前列。

2016 年是生物物理所组织制定和启动实施“十三五”规划暨“一三六”任务的第一年。所领导班子组织全所科技人员和干部职工，认真贯彻落实党中央国务院实施创新驱动发展战略、中科院党组全面实施“率先行动”计划的重大决策部署，精心谋划、周密组织、扎实推进，科技创新和改革发展各方面工作取得了积极进展，实现了研究所“十三五”的良好开局。“十三五”期间，生物物理所将充分发挥多学科交叉的综合优势，在蛋白质科学、脑与认知科学、感染与免疫、核酸生物学等学科前沿领域实现基础性、前瞻性、战略性突破，加强生命科学领域关键装备的创新研制，实现关键技术和实验方法的重点突破，构建以生物制药和体外诊断为重点的转化型研究体系，在国家创新体系中发挥源头创新和骨干、引领作用。到 2020 年，持续产出重大引领性科研成果，争取进入生命与健康领域国际一流研究所行列。

依托生物物理所建设的有生物大分子、脑与认知科学两个国家重点实验室，感染与免疫、核酸生物学两个中国科学院重点实验室，以及蛋白质与多肽药物、交叉科学两个所重点实验室；其中，核酸生物学、蛋白质与多肽药物和交叉科学重点实验室已分别获批挂牌成立非编码核酸北京市重点实验室、北京市生物大分子药物转化工程技术中心和北京市生物医学分子检测工程技术研究中心。生物物理所与国内外科研机构和高校合作共建了中日结构病毒学与免疫学联合实验室、中澳表型组学研究中心、生物物理研究所-佐治亚大学结构蛋白质组学联合研究中心等联合研究单元。

截至 2016 年底，生物物理所共有在职职工 595 人。其中科技人员 435 人、科技支撑人员 105 人，包括中国科学院院士 11 人、发展中国家科学院院士 5 人、研究员及正高级工程技术人员 93 人、副研究员及高级工程技术人员 129 人。共有“千人计划”入选者 9 人，“青年千人计划”入选者 12 人（新增 3 人）；中国科学院“百人计划”入选者 40 人；国家杰出青年科学基金获得者 22 人（新增 2 人）。

生物物理所是国务院学位委员会批准的博士、硕士学位授予权单位之一，现设有生物物理学、生物化学与分子生物学、细胞生物学、神经生物学、认知神经科学、生物信息学6个专业二级学科硕士、博士研究生培养点，生物工程、免疫学等2个硕士研究生培养点，并设有生物学等1个专业一级学科博士后流动站。共有在学研究生647人（其中硕士生341人、博士生306人），在站博士后62人。

2016年，生物物理所共有在研项目519项（包括新增项目110项）。其中，主持（或承担）国家自然科学基金重点项目13项（新增7项）、面上项目102项（新增34项）、国家杰出青年科学基金项目9项（新增2项）、国家自然科学基金重大研究计划重点项目5项（新增1项）；主持或承担国家重大科技专项5项；主持国家重点研发计划9项；主持（或承担）973计划和国家重大科学研究计划项目9项、承担课题33项，主持863计划项目1项；主持国家重大仪器研制课题1项、国家自然科学基金委重大仪器研制项目1项、院重大仪器研制项目4项（新增1项）；主持（或承担）中国科学院战略性先导科技专项课题30项（新增5项）；主持（或承担）中科院重点部署项目4项、承担重点国际合作项目2项。

2016年，生物物理所高水平研究工作包括：破解光合作用超级复合物结构；实现清醒猴高分辨功能磁共振成像；揭示骨质发育相关的新型阳离子通道结构与门控机制；破解细胞焦亡的关键分子机理；揭示人脑早期视觉皮层在意识下解决不可见的视觉冲突；在视觉物体识别皮层反馈机制中取得重要进展；揭示天然免疫识别和清除病原体的重要机制；解析新型CRISPR基因编辑系统C2c1-sgRNA复合物结构；发现线粒体翻译因子mtEF4的功能；纳米酶的优化及肿瘤成像应用研究等。

2016年，生物物理所共发表SCI收录论文363篇，篇均影响因子5.8，其中第一完成单位或通讯作者单位论文196篇；发表高水平科研论文（*PNAS*及以上）60篇，其中第一完成单位或通讯作者单位论文30篇。共申请专利39项，其中中国发明专利32项，实用新型专利2项，PCT国际发明专利5项；授权专利22项，其中国外发明专利1项，中国发明专利21项。获得计算机软件著作权1项。主持完成国家标准1项。

2016年，生物物理所新增横向研发项目57项，合同额2922万元，横向项目经费到账总额2279万元。与中科普惠（北京）健康管理有限公司建立了战略合作关系，双方将在健康评估、健康管理和健康干预领域展开深度合作，推动研究所在大健康领域的产业化工作；与开瑞康（北京）药业有限公司签署《基于纳米胶束的淋巴给药系统项目合作协议》，获得2项专利技术许可费（首笔）230万元，同时以此为基础，共同推进“注射用盐酸阿霉素胶束”和“HPV感染宫颈癌治疗性疫苗”项目的后续临床研究、新药证书及生产批件申报工作；研究所以知识产权出资模式与阎锡蕴院士技术团队、北京新源益达投资有限公司达成三方共同设立北京中科新源益达生物科技有限公司的合作协议，专注于生物技术相关领域的应用科学研究和成果产业化实现。

2016年，生物物理所持股公司为7家，所有者权益2.4亿元，所属权益6998.8万元，获得收入总额3162.43万元，其中，中生北控向研究所支付股息313.086万元，研究所转让百奥药业股权收入2800万元，普赛公司收入49.34万元。

2016年，生物物理所先后举办了2016年世界生命科学大会、第五次国际暨第十四次全国膜生物学学术研讨会、第十一届国际钙信号和细胞功能研讨会、第三届“蛋白质介导的膜塑形与重装”国际学术研讨会等一系列国际学术交流会议；接待国际来访151人次，国际出访193人次。目前，研究所共有23人在国际组织任职（36个国际组织，43个职位）；35人在国际期刊任职（72个期刊，96个职位）。

生物物理所是中国生物物理学会、中国认知科学学会的挂靠单位，主要出版物包括《生物物理学报》、《生物化学与生物物理进展》、*Protein & Cell*，其中《生物化学与生物物理进展》、*Protein & Cell*是SCI收录期刊。

（撰稿：贡集勋　江欢欢　审稿：汪洪岩）

遗传与发育生物学研究所

所　　长：杨维才
地　　址：北京市朝阳区北辰西路1号院2号
邮政编码：100101
电　　话：010-64806501
传　　真：010-64806503
电子信箱：office@genetics.ac.cn
网　　址：http://www.genetics.cas.cn

中国科学院遗传与发育生物学研究所（以下简称“遗传发育所”）成立于2001年，由原中国科学院遗传研究所（成立于1959年）和中国科学院发育生物学研究所（成立于1980年）合并建成。2002年，中国科学院石家庄农业现代化研究所（成立于1978年）并入遗传发育所。2003年，原基因组研究中心整体分离组建为中国科学院北京基因组研究所。

遗传发育所面向我国农业和人口健康的重大战略需求和生命科学前沿，解决遗传与发育生物学领域重大科学和关键技术问题，力争在国家现代农业和人口健康科技创新体系中发挥骨干和引领作用，成为遗传与发育生物学原始创新研究基地、生物高新技术研发基地、优秀人才培养基地和国内外具有重要影响力与核心竞争力的著名研究所。2016年，遗传发育所制定了“一三五”发展规划，进一步明确了研究所的定位，着力培育基因组结构与调控规律、细胞发育分化分子机理、重要农艺性状分子解析、农业生态可持续发展、前沿学科交叉5个重点方向，力争在分子设计育种、渤海粮仓示范工程、组织器官工程3个方面实现重大突破，并制定“十三五”发展规划进一步强化和延伸以上目标。

遗传发育所下设5个研究中心：基因组生物学研究中心、分子农业生物学研究中心、发育生物学研究中心、分子系统生物学研究中心和农业资源研究中心。拥有现代化植物温室、实验动物中心、昌平生物技术育种基地，以及河北栾城农田生态系统国家野外观测试验站、南皮生态试验站、太行山试验站等网络台站支撑系统，拥有植物基因组学国家重点实验室、植物细胞与染色体工程国家重点实验室、分子发育生物学国家重点实验室、中国科学院农业水资源重点实验室、河北省节水农业重点实验室和遗传发育所遗传网络生物学所级重点实验室，是国家植物基因研究中心（北京）的依托单位。联合上海生命科学研究院植物生理生态遗传发育所与英国约翰英纳斯中心共同成立了中国科学院-英国约翰英纳斯中心植物和微生物科学研究中心。

截至2016底，遗传发育所共有在职职工501人。其中科技人员317人、科技支撑人员115人，包括中国科学院院士3人（含发展中国家科学院院士2人）、研究员及正高级工程技术人员80人、副研究员及高级工程技术人员141人。共有“千人计划”入选者3人，“青年千人计划”入选者5人，中国科学院“百人计划”入选者41人，国家杰出青年科学基金获得者29人。

遗传发育所强化人才培养和引进，傅向东、李传友，沈彦俊、王秀杰、薛勇彪入选“万人计划”领军人才；田志喜在中国科学院“百人计划”终期评估中获优秀；曹晓风当选发展中国家科学院院士；John Speakman入选AAAS Fellow；高彩霞入选*Nature*评选的十大“中国科学之星”；谢旗荣获汤森路透中国引文桂冠奖。

遗传发育所是1986年国务院学位委员会批准的博士学位授权单位之一，现有2个一级学科生物学博士学位授权点、1个一级学科农业资源与环境和作物学硕士学位授权点和1个专业学位硕士授权点，并设有一级学科生物学博士后流动站。共有在学研究生680人（其中硕士生190人、博士生490人），在站博士后122人。

2016年，遗传发育所共有在研项目279项（新增项目61项）。其中，主持国家重点研发计划项目6项（新增6项），课题4项（新增4项），主持（或承担）973计划和国家重大科学研究计划项目6项、承担（或参加）课题99项；主持（或承担）国家自然科学基金重大项目3项、重点项目14项、面上项目51项（新增22项）、国家杰出青年科学基金项目4项（新增1

项）、重大研究计划重点项目6项（新增5项）、创新研究群体1项（新增1项）、国际（地区）合作与交流项目6项；主持（或承担）中国科学院战略性先导科技专项A类子课题21项，B类子课题8项，主持（或承担）院重点项目10项（新增1项），课题3项。

2016年，遗传发育所的各项科研工作进展显著。杨维才研究组发现植物雌雄识别的分子新机制，为克服杂交育种中杂交不亲和性提供了重要的理论依据。许执恒研究组在国际上首次建立了寨卡病毒小头畸形动物模型，并证实寨卡病毒可以直接导致小头畸形的发生，为治疗研究打下了良好的基础。李家洋研究组提出理想株型与杂种优势结合的未来超级杂交稻分子设计模型，培育出‘嘉优中科’系列品种。“渤海粮仓”科技示范效应日益凸显，形成了10个标志性成果，成立了“渤海粮仓种业公司（南皮）”，带动区域种业-种养殖业-加工业-服务业的发展，促进了全产业链融合，2016年写入党中央1号文件。戴建武研究组研发的功能生物材料修复脊髓损伤技术进入临床研究，4例完成6个月随访患者均有效改善，打破了脊髓完全损伤不可恢复的医学认识。这些重要进展与成果受到了各级领导和中外媒体的广泛关注，“植物雌雄识别分子机制”和“寨卡病毒小头畸形致病机制”两项成果入选中央电视台科学大事记。

2016年，遗传发育所共发表SCI论文342篇，总影响因子1440，平均单篇影响因子5.8；获得专利授权46项，省审品种17个；获国家自然科学奖二等奖1项，获省部级科技奖7项。

2016年，遗传发育所继续积极寻求与地方企事业单位合作，共同提升农业生物技术科研水平、支撑地方农业经济发展。遗传发育所与中农发种业集团签署了战略合作协议，探索新的发展模式；参与建设了石家庄现代农业科技创新中心；与塔里木大学签署了战略合作备忘录；与天津农科院共同成立了大豆分子育种与功能性大豆研发试验区，旨在推进京津冀协同发展，支撑国家“一带一路”战略。转化专利/品种技术24项，其中国际专利权3项。

2016年，遗传发育所共接待美国、英国、德国等国家来访外宾81人次，先后派出科研人员166人次到境外参加国际会议、进行合作研究和考察访问。中国科学院-英国约翰·英纳斯中心植物和微生物科学联合研究中心正式揭牌并全面启动，与瑞士有机农业遗传发育所签署了框架合作协议，成功主办了国际脂代谢与生物能学学术研讨会。继续选派了9名研究生赴日本参加了日本奈良先端科学技术大学国际学生交流会。

遗传发育所是中国遗传学会和河北省农业系统工程学会的挂靠单位，负责编辑出版*Journal of Genetics and Genomics*、《遗传》和《中国生态农业学报》。

（撰稿：张　杨　张颖娇　审稿：韩一波）

北京基因组研究所

所　　长：薛勇彪
地　　址：北京市朝阳区北辰西路1号院104号楼
邮政编码：100101
电　　话：010-84097710
传　　真：010-84097720
电子信箱：office@big.ac.cn
网　　址：http://www.big.cas.cn

中国科学院北京基因组研究所（以下简称“北京基因组所”）于2003年11月28日正式成立。

2016年是“十三五”规划开篇布局之年，北京基因组所紧密围绕中国科学院“三个面向”“四个率先”的新时期办院方针，通过制定、部署、启动“十三五”战略规划，积极争取和承担国家、院重大任务，加强人才引进和队伍建设，推进党建与创新文化建设，重点实施“一个巩固、两个稳定、三个倾斜”的改革举措，全面落实研究所各项工作。

2016年，北京基因组所完成“十三五”发展规划制定工作。通过集全所智慧多次研讨，反复修改，凝练“定位”，聚焦“三个突破”，明确“五个培育”，让研究所“一三五”深入人心。通过明确牵头科学家和团队，不断完善和细化主要内容和目标，认真梳理组织实施路径，为确保各项重点任务的顺利实施夯实了基础。

2016年，北京基因组所继续全力推进中国人群精准医学计划的实施，建立了600人的队列数据，在人群队列研究范式、标准化个人健康档案系统建设方面显示出引领作用。在此基础上，研究所牵头承担国家“精准医学研究”大数据和关键技术方面的重点研发计划，将为我国精准医学应用研究提供基础性数据、标准、表观遗传学新技术及可推广的人群队列研究范式。

2016年初，北京基因组所成立了生命与健康大数据中心（BIGD），围绕国家精准医学和重要战略生物组学数据资源，建立生物组学大数据储存、整合与挖掘分析研究体系，建设组学大数据汇交、应用与共享平台；6月，获中科院国际大科学计划培育专项资助；12月，建成了基于高通量测序的原始组学数据归档库（GSA）等面向国家大数据发展战略的多层次生物组学数据资源系统，具备可服务于全球的基因组数据共享网络。

截至2016年底，北京基因组所共有在职职工218人。其中科技人员129人、科技支撑人员57人，包括研究员及正高级工程技术人员24人、副研究员及高级工程技术人员33人；全所进入创新岗位151人。共有“青年千人计划”入选者2人（新增1人）；中国科学院“百人计划”入选者17人（新增1人），“西部之光”人才入选者1人，国家杰出青年科学基金获得者5人（新增1人）。

北京基因组所现设有遗传学、基因组学、生物信息学、生物化学及分子生物学4个专业二级学科博士研究生培养点，遗传学、基因组学、生物信息学、生物化学及分子生物学4个专业二级学科学术型硕士研究生培养点，生物工程、计算机技术2个专业学位硕士研究生培养点，并设有一个生物学一级学科博士后流动站。共有在学研究生257人（其中硕士生119人、博士生129人、留学生9人），在站博士后14人。

2016年，北京基因组所共有在研项目151项（包括新增项目34项）。新增主持国家重点研发计划项目2项、承担课题5项、子课题6项，在研主持973计划项目1项、承担课题5项、参加课题11项，承担863计划课题1项、参加课题9项，承担国家科技支撑子课题2项，科技基础专项子课题2项；新增国家杰出青年科学基金1项、重点项目2项、国际合作1项，在研国家杰出青年科学基金2项、国家优秀青年科学基金1项、重点项目2项、重大研究计划集成3项、国际合作项目3项、面上项目37项、培育3项；新增中国科学院战略性先导科技专项A类子课题2项、B类子课题5项、国际大科学计划培育专项1项、前沿科学重点研究计划项目3项、重点部署1项、国际合作1项、重大仪器研制项目1项。

2016年，北京基因组所重视基础研究与临床转化相结合，有重要影响力的科技成果不断涌现。在“肿瘤的精准基因组临床诊疗新方案”方面，发现肾癌预后监测和靶向治疗的新型表观标记物；确定肾癌治疗新靶点SPOP；首次证实RecQL4-YB1-MDR1调节在介导胃癌细胞顺铂耐药中的重要作用并可作为肿瘤耐药的标志物来指导临床用药；发现在肿瘤发生发展的过程中自然选择并不是肿瘤内部进化的决定性力量；揭示ASXL1调控特定组蛋白修饰影响祖细胞自我更新和分化参与疾病的发生等。在“复杂性状表观遗传调控的新机制和新理论”方面，发现RNA甲基化调控基因剪接中外显子被保留的分子机制；揭示核酸编码氨基酸的能力守恒定律；解析结核分枝杆菌复合群甲基化图谱等。在“构建生物大数据中心”方面，首次以数据中心为模式，整体发布我国生命组学数据资源建设情况，基因组数据资源获得国际同行认可；建立人、大鼠、小鼠、猪4种重要哺乳动物整合型转录组参比数据库。在“基因组结构及可塑性研究”方面，完成橡胶基因组进行解析和分析，成果已入选*Nature*的研究亮点等。

2016年，北京基因组所共发表SCI论文79篇，总影响因子496.65。全年专利申请21项，授权发明专利4项，实现技术成果转移转化1项。

在科技促进发展方面，为推动精准医疗发展，促进科研成果临床转化，服务我国人口健康，北京基因组所与苏州大学附属儿童医院合作共建“精准医学研究中心”和“苏州儿童白血病重点实验室”；与中国医科大学附属盛京医院签署了战略合作框架协议；为提升我国公安机关检验分析技术水平，与公安部物证鉴定中心共建“现场无证溯源国家工程实验室”；为推动基因组学发展和生物技术科技成果转化，与河北省科学院生物研究所续签了共建“基因组转化科学联合实验室”协议。完成了研究所首个技术成果的转移转化：“Y 染色体中特异性甲基化位点作为癌症诊断标志物的应用”专利成果成功转让。

2016 年，北京基因组所在生命健康大数据及精准医学研究领域，充分利用中国科学院及国家自然科学基金委提供的国际合作相关资源，以多种形式积极开展国际合作与交流并获得了多个项目支持，力争建立我国牵头、亚洲国家和地区为核心的“国际健康数据共享联盟”。研究所与以色列合作进行“解析神经发育疾病基因 *MeCP2* 和 *LIS1* 相互作用的分子机制”的研究获得国家自然科学基金委资助；研究所“国际博士后项目”和“国际组织任职人员出国参加国际会议资助计划”获得院资助。全年共办理出访团组 43 个、出访人数 61 人；来访及顺访团组 58 个、来访人数 69 人。2016 年，北京基因组所还主办了“生命与健康科学大数据国际研讨会”和“基因组学前沿研讨会”两个大型国际会议，先后接待了英国欧洲生物信息学研究所访问团、法国农业科学研究院访问团和加拿大农业与农业食品部访问团，在拓展研究所国际影响力、争取国际合作交流方面起到了重要促进作用。

《基因组蛋白质组与生物信息学报》（*Genomics*, *Proteomics* & *Bioinformatics*, GPB, ISSN 1672-0229, CN 11-4926/Q）是由中国科学院主管、北京基因组所和中国遗传学会共同主办的英文版双月刊，由国际出版集团 Elsevier 出版。现为中国科学引文数据库（CSCD）核心期刊，被 PubMed / MEDLINE、PubMed Central、Chemical Abstract、Scopus、BIOSIS Preview、WPRIM、中国期刊全文数据库（CJFD）等国内外收录系统收录全文或摘要。2013 年起 GPB 以金色开放获取（gold open access）模式刊行；全部已发表文章可在 ScienceDirect 平台和 PubMed Central 全文免费下载。2016 年度被国际知名开放期刊数据库 DOAJ 收录；并持续获得“中国科技期刊国际影响力提升计划”（PIIJ）二期项目资助；连续第四年获得“中国最具国际影响力学术期刊”称号。

（撰稿：潘立颖　周梦菱　审稿：王丽萍）

计算技术研究所

所　　长：孙凝晖
地　　址：北京市海淀区科学院南路 6 号
邮政编码：100190
电　　话：010-62601166
传　　真：010-62562786
电子信箱：zongheban@ict.ac.cn
网　　址：http://www.ict.ac.cn

中国科学院计算技术研究所（以下简称“计算所”）创建于 1956 年，是中国第一个专门从事计算机科学技术综合性研究的学术机构。计算所研制成功了我国第一台通用数字电子计算机，并形成了我国高性能计算机的研发基地，我国首枚通用 CPU 芯片也诞生在这里。

计算所的定位是：在未来 10 年成为我国发展信息产业的价值链上不可或缺和不可替代的一个环节，成为社会公认的信息技术创新源头。

2016 年，计算所在相关领域取得了一系列的成果。寒武纪指令集构建了生态链。发布了全球首个智能处理器指令集：Cambricon，在 ISCA（国际计算机体系结构年会）获得同行评议分数第一名，其中，1/6 的论文跟随寒武纪的前期研究；DianNao 作为大陆首次，入选了国际计算机学会通讯评选的研究焦点。成果入选了乌镇“世界互联网大会”，并评为全球评选的 15 项世界领先成果。pFind 再取得新突破，pFind 软件累计下载近 2000 套，2016 推出的 pGlyco 实现树形修饰达到“国际领先”水平。数据存储方面，提出的树状数据表达，发现实际中绝大多数子结构都很简单，数据分析性能比现有系统提高 100—1000 倍，成果被顶级会议 ACM SIGMOD' 17 录用。在互联网视频的传输优化方面，提出了基于带宽预测的视频自适应传输方法，成果发表在顶级会议 ACM SIGCOMM 2016，是本年度国内唯一一篇，准确预测爱奇艺的卡顿时间，成果得到 Facebook、华为的重视，入选 973 计划项目代表性研究成果，P2P 视频传输技术写入互联网国际标准。在人脸识别方面的成果，进一步应用于华为云相册和华为荣耀 Magic 手机，并获华为优秀合作成果奖，SeetaFace 开源 4 个月在 GitHub 上获得 1301 颗 star，在国际模式识别联合会 ICPR16 手势识别竞赛中获得第一名，在 ACM Multimedia 2016 标签和标题预测任务第一名，国际目标跟踪大赛（VOT16）两个单项第一名，综合第三名。开发一种新型超分辨率重构方法（SIMBA）可长时间观察大尺度活细胞的动态变化，突破了普通光学成像设备无法得到高时空分辨率重构结果的限制，成果发表在 *Cell Research*（IF = 14.812）。

计算所本部从学科方向上布局计算机系统研究部、网络研究部和智能技术研究部 3 个跨领域的研究部。科研机构设有计算机体系结构国家重点实验室、智能信息处理重点实验室、网络数据科学与工程重点实验室、前瞻研究实验室，以及高性能计算机研究中心、微处理器研究中心、先进计算机系统研究中心、数据存储技术研究中心、计算机应用研究中心、网络技术研究中心、无线通信技术研究中心、专项技术研究中心、普适计算研究中心，共 13 个研究实体。并拥有计算机体系结构国家重点实验室、中国科学院智能信息处理重点实验室、中国科学院网络数据科学与技术重点实验室、北京市移动计算与新型终端重点实验室、国家并行计算机工程技术研究中心、计算所科研支撑中心等平台。

从 2002 年开始，计算所先后与地方政府合作，在苏州、肇庆、上海、宁波、台州、东莞、秦皇岛、顺德、临沂、烟台、德清、杭州、太仓、济宁、福州、洛阳、天津建立了 17 个分所，吸引当地政府与企业资金超 6 亿元，这些分所不仅推动了计算所的成果辐射面，也成为当地科技建设的中坚力量，得到了当地政府和企业的欢迎；计算所的分所模式作为科学院知识创新工程三期综合配套改革的主要内容之一。

科学计算共享平台是服务计算所科研工作的大型计算平台。目前该平台具有计算节点 166 余台，总核数 5500 核，系统峰值浮点运算速度达到 33 万亿次每秒，节点之间有 40Gbps、56Gbps Infiniband 高速网络，提供 216TB 高性能存储和 1166TB 的统一存储空间。

2005 年，计算所建立所级 EDA 中心，其专业实验室提供国内领先的千级洁净度、GJB 级防静电实验环境，具备协同验证、仿真加速、高速信号分析、片内定量分析等关键科研试验能力。目前，EDA 中心拥有 31 台（套）大型专业设备，包括高性能计算系统、高性能存储系统、高速信号测试系统、互连协议分析系统、众核处理器硬件验证系统等，提供全流程 EDA 设计技术服务、封装及板卡设计。计算所 EDA 公共设计平台已经成为具备千核计算、并行存储、全流程软件的超大规模芯片设计平台，在国内 EDA 平台规模和应用模式上处于领先地位。

截至 2016 年底，计算所共有在职职工 660 人（在岗员工 600 人）。其中科技人员 540 人、科技支撑人员 64 人，管理人员 56 人；包括中国工程院院士 2 人、正高级专业技术人员 75 人、副高级专业技术人员 192 人。共有“万人计划”入选者 7 人（新增 2 人），“千人计划”入选者 4 人，“青年千人计划”入选者 1 人；中国科学院“百人计划”入选者 15 人（新增 2 人），国家杰出青年科学基金获得者 6 人，国家优秀中青年人才专项基金获得者 7 人，“新世纪百千万人才工程”国家级人选者 7 人（新增 1 人）。

计算所是 1981 年国务院学位委员会批准的首批博士、硕士学位授予权单位之一，现设有计算机科学与技术和网络空间安全 2 个一级学科硕士、博士研究生培养点，以及计算机技术和软件工程 2 个工程硕士培养点；并设有计算机科学与技术一级学科博士后流动站。共有在学研究生 1013 人［其中硕士生 554 人（含留学生 2 人）、博士生 459 人（含留学生 6 人）］，在站博士后 49 人。

2016 年，计算所共有在研项目 855 项（包括新增项目 260 项）。其中，新增主持国家重点研发计划项目 1 项，课题 13 项，参与子课题 20 项；首席科学家主持牵头 973 计划项目 2 项，参与课题 20 项；主持或参与 863 计划课题 42 项

（新增6项）；主持或参与国家自然科学基金重点项目29项（新增5项）、面上项目63项（新增18项）、国家杰出青年科学基金项目2项（新增1项）、优秀青年科学基金项目7项（新增3项）、青年基金47项（新增19项）；主持或参与中国科学院战略性先导科技专项课题A类1项、B类7项（新增3项）；院STS项目2项（新增1项）、院重点部署项目8项（新增3项）；主持或参与国家自然科学基金委和科技部的国际合作项目7项（新增2项）；承担横向项目215项（新增69项）。

2016年，计算所作为参与单位荣获国家科技进步奖二等奖2项、北京市科学技术奖二等奖1项。

截至2016年底，计算所已申请专利2280件，获得授权1225件。在专利转让和许可方面，积极探索以专利转让（尤其是专利拍卖的方式）作为未来技术转移的一种主要模式，已有100多件专利通过拍卖的方式转移到企业应用。2016年，计算所牵头承担了中科院科技促进发展局的STS项目——中科院专利价值分析试点工作，联合长春应用化学研究所、大连化学物理研究所、微电子研究所等试点所，探索专利价值分析在知识产权管理和技术转移中的示范作用。同时，计算所参与了科技促进发展局的STS项目——中科院知识产权管理规范贯标试点工作，通过该工作使研究所的知识产权工作更加规范和高效。同时抓住新的科技促进发展法颁布的契机，加大专利转移转化的力度，成功转让13件专利，获得215万元的收益。

技术/企业孵化是计算所最早尝试的技术转移途径，也是技术转移最直接的方式，主要以社会方为主进行孵化，计算所提供技术成果及后续的技术支持。进入知识创新工程以来，计算所以无形资产入资近1.5亿元，吸引社会资本超11.4亿元，相继孵化成立了35家企业，曙光、蓝鲸、龙芯、晶上、晶云、寒武纪、视拓、吉因等相继规模产业化。计算所技术发展处通过规范对外投资流程，对计算所控股和参股公司进行了专业化管理。

2016年，计算所共发表论文312篇，其中中国计算机学会推荐的A类国际学术会议和期刊论文共51篇；出版专著3部。年度出访291人次，其中员工出访为196人次，占出访总人数的67.4%；学生出访为85人次，占出访总人数的29.2%；赴台10人次，占3.4%。2016年，计算所引进了比利时的MATHY Laurent教授，被纳入中科院“国际人才项目访问学者计划”。

中国计算机学会挂靠在计算所。计算所主办的科技期刊有《计算机研究与发展》《计算机学报》、*Journal of Computer Science and Technology*，承办的科技期刊有《计算机辅助设计与图形学学报》。

（撰稿：王　凡　祁　威　审稿：孙凝晖）

软件研究所

所　　长：赵　琛

地　　址：北京市海淀区中关村南四街4号

邮政编码：100190

电　　话：010-62661012

传　　真：010-62562533

电子信箱：office@iscas.ac.cn

网　　址：http://www.iscas.ac.cn

中国科学院软件研究所（以下简称“软件所”）成立于1985年3月，前身是中国科学院计算技术研究所的软件研究室；1995年中国科学院原计算中心计算机应用部分并入软件所；2003年1月，中国科学院软件园区综合管理服务中心整建制划归软件所管理。

软件所是致力于计算机科学理论与软件高新技术研究与发展的综合性基地型研究所。按照软件基础前沿研究、战略高技术研究和国防战略高技术研究三大科研创新体系，软件所设有总体部、软件基础研究部、软件高技术研究部、软件应用研究部、软件发展研究部及协同创新中心。三大科研创新体系都以国家级研究机构为龙头，设若干研究中心、实验室或创新小组，主要包括计算机科学国家重点实验室、基础软件国家工程研究中心、天基综合信息系统国家级重点实验室、卫星导航应用国家工程研究中心分中心等。

软件所还有若干与国际和国内机构共建的各类联合研究单元。

截至2016年底，软件所共有在职职工664人。其中科技人员528人、科技支撑人员58人，包括中国科学院院士3人、第三世界科学院院士1名，正高级专业技术人员67人、副高级专业技术人员113人。共有中国科学院“百人计划”入选者8人，国家杰出青年科学基金获得者5人，“青年千人计划”入选者1人。

软件所是国务院学位委员会批准的博士、硕士学位授予权单位之一，现设有计算机科学与技术、软件工程、网络空间安全3个一级学科博士研究生培养点，计算机技术、软件工程2个领域工程硕士培养点，并设有计算机科学与技术、软件工程2个一级学科博士后科研工作流动站。共有在学研究生472人（其中硕士生266人、博士生206人），在站博士后14人。

2016年，软件所共有在研项目555项（包括新增项目248项）。其中，主持（或承担）国家重点研发计划项目1项、承担（或参加）国家重点研发计划课题9项，主持（或承担）973计划和国家重大科学研究计划项目1项、承担（或参加）课题12项，主持（或承担）863计划项目课题9项，主持（或承担）国家科技支撑计划课题6项；主持（或承担）国家自然科学基金重点项目3项、面上项目33项（新增9项）、青年基金项目29项（新增8项）、优秀青年科学基金项目1项、中德合作研究小组项目1项、国家自然科学基金重大研究计划重点项目2项；主持（或承担）中国科学院战略性先导科技专项课题1项，主持（或承担）院重点部署项目4项，主持（或承担）院前沿科学重点研究计划项目3项（新增3项）；承担院创新国际团队项目1项；承担国际合作项目2项。

2016年，软件所签订了“十三五”时期“一三五”规划任务书，定位于计算机科学理论和软件高新技术的研究与发展，为国家信息安全保障、软件产业发展、核心基础设施建设提供理论与关键技术支撑。把握人机物深度融合的信息技术发展趋势，结合以SDx、云计算、大数据、物联网等为代表的新型计算环境，攻克软件的网络化、智能化、高可信和高性能的重大科学问题，为软件技术创新与可持续发展提供理论指导；突破新型计算环境下的基础软件、高可信软件理论和方法、天基综合信息系统技术等核心关键技术，支撑我国软件技术与产业发展及国防信息化建设；成为软件领域具有国际重要影响力的基础前沿和战略高技术综合创新基地。

2016年，软件所在计算机科学基础理论与关键技术方面取得了多项重要突破。在关键技术方面，在国际上首次研制出具有千万核扩展能力、适应于众核架构的全隐式求解器软件，其应用成果“千万核可扩展全球大气动力学全隐式模拟”获得国际高性能计算应用领域最高学术奖——ACM“戈登·贝尔”奖，实现了我国在该奖项上零的突破，入选2016年中国十大科技进展新闻。在计算机科学基础理论方面，攻克了多个国际学术界多年未能解决的基础性难题，得到了国际同行的高度评价。在计算复杂性方向，解决了图灵奖得主Leslie Valiant在2002年提出的全息算法基塌缩问题，以及奈望林纳奖得主Alexander Razborov在1990年提出的布尔逻辑电路深度压缩问题，分别发表在STOC 2016和FOCS 2016上。在计算逻辑学方向，解决了人工智能回答集逻辑语言创始人Michael Gelfond在1990年提出的非单调认知否定问题，发表在*Artificial Intelligence*上，并赢得2016年MaxSAT国际比赛冠军。

在科技成果转化方面，软件所从推动创新资源开放共享、完善成果转移转化服务、建立双创激励机制、打造双创投资体系等方面积极探索。结合区域经济与社会发展需要，继续推动无锡分部、重庆分部、哈尔滨分部、广州分部、青岛分部、贵阳分部6个分支机构建设。软件所持股公司包括中科软科技股份有限公司、中科方德软件有限公司等10家高技术企业，所投资企业营业收入42.47亿元，从业人数逾万人。

2016年，软件所申请专利64件，获得专利授权26件；软件著作权受理45件，登记43件；发表论文513篇。2016年度，软件所获得国家科学技术进步奖一等奖1项（排名第3）、2015年度高等学校科学研究优秀成果奖科技进步奖二等奖1项（排名第4）、中国密码学会2016年密码创新奖一等奖1项（排名第1）、钱伟长中文信息处理科学技术奖汉王青年创新奖一等奖 1 项（排名第 1）；国际奖项“戈登·贝尔”奖 1 项。

2016 年，软件所全年出访 116 人次，来访 122 人次，其中软件所设立的“国际交流学者计划”共资助了 21 名学者来访，资助金额 18.1 万元；4 名外籍学者获得“国际人才计划——访问学者项目”的资助；1 名台湾学者获得“台湾青年访问学者计划”资助；举办了“第二届可靠软件工程会议：理论，工具及应用”国际会议；与日本 NTT Data 公司成立的联合研究中心持续开展交流与合作。

软件所是中国中文信息学会、中国软件行业协会数学软件分会、中国密码学会密码技术专业委员会办事机构的挂靠单位；主办《软件学报》、*International Journal of Software and Informatics*、《中文信息学报》和《计算机系统应用》等期刊；图书馆藏书 2 万余册，期刊 400 余种、4 万余册。

（撰稿：杨　柳　周　婧　审稿：赵　琛）

半导体研究所

所　　长：李树深
地　　址：北京市海淀区清华东路甲 35 号
邮政编码：100083
电　　话：010-82304210
传　　真：010-82305052
电子信箱：semi@semi.ac.cn
网　　址：http://www.semi.ac.cn

中国科学院半导体研究所（以下简称“半导体所”）是 1956 年按照国家“十二年科学发展远景规划”中“四项紧急措施”开始筹建的研究所，直接服务于当时的国家重大目标，是集半导体物理、材料、器件研究及其系统集成应用于一体的国家级半导体科学技术综合性研究所，正式成立于 1960 年 9 月。

半导体所定位于半导体科学技术的基础和应用研究，面向世界科技前沿，围绕国际半导体科学前沿的关键科学与技术问题，为我国半导体功能材料、光电子器件及集成技术做出基础性、战略性和前瞻性贡献。主要研究领域及学科方向包括：半导体量子结构前沿物理研究、第三代半导体材料制备及应用技术、半导体光电子器件及集成技术、半导体人工神经网络和特种微电子技术等。2016 年，半导体所坚持“自主创新、重点跨越、支撑发展、引领未来”的发展方针，在“十二五”规划基础上继续凝练发展出了“十三五”时期研究所“一三五”规划，为完成“创新 2020”相关目标形成了良好开端。加强中国科学院半导体材料与光电子器件科教融合卓越创新中心的建设，已形成了合理完善的中心组织架构和配套齐全的科研条件设施，并且取得了一系列原创性成果。

半导体所设有 2 个国家级研究中心，即国家光电子工艺中心、光电子器件国家工程研究中心；3 个国家重点实验室，即半导体超晶格国家重点实验室、集成光电子学国家重点联合实验室、表面物理国家重点实验室（半导体所区）；1 个国际研发基地，即半导体照明国际研发基地；3 个院级实验室（中心），即中科院半导体材料科学重点实验室、中科院半导体照明研发中心和固态光电信息技术实验室。另外，还有半导体集成技术工程研究中心、光电子研究发展中心、高速电路与神经网络实验室、纳米光电子实验室、光电系统实验室、全固态光源实验室、半导体元器件检测中心和半导体能源研究发展中心等。

半导体所 2016 年底固定资产总额 111 349 万元，拥有全套先进的半导体物理、材料、器件及电路研究、分析测试和制备设备。

截至 2016 年底，半导体所共有在职职工 685 人（含项目聘用）。其中科技人员 526 人、科技支撑人员 126 人，包括中国科学院院士 6 人、中国工程院院士 2 人、发展中国家科学院院士 1 人、研究员及正高级工程技术人员 125 人、副研究员及副高级工程技术人员 141 人。共有中国科学院“百人计划”入选者 23 人，国家杰出青年科学基金获得者 20 人，“千人计划”入选者 10 人。

半导体所是首批国务院学位委员会批准的博士、硕士学位授予权单位之一，现设有物理学、电子科学与技术、材料科学与工程3个一级学科博士研究生培养点；材料工程、电子与通信工程、集成电路工程3个工程硕士专业学位培养点；设有物理学、电子科学与技术、材料科学与工程3个一级学科博士后流动站。现在学研究生633人（其中硕士生316人、博士生317人），在站博士后31人。

2016年是“十三五”开局之年，半导体所共有在研项目648项（包括新增185项）。科研发展态势良好，承担项目数量及总经费稳步增长。其中，半导体所作为项目牵头单位承担科技部国家重点研发计划4项，作为课题牵头单位承担23项，作为课题参加单位参与28项，留所经费近1.5亿元。申请国家自然科学基金160项，49项获资助，直接经费4771万元；新增中科院前沿科学重点研究项目、仪器研制、修购专项等22项，总经费9161万元；新增北京市科委项目15项，总经费1245万元；高技术项目快速增长，新上项目44项，留所总经费超1亿元。配套产品持续稳定发展，覆盖海陆空装备应用的关键半导体材料、器件、模块及系统，本年度共交付各类配套产品3600多套（只），涵盖了元器件与子系统，总产值1581万元，未出现重大质量问题，为支撑装备发展的元器件国产化和自主可控提供了坚实保障。

2016年，半导体所取得了丰硕的科研成果。①国际上首次实验验证了已提出36年的轨道双通道近藤效应理论预言；②在高迁移率InAs量子阱结构中观察到外加平面内横向电流驱动的圆偏光电流响应，对半导体中利用电学方法调控自旋相关光电流响应具有参考价值；③成功实现了室温无外磁场条件下，压电调控磁性Heusler合金Co_2FeAl器件的磁化面内90度翻转，并基于此实现了逻辑功能；实现了量子点单光子的光纤耦合输出，大幅度提升单光子发射收集效率；④研究了非线性转换实现长波长单光子源的器件设计和制备工艺；⑤研发成功了一款基于CMOS三维图像传感器的成像系统，可以实现二维/三维成像，三维成像帧率可达到每秒90帧；⑥研制了860GHz和3THz的CMOS太赫兹探测器；在石墨烯基柔性电子皮肤取得新进展，电子皮肤即新型可穿戴柔性仿生触觉传感器，是一种用于实现仿人类触觉感知功能的人造柔性电子器件；⑦在高效率电光调制结构和低损耗共面波导电极的基础上，通过完全对称的相移器光学与电学设计，实现了光学带宽40纳米的64Gb/s硅基光调制器；⑧采用低温低成本的溅射方法，在Ge衬底上研制出GeSn光电探测器，将探测波长向长波方向延伸到1985纳米。这为实现低成本的硅基红外探测器的实现开辟了一个新的途径；⑨设计完成一种可重构的光子模拟信号处理集成芯片，通过配置不同的器件结构在单一芯片上实现多种微波与光波信号处理功能，被认为是世界上第一款光子FPGA；⑩实现了超宽带谱激射的1.55微米波段InAs/InP量子点激光器，有望代替复杂的多波长激光器系统；⑪实现了高性能InP基2微米波段单模DFB激光器的制作，是当前报道的该波段脊波导量子阱DFB激光器的最好水平；⑫构建了有机太阳电池，研究表明，曲面异质结太阳电池能够以较薄的有源层获得较高的光电转换效率；⑬国际上率先实现了基于其等离激元模式的纳米线激光器；⑭在量子级联激光器（QCL）的空间合束研究、Si基高质量InAs（Sb）/GaSb核壳异质结垂直纳米线阵列外延制备方面取得重大进展；⑮完成了InTeSb材料和InMnSb材料在“实践十号”返回式科学实验卫星的空间生长实验，观察到了非接触生长现象，这是与地面实验最显著的区别之一，同时空间晶体较地面样品缺陷密度下降一个数量级。

2016年，半导体所共发表SCI收录文章477篇，EI收录文章545篇，CPCI-S收录文章47篇；出版著作3部，其中编著2部、译著1部；申请专利229项，获得专利授权190项。省部级奖励3项，其中中国光学工程学会创新技术奖一等奖1项，中国通信学会科学技术奖一等奖1项，河南省科学技术进步奖一等奖1项（第二完成单位）。

2016年，半导体所采取政策引导、成果宣传、平台辐射技术等方式促进科技成果转移转化；以技术开发、技术转让、技术服务的方式服务企业、服务社会。主要措施有：制定横向合同管理办法，规范横向合同管理工作流程，降低横向合同实施风险；收集整理研究所成果汇编、产品手册并挂网宣传；参加产学研推进会，接待来访的地方政府及企业人员，推广研究所科技成果。加强与地方政府及企业的产学研合作，成立研发平台。2016 年，半导体所与北京、上海、山东、广东、江苏、河北、兰州、湖北、山西等地方政府和企业成立了 11 个联合实验室，有效推动了研究所技术向多个地区进行辐射。通过这些措施，2016 年研究所全年横向合同额超过 1.14 亿元。技术开发合同、专利许可转让合同、院地合作项目及技术服务合同等数量超过 420 项。2016 年，半导体所还获得了中国科学院北京分院和中关村科技园区管理委员会颁发的技术转移工作组织奖三等奖。

2016 年，半导体所的国际合作与交流活动十分活跃。全所共有 155 人次因公出访参加国际学术会议，从事长、短期合作研究和访问考察等活动；共有 59 人次的外籍专家来所学术交流或洽谈合作。邀请了 27 位国际知名的专家在“黄昆半导体科学技术论坛”做报告，该论坛在国内外都具有很大影响力，使研究所的职工和学生及时了解国际科技动态，学习新思想新技术。半导体所进一步加强与国际一流科研机构和大学开展优势互补的合作。通过中科院的国际人才计划积极引进印度理工学院 Jaya Kumar Panda 博士等外籍专家来所工作。积极申请各部委的国际合作项目资源。例如，与比利时安特卫普大学的合作研究项目已经获得国家重点研发计划“政府间国际科技创新合作”重点专项的正式立项。

2016 年 1 月 23 日，廊坊园区“半导体技术工程化研发平台项目”正式开工，概算批复总面积 24 567 平方米，总投资 13 534 万元，2016 年 7 月 8 日完成结构封顶。

半导体所是中国电子学会半导体与集成技术分会、中国物理学会半导体物理专业委员会挂靠单位；主办有英文刊物 *Journal of Semiconductors*（《半导体学报》），主编为李树深院士；图书馆藏书 8 万余册（其中中文 3 万余册，外文 5 万余册），期刊 1208 种（其中中文 751 种，外文 457 种），可使用的网络数据库达 158 个，电子期刊超过 15 000 种。

（撰稿：慕　东　高　艳　审稿：张春先）

微电子研究所

所　　长：叶甜春
地　　址：北京市朝阳区北土城西路 3 号
邮政编码：100029
电　　话：010-82995501
传　　真：010-62021601
电子信箱：imecas@ime.ac.cn
网　　址：http://www.ime.cas.cn

中国科学院微电子研究所（以下简称“微电子所”）的前身——原中国科学院 109 厂成立于 1958 年。1986 年，109 厂与中国科学院半导体研究所、计算技术研究所有关研制大规模集成电路部分合并为中国科学院微电子中心。2003 年 9 月，正式更名为中国科学院微电子研究所。

微电子所的战略定位是：中国微电子技术创新的引领者和产业发展的推动者。2016 年，微电子所坚持“三个面向”“四个率先”的新时期办院方针，在集成电路先导技术、微电子器件与集成技术、物联网核心技术与应用、科教融合微电子学院建设等方面重点推进，获多项国家和省部级奖励。

微电子所是国内微电子领域学科方向布局最完整的综合研究与开发机构，是中国科学院 EDA 中心、中国科学院物联网研究发展中心的依托单位，是国家科技重大专项集成电路装备及工艺前瞻性研发牵头组织单位，是中国科学院大学微电子学院（国家示范性微电子学院）的依托单位。现拥有 2 个基础研究类中国科学院重点实验室（微电子器件与集成技术重点实验室、硅器件技术重点实验室），4 个行业服务类研发中心（中国科学院 EDA 中心、集成电路先导工艺研发中心、系统封装与集成研发中心、中科新芯三维存储器研发中心），5 个行业应用类研发中心（通信与信息工程研发中心、新能源汽车电子研发中心、健康电子研发中心、智能感知研发中心、智能制造电子研发中心），3 个核心产品类研发中心（硅器件与集成研发中心、高频高压器件与集成研发中心、微电子仪器设备研发中心）。

截至2016年底，微电子所共有在职职工1199人。其中科技人员615人、科技支撑人员363人，包括中国科学院院士2人、研究员及正高级工程师77人、副研究员及高级工程技术人员237人。共有“万人计划”入选者1人（新增0人），“千人计划”入选者11人（新增0人），中国科学院“百人计划”入选者25人（新增4人），国家杰出青年科学基金获得者2人（新增0人）。

微电子所是国务院学位委员会批准的博士（1996年5月获批）、硕士学位（1990年11月获批）授予权单位之一，现设有电子科学与技术一级学科，下设微电子学与固体电子学（2011年获批中国科学院重点学科）、电路与系统2个二级学科，设有硕士、博士研究生培养点和电子科学与技术一级学科博士后流动站，拥有集成电路工程、电子与通信工程2个工程硕士培养点。截至2016年底，共有在学研究生479名（其中博士生150人、硕士生329人），在站博士后14人。

2016年，微电子所共有在研项目399项（新增项目88项），其中，国家科技重大专项课题55项（新增5项），973计划首席项目2项、课题8项，863计划课题15项，国家重点研发计划15项；国家自然科学基金创新群体1项、重大项目（参与）1项、重点项目14项、重大科研仪器项目3项、面上项目31项；中科院战略性先导科技专项项目2项，院重点部署项目3项，STS项目2项，院修购项目6项（新增2项），院装备项目7项（新增1项）。

2016年，微电子所获多项国家和省部级奖励，其中，“氧化物阻变存储器机理与性能调控”获2016年度国家自然科学奖二等奖，“22纳米集成电路核心工艺技术及应用”获2016年度北京市科学技术奖一等奖及2016年度中国电子学会科学技术奖技术发明类一等奖。

2016年，微电子所主要科研成果如下。①面向14纳米及以下技术代的工艺研发。参与中芯国际牵头的14纳米FinFETs量产技术研发项目，在14纳米以下技术代新结构FinFETs器件研究方面，提出创新工艺制造衬底隔离的Fin-on-insulator（FOI）FinFET新结构器件，实现了对沟道漏电和短沟道效应的大幅抑制，利用结构优势实现了全金属化源漏，大幅提高了器件性能。②阻变存储器复位失效研究和RRAM高密度三维集成技术取得重要进展。揭示了阳离子基阻变存储器中两种复位失效问题的微观机理，并提出了基于离子阻挡层的解决方法，抑制了导电通路的过生长，消除了复位失效现象，提高了器件的可靠性。③国内首款三维存储器测试芯片设计成功，并通过流片验证，提出了多项创新技术，解决了编程效率、错误侦测、数据感测、阵列偏置等多方面的性能优化问题。④高密度封装基板研发取得重大突破。在BT材料表面采用自主研发的半加成技术，加工出了最小线宽线距达到15μm/15μm的高密度封装基板，加工能力已经达到最小线宽线距10μm/10μm。⑤智能巡检机器人与快递自动分拣系统取得重大进展。智能巡检机器人系统在国家电网铺设了100多台（套）；快递包裹自动分拣系统应用于宁波海关、中通、百世汇通等行业客户。⑥其他创新工作：基于自主成套工艺的InP基毫米波、太赫兹电路实现供货；首次研发成功高k/金属栅（HKMG）的CMP平坦化建模工具，以及配套设计分析与优化的可制造性设计（DFM）解决方案；成功研制极低功耗处理器芯片，芯片功耗指标已达到国际先进水平；针对二维电子材料及纳米量子器件开发，研制大型超高真空多系统集成研制装备；围绕新能源汽车电子核心关键技术进行研发，提供从芯片到平台的完整解决方案；围绕健康养老行业和市场需求，开展便携式健康检测设备、个性化健康管理平台和智能监护系统研发，与企业和医院进行全面合作。

2016年，微电子所共申请专利353项，其中国内发明专利306项，实用新型9项，PCT及国外专利申请37项；授权专利共453项，其中国外专利60项。在微电子学、半导体材料、纳米材料、固体力学、电子与通信、太阳能等领域发表各类论文共261篇，其中SCI收录140篇，EI收录72篇；专著7部；登记集成电路布图设计15项，软件著作权1项，注册商标4项。

截至2016年底，微电子所孵化培育企业54

家。按产业链分类，涵盖了芯片设计/设计服务、设备、封装、测试、材料等环节；按应用分类，业务领域覆盖计算机、通信设备、智能手机、平板电脑、消费类电子、汽车电子、工业控制等方面。

2016年，微电子所共接待来访、顺访和台胞来访26批62人次；因公出访67批105人次。

2016年，中科院EDA中心继续加强科研支撑服务：为院内15家会员单位的课题组提供软件License服务，服务主机总数达120台，服务用户数400人次左右，年使用时间388万小时，数据拷贝量>1T；构建一站式IC设计服务平台（SaaS），推广试用EDA广芯云”集成电路设计云平台；完成高性能、小批量、快速加工服务62个流片班次、95个封装批次，服务芯片项目232个，交付芯片近44 000颗，量产芯片良率高于98%；整合6家代工厂、2家标准单元库厂商、9家封装合作制造企业资源，已成为国内最大的流片加工服务机构；连续5年成功承办亚美尼亚国际微电子奥林匹亚中国区竞赛，推动国际性微电子人才的培养；为中科院20多家用户单位提供各类工具培训、学术交流11场，参加学员超300多人次；支持用户单位使用基于65/40/28nm参考设计流程，提供服务支持36个case；与珠海ICC联合申请广东省重大科技专项，构筑IC设计科技服务网络化平台。

2016年，中国科学院物联网研究发展中心（以下简称“物联网中心”）新增纵向项目5项，8项国家及行业协会标准报批，专利新申请52项，授权专利48项，推动专利转移转化9项。物联网中心孵化投资企业超50%进入快速成长期：中科微至智能制造科技江苏有限公司已经成为物流高端装备企业的领先者；华进半导体封装先导技术研发中心有限公司已经成为行业标杆企业；江苏中科君芯科技有限公司完成B轮融资；中科融通物联科技无锡股份有限公司被上市公司福建实达集团股份有限公司；北京思比科电子科技股份有限公司被上市公司北京君正集成电路股份有限公司收购；中科羿链中标防控视频监控系统建设工程。无锡物联网大学生创业园被评为省级优秀大学生示范园。全年承办3个大型国际性高峰论坛，参与协办3个行业研讨会，汇聚800多位产学研领袖，超4000位专业观众参会。与南昌新建区签署协议，成立物联网中心南昌分中心。

微电子所是全国半导体设备与材料标准化技术委员会微光刻分技术委员会秘书处、全国纳米技术标准化技术委员会微纳加工技术工作组秘书处、北京电子学会半导体专业技术委员会制版（光掩模制造）分技术委员会秘书处、集成电路产业技术创新战略联盟、集成电路测试仪器与装备战略联盟、全域科研院所科技成果转化联盟、示范性微电子学院产学融合发展联盟秘书处的挂靠单位。

（撰稿：马　强　王　芳　审稿：叶甜春）

电子学研究所

所　　长：吴一戎
地　　址：北京市海淀区北四环西路19号
邮政编码：100190
电　　话：010-58887003
传　　真：010-58887555
电子信箱：iecas@mail. ie. ac. cn
网　　址：http://www. ie. cas. cn

中国科学院电子学研究所（以下简称“电子所”）创建于1956年，是我国第一个综合型电子与信息科学研究所，主要从事电子与信息科学技术领域的应用基础研究和高技术创新研究，目前已形成了三大支柱领域和五个重点领域。三大支柱领域分别是微波成像技术、微波电真空技术和地理空间信息技术，五个重点领域分别是微波成像基础研究、电磁探测技术、传感器与微系统技术、先进激光与探测技术和可编程芯片技术。研究所下设11个研究部门，包括微波成像技术国家重点实验室、传感技术国家重点实验室（北方基地）、高功率微波源与技术院重点实验室、电磁辐射与探测技术院重点实验室、空间信息与应用系统技术院重点实验室（地理与赛博空间信息技术实验室、信息处理与图像分析实验室）、空间行波管研究发展中心、高功率气体激光技术部、航天微波遥感系统部、航空微波遥感系统部、微波微系统研发部。电子所苏州研究院下设两个研究室，分别为地理空间信息系统研究室和空间信息智能处理系统研究室。

中科院依托电子所建立了院非法人单位——中科院高分重大专项管理办公室，在国家高分辨率对地观测系统重大专项中代表中科院开展各项工作，并履行管理职责。

截至2016年底，电子所共有在职职工1005人，在读研究生591人，离退休人员772人。在职职工中，专业技术人员817人，中国科学院院士、国防杰出人才、国家杰出青年基金、“新世纪百千万人才”、中国青年科技奖、中国青年五四奖等国家级人才20余人，973计划、863计划项目专家20余人，国家重大专项的正副总指挥、总设计师近20人。截至2016年底，电子所苏州研究院共有在职职工102人。

电子所是国务院学位委员会批准的首批博士、硕士学位授予单位，现有信息与通信工程、电子科学与技术2个一级学科硕士、博士研究生培养点及其博士后科研流动站。2016年共有在学研究生591人（其中博士生296人、硕士生295人），在站博士后19人。

2016年，电子所在中科院“率先行动”计划的指导下，以“一三五”规划为牵引，各项工作按计划稳步推进，科研生产工作总体态势良好，各研究领域都有新进展，自主创新能力进一步增强，有显示度的科研成果和争取到的重大科研项目呈增长态势。在4个重大突破方面，高分辨率星载SAR领域在研多个重点型号任务进展顺利，按照总体的要求完成研制目标；空间行波管领域交付航天产品60套；地理空间信息技术领域两大平台在用户的大力支持下，向多个用户部门拓展应用，取得了良好的发展态势；航空遥感系统新舟60飞行实现首飞，开展了载荷适航取证和机库选址等工作，并完成了部分应用示范工作。6个重点培育方向在微波成像技术、微波电真空技术、电磁探测技术、传感器与微系统技术、先进激光与探测技术和可编程芯片技术等方面都取得了重大进展，完成了一批国家重大任务，交付了一批质量可靠的产品，突破了多项关键技术，获得了多项国家重大任务的支持。

2016年，电子所高质量地完成了年度科研计划，科研工作成绩显著。全年在研项目470项，包括国家重大专项、国家工程型号任务、预研项目、自然基金、973计划、863计划及中科院支持项目，新签合同209项。

2016年，电子所共发表论文481篇，其中被SCI收录136篇，EI收录185篇。受理国家专利145项，获得授权202项。以第一完成单位获国家科技进步奖二等奖1项，中科院集体奖2项。

2016年，电子所主办的刊物 *Microsystems & Nanoengineering*［《微系统与纳米工程》（英文），与英国 *Nature* 联办］被Clarivate Analytics公司旗下的新兴资源引文索引数据库（Emerging Sources Citation Index，ESCI）正式收录。2016年，《雷达学报》通过Scopus“内容选择与咨询委员会”的评审，正式被Scopus数据库收录。

（撰稿：袁胜华　审稿：陈　伟）

自动化研究所

所　　长：徐　波
地　　址：北京市海淀区中关村东路95号
邮政编码：100190
电　　话：010-82544664
传　　真：010-82544664
电子信箱：casia@ia.ac.cn
网　　址：http://www.ia.cas.cn

中国科学院自动化研究所（以下简称“自动化所”）成立于1956年10月，是我国最早成立的国立自动化研究机构。1968年，为加速我国空间技术的发展，自动化所整建制划入空间技术研究院，更名为空间控制技术研究所，番号中国人民解放军第五〇二研究所。1970年，根据自动化学科技术发展的需要，中国科学院重建自动化研究所。1999年，作为首批试点单位之一，自动化所进入中国科学院知识创新工程。

2016年，自动化所进一步优化科研布局，凝练学科特色，聚焦类脑智能，明确了以脑科学与智能交叉融合为前沿，以类脑智能机器人与类脑智能信息处理为应用载体的研究领域和学科定位。2016 年 1 月，中科院脑科学与智能技术卓越创新中心正式揭牌成立，自动化所作为依托单位之一深度参与脑科学与智能技术卓越中心工作，在多方面取得阶段性进展。

自动化所现设科研开发部门 12 个，包括模式识别国家重点实验室、复杂系统管理与控制国家重点实验室、国家专用集成电路设计工程技术研究中心、智能制造技术与系统研究中心、综合信息系统研究中心、数字内容技术与服务研究中心、精密感知与控制研究中心、空天信息研究中心、智能感知与计算研究中心、脑网络组研究中心、中国科学院分子影像重点实验室、类脑智能研究中心，还有若干与国际和社会其他创新单元共建的各类联合实验室和工程中心。

截至 2016 年底，自动化所共有在职职工 849 人。其中科技人员 795 人，科技支撑人员 54 人，包括中国科学院院士 2 人、发展中国家科学院院士 1 人、研究员及正高级工程技术人员 94 人、副研究员及高级工程技术人员 227 人。共有 973 计划项目首席科学家 4 人，IEEE Fellow 8 人；中国科学院“百人计划”入选者 22 人（新增 1 人），“西部之光”人才入选者 2 人（新增 1 人）；国家杰出青年科学基金获得者 13 人。国家杰出青年基金获得者 13 人，国家优秀青年基金获得者 4 人（新增 2 人），“新世纪百千万人才工程”入选者 8 人。

自动化所是 1981 年国务院学位委员会批准的首批博士、硕士学位授予权单位之一，现有控制理论与控制工程、模式识别与智能系统、计算机应用技术和社会计算 4 个专业二级学科博士、硕士研究生培养点，并设有控制科学与工程 1 个专业一级学科博士后流动站。共有在学研究生 696 人（其中博士 378 人，硕士 318 人），在站博士后 47 人。

2016 年，自动化所共有在研项目 895 项（包括新增项目 347 项），其中，承担 973 计划项目 12 项；承担 863 计划项目 18 项；承担科技部国家重点研发计划 16 项（新增 16 项）；承担科技部支撑计划及重大专项 6 项；承担国家自然科学基金项目 285 项（新增 89 项，重大科研仪器研制项目 1 项，杰出青年基金项目 1 项）；承担中国科学院项目 71 项（新增 44 项，其中战略性先导科技专项 1 项）；承担军工项目 36 项（新增 13 项），承担其他纵向项目 68 项（新增 30 项）；承担国际合作项目 11 项（新增 4 项）；承担横向委托项目 290 项（新增 161 项）。

2016 年，自动化所科研工作取得新进展。自动化所作为第二完成单位参与的“高分辨率多传感器信息协同处理与应用技术”获 2016 年度国家技术发明奖二等奖。中科院分子影像重点实验室发明专利“一种激发荧光实时成像系统及方法”获第四届北京市发明专利奖二等奖。脑网络组中心成功绘制全新的人类脑图谱，它比目前最常用的由德国神经科学家布罗德曼在 100 多年前绘制的脑图谱精细 4—5 倍，第一次建立了宏观尺度上的活体全脑连接图谱，该成果入选 2016 年中国十大科技进展新闻和 2016 年国内十大科技新闻。中科院分子影像重点实验室在恶性肿瘤诊疗新技术方面取得进展，两项研究成果均发表在 *Advanced Materials* 上。与展讯、元心科技共同发布中国第一款量产的虹膜识别手机，并积极推进金融领域虹膜支付应用。自主研发的数字喷墨印花技术为核心技术的中国首台 Single-Pass 超高速数码印花机投产，开启中国纺织行业高速数码印花之门。

2016 年，自动化所发表科技论文被 SCI 核心期刊收录 397 篇，EI 收录 800 篇，ISTP 收录 228 篇，中国科学引文数据库收录 91 篇。授权专利共 196 件，其中发明专利 181 件，实用新型和外观设计专利 15 件；获得美国专利授权 5 件；计算机软件著作权登记 62 件。

2016 年，自动化所积极推进技术转移转化和技术团队离岗创业工作，研究所出台了《关于技术团队离岗创业的暂行意见》，是全院首家出台此类离岗创业政策的单位。截至 2016 年底，研究所批复同意离岗创业实施方案 9 项，知识产权对外投资 8422.2 万元，吸引外部货币投资 22 250万元，相应知识产权估值达到 35 949 万元。已经有 5 家创业公司正式成立，10 人办理离岗创业手续。

2016 年，自动化所知识产权转移转化收入突破 1.4 亿元。其中，人脸识别技术以 960 万元转让给中科奥森公司，无人机技术中的相关专利5件以1000万元转让给深圳慈航无人智能系统技术有限公司；语音合成技术中的相关专利5件以200万元转让给极限元（北京）智能科技股份有限公司；MaPU技术以1亿元转让给北京思朗科技有限公司。

截至2016年底，自动化所属企业汉王科技股份有限公司、北京中科虹霸科技有限公司、中滦科技股份有限公司、北京三博中自科技有限公司等共计37家。企业注册资本总额为75 510万元，其中所属出资5744万元。投资企业不含上市公司（汉王）资产总额为148 869万元，所有者权益为总额105 921万元，研究所占有企业所有者权益13 508万元。

2016年，为纪念建所60周年，自动化所举办人工智能学术论坛、纪念座谈会、智能技术产业所友沙龙等系列活动。中欧联合实验室完成换届改选工作，自动化所刘成林研究员担任LIAMA联盟主席。

自动化所是中国自动化学会和中国图象图形学学会的挂靠单位；重要出版物有《自动化学报》（中、英文版）、《国际自动化与计算杂志》。

（撰稿：陈 昭 宋 琪 审稿：战 超）

电工研究所

所　　长：肖立业

地　　址：北京市海淀区中关村北二条6号

邮政编码：100190

电　　话：010-82547001

传　　真：010-82547000

电子信箱：office@mail. iee. ac. cn

网　　址：http://www. iee. ac. cn

中国科学院电工研究所（以下简称“电工所”）于1958年在中国科学院原长春机械电机研究所部分研究室的基础上筹建，1963年在北京正式成立。

电工所是中国科学院唯一以电气工程学科为主要研究方向的专业研究所，也是中国科学院能源领域核心研究所之一，在我国能源与电气科学领域具有独特地位。目前，电工所主要从事可再生能源发电技术、新型电力技术及电气科学前沿交叉的研究。

电工所定位于电能领域战略高新技术和电气科学前沿交叉研究，并将学科前沿交叉研究与可再生能源发展需求有机结合起来。重点推动太阳能与风力发电、多能互补可再生能源微网及并网、电力电子与高效电能变换、超导与新材料在可再生能源和电力新技术中的应用等研究，服务于国家可再生能源和智能电网重大科技需求，在促进我国能源体系转型中起到不可替代的骨干作用，促进国民经济发展，使研究所成为我国相关领域创新的战略性中坚力量和国际同行中有重要影响的研究机构。

目前，电工所设有6个实验室下设18个研究部，1个多学科交叉中心；建设有2个国家能源研究中心、3个中国科学院重点实验室、2个北京市重点实验室、1个北京市工程实验室、1个北京市工程技术中心、3个检测中心（站）。6个实验室分别是：可再生能源发电技术实验室、电力设备新技术实验室、电力电子与电能变换技术实验室、超导与新材料应用研究实验室、生物电磁学与电磁探测技术实验室和直流电网科学技术实验室；2个国家能源研究中心分别是：国家能源超导电力技术研发中心、国家能源电力电子技术研发中心；3个中国科学院重点实验室包括应用超导重点实验室、太阳能热利用及光伏系统重点实验室和电力电子与电气驱动重点实验室；2个北京市重点实验室包括太阳能发电技术重点实验室和生物电磁学重点实验室；1个北京市工程实验室是电驱动系统大功率电力电子器件封装技术北京市工程实验室；1个北京市工程技术中心是北京市太阳能热发电工程技术研究中心；3个检测中心（站）包括中国科学院太阳光伏发电系统和风力发电系统质量检测中心、中国科学院电工所避雷装置安全检测站和中国科学院电工所高频场控功率器件及装置产品质量检验中心。

电工所与地方政府合作共建了中国科学院电工所无锡分所等4个研究机构；与企业合作共建了7个联合研究机构；与国际研究机构共同成立了5个国际联合实验室（机构）。

电工所主要控股和参股公司有北京中科电气高技术有限公司、北京科诺伟业科技有限公司及中科高斯科技有限公司。

截至2016年底，电工所共有在职职工443人。其中科技人员390人、科技支撑人员53人，包括中国科学院院士1人、中国工程院院士1人、发展中国家科学院院士1人、研究员及正高级工程技术人员59人、副研究员及高级工程技术人员115人。共有中国科学院“百人计划”入选者9人，国家杰出青年科学基金获得者3人，“百千万人才工程”国家级入选7人，“青年千人计划”入选者1人，卢嘉锡青年人才奖5人，中科院青年创新促进会16人，中国科学院特聘研究员“计划入选者”14人。

电工所是1981年国务院学位委员会批准的首批博士、硕士学位授予权单位之一。具有电气工程一级学科博士（硕士）研究生培养点，设有电机与电器、电力系统及其自动化、高电压与绝缘技术、电力电子与电力传动、电工理论与新技术、生物电工、能源与电工的新材料及器件7个专业，设有生物医学工程学术型硕士培养点和生物工程全日制专业学位工程硕士培养点，设有电气工程一级学科博士后流动站。共有在学研究生321人（其中博士生154人、硕士生164人、联合培养37人），在站博士后18人。

2016年，电工所共有在研项目554项（包括新增项目117项）。其中，主持（或承担）国家重点研发计划项目7项（新增7项），主持（或承担）973计划项目6项，主持（或承担）863计划项目37项，主持（或承担）国家科技支撑计划项目15项（新增4项），主持（或承担）国家自然科学基金134项（新增24项），其中，主持国家重点项目1项，面上项目12项；主持（或承担）中国科学院项目87项（新增26项）；主持（或承担）中国科学院战略性先导科技专项课题1项；承担重点国际合作项目10项，承担院地合作项目35项（新增8项）。

2016年，电工所研制成功±350kV/1044MW柔性直流输电换流器及控制保护装置在云南柔性直流输电工程顺利投入运行，创造了该技术领域工程应用新的世界纪录；研制成功的世界首根百米量级铁基超导长线，标志着我国在铁基超导材料技术领域的研发走在了世界最前沿；研制的世界首台±10kV/200kW光伏直流输电装置，核心指标处于国际领先地位；在青海省海南州共和县建成了我国第一个寒温（高原）气候光伏系统及平衡部件实证研究基地，是世界上光伏组件种类及系统运行方式最全、容量最大的实证性研究示范平台；在延庆建设了全球首套200kW太阳能热电联供试验系统，对我国太阳能热发电技术在西北地区的发展具有引领意义；成功研制出国内首台具有完全自主创新知识产权的LED驱动电源寿命快速检测装备，填补了国内技术的空白；国内首次测量得到纳秒脉冲逃逸电子束流上升沿约100 ps，达到国际一流水平。

2016年，电工所发表论文380篇，其中EI收录230篇，SCI收录107篇；申请专利133项，其中发明专利120项，实用新型13项；获得授权专利139项，其中发明专利授权130项，实用新型授权9项；软件著作权17项；主持撰写著作4部。

2016年，电工所院地合作工作继续有序推进。组织各种对接活动40余次，接待地方政府及企业组团来访近30次。新签各类横向合同174份，新签合同总金额为7200万元。

2016年，电工所正在开展的国际合作项目9项，新申请国际合作项目14项，新立项人才项目6项。出访118人次，接待来访50余人次。共有20人次在国际科技机构任职。

电工所是中国可再生能源学会（一级学会）、中国可再生能源学会光伏专业委员会（二级专委会）、中国电工技术学会机电一体化专业委员会（二级专委会）、中国电工技术学会等离子体及应用专业委员会（二级专委会）、中国电工技术学会放电等离子体及应用专业委员会（二级专委会）、中国电机工程学会超导与磁流体发电专业委员会（二级专委会）、中国农村能源行业协会分布式电源专业委员会（二级专委会）、中国电工技术学会超导应用专业委员会（二级专委会）、北京电力电子学会理事会（二级专委会）的挂靠单位；主办《电工电能新技术》专业学术期刊。

（撰稿：刘素珍　张和平　审稿：肖立业）

工程热物理研究所

所　　长：朱俊强
地　　址：北京市海淀区北四环西路 11 号
邮政编码：100190
电　　话：010-62554126
传　　真：010-82543019
电子信箱：iet@iet.cn
网　　址：http://www.iet.cas.cn

中国科学院工程热物理研究所（以下简称“工程热物理所”），其前身是1956年3月1日成立的中国科学院动力研究室，1980 年正式独立建制，启用现名。

工程热物理所主要从事能源、动力和环境领域的应用基础和高技术研究，内容涉及工程热力学、气动热力学、燃烧学、传热传质学、结构与强度、自动控制等学科。

截至 2016 年底，工程热物理所共有在职职工 496 人。其中科技人员 466 人，包括中国科学院院士 2 人、研究员及正高级工程技术人员 48 人、副研究员及副高级工程技术人员 108 人。共有“千人计划”“青年千人计划”入选者 5 人，国家杰出青年科学基金获得者 1 人，“万人计划”入选者 2 人；中国科学院“百人计划”入选者 10 人。

工程热物理所是 2003 年国务院学位委员会批准的博士、硕士学位授予权单位之一，现设有动力工程及工程热物理一级学科博士、硕士研究生培养点，环境工程专业二级学科硕士研究生培养点及动力工程专业全日制工程硕士培养点，并设有动力工程及工程热物理一级学科博士后流动站。共有在学研究生 252 人（其中硕士生 137 人、博士生 115 人），在站博士后 17 人。

工程热物理所现设有 10 个科技创新单元：国家能源风电叶片研发（实验）中心、能源动力研究中心、轻型动力实验室、循环流化床实验室、分布式供能与可再生能源实验室、储能研发中心、传热传质研究中心、工业燃气轮机实验室、无人飞行器实验室（筹）、新技术实验室（筹）；另有 10 余个与地方、企业共建的研发机构与工程中心。

2016 年，工程热物理所完成“一三五”规划的编制，形成化石能的清洁高效利用、先进轻型动力、分布式供能与储能 3 个重大突破方向和太阳能热利用、风能利用、工业燃气轮机、超强换热和先进布局无人机 5 个重点培育方向。

2016 年，工程热物理所共有在研科研项目 188 项（包括新增项目 117 项）。其中，主持 973 计划项目 2 项、承担课题 6 项，承担 863 计划课题和子课题 6 项，国家科技支撑计划课题和子课题 4 项，重点研发计划课题 6 项（新增 6 项），科技部国际合作项目 5 项；主持国家自然科学基金重点项目 2 项，承担国际合作与交流项目 1 项，优秀青年基金 2 项，重大项目子课题 1 项，重大研究计划培育项目 4 项，面上和青年基金项目 63 项（新增 22 项）；承担中国科学院先导项目课题和子课题 8 项，承担知识创新工程重要方向项目和重点部署项目课题 13 项（新增 3 项），承担前沿科学重点研究项目 2 项（新增 2 项），承担院对外合作重点项目 3 项（新增 3 项），承担重大仪器研制项目 6 项（新增 2 项），“百人计划”项目 2 项（新增 1 项），“青年千人计划”项目 4 项；承担院地/企合作项目 95 项（新增 52 项），研究所所长基金项目 22 项（新增 1 项）、创新引导基金 13 项（新增 13 项）。

2016 年，工程热物理所科研工作进展顺利，到位经费超过 5 亿元。申报并获批首个国家重大科技基础设施“高效低碳燃气轮机试验装置”；和企业共同研发的国内首例分段式风电叶片在张北通过挂机运行测试，多项技术创新填补国内空白；“多能互补与综合梯级利用的分布式能源系统”国家重点研发计划项目顺利启动，进一步巩固了研究所在能源领域基础研究的引领地位；80 公斤推力涡喷发动机通过产品定型鉴定；国际首台 10MW 级压缩空气储能集成实验与验证平台整体系统启动联合调试；千吨级循环流化床加压煤气化技术示范工程正式开工建设；“先进纳米功能材料能量传递机理研究”科技成果获得黑龙江省科学技术奖一等奖，“新型布局斜流离心组合压气机设计方法”获得国防科技发明奖二等奖；“240 吨/天固体热载体粉煤低温热解技术”通过中国煤炭学会组织的科技成果鉴定，达到“国际领先水平”。在科研工作取得重大进展的同时，研究所积极推进创新成果转移转化，多项成果被企业采用，吸引社会资本近 6 亿元；依托中科院“璀璨行动”计划，大功率高功率密度微槽群 LED 散热技术产业化前景良好。

2016 年，工程热物理所共申报国家发明专利 149 项、实用新型专利 47 项，PCT 及国外专利 11 项，登记软件著作权 1 项；授权发明专利 84 件、实用新型专利 42 件、外观设计专利 2 件、国外专利授权 6 件、软件著作权登记 1 项；全年 SCI 收录论文 144 篇，EI 收录论文 365 篇。

2016 年，工程热物理所院地合作保持良好态势：新签四技合同 50 项，签约额近 3 亿元；设立项目公司 7 个，总注册资本达 12 亿元。研究所与合肥市人民政府签署《战略合作协议书》，联合共建合肥先进能源装备研究院暨中国科学院工程热物理研究所合肥分所。

2016 年，工程热物理所廊坊研发中心“环境-能源与动力综合研发平台”完成主体结构封顶，连云港 IGCC/联产研发基地建设进程顺利，青岛分所办公楼主体完工，毕节国家能源大规模物理储能中心建成 10MW 级压缩空气储能集成验证平台，合肥分所落户合肥巢湖经济开发区。

2016 年，工程热物理所国际合作进一步加强。获批科技部国际合作项目 2 项，争取到中科院对外合作重点项目 3 项，争取到中科院“国际人才计划”5 项。派出出国（境）38 批 69 人次，进行合作研究与学术交流并参加国际会议；全年共吸引国外科学家、学者来所访问、合作考察及合作研究 34 批 45 人次；分别与英国谢菲尔德大学、德国慕尼黑工业大学、德国斯图加特大学、英国伯明翰大学和香港大学签订了合作协议备忘录。

工程热物理所是中国工程热物理学会和北京工程热物理学会的挂靠单位；主办有学术刊物《工程热物理学报》《热科学学报》（英文版）。

（撰稿：朱灿欢　审稿：赵汐潮）

国家空间科学中心

主　　任：吴　季
地　　址：北京市怀柔区杨雁路京密北二街
邮政编码：101499
电　　话：010-62582756
传　　真：010-62576921
电子信箱：kjzx@nssc. ac. cn
网　　址：http://www. nssc. cas. cn

中国科学院国家空间科学中心（以下简称“空间中心”）成立于 1987 年，前身可追溯至 1958 年成立的中国科学院 581 组办公室，是我国空间科学及其卫星工程项目的总体性研究机构，是面向全国的空间科学创新平台，负责组织开展国家空间科学发展规划研究，组织实施空间科学先导专项，开展空间科学及相关应用领域的创新性科学与技术研究工作，引领空间科学发展，带动空间技术创新。2015 年，中国科学院空间科学与应用研究中心经中编办批复，正式更名为中国科学院国家空间科学中心。

空间中心已建立起发展我国空间科学及其系列卫星工程所需的核心科学与技术支撑体系，有效支撑了空间科学先导专项的实施。建有空间天气学国家重点实验室、微波遥感技术院重点实验室、复杂航天系统电子信息技术院重点实验室、天基空间环境探测北京市重点实验室，以及海南探空部/海南空间天气国家野外站、广州宇宙线观测站、廊坊临近空间环境野外站及北京延庆空间物理观测站和科研设施基地，是中科院空间环境研究预报中心的挂靠单位。2014 年起，作为依托单位，牵头建设“率先行动”计划首批试点的中国科学院空间科学研究院，与中科院空间应用工程与技术中心、国家天文台协同创新空间科学发展的体制机制，组织实施或承担重大空间科学任务。

截至 2016 年底，空间中心共有在职职工 684 人。其中科技人员 487 人，支撑人员 65 人，管理人员 132 人，包括中国科学院院士 1 人、中国工程院院士1人、国际宇航科学院（IAA）院士2人、美国电气与电子工程师学会（IEEE）会士1人、研究员及正高级工程技术人员63人、副研究员及高级工程技术人员272人。共有“千人计划”入选者1人，“青年千人计划”入选者1人，中国科学院“百人计划”7人，国家杰出青年科学基金获得者3人，“万人计划”领军人才1人，青年拔尖人才1人，以及中科院空间科学先导专项预先研究海外创新团队。

空间中心是1981年国务院学位委员会批准的博士、硕士学位授予权单位之一，设有空间物理学、地球与空间探测技术、电磁场与微波技术、计算机应用技术4个专业二级学科博士研究生培养点，飞行器设计等5个专业二级学科硕士研究生培养点，空间物理学二级学科博士后流动站。在读研究生379人（其中硕士生210人、博士生169人），在站博士后11人。

2016年，空间中心共有在研项目460项，(包括新增项目197项)。其中，主持空间科学先导专项1项，主持（或承担）973计划项目1项，主持（或承担）863计划项目3项；参加国家重点研发计划4项，主持（或承担）国家自然科学基金项目67项（新增13项），其中重点项目4项，面上项目32项（新增6项），青年科学基金29项（新增6项），国际合作与交流项目1项，海外及港澳学者合作项目1项。

2016年，空间中心扎实推进“一三五”发展目标，3个重大突破取得阶段性成果：空间科学先导专项（一期）进展顺利，关注空间科学对中国跻身科技强国的巨大引领带动作用，暗物质、“实践十号”、量子三颗卫星发射成功，硬X射线调制望远镜卫星将于2017年6月择机发射。空间科学先导专项（二期）12月经中国科学院院长办公会审议通过，正式批准立项实施，将在“十三五”阶段部署五颗空间科学卫星。”这其中，太阳风-磁层相互作用全景成像卫星计划(SMILE)已经批复立项，爱因斯坦探针（EP）和先进天基太阳天文台（ASO-S）进入立项综合论证阶段，全球水循环观测卫星（WCOM）和磁层-电离层/热层耦合小卫星星座探测计划(MIT）进入立项综合论证前的准备阶段。2016年12月1日，空间中心面向全国发布了新的空间科学计划征集指南，力求搭建起面向全国的空间科学创新平台。

2016年，空间中心“空间态势感知与数值空间天气预报平台”建设稳步推进。子午工程一年来运行稳定、高效，利用子午工程数据，持续产出高水平成果。子午工程（二期）论证取得重要进展，在“十三五”国家重大科技基础设施建设项目指南中名列10个优先启动项目之首。在前沿基础研究领域，针对磁通量触发太阳爆发事件、太阳风扰动的地球物理效应、磁场非对称重联特性的研究都取得了重要进展，成果发表在*Nature*子刊上，成为JGR，Space Weather的亮点特色文章。

2016年，空间中心在新体制高分辨率被动微波成像探测技术与系统方面，突破了多频共用反射面+稀疏馈源阵干涉成像和高稳定、高精度定标，干涉综合孔径体制静止轨道大气微波成像探测等关键技术。863计划重点项目“双模静止轨道大气微波探测仪”完成单机研制，即将开展系统集成与测试。中欧合作开展的地球静止轨道大气微波探测仪样机完成详细设计评审，样机单机研制完成，即将进入集成与测试，为“十三五”期间开展国际首个地球静止轨道大气微波探测仪奠定基础。

2016年，空间中心认真谋划、落实中心“十三五”规划，将空间天气和空间气候与全球变化的关系、极端天气与全球变化卫星遥感观测研究、新型探测技术在太阳系探测和空间态势感知中的应用、基于GNSS的科学问题及新应用拓展研究、分布式空间系统及其信息关联技术五个项目列为中心“十三五”重点培育方向。

2016年，空间中心圆满完成各项重大科研任务，圆满完成了“天宫二号”“神舟十一号”“实践十号”“量子号”卫星等空间环境预报保障任务；由空间中心研制的“天宫二号”主载荷三维成像微波高度计在国际上率先了实现宽刈幅海面高度成像的突破，功能、性能参数达到世界先进水平；“风云二号”“风云三号”“风云四号”3个系列8颗卫星总计40余台（套）设备的研制任务进展顺利。由空间中心研制的“风云四号”01星空间环境监测分系统各产品工作状态良好，已启动对静止轨道空间环境的更多要素、更多维度的深入探测；“海洋二号”A星雷达高度计和校正辐射计的数据处理与定标工作取得重要进展，雷达高度计测高精度、校正辐射计路径延迟测量精度达到国际先进水平，继续为国内各应用领域和欧洲气象卫星组织等国外业务系统提供数据产品；“鲲鹏-1B”863计划空间环境垂直探测试验任务（第二发）于4月27日在中科院海南探空部成功发射，开展了多项科学探测与技术试验任务，首次成功获得电离层顶的原位探测数据，并获得多项技术试验的圆满成功。作为工程总体依托单位，空间中心为我国第一颗“全球二氧化碳监测科学实验卫星”的成功发射也做出了重要贡献。

2016年，高空科学探测系统获国家科学技术进步奖一等奖（单位排名第10）。“海洋二号”卫星获国家科学技术进步奖二等奖、国防科技进步奖一等奖，“海洋二号”卫星雷达高度计分系统、校正辐射计分系统分获国防科技进步奖二等奖、三等奖。1人入选*Nature*评选出的“中国科学之星”，1人获国家科学技术进步奖一等奖（排名第13），1入选2016年第二批“万人计划”科技创新领军人才，1人当选中国空间科学学会新一届理事会理事长，1人获得2016年中国青年科技奖，1人当选军委科技委领域首席，4人当选军委科技委领域专家组和主题专家组成员。全年发表科技论文280余篇，其中：SCI收录90篇，EI收录87篇；发明专利申请64项，授权53项；软件著作权登记38项。

2016年，空间中心国际交流和合作再上新台阶，取得了一系列亮点成绩。出访团组130批次，来访科学家169批次，主办了2016年国际地球科学与遥感年会、第12届中欧空间科学双边研讨会、第12届海峡两岸空间/天空科学研讨会和第五届中美空间科学青年领军人物论坛。这其中，由IEEE国际地球科学与遥感学会（GRSS）主办，空间中心承办的“2016年国际地球科学与遥感年会”（IGARSS 2016）7月在北京成功召开。这是该领域全球最高规格、最大规模、最具影响力的学术会议，也是IGARSS自创办以来首次在中国举办。此次大会作为中国空间遥感领域发展的“里程碑”事件，将进一步促进空间遥感技术与国民经济发展的密切结合。2016年也是中巴空间天气联合实验室转入正式运行的第二年，实验室建设稳步推进，成功搭建了南美数据中心功能架构，双边合作领域不断扩大；ISSI-BJ运行全面进入正轨，已成为国际空间科学领域顶尖机构和科学家探讨空间科学学科及任务的前沿平台。空间环境探测研究室与奥地利格拉茨大学魏格纳气候和全球变化研究中心正式签署合作协议，标志着“掩星探测与大气气候应用国际联合实验室”筹建期结束，双方合作向着深层次、稳定发展迈出了坚实一步。

空间中心是中国空间科学学会、国家空间科学学专家委员会办公室、COSPAR中国委员会、国家空间天气科学中心（筹）、全国宇航技术及其应用标准化技术委员会的挂靠单位；主办《空间科学学报》。

（撰稿：周　谊　李橙媛　审稿：吴　季）

光电研究院

院　　长： 王　宇
地　　址： 北京市海淀区邓庄南路9号
邮政编码： 100190
电　　话： 010-82178800
传　　真： 010-82178600
电子信箱： office@aoe.ac.cn
网　　址： http://www.aoe.cas.cn

中国科学院光电研究院（以下简称“光电院”）组建于2003年11月，作为中国科学院知识创新工程中体制机制创新的重大改革举措之一，是兼具总体管理与技术总体职能的总体性研究单位。中国科学院卫星导航总体部、中国科学院浮空器系统研究发展中心、02专项研发管理办公室设在光电院。

光电院的科技方向包括光电工程、航天航空和应用科技3个领域。光电院建立了与总体性单位相适应的组织结构与管理体制，主要科研单元有：光电系统工程研究部、对地观测技术应用研究部、空间系统工程研究部和气球飞行器研发中心。设有2个中科院重点实验室，中科院计算光学成像技术重点实验室和中科院定量遥感信息技术重点实验室。

为拓展科研领域，光电院与国家减灾中心联合组建了“中国空间技术减灾应用研究中心”，与青岛市政府共建“光电院青岛研发基地”，与国科激光公司组建国家半导体泵浦激光工程技术研究中心。依托光电院建立了全国遥感技术标准化技术委员会、全国光电测量标准化技术委员会和国家激光器件质量监督检验中心。

光电院各学科领域方向均衡发展，取得了多项科研成果。经过十余年的建设，光电研究院已发展成为以光电、空天及应用全链路突破创新为特色，以跨领域系统集成创新为重点，引领空天信息、先进制造等领域技术创新的国立科研机构。

光电院现有固定资产总额 3.88 亿元，拥有各种主要设计、加工、试验设备 70 余台（套），如系留气球锚泊设施、飞艇地面固定设备、氙灯老化试验机、三轴飞行仿真转台、遥测遥控地面系统、动静态万能材料试验机、自动裁剪设备、GNSS 射频信号源、激光干涉仪、单色积分球、可调谐激光器、短波红外照相机、极紫外光源、PMI 干涉仪、快响成像光谱系统性能检测平台、大口径太阳辐照模拟器等。

截至 2016 年底，光电院共有在职职工 380 人。其中科技人员 295 人、科技支撑人员 28 人，包括研究员及正高级工程技术人员 45 人、副研究员及高级工程技术人员 92 人。中国科学院“百人计划”4 名，“千人计划”1 名，“百千万人才”国家级人选 3 人。职工平均年龄 34.9 岁。

光电院是 2005 年国务院学位委员会批准的博士、硕士学位授予权单位之一，现设有光学工程、信号与信息处理、计算机应用技术 3 个专业学科博士研究生培养点，光学工程、信号与信息处理、计算机应用技术、飞行器设计 4 个专业一级（或二级）学科硕士研究生培养点，光学工程、电子与通信工程、计算机技术 3 个专业学位硕士研究生培养点，并设有光学工程、信息与通信工程 2 个专业一级学科博士后流动站。共有在学研究生 139 人（其中硕士生 83 人、博士生 56 人），在站博士后 5 人。

2016 年，光电院共有在研项目 580 项（包括新增项目 151 项）。其中，主持（或承担）国家自然科学基金重点项目 3 项（新增 1 项）、面上项目 17 项（新增 4 项）、国家杰出青年科学基金项目 1 项（新增 0 项）；主持或承担国家重大科技专项 51 项（新增 3 项）；主持或承担国家重点研发计划 8 项（新增 8 项）；主持（或承担）863 计划项目 52 项；主持（或承担）（科技部、国家自然科学基金委、财政部和院）重大仪器研制项目 4 项；主持（或承担）中国科学院战略性先导科技专项课题 1 项（新增 1 项）；主持（或承担）院重点部署项目 6 项（新增 1 项）、承担重点国际合作项目 17 项（新增 6 项）；承担院地合作项目 5 项（新增 3 项）。

2016 年，光电院在战略性先导科技专项（A 类）、光电工程领域、航空航天领域和应用科技领域均取得重大科研进展，其中，在航空航天领域，2016 年 6 月 25 日—8 月 25 日，国家高分专项 KFG69 飞艇试验队在新疆马兰基地开展了集成测试和飞行试验。8 月 19 日 6 时—16 时，KFG69 飞艇完成了起飞、成形上升、驻空、动力试验、成形下降、安全回收等飞行试验内容，历时 10 余个小时，创造了飞行时长和动力飞行总时间的世界纪录。国务院副总理刘延东发来贺信。

2016 年，光电院累计发表论文 257 篇，其中 SCI 收录 43 篇，EI 收录 99 篇，SSCI 1 篇，CPCI-S 50 篇，CSCD 64 篇；获得软件著作权 4 项；共申请专利 163 项，其中申请国内发明专利 123 项，申请实用新型专利 77 项，申请国际专利 2 项；共授权专利 116 项，其中授权国际专利 4 项，国内发明专利授权 80 项，实用新型专利授权 32 项。

2009 年 9 月，光电院与青岛市政府正式签订了《中国科学院光电研究院青岛研发基地共建协议》。青岛研发基地按照项目研发、成果转化和科技服务三位一体的战略定位，以布局可持续发展科研格局、突破产业体系体制及开拓科技服务为主要目标，由青岛市光电工程技术研究院、青岛光电工程技术孵化中心和青岛光电产业示范园三部分组成。位于青岛国家高新技术产业开发区核心区域，占地面积 65 亩。2016 年，青岛研发基地全年收入 2158 万元，同去年相比增加收入 541 万元，增长 35%。新增项目 23 项，合同总额 2799 万元；引进、参股公司 3 家，公司总注册资本 4000 万元。

光电研究院科技成果转移转化和投融资管理平台国科光电科技有限责任公司于 2002 年 8 月 1 日成立，注册资本金 5270 万元。2016 年，国科光电公司合并总收入 1.1 亿元，比去年增长 27%，合并净利润-216 万元。

2016 年，光电院以天津全固态激光技术研发与产业化基地为试点，策划并组织、设计了天津基地的组织框架；建立了天津基地“理事会”模式的治理结构，理事会成员由光电院、天津华明工业园、东丽区科技局三方推荐理事组成；成立了国科光电全资控股的中科和光（天津）应用激光技术研究所有限公司。

2016 年，光电院受青海省科技厅委托，承办了“三江源生态环境监测与保护研究技术研讨会”，光电院已被青海省提名为未来“三江源国家公园研究院”的理事单位之一；与青海省地方园区、企业合作，联合申报了青海省科技厅重大专项“三江源综合数据利用与展示项目”和“科技强警项目”，目前已完成专项的可研论证。

2016 年，光电院因公出国共 63 批 144 人次，其中国际会议 41 批 83 人次，合作研究 15 批 37 人次，考察访问 7 批 24 人次；来顺访交流 21 批 39 人次；申请国际会议资助 1 项；申请组织国际会议 2 次。

2016 年，光电院代表科技部国家遥感中心参加国际地球观测卫星委员会（CEOS）全会工作，在 CEOS 上层取得重要话语权，并以核心成员身份参加 CEOS 的 3 个专家工作组的工作。

全国光电测量标准化、全国遥感技术标准化两个技术委员会挂靠光电院开展日常工作。此外，光电院积极开展国际合作，与芬兰大地测量研究所共建了中澳地理时空数据分析技术与产业化联合研究实验室；与澳大利亚悉尼科技大学合作共建了中澳地理时空数据分析技术与产业化联合研究实验室。

（撰稿：高　隽　审稿：邵雪天）

自然科学史研究所

所　　长：张柏春
地　　址：北京市海淀区中关村东路 55 号
邮政编码：100190
电　　话：010-57552529
传　　真：010-57552567
电子信箱：zhangpei@ihns. ac. cn
网　　址：http://www. ihns. cas. cn

中国科学院自然科学史研究所（以下简称“自然史所”）是中国科学院所属的少数兼具自然科学与人文社会科学功能的研究实体之一，也是中国唯一的国家级多学科和综合性的科技史专门研究机构。其前身中国科学院自然科学史研究室是在郭沫若、竺可桢等老一辈院领导的关怀下于 1957 年 1 月 1 日成立的，1975 年升为所级建制。

自然史所定位于研究科学技术的历史、本质和发展规律，认知科学技术与社会、政治、经济、文化等的复杂关系，为国家文化建设做出贡献；研究科技创新规律，认识科技发展大势，为建设中国科学院和国家的科技智库做出独特贡献。增强中国科技史等方向的核心竞争力，开拓西方科技史研究，探索新研究方法，建设国际一流的科技史综合研究机构。

自然史所的主要学科以中国古代科技史、中国近现代科技史、西方科技史及科技哲学与科技考古等为学科基础，以文化遗产的科技认知研究、中外科技发展比较研究、科技与社会、科学传播等为交叉和应用领域，形成基本的方向与科研布局。

自然史所现设有中国古代科技史研究室、中国近现代科技史研究室、西方科技史研究室 3 个研究室，以及中国科学院文化遗产科技认知研究中心、中外科技发展比较研究中心、科技与社会研究中心、科学传播研究中心等。自然史所建设有科技史综合实验室，是开展科技史与科技文物模拟复原实验、数字仿真研究与成果转化等工作的重要平台。自然史所还与中国科技大学合作创建科技史与科技考古系，并积极参与科学院“科教融合教育体系”的建设。

截至2016年底，自然史所共有在职职工94人。其中科技人员62人、科技支撑人员11人，包括正高级专业技术人员15人、副高级专业技术人员26人；全所进入创新岗位88人。共有中国科学院“百人计划”入选者2人（新增1人）。

自然史所是1997年国务院学位委员会批准的博士、硕士学位授予权单位之一，现设有科学技术史一级学科硕士、博士研究生培养点，科学史、技术史和科学技术哲学3个二级学科硕士和博士研究生培养点，并设有科学技术史一级学科博士后流动站。共有在学研究生42人（其中硕士生17人、博士生25人），在站博士后12人。

2016年，自然史所在研课题182项（包括新增课题84项）。其中，主持“一二五”重大突破项目“中华人民共和国科学技术史研究”和“科技知识的创造与传播研究”，实施重点培育方向项目5项；承担中科院重点部署项目2项、青年研教项目23项，青年创新促进会项目3项；国家自然科学基金面上项目1项，承担青年项目3项；国家社科基金面上项目1项，新增青年项目1项，新增国家社科重点项目1项；教育部留学回国基金项目1项；老科学家学术采集工程项目1项，参与国家软科学计划1项；国家指南针计划1项；省级博物馆委托项目3项。新增博士后基金项目3项。

2016年，自然史所在职科研人员发表论文和专著章节72篇，其中发表外文论文17篇，出版专著和其他书籍8部；离退休专家出版学术专著3部、译著1部、论文8篇、科普文章2篇；研究生发表论文10篇。自然史所实施以重大产出为导向的绩效奖励政策，取得了一定成效。科研人员外文论文发表量占全部论文的23.6%；由英国BAR Publishing出版英文专著1卷，剑桥大学出版社出版英文编著1卷。由自然史所主编的《中国古代重要科技创造发明》入选中宣部、中国图书评论协会和央视组织评选的“2016中国好书”。

2016年，自然史所组织多种形式的学术交流和合作，积极邀请国内外知名专家来所开展交流和讲学。成功召开“中国科技史家的使命与实践”学术研讨会；与德国马普学会科学史研究所合办“中国科学院院史和马普学会会史比较研究”研讨会和“丝绸之路知识传播史”研讨会；举办“生物技术风险与治理：从欧洲到中国”国际研讨会；在瑞典斯德哥尔摩召开北欧-中国科技交流史研讨会；与法国远东学院共同组织8次“中法系列”学术讲座；组织夏季青年学术研讨会活动。所内青年学者的学术交流活动活跃，共举办8期格致下午茶、2期青年学术沙龙活动，在促进年轻学者交流学术方面继续发挥作用。

自然史所积极推进国际合作。2016年出访来访120多人次；参加境外举行的多个重要国际会议。与法国远东学院、德国韦伯基金会签订三方合作协议。与2014相比，出访增长1.23倍，来访增长了82%；与2015年相比，出访增长36%，来访增长了3倍。俄罗斯科学院科学技术史研究所圣彼得堡分所Tatiana Y. Feklova和Diana N. Saveleva已获院国际人才计划支持，将于2017年来所从事合作研究。在国际组织和国际期刊中任职有所增加。韩琦研究员受聘担任*Annals of Science*编委。高璐担任*EASTS*国际书评编委。张志会担任技术史学会（SHOT）旅费资助委员会的委员。

2016年，在国内合作方面，自然史所继续加强与国内同行开展合作研究。邀请国内多家科研院所和大学的专家学者，合作研究中华人民共和国科学技术史研究、科技知识的创造与传播研究，编撰《中国大百科全书》第三版科技史卷。此外，与中国社会科学院考古所继续开展殷墟熔铜技术合作研究；与北京大学文博学院共同开展广西、湖南、湖北等地青铜器和玉器研究；与南京农业大学共同开展新中国科技史文献研究；继续推进与计算机网络信息中心的合作。在古籍数字化、科普跨媒体传播、《中国古代科技之奇技天工》4D影片创作、微课程等方面的合作取得新的进展。继续落实与科学出版社、大象出版社、中国科学技术出版社、广东人民出版社、湖南科技出版社、山东教育出版社、山东科技出版社和安徽科技出版社等出版单位的合作协议。

2016年，自然史所积极组织开展科学传播活动，并发挥科学院科学传播局的科研支撑单位的作用，组织“中国科学院形象设计”等重要课题。主持参与中科院人事局委托的“科技史微课程”任务，继续开展录制工作，并在中科院继续教育网展播。《中国古代重要科技发明创造》出版，引起社会各界广泛关注。成功举办两场“科学技术史大讲堂走进东华大学”讲座。成功举办公众开放日活动，参加人员约100人。继续为中关村中学高中生开设校本课程。

自然史所是中国科学技术史学会的挂靠单位；主办或合作主办《自然科学史研究》《中国科技史杂志》《科学文化评论》等学术期刊。为打造国际专业水平的学术平台，提升我国科技史研究的国际影响力与核心竞争力，自然史所成功申请创办英文期刊 *Chinese Annals of the History of Science and Technology*（《中国科学技术史》），第一卷第一期即将付梓。

（撰稿：张宗鹤　张　佩　审稿：张柏春）

科技战略咨询研究院

院　　长：潘教峰
地　　址：北京市海淀区中关村北一条15号
邮政编码：100190
电　　话：010-59358613
传　　真：010-59358608
电子信箱：ysc@casisd. cn
网　　址：http://www. casisd. cn

中国科学院科技战略咨询研究院（以下简称“战略咨询院”）是在原科技政策与管理科学研究所基础上更名组建的事业法人。2015年11月，中国科学院被确定为党中央、国务院、中央军委直属的首批10家综合性高端智库建设试点单位之一，并明确试点的重点任务是建设中国科学院科技战略咨询研究院。2015年12月，中科院党组决定，以中国科学院科技政策与管理科学研究所更名方式组建法人机构中国科学院科技战略咨询研究院（筹）。2016年1月20日，战略咨询院组建宣布大会召开。同年10月，更名申请获中央编办批准，开启了战略咨询院事业发展的新篇章。

战略咨询院的定位是中国科学院学部发挥国家科学技术方面最高咨询机构作用的研究和支撑机构，是中国科学院率先建成国家高水平科技智库的重要载体和综合集成平台，并集成中国科学院院内外及国内外优势力量建设创新研究院。其使命是，发挥中国科学院集科研院所、学部、教育机构为一体的优势，从科技规律出发研判科技发展的趋势和突破方向，从科技影响的角度研究经济社会发展和国家安全重大问题，聚焦科技发展战略、科技和创新政策、生态文明与可持续发展战略、预测预见分析、战略情报等领域，汇聚国内外优秀人才，建设开放合作的战略与政策国际研究网络，为国家宏观决策提供科学依据和咨询建议。

战略咨询院实行理事会领导下的院长负责制。2016年6月，第一届理事会成立，由中科院院长白春礼任理事长，党组副书记、副院长刘伟平和副院长李静海任副理事长，负责战略咨询院改革发展中的重大决策，标志着符合智库规律和试点要求的治理结构正式确立。在理事会的领导下，依托中科院科学思想库建设委员会建立了战略咨询院学术委员会。

战略咨询院下设管理、研究、学部支撑、科教融合、交流传播五大板块。研究板块设有科技发展战略研究所、创新发展政策研究所、可持续发展战略研究所、系统分析与管理研究所、科技战略情报研究所5个研究所，以任务为核心，协调发展相关学科前沿研究。同时，设置重大任务管理集成部，兼具管理和研究功能，主要负责高端智库试点联络、任务管理、成果综合集成和成果报送。

学部支撑板块设置了学部咨询研究支撑中心、学部学科研究支撑中心、学部科学规范与伦理研究支撑中心、学部科普与教育研究支撑中心4个学部研究支撑中心，主要为学部开展咨询研究、学科研究、科学规范与伦理研究、科普与教育研究等提供研究和管理等学术支撑。设置第三方评估研究支撑中心，为学部和院部开展第三方评估任务提供支撑。

2016年是战略咨询院的组建年，也是战略咨询院的改革年。一年来，战略咨询院坚持“边组建、边改革、边科研”，立足特色优势方向，整合中科院相关研究力量，建立研究所，完善学部研究支撑中心，加强重大任务组织管理与对外传播，提高资源保障能力，有效发挥了“三位一体”功能，改革成效获得了中央改革办的充分肯定。全院以开展服务宏观决策的重大战略科技咨询任务为核心，协调发展相关学科、综合交叉前沿研究，聚焦科技和学科发展战略、科技和创新政策、生态文明和可持续发展、定量预测与预见分析、科技战略情报和数据平台五大方向，积极主动建议和承担国家重点任务，新立项目224项。承担国家高端智库项目23项，涉及科学技术前瞻、经济社会科技、生态文明科技、科技创新政策4个方面，按时间节点顺利实施。承担中央和国家有关部委任务59项，包括中央财办、发展改革委、商务部、人社部、科技部、环保部等。承担中科院部署任务45项。支撑学部院部完成一批任务。竞争承担国家研发计划任务34项，包括国家科技重大专项课题、国家重点研发计划子课题、软科学项目、自然科学基金应急项目和面上项目、社科基金项目等。竞争承担地方、企业和其他任务63项，如国家高新区综合评价、青海省“十三五”科技发展战略与规划等。

2016年，在服务宏观决策方面，战略咨询院提供独立客观的科学依据和咨询建议，得到了中央的肯定。一是开展事关全局的重大问题研究，对中央关注的问题从智库视角提出咨政报告。二是对改革方案和政策措施进行咨询评议，以及政策措施出台前的第三方评估。完成中央财办、发展改革委等委托的多项政策文件出台前第三方评估，对《关于优化服务创新管理，加快培育壮大新动能的意见》《关于设立统一规范的国家生态文明试验区的意见》《生态文明建设目标评价考核办法》《“十三五”知识产权保护和运用规划》等的评估意见作为中央深改组、国务院常务会议审议的重要参考依据。三是对重大改革方案和政策措施实施情况进行第三方评估。完成中央深改组经专小组部署的“科技体制改革进展情况”第三方评估任务，科技部委托的国家10个重大科技专项（民口）标志性成果咨询评议，承担国家全面创新改革试验领导小组办公室委托的全面创新改革试验进展情况第三方评估，发展改革委委托的技术经济安全评估等。四是参加国家领导人重要讲话、重要会议文件起草。在引领创新方向的研究方面，把握趋势和规律自主设置重大研究课题，“可能影响世界发展格局的重大前沿科技突破”重大研究项目取得阶段性成果，全球首发“2016研究前沿报告”和“中国表现卓越研究前沿报告”，在国内外产生广泛的社会影响。启动了“面向全球竞争的高新产业源头技术研究”战略咨询先导重大项目，并有力支撑了“百年科技强国”项目在基础研究和人才队伍方面的发展战略研究。

战略咨询院还建有5个中科院的院级研究中心，即中国科学院战略研究中心、中国科学院创新发展研究中心、中国科学院自然与社会交叉科学研究中心、中国科学院管理创新与评估研究中心、中国科学院知识产权研究与培训中心。

2016年底，研究所在职职工194人，在站博士后51人，离退休职工49人。在职职工中科研岗位162人，其中研究员31人、副研究员50人。2人享受政府特殊津贴。

战略咨询院设有管理科学与工程一级学科硕士、博士学位培养点，工商管理一级学科硕士学位培养点，人口、资源与环境经济学和科学技术哲学2个二级学科硕士学位培养点，管理科学与工程学科博士后科研流动站，以及北京市管理科学与工程重点学科，并具有管理科学与工程在职硕士学位授予资格。共有在学研究生151人，其中硕士生55人，博士生96人；毕业博士生16人，硕士生15人。2016年，知识产权研究与培训中心完成了22次知识产权培训工作，培训1785人次。

2016年，战略咨询院在创新方法、智库理论、科技政策、管理科学等基础研究方面，产出丰硕，在高水平学术期刊上发表了一批有影响的论文，全院研究人员共公开发表论文200多篇，出版专著数十部，获得发明专利6项，软件著作权6项，提出了Data-Information-Intelligence-Solution全过程的DIIS智库研究方法，获得智库同行认同。

2016年，战略咨询院积极推进与国内外智库交流合作，实施国际化和网络化战略，探索多种形式的合作模式。年内共出访 82 人次，参加了联合国气候变化大会、国际熊彼特学会大会、中德创新大会、美国地理学会年会、北美区域科学协会年会等重要国际会议。与弗劳恩霍夫协会、牛津大学等著名国际科技组织和大学建立战略合作伙伴关系。在国内主办“2016 亚洲科技创新论坛”“中日科技政策与管理研讨会”“绿色转型：发达国家和新兴的工业化国家的共同挑战国际会议”“区域规划及环境管理国际交流研讨会”，在海外共同主办第一届“牛津中英创新与发展论坛”，参加第十一届中日韩“三国五方”科技政策研讨会等，在国内外学术同行中影响日益广泛。参加了摩洛哥马拉喀什联合国气候大会，并与国家发展改革委气候司等单位联合主办“中国低碳发展战略”边会。

2016 年，战略咨询院加强智库成果传播，发出智库声音，引领创新方向。一批智库专家在《瞭望》、《光明日报》、《科技日报》、新华网等主流媒体发表文章，研究成果被央视新闻联播、新闻直播间等焦点栏目采用，提升了战略咨询院作为国家高端科技智库的影响力。举办“国家高端科技智库大讲堂”，汇聚多方智慧提升智库研究人员能力和视野。成功举办 2016 研究前沿发布暨研讨会，引发科技界广泛关注。学术期刊发展势头良好，挂靠管理的《中国科学院院刊》（中文版）复合影响因子继续位居全国综合类科技期刊第一位（据中国知网和中信所统计）；主办的《中国管理科学》《科学学研究》被评为“2016 中国最具国际影响力学术期刊”，《科研管理》被评为“2016 中国国际影响力优秀学术期刊”；申请创办的英文期刊 *Innovation and Development Policy* 获得“中国科技期刊国际影响力提升计划”支持。

（撰稿：邹　丽　杨少春　审稿：刘　清）

信息工程研究所

所　　长：孟　丹
地　　址：北京市海淀区闵庄路甲 89 号
邮政编码：100093
电　　话：010-82546891
传　　真：010-82546890
电子信箱：general@iie.ac.cn
网　　址：http://www.iie.ac.cn

中国科学院信息工程研究所（以下简称“信工所”）是 2011 年 4 月批准成立的中国科学院直属科研机构。信工所按照“软硬兼修，矛盾兼容，开合有法，张弛有度”的办所方针，秉承“打造一流平台，集聚一流人才，支撑国家需求，引领学科发展，努力成为国家在信息工程领域的战略科技力量”的组织目标，面向国家战略需求，在网络与信息安全科技领域，开展基础理论与前沿技术研究，开发应用性技术与系统，为国家信息化进程提供核心关键技术支撑与系统解决方案。

信工所的研究方向主要包括：密码理论与安全协议、信息智能处理、数据安全、通信与电磁技术、网络与系统技术、网络系统评测等。拥有信息安全国家重点实验室、信息内容安全技术国家工程实验室、信息安全共性技术国家工程研究中心和中科院网络测评技术重点实验室、物联网信息安全技术北京市重点实验室等一批国家级和省部级的科研创新平台。

截至 2016 年底，信工所共有在职职工 691 人，其中正高级专业技术人员 56 人，副高级专业技术人员 125 人。中国科学院“百人计划”入选者 7 人。另有客座及劳务派遣人员 335 人。

2016 年，以信工所为依托，中国科学院大学成立“网络空间安全学院”，并于 2016 年 12 月 12 日召开学院成立大会。2016 年 9 月，学院迎来了首批共 244 名研究生，其中硕士生 210 人，直博生 34 人。目前，学院共开设课程 51 门，聘任岗位教师 81 人（A 类岗位教师 9 人，B 类岗位教师 35 人，C 类岗位教师 37 人），学院将于 2018 年正式招收本科生。

信工所现有网络空间安全、计算机科学与技术、信息与通信工程 3 个一级学科的博士、硕士研究生培养点，以及计算机技术、软件工程 2 个工程硕士培养点。截至 2016 年底，在册研究生 923 人（其中硕士生 496 人、博士生 427 人），客座学生 500 余人。研究所设有计算机科学与技术一级学科博士后科研流动站，在站博士后20人。

2016年，信工所共有在研项目652项（包括新增项目346项）。其中，主持国家重大专项项目3项，重点研发计划课题33项，973计划课题2项，国家科技支撑计划项目3项；主持国家自然科学基金项目99（新增33项）；主持中国科学院战略性先导科技专项课题14项，国家其他部门科研专项295项（新增172项）及地方其他横向项目186余项（新增86项）。

2016年，信工所组织“面向感知中国的新一代信息技术研究”先导专项各参研单位加强成果集成和应用推广，产出了一批亮点成果，在国家重要领域和重点区域得到广泛应用，效果显著；专项有两项成果入选第三届世界互联网大会十五项“世界互联网领先科技成果”。

2016年，信工所作为署名单位发表论文298篇，其中会议论文218篇，期刊论文80篇；信工所科研人员主持编写著作2本，译著3本。信工所作为第一专利权人申请中国发明专利160件，作为第一专利权人授权中国发明专利91件（含PCT专利1件）。登记软件著作权61件。获国家科技进步奖二等奖1项，省部级一等奖1项，省部级二等奖3项。2016年，信工所国际交流人数总数达171人次，其中因公出访127人次，来访44人次。

2016年，信工所主办的《信息安全学报》创刊，3月召开《信息安全学报》创刊号发布暨学报发展研讨会，8月 *Journal of Cybersecurity Science and Technology* [《网络空间安全科学与技术》（英文）] 通过“中国科技期刊国际影响力计划”选拔，获得D类（新办）期刊项目支持和资助。

（撰稿：张若定　闫　杰　审稿：孟　丹）

空间应用工程与技术中心

主　　任：高　铭
地　　址：北京市海淀区邓庄南路9号
邮政编码：100094
电　　话：010-82178817
传　　真：010-82703630
电子信箱：csu@csu.ac.cn
网　　址：http://www.csu.cas.cn

中国科学院空间应用工程与技术中心（以下简称“空间应用中心”）前身是1993年成立的中科院空间科学与应用总体部。1994年总体部与中科院空间科学与应用研究中心合并。2003年总体部划归中科院光电研究院，挂靠中科院光电研究院运行。2010年11月，中科院党组决定在总体部的基础上成立中科院空间应用工程与技术中心。2012年8月，中国科学院空间应用工程与技术中心独立法人资格获批。2013年1月正式独立运行。

空间应用中心是载人航天工程空间应用系统的总体单位，代表中国科学院牵头负责载人航天等重大工程空间应用系统方面的总体管理和技术集成。具体承担工程研制的组织管理，系统设计、集成、测试，可靠性保障，在轨技术支持，有效载荷在轨运控管理，数据获取及应用成果的推广服务等系统技术支持支撑、保障服务工作。中心建设目标是建设国内一流、国际著名的空间总体机构。

根据自身定位、职责及工程任务需求，结合总体单位特点，空间应用中心初步凝练了系统设计、测试验证、专业技术、地面支持4个方面、13个重点学科领域方向。其中系统设计方面包括复杂任务规划与效能评估技术、复杂系统协同设计与仿真验证技术、空间任务全寿命综合保障技术；测试验证方面包括柔性智能测试技术、高可信软件测试评估技术、一体化机、电、热设计集成技术；专业技术方面包括空间高性能电子信息技术、轨道优化设计与自主控制技术、太空智能制造技术；地面支持方面包括有效载荷智能运控与健康管理技术、遥科学实验技术、航天地面数据系统技术、空间科学大数据技术。

在中科院“率先行动”计划安排部署中，空间应用中心全员进入首批试点的5个创新研究院之一——空间科学研究院。2016年，空间科学研究院通过筹建评估，中心牵头建设了公共保障部、系统与技术部两个核心部门，积极组织落实并培育相关科研项目。

空间应用中心建有中科院重点实验室太空应用重点实验室，实验室运行平稳，首次部署实验室开放基金课题，在培育学科发展，创新合作方面发挥重要作用。同时空间应用中心与国内外相关研究机构及企业发挥“优势互补”的原则下，合作共建多个联合实验室，联合推进高水平基础研究和高技术研究。

为满足工程任务预研攻关、研制建设和集智创新的需要，同时为任务提供了共性或通用化技术支持支撑，空间应用中心设立了系统工程部、专业技术部、战略发展部、可靠性保障中心 4 个科研及任务支撑部门。其中系统工程部下设系统设计研究室（并行设计与仿真实验室）、系统测试研究室（空间软件评测中心）、有效载荷运控中心；专业技术部下设电子信息技术研究室、集成技术中心、综合保障技术研究室；战略发展部下设战略规划研究室、空间探索研究室、数据利用中心。

截至 2016 年底，空间应用中心共有在职职工 302 人，包括中国科学院院士 1 人、国际宇航科学院通讯院士 1 人，“千人计划”入选者 1 人，中科院“百人计划”入选者 2 人，“百千万人才工程”入选者 2 人，国务院特殊津贴获得者 4 人，研究员及正高级工程技术人员 29 人、副研究员及高级工程技术人员 93 人。

空间应用中心是国务院学位委员会批准的博士、硕士学位授予权单位之一，现设有计算机科学与技术 1 个专业一级学科博士研究生培养点，信息与通信工程、计算机科学与技术、航空宇航科学与技术 3 个一级学科硕士研究生培养点，设有计算机技术、电子与通信工程 2 个工程硕士专业学位培养点。共有在学研究生 112 人（其中硕士生 70 人、博士生 42 人）。

2016 年，空间应用中心的重要科研工作进展有：“天宫二号”任务中空间应用系统安排了地球科学观测及应用、空间科学实验与探测、空间应用新技术试验等领域的十多项应用项目，是目前载人航天历次任务中开展应用项目最多的一次，主要项目的研究水平已经位于国际前沿，技术发展处于国际先进行列。自 2016 年 9 月 15 日“天宫二号”空间实验室入轨以来，空间应用系统有效载荷全面开展了在轨测试和实（试）验，取得了一批重要的测试数据及成果，相关的数据分析和样品分析工作目前也正在顺利开展。“天舟一号”任务完成发射件研制工作并顺利通过系统研制总结及出厂评审，即将赴海南文昌发射场执行测试、发射任务。空间站任务扎实推进，关键技术攻关取得重要突破。其中核心舱全面进入初样阶段；实验舱Ⅰ正在开展方案研制总结；实验舱Ⅱ正在开展关键技术攻关；多功能光学设施正在开展一体化设计；地面研制支持系统建设按计划推进；首批科学研究与应用项目正在立项审批中。

2016 年，空间应用中心项目争取能力进一步提升，横向项目数量较快增长，科研经费持续增长。落实了包括国家自然科学基金项目、载人航天预研项目、中科院国防科技创新项目、中科院重点部署项目 14 项。

2016 年，空间应用中心积极推进成果产业化工作，与浙江、江苏等地达成合作意向；签订中心首个横向市场化技术开发合同；中心控股公司 IPO 取得突破性进展，新成立的参股公司发展势头良好，成长迅速。

2016 年，空间应用中心利用中国科学院的平台优势及载人航天的社会效应，开展了一系列广泛而深入的国际合作与交流，牵头组织一系列国际合作项目与国际学术会议，与多国科研机构进行人才互访交流，有力提升了中心国际学术声誉和国际影响力。目前空间应用中心合作网络覆盖 IFA、IAA、COSPAR、ASGSR、KMS 等国际组织，和 NASA、ESA、DLR、RSA、KARI 等国外空间机构。2016 年，空间应用中心还与法国宇航局、Novespace 公司联合成立了中法失重实验中心，欧洲抛物线飞行实验机会正式对中国开放。

（撰写：孔　健　杨　吉　审核：刘树军）

北京综合研究中心

主　　任：姜晓明

地　　址：北京市怀柔区雁栖南四街 26 号

邮政编码：101407

电　　话：010-82648619
传　　真：010-82648689
电子信箱：basic@basic.cas.cn
网　　址：http://www.basic.cas.cn

中国科学院北京综合研究中心（以下简称“北京综合中心”）筹建于2011年10月9日，目的在于具体推动落实2009年6月和2011年3月中国科学院与北京市政府达成的共建“中国科学院北京怀柔科教产业园”和“北京综合研究中心”的合作协议。2012年7月26日，中央机构编制委员会正式批准成立中国科学院北京综合研究中心。2016年9月，院市进一步深化合作，共建北京全国创新中心，达成新的院市共建怀柔科学城合作协议书，北京综合中心的发展站上了新的起点。

北京综合中心的定位及目标是：围绕“中国科学院北京怀柔科教产业园”的建设和发展，特别是在国家重大科技基础设施在怀集中规划建设和院内科技资源及高新技术产业在怀集聚发展方面积极谋划，认真履行院党组赋予的怀柔科教产业园综合管理服务协调和综合大型科技平台建设运营管理的职责。

北京综合中心的目标为：紧扣世界科技前沿，建设世界级的大科学装置集群，取得基础和前沿领域重大科学发现、重大原始创新，成为学科交叉、国际级大型科学园区；紧扣国家重大需求，寻求变革性关键技术突破，解决一批涉及国家重大需求的关键核心技术和技术瓶颈，成为推动我国自主创新能力提升的策源地；紧扣区域经济发展，促进高端创新要素聚合和重大科技成果产业化，推进产业升级和产业价值链向高端延展，成为首都地区战略性新兴产业新的孵化中心与增长极；紧扣科技体制创新，带动科技创新内涵与组织模式改革，推动科技经济教育的深度融合，成为国家创新体系建设和科技体制深化改革的示范园。

北京综合中心设有汞工程技术中心。

截至2016年底，北京综合中心共有在职职工46人，其中副研究员1人。共有在研项目5项，新增3项。在研项目分别为：环保部环保公益项目“含汞废物处置过程污染特征及污染风险控制技术研究”；环保部“汞污染防治技术政策”；国家自然科学基金委基金项目“脉冲低温等离子体技术协同处理含汞废气及二噁英的机理及效果强化”；中国水俣公约初步评估项目“有色金属冶炼和废物焚烧行业现状与履约政策差距和需求分析评估”；全球环境基金“中国典型省份汞排放清单编制试点项目”。新申报项目分别为：中科院STS贵州万山汞矿区汞污染土壤“热解析-低温等离子体”集成处理技术研究及示范；中国科学院学部院士评议项目“危险污染物的环境安全问题与对策研究：汞和放射性废物”；科技部大气专项“非常规污染物大气污染防治技术集成及产业化”。

2016年，北京综合中心围绕重点涉汞行业需求，基于低温等离子体+环保功能材料+资源再生的基本思路，开展了废荧光灯管尾气深度净化、废汞触媒处理过程尾气深度净化等示范研究工作，并有计划地推进了该技术体系在燃煤、高浓度土壤治理领域的探索工作；基于湿法冶金技术，与中科京投公司一道，联合东北大学等单位开展了湿法冶金处理含汞废渣的研究工作，并取得系列重大进展。在此基础上，北京综合中心先后申请到科技部国家重点研发计划大气专项、中科院重大创新、中科院学部等重大项目，成功申请3项专利，发表6篇论文。

北京综合中心不断整合优势资源，拓展渠道，创新方式，在参与和服务地方经济方面取得了新实效：举办了怀柔产业化发展论坛。与怀柔区政府联合举办了科技成果转化及产业化论坛，中科院有关兄弟单位、地方政府、省市商会、行业协会、产业园区、高新企业、金融机构代表参加论坛。加大科技成果推广力度，与新华社、中经社深化合作关系，签订了战略合作协议，联合创建了《科技成果参考》刊物，向全国推介重点科技成果20余项，发展了会员单位10余家。共同建设新华中科科研信息服务平台，合力打造具有独家特色的成果库、专家库、企业需求库，为企业和研究所提供全方位的科技服务。开创科技服务新模式，立足地方发展需求，努力提供特色科技服务。与济南市政府密切合作，就质子治癌项目进行了可行性研究，就共同打造有中国特色的高端医疗设备制造产业达成了合作意向；与禹城市政府签订了合作协议，推动建立雁栖经济开发区禹城园，重点发展功能糖产业，打造食品加工全产业链，形成产业群聚集效应，带动当地经济发展；在广东，为惠州市编制了《惠州市水生态产业发展指南》，拟联合北控水务在惠州共建中科潼湖水生态产业研究院，推进惠州潼湖水生态治理；与安徽合肥市包河区、北京朝阳区金盏乡等地就建设科技小镇进行了初步探讨，达成了合作意向。同时，北京综合中心下属企业中科雁栖湖创新（北京）科技服务有限责任公司和中科京投环境科技江苏有限公司积极拓展市场，开展业务，取得了良好的业绩。

怀柔科学城作为北京全国科创中心建设的重要内容，是中科院与北京市深化科技合作的核心任务。北京综合中心作为怀柔科学城规划编制的重要参与方，认真参与编写了《怀柔科学城建设发展规划（2016—2020年）》，推动院市签署了《共建怀柔科学城合作协议书》。建立了中科院怀柔科学城联席会议制度，怀柔区联合成立了怀柔科学城建设领导小组办公室。多次组织大科学装置立项、工程管理、可研报告编制等经验分享交流会和各类专题报告，指导项目承建单位开展申报材料准备工作。完成了《怀柔科学城（核心区）暨国家科学中心市政基础设施统计报告》，推动北京市落实大科学装置土地和配套支持政策。组织对大科学装置新址地质条件进行了初步勘察，对周围环境影响进行了评价论证。与各部门对接，统计未来施工需求，完善了大科学装置建设修建性详细规划，对大科学装置进行了科学布局，为大科学装置正式开工建设做好充分准备。

（撰稿：孙小平　王俞涵　审稿：冯　稷）

天津工业生物技术研究所

所　　长：马延和

地　　址：天津空港经济区西七道32号

邮政编码：300308

电　　话：022-84861997

传　　真：022-84861926

电子信箱：tib_zh@tib. cas. cn

网　　址：http://www. tib. cas. cn

中国科学院天津工业生物技术研究所（以下简称“天津工生所”）是由中国科学院和天津市人民政府共建的、从事生物技术创新推动工业领域生态发展的科研机构，2012年11月29日通过验收，正式成为中国科学院序列研究所。

天津工生所围绕以新生物学为基础，以生物体的计算与设计为核心，解决生物产业链中生物体功能利用的关键问题，发展工业生物技术创新体系，促进工业生物技术的创新与成果转化，服务于经济社会可持续发展的战略定位，开展工业蛋白质科学与生物催化工程、合成生物学与微生物制造工程、生物系统与生物工艺工程3个领域的基础研究和应用基础研究，发展新生物学指导下的工业蛋白质科学、工业系统生物学、工业合成生物学、工业发酵科学等学科体系，实行“研究组-总体研究部-平台实验室”三维科研组织模式。

天津工生所建有工业酶国家工程实验室、中科院系统微生物工程重点实验室、天津市工业生物系统与过程工程重点实验室和天津市生物催化技术工程中心。建有高通量筛选、系统生物技术、发酵过程优化与中试、蛋白（酶）研究与大型公共仪器技术支撑平台，启建天津市工业生物产业技术研究院，与企业、科研院所及地方政府共建16个联合单元。

截至2016年底，天津工生所共有在职职工326人。其中科技人员261人、科技支撑人员30人，包括研究员及正高级工程技术人员47人、副研究员及高级工程技术人员32人。共有国家“青年千人计划”入选者1人，“万人计划”入选者1人（新增1人），科技部“创新人才推进计划”入选者2人（新增1人），高端外国专家项目2人（新增1人），青年人才托举工程入选者1人（新增1人）；中科院“百人计划”18人（新增2人）、引进杰出技术人才1人、特聘研究员5人（新增2人）；天津市“千人计划”16人（新增3人）、天津市“创新人才推进计划”3人、天津市人才发展特殊支持计划1人、天津市“131”创新型人才培养工程第一层次人选3人。

天津工生所现设有生物学、化学工程与技术2个专业一级学科博士研究生培养点，生物学、化学工程与技术2个专业一级学科硕士研究生培养点，生物工程、化学工程2个全日制专业学位硕士研究生培养点。在微生物学、生物化学与分子生物学、生物化工、应用化学4个二级学科招收博士、硕士研究生，在生物工程、化学工程专业招收全日制专业学位硕士研究生，并设有博士后工作站。在学研究生214人（硕士生179人、博士生35人），在站博士后5人。

2016年，天津工生所共有在研项目284项（新增53项）。其中，承担（或参与）重点研发计划课题2项（新增2项），承担（或参加）973计划课题18项，主持863计划项目2项、承担（或参加）863计划课题30项，主持国家国际科技合作专项项目3项；承担国家自然科学基金优青项目1项、面上项目19项（新增2项）、其他41项（新增12项）；承担国家青千计划项目1项、承担国家万人计划项目1项（新增1项）、高端外国专家项目2项（新增1项）；承担（或参加）中科院重点部署项目8项（新增1项）、承担STS计划项目11项、前沿科学重点研究项目1项（新增1项）、中科院国际合作局对外合作重点项目2项（新增1项）、人才项目47项（新增8项）、其他项目16项（新增6项）；承担天津市科技支撑计划项目31项（新增1项）、自然科学基金项目11项（新增2项）、人才计划19项（新增10项）、其他项目18项（新增5项）。

2016年，天津工生所制定了研究所“十三五”规划，并取得系列重要科研进展。先进生物制造工程菌株的构建与应用项目选择烯烃、二元酸、有机胺等为代表性产品，获得高效工程菌株，打通传统石油化学品的生物合成工艺路线，形成生物制造典型案例。二氧化碳的人工生物转化项目初步构建了化能、光能固碳细胞工厂及电能固碳体系，在甲醛到二羟丙酮新酶设计，利用二氧化碳转化合成丁二酸、异戊二烯、淀粉等方面取得阶段性进展。在蛋白质结构解析与分子改造方面，解析了多个环烯醚萜合成酶、两个新型“头-碰-中”萜类化合物合成酶等蛋白结构，丰富了萜类合成酶的催化机制，成果发表在*Angewandte Chemie International Edition*、*ACS Catalysis*、*RSC Advances*等杂志，部分获选为封面文章。在绿色生物工艺方面，研发出多种性质优良的纺织用生物酶制剂及生产工艺，极大提高前处理效率，减少废水排放，节水节电，被业界评价为我国印染行业的又一重要技术创新。2016年共发表论文96篇，其中SCI 77篇；申请专利62项，通过PCT或巴黎公约途径申请国际专利3项，授权专利26件。获2016年度海洋工程科学技术奖二等奖1项。

2016年，天津工生所与16个省市30家企业以多种模式签署合作协议37项，合同交易额总计1.95亿元。转让给成都远泓公司的多酶体系生产肌醇项目，成本较传统方法降低50%以上，预计3—4年实现2000吨规模的产业化生产。生物酶法绿色染前处理项目在河北宁纺集团成功完成了10万米布的应用示范和推广，较碱法工艺节省蒸汽50%、节电40%、节水50%、废水COD值降低60%。天津工生所提出了“在有条件的地区先行建设产业化试验基地，再以成熟技术或产品直接服务于天津市企业”的新思路，与天津渤化集团合作的羟脯氨酸项目在研究所产业化试验基地实现年产80吨的产业化生产。与成都政府共建中国科学院天津工业生物技术研究所西部应用研发中心，引入合作企业设立公司进行运营，打通了工业生物科技成果研发孵化转化的瓶颈。研究所以技术入股投资设立2家参股企业，预计2—3年年产值可达2亿元。天津育成中心实现了企业化运作，成立了中科育成公司，解决了研究所不宜参与投资和资金来源单一的短板，并与国有上市公司天保基建共建中科天保智谷产业园区，服务于天津市工业生物产业创新发展。

2016年，天津工生所获批中科院对外合作重点项目2项、中科院-诺和诺德专项2项、中科院“一带一路”科技合作行动专项1项；接待日本经济产业省代表团、巴基斯坦化工企业代表团等重要外宾及代表团45人次；邀请Jens Nilsen等国（境）外知名专家学者做学术报告20余场；科研人员出国学术交流65人次；与加拿大国家研究理事会签署生物质转化合作意向协议。组织“一带一路”工业生物技术研讨会。

李寅副所长当选 TYAN 首届执委会主席。

（撰稿：刘　文　冯毅飞　审稿：马延和）

山西煤炭化学研究所

所　　长：王建国
地　　址：山西省太原市桃园南路 27 号
邮政编码：030001
电　　话：0351-4041627
传　　真：0351-4041153
电子信箱：dangzb@sxicc.ac.cn
网　　址：http://www.sxicc.cas.cn

中国科学院山西煤炭化学研究所（以下简称“山西煤化所”）成立于 1954 年 10 月 15 日，其前身是中国科学院煤炭研究室。1961 年，煤炭研究室扩建为中国科学院煤炭化学研究所并迁往太原。1978 年 9 月更名为中国科学院山西煤炭化学研究所并沿用至今。

“十三五”期间，山西煤化所将以满足国家能源战略安全、社会经济可持续发展及国防安全的战略性重大科技需求为使命，以协调解决煤炭利用效率与生态环境问题和重点突破制约国家战略性新兴产业发展的材料瓶颈为目标，围绕煤炭清洁高效利用和新型炭材料制备与应用两大领域，以国家和地方需求为牵引，以企业应用为导向，开展定向基础研究、关键核心技术和重大系统集成创新，建设在国际相关领域具有特色鲜明、优势显著、不可替代的现代化研究所。

山西煤化所学科方向为：煤化学和化工、催化化学与工程、新型炭材料和化学反应工程。主要研究煤基合成液体燃料、煤气化过程的集成优化、燃煤污染控制、能源环境新材料、高性能炭材料、煤深加工及下游产品、精细化工、超临界化工及萃取、特种气体制备及净化等。

山西煤化所拥有太原桃南园区、小店中试基地、扬州碳纤维工程技术中心 3 个研发区域（中心）；拥有煤转化国家重点实验室、煤炭间接液化国家工程实验室、碳纤维制备技术国家工程实验室及山西煤化工技术国际研发中心 4 个国家级研发单元；中国科学院（山西省）炭材料重点实验室、粉煤气化工程研究中心、山西省碳纤维及复合材料工程技术研究中心、山西省生物炼制工程技术研究中心等院、省级研发单元和应用催化与绿色化工实验室所级研发单元；煤转化国家重点实验室与壳牌合作设立了 ICC-Shell 煤化学联合实验室。研究所内有战略研究与工程咨询、化工过程设计、环境影响评价、所级公共技术服务及文献网络中心五大支撑系统。现有图书期刊 26 余万册，仪器设备 13 889 台（套）。拥有 ISO9001：2008 质量管理体系认证证书、二级保密资格单位证书及武器装备科研生产许可证。

截至 2016 年底，山西煤化所共有在职职工 545 人。其中科技人员 449 人、科技支撑人员 45 人，包括中国科学院院士 1 人、研究员及正高级工程技术人员 64 人、副研究员及高级工程技术人员 123 人。共有“千人计划”入选者 2 人；“万人计划”入选者 2 人；“青年千人计划”入选者 1 人；中科院“百人计划”入选者 13 人；国家杰青科学基金获得者 1 人；“百千万人才工程”国家级人选 2 人；科技部“创新人才推进计划”3 人，科技部中青年科技创新领军人才 1 人；山西省学术带头人 3 人。

山西煤化所是 1981 年国务院学位委员会批准的首批博士、硕士学位授予单位之一，现有博士生导师 40 人，硕士生导师 95 人，设有化学、化学工程与技术、材料科学与工程 3 个一级学科博士、硕士研究生培养点；物理化学、无机化学、有机化学、化学工程、化学工艺、生物化工、应用化学、工业催化、材料物理与化学、材料学、材料加工工程 11 个二级博士、硕士研究生培养点；环境工程、化学工程、材料工程 3 个全日制专业硕士授权点，并设有 1 个化学专业一级学科博士后流动站。共有在学研究生 362 人（其中硕士生 163 人、博士生 199 人），在站博士后 11 人。

2016 年，山西煤化所共有在研项目 296 项（新增项目 111 项）。其中，承担 973 计划课题 2 项（新增 1 项）；主持国家自然科学基金面上项目 34 项（新增 9 项），国家青年科学基金项目 48 项（新增 13 项），重大研究计划培育项目 4 项（新增 1 项），联合基金项目重点支持项目 3

项、培育项目8项（新增3项），专项基金项目1项；主持中科院战略性先导科技专项课题19项，院前沿科学重点项目1项（新增1项），院科技服务网络计划项目1项（新增1项），院重大科研装备研制5项；国家重大科学仪器专项计划子课题1项；承担重点国际合作项目4项（新增2项）；承担院地合作项目3项。“分子筛催化剂的结构、组成及其性能调控”成果获山西省科学技术奖自然科学类一等奖，参与的“大型高效水煤浆气化过程关键技术创新及应用”成果获国家科学技术进步奖二等奖，参与的“大型气流床煤气化炉内湍流多相流动、传递与反应过程基础研究与工程应用”成果获上海市科技进步奖一等奖。

2016年，山西煤化所在能源、材料和化工等多个领域取得了系列重大进展。铁基浆态床费托合成油品技术实现产业化，全球单套规模最大的神华宁煤400万吨/年煤制油装置投产出油，山西100万吨/年、内蒙古120万吨/年装置建成；钴基固定床合成化学品技术6万吨/年工业示范装置稳定运行；甲醇催化转化机理研究取得突破性进展；烟气多种污染物干法一体化脱除技术开展2.5万 Nm^3/h 工业示范试验，技术指标优于国内外公开报道；低压灰熔聚煤气化技术在800kt/a氧化铝配套煤气站项目中稳定运行；与陕煤集团合作开展工业园区集中供燃气项目；甲醇制汽油技术10万吨/年项目开车成功；煤基合成气制低碳醇技术千吨级工业侧线试验装置稳定运转；尿素间接法生产碳酸二甲酯技术千吨级中试装置运转稳定，完成5万吨级工业包编制；循环流化移动床连续 CO_2 吸脱附技术的200 Nm^3/h 规模试验示范成功；研制生产出航天火箭发动机石墨密封材料，成功应用于我国火箭发动机；钍基熔盐堆大尺寸核石墨制备技术通过评审，填补国内空白；毫米级厚度导热柔性石墨应用于“资源三号”卫星；建设碳纤维500吨级生产线；球状活性炭技术实现规模化生产；建设石墨烯电化学制备技术中试平台；此外，在甲醇制芳烃、灰化学、原子层沉积、碳化硅制备、石墨烯应用、碳纤维复合材料、二氧化碳利用、生物质基多孔炭材料、生物质转化、光催化及绿色合成等方面均取得进展。

2016年，山西煤化所签订合作协议5项，争取企业技术转移转化项目17项；发表论文316篇；授权专利75项。

2016年，山西煤化所国际交流合作出访48人次，来访42人次，获批“国际人才计划”2项，获院资助德国洪堡学者1人；与荷兰壳牌公司签订国际合作项目1项，获批山西省优秀人才科技创新项目3项，获批山西省国际合作示范单位；承办第11届中美工程技术研讨会和第16届国际催化大会卫星会。

山西煤化所主办有《新型炭材料》和《燃料化学学报》两种学术期刊。

（撰稿：熊志建　王　军　审稿：李晶平）

大连化学物理研究所

所　　长：张　涛
地　　址：辽宁省大连市中山路457号
邮政编码：116023
电　　话：0411-84379135
传　　真：0411-84691570
电子信箱：bgs@dicp.ac.cn
网　　址：http://www.dicp.cas.cn

中国科学院大连化学物理研究所（以下简称“大连化物所”）创建于1949年3月，当时定名为大连大学科学研究所。1950年，更名为东北科学研究所大连分所，1952年转属中国科学院，更名为中国科学院工业化学研究所，1961年，更名为中国科学院化学物理研究所，1970年正式命名为中国科学院大连化学物理研究所。

大连化物所是一个基础研究与应用研究并重、应用研究和技术转化相结合，以任务带学科为主要特色的综合性研究所。重点学科领域为：催化化学、工程化学、化学激光、分子反应动力学、近代分析化学和生物技术。2016年，大连化物所继续深入推进“率先行动”计划，凝练了“十三五”时期新的“一三五”规划，继续坚持以能源研究为主导的发展定位，部署了四个重大突破和八个重点培育方向。“创新2020”和

"率先行动"计划各项任务得到扎实推进。

大连化物所设有洁净能源国家实验室（筹），共设置化石能源与应用催化、低碳催化与工程、节能与环境、燃料电池、储能技术、氢能与先进材料、生物能源、太阳能、海洋能、能源基础和战略、能源研究技术平台11个研究部；设有催化基础和分子反应动力学2个国家重点实验室；设有化学激光、分离分析化学、燃料电池及复合电能源3个中国科学院重点实验室；设有甲醇制烯烃国家工程实验室、国家催化工程技术研究中心、膜技术国家工程研究中心、燃料电池及氢源技术国家工程中心等多个国家级科技创新平台；设有航天催化与新材料研究室、仪器分析化学研究室、精细化工研究室和生物技术研究部等多个研究室。另外，大连化物所还与国外著名大学、公司和研究机构联合设立了中法催化联合实验室、中法可持续能源联合实验室、中德催化纳米技术伙伴小组、中韩燃料电池联合实验室和DICP-SABIC先进化学品生产研究中心等十几个国际合作研究机构。

截至2016年底，大连化物所共有在职职工1049人。其中科技人员738人、管理及支撑人员304人，包括中国科学院院士10人、中国工程院院士3人、发展中国家科学院院士3人、研究员及正高级工程技术人员198人、副研究员及副高级工程技术人员418人。共有"千人计划"入选者7人，"青年千人计划"入选者11人（新增1人）；中国科学院"百人计划"入选者42人（新增1人），国家杰出青年科学基金获得者21人（新增1人）。

大连化物所是1981年国务院学位委员会批准的博士、硕士学位授予权单位之一，现设有化学、化学工程与技术、物理学、材料科学与工程4个一级学科博士研究生和硕士研究生培养点，并设有化学、化学工程与技术2个专业一级学科博士后流动站。共有在学研究生872人（其中硕士生285人、博士生587人），在站博士后173人。

2016年，大连化物所共有在研项目768项（包括新增项目362项）。其中，主持（或承担）国家自然科学基金重点项目12项（新增4项）、面上项目138项（新增41项）、国家杰出青年科学基金项目8项（新增3项）、国家自然科学基金重大研究计划重点项目3项（新增1项）；主持或承担国家重点研发计划5项（新增5项）；主持（或承担）973计划和国家重大科学研究计划项目6项，主持（或承担）863计划项目2项；主持（或承担）（科技部、国家自然科学基金委、财政部和院）重大仪器研制项目3项；主持（或承担）中国科学院战略性先导科技专项课题27项（新增8项）；主持（或承担）院重点部署项目12项（新增7项）、承担重点国际合作项目8项（新增2项）；承担院地合作项目482项（新增228项）。主持（或承担）中国科学院STS项目6项（新增3项）；主持（或承担）省市项目69项（新增30项），其中省级项目39项（新增17项）、市级项目30项（新增13项）。

2016年，大连化物所煤气化直接制烯烃研究取得重大突破，研究成果发表在*Science*上，并入选中国科学院2016年月度重大科技成果；"单原子催化"入选美国化学会C&EN 2016年"十大科研成果"；"能源化学转化的动态本质与调控"获得中科院B类先导科技专项资助，"动态化学前沿研究"获得国家自然科学基金委基础科学中心项目支持。应用研究方面，中煤蒙大、青海盐湖甲醇制烯烃装置相继投产，再次证明了具有自主知识产权的DMTO技术的先进性和可靠性；40万吨/年汽油超深度脱硫装置和20万吨/年柴油超深度脱硫装置相继投产；醋酸加氢制备乙醇工业示范装置开车成功；依托该所液流电池技术的200MW/800MWh国家级储能示范项目获批建设；单组元无毒推进剂技术首次在"实践十七号"卫星上得到应用；大连相干光源首次出光，成为我国第一台自由电子激光大科学用户装置。全年共发表SCI论文871篇，专利申请1227件，授权474件，获得中科院杰出科技成就奖一项，辽宁省奖励五项、中国专利优秀奖两项。

2016年，大连化物所深化与中石油、渤海化工等大型企业集团间的战略合作，共同推进能源化工、节能减排等领域的项目合作及产业化应用，并着重加强在环渤海、长三角、东南沿海及新疆等重点区域的科技成果推广和对接活动，深入探索“本部+转化中心”的发展模式，不断促进科技成果转移转化，服务地方经济建设。截至2016年底，该所在册持股企业共27家，其中控股10家，对外投资总额为4.46亿元，从事科技开发人员280余人。2016年度，该所持股企业营业收入总额6.95亿元，净利润总额7733万元。

2016年，由大连化物所主办的第十六届国际催化大会在北京成功召开，彰显了该所在国际催化领域的学术地位；与印度Balaji公司签订技术转让协议，首次面向国外企业许可成套技术；与SABIC、中石油签署合作开发协议，共同推动甲烷无氧制烯烃和芳烃技术的全球推广；作为共同代表之一加入国际能源署氢能实施协议，为中国发声。该所科研人员在27个国际学术机构中任职，14人担任国际期刊主编/副主编，全年共办理出访200余人次，来访700余人次。

大连化物所是中国化学会的会员单位；负责编辑出版《催化学报》《能源化学》（*Journal of Energy Chemistry*）和《色谱》三种学术期刊。其中，《催化学报》和《能源化学》的SCI影响因子分别位居SCI收录的中国化学类期刊的第一名和第三名；《色谱》的影响因子在中国化学类核心期刊中排名第二。

（撰稿：杨　宏　孙　洋　审稿：王　华）

金属研究所

所　　长：杨　锐
地　　址：辽宁省沈阳市沈河区文化路72号
邮政编码：110016
电　　话：024-23843605
传　　真：024-23891320
电子信箱：imr@imr.ac.cn
网　　址：http://www.imr.cas.cn

中国科学院金属研究所（以下简称“金属所”）成立于1953年，是新中国成立后中国科学院新创建的首批研究所之一。首任所长是我国著名的物理冶金学家李薰先生。1999年5月，根据中国科学院知识创新工程试点工作的统一部署，在“东北高性能材料研究发展基地”建设中，金属所与中国科学院金属腐蚀与防护研究所整合成立现金属所。

金属所是涵盖材料基础研究、应用研究和工程化研究的综合型研究所，1999年成为中国科学院知识创新工程试点单位之一，确立了以“创新材料技术，攀登科技高峰，培育杰出人才，服务经济国防”为研究所使命。2011年启动实施“创新2020”发展规划。

金属所“十三五”发展规划定位金属所将面向世界科技前沿，面向国家战略需求，面向国民经济主战场，以关键金属结构材料研发为主体，全面发展新材料新技术，建设国际一流的综合型研究所。金属所“十三五”期间的“一三五”规划被评为中国科学院“优秀规划”。

金属所拥有我国第一个研究类国家实验室—沈阳材料科学国家（联合）实验室，还拥有2个院级重点实验室，分别为中国科学院核用材料与安全评价重点实验室和中国科学院高温结构材料重点实验室；拥有4个研究中心，分别为沈阳先进材料研究发展中心、材料环境腐蚀研究中心、高性能均质合金国家工程研究中心和国家金属腐蚀控制工程技术研究中心。

截至2016年底，金属所共有在职职工917人。其中科技人员658人、科技支撑人员178人，包括中国科学院院士5人、中国工程院院士1人、发展中国家科学院院士3人、研究员及正高级工程技术人员151人、副研究员及高级工程技术人员359人。全所进入创新岗位912人。金属所目前共有“万人计划”入选者7人（新增4人），“千人计划”入选者5人（新增0人），“青年千人计划”入选者3人（新增1人）；中国科学院“百人计划”入选者41人（新增0人），“西部之光”人才入选者3人（新增1人）；国家杰出青年科学基金获得者21人（新增1人）。

金属所是国务院学位委员会批准的首批博士、硕士学位授予单位之一。现有材料科学与工程1个一级学科博士研究生培养点，材料科学与工程1个一级学科硕士研究生培养点，包含材料物理与化学、材料学、材料加工工程、腐蚀科学与防护4个二级学科博士、硕士研究生培养点，并设有材料科学与工程1个一级学科博士后流动站。2016年，金属所研究生教育与科大体系融合顺畅，成立了中国科大金属所学位分委员会，制定了中国科大体系下的学位申请研究成果标准、研究生学习培养及毕业答辩要求。截至2016年9月底，金属所在学研究生858名（其中硕士生317名、博士生541名），在站博士后47名。

2016年，金属所共有在研项目725项（包括新增项目238项）。其中，主持（或承担）国家自然科学基金重点项目22项（新增4项）、面上项目109项（新增23项）、青年科学基金项目89项（新增13项）、国家杰出青年科学基金项目3项（新增1项）、国家优秀青年科学基金项目5项（新增1项）、国家自然科学基金重大研究计划重点项目1项（新增0项）；主持国家重点研发计划3项（新增3项）、主持课题12项（新增12项），参与课题12项（新增12项）；主持973计划1项（新增0项）、承担课题8项（新增0项）；主持国家自然科学基金委重大仪器研制项目1项（新增1项）；主持（或承担）中国科学院战略性先导科技专项课题16项（新增3项）；主持中国科学院前沿科学重点研究项目5项（新增5项）；主持"百人计划"项目7（新增0项）；承担国家重大科技专项课题1项（新增0项）；主持（或承担）863计划项目4项（新增0项）；承担国家科技基础性工作专项4项（新增1项）；主持（或承担）院重点部署项目7项（新增1项）、承担国家专用项目43项（新增4项）；承担重点国际合作项目30项（新增6项）；承担院地合作项目363项（新增179项）。

2016年，金属所发表SCI论文522篇；专利申请331件，专利授权198件；发表专著2部；软件著作权登记1件。

2016年，金属所科技任务进展顺利，承担的先进飞机、航空发动机、核电装备、燃气轮机、海洋工程等重大工程用关键材料研制任务进展顺利；钛合金、镁合金、高温合金等关键材料部件成功应用于"长征7号"和"长征5号"运载火箭；研制的深潜器载人舱开孔缩比件通过了全海深压力考核，并实现全尺寸半球整体冲压成型；港珠澳大桥防腐蚀工程全面完成，解决海洋工程关键部件腐蚀防护难题，被评为中科院A类先导专项"亮点"工作之一。"镁合金的腐蚀防护及提高使役性能的关键技术"获2016年辽宁省技术发明奖一等奖。"压水堆核电高温高压水环境材料损伤关键测试技术装备与应用"获2016年度中国核能行业协会科学技术奖一等奖。此外，核用材料、稀土钢、非晶合金、生物医用材料、耐磨农机具材料、涂层研究工作等取得重要进展。基础研究成果方面，论文产出持续保持高质量和高影响力。金属所青年学者参与的研究工作，在二维*pn*结中实现了电子光学的观测，被《物理世界》杂志评为2016十大物理学进展之一；利用涡流电迁移加速金属表面合金化，成功实现了大型构件表面超高速可控渗铝；首先实现了窄直径分布的单壁碳纳米管的可控生长；在金属铍单质中发现了拓扑狄拉克节线量子态；国际上首次制备出［100］取向的$LiFePO_4$超薄纳米片；利用纳米结构显著降低Cu-Ag合金干摩擦系数。铁电/半导体异质结的阻变开关行为调控、铁电结构中畴结构与缺陷的交互作用、碳空位的自组装有序结构、光催化材料、高效催化剂材料、金属液相分离等多项研究工作也取得了重要进展。

2016年，金属所国际交流活跃，年度派出290人次，来访309人次，高层次访问增多。与英国、美国、日本、澳大利亚等多国的企业、研究机构及大学共签署80余项合作协议。举办"核电水堆材料环境促进开裂国际合作组织ICG-EAC""中奥新材料双边项目对接研讨会"等国际会议。金属所共有14位科研人员在25个国际组织任职，26位科研人员在49个国际期刊任职。

金属所受中国金属学会、中国材料研究学会、国际材料物理中心、国家自然科学基金委员会、中国腐蚀与防护学会等委托；编辑出版《金属学报》（中、英文版）、《材料科学与技术》（英文版）、《材料研究学报》（中文版）、《中国腐蚀与防护学报》、《腐蚀科学与防护技术》6种学术刊物。

（撰稿：刘　言　审稿：黄　粮）

沈阳应用生态研究所

所　　长：姬兰柱（2016.12.26）
副 所 长：朱教君（主持工作，2016.12.26）
地　　址：辽宁省沈阳市沈河区文化路72号
邮政编码：110016
电　　话：024-83970200
传　　真：024-83970300
电子信箱：syiae@iae.ac.cn
网　　址：http://www.iae.cas.cn

中国科学院沈阳应用生态研究所（以下简称“沈阳生态所”）成立于1954年，其前身为中国科学院林业土壤研究所，1987年更为现名，2001年成为国家知识创新工程试点单位，2015年成为中国科学院“生态文明建设”领域首批特色研究所试点单位。

沈阳生态所围绕国家“生态文明建设”主题，针对现代农林业可持续发展、生态与环境建设中亟须解决的国家重大科技问题，面向国民经济主战场，瞄准国际应用生态学发展前沿，在森林生态与林业生态工程、土壤生态与农业生态工程、污染生态与环境生态工程领域开展基础性、战略性和前瞻性研究，完善和创新应用生态学研究理论、方法和技术体系；聚焦东北生态文明建设中典型生态系统功能提升、污染环境治理与改善、粮食安全与生态安全等问题，为国家和区域生态安全、粮食安全提供决策依据和技术支撑。

在“一三五”规划实施方面，沈阳生态所“十二五”时期“一三五”规划总体实施情况良好，其中“突破二”——“新型肥料研制与水土资源高效利用”获得中科院“双百”优秀突破。制订了“十三五”时期“一三五”规划，确定了“东北森林屏障带生态保护、恢复与资源高效利用技术”“东北农田养分循环与肥料增效减施技术”和“东北老工业基地土壤污染机制与高效修复技术”3个重大突破目标，以及“森林生态系统碳氮循环与生态服务功能”“土壤碳氮循环过程中的生物作用与调控”“水-土-生界面过程与污染修复材料与技术发展”“农药污染的生态风险及阻控减害技术研究”“区域城镇化环境效应及景观格局调控”5个重点培育方向，并通过了中科院评估。特色研究所建设方面，沈阳生态所设立的“东北东部山区天然林保育理论、技术与功能评价”“人工林多目标经营的理论、技术与示范”“东北及黄淮海平原肥料减施替代技术集成与示范”“老工业基地污染土壤修复与土壤环境多目标管控平台”“内蒙古沙区生态经济模式开发研究与示范”5个服务项目进展顺利，布置科技成果转化基金2个，匹配特色所仪器、平台建设项目34个，累计匹配经费634万元；制定特色所建设管理办法，建立了青年人才培育、重大任务争取等新机制。

沈阳生态所现有土壤养分管理国家工程实验室（与中国科学院南京土壤研究所共建）、污染土壤生物-物化协同修复技术国家地方联合工程实验室、中科院污染生态与环境工程重点实验室、中科院森林生态与管理重点实验室。

沈阳生态所建有8个野外台站和1个树木园，分别是吉林长白山森林生态系统国家野外科学观测研究站（国家站、CERN站）、辽宁沈阳农田生态系统国家野外科学观测研究站（国家站、CERN站）、湖南会同森林生态系统国家野外科学观测研究站（国家站、CERN站）、中国科学院清原森林生态系统观测研究站（院级站、CERN站）、乌兰敖都荒漠化试验站（国家林业局荒漠化监测中心之一）、额尔古纳森林草原过渡带生态系统研究站、大青沟沙地生态实验站、吉林长白山西坡森林生态系统定位站（与国家林业局共建）、沈阳树木园；此外，沈阳生态所设有东北生物标本馆，馆藏标本56万余份。建有农产品安全与环境质量检测中心，可进行环境、农业、医药、食品等领域的分析测试、认证和研究工作。

截至2016年底，沈阳生态所共有在职职工366人。其中专业技术人员323人，包括正高级专业技术人员80人、副高级专业技术人员102人。共有“万人计划”入选者1人，“千人计划”入选者1人，“青年千人计划”1人，中国科学院“百人计划”入选者13人（新增1人），中国科学院特聘研究员13人，国家杰出青年科学基金获得者 2 人，国家优秀青年基金获得者 3 人。

沈阳生态所是 1981 年国务院学位委员会首次批准的博士学位点，现设有生态学、农业资源与环境、微生物学、环境科学与工程 4 个博士学位培养点，生态学、农业资源与环境，微生物学、植物学、森林培育、环境科学与工程 6 个学术型硕士学位培养点，环境工程、生物工程 2 个专业型硕士学位培养点，并设有生态学、农业资源与环境 2 个一级学科博士后流动站。共有在学研究生 341 人（其中硕士生 174 人、博士生 167 人），在站博士后 21 人。

2016 年，沈阳生态所共有在研项目 382 项。其中，主持国家重点研发计划项目 2 项，承担课题 14 项；主持 973 计划项目 1 项，青年 973 计划项目 1 项，承担课题 4 项，主持 863 计划课题 1 项，主持国家科技基础性工作专项 1 项，承担课题 6 项；主持国家自然科学基金重点项目 7 项（新增 1 项）、面上项目 79 项（新增 20 项）、国家杰出青年科学基金项目 1 项，国家优秀青年基金项目 2 项；主持中国科学院战略性先导科技专项项目 1 项，承担课题 3 项；承担重点国际合作项目 1 项；承担院地合作项目 48 项。

2016 年，沈阳生态所发表 SCI 论文 269 篇（包括Ⅰ区 38 篇、Ⅱ区 48 篇）；出版专著 5 部；授权专利 26 项，其中发明专利 22 项，实用新型 4 项；软件登记 6 项。获得国家技术发明奖二等奖 1 项（第三完成人）；获得辽宁省科学技术奖 4 项，其中自然科学奖一等奖 1 项，科技进步奖二等奖 1 项，自然科学奖三等奖 1 项，技术发明奖三等奖 1 项；获得中国科学院科技促进发展奖一等奖 1 项。成果转移转化方面，全年共签署科技合作协议 80 份，合同额 4739 万元；审核签订各类转出合同 43 份，金额 148 万元。继续与吉林省梨树县、山东史丹利肥料集团开展全面合作。武志杰研究员入选山东省泰山产业领军人才。为西丰县、本溪市编制国家可持续发展农业试验实验区、国家可持续发展创新示范区规划各 1 项。所投资公司 5 个，其中控股 1 个，参股 4 个；从事科技开发人员 10 人。

2016 年，沈阳生态所承办国际资源效率研讨会、中德气候变化协同效应国际会议、中美草原生态系统对极端气候事件的相应研究国际会议、国际肥料科学中心亚洲分中心成立暨学术交流会、中美生物修复技术研讨会、城市森林及其可持续性国际研讨会等国际会议 6 个。全年共来访 80 人次，出访 79 人次。

沈阳生态所是辽宁省生态学会、辽宁省植物学会、辽宁省土壤学会、沈阳市植物学会的挂靠单位；主办中文期刊《应用生态学报》《生态学杂志》，及英文期刊 *Ecological Processes* 等学术刊物。

（撰稿：丁玮杭　胡志斌　审稿：金昌杰）

沈阳自动化研究所

所　　长：于海斌
地　　址：辽宁省沈阳市沈河区南塔街 114 号
邮政编码：110016
电　　话：024-23970012
传　　真：024-23970013
电子信箱：sia@sia.cn
网　　址：http://www.sia.cn

中国科学院沈阳自动化研究所（以下简称“沈阳自动化所”）成立于 1958 年 11 月。成立之初名称为辽宁电子技术研究所，1960 年 4 月更名为中国科学院辽宁分院自动化研究所，1962—1972 年的名称为中国科学院东北工业自动化研究所，1972 年起定名为中国科学院沈阳自动化研究所。1999 年，沈阳自动化所成为首批进入中国科学院“知识创新”工程的试点单位之一。

沈阳自动化所主要从事机器人、智能制造、光电信息技术的研究、开发与应用。沈阳自动化所的定位与目标是：面向世界科技前沿、面向国家重大需求、面向国民经济主战场，以实现机器人与智能制造技术跨越发展为目标，重点突破泛在信息化智能制造、智能机器人和光电信息技术领域的前瞻科技问题和核心共性关键技术，研制开发高端智能装备，形成重要行业的智能制造系统解决方案，促进中国机器人产业技术进步，推动国民经济重点产业升级，满足国防安全、海洋科考和资源开发等重大战略需求，培养和造就一支素质优良、结构合理的高水平科技创新队伍，成为具有国际竞争力和影响力的科研机构。

2016 年，沈阳自动化所统筹谋划、科学布局，制定研究所“十三五”发展规划。沈阳自动化所从重要改革举措、重大任务部署、重大成果产出、人才队伍建设等方面，确定可实现、可测度、可考核的发展指标，圆满完成了研究所“十三五”规划的编制工作。在中科院机关组织的院属单位规划交流评议中，沈阳自动化所规划被评为“优秀规划”。同时，沈阳自动化所牵头负责提交的“机器人与超精密极端制造”方向，被列入《中国科学院“十三五”发展规划纲要》中提出的全院 60 项重大突破之中，同时也被列为 21 项“预期重大成果产出”之一。

2016 年，沈阳自动化所围绕“率先行动”计划，全面推进中科院机器人与智能制造创新研究院筹建工作。筹建工作办公室组织制定了创新研究院章程、院务会会议制度等制度，全面启动了创新研究院自主部署项目，完成了重点类课题的论证和专家评审，并组织科技委员会专家对一般类课题年度执行情况进行评审。创新研究院基建工作稳步推进，于 2016 年 7 月全面开工建设。作为创新研究院四位一体建设模式的重要环节，国家机器人检测与评定中心通过 CNAS、CMA、CAL 三合一认证评审，成为中国首个机器人领域通过评审的单位，填补研究所国家级检测资质的空白。

沈阳自动化所科研机构设有 10 个研究室和 1 个生产部门。沈阳自动化所是机器人学国家重点实验室、机器人技术国家工程研究中心、网络化控制系统国家地方联合工程研究中心、国家机器人质量监督检验中心（辽宁）、国家机器人检测与评定中心（沈阳）、国家机器人标准化总体组秘书处单位、中国科学院光电信息处理重点实验室、中国科学院网络化控制系统重点实验室、辽宁省图像理解与视觉计算重点实验室、辽宁省物联网技术研究与应用重点实验室、辽宁省雷达系统研究与应用技术重点实验室、辽宁省工业通信与控制系统重点实验室、辽宁省数字化协同制造与管理重点实验室、辽宁省激光 3D 打印工艺与装备重点实验室、辽宁省先进制造工程技术研究中心、辽宁省工业网络与控制系统工程技术研究中心、先进机器人学与机构学国际联合研究中心、辽宁省装备智能化共性技术研究中心、辽宁省基层医疗器械与信息工程研究中心的依托单位。沈阳自动化所设有广州中科院沈阳自动化研究所分所、无锡中科泛在信息技术研发中心有限公司、中科院沈阳自动化研究所义乌中心、中科院沈阳自动化研究所扬州工程技术应用与研究中心 4 个分支机构。沈阳自动化所与香港城市大学共建了机器人学联合实验室；2016 年，沈阳自动化所申请与中国科学技术大学联合建设“类脑智能技术及应用国家工程实验室”。

截至 2016 年底，沈阳自动化所共有在职职工 1130 人。其中科研人员 860 人，科技支撑人员 113 人，包括中国工程院院士 2 人、研究员及正高级工程技术人员 109 人、副研究员及高级工程技术人员 297 人。共有“千人计划”入选者 4 人，中国科学院“百人计划”入选者 11 人，国家杰出青年科学基金获得者 1 人，“百千万工程”国家级人选 3 人，“万人计划”入选者 3 人，中国青年科技奖获得者 2 人，何梁何利奖获得者 2 人，卢嘉锡青年人才奖获得者 2 人。

沈阳自动化所现有机械制造及其自动化、机械电子工程、控制理论与控制工程、检测技术与自动化装置、模式识别与智能系统 5 个博士培养点，机械制造及其自动化、机械电子工程、控制理论与控制工程、模式识别与智能系统、控制工程、检测技术与自动化装置、计算机应用技术、机械工程 8 个硕士培养点，设有机械工程和控制科学与工程 2 个一级学科博士后流动站。沈阳自动化所共有在学研究生 376 人（其中硕士生 171 人、博士生 205 人），在站博士后 25 人。

2016 年，沈阳自动化所共有在研项目 827 项（新增 361 项），包括主持（或承担）国家重点研发计划（含原 863 计划、科技支撑计划）项目 48 项（新增 22 项）；主持（或承担）国家自然科学基金项目 72 项（新增 17 项），其中联合基金项目 5 项（新增 5 项）、面上项目 27 项（新增 6 项）、青年科学基金项目 26 项（新增 4 项）；优秀青年科学基金项目 1 项（新增 0 项）；主持（或承担）中国科学院战略性先导科技专项课题 13 项（新增 4 项），主持（或承担）院科技服务网络项目8项（新增4项），主持（或承担）院重点部署项目5项（新增0项）；主持（或承担）国家科技重大专项项目14项（新增1项）。

2016年，沈阳自动化所参加第二届军民融合发展高技术成果展，多项科研成果获党和国家领导人关注。“海斗”号无人潜水器创造深潜纪录入选2016年中国十大科技进展新闻；工业4.0互联制造解决方案入选世界互联网15项领先科技成果；微纳观测研究成果发表于 *Nature* 子刊；“制导弹药智能总装生产线研制与推广应用项目”获评中国自动化领域十大最具影响力工程项目；“支持批量定制生产的数字化车间动态管控平台及装备研发与应用”项目被评选为机械工业优秀项目。

2016年，沈阳自动化所发表学术论文622篇；出版著作3部，共62.3万字；申请专利322件，授权专利189件。

2016年，沈阳自动化所多项科研成果获得国家和省部级科技奖，包括光电成像精确导引技术研究集体获得中国科学院杰出科技成就奖；“北极冰下自方遥控水下机器人研制与应用”项目获海洋科学技术奖一等奖；“深水溢油事故处置机器人研制”项目获中国航海学会科学技术奖二等奖；“基于泛在感知的大型装备及生产过程可重构操作优化系统”项目获辽宁省科技进步奖一等奖；“复杂生物系统演化模型与优化的基础理论与方法”项目获辽宁省自然科技奖二等奖。

2016年，沈阳自动化所与海尔集团、威高集团、西飞民机、中车青岛四方、中国兵器北方集团、齐齐哈尔建华集团等一批行业龙头企业成功开展技术和需求对接活动，签署战略合作协议，得到企业横向项目支持或达成意向。沈阳自动化所投资的高技术公司继续呈现良好发展态势，现有所投资公司10家。

2016年，沈阳自动化所吸引到数名高级人才，其中入选国家长期“千人计划”1名、研究所“百人计划”2名。沈阳自动化所与德国SAP公司签订了智能制造解决方案战略合作协议，并与韩国机器人融合研究院签署了合作备忘录。沈阳自动化所承办了中科院-台湾工研院第六届“产业科技论坛”及国际机器人联合会学术讲座活动。全年出访立项134人次，接待81次的来访。沈阳自动化所成功获批建设“先进机器人学与机构学国际联合研究中心”，该中心是我国首个机器人领域的国际联合研究中心，对国家重点实验室及国科大学科建设具有重要的促进作用。

中国自动化学会机器人专业委员会、辽宁省自动化学会挂靠在沈阳自动化所；沈阳自动化所与中国自动化学会主办《机器人》《信息与控制》2个科技类中文核心学术期刊。

（撰稿：田　甜　王明辉　审稿：孙　雷）

海洋研究所

所　　长：孙　松

地　　址：山东省青岛市南海路7号

邮政编码：266071

电　　话：0532-82898611

传　　真：0532-82898612

电子信箱：iocas@qdio.ac.cn

网　　址：http://www.qdio.ac.cn

中国科学院海洋研究所（以下简称“海洋所”）始建于1950年，其前身为中国科学院水生生物研究所青岛海洋生物研究室，是新中国成立后建立的第一个从事海洋科学基础研究与应用基础研究和高新技术研发的多学科、综合性科研机构。

海洋所重点在海洋农业科学、可持续发展的理论基础与关键技术、海洋环境与生态系统动力过程、海洋环流与浅海动力过程，以及大陆边缘地质演化与资源环境效应等领域开展了许多开创性和奠基性工作。在新的历史发展时期，海洋所坚持“三个面向”和“四个率先”，深入推进实施中科院“率先行动”计划暨研究所分类改革，重点布局近海环境、海洋生命和深海大洋三大研究领域，不断强化海洋观测探测和数据中心等技术支撑平台，各项工作均取得显著进展。

海洋所现有国家海洋腐蚀与防护工程技术研

究中心、海洋生态养殖技术国家地方联合工程实验室、海洋生物制品开发技术国家地方联合工程研究中心、红球藻种质培育与虾青素制品开发国家地方联合工程研究中心（参与建设），海洋环流与波动、海洋地质与环境、实验海洋生物学、海洋生态与环境科学、海洋腐蚀与生物污损5个中科院重点实验室，以及海洋生物分类与系统演化实验室；设有胶州湾海洋生态系统国家野外研究站、公共技术服务与管理中心、海洋科学考察船运行管理中心、文献信息中心、海洋生物标本馆5个研究支撑单元；中科院海洋科学大型仪器区域中心、超级计算中心（青岛）及农业部贝类产业技术体系研发中心设在该所。与国外著名研究所、大学联合建有中美海洋环流与气候环境联合研究中心、中日海洋腐蚀环境共同研究中心等多个国际合作研究机构；与国内联合建有国家级海湾扇贝良种场（青岛）、中科院海洋所南通中心，以及獐子岛渔业海洋生态养殖联合实验室、烟台东方海洋海珍品良种选育与健康养殖实验室、天津海洋技术研究院及山东海洋牧场工程与技术研究院等。

截至2016年底，海洋所共有在职职工724人。其中专业技术人员639人，包括两院院士3人、研究员及正高级专业技术人员101人、副研究员及高级专业技术人员176人。共有“千人计划”5人，“万人计划”3人，国家杰出青年基金获得者6人，中科院“百人计划”学者18人，国务院政府特贴获得者21人，山东省突出贡献专家11人次，山东省“泰山学者”14人次，基金委创新团队2个，中科院交叉合作团队3个、国际合作团队1个。2016年，海洋所获批科技部创新人才培养示范基地，引进高层次人才6人，2人获批“青年千人计划”，2人获批“泰山学者”青年专家，6人获批山东省智库高端人才专家，1人获中科院优秀教师。

海洋所是1996年国务院学位委员会首批批准的博士、硕士学位授予单位和中国科学院博士研究生重点培养基地。设有一级学科博士学位授予点3个，二级学科博士学位授予点9个，硕士学位授予点10个和工程硕士学位授予点3个，以及海洋科学博士后科研流动站。现有博士生导师76人（不含兼职博导），硕士生导师66人，在读研究生521人（其中硕士生246人、博士生275人），在站博士后110人。

2016年，海洋所新增科研项目305项（包括子课题）。获省部级奖项10项（第一完成单位），出版专著13部，发表论文580篇（SCI论文500篇），授权专利84项（发明专利79项，实用新型5项），重大成果产出和科研竞争力进一步提升。赤道太平洋温跃层内小尺度动力过程研究最新进展在*Nature Communications*发表，为厄尔尼诺和南方涛动（ENSO）机理研究和数值模式改进带来重要启示；牵头组织10家科研单位联合攻关启动鳌山计划浒苔治理专项，提出“提前防控、前置打捞”技术方案，取得显著成效；成功完成西太平洋的潜标观测网维护和升级，实现深海潜标观测数据实时传输；成功构建我国首个“西太平洋深海PIES观测阵”；承担的“我国腐蚀状况及控制战略研究”重大咨询项目研究成果揭示了我国腐蚀控制领域存在的问题及制约其发展的主要因素；主持的“我国近海有害藻华应急处置技术与工程化应用”项目获得海洋工程科技奖一等奖；《现代海洋科学：从近海到深海》系列图书正式出版，全面、系统展示海洋所近年来在海洋科学研究领域的重要成果。

中科院海洋先导科技专项顺利推进。深海探测与研究取得新突破，在深海地形地貌的精细扫描与极端环境理化参数的原位获取、印太潜标观测网建设和深海潜标的实时化通信技术研发、黑潮变异对近海生态灾害的影响、海洋生态牧场建设和赤潮防治技术的推广应用、深海生物新物种发现和环境适应性解析、海洋自主连续观测平台和深海长期监测系统的试验性应用等方面取得一系列重要成果，打造了一支国际先进水平的深海科学研究与技术研发创新团队。以“科学”号为旗舰船的海洋科学考察船队全年累计在航538天，航程达54 439海里①，圆满完成了“全球变

①1海里=1.852km。

化与海气相互作用调查”“雅浦海山综合调查”“热液与冷泉综合调查”“主流系与西太暖池变异机制综合调查”等重大航次任务，为海洋先导专项的顺利实施提供了坚实保障，强力支撑了深远海科技创新与重大原创性科学发现，“科学”号深远海综合探测平台研发与应用项目获2016年度海洋工程科学技术奖特等奖。

中国科学院青岛科教园建设工作进展顺利。2016年9月29日举行了开工奠基仪式，12月8日与青岛市签订共建补充协议，落实建设资金25亿元。目前已完成土地修编、规划设计，计划2017年底完成一期工程20万平方米的建设任务，2018年正式建成并开始招收研究生。建成后，将通过科教融合新机制，依托中国科学院在海洋科学领域集群优势，建立现代海洋科学研究新理念、新方法、新平台，引领现代与未来海洋科学发展，为国家海洋战略目标做出贡献。

在院地合作方面，2016年，海洋所稳步推进与山东、吉林、辽宁、天津、江苏、浙江等地的合作，加强同中海油、中广核、獐子岛等企业的深入合作。中科院科技服务网络计划（STS）项目进展顺利，将烟台等6个市级地方科技部门和蓝色海洋等18家行业龙头企业紧密联系在一起，建成滨州对虾养殖、东营刺参池塘养殖、烟台鱼类工厂化设施养殖、威海浅海海珍品养殖、半岛海洋农业精深加工等五大产业群，成效显著。

在国际合作方面，海洋所持续深化与境外一流研究机构的战略合作，积极推进与国际一流研究机构的实质性合作，拓展研究所全球国际合作网络。组织科学家出访美国Scripps海洋研究所、赴俄罗斯远东分院海洋研究所举行深海研讨会，策划召开中澳双边“CAS-CSIRO蓝色经济与变化中的海洋”学术研讨会等，配合“一带一路”战略积极跟进与印尼科学院的合作交流。2016年出访300人次，来访170余人次。年内新增中澳政府间项目1项，国际人才计划3项，中科院对外重点合作项目1项。

海洋所是中国海洋湖沼学会的挂靠单位；出版的学术期刊有《中国海洋湖沼学报》（英文版）、《海洋与湖沼》、《海洋科学》、《海洋科学集刊》，其中，《海洋与湖沼》（中、英文版）分获中国国际影响力优秀学术期刊和中国最具国际影响力学术期刊。海洋所是国家、省、市科普教育基地，成功承办了中国科协青少年高校科学营海洋科学专题营，“科学”号科考船及深海科考成果参加了全国科技周主场活动及国家“十二五”科技创新成就展，并获评最受公众喜爱的科普项目；承担的“龙宫探宝”虚拟现实科普项目通过中国科协验收并作为科技馆备选展品；中科院青岛科考船成功获批全国首批科技旅游基地。

（撰稿：刘　洋　王　敏　审稿：毕　伟）

青岛生物能源与过程研究所

所　　长：刘会洲
地　　址：山东省青岛市崂山区松岭路189号
邮政编码：266101
电　　话：0532-80662776
传　　真：0532-80662778
电子信箱：office@qibebt.ac.cn
网　　址：http://www.qibebt.cas.cn

中国科学院青岛生物能源与过程研究所（以下简称“青岛能源所”）由中科院、山东省人民政府、青岛市人民政府于2006年共同出资建设，于2009年7月获中央机构编制委员会办公室批复成立，并于11月通过验收正式成立。2011年8月，中科院与青岛市人民政府签署共建研究所二期协议，全面开启“二期”建设新时期。

青岛能源所面向世界生物能源与过程领域科技前沿，面向国家和地方在能源、资源与环境领域重大战略需求，面向国民经济主战场，以工业生物技术、绿色化工技术和过程工程技术交叉融合为主线，开展生物基能源、生物基材料与能源应用的产品、工艺和技术创新研究，为国家或区域经济社会发展不断做出科技创新贡献。

“十三五”期间，青岛能源所聚焦先进高效生物技术、含能材料生物制造和先进储能电池三大特色方向，凝练形成了“光合固碳产能人工细胞的设计与构建”“新一代HN材料生物合成技术”“高能量密度聚合物电解质全固态锂电池产业化系统”3个重大突破和“碳—氢键选择性氧化 P450 酶的设计与应用”“生物基多糖的分子剪裁及绿色制造技术”“生物质废弃物先进能源转化技术”“特色生物资源的开发与高值利用”和“特种功能高分子材料的定向合成”5 个重点培育方向。

青岛能源所拥有中科院生物燃料重点实验室、中科院生物基材料重点实验室、山东省能源生物遗传资源重点实验室、山东省合成生物学省级重点实验室、山东省沼气工业化生产与利用工程实验室等 12 个省部级科研创新平台，以及 1 个国家级技术转移示范机构。拥有科研设备共计 3196 台（套），总价值约 1.59 亿元。2016 年，在修购专项经费的支持下，建设了生物基化学品技术平台和海洋碳汇与能源微生物资源高通量筛选及分析平台。

截至 2016 年底，青岛能源所共有在职职工 363 人。其中科技人员 205 人、科技支撑人员 52 人，包括研究员及正高级工程技术人员 42 人、副研究员及高级工程技术人员 82 人；全所进入创新岗位 300 人。共有 59 人次入选国家、中科院和山东省有关人才计划，包括“千人计划”入选者 1 人，“青年千人计划”入选者 5 人（新增 2 人），中国科学院“百人计划”入选者 21 人；国家杰出青年科学基金获得者 4 人（新增 1 人）；国家优秀青年科学基金获得者 1 人；“百千万人才工程”领军人才 1 人，“百千万人才工程”入选者 1 人，“万人计划”1 人，“万人计划”青年拔尖人才 1 人，科技部创新人才推进计划–中青年科技创新领军人才 1 人，中国青年科技奖获得者 1 人，“泰山学者”特聘教授 7 人，山东省有突出贡献中青年专家 2 人，“泰山学者”青年专家 2 人（新增 2 人），山东省杰出青年 10 人（新增 2 人）。

青岛能源所现设有化学工程与技术、材料科学与工程 2 个专业一级学科博士研究生培养点，生物化学与分子生物学、微生物学 2 个专业二级学科博士研究生培养点，材料工程、化学工程、生物工程 3 个二级专业学位硕士士研究生培养点，并设有生物学、化学工程与技术 2 个专业一级学科博士后流动站。共有在学研究生 204 人（其中硕士生 86 人、博士生 118 人），在站博士后 97 人。

2016 年，青岛能源所共有在研项目 619 项（包括新增项目 250 项）。其中，参加国家自然科学基金重点项目 3 项、承担面上项目 62 项（新增 19 项）、国家杰出青年科学基金项目 3 项（新增 1 项）、优秀青年科学基金项目 1 项、国家自然科学基金重大研究计划培育项目 3 项（新增 1 项）；主持或承担国家重点研发计划 12 项（新增 12 项），其中主持国际合作项目 3 项，承担课题 3 项；承担（或参加）973 计划课题 2 项，其中承担课题 1 项，参加 863 计划课题 8 项，承担（或参加）国家科技支撑计划项目 5 项，其中主持项目 1 项；主持国家自然科学基金委科学仪器基础研究专款 1 项、主持院科研装备研制项目 2 项；参加中国科学院战略性先导科技专项子课题 5 项（新增 1 项）；主持（或承担）院重点部署项目 5 项（新增 5 项），其中主持项目 4 项；承担院地合作项目（包括 STS 计划）5 项，其中主持项目 1 项；主持或承担地方科技计划 178 项（新增 61 项）；承担国际和国内企业委托开发项目 99 项（新增 49 项）。

2016 年，青岛能源所共计发表论文 412 篇，其中 SCI 收录 365 篇，根据斯普林格 · 自然集团发布的 2016 自然指数–中国数据，成为中国发表研究论文表现最突出的 200 家研究机构之一，全国排名 164，全院排名 46。同时，青岛能源所已成为我国微生物学科的核心单位之一（2016 年该学科获批项目数居全国第 4 位），近 3 年获该学科国家杰青数量居全国第 1 位。2016 年首届“青岛专利创新能力 50 强”评选中，研究所列驻青 110 余家高校、科研院所之首，2016 年技术交易额和专利发明授权量位列驻青院所第 3 位。

2016 年，青岛能源所在科研方面取得系列成果，突破了 HN 材料生物制造的关键技术，建成了国际上首套年产 10 吨的生物法 HN 材料中试系统，该成果引起军委科技委重视，获重点项目支持。突破了全固态锂电池关键技术，完成了全固态电池组的马里亚纳海沟深潜试验，正在推进其在“蛟龙号”深潜器中的示范应用。突破了秸秆生物发酵制备生物天然气的核心关键技术，已在吉林、河南、山东等地建设了 4 套产业化系统，形成了可复制推广的产业化模式，其中与青岛华通集团合作，在青岛平度建设的国内首个秸秆综合处理产业化系统（660 万立方米/年），是我国北方规模最大的生物质能源项目，被国家发展改革委批复为生物天然气国家试点。

2016年，青岛能源所加强与地方政府、企业沟通，共建产业化平台，建立“地方政府引导+科研院所技术支撑+地方企业承接”的科技成果转移转化模式，在多地区开拓资源，搭建合作平台。新成立产业化公司1家，科研人员创业公司8家，超过研究所在“十二五”期间所成立公司的总和。在首届“青岛专利创新能力50强”评选中，研究所列驻青110余家高校、科研院所之首，技术交易额和专利发明授权量位列驻青院所第3位。新签订横向合同额比2015年增长76.1%。

2016年，青岛能源所国际合作取得新的进展。研究所有5人担任 *Nature* 子刊 *Scientific Reports* 编委。成功举办2016年德国工业生物技术集群-青岛生物技术交流会。组织10次青岛能源所“国际专家高层论坛”。全年累计来访51人次，出访44人次。与美国宝洁公司共同启动“皮肤与口腔微生物组联合科学研究计划”。

（撰稿：张瑞东　丁　娜　审稿：冯埃生）

烟台海岸带研究所

所　　长：孙　松

地　　址：山东省烟台市莱山区春晖路17号

邮政编码：264003

电　　话：0535-2109018

传　　真：0535-2109000

电子信箱：yic@yic.ac.cn

网　　址：http://www.yic.cas.cn

中国科学院烟台海岸带研究所（以下简称“烟台海岸带所”）是2006年6月由中国科学院与山东省、烟台市共同筹建的资源环境领域的国家级研究机构，筹建期名为中国科学院烟台海岸带可持续发展研究所（筹）。2009年12月通过验收正式成为中国科学院序列的研究所。

中国科学院烟台海岸带研究所以“认知海岸带规律，支持可持续发展”为使命，面向国民经济主战场，围绕生态与环境领域和海洋领域，按照“陆海统筹、科学与技术统筹、科技与社会发展统筹”的发展思路，聚焦海岸带生态环境安全、资源保育利用与可持续发展管理三大特色领域，构建海岸带综合观测与实验平台和海岸带综合数据中心等综合支撑系统。研究所确定了以“在深入探究影响海岸带环境安全关键过程和关键因素的前提下，建立支撑海岸带可持续发展的关键技术与系统方案，为海岸带经济的快速健康发展提供技术支持”为定位；以“影响海岸带环境安全的关键过程、综合评估与风险防控”和“服务于海岸带经济社会发展的技术集成与产品研发”为2个重大突破；以“海岸线改变对近海生物资源补充的影响”“滨海湿地保护与合理开发利用”“海岸带生物资源可持续利用的关键技术”为3个重点培育方向。

烟台海岸带所现有中国科学院海岸带环境过程与生态修复重点实验室、海岸带生物学与生物资源利用重点实验室、海岸带信息集成与综合管理实验室、海岸带灾害与全球变化研究中心、海岸带数据分析与数值模拟研究中心、山东省海岸带环境过程重点实验室、山东省海岸带环境工程技术研究中心，有中国科学院牟平海岸带环境综合试验站、中国科学院黄河三角洲滨海湿地生态试验站、中国科学院烟台海岸带生物产业技术创新与育成中心。2014年9月，中国海洋工程咨询协会海岸科学与工程分会成立并挂靠烟台海岸带所。

截至2016年底，烟台海岸带所共有职工211人。其中科研人员162人、科技支撑人员25人；研究员及正高级工程技术人员27人、副研究员及高级工程技术人员43人。共有中国科学院“百人计划”入选者9人，973计划项目首席及863计划重大项目首席科学家、国家杰出青年1人，国家优秀青年1人，中组部“青年千人计划”1人，“千人计划”创业人才1人，“万人计划”2人（新增1人），科技部“推进计划”2人（新增1人），政府特殊津贴获得者4人，新世纪“百千万人才工程”国家级人选3人（新增1人），山东省杰出青年科学基金获得者6人（新增1人），山东省“泰山学者”3人（新增1人），山东省“有突出贡献的中青年专家”1人（新增1人），烟台市“双百人才”7人（新增1人）。

烟台海岸带所现有环境科学与工程、海洋科学2个一级博士学科培养点，有环境科学、环境工程、海洋化学、海洋生物学4个二级博士学科培养点，有环境工程和生物工程2个专业硕士培养点，形成了较为完整的研究生培养体系。现有在读研究生167人（其中硕士生87人、博士生80人），在读留学生1人。研究生中，2016年度获中国科学院优秀博士学位论文奖1人，院长特别奖1人，优秀奖1人，中科院BHPB奖1人，中科院朱李月华优秀博士生奖1人，刘瑞玉海洋科学奖2人，国家奖学金4人，中科院优秀研究生指导教师奖1人，中科院朱李月华优秀教师奖1人。2016年在中国科学院大学组织的“环境科学与工程”学科评估中位列第4。

2016年，烟台海岸带所共有在研项目240项（新增项目91项）。其中，承担国家部委专项课题16项（新增11项）；主持国家自然科学基金89项（新增23项）；承担中国科学院战略性先导科技专项课题3项，主持院重点部署项目2项、主持中科院科技服务网络计划3项；新增国际合作项目7项，主持中科院院地合作项目87项（新增34项）。

2016年，烟台海岸带所发表学术论文422篇，其中SCI论文278篇；SCI收录论文中，影响因子大于4的63篇，TOP期刊52篇。共申请专利49项，其中发明专利44项；专利授权44项，其中发明专利38项；软件登记4项。获得省部级、行业级及地市级科技奖励7项，其中获得海洋科学技术奖一等奖1项、烟台市自然科学奖一等奖1项。

2016年，“创新一号”海岸带科考船建成并投入使用，与中国科学院黄河三角洲滨海湿地生态试验站、中国科学院牟平海岸带环境综合试验站构成“一船两站”的发展格局。“一船两站”和海岸带立体观测网的建设，为开展海岸带资源环境长期观测研究、形成系统性基础数据积累提供了不可替代的技术平台和竞争优势。一年来，烟台海岸带所继续推动仪器设备资源的共享共用，对所外各单位开展分析测试技术服务，为烟台地区经济发展、知识创新提供重要技术支撑保障。

2016年，烟台海岸带所加强对科学数据的获取与利用，重视信息化建设。设计并实现了数据管理、数据备份、安全方案；研究数据处理技术、特别是大数据、可视化、服务技术。实现多途径收集、集成科学数据。完成中科院信息化项目“海岸带环境与资源专业数据库”的项目验收。完善机构知识库（YIC-IR）升级与内容建设，提升知识内容分析、关系分析等的知识服务和综合知识管理能力，访问量、下载量全院排名一直名列TOP 20。2016年中科院信息化工作评估中，烟台海岸带所排名第28位，在同期建设研究所中排名第一位，连续三年位于全院A类研究所行列。

烟台海岸带所继续推动院地合作，突出海岸带特色，实施精准化服务，加强区域协同创新。2016年，分别与烟台市农业局、山东深海海洋科技有限公司、山东正大海洋科技有限公司等签订合作协议，全年新增技术服务合作项目20项。主持编制《烟台市“十三五”海洋经济创新发展示范工作实施方案》，协助烟台市成功获批国家“十三五”首批海洋经济创新发展示范城市。

2016年，烟台海岸带所深入开展国际合作与交流，成功申报科技部、国家自然科学基金委、中科院等相关国际合作7项。科研人员37人次出访美国、澳大利亚、加拿大、德国、英国、日本等国家开展学术访问交流；全年累计接待来访人员61人次，主要来自澳大利亚、德国、美国、加拿大、日本、新西兰、荷兰等国家。协助举办第五届土壤污染与修复国际会议、第十三届国际植物技术会议、“国家自然科学基金贝尔蒙特‘生物多样性’项目第二次国际研讨会”等大中型学术会议3个。

（撰稿：高丽梅　王德强　审稿：王晓斌）

长春光学精密机械与物理研究所

所　　长：贾　平
地　　址：吉林省长春市东南湖大路3888号
邮政编码：130033
电　　话：0431-86176812
传　　真：0431-85682346

电子信箱：ciomp@ciomp. ac. cn
网　　址：http://www. ciomp. cas. cn

中国科学院长春光学精密机械与物理研究所（以下简称“长春光机所”）是由长春光学精密机械研究所（前身为始建于1952年的中科院仪器馆和始建于1953年的中科院机电研究所）与长春物理研究所（前身为始建于1958年的中科院吉林分院技术物理所）于1999年整合而成。

长春光机所的定位是以“四个率先”为统领，面向国家重大战略需求和国民经济主战场，坚持以科技创新为核心的“研产学并举”发展道路，聚焦光电技术创新，引领精密仪器与装备领域的成果转移转化，辐射带动相关产业发展，培养高级创新人才，成为国际一流的精密仪器与装备创新研究基地。主要研究领域有发光学、应用光学、光学工程、精密机械与仪器四大领域。根据“创新2020”规划目标和“一三五”规划任务，成功研制出Φ4米世界最大口径单体碳化硅反射镜坯和国际上刻划面积最大的大型高精度衍射光栅刻划系统，我国首套NA0. 75 ArF高端光刻投影物镜出所交付使用，成功研制国内光谱分辨率最高的航天高光谱相机（我国首颗碳卫星载荷）等。根据“率先行动”计划要求，完成了“精密仪器与装备创新研究院”筹建方案，启动实施相关改革。

长春光机所现有发光学及应用国家重点实验室、应用光学国家重点实验室、激光与物质相互作用国家重点实验室、国家光栅制造与应用工程技术研究中心、国家光学机械质量监督检验中心、小卫星技术国家地方联合工程研究中心、中科院光学系统先进制造技术重点实验室、中科院航空光学成像与测量重点实验室。

截至2016年底，长春光机所共有在职职工2088人。其中科技人员1302人、科技支撑人员99人，包括中国科学院院士3人、研究员及正高级工程技术人员254人、副研究员及副高级工程技术人员642人。共有“千人计划”入选者2人；“万人计划”入选者4人；中科院“百人计划”入选者4人（新增1人）；国家杰出青年科学基金获得者3人。

长春光机所是1981年被国务院学位委员会批准的首批具有博士、硕士学位授予权的单位之一，现设有凝聚态物理、光学、光学工程、机械电子工程、机械制造及其自动化、电路与系统6个博士研究生培养点，凝聚态物理、光学、光学工程、机械电子工程、机械制造及其自动化、电路与系统、计算机应用技术、测试计量技术与仪器8个硕士研究生培养点，物理学、机械工程、光学工程3个专业一级学科博士后流动站。在学研究生895人（其中硕士生446人、博士生449人），在站博士后28人。

2016年，长春光机所对外新签科研合同额15. 3亿元，到款额15. 2亿元。在研项目612项（包括新增项目164项）。其中，主持或承担国家自然科学基金重点项目161项（新增42项）、面上项目62项（新增18项）、国家杰出青年科学基金项目2项、国家重大科技专项2项；承担（或参与）国家重大科学研究计划项目4项；主持（或承担）863计划项目22项、国家重大仪器研制项目5项、承担重点国际合作项目1项、承担院地合作项目7项（新增1项）。

2016年，长春光机所取得系列科研成果。研制成功世界最大口径4米单体碳化硅反射镜坯，实现了我国在大口径反射镜材料上的自主可控。承担的国家重大科研装备研制项目“大型高精度衍射光栅刻划系统”顺利通过验收，制造出刻线密度6000gr/mm、世界上面积最大的高精度中阶梯光栅。牵头承担的国家科技重大专项02专项——“极紫外光刻关键技术研究”项目顺利完成验收前现场测试，一次性装试成功，我国首套NA0. 75ArF高端光刻投影物镜交付使用，标志着长春光机所已具备超精密光刻物镜的研制能力。成功实现了高端CMOS图像传感器国产化，研制成功世界首款科学级背照式CMOS芯片GSENSE400BSI实现首次航天应用，经在轨验证，性能良好。具有自主知识产权的可见光、近红外波段CMOS传感器，不仅满足国防科研对高端、特殊用途的探测器件的需求，还实现了常规可见光成像探测器产业化，打破国外技术垄断。12k×5k芯片应用于“林业一号”卫星。采用科学级微光CMOS图像传感器及低功耗主动式OLED微型显示器，研制成功新型数字式昼夜合一枪用瞄准镜。2016年10月19日，习近平总书记在第二届军民融合发展高技术成果展览会上现场观看了该新型枪瞄系统。圆满完成我国首颗碳卫星全部载荷（二氧化碳探测仪、云与气溶胶探测仪）研制任务，研制出国内光谱分辨率最高的航天高光谱相机。研制成功神舟和天宫系列飞船上的瞄准测量系统，为飞船空间交会对接监视判断提供了直观的视频依据，确保飞船交会对接顺利完成。

在基础研究领域，长春光机所研制出发光效率达46%的橙红光碳点（国际最高值）、具有高效光热转换效率的“超碳点”、超稳定高效发光的碳点无机复合荧光粉等成果，为实现基于碳点的高效发光器件及其在纳米生物医疗中的应用打下基础。研制出国内首个基于VCSEL的芯片级原子钟原理样机，突破了芯片外延、封装等关键技术，研制出原子钟专用高温低功耗VCSEL光源。

2016年，长春光机所以第一完成单位获得国家高技术武器装备发展建设工程突出贡献奖1项，中国科学院科技促进发展奖1项，吉林省技术发明奖一等奖1项，吉林省技术发明奖三等奖1项。申请发明专利521件，授权286件。发表论文国际JCR分区论文Q1区88篇，国际JCR分区论文Q2区66篇。

2016年，长春光机所牵头组建了吉林省无人机产业发展战略联盟，贾平所长当选联盟第一届执委会主席。依托长光工程师培训中心，在吉林省教育厅指导下，长春光机所与吉林大学和企业等共同成立了吉林省工程师培训教育联盟，打造工程师培训教育平台。贾平所长被推举为首届理事会理事长。与吉林省松原市人民政府举行战略合作签约仪式。双方就工程师培训与教育、校企合作、成果转化等方面开展合作。与青岛高新区管委会签署战略合作协议，共建“长光青岛应急技术装备研发及产业化基地”。与青岛歌尔股份有限公司合作共建青岛歌尔长光智能制造研究院有限公司，致力于在光学技术、海洋探测及智能制造等方面开展创新研究及产品开发，建设具有国际竞争力的创新平台。与华北（沧州）智能装备研究院有限公司举行光栅尺成果转化签约仪式，共同出资成立以光栅尺生产和技术开发为主营业务的公司。

2016年，长春光机所成功举办第十四届全国MOCVD学术会议，4位院士、20余位行业顶级专家及港台、日本等共计500余人参会。会议得到延边州政府的大力支持和与会代表的充分肯定，提升了长春光机所的声誉。

2016年，长春光机所投资企业2016年度实现销售收入7.83亿元，净利润1.43亿元，投资回报5664万元。

2016年，长春光机所继续推进国际合作。与美国罗彻斯特大学的郭春雷教授合作，成立“郭春雷中美联合光子实验室”，开展高精密激光材料加工、激光与固态物质相互作用基本原理、强场激光与气体和等离子体相互作用等方面研究。与德国阿贝光子学中心开展联合培养硕士研究生项目，2016年选拔6名研究生到德国阿贝中心学习，拓宽国际视野，增强国际交流能力，培养国际化高素质人才。以期刊*Light*为平台，成功举办Light Conference 2016系列会议，邀请了来自美国、英国、法国、德国等16个国家的400余位专家学者参会，促进学术交流，提升了研究所的国际影响力。

长春光机所是中国空间科学学会空间机械专业委员会、中国物理学会发光分会、中国物理学会液晶分会、吉林省光学学会、全国科学院联盟光学与精密机械分会的挂靠单位；现主办5种学术刊物，分别为《光学精密工程》《发光学报》《液晶与显示》《中国光学》、*Light*：*Science & Applications*。*Light*：*Science & Applications*获得第三个影响因子13.6，国际光学类期刊中TOP 2，被评为“2016中国最具国际影响力学术期刊”[期刊影响力指数（CI）前TOP 5%]，在170多个期刊中排名第四。

（撰稿：闫　锋　王书红　审稿：贾　平）

长春应用化学研究所

所　　长：安立佳

地　　址：吉林省长春市人民大街5625号

邮政编码：130022

电　　话：0431-85687300

传　　真：0431-85685653

电子信箱：ciac@ciac. ac. cn
网　　址：http://www. ciac. cas. cn

中国科学院长春应用化学研究所（以下简称"长春应化所"）始建于1948年12月，是长春新中国成立后在"伪满大陆科学院"的废址上建立起来的，时称"东北工业研究所"，后几经更名和改变归属，1978年12月命名为中国科学院长春应用化学研究所。

长春应化所是一个集基础研究、应用研究和高技术创新研究于一体的综合性化学研究所。学科方向为：高分子化学与物理、无机化学、分析化学、有机化学和物理化学和应用化学，拓展生物化工学科；主要研究领域为：聚焦先进材料、资源生态环境和生命与健康三大领域。研究所目标是以"三个面向"为新时期科技创新的方向，以"四个率先"为奋斗目标，进一步强化前瞻性、战略性的科技布局，产出一批基础性、关键性的重大创新成果，培育多个能够形成创新链向产业链跃升的新的科技生长点，建成多个基础学科和应用技术具有领先优势的创新平台和有效促进成果转移转化的中试产业化孵化基地，造就一批在国内外具有显著影响的领军和拔尖人才，进一步提升研究所的核心竞争力，在我国先进材料、生命与健康和资源生态环境等领域不断做出引领带动性的重大创新贡献，基本实现"四个率先"，研究所整体创新能力进入世界先进行列。

2016年，长春应化所积极落实"率先行动"计划，全面启动实施特色研究所试点建设工作，以推进"十三五"规划为重点，扎实抓好特色研究所试点建设和3个重大突破。制定了特色研究所3年试点计划和年度实施计划的发展路线图、特色研究所学科发展计划指南、5个主要服务项目考核评价和管理办法、特色研究所专项经费使用办法、生物化工学科的论证等；制定了"一三五"规划年度实施方案，与3个重大突破项目负责人签订了任务书，研究所"十三五"规划被院评为优秀规划，获得专项奖励经费。

长春应化所目前建有高分子物理与化学国家重点实验室、电分析化学国家重点实验室、稀土资源利用国家重点实验室、中国科学院生态环境高分子材料重点实验室、中科院合成橡胶重点实验室、高分子复合材料工程实验室（中国科学院高分子复合材料工程化研发平台）、国家电化学和光谱研究分析中心、长春质谱中心（吉林省中药化学与质谱重点实验室）和化学生物学、绿色化学与过程（吉林省绿色化学与过程重点实验室）、先进化学电源（吉林省先进低碳化学电源重点实验室）、现代分析技术工程实验室、稀土与钍清洁分离工程技术中心等创新基地和科技平台。

截至2016年底，长春应化所共有在职职工903人。其中科技人员590人、科技支撑人员157人，包括中国科学院院士7人、第三世界科学院士4人、研究员及正高级工程技术人员131人、副研究员及高级工程技术人员249人。共有"万人计划"9人（新增5人）、"千人计划"入选者2人，国家"千人计划"短期项目入选者1人、国家"外专千人计划"入选者1人、国家"青年千人计划"入选者5人（新增2人），国家"百千万人才工程"入选者8人，中国科学院"百人计划"入选者38人，国家杰出青年科学基金获得者23人（新增1人）。

长春应化所是1981年国务院学位委员会批准的首批博士、硕士学位授予单位之一，现有化学一级学科博士、硕士研究生培养点和无机化学、分析化学、有机化学、物理化学、高分子化学与物理、应用化学6个二级学科博士、硕士研究生培养点，并设有化学学科博士后流动站。共有在学研究生752人（其中硕士生344人、博士生408人），在站博士后70人。

2016年，长春应化所共有在研项目1079项（包括新增项目495项）。其中，承担（或参加）973计划项目课题17项；承担科技支撑项目1项；承担863计划项目4项；承担重点研发计划20项，新增20项；主持或承担国家自然科学基金重点项目18项（新增3项）、面上项目152项（新增48项）、国家杰出青年科学基金项目10项（新增1项），承担国家自然科学基金重大研究计划及重大项目8项（新增1项）；承担（科技部、国家自然科学基金委、财政部和院）重大仪器研制项目11项（新增6项），承担国际合作项目32项，承担院地合作项目68项（新增38项），承担技术服务项目115项（新增35项）；

测试服务项目109项，新增62项。

2016年，长春应化所共荣获省部级以上科技成果奖3项。其中，“新型生物功能材料的构筑及生物应用基础研究”和“高分子结晶结构调控及结晶动力学”成果获得吉林省自然科学奖一等奖。由长春应化所与四川新力光源股份有限公司合作完成的“余辉寿命可控稀土LED发光材料的研发及其在半导体照明中的应用”成果获得吉林省技术发明奖一等奖。

2016年，长春应化所以第一单位发表SCI论文724篇。据“2015年中国科技论文统计结果”显示，SCI论文被引用篇数位居全国科研机构第2名，表现不俗论文数量位居全国科研机构第1名。全年出版专著4部。申请专利220件，授权专利233件。获中国专利优秀奖和吉林省专利金奖各1项。

2016年，长春应化所国际合作与交流持续发展，成功主办3个国际会议，包括“第七届国际高分子化学学术研讨会”“第四届国际稀土资源利用会议暨第七届功能材料进展研讨会”和“第四届国际阻燃材料与技术研讨会”等。新承担各类国际合作项目32项，选派189人次赴境外参加国际会议、开展合作研究和学术交流；接待159人次国外专家学者来所进行各类学术活动；通过国家外专局引智计划，引进美国王振纲教授、澳大利亚刘亦农教授等16人来所工作，通过院“国际人才交流计划”引进5人。

2016年，长春应化所所地合作和成果转移转化又获新进展。与威高集团合作开发的耐辐照聚丙烯材料的工业化制备技术已取得医疗器械注册证，实现规模生产并在医院广泛应用，开发的药液过滤膜技术已取代进口，并应用于我国的输注器械，研制的聚氨酯留置针套管获得技术突破，即将进入市场；与中科院包头稀土中心合作建成了国内首条稀土硫化物着色剂连续化隧道窑生产线，并下线第一批产品，标志着长春应化所在高附加值稀土下游应用实现新突破；与中国稀有稀土股份有限公司合作，成立了“中铝中科长春稀土材料应用开发研究院”，推进了稀土镁合金、稀土铝合金、稀土发光材料等成果的孵化和产业化；吉林省化工新材料重大科技创新基地基本建设进入收尾阶段，21个科研项目进驻基地。现有以高技术入股成立的公司共26家，其中上市公司2家（诺德股份和青岛金王），2016年实现销售收入43.39亿元、利润总额约2.04亿元。

长春应化所是中国化学会分析化学学科委员会和应用化学学科委员会的挂靠单位；编辑出版《分析化学》（月刊）、《应用化学》（月刊）和《化学通讯》（双月刊），《分析化学》和《应用化学》持续被评为“中国科技核心期刊”，《分析化学》再次入选“中国百种杰出学术期刊”，并被EI列为索引期刊来源，成为国内少有的SCI、EI双收录期刊之一。

（撰稿：衣　卓　于　洋　审稿：杨小牛）

东北地理与农业生态研究所

所　　长：何兴元
地　　址：吉林省长春市高新技术产业开发区长东北核心区盛北大街4888号
邮政编码：130102
电　　话：0431-85542266
传　　真：0431-85542298
电子信箱：iga@iga.ac.cn
网　　址：http://www.iga.ac.cn

中国科学院东北地理与农业生态研究所（以下简称“东北地理所”）成立于1958年8月18日。其前身是中国科学院长春地理研究所，2002年3月与中国科学院黑龙江农业现代化研究所整合组建成现所，是中国科学院设在东北地区的综合性地理学与农学研究机构。

东北地理所重点面向国家农业转型发展及生态文明建设两大服务工程，开展农业生态、湿地生态、作物育种、遥感与GIS、环境与区域发展等学科领域研究，建立农业科学、湿地科学、地理信息科学与区域发展等学科紧密交叉与融合的自主创新体系，为保障国家粮食安全、生态环境建设和区域可持续发展提供理论基础和技术支撑，建成国内一流、具有鲜明学科与区域特色、不可替代的地理学与农业生态学综合性研究机构。“十三五”期间，东北地理所规划在“松嫩平原苏打盐碱地高效治理与草地生产力提升技术”“东北主要农作物种质资源创新和新品种培育”和“黑土农田地力提升关键技术研究与示范”3个方面取得重大突破性成果，在“松嫩平原资源高效型作物生产模式研发与应用”“三江-松嫩平原湿地水文调蓄能力与农业水资源保障”“退化湿地恢复与人工湿地构建”“东北农田环境影响机制及污染控制修复”及“东北农业生态环境综合评估与空间格局优化”5个领域培育重大突破性成果。

实施特色研究所改革以来，东北地理所在黑土地力提升、大豆根系与土壤互作机制、重要农艺基因克隆、菌根真菌与宿主关系等方面获得重要理论突破与应用；在苏打盐碱地高效治理、抗逆高产优质品种、作物栽培模式、退化湿地恢复与利用等方面获得关键技术创新与示范。承担国家重大任务能力显著提升，牵头承担国家重点研发项目4项，首席科学家牵头承担项目1项，总经费1.89亿元。获国家科技进步奖二等奖1项，省部级一等奖7项；发表SCI论文220篇（二区以上占49%）；授权专利62项；软件著作权登记32项；国办及省部级采纳咨询报告3份。创新苏打盐碱地定位分区改土增粮技术，示范区水稻亩产由不足100千克提高到438千克，创建北方草地生产力提升关键技术体系，草地生产力提升20%。审定抗寒、耐盐碱等抗逆品种5个（2个成省主推品种），示范推广895万亩，创经济效益近20亿元。构建黑土区资源高效型作物生产模式，示范推广600万亩，高光效技术成主推模式之一。成立中科东地农业机械公司、中科农业开发公司，免耕机械、生物质开发、品种转让效益达1500万元。

东北地理所设有湿地生态与环境院重点实验室、黑土区农业生态院重点实验室、遥感与地理信息研究中心、东北区域发展研究中心和大豆分子设计院重点实验室5个基本创新单元；拥有中国科学院湿地生态与环境重点实验室、中国科学院黑土区农业生态重点实验室和中国科学院大豆分子设计育种重点实验室；联合共建黑龙江省黑土生态实验室、吉林省生态恢复与生态系统管理重点实验室、吉林省碱地生态经济工程实验室和吉林省草地畜牧学重点实验室4个省级重点实验室，以及“大豆分子设计育种”省级工程研究中心；建有三江平原沼泽湿地生态系统观测研究站、海伦农田生态系统观测研究站2个国家重点野外台站，并以三江平原沼泽湿地生态系统观测研究站为核心，建成了覆盖平原沼泽湿地、滨海湿地、滨湖湿地和森林湿地在内的东北湿地野外台站网络；此外还建有中国科学院长春净月潭遥感试验站、大安碱地生态试验站、长岭草地农牧生态研究站、海伦水土保持监测研究站和长春综合农业试验站；设有所属图书馆和标本馆；主要下属单位有中国科学院东北地理与农业生态研究所农业技术中心。

截至2016年底，东北地理所共有在职职工398人。其中专业技术人员332人，包括中国工程院院士1人、研究员及正高级工程技术人员82人、副研究员及高级工程师技术人员81人。共有973计划项目首席科学家1人，国家杰出青年科学基金获得者1人，中国科学院“百人计划”入选者18人。

东北地理所设有地理学、生态学、环境科学与工程3个一级学科博士培养点，包括自然地理学、人文地理学、地图学与地理信息系统、生态学、环境科学5个博士学位授予专业；设有自然地理学、人文地理学、地图学与地理信息系统、生态学、环境科学、遗传学6个学术型硕士学位授予专业，环境工程1个全日制专业硕士学位授予专业；并设有环境科学与工程博士后流动站、地理学博士后流动站和生态学博士后流动站。共有在学研究生210人（其中硕士生88人、博士生122人），在站博士后22人。

2016年，东北地理所在研科研项目528项（包括新增目项221项），其中承担国家重点研发计划项目4项（新增4项），课题3项（新增3项），科技基础性工作专项项目2项，专题1项，水专项子课题1项，973计划项目1项、课题2项，主持国家自然科学基金项目149项（新增30项），中国科学院战略性先导科技专项子课题/专题2项，重点部署项目2项，课题/专题2项（新增1项），中国科学院野外台站联盟项目1项、平台建设项目1项、样地建设项目1项、创新团队国际合作伙伴计划项目2项，科技服务网络计划项目4项（新增1项），课题/专题7项（新增2项），中国科学院院级科研装备研制项目1项，地方及企业项目176项（新增63项），研究所自选项目64项（新增30项）。

2016年，东北地理所获科技奖励8项，其中成果“沼泽湿地土壤关键过程及其重要生态功能”获得吉林省自然科学奖一等奖；在SCI、EI期刊发表论文308篇，其中SCI论文242篇；出版专著5部；受理专利79项，其中发明专利78项，授权专利37项，其中发明专利33项；获得省级植物新品种审定1项，植物新品种保护权2项；软件著作权登记27项；地方标准3项；

2016年，东北地理所与中国农科院、辽源市政府、延边州政府、吉林省教育厅等新签署战略合作协议，协同创新体系日趋完善。与吉林省广泽乳液公司、长春市五度空间数据公司等多家公司开展合作，拓展了成果转化途径。资源高效型作物种植模式、耐盐碱综合治理技术、退化盐碱湿地恢复与合理利用关键技术及作物新品种等推广面积稳步扩大；其中，资源高效型作物模式推广300余万亩，高光效技术成主推模式之一。东生大豆系列、东稻系列及雄玉系列作物品种，示范推广面积600余万亩，‘东生10号’大豆及‘东稻4号’已成为东北地区主栽新品种。新签订东生品种新转让协议240万元。退化盐碱湿地恢复与合理利用关键技术在大安市牛心套保，建立5万亩示范区，年产值1100多万元，累计经济效益7200万元。“长春中科东地农业机械装备有限公司”自主研发的2BMZF-2Q型两行免耕播种机2BMZF-2Q型两行免耕播种机通过吉林省农机鉴定部门的推广鉴定，正式进入我省的农机销售市场，本年度销售28台；依托“九所联盟”玉米育种联合测试平台成立了“中科玉生物技术有限公司”科企联合体，推进“联盟”进入“国家级水稻、玉米品种审定绿色通道”。

2016年，东北地理所组织重大国内、国际学术会议6次。2016年10月10—14日，由东北地理所主办了第三届“东北亚资源、环境与区域可持续发展国际会议”。2016年9月16—18日，东北地理所主办“第三届中美湿地科学研讨会暨第二届海岸带湿地高峰论坛”。2016年6月25日，东北地理所承办“城市森林及其可持续性国际研讨会”。2016年6月17日，东北地理所主办“吉林省地理学会、遥感学会会员代表大会”。2016年7月21日，由东北地理所主办第二届“东北区域灰霾与地区发展”学术研讨会。2016年8月25—27日，东北地理所承办第十四届中国水论坛。2016年12月2—6日，东北地理所承办“第一届中国湿地论坛暨中国生态学学会湿地生态专业委员会2016年年会”。接待来所交流访问32次。共出访69人次，接待来访外国专家72人。

东北地理所是中国科学院湿地研究中心、吉林省地理学会、吉林省遥感学会、吉林省环境科学学会环境地学专业委员会、中国生态学会湿地生态专业委员会的挂靠单位；主办的学术刊物中《地理科学》、*Chinese Geographical Science*、《湿地科学》均为中国科学引文数据库（CSCD）核心期刊和中文科技论文与引文数据库核心期刊。此外，*Chinese Geographical Science* 被SCI-E收录；《地理科学》被评为“中国精品科技期刊”。2016年，《地理科学》与 *Chinese Geographical Science* 入选吉林省期刊30强。

（撰稿：崔明星　殷丽娅　审稿：苏　阳）

上海微系统与信息技术研究所

所　　长：王　曦

地　　址：上海市长宁路865号

邮政编码：200050

电　　话：021-62511070

传　　真：021-62524192

电子信箱：simit@mail.sim.ac.cn

网　　址：http://www.sim.cas.cn

中国科学院上海微系统与信息技术研究所（以下简称“上海微系统所”）原名中国科学院上海冶金研究所，前身是成立于1928年的国立中央研究院工程研究所，是我国最早的工学研究机构之一。新中国成立后隶属中国科学院。2001年8月，根据学科领域和科研目标的调整，更名为中国科学院上海微系统与信息技术研究所。

针对中科院八大重大创新领域中的“信息”和“基础前沿交叉”领域，充分发挥上海微系统所在电子科学与技术、信息与通信工程两大学科优势，解决智能感知微系统、超导量子器件与电路、高端硅基材料等方向的重大关键科学和技术难题，实现创新跨越并推广应用，成为信息网络/通信（ICT）领域不可替代、“四个一流”的国立研究机构。

确定了智能感知微系统大规模列装，实现无线通信从“窄带”到“宽带”的历史跨越；攻克超导核心器件技术，建成超导电子学卓越创新中心，进入世界先进行列；12 英寸大硅片产业化满足国家集成电路发展战略需求，在国际上形成完整的 SOI 材料、器件和应用特色生态系统；与上海微技术工业研究院协同发展，建设具有全球影响力的科技创新中心为主要发展目标。

上海微系统所设有无线传感网事业部和传感技术、信息功能材料、太赫兹固态技术、宽带无线、新能源、超导、仿生视觉 7 个研究室，在上海、南京、杭州、嘉兴、南通与地方合作共建了 6 个分支机构，与德国亥姆霍兹联合会于利希研究中心共建了超导与生物电子学联合实验室，与中科院微小卫星创新研究院共建了高可靠器件协同创新设计中心，与中国科技大学共建了超导量子器件与量子信息联合实验室等。

截至 2016 年底，上海微系统所共有职工 621 人，其中一线科技和管理人员 555 人，中国科学院院士 2 人，美国国家科学院外籍院士 1 人，研究员及正高级工程技术人员 94 人。共有“千人计划”入选者 7 人，国家“青年千人”入选者 2 人，国家杰出青年科学基金获得者 4 人，上海市科技领军人才 9 人。

上海微系统所是国务院学位委员会批准的首批博士、硕士学位授予单位之一，设有电子科学与技术、信息与通信工程 2 个专业一级学科博士/硕士研究生培养点和材料物理化学专业二级学科博士/硕士研究生培养点，设有电子科学与技术、材料科学与工程 2 个专业一级学科博士后流动站，微电子学与固体电子学专业被列入中科院重点学科。现有在读研究生人（其中硕士生 238 人、博士生 207 人），在站博士后 39 人。

2016 年，上海微系统所在研项目/课题 345 项，在研项目合同经费 13.7 亿元。围绕智能感知微系统重大突破，服务于国家战略，为 20 国集团领导人第十一次峰会（G20 杭州峰会）安保工作提供系统设备和技术保障。无线传感网与通信重点实验室与上海科技大学筹备成立“雾计算联合实验室”，建成国际先进的 Open 5G 实验验证平台，相关成果获得中国通信学会技术发明奖一等奖。圆满完成超导卓越中心筹建验收，“超导量子探测与应用”被列为全院有望实现创新跨越的 60 个突破之一。超导纳米线单光子探测形成从材料到器件和系统集成的核心技术，SNSPD 器件探测效率达 90% @ 1550nm，继续保持国际领先地位。全自主 SQUID 器件填补国内空白，国内首次获得 SQUID 超导航空全张量磁梯度测量结果。SiP · ME2 表征平台建设取得重大进展，运行以后将是国际上集成度最高、综合性能最好的电子结构研究平台。“超导量子器件柔性中试平台”项目落户嘉定，将推动形成以嘉定为中心的我国超导量子信息技术源发基地、产品制造基地和产业孵化基地。与微小卫星创新研究院共同成立了高可靠器件协同创新设计中心，以航天应用为牵引，打造国内一流的 KFZ 研发中心，实现我国航空航天核心元器件的自主可控。SOI 基础研究稳步推进，研制成功与微电子技术兼容的 4 英寸单晶石墨烯晶圆，为传统三维 SOI 晶圆向二维 SOI 晶圆技术革新奠定重要基础，在 *Nature Communications* 等国际知名期刊发表了多篇高水平论文。具有世界影响力的硅光子工艺平台建设初具雏形，将为中国硅光子产业和研究突破工艺瓶颈。特种宽带无线通信技术与装备经过近 4 年研制，进入全面推广阶段，相关装备分别承担了我国战略区域重要任务、“神十一”主着陆场搜救通信保障等重大任务，受到上级的高度评价；基于国际首创的“MIS”技术，实现了第二代高 G 传感器的重要应用验证。基于国际首创的“蛋白积木”（protein lego）方法，相关成果发表在 2016 年 10 月 7 日的 *Nature Communications*；攻克 110—130nm PCRAM 量产成套工艺，实现了我国第一款嵌入式 PCRAM 自主量产芯片，成品率超过 90% ，在国际上首次得到应用。自主开发研制的 SimImage TM 人体三维成像仪参展第18届中国国际工业博览会，获创新银奖，并试用于在杭州G20峰会安保工作；建成世界首创的仿生眼视觉研发平台，研制出世界上首套可动仿生双眼应用于新松公司双臂机器人获2016上海国际工业博览会金奖。2016年，全所申请专利237项，获得专利授权200项。发表论文397篇，其中SCI收录191篇，EI收录115篇，影响因子10以上的论文8篇。

2016年10月，上海市科委、嘉定区政府与工研院签署战略协议，通过市、区、所、企联动，将工研院作为新型产业技术研发组织试点，实施政府创新投入管理方式改革。上海微系统所发起成立的上海新昇半导体科技有限公司经过一年时间的建设，顺利实现产品投产，形成完整的半导体产业链，为我国深亚微米极大规模集成电路产业发展奠定基础，带动全行业整体提升产品能级，打造晶圆民族品牌。

2016年，上海微系统所主办SOI高峰论坛暨国际RF-SOI研讨会、2016信息存储国际研讨会暨第十届光储存研讨会、2016中国（上海）国际物联网大会，国际影响力不断提升。与德国于利希研究所合作进一步深化，2016年10月德国亥姆霍兹联合会主席代表团访问上海微系统所，签署第三轮战略合作协议，进一步推动双方在超导、传感技术、生物电子学、能源与环境、量子信息等方面的战略合作。

（撰稿：张　帆　肖宏广　审稿：王　曦）

上海技术物理研究所

所　　长：陆　卫
地　　址：上海市虹口区玉田路500号
邮政编码：200083
电　　话：021-25051000
传　　真：021-63248028
电子信箱：sitp@mail. sitp. ac. cn
网　　址：http://www. sitp. ac. cn

中国科学院上海技术物理研究所（以下简称“上海技物所”）位于玉田路500号，创建于1958年，是以红外物理与光电技术应用基础为主要研究方向，集基础研究、工程技术研发和高新技术产业化为一体的综合型研究机构。上海技物所以红外光电技术研究为定位，以红外光电新材料、新器件、新方法技术领域等作为主要研究方向，重点发展先进的航空航天有效载荷、红外凝视成像及信号处理、红外焦平面及遥感信息处理等技术。

经过几十年的发展，上海技物所针对技术领域特点，形成具有自身特色的、覆盖“基础前沿-核心组部件-系统集成-国家需求”完整的研发体系。建成了具备“从红外材料物质结构基础理论研究，红外探测器和红外焦平面、可见光探测器、空间制冷机等核心组部件研制，到航天航空及装备用红外、光电探测系统技术”较为完整的科技活动创新技术链。上海技物所设有研究室14个，建有红外物理国家重点实验室、传感技术联合国家重点实验室（光传感器专业点）、中科院红外成像材料与器件重点实验室、中科院红外探测与成像技术重点实验室、中科院空间主动光电技术重点实验室，以及省部共建现场物证光学探测技术联合实验室。

截至2016年底，上海技物所共有在岗职工1064人。其中专业技术人员958人，包括中国科学院院士6人、中国工程院院士2人、国际欧亚科学院院士1人（兼），各类国家级专家80人次；研究员及正高级工程技术人员149人、副研究员及高级工程师183人。共有“千人计划”入选者1人，“青年千人计划”入选者1人；中国科学院“百人计划”入选者13人；国家杰出科学基金获得者6人（新增1人）。新增国家级专家7人次，入选荣获省部级以上人才计划、奖励与荣誉25人次。“‘嫦娥三号’主动光电载荷研制团队”荣获“全国工人先锋号”，“高分辨率空间红外载荷研制团队”荣获“中科院‘十二五’突出贡献团队”，“国防创新实验室碲镉汞红外焦平面组件研制青年团队”荣获“上海市青年五四奖章集体”。

上海技物所是国务院学位委员会批准的首批博士、硕士学位授予单位之一，目前共有6个学科招收博士，8个学科招收硕士生；博士生导师88名，硕士导师141名。2016年在学研究生人数373人，毕业研究生88人，招收博士生57人、硕士生70人，另外联合培养研究生约100人。建有电子科学与技术博士后流动站，在站博士后20人。

2016年，上海技物所聚焦研究所“一三五”战略规划，围绕满足国家重大科技战略需求，圆满完成10次卫星发射任务，包括第22颗“北斗”导航卫星、“实践十号”返回式科学实验卫星、“实践十六”号科学实验卫星、世界首颗“墨子号”量子通信科学实验卫星、“高分十号”卫星、“天宫二号”空间实验站、“神舟十一号”载人飞船、“云海一号”防灾和科学试验卫星、“风云四号”气象卫星、我国首颗二氧化碳监测科学实验卫星等。

上海技物所承研“天宫二号”载人航天任务应用系统多角度宽波段成像仪、高等植物培养实验、量子密钥分发试验专项载荷、伴随卫星小可见光相机和太阳敏感器，参与两项空间材料生长实验任务，为空间实验室系统研制配套了舱内照明灯，全部光学仪器和单机表现优异，在我国首次成功获取了航天光学对地观测偏振图像。为第二代静止轨道气象卫星“风云四号”研制两项光学主载荷，其中多通道扫描成像辐射计是瞄准国际先进水平实现气象业务应用的成像仪器，干涉式大气垂直探测仪则在国际上开辟了静止轨道应用的先河，对于提升我国定量遥感卫星研制水平将起重要作用。在全球瞩目的量子卫星科学实验中，研发了量子密钥通信机和量子纠缠发射机，为我国在国际上首次实现空间大尺度下星地自由空间量子密钥生成和分发，以及量子隐形传态等实验做出突出贡献。为“实践十号”返回式科学实验卫星贡献了三分之一有效载荷，6台空间科学实验载荷工作稳定、表现出色，成功获取并积累大量科学实验数据和资料，产出重量级科学研究成果。以上这些卫星光学载荷、单机的成功研制及其在轨应用，集成了研究所基础研究–关键技术–系统集成全创新链的自主创新科技成就，是3个重大突破具体成果，代表我国在该领域的技术水平，推动我国卫星高分辨率对地观测、数值化大气遥感等技术迈上新台阶，也是研究所在关键技术自主掌控、设计及工程化应用等方面科技实力快速提升标志。

上海技物所在低维光电探测器、高性能太赫兹探测、第二代红外焦平面器件工程化、第三代红外焦平面探索研究上，也有系列创新性成果。不仅实现航天用红外焦平面器件国产化，部分组件产品和技术达到国际先进水平，支撑空间红外探测器系统的高灵敏度和高分辨率需求。前沿基础和创新研究不断深入，为应用奠定坚实基础。先进红外探测物理与技术、量子及增益型探测器物理与技术、探测新方法与物理新概念3个方向特色鲜明，研究水平总体达到国际先进水平。

2016年，上海技物所“航天遥感空间信息质量控制可信度理论与关键技术”项目荣获国家科技进步奖一等奖1项，另获省部级科技成果奖2项。研究所“十三五”规划被评为中科院优秀类规划，列全院第23名。在空间光电载荷工程化研制和关键技术发展等方面代表了国家在该领域先进技术水平，中科院“十二五”任务书评估结果指出研究所“在航天航空红外光电遥感探测技术领域等方面国内不可替代地位”。

2016年底，上海技物所共有在研科研项目314项（工程类56项，基础预研类258项），年内，完成结题验收91项；申请专利202项，获专利授权150项；发表科技论文328篇；软件著作权登记5项。

2016年，上海技物所举办第九届薄膜物理与应用国际会议（The 9th International Conference on Thin Film Physics and Applications，TFPA2016），以“精确感知，深度应用”为主题，探讨薄膜物理与应用领域的新理论、新技术、新方法及新应用等方面的最新进展。美、英、意、日、韩等国际及国内著名高校、研究机构和企业100余位代表出席本次会议。主办第十三届中红外光电子材料与器件国际会议，就中红外光电子材料与器件的最新科研进展及未来发展方向进行交流研讨，内容涵盖新型红外与太赫兹光电材料、材料生长与表征、红外与太赫兹探测器、红外与太赫兹发光器、红外光电器件应用等多个方面。

上海技物所是中国空间科学学会空间遥感专业委员会、上海红外与遥感学会的挂靠单位；研究所编辑出版《红外与毫米波学报》《红外》等学术期刊。

（撰稿：任　远　审稿：龚海梅）

上海光学精密机械研究所

所　　长：李儒新
地　　址：上海市嘉定区清河路 390 号
邮政编码：201800
电　　话：021-69918000
传　　真：021-69918800
电子信箱：siom@mail. shcnc. ac. cn
网　　址：http://www. siom. cas. cn

中国科学院上海光学精密机械研究所（以下简称“上海光机所”）成立于 1964 年 5 月。1964 年，中科院长春光机所、中科院电子所相关科研人员迁往上海，联合上海市轻工业局长江光学仪器厂、上海市仪表局竞明仪器厂组成了最早的中国科学院光学精密机械研究所上海分所。建所后，上海光机所几度易名。1970 年 10 月，定名为中国科学院上海光学精密机械研究所。

上海光机所是我国建立最早、规模最大的激光科学技术专业研究所。经过 50 余年的发展，已形成以探索现代光学重大基础及应用基础前沿、发展大型激光工程技术并开拓激光与光电子高技术应用为重点的综合性研究所。研究所重点学科领域为：强激光技术、强场物理与强光光学、空间激光与时频技术、信息光学、量子光学、激光与光电子器件、光学材料等。

2016 年，上海光机所结合中科院层面“三重大”部署和研究所分类改革，以“8+2”领域（平台）规划和科技布局为主线，持续深化战略研究，进一步明确了研究所的定位和核心竞争力，凝练聚焦战略目标，优化重大突破和重点培育方向，形成了“十三五”时期“一三五”发展规划。在全院各研究院所“十三五”时期“一三五”规划评估中，上海光机所规划获评“优秀”。

上海光机所“十三五”期间发展定位为：围绕光电空间、基础前沿交叉、先进材料、信息等领域的国家重大需求，聚焦高功率激光、超强超短激光、空间激光与时频系统技术等战略必争方向，协同中科院优势力量，突破激光材料、核心器件、系统集成技术瓶颈，打通研发创新链，为神光高功率激光装置、上海超强超短激光实验装置的建设与发展，以及国家某重大专项、载人航天与探月工程、中科院先导科技专项（B 类）等重大科技任务的实施提供系统性解决方案，成为我国激光科学前沿的开拓者、激光技术进步的领跑者，以及抢占国际激光科技制高点的重要战略创新力量。

上海光机所现设 8 个实验室，拥有国家重点实验室 1 个、“中科院-中物院”联合实验室 1 个、中科院重点实验室 4 个、上海市重点实验室 1 个。8 个实验室分别为：强场激光物理国家重点实验室、中国科学院量子光学重点实验室、高功率激光物理联合实验室、空间激光信息技术研究中心、中国科学院强激光材料重点实验室、信息光学与光电技术实验室、高密度光存储技术实验室、高功率激光单元技术研发中心。

上海光机所建成了国内仅有、国际为数不多的“神光”系列高功率大型激光装置、超短超强激光系统、激光原子冷却装置、空间全固态激光器研制平台等，并具有各种新型、高性能激光器件、激光与光电子功能材料研制平台，并达到国际先进水平。

截至 2016 年底，上海光机所共有在职职工 908 人。其中科技人员 772 人、科技支撑人员 243 人，包括中国科学院院士 6 人、中国工程院院士 1 人、发展中国家科学院院士 2 人、研究员及正高级工程技术人员 101 人、副研究员及高级工程技术人员 240 人。共有“千人计划”入选者 1 人，“青年千人计划”入选者 3 人，“万人计划”入选者 1 人，“中青年科技创新领军人才”3 人，中国科学院“百人计划”入选者 29 人，国家杰出青年科学基金获得者 5 人。

上海光机所是 1981 年国务院学位委员会批准的博士、硕士学位授予权单位之一，现设有物理学、光学工程、材料科学与工程 3 个专业一级学科博士研究生培养点，物理学、光学工程、材料科学与工程、科学技术史 4 个一级学科硕士研究生培养点，光学工程、材料工程 2 个专业学位硕士培养点，并设有物理学、光学工程、材料科学与工程 3 个专业一级学科博士后流动站。共有在学研究生 483 人（其中硕士生 227 人、博士生 256 人），在站博士后 16 人。

2016 年，上海光机所共有在研项目 492 项（包括新增项目 141 项）。其中，承担国家重大科技专项课题 70 项（新增 19 项）；主持（或承担）973 计划和国家重大科学研究计划项目 1 项、承担（或参加）课题 5 项；主持（或承担）国家重点研发计划项目 11 项（新增 11 项），主持（或承担）863 计划项目 32 项；主持（或承担）国家自然科学基金重点项目 6 项（新增 2 项）、面上项目 44 项（新增 6 项）、国家自然科学基金重大研究计划重点项目 1 项（新增 1 项），承担国家基金创新群体 1 项、国家杰出青年科学基金项目 1 项；主持中科院战略性先导科技专项（B 类）项目 1 项（新增 1 项），承担课题 13 项（新增 13 项）；承担中科院前沿科学重点研究项目 6 项（新增 6 项）、主持（或承担）中科院重点部署项目 2 项；主持（或承担）科技部国际合作项目 6 项（新增 3 项），承担院重点国际合作项目 2 项；主持国家自然科学基金委重大仪器研制项目 1 项，参加国家自然科学基金委重大仪器研制项目 4（新增 1 项），参加科技部重大仪器研制项目 5 项，承担院仪器研制项目 5 项（新增 1 项）；承担上海市科研项目 43 项（新增 13 项）。

2016 年，上海光机所在“一三五”目标的“三个突破”方面均取得了具有国际影响力的突破性进展与成果。2016 年 12 月，中国科学院从全院遴选的 2016 年度 12 项月度重大科技成果中，上海光机所独立完成 1 项，核心参与 1 项，重要参与 1 项。2016 年 12 月，由中国科学院、中国工程院主办评选的“2016 中国十大科技进展新闻”，上海光机所独立完成 1 项，核心参与 1 项，重要参与 1 项。“突破一”聚变点火级激光驱动器关键技术与系统方面：2016 年 8 月，经过近 10 年的技术攻关，国家重大科技专项项目“神光”高功率激光驱动器升级装置通过技术验收；完成单束构型 A 考核验证；“以色列国家激光装置（NLF）”完成首两路的安装调试工作，运行演示达标；成功实现了大尺寸高性能激光钕玻璃的连续熔炼工艺技术，上海光机所成为国际上首家独立掌握钕玻璃元件全流程生产技术的机构。“突破二”空间激光通信与时频系统技术方面：2016 年 9 月 15 日，由上海光机所历时近 10 年研制的空间冷原子钟系统搭载“天宫二号”发射升空，并成功完成在轨测试；空间高速相干激光通信载荷搭载量子卫星发射升空，载荷同时具备两种主流相干激光通信体制的验证能力，通信速率可达 5.12Gbps，是我国首次开展空间相干激光通信试验，也使得我国在高速相干激光通信技术研究跻身世界前列；上海光机所还为“墨子号”量子通信科学实验提供了 2 件重要激光光源——跟瞄用的窄信标/同步激光器，为“墨子号”在轨实验测试发挥重要作用。“突破三”超强超短激光及其重大应用方面：2016 年 8 月，上海张江综合性国家科学中心首批启动项目之一的上海超强超短激光实验装置（SULF），成功获得世界最高峰值功率的 5.3 拍瓦激光脉冲；创造性地在级联加速过程中引入对电子束能量-时间分布性能的精细控制，提出了获得千分之一级超窄能散度高能电子束的新方案；在实验上成功获得了创纪录高亮度高品质电子束，电子束亮度在国际上首次接近了最先进的直线加速器上所能获得的电子束亮度；利用高品质电子束产生的超高亮度准单色 MeV 量级伽马射线源的最高峰值亮度与国际同类水平高出一个量级以上；利用超强超短激光成功产生反物质——超快正电子源。

2016 年，上海光机所“大尺寸高性能激光钕玻璃批量制造关键技术及应用”项目荣获 2016 年上海市技术发明奖特等奖，“分布式光纤振动传感技术及其重要安防应用”项目荣获 2016 年上海市技术发明奖一等奖，“分布式光纤传感器及信息解调方法”荣获 2016 年上海市发明创造专利奖二等奖。全所共申请专利 196 项（发明专利 188 项、国际专利 2 项），获授权专利 179 项（发明专利 168 项、国外专利 6 项）。全所共发表论文 666 篇，其中 SCI 论文 410 篇，期刊影响因子大于 2 的 211 篇。

在院地合作及科技成果转移转化方面，2016 年上海光机所在国民经济主战场领域的社会影响力不断扩大，并得到地方政府的充分肯定。南京先进激光技术研究院建设工作取得积极进展，截至 2016 年底研究院孵化及引进企业总计 31 家，年产值超过4亿元，激光产业集聚效应日益凸显。2016年2月，上海光机所与上海市嘉定工业区签署了共建“上海先进激光应用科创中心”的合作协议，筹建工作进展顺利，面积超过1.2万平方米的科创中心基本改建装修完成。

在国际合作及其成效方面，上海光机所国际科技交流持续平稳增长，率先实施科技创新“走出去”发展。2016年，上海光机所与以色列SOREQ原子能研究中心开展的大科学工程签订后续项目合同；继续与爱尔兰、日本、以色列、韩国、意大利、白俄罗斯、加拿大等国家开展实质性的国际合作研究；与德国、以色列、俄罗斯、澳大利亚等国家新签订国际合作协议6项；相继主办或承办了“第二届国际高功率激光科学与工程学术研讨会”“第24届国际玻璃大会”和“第一届赫姆霍兹极端光场国际束线”专题研讨会；国际合作交流频繁，来访外宾200余人，多名知名学者来所进行学术交流和短期的合作研究。

挂靠在上海光机所的相关专业学会有：中国光学学会激光专业委员会、中国光学学会光学材料专业委员会、中国硅酸盐协会特种玻璃分会等；上海光机所主办了《中国激光》、《光学学报》、《激光与光电子学进展》、*Chinese Optics Letters*（*COL*）、*Photonics Research*（*PR*）、*High Power Laser Science and Engineering*（*HPL*）6种学术期刊。

（撰稿：沈　力　审稿：屈　炜）

上海硅酸盐研究所

名誉所长：严东生
所　　长：宋力昕
地　　址：上海市定西路1295号
邮政编码：200050
电　　话：021-52412990
传　　真：021-52413903
电子信箱：siccas@mail. sic. ac. cn
网　　址：http://www. sic. ac. cn

中国科学院上海硅酸盐研究所（以下简称“上海硅酸盐所”）渊源于1928年成立的国立中央研究院工程研究所。1959年独立建所，定名为中国科学院硅酸盐化学与工学研究所。1984年更名为中国科学院上海硅酸盐研究所。

上海硅酸盐所是以基础性研究为先导，以高技术创新和应用研究为主体的无机非金属材料综合性研究机构。学科方向是先进无机材料科学与工程，主要研究领域涵盖高性能结构陶瓷、功能陶瓷、透明陶瓷、陶瓷基复合材料、人工晶体、无机涂层、能源材料、生物材料、古陶瓷及先进无机材料性能检测与表征等，是国内该领域科学研究单位中门类最为齐全的研究所。

上海硅酸盐所全面贯彻落实中科院“三个面向”“四个率先”的新时期办院方针，紧密围绕特色研究所的定位与目标，聚焦先进制造、能源、信息、环境与健康、国防工业等重点应用领域，开展先进无机与无机基材料、器件与系统的基础性、战略性、前瞻性关键科学问题研究，实现核心材料、关键技术与产品化的重大突破，持续提供重大创新性理论和技术创新成果，力争建设成为国际一流的科研机构，为国家重大需求和国民经济建设提供材料支撑。

2016年，上海硅酸盐所进一步凝练目标和发展重点，“一三五”规划进一步完善，在中国科学院“十三五”时期“一三五”规划交流评议中被评为优秀规划。扎实推进“一三五”战略规划实施和特色研究所建设，通过优化科研组织结构、改革创新项目部署、加快推进平台建设、完善实施激励政策等举措，在学科与领域建设、服务项目推进等方面取得重要进展。

上海硅酸盐所设有高性能陶瓷和超微结构国家重点实验室、中国科学院特种无机涂层重点实验室、中国科学院透明光功能无机材料重点实验室、中国科学院无机功能材料与器件重点实验室、中国科学院能量转换材料重点实验室、古陶瓷科学研究国家文物局重点科研基地（古陶瓷多元信息提取技术及应用文化部重点实验室），以及结构陶瓷与复合材料工程研究中心、人工晶体研究中心、透明陶瓷研究中心、生物材料与组织工程研究中心、古陶瓷与工业陶瓷研究中心等科研部门，还设有无机材料分析测试中心、中试基地以及信息情报中心等技术支撑部门。

截至2016年底，上海硅酸盐所共有在职职工710人。其中，科技人员570人、科技支撑人员140人，包括中国科学院院士1人、中国工程院院士2人、发展中国家科学院院士4人、研究员及正高级工程技术人员102人、副研究员及高级工程技术人员188人。共有“千人计划”入选者1人，“青年千人计划”入选者1人、中组部直接联系专家6人；中国科学院“百人计划”入选者25人；国家杰出青年科学基金获得者5人、国家级“百千万人才工程”领军人才1人、国家级“百千万人才工程”入选者3人。

上海硅酸盐所是国内首批国务院学位委员会批准的博士、硕士学位授予权单位之一，现设有材料科学与工程、化学2个一级学科研究生培养点；材料物理与化学、材料学和物理化学（含化学物理）3个二级学科博士和硕士招生专业；无机化学1个二级学科硕士招生专业；材料工程、化学工程、生物工程3个二级学科专业学位硕士招生专业，并设有材料科学与工程学科博士后流动站。在读研究生457人（其中硕士生220人、博士生237人），在站博士后17人。

2016年，上海硅酸盐所共有在研项目284项（包括新增项目105项）。其中，主持（或承担）国家自然科学基金重点项目18项（新增3项）、面上项目77项（新增19项）、国家杰出青年科学基金项目2项（新增1项）；主持或承担国家重大科技专项1项（新增1项）；主持或承担国家重点研发计划14项（新增14项）；主持（或承担）973计划和国家重大科学研究计划项目8项、承担（或参加）课题5项，主持（或承担）863计划项目4项；主持（或承担）（科技部、国家自然科学基金委、财政部和院）重大仪器研制项目2项；主持（或承担）中国科学院战略性先导科技专项课题4项（新增1项）；主持（或承担）院重点部署项目14项（新增5项）、承担重点国际合作项目5项（新增1项）；承担院地合作项目6项（新增1项）。

2016年，上海硅酸盐所聚焦“三重大”产出，在基础与前瞻性研究、高技术研究、产业化关键技术与成果转化等方面取得了一系列具有重要影响力的研究进展。多种热控涂层与碳化硅基材料与部件等成功应用于“墨子号”“高景一号”“墨子号”“天宫二号”“实践十七号”“风云四号”等卫星；特种耐磨涂层保证了我国起飞规模最大、运载能力最大、技术跨度最大的新一代运载火箭——“长征五号”运载火箭首发成功；空间材料科学实验系统在“天宫”“实践十号”上成功应用；在以上海硅酸盐所研制的600毫米长BGO晶体为主要有效载荷的我国首颗暗物质粒子探测卫星“悟空”在轨运行一年后，又成功开发出900毫米长BGO晶体，有望应用于新一代暗物质探测卫星。形成了具有完整自主知识产权、集“材料设计/薄膜制备/器件集成”的高性能光电材料与器件研发研究成果，“高性能光电材料和器件的结构设计与性能调控”项目荣获2016年上海市自然科学奖一等奖；“考古发掘现场出土脆弱遗迹临时固型材料研究”项目（第二完成单位）获“十二五”文物保护科学和技术创新奖一等奖。石墨烯超级电容器技术以5000万元的价格许可给企业，并以共建研发中心的形式共同推进产业化开发与应用。

2016年，上海硅酸盐所共申请专利274件，其中发明专利257件，实用新型专利17件，获得批准专利207件，其中发明专利190件。共发表SCI收录的论文410篇（第一单位），EI收录的论文数为32篇（除SCI收录的论文之外），影响因子大于3的论文226篇。

上海硅酸盐所现拥有投资公司10家：上海硅酸盐研究所中试基地、上海西卡思新技术总公司、浙江中科广晟稀土精细陶瓷研发有限公司、宁波韵升光通信技术有限公司、上海纳米技术及应用国家工程研究中心有限公司、上海奇创光电科技有限公司、苏州创元新材料科技有限公司、上海电气钠硫储能技术有限公司、佛山金智节能膜有限公司和上海中科易成新材料技术有限公司。从事科技开发的人员有265人，总产值为9800万元。

2016年，上海硅酸盐所科研人员赴国外参加国际会议、项目合作、技术培训、博士生联合培养等共计160余人次；接待来所访问、学术交流、国外学生来所培养、洽谈项目合作等外国专家、学者和代表团180余人次；组织召开2016国际热喷涂大会暨展览会等3次国际会议；与捷克物理研究所、昆士兰科技大学等科研机构新签合作协议 9 份。丁传贤院士成功入选 ASM 热喷涂名人堂（Thermal Spray Hall of Fame），成为我国首位获此荣誉的学者。

中国空间科学学会空间材料专业委员会、上海硅酸盐学会、上海硅酸盐工业协会和上海古陶瓷科学技术研究会挂靠在上海硅酸盐所；上海硅酸盐所主办的《无机材料学报》连续 5 年入选"中国最具国际影响力学术期刊"，获上海市新闻出版局颁发的 2015 年度上海市期刊编校质量优秀奖。上海硅酸盐所与自然出版集团合作创办的 *npj Computational Materials* 已出版 6 期 30 篇文章，配发了 21 篇社评，被国际 OA 类期刊数据库 DOAJ 收录。

（撰稿：彭　芳　毛朝梁　审稿：杨建华）

上海有机化学研究所

所　　长：丁奎岭
地　　址：上海市徐汇区零陵路 345 号
邮政编码：200032
电　　话：021-54925000
传　　真：021-64166128
电子信箱：sioc@mail.sioc.ac.cn
网　　址：http://www.sioc.ac.cn

中国科学院上海有机化学研究所（以下简称"上海有机所"）于 1950 年 5 月在前中央研究院化学研究所（建于 1928 年）、前北平研究院化学研究所与药物研究所的基础上成立，名为中国科学院有机化学研究所。1970 年，经中国科学院和上海市革委会批准改为现名。

上海有机所在全面完成"十二五"规划的基础上，根据新时期"三个面向""四个率先"办院方针要求，对"十三五"规划进行全面布局和调整。上海有机所立足基础交叉前沿领域，坚持重大科学问题和国家重大需求导向，发挥有机合成化学的创造性，加强与生命科学、材料科学的交叉与融合，致力于推动我国化学转化方法学、化学生物学、有机新材料创制科学等重点学科领域的发展，在有机化学基础研究、新医药农药和高性能有机材料创制方面实现新的突破，引领有机化学学科前沿的发展，满足国家战略需求，服务国民经济主战场，将上海有机所建设成为国际一流的有机化学研究中心。

在此定位下，上海有机所努力实现 3 个方面的重大突破，即高性能聚烯烃材料制备的关键科学、技术与应用；化学理念指导的抗生素生产菌种遗传改造关键技术研究与应用；高性能有机氟材料的关键科学、技术与应用。在实现 3 个方面的重大突破的同时，重点培育 5 个学科发展方向与发展领域：导向绿色合成的新一代催化转化；复杂天然产物全合成和导向药物发现的化学生物学；重要医药、农药的核心制备科学、技术与应用；有机功能材料的结构设计、合成与应用；含能及推进剂关键材料的研究与开发。

上海有机所现有 2 个国家重点实验室、3 个院重点实验室、1 个所级重点实验室，分别为：生命有机化学国家重点实验室、金属有机化学国家重点实验室、中国科学院有机氟化学重点实验室、中国科学院天然产物有机合成化学重点实验室、中国科学院有机功能分子合成与组装化学重点实验室，以及先进推进剂关键材料重点实验室。此外，还有同国内外大学、企业联合共建的沪港化学合成联合实验室和 SIOC-CAS 联合文献中心等 10 多个联合研究中心。

截至 2016 年底，上海有机所共有在职职工 817 人。其中科技人员 669 人、科技支撑人员 92 人，包括中国科学院院士 9 人、研究员及正高级工程技术人员 90 人、副研究员及高级工程技术人员 185 人。共有"千人计划"入选者 21 人（新增 3 人），"青年千人计划"入选者 19 人；中国科学院"百人计划"入选者 36 人（新增 5 人）；国家杰出青年科学基金获得者 23 人（新增 1 人）。

上海有机所是 1981 年国务院学位委员会批准的博士、硕士学位授予单位之一，1998 年被批准为化学一级学科博士学位授权单位。现化学一级学科下设有机化学、分析化学、高分子化学与物理、化学生物学 4 个二级学科研究生培养点；1 个细胞生物学二级学科博士培养点；化学工程、材料工程、生物工程 3 个专业硕士领域培养点；并设有1个化学专业一级学科博士后流动站。共有在学研究生581人（其中硕士生342人、博士生239人），在站博士后48人。

2016年，上海有机所共有在研项目404项（包括新增项目118项）。其中，主持（或承担）国家自然科学基金重点项目19项（新增6项）、面上项目100项（新增22项）、国家杰出青年科学基金项目4项（新增1项）；主持或承担国家重大科技专项2项；主持或承担国家重点研发计划项目及课题13项（新增13项）；主持（或承担）973计划和国家重大科学研究计划项目2项、承担（或参加）课题15项，主持（或承担）863计划项目2项；主持（或承担）中国科学院战略性先导科技专项课题12项（新增6项）；主持（或承担）院重点部署项目2项、承担重点国际合作项目10项（新增4项）；承担院地合作项目2项。

2016年，上海有机所不断聚焦重点，科技成果转化取得重要进展。在“高性能聚烯烃材料制备的关键科学、技术与应用”方面，超高分子量聚乙烯万吨级间歇式淤浆聚合装置正式开车试运行。在“化学理念指导的抗生素生产菌种遗传改造关键技术研究与应用”方面，针对红霉素发酵过程异嗅气味改善的菌种基因工程改造取得突破，相关技术在伊犁川宁生物技术有限公司实施产业化。在“绿色农药创制关键技术研究与应用”方面，具有自主知识产权的新型油菜田除草剂品种丙酯草醚和异丙酯草醚完成推广面积累计8000万亩。

在满足国家战略需求的先进材料研制和生产方面，上海有机所多个产品成功应用于重点型号，荣获“中国载人航天工程优秀协作单位”“中国航天优秀供应商”。配套材料在卫星、长征系列火箭、神舟飞船、天宫、嫦娥工程中发挥了不可替代作用。在基础研究方面。上海有机所不断取得佳绩，发展的金属催化的自由基接力新策略，成为中国有机化学领域发表在*Science*的首篇文章；英国*Nature*发布的最新全球自然指数（Nature Index）中，连续3年位列中科院所属研究机构及上海地区第二名；由上海有机所和中国科学院福建物质结构研究所等共同承担的“结构与功能导向的新物质创制”B类先导科技专项正式获得中国科学院批准。

2016年，上海有机所共发表了645篇论文，影响因子≥10的论文有59篇，其中*Science* 1篇，*Angewandte Chemie International Edition* 30篇，*Journal of the American Chemical Society* 15篇，和*Nature Communications* 5篇。出版著作和章节合计6项。共申请发明专利93项，授权专利67项，软件著作权登记6项。目前，上海有机所维持有效的发明专利300项，软件著作权累计63项。

上海有机所学术交流持续活跃，保持多年来的良好态势，2016年成功举办了第6届中德双边化学研讨会、第12届国际自由基化学会议及四面体2016研讨会。共举办学术报告90余场次。参加国际会议、进行合作研究、考察访问等的出访为144人次。

受中国化学会委托，上海有机所负责编辑出版《化学学报》《中国化学》和《有机化学》。

（撰稿：黄智静　蔡正骏　审稿：胡金波）

上海应用物理研究所

所　　长：赵振堂

地　　址：上海市嘉定区嘉罗公路2019号（嘉定园区）

上海市浦东新区张衡路239号（张江园区）

邮政编码：201800（嘉定园区）

201204（张江园区）

电　　话：021-59553998；021-33933998

传　　真：021-59553021；021-33933021

电子信箱：sinap00@sinap.ac.cn

网　　址：http://www.sinap.cas.cn

中国科学院上海应用物理研究所（以下简称“上海应物所”）成立于1959年，原名中国科学院上海原子核研究所，2003年6月经国家批准改为现名。

上海应物所是国立综合性核技术科学研究机构，在核科学技术领域从事面向世界科技前沿和国家战略需求的基础与应用研究，开展原始创新和集成创新，致力于钍基熔盐堆核能系统的研究发展，致力于同步辐射光源和自由电子激光的大科学装置研制、运行与利用，致力于核科技前沿交叉的研究与核技术应用，以期将研究所建成我国独具特色、不可替代和具有国际竞争力的研究机构。上海应物所是国家重大科学基础设施——上海光源（SSRF）的工程承建和运行单位，同时承担中国科学院战略性先导科技专项“未来先进核裂变能——钍基熔盐堆核能系统（TMSR)”、国家重大科技基础设施项目——X射线自由电子激光试验装置工程，以及973计划项目、科技重大研究专项、国家自然科学基金委重大项目等国家重要科研任务。建有中国科学院上海大科学中心、中国科学院先进核能创新研究院、中国科学院微观界面物理与探测重点实验室、上海市低温超导高频腔技术重点实验室；拥有两大园区，分别坐落于上海市科技卫星城嘉定区和浦东张江高科技园区，占地面积共700余亩。

截至2016年底，上海应物所共有在职职工1123人。其中科技人员1001人、科技支撑人员329人，包括中国科学院院士1人、研究员及正高级工程技术人员126人、副研究员及高级工程技术人员270人。共有“千人计划”入选者1人，“青年千人计划”入选者2人；中国科学院“百人计划”入选者26人（新增1人）；国家杰出青年科学基金获得者5人。

上海应物所是1981年国务院学位委员会批准的博士、硕士学位授予权单位之一，现设有物理学、核科学与技术2个专业一级学科博士研究生培养点，无机化学专业二级学科博士研究生培养点，粒子物理与原子核物理、光学、核技术及应用、核能科学与工程、无机化学、高分子化学与物理、生物物理学、信号与信息处理、光学工程、电磁场与微波技术等14个专业二级学科硕士研究生培养点。共有在学研究生425人（其中硕士生182人、博士生243人）。

2016年，中国科学院上海应物所共有在研项目217项（不包括核能项目），新增项目71项。其中，主持（或承担）国家自然科学基金重点项目1项、面上项目57项（新增15项）、国家杰出青年科学基金项目1项；主持或承担国家重点研发项目3项（新增3项）、课题14项（新增14项）；主持（或承担）973计划和国家重大科学研究计划项目2项、承担（或参加）课题9项；主持（或承担）（科技部、国家自然科学基金委、财政部和中科院）重大仪器研制项目1项；主持（或承担）中科院重点部署项目4项（新增4项）。

2016年，上海应物所进入历史上最快的发展时期。面对前所未有的历史机遇，研究所按照“三个面向”“四个率先”的新时期办院方针，深入实施中国科学院“率先行动”计划，紧跟中科院改革创新的步伐并积极融入上海科创中心建设，调整、优化组织机构和科技布局，着力推进加速器科学技术、光子科学、核能科学技术和核科学技术与前沿交叉科学持续发展，勇攀高峰、砥砺前行，各项工作取得新成就，在向独具特色、不可替代和具有国际竞争力的核科技强所奋进的过程中，实现了跨越式发展。2016年，上海应物所立足目前形势，梳理了科技布局，编制完成“十三五”规划，并在中科院发展规划局牵头组织开展了107个院属单位的“一三五”规划交流评议工作中被评为优秀规划。

上海光源大科学装置持续稳定高效运行，扎实推进后续项目实施，按期完成中科院上海大科学中心筹建工作并通过验收，进入正式运行阶段，已成为上海科技创新的引擎和标杆。上海光源用户的高质量科学研究产出不断涌现，在*Science*、*Nature*和*Cell*上已发表论文54篇，特别在埃博拉、寨卡病毒传播机制、单原子分散贵金属催化剂研究等方面做出了重要贡献。连续第四次在中科院重大科技基础设施年会上获评优秀设施一等奖。持续研制和谋划一流大科学装置，上海大科学中心现承担包括上海光源线站工程、上海软X射线自由电子激光用户装置在内的7项大科学装置建设项目，硬X射线自由电子激光装置列入优先启动建设的10个国家“十三五”规划项目。未来将形成基于同步辐射光源与自由电子激光装置的跨学科综合性研究基地，支撑我国多学科科技跨越发展和创新突破，持续产出重大成果。

2016年，上海应物所钍基熔盐堆先导专项主要材料、关键部件和核心技术的研发取得重大进展，完成10MW固态燃料熔盐实验堆工程初步设计及Ⅱ类堆论证，并获国家核安全局批复。不断落实推进与国家能源局、上海市和战略合作企业的合作，成功开展了紧扣专项目标、以美国为主、卓有成效的国际合作，力争达到相关学科和技术的全面国际领先，成为国际上钍基熔盐堆核能领域的领跑者。

2016年，上海应物所在核科学技术与前沿交叉学科研究领域获得重要进展，在反物质间的相互作用力、DNA纳米结构相关研究等方面也做出了特色工作。“相对论重离子碰撞中的反物质探测和夸克物质的强子谱学与集体性质研究”和“多元、协同生物传感界面的设计、组装及生物分析应用研究”两项成果同时荣获国家自然科学奖二等奖。

上海应物所围绕上海光源大科学装置、钍基熔盐堆核能系统、核技术与前沿交叉三大学科领域形成了多层次、重实效的对外开放合作格局。持续深入推进与境外一流科研机构、研究型大学建立“强强联合”的科研伙伴关系，建立长效合作交流机制。全年共计派出195个团组332人次执行各项出访任务，接待外宾329人次来访。举办国际会议9次。

上海应物所是上海市核学会、中国核学会辐射研究与辐射工艺学分会的挂靠单位；主办《核技术》、《核科学与技术》（英文版）、《辐射研究与辐射工艺学报》等学术刊物。

（撰稿：蔡　雨　周　韡　审稿：赵振堂）

上海天文台

台　　长：洪晓瑜
地　　址：上海市徐汇区南丹路80号
邮政编码：200030
电　　话：021-64386191
传　　真：021-64384618
电子信箱：shao@shao. ac. cn
网　　址：http://www. shao. ac. cn

中国科学院上海天文台（以下简称“上海天文台”）成立于1962年，其前身是1872年建立的徐家汇天文台和1900年建立的佘山天文台。目前上海天文台包括徐家汇园区和佘山科技园区两个部分，徐家汇为总部，在松江佘山地区建有若干天文观测基地。

上海天文台以天文地球动力学和天体物理学为主要学科方向，同时积极发展现代天文观测技术和时频技术，为天文研究和国家战略需求提供科学和技术支持，坚持科学院的“三个面向”和“四个率先”的办院方针，积极承担国家和有关部委的重要科研和国家重大需求任务。在科学前沿研究方面，参加了中国科学院先导专项、科技部和国家自然科学基金委等部委的重要课题；在国家战略需求方面，在国家探月工程、国家导航定位等国家重大工程中发挥重要作用。2016年，上海天文台完善了“十三五”规划，加强与中科院“十三五”规划的衔接，集合优质人财物资源，服务于重要突破和培育方向，促进“三重大”产出，助力“四个率先”阶段目标的实现。

上海天文台是中科院星系宇宙学重点实验室和行星科学重点实验室的依托单位，以及射电重点实验室的主要参与单位；是上海导航定位重点实验室的依托单位，设有天文地球动力学研究中心、星系和宇宙学研究中心、射电天文科学和技术研究室、光学天文技术研究室、时间频率技术研究室5个研究部门，拥有观测设备：65米天马射电望远镜、25米口径射电望远镜、1.56米口径光学望远镜、60厘米口径卫星激光测距望远镜，甚长基线干涉测量网（VLBI）数据处理中心、全球定位系统等多项现代空间天文观测技术和国际一流的观测基地和资料分析研究中心，是世界上同时拥有这些技术的7个台站之一。上海天文台是中国VLBI网和中国激光测距网的负责单位。上海天文台是全国科普教育基地、全国青少年科技基地、上海市青少年教育基地和上海市科普教育基地。

截至2016年底，上海天文台共有在职职工276人。其中科技人员223人、科技支撑人员53人，包括中国科学院院士1人、中国工程院院士1人、研究员及正高级工程技术人员61人、副研究员及高级工程技术人员 95 人。共有中国科学院“百人计划”入选者 17 人、国家杰出青年科学基金获得者 4 人。新增“万人计划”1 人，“千人计划”青年项目 1 人，中科院率先行动“百人计划”入选者 3 人，中科院关键技术人才 2 人，中科院青年创新促进会员 2 人，优秀会员 1 人，上海“千人计划”1 人，上海青年拔尖人才 1 人，上海人才发展基金 1 人。

上海天文台是 1981 年国务院学位委员会批准的博士、硕士学位授予权单位之一。现设有天文学 1 个一级学科博士培养点，天体物理、天体测量与天体力学、天文技术与方法 3 个专业的二级学科博士培养点；天文学 1 个一级学科硕士培养点，天体物理、天体测量与天体力学、天文技术与方法、仪器仪表工程 4 个专业的二级学科硕士培养点；并设有天文学 1 个一级学科博士后流动站，天体物理、天体测量与天体力学、天文技术与方法 3 个专业的二级学科博士后流动站。截至 2016 年底，共有在学研究生 153 人（其中硕士生 85 人，博士生 68 人），在站博士后 26 人。

2016 年，上海天文台共有在研项目 815 项。其中承担 973 计划子课题 2 项，参与 10 项；承担 863 计划项目 1 项，参与 2 项；承担国家科技基础性工作专项 1 项，参与 1 项；承担国家重点研发计划项目 1 项，参与 3 项。承担国家自然科学基金项目 112 项（新增 28 项），其中重大项目 1 项、重点项目 7 项（新增 2 项）、面上项目 43 项（新增 8 项）、杰出青年科学基金项目 1 项、优秀青年科学基金项目 1 项、青年科学基金项目 35 项（新增 5 项）、联合基金项目 13 项（新增 4 项）、专项基金 1 项、国际合作交流项目 6 项（新增 6 项）；承担中国科学院战略性先导科技专项课题 12 项（新增 2 项）；承担上海市科委项目 16 项（新增 2 项）。

2016 年，上海天文台在承担的重大项目方面取得系列进展。①国家探月工程项目：完成 CE-4 任务研制进度计划制定，按计划开展了 CE-5 任务 VLBI 测轨分系统研制工作；顺利完成了 CE-5 任务 VLBI 测轨分系统与探测器系统之间在天马站、密云站、昆明站的天地测控正样对接试验任务。完成了首次火星探测工程 VLBI 测轨分系统总体设计方案评审。开展了火星探测高精度 VLBI 测定轨关键技术研究。②上海天马射电望远镜（65 米）：在设备研制和系统建设方面，完成 Q 波段双波束低温接收机和 K 波段双波束接收机的研制和现场安装、完成了脉冲星到达时间观测系统的建设等工作。通过上述工作，天马望远镜指向精度达到了 4 角秒、最高观测频率 Q 波段的接收效率提高了 2—3 倍，在研制和测试工作上取得了突破性进展。在观测研究方面，天马望远镜成功进行了谱线、脉冲星、VLBI 等射电天文观测，总运行时间达到了 7000 多小时，同时被 EVN 选作参考天线参与国际 VLBI 观测，标志着天马望远镜的综合性能已得到国际同行的认可，同时也大大提升了天马望远镜，乃至中国射电天文观测的国际影响力。2016 年，天马望远镜开放服务平台课题通过上海市科委的试运行验收，实现了对国内科学家正式开放。③星载氢原子钟：2016 年，上海天文台研制的一台星载氢钟成功搭载新一代北斗导航卫星升空，目前遥测数据正常，在轨工作状态稳定。④卫星激光测距技术（SLR）：SLR 技术取得长足进展，年卫星观测圈数首次突破 5000 圈，达历史最好水平。激光观测数据长期、短期稳定度连续两年保持在国际标准线以内，成为国内唯一达到 ILRS 数据质量标准的站点。突破红外激光探测、光学不可见碎片目标激光测距关键技术。空间碎片激光探测距离在国内首先突破 2900 千米，目标截面积 RCS 最小达 0.2 平方米，使我国空间碎片激光测距水平达国际先进水平。⑤甚长基线干涉测量技术（VLBI）全球观测系统（VGOS）台站建设：完成了台站研制方案评审，上海天文台佘山 VGOS 台站建设进入了现场施工阶段，目前各系统设备已在研制中。⑥国际大科学工程平方公里阵（SKA）：上海天文台大力推进 SKA 区域数据处理中心的相关工作，在关键技术研发、先导项目和原型系统等方面取得的成果，得到了国际同行的关注和认可。成功举办了平方公里阵列射电望远镜（SKA）中国科学方案研讨会和 2016SKA 科学数据处理和高性能计算国际研讨会。上海天文台 SKA 团队，在澳大利亚射电天文国际联合研究所和广州超算中心的协作下，在天河-2 超级计算平台上成功部署了 SKA 数据流管理系统并完成了 1000 个计算节点的大规模集成测试，这是 SKA 核心软件首次完成大规模集成测试，为将来工程化验证提供了强有力的技术支撑，在国际上引起了广泛的关注和积极的反响。

2016 年，上海天文台在基础研究方面取得了很好的成绩。重大项目“基于天马望远镜的恒星形成与星际介质研究”进展顺利，主要在大样本 WISE 选源 6.7 GHz II 型甲醇脉泽搜寻、对银河系不同银心距的分子云的化学性质观测研究、近邻星系中致密分子气体探针观测、天马望远镜连续谱观测系统的开发与测试等多个方面取得了进展。承担的“十二五”期间 863 计划地球观测与导航技术领域课题“北斗空间信号精度提升关键技术研究”顺利通过科技部遥感中心的验收，承担的 863 计划合作子课题，通过年度验收检查。承担的 973 计划课题“射电波段前沿天体物理”课题和参加的 973 计划合作子课题均完成了验收材料提交。主持的科技基础性工作专项“天文底片数字化”通过了中期检查，专家组认为底片扫描仪的各项性能指标达到世界一流底片数字化实验室硬件的要求，工作进展良好。

根据中科院四类机构改革要求，中科院天文大科学中心在 2016 年继续试运行，上海天文台积极参与中心的制度建设和相关政策的制定，参与了中心科研项目的征集和推荐工作，积极参加中心试运行阶段的验收工作，并顺利通过评审。参加了大科学工程 12 米光学望远镜的推进工作，并鼓励上海天文台科技人员积极参加该项目。

2016 年，上海天文台集体和个人获得上级机关和其他有关单位授予的各类荣誉称号共 49 项。其中：集体荣誉称号 24 项，个人荣誉称号 25 项。上海天文台参与承担的“‘北斗二号’卫星工程”获 2016 年度国家科技进步奖特等奖；“探索暗物质晕中的星系形成与演化”项目获上海市自然科学奖一等奖；上海天文台两项目“我国首台星载氢原子钟研制成功”和“国内首部大天区高精度绝对自行星表的发布”获 2015 年度“天文学十大科技进展”。

2016 年在国际合作工作中，中巴合作进一步拓展和深化，依托合作国别为巴西的对外合作重点项目“演化西半球同步轨道动态监视光电设备的联合研制”和“一带一路”项目“国际空间目标与大地测量观测网”等国际合作项目提供支持，在空间碎片监测和卫星导航领域取得了良好的合作成果。上海天文台作为正式成员单位全面参与国际大规模巡天“斯隆数字化巡天第四阶段项目”。成功举办第九届东亚甚长基线干涉测量研讨会，第一届国际大地测量协会与全球华人导航定位协会国际全球导航系统研讨会议等国际会议。全年出访共 193 人次，来访 112 人次。

上海天文台是上海市天文学会的挂靠单位；负责主办《上海天文台年刊》《天文学进展》《地球自转参数年报》《地球自转参数公报》《原子时公报》等期刊。

（撰稿：朱　洁　王　涛　审稿：洪晓瑜）

上海生命科学研究院

院　　长：李　林
地　　址：上海市岳阳路 320 号
邮政编码：200031
电　　话：021-54920021
传　　真：021-54920078
电子信箱：sibs@sibs.ac.cn
网　　址：http://www.sibs.cas.cn

中国科学院上海生命科学研究院（以下简称“上海生科院”）成立于 1999 年 7 月，是由原中国科学院上海生物化学研究所、上海细胞生物学研究所、上海生理研究所、上海脑研究所、上海药物研究所、上海植物生理研究所、上海昆虫研究所和上海生物工程研究中心 8 个生物学研究机构经结构调整和体制创新组建而成，中国科学院国家基因研究中心、中国科学院上海生命科学研究中心、中国科学院上海实验动物中心、中国科学院上海文献情报中心等整建制并入。“十五”至“十二五”期间，中国科学院基于上海生科院，先后共建或新建了上海生科院/上海交通大学医学院健康科学研究所、营养科学研究所、上海巴斯德研究所、中国科学院-马普学会计算生物学伙伴研究所、中国科学院上海辰山植物科学研究中心、中国科学院上海植物逆境生物学研究中心、中科院–二军大转化医学研究院、中国科学院上海临床研究中心、国家蛋白质科学研究中心・上海（筹）。

“十二五”末，上海生科院共有生物化学与细胞生物学研究所、神经科学研究所、上海药物研究所、植物生理生态研究所、健康科学研究所、营养科学研究所、上海巴斯德研究所、计算生物学研究所、上海植物逆境生物学研究中心、中科院–二军大转化医学研究院10个研究机构（中科院上海药物研究所和上海巴斯德研究所为独立法人研究单元），上海生命科学信息中心、上海实验动物中心2个支撑单元，中科院上海辰山植物科学研究中心、中科院上海临床研究中心2个院地合作共建机构。

“十三五”开局之年，为贯彻落实全国科技创新大会精神，紧密结合中国科学院“率先行动”计划暨全面深化改革和上海建设具有全球影响力的科技创新中心，中国科学院党组研究决定，在新形势下进一步深化上海生科院改革，破除体制机制壁障，释放和激发创新主体活力，为创新发展松绑助力，围绕分子细胞、脑科学、分子植物、人口健康4个重点领域，在中国科学院内分别建设4个实体科研机构（中国科学院分子细胞科学卓越创新中心、中国科学院脑科学与智能技术卓越创新中心、中国科学院分子植物科学卓越创新中心，其他研究单元重组为上海生科院），探索和构建符合生命科学发展规律和要求、符合国家和中国科学院科技体制改革目标和方向、有利于调动和激发创新主体积极性、有利于提升自主创新能力和竞争力、有利于承担和完成国家重大科技任务、有利于中国科学院生命科学实现率先跨越发展的管理体制和运行机制。

分子细胞领域 中国科学院分子细胞科学卓越创新中心于2015年10月获中国科学院批准成立，该卓越中心基于生物化学与细胞生物学研究所（2000年5月，由上海生物化学研究所和上海细胞生物学研究所整合而成），“十三五”主要面向世界科技前沿，聚焦“细胞命运可塑性”重大科学问题，围绕“表观遗传调控与功能”“细胞谱系建立与细胞命运调控”“重大疾病机理及相关转化应用”3个重大突破方向和“RNA代谢与功能调控”“跨膜动态生物过程”“精子发生与成熟调控”“干细胞再生医学基础”“分子细胞科学前沿技术方法”5个重点培育方向开展研究。现有国家重大科技基础设施国家蛋白质科学研究（上海）设施、分子生物学国家重点实验室、细胞生物学国家重点实验室、中国科学院系统生物学重点实验室和上海市分子男科学重点实验室。2016年，该卓越中心的“揭示胚胎发育过程中关键信号通路的表观遗传调控机理”“提高T细胞抗肿瘤免疫功能的新方法”两项研究成果入选当年度中国科学十大进展。

脑科学领域 中国科学院脑科学与智能技术卓越创新中心，于2014年获中国科学院批准成立，为中国科学院首批卓越中心。该卓越中心基于神经科学研究所（成立于1999年11月），“十三五”主要面向世界科技前沿，聚焦“脑科学与类脑技术”重大科学问题，围绕“认知功能的神经机制”“脑疾病机理研究”“面向机器智能的认知技术与操作环境”3个重大突破方向和“神经元全脑投射图谱”“非人灵长类高级认知功能模型和机理研究”“脑研究新技术”“脑疾病早期诊断指标与干预手段”“类脑认知计算模型与系统”“类脑器件与智能系统”6个重点培育方向开展研究。现有神经科学国家重点实验室、中国科学院灵长类神经生物学重点实验室。2016年，该卓越中心的“构建出世界上首个非人灵长类自闭症模型”研究成果入选当年度中国科学十大进展。

分子植物领域 中国科学院分子植物科学卓越创新中心于2015年10月获中国科学院批准成立，该卓越中心基于植物生理生态研究所（由原中科院上海植物生理研究所与原中科院上海昆虫研究所于1999年5月19日整合而成）和上海植物逆境生物学研究中心，“十三五”主要面向世界科技前沿，聚焦“植物生命现象的本质与规律”重大科学问题，围绕“作物复杂性状的遗传基础”“植物环境胁迫与抗逆应答的分子机理”“昆虫发育与环境适应的分子机制”3个重大突破方向和“植物生长发育的分子机理”“物质和能量代谢调控”“植物表观遗传调控机理”“昆虫–微生物–植物分子互作”“人口合成生物与先进生物制造”5个重点培育方向开展研究。现有植物分子遗传国家重点实验室、中国科学院合成生物学重点实验室、中国科学院昆虫发育与进化生物学重点实验室、光合作用与环境生物学实验室和中国科学院国家基因研究中心等。2016年，该卓越中心的“揭示水稻产量性状杂种优势的分子遗传机制”研究成果入选当年度中国科学十大进展，中国科学院–英国约翰·英纳斯中心植物和微生物科学联合研究中心（CEPAMS）在上海正式揭牌。

人口健康领域 中国科学院上海生命科学研究院（人口健康领域）于2016年基于健康科学研究所、营养科学研究所、马普计算生物学研究所、中科院–二军大转化医学研究院、生命科学信息中心、上海实验动物中心等单元，按照中国科学院“一层管理”要求整合重组而成。该研究院与上海巴斯德研究所共同定位于人口健康领域，在“十三五”主要面向国家重大需求和重大民生问题，聚焦“重大疾病防控与健康衰老”重大科学问题，围绕“重大慢病发生发展的机理”“重大慢病的早期预警与干预技术”“全球病原发现、预测和响应及其致病机制”3个重大突破方向和“生命健康科技智库建设”“食品安全检测技术与风险评估”“生物医学大数据开发与应用”“个体衰老与老龄病”“传染病免疫治疗共性平台建设”5个重点培育方向开展应用基础研究。现有中科院干细胞生物学重点实验室、中科院营养与代谢重点实验室、中科院计算生物学重点实验室、中科院分子病毒与免疫重点实验室、中科院食品安全重点实验室等。2016年，中科院动物研究所与该研究院合作的“发现精子RNA可作为记忆载体将获得性性状跨代遗传”研究成果入选当年度中国科学十大进展，申报的“国家生物医学大数据基础设施”入选国家“十三五”规划后备项目。

截至2016年底，上海生科院共有在职职工1951人，包括中国科学院院士22人、中国工程院院士2人、中国科学院外籍院士1人、美国国家科学院院士2人、发展中国家科学院院士8人、研究员等正高级专业技术人员324人、副高级专业技术人员375人。

上海生科院是国务院学位委员会批准的博士、硕士学位授予权单位之一，是生物学一级学科博士研究生培养点，设有植物学、动物学、微生物学、神经生物学、遗传学、发育生物学、细胞生物学、生物化学与分子生物学、生物信息学、计算生物学10个二级学科；同时也是基础医学一级学科博士研究生培养点，设有免疫学、病理学与病理生理学2个二级学科；在工程硕士类别中设生物工程领域硕士专业学位研究生培养点，并设有生物学专业一级学科博士后流动站。共有在学研究生1857人［其中硕士生641人、博士生1216人（含12名留学生）］，在站博士后300人。

上海生科院作为首批入选“海外高层次人才创新创业基地”和“创新人才培养示范基地”的单位之一，共有“千人计划”顶尖人才1人、入选者10人，外专“千人计划”1人，国家“青年千人计划”52人（新增12人），上海“千人计划”8人（新增1人）；“万人计划”14人（新增8人），其中“百千万人才工程”领军人才1人，科技创新领军人才8人（新增8人），青年拔尖人才5人；“科技部创新人才推进计划”中青年领军人才10人，重点领域创新团队1支；人社部“国家百千万人才工程”入选者15人；中国科学院“百人计划”入选者129人；国家杰出青年科学基金获得者63人；973计划首席科学家35人；国家自然科学基金委“创新群体”负责人11人。2016年，蒲慕明院士因“在大脑神经可塑性的分子和细胞机制研究方面所做出的开创性工作”获得国际格鲁伯神经科学奖（Gruber Prize）；王佳伟研究员、周斌研究员荣获第十四届“中国青年科技奖”；杜久林研究员荣获上海市自然科学奖牡丹奖。

2016年，上海生科院承担在研国家及地方各类科研项目1200余项（新增340项）。其中，主持973计划（含重大科学研究计划）项目15项、承担课题55项，国家重点研发计划项目2项（新增2项）、课题15项（新增15项），863计划课题2项，国家重大科学仪器设备开发专项2项，国家科技重大专项课题4项；承担国家自然科学基金项目707项（新增154项），其中，创新群体基金项目6项（新增1项），重大项目2项、重大项目课题4项（新增1项），国家杰出青年科学基金项目22项（新增4项），优秀青年科学基金项目25项（新增4项），国际（地区）合作与交流项目25项（新增8项），国家重大科研仪器研制项目1项，海外及港澳学者合作研究基金3项，联合基金5项（新增4项），面上项目296项（新增62项），青年科学基金项目202项（新增48项），重大研究计划49项（新增9项），重点项目63项（新增12项）；主持中国科学院战略性先导科技专项2项（新增1项）、承担项目7项（新增3项），主持前沿科学重点研究项目21项（新增21项）；承担上海市项目123项（新增27项）。

2016年，上海生科院科研工作取得重要进展，全院共发表SCI论文988篇，总影响因子5975.142，其中第一完成单位论文404篇，影响因子2814.78，其中影响因子大于10的论文数62篇。全年共申请专利88件（含PTC及国外专利18件），授权专利58件（国外2件）；软件登记1件；商标注册3件。上海生科院5项科研成果入选2016年“中国科学十大进展”；1项成果获上海市自然科学奖一等奖。

2016年，上海生科院国际合作工作扎实推进。出访团组456批共547人次，涉及34个国家和地区；接待来访团组515批共671人次，涉及40个国家和地区；巩固和拓展与国外知名大学、跨国公司的战略合作伙伴关系：院所与美国伊利诺伊大学、澳大利亚昆士兰大学、联合利华公司、赛诺菲公司等签署7份合作协议；举办16个国际会议及1个海峡两岸会议。

上海生科院现有4个全国性挂靠学会和6个地方性挂靠学会。*Cell Research*（《细胞研究》）2016年度影响因子为14.812，处于Q1水平，在SCI最新收录的187种国际细胞生物学领域期刊中影响因子排名第9，继续在亚洲同领域学术期刊中排名第1；*Molecular Plant*（《分子植物》）2016年度影响因子为7.142，处于Q1水平，在SCI收录的209种国际植物科学领域期刊中影响因子排名第6，继续在亚洲同领域学术期刊中排名第1；*Journal of Molecular Cell Biology*（《分子细胞生物学报》）2016年度影响因子为6.459，处于Q1水平；*Acta Biochimica et Biophysica Sinica*（《生物化学与生物物理学报》）2016年度影响因子为2.124；*Neuroscience Bulletin*（《神经科学通报》）2016年度影响因子为2.322。此外，5种英文期刊分别与自然出版集团（NPG）、细胞出版社（Cell Press）、牛津大学出版社（OUP）、斯普林格（Springer）等国际知名出版商进行了国际出版合作。

（撰稿：丁建文　何　静　审稿：汤伯伟）

上海药物研究所

所　　长：蒋华良
地　　址：上海浦东张江祖冲之路555号
邮政编码：201203
电　　话：021-50806600
传　　真：021-50807088
电子信箱：suoban@simm.ac.cn
网　　址：http://www.simm.cas.cn

中国科学院上海药物研究所（以下简称“上海药物所”）前身是国立北平研究院药物研究所，1932年由国立北平研究院和北平中法大学合作创建，1933年迁至上海，1950年3月并入中国科学院有机化学所，为药物化学研究室，1953年成立中国科学院药物研究所。1970年改名为上海药物研究所，1978年更名为中国科学院上海药物研究所。

上海药物所是以创新药物的基础研究、应用基础和应用开发研究为主的综合性研究机构，通过生物学和化学密切合作，阐明生物活性物质的结构、活性及其相互关系；探索药物作用的新机理、新靶点；完成新药临床前综合评价及研究。重点研究治疗肿瘤、心脑血管、神经精神系统、代谢、自身免疫和感染性6类疾病领域的新药，并加强现代中药的研发。

上海药物所设有4个国家级研究中心：新药研究国家重点实验室、国家新药筛选中心、中药标准化技术国家工程实验室、国家化合物样品库；1个中科院重点实验室：中国科学院受体结构与功能重点实验室；11个研究室及研究中心：药物化学研究室、天然药物化学研究室、药理学第一、第二、第三研究室、中药现代化研究中心、生物技术药物研发中心、分析化学研究室、药物发现与设计中心、药物靶标结构及功能研究中心、化学蛋白质组学研究中心；5个研究技术平台：药效评价研究中心、上海药物代谢研究中心、药物安全评价研究中心、药物制剂研究中心、药物质量控制与固体化学研究中心；2个国际科学家工作站：神经药理国际科学家工作站和蛋白质折叠国际科学家工作站；4个支撑服务机构：公共技术服务中心、信息中心、实验动物室、学术期刊联合编辑部。

截至2016年底，上海药物所共有在职职工916人。其中科研人员787人、管理支撑服务人员129人，包括中国科学院院士3人、中国工程院院士3人、研究员及正高级工程师113人、副研究员及高级工程师、高级实验师118人。共有“万人计划”2人，“千人计划”6人，上海“千人计划”3人；中国科学院“百人计划”37人（新增3人）；“新世纪百千万人才”13人，国家杰出青年22人（新增1人），国家优秀青年8人（新增1人）。获“中国青年科技奖”“全国优秀科技工作者”等各类人才奖项荣誉近10项。

上海药物所是国务院学位委员会批准的首批博士、硕士学位授予单位之一，现设有药学专业一级学科博士、硕士研究生培养点，其招生专业包括药物化学、药剂学、药物设计学、药理学、药物分析学等，在读研究生484人（硕士生217名，博士生267名）。设有化学、药学专业一级学科博士后流动站2个，在站博士后53人。

2016年，上海药物所共有在研项目521项（包括新增项目281项）。其中，承担国家重大科技专项课题24项，主持（或承担）973计划和国家重大科学研究计划项目25项、承担（或参加）课题27项，主持（或承担）863计划项目2项，主持（或承担）国家自然科学基金重点项目186项（新增54项）、面上项目101项（新增32项）、杰青金项目5项（新增1项）、国家自然科学基金重大研究计划重点项目11项（新增2项）、国家重点研发计划7项（新增7项）、中科院重点部署项目3项（新增2项），承担重点国际合作项目11项（新增4项）。作为中国科学院战略性先导科技专项的依托单位，主持（或承担）子课题80项（新增69项）。

2016年，上海药物所深入领会和落实中科院“率先行动”计划要求，以“多出药、快出药、出好药”为目标，以药物创新研究院的建设为重点，从维护人民健康、促进产业发展的国家重大战略需求出发，加强战略研究和战略规划，深化有利于创新的体制机制改革，围绕“出新药”目标优化资源配置，组织实施重大科研任务，努力实现研究所各项工作的新跨越。

2016年，药物创新研究院顺利通过筹建验收，在四类机构中被评定为优秀。在两年的筹建期中，药物创新研究院通过自主部署科研项目、促进成果转移转化“双轮驱动”，优化人才评价和科研活动组织模式等配套政策，以改革牵引发展，取得创新能力提升、新药研发加速、成果转化显著等重大产出。

2016年，上海药物所作为中科院个性化药物战略性先导科技专项的依托单位，通过组织完善管理架构，落实支撑保障条件，确保专项顺利实施。专项启动实施以来，搭建了肿瘤、代谢性疾病、神经精神疾病、自身免疫性疾病等个性化药物研究平台及技术体系，构建了100余例人源化肝癌、胃癌、胰腺癌的PDX模型。发现一批指征抗肿瘤药物疗效和毒性的生物标志物，以及抗老年痴呆候选新药971疗效监控标志物，取得新机制、新靶标发现研究成果。特别在个性化新药研究方面，目前共有9个候选新药处于临床研究阶段、1个候选新药申报临床研究、22个候选新药处于临床前研究阶段。

2016年，新药研究国家重点实验室通过了科技部委托中国生物技术发展中心组织的第三方现场评估，完成2011—2015年度成果整理和凝练，提交的5年工作报告、《国家重点实验室评估表》和系列佐证材料，以零差错通过专家审查，获得了评估专家的一致肯定。

2016年，上海药物所新药研究成果丰硕。共有7个1类新药（含新制剂、新规格）获批临床试验。7个新药分别为抗肺动脉高压候选新药TPN171，抗肿瘤候选新药希明哌瑞、倍赛诺他、美呋哌瑞和SCC-31，抗乙肝病毒候选新药异噻氟定（干混悬剂），以及抗老年痴呆新药甘露寡糖二酸（971）。抗肿瘤1.1类新药德立替尼

（AL3810）已在国际（欧美）国内同步开展临床研究，丹参多酚酸盐正式启动在荷兰注册程序；抗老年痴呆1.2类新药甘露寡糖二酸（971）启动在美国注册工作，并入选《中国制造2025》生物医药及高性能医疗器械领域重点产品；化学1类新药TPN729、抗丙肝仿制药索菲布韦启动在乌兹别克斯坦的注册工作。全年共申请专利186项，共获专利授权114项。全年共有5项新药研发成果成功转让，合同总额达2.4亿元，签署"四技合同"（技术开发合同、技术转让合同、技术咨询合同、技术服务合同）245份。

2016年，上海药物所共发表SCI论文446篇，影响因子（IF）总数2184.431，影响因子5以上的论文146篇（其中上海药物所通讯作者109篇）、3以上的论文已达318篇（其中上海药物所通讯作者255篇），其中《癌症细胞》同期在线发表上海药物所两篇重要科研进展。2016年，"国际化导向的中药整体质量标准体系创建与应用"获国家科学技术进步奖二等奖，"高效不对称碳—碳键构筑若干新方法的研究"获得国家自然科学奖二等奖（第二获奖单位）。

2016年，上海药物所技术平台体系接轨国际。国家化合物样品库总储量达221.8万种，是亚洲目前规模最大、名列全球公共化合物库之首的化合物资源平台，"国家化合物样品库的创建和应用"获浦东新区创新成就奖一等奖。药物安全评价研究中心8月顺利通过美国FDA的GLP整体设施和实验项目审查。药物代谢研究中心7个制剂生物等效性项目顺利通过了CFDA专家组的核查。中药标准化技术国家工程实验室获批国家发展改革委"国家中药质量检测中心"工程建设项目，新建生物药研发中心及分子影像平台。

2016年，上海药物所国际合作纵深发展；在研国际合作横向项目26项，新签国际合作项目协议、合作备忘录10个，国际合作项目到位经费3839.56万元。与施维雅公司合作研发的抗肿瘤候选新药德立替尼（AL3810）完成临床Ia期试验；与国际上GPCR药物研发领域顶级的制药公司合作研究项目共计15项。全年接待来访团组约39个130人次，共邀请46场中外专家学术报告，组织和承办6场国际学术会议。

2016年，上海药物所主办的两本英文学术期刊 *Acta Pharmacologica Sinica*（《中国药理学报》，IF 3.166）、*Asian Journal of Andrology*（《亚洲男性学杂志》，IF 2.644）荣获"中国最具国际影响力期刊"称号（清华同方）。上海药物所还主办了以非处方药物为主的科普杂志《家庭用药》，年发行量为210万册。

（撰稿：徐晓萍　孙文晶　审稿：厉　骏）

上海高等研究院

院　　长：封松林
地　　址：上海市浦东新区张江高科技园区海科路99号
邮政编码：201210
电　　话：021-20325000
传　　真：021-20325034
电子信箱：sari@sari.ac.cn
网　　址：http://www.sari.cas.cn

上海高等研究院（以下简称"上海高研院"）由中国科学院与上海市人民政府共建，2010年12月26日正式入驻中科院上海浦东科技园，2012年11月27日通过验收。

针对战略性新兴产业和产业转型升级中面临的瓶颈，上海高研院围绕工业化、信息化、城镇化和农业现代化交叉领域，定位于开展原始创新研究，为战略新兴产业提供核心技术和集成技术解决方案，探索科技与经济、教育、金融、文化结合的发展模式，成为具有国际竞争力的集研、产、学为一体多学科交叉的科教协同的综合性科教机构。

2016年，上海高研院编制完成"十三五"发展规划，并签订"一三五"规划任务书，将在智慧城市关键技术及应用、低碳复合能源系统解决方案及核心技术和重大装备、温室气体控制及解决方案3个方面取得重大突破，以能量高效储存与转化、一体化信息融合网络、资源综合利用及其高值化、碳数据与碳评估平台及交叉前沿与干细胞3D打印为5个重点培育方向，探索科技成果转移转化新模式，协力共建上海张江综合性国家科学中心，助力上海建设具全球影响力的科技创新中心，最终实现高技术创新，推动战略性新兴产业发展。

上海高研院参与共建的中科院煤炭高效清洁利用创新研究院、中科院过程科学与技术创新研究院及中科院先进核能创新研究院等进展良好；首个院级重点实验室“中科院低碳转化科学与工程重点实验室”取得系列显著科研成果；以高研院为依托单位的院设非法人单元包括中科院清洁能源技术发展中心、中科院通用芯片与基础软件研究中心、中科院微小卫星工程中心、中科院上海产业技术创新与育成中心和中科院曼谷创新合作中心等，其中“曼谷创新合作中心”于2016年正式成立，是中科院首个设在境外的以促进国内外联动创新和科技创新成果转移转化为目的的境外机构。

截至2016年底，上海高研院共有在职职工657人。其中科技人员523人、科技支撑人员87人，包括研究员及正高级工程技术人员75人、副研究员及高级工程技术人员122人。共有“千人计划”入选者3人；新增“万人计划”入选者1人；国家杰出青年科学基金获得者4名；新增国家优秀青年科学基金获得者1名；中国科学院“百人计划”14名；国家级“新世纪百千万人才工程”人选3名；“上海领军人才”2名；国务院特殊津贴获得者6名；科技部中青年科技创新领军人才1名；中科院特聘研究员10名；中科院关键技术人才1名；中科院青年创新促进会会员19名；外国专家特聘研究员5名，国际人才计划之国际访问学者2名，台湾青年访问学者2名，创新国际团队1个。

2016年，上海高研院共有在研项目338项（包括新增116项）。其中，国家重大科技专项课题1项，新增国家重点研发计划项目1项、新增课题5项，973计划课题4项，863计划课题5项（新增1项），新增国家科技支撑计划课题1项；国家自然科学基金重点国际合作研究项目1项、国家自然科学基金委重大研究计划培育项目2项（新增1项）、新增国家自然科学基金委优秀青年科学基金项目1项、面上项目27项（新增9项）、青年基金项目38项（新增4项）；中科院战略性先导科技专项课题10项，新增中科院前沿科学重点研究项目1项，中科院国际合作局对外合作重点项目4项（新增2项），中科院STS项目2项（新增1项）；横向项目158项（新增55项）。

2016年，上海高研院科研工作取得系列进展如下。①合成气直接制烯烃研究获重大突破、在*Nature*发表论文，并入选上海科技十大事件：通过采用全新催化剂活性位结构，研究实现了温和条件下合成气高选择性直接制备烯烃，甲烷选择性可低至5%，低碳烯烃选择性可达60%，总烯烃选择性高达80%以上，烯/烷比可高达30以上，同时产物偏离经典ASF规律并体现窄区间高选择性分布。②成功开发卫星任务规划可视化系统：2016年，碳卫星与3颗微纳卫星成功发射，上海高研院开发的微纳卫星可视化系统成功运行使用，该系统可提供卫星的实时位置、观测区域、数传区域规划与展示等信息。③完成全球首个万方级二氧化碳甲烷重整中试：万方级自热式重整中试装置顺利开车，催化剂运行良好，CH_4转化率接近100%，已制备15吨工业催化剂，形成两条工业催化剂生产线。同时第二代重整催化剂研究获科技部国家重点研发纳米科技专项支持。④四代核能热功转换技术研发取得阶段性成果：自行设计并完成氦气透平测试及试验台搭建、建成国内首套MW级氦气闭式布雷顿循环热功转换试验系统，完成20kW熔盐换热器试验台调试及熔盐-空气换热器性能测试。⑤成功研发兆瓦级燃气轮机并进行示范：自主研发了MW级燃气轮机，填补国内空白，目前一代机试运行成功，在苏州和上海开展示范，二代机完成整机加工及组装。⑥初步完成润滑油研发与分析检测平台建设：完成“油品检测实验室”CMA扩项，具备了较为齐全的润滑油分析检测能力，扩大了行业内的影响力，成为潞安“煤基合成工程技术研究中心”六大研发平台之一。⑦高比能直接甲醇燃料电池有序纳米结构膜电极研究取得阶段性成果：973计划项目顺利验收，构筑高活性纳米结构催化层并发展出两种构筑方法。阳极贵金属催化剂用量突破-0.5mg/cm^2，阴极用量降至0.22 mg/cm^2，处于国际最好水平。电池累计运行2230小时，性能衰减<13.9%，实现

了催化剂和膜电极产业化。

2016年，上海高研院发表论文153篇，其中在*Nature*等顶尖期刊发表SCI论文71篇；同时，注重规范和提升知识产权全过程管理和服务，申请专利214件，授权69件，被评为2016年上海市专利工作试点单位。

2016年，上海高研院“三权改革”试点结硕果，科技成果转化项目公司“上海中研宏科软件股份有限公司”新三板挂牌成功，标志着上海高研院助力中研宏科经历了从孵化项目到产业化到新三板挂牌的全部流程，实施了股权激励试点工作，具重大激励示范效应；以实质性合作为立足点推动院地、院企合作：与松江区政府合作，共同筹建上海低碳产业技术研究院；助力“上海全球科创中心”及“张江综合性国家科学中心”建设，“低碳技术创新功能性平台”有望成为首批启动的功能型创新平台之一；与上海环境能源交易所签订战略合作协议，将在特定城市“碳交易成效评估”、工业园区“低碳绿色发展指数评价”等方面开展合作；持续深化与上海电气、上海宝钢、上海华谊、山西潞安、精功集团等大企业集团的多模式对接；持续加强与上海科技大学的科教协同，与物质学院成立低碳能源联合实验室，共同推动能源研究发展。

2016年，上海高研院加强与全球发达国家的合作交流，拓展“一带一路”沿线亚非科技合作。深化与壳牌的前瞻科学研发项目合作，举行一期项目总结会并签署二期战略合作协议；加快建设与NEDO合作的“节能建筑示范项目”，工程将于2017年进入实证；与肯尼亚在反盗猎领域签署合作协议，获2016年中科院国际合作重点项目和中科院“一带一路”专项项目支持；科技部国际科技合作与交流专项“智慧社区低碳能源技术集成研发与示范”通过中期验收；与波音持续开展“地面监测研究”；与索尼公司签订2016年联合实验室子项目，开展图像音频研究；签订国际合作备忘录4份。2016年，上海高研院因公出访74批130人次，接待来访41个批次，约280人次，举办6次国际会议或研讨会。

（撰稿：贯　斌　梁　平　审稿：封松林）

宁波材料技术与工程研究所

所　　长：崔　平
地　　址：浙江省宁波市镇海区中官西路1219号
邮政编码：315201
电　　话：0574-86685115
传　　真：0574-87910728
电子信箱：nimte@nimte.ac.cn
网　　址：http://www.nimte.ac.cn

中国科学院宁波材料技术与工程研究所（以下简称“宁波材料所”）始建于2004年4月，由中科院、浙江省、宁波市三方共建，2007年11月通过验收并隆重揭牌，成为中国科学院在浙江省建立的首家直属研究机构。2009年3月，在宁波材料所完成一期共建目标的基础上，共建三方于2009年3月13日再次签署协议，在宁波材料所一期建设的基础上，开展二期建设，建成中国科学院宁波工业技术研究院（以下简称“宁波工研院”）。2015年4月28日，浙江省政府为宁波材料所授牌浙江工业技术研究院。

宁波材料所始终坚持“把科技转化为生产力”的定位。2016年，充分发动科研部门和职能部门参与，在总结“十二五”进展的基础上，结合四类机构改革，以“一三五”规划为重点，编制了宁波工研院“十三五”规划，并于5月16日组织举行了“十三五”发展战略规划咨询论证会。下半年，根据中科院统一部署，组织编制了“一三五”规划任务书。年内，围绕规划落实尤其是“一三五”规划的实施，各部门出台了具体的配套措施，对原有的“一三五”规划实施办法进行了修订，设立1亿元的专项基金用于支持“重大突破”和“重点培育”，从人才、平台、资金等方面提供全方位保障。

宁波材料所目前已建成了碳纤维制备技术国家工程实验室、稀土永磁材料与应用技术国家工程实验室，以及中国科学院磁性材料与器件重点实验室、中国科学院海洋新材料与应用技术重点实验室，浙江省磁性材料及其应用技术重点实验室、浙江省海洋材料与防护技术重点实验室、浙江省机器人与智能制造装备技术重点实验室、浙江省增材制造材料技术重点实验室、浙江省石墨烯应用研究重点实验室等科研平台。

截至2016年底，宁波材料所共有在职职工992人。其中科技人员754人、科技支撑人员171人，包括中国工程院院士1人、研究员及正高级工程技术人员261人、副研究员及高级工程技术人员143人。共有“千人计划”入选者29人（新增4人），其中“青年千人计划”入选者13人（新增4人）；中国科学院“百人计划”入选者33人（新增0人）；国家杰出青年科学基金获得者2人（新增0人）。

宁波材料所现设有化学、材料科学与工程2个一级学科博士研究生培养点，机械制造及其自动化二级学科博士研究生培养点，材料物理与化学、材料加工工程、高分子化学与物理、有机化学、物理化学、机械制造及其自动化6个硕士研究生培养点，以及材料工程、化学工程、机械工程3个专业学位研究生培养点，并设有化学、材料科学与工程2个专业一级学科博士后流动站。共有在学研究生787人（其中博士182人、硕士605人），在站博士后93人。

2016年，宁波材料所共有在研项目1502项（包括新增项目426项）。其中，主持（或承担）国家自然科学基金重点项目1项（新增0项）、面上项目82项（新增16项）、国家杰出青年科学基金项目1项（新增0项）、国家自然科学基金重大研究计划重点项目1项（新增0项）；承担国家重大科技专项子课题1项（新增0项），主持或承担国家重点研发计划12项（新增12项，含承担的课题）；主持（或承担）973计划和国家重大科学研究计划项目1项、承担（或参加）课题5项，主持（或承担、参加）863计划项目6项；主持（或承担）（科技部、国家自然科学基金委、财政部和院）重大仪器研制项目8项；主持（或承担、参加）中国科学院战略性先导科技专项课题8项（新增2项）；主持（或承担、参与）中科院重点部署项目12项（新增1项）、主持（或承担、参与）中科院前沿科学重点研究项目5项（新增5项）、承担重点国际合作项目6项（新增3项）。

2016年，宁波材料所科研工作取得新进展。石墨烯重防腐涂料实现在国家电网大型输电铁塔、海洋平台、光伏发电装置、航天装备等领域的规模化示范；率先试制出最高能量密度达375Wh的锂离子电池，能量密度是当前商业化锂离子电池的2倍左右；“类皮肤结构”的新型柔性应力传感器达到国际先进水平。2016年，全所发表期刊与各类会议论文697篇，其中SCI收录532篇，影响因子大于3的有316篇；申请专利423项（其中发明专利372项，包括国际专利申请21项），授权专利210项（其中国际专利授权2项）。

2016年，宁波材料所成果转移转化再创佳绩。在新一轮的科技创新战略推动下，宁波材料所大力推进所地合作工作，继续加强与各地企业的合作，特别是助力大型龙头企业的转型升级；在持续服务浙江及宁波当地企业的同时，辐射周边赣皖闽三省。全年共达成横向合作项目119项，合同金额1.45亿元，其中，新增企业委托或合作开发的合作项目79项，新增与企业合作组建的技术中心25项。成功实现热塑性聚酰亚胺工程塑料、高锂离子电导率固体电解质材料、石墨-铜（铝）复合材料、石墨烯重防腐涂料4项重大产业化项目转移转化。前期转化的一些产业化项目发展情况良好，如宁波晨鑫维克工业科技有限公司成功地被认定为“高新技术企业”，并荣获2016浙江省成长性科技型“百强企业”。因为产学研合作工作成绩突出，宁波材料所获得2016年度中国产学研合作促进会颁发的“中国产学研合作好案例”奖项。

2016年，宁波材料所国际合作不断扩展。全年新增科研合作协议21个，与30余个机构开展交流与合作，11人在国际学术组织、期刊或会议任职；新增各类国际合作项目39个，项目合同经费1830万元。承办了第十二届中澳科技研讨会，来自澳大利亚有关大学和研究机构、中国科学院相关研究所的120余位研究人员参加了会议。另外，还主办了第二届有机光电材料与器件国际会议和中德新能源汽车多材质轻量化技术研讨会等学术会议。在国际中高端引智工作方面取得了较好的成绩，全年推荐中国科学院国际合作人才计划（PIFI）项目14项，引进国际知名教授及国际博士后8人，通过国家外专局高端外国专家项目引进知名专家2位，通过宁波市外专局一般引智项目引进中青年骨干3位，为推动科研团队的国际化和多元化做出了贡献。

（撰稿：夏羽青　陶永怀　审稿：崔　平）

福建物质结构研究所（海西研究院）

所　　长：曹　荣

地　　址：福建省福州市杨桥西路155号

邮政编码：350002（350108）

电　　话：0591-63173066

传　　真：0591-63173068

电子信箱：fjirsm@fjirsm.ac.cn

网　　址：http://www.fjirsm.ac.cn

中国科学院福建物质结构研究所（以下简称“福建物构所”）创建于1960年。我国著名科学家、教育家卢嘉锡院士（已故）为该所创始人。1973年定名为中国科学院福建物质结构研究所。2010年6月8日，中科院与福建省政府、福州市政府签订以福建物构所为依托建设中科院海西研究院（以下简称“海西研究院”）协议书。2012年6月8日，海西研究院、厦门市政府、厦门钨业股份有限公司签订共建中科院海西研究院稀土材料研究所协议书。2013年7月4日，海西研究院与泉州市政府签订共建中科院海西研究院装备制造研究所合作协议。至此，海西研究院下设海西福建物质结构研究所、海西材料工程研究所、海西先进制造技术集成研究所、海西厦门稀土材料研究所和海西泉州装备制造研究所5个研究所和海峡两岸科技合作交流中心。2015年5月19日，海西研究院顺利通过综合验收，首期建设圆满收官。经过几代人的努力，海西研究院（福建物构所）逐渐发展成为在国际上具有重要影响力的结构化学、新材料和器件集成于应用的综合研究基地。

海西研究院（福建物构所）围绕“三个面向”，深入实施“率先行动”计划，立足“注重原创基础研究，加强变革创新，促进成果转移转化”战略定位，以结构化学、光电晶体材料和催化化学学科优势带动新能源、新材料、激光技术、先进制造等相关领域和学科发展，在基础交叉前沿和先进材料与制造重要研究领域重点开展功能材料结构化学、分子与纳米催化、光电功能材料与激光技术集成、稀土高质利用、半导体照明和新能源材料等方面的研究。

2016年，海西研究院（福建物构所）在总结“十二五”规划实施成效的基础上，组织编制了海西研究院“十三五”发展规划，凝练了“功能材料结构设计”“酯类化工产品绿色催化新技术”“光电晶体材料与全固态激光技术集成”“稀土高效清洁分离和均衡高质利用”4项重大突破和“团簇结构设计与催化”“分子基光电功能薄膜与表（界）面结构”“低成本、长寿命燃料电池关键材料研发”“增材制造材料与技术”“伺服电机模型预测控制与智能驱动装置”5项重点培育方向。

海西研究院（福建物构所）现有结构化学国家重点实验室、国家光电子晶体材料工程技术研究中心、纳米催化材料与技术国家地方联合工程实验室3个国家级创新平台，以及中科院光电材料化学与物理重点实验室、中科院煤制乙二醇及相关技术重点实验室、中科院功能纳米结构设计与组装重点实验室等17个省部级创新平台。装备所获得国家发展改革委服务业专项“研发设计公共服务平台”项目支持。厦门稀土材料研究所稀土材料检验检测中心通过资质认定，获得CMA计量认证证书。

2016年，海西研究院（福建物构所）继续加强优秀创新人才培养和创新团队建设。截至2016年底，共有在职职工793人。其中科技人员654人、科技支撑人员54人，包括中国科学院院士2人、发展中国家科学院院士1人、研究员及正高级工程技术人员100人、副研究员及高级工程技术人员150人；全所进入创新岗位636人。共有“千人计划”入选者2人，“青年千人计划”入选者9人（新增1人）；中国科学院“百人计划”入选者39人，“西部之光”人才入选者2人，国家杰出青年科学基金获得者18人。

福建物构所是1978年国务院学位委员会批

准的博士、硕士学位授予权单位之一。现设有化学一级学科博士培养点，无机化学、物理化学、有机化学、凝聚态物理、材料物理与化学、生物化学与分子生物学化6个博士、硕士培养点，生物工程、化学工程、材料工程、光学工程、控制工程5个硕士研究生培养点，并设有化学学科、材料科学与工程2个博士后流动站。目前在读学生605人其中硕士研究生402人，中国科学院大学硕士175人，海西联培生227人。博士研究生203人，境内博士生181人，留学生22人。2016年，招收硕士生70人，博士生60人，海西联培生96人。2016年，研究生导师总数114人，其中博导67人、硕导47人。2016年，共招收博士后45名，出站博士后26名，截至2016年底在站博士79名。同时还推出年薪达15—20万元的海西院精英/技术英才博士后计划。

2016年，海西研究院（福建物构所）共有在研项目603项（包括新增项目236项）。其中，主持科技部国家重点研发计划重点专项项目1项、承担课题10项（新增），承担973计划和国家重大科学研究计划项目8项，承担863计划课题1项，承担科技部国际合作计划项目1项，承担国家科技支撑课题1项；主持国家自然科学基金创新群体项目1项、重点项目9项、重大项目课题1项、重大研究计划重点/集成项目4项、杰出青年科学基金项目6项、优秀青年科学基金项目1项（新增）、海峡联合基金项目8项（新增2项）、仪器研制项目2项、国际（地区）合作与交流重点项目2项、面上项目76项（新增16项）、青年科学基金项目121项（新增30项）；主持中国科学院战略性先导科技专项1项（新增）、主持项目2项（新增）、承担课题14项（新增7项），主持院重点部署项目1项（新增）、承担课题4项（新增3项），承担院重点仪器研制项目5项（新增3项），承担院前沿科学重点项目9项（新增）；承担福建省重大科技专项专题项目9项（新增1项）。

2016年，海西研究院（福建物构所）发表第一单位署名的SCI论文334篇，影响因子大于10的高端论文30篇，与2015年相比增加了9篇，影响因子大于6.0的高水平论文91篇，论文涉及化学、物理、纳米催化、新材料、新能源等学科和领域。据中国科技信息研究所最新发布的中国科技论文统计结果显示，海西研究院（福建物构所）2015年度发表的国际论文中，表现不俗论文206篇，在全国研究机构排名中列第10位。2016年度新申请专利190件，PCT申请7件；获得授权专利110件（其中，美国、欧洲和日本授权专利6件，中国授权专利104件），基本覆盖了福建物构所无机化学、催化、新能源、新材料及激光器件技术等主要学科领域。

2016年，海西研究院（福建物构所）“氧基簇合物的设计合成与组装策略”成果荣获国家自然科学奖二等奖，一批共性核心技术取得重大突破，如3D打印材料、器件、系统集成、打印设备到应用的全流程技术；用于LED光源的替代荧光粉加硅胶的透明荧光陶瓷材料和独特封装工艺的全链条技术；用于稀土分离的高性能萃取剂及分离工艺、离子液皂化、放射性废渣处理等关键核心技术；新型显示、新能源汽车关键技术等。“结构与功能导向的新物质创制”中国科学院战略性先导科技专项（B类）、国家重点研发计划“材料基因工程关键技术与支撑平台”重点专项项目“基于高通量结构设计的稀土光功能材料研制”“精细化工绿色化的若干变革技术与产业示范”等重大项目承担取得新进展。

2016年，海西研究院（福建物构所）围绕动力电池、增材制造、高分子材料等“十三五”布局的重点领域方向加强与企业合作，与企业共建工程技术研究中心4个。截至2016年底，福建物构所参股及控股的科技企业有14家，知识产权累计出资额达3.16亿元。其中，参股企业福建中科芯源光电科技有限公司实现1000 W超大功率透明荧光陶瓷LED光源的产业化，拥有完全自主知识产权，参股企业福建中科光汇激光科技有限公司实现技术突破，成功研制出了国内首台工业级1200瓦单模连续光纤激光器；参股企业福建中科光芯光电科技有限公司生产的光通信芯片已经批量供应给无锡市中兴光电子技术有限公司、东莞铭普光磁股份有限公司、武汉市兴跃腾科技有限公司等3家隶属于中兴通讯系统的供应商，打破对国外芯片的依赖，解决了中国光通信产业链的短板。

海西研究院（福建物构所）注重开展对外

学术交流活动，充分发挥跨学科的协作优势，努力提高对外学术交流质量和水平，形成了全方位、宽领域、多层次的合作局面，促进提升科技创新能力。2016 年，共有 50 批 94 人次国（境）外学者来进行短期访问、合作研究、参加学术会议、进行国际技术转移创新人才培训或来华执行国家基金委海峡联合基金项目、中科院国际访问学者项目等，35 批 45 人次出国（境）参加国际会议、合作研究、境外培训及开展海外招聘活动等。承办了 2016 强激光材料与元器件学术研讨会、第五届中日双边晶体生长与技术研讨会、第 19 届全国分子光谱学学术会议、中国晶体学会第六届学术年会、联合中山大学承办中国化学会第七届全国结构化学学术会议、第十七次鼓岭科学会议——新能源无机材料高端论坛等，扩大了学术交流范围，为学科建设创造更好条件。

中国化学会和海西研究院（福建物构所）联合主办的《结构化学》刊物，影响因子 0.536，已成为我国化学研究的重要学术刊物之一。

（撰稿：王雪萍　叶培华　审稿：曹　荣）

城市环境研究所

所　　长：朱永官

地　　址：福建省厦门市集美大道 1799 号

邮政编码：361021

电　　话：0592-6190976

传　　真：0592-6190977

电子信箱：xnie@iue. ac. cn

网　　址：http://www. iue. cas. cn

中国科学院城市环境研究所（以下简称“城市环境所”）成立于 2006 年 7 月 4 日，是中国科学院下属的事业法人单位。城市环境所的重点研究领域为：城市生态健康与环境安全、城市环境污染控制与资源化技术、城市环境工程与循环经济、城市生态环境规划与管理；研究单元设置为城市生态健康与环境安全研究中心、城市环境污染控制与资源化技术研究中心、城市环境工程与循环经济研究中心、城市生态环境规划与管理研究中心、仪器设备实验中心，以及一个科学观测研究站。城市环境所是中国科学院城市大气环境研究卓越创新中心的依托单位。

城市环境所设有科技部国际科技合作基地、国家级对台科技合作与交流基地和国际科联城市健康计划国际项目办公室。拥有中国科学院城市环境与健康重点实验室、中国科学院城市污染物转化重点实验室、中国科学院厦门生物产业技术研究开发公共服务平台、厦门水环境安全与水质保障工程技术研究中心、厦门市危险废物鉴别和处置技术研发公共服务平台、厦门市城市代谢重点实验室、厦门市室内空气与健康重点实验室。

2016 年，按照中国科学院“率先行动”计划的总体要求并结合研究所自身的实际情况，城市环境所围绕 3 个重大突破（城市群大气灰霾污染的形成机制与调控技术、生物质废弃物资源化关键技术研究与集成示范、景感生态学与城市生态文明）和 5 个重点培育方向（东南地区水源水和饮用水微生物污染机理及控制技术、新兴环境污染物的健康风险和分子作用机制、城市-城郊地球关键带过程与机制、环境污染防治滤膜材料、城市系统物质能量代谢过程及生态风险评估的理论与方法），重点开展针对城市化的生态环境效应开展基础科学研究（科学发现层面）；针对城市污染源头控制与废物资源化开展技术研发、集成与工程示范（技术创新层面）；通过环境物联网的构建与应用为可持续城镇规划、建设与管理提供科技支撑（规划管理层面）。

截至 2016 年底，城市环境所共有在职职工 233 人。其中科技人员 185 人、科技支撑人员 48 人，研究员及正高级工程技术人员 30 人、副研究员及高级工程技术人员 41 人；全所进入创新岗位 182 人。共有“万人计划”科技创新领军人才 3 人（新增 2 人）；国家杰出青年科学基金获得者 4 人（新增 1 人）；国家“百千万人才工程”入选者 3 人（新增 1 人）；科技部中青年科技创新领军人才 2 人；“青年千人计划”入选者 1 人；中国科学院“百人计划”入选者 11 人（新增 1 人）；国家优秀青年科学基金获得者 1 人；福建省杰出青年科学基金获得者 4 人；福建省引进高层次创业创新人才入选者 3 人；厦门市双百计划人才入选者7人（新增2人）。

城市环境所现设有环境科学与工程、生态学专业一级学科博士、硕士培养点，以及环境科学与工程博士后科研流动站。截至2016年底，共有在学研究生229人（其中硕士生106人、博士生125人），在站博士后24人，在读外国留学生共16名。

2016年，城市环境研究所共有在研项目402项（包括新增项目127）其中，承担（或参加）国家重大科学研究计划课题2项，主持（或承担）863计划项目1项，承担国家科技支撑计划课题（子课题）1项；主持（或承担）国家自然科学基金重点项目2项、面上项目46项（新增11项）、杰出青年科学基金项目1项、优秀青年科学基金项目1项、青年科学基金32项；主持中国科学院战略性先导科技专项课题6项，主持（或承担）院重点部署项目1项；承担重点国际合作项目1项。承担地方政府科研项目74项（新增27项）；承担企事业单位委托等横向项目87项（新增53项），承担其他项目4项。

2016年，城市环境所共发表论文340余篇，其中SCI论文272篇，CSCD论文67篇；申请专利64件，其中发明专利52件，实用新型专利12件；授权发明专利21件，实用新型专利12件；出版专著2部；登记软件著作权10项；牵头制定并获批发布《$PM_{2.5}$防护口罩团体标准》。研究所与甘肃省白银市、上海师范大学、青海师范大学、厦门市政集团、永清环保、中科鼎实环境工程有限公司等单位签署了战略合作协议，与宁波市北仑区、沈阳新松公司在宁波城市环境观测研究站共建“智能化环境功能材料量产中试平台”，与江苏盐城环保科技城管委会共建“大气过滤技术创新中心”，专利技术参股成立中科同和（厦门）环境技术有限公司、中科天达（厦门）科技有限公司。受厦门市委托编制《厦门市“十三五”能源规划》《厦门市能源发展战略规划（2016—2050）》。积极参与福建省农村污水处理应用示范工作，作为技术支撑单位全程参与福建省首个国家科技惠民项目《九龙江北溪流域农村生活污水处理技术应用示范》，各示范工程得到福建省、厦门市和龙岩市一致好评。

在国际交流方面，2016年，城市环境所因公出访125人次，涉及28个国家和地区。共接待来自美国、日本、英国、中国台湾等22个国家和地区的科研人员共101人次。通过“国际人才计划”和“中拉青年科学家交流计划”引进访问学者6名。主持召开了“第一届海峡两岸城市环境研讨会”“2016北京论坛：化学污染物环境过程与风险国际研讨会”“2016中英环境抗生素抗性联合研讨会”“第二届流域城镇化-可持续发展国际研讨会”“城市健康与福祉的政策与实施建模国际研讨会”“国际城市健康与福祉计划第9届科学委员会会议”等一系列国际会议。

2016年，城市环境所在厦门市科技局支持下，于2014—2015年建立了危险废物鉴别技术中心，该中心在2016年初成功验收。2016年，城市环境所仪器设备实验中心所内新增仪器360万，宁波站新增仪器1200多万，并有11台仪器加入院大型仪器共享网中，并将仪器共享网中的刷卡系统更新到3.0版本。2016年，所级中心的设备运行整体情况良好，加入共享网50台仪器的总开机时间为116 387小时，其中使用机时为87 543小时，总使用效率为118.46%。中国科学院厦门生物产业技术研究开发公共服务平台在2016年服务了60家企业，出了244份测试报告，总测试费用收入238万元，并多次举办仪器使用研讨培训班，提升区域科研、技术人员仪器设备使用水平。

（撰稿：聂　璇　卢　新　审稿：陈少华）

南京地质古生物研究所

所　　长：杨　群
地　　址：江苏省南京市北京东路39号
邮政编码：210008
电　　话：025-83282105
传　　真：025-83357026
电子信箱：ngb@nigpas.ac.cn
网　　址：http://www.nigpas.cas.cn

中国科学院南京地质古生物研究所（以下简称“南京古生物所”）成立于1951年5月7

日，其前身是前中央研究院地质研究所及前中央地质调查所等机构的古生物室（组）。著名地质古生物学家、中国科学院副院长李四光教授为首任所长。

南京古生物所是国内专门从事古生物学、地层学及相关学科基础研究、应用基础研究和科学传播的综合性研究机构。目标是建成并保持一个国际一流的古生物学和地层学研究中心、地层古生物资料信息中心、古生物标本收藏中心、地质古生物学人才培养及科学传播基地。主要研究领域包括地球生命起源与早期演化，进化古生物学，古生物系统分类学，古生态、古地理、古气候，年代地层学，分子古生物学，地球生物学，生物与环境的协同演化，应用古生物学与地层学等。1998 年，南京古生物所成为中国科学院“知识创新工程”首批试点单位之一，2011 年在中国科学院“创新 2020”择优部署中再次获得首批整体择优支持。2016 年，南京古生物所致力于“一三五”规划优化调整和“十三五”规划部署实施，积极联合院内相关单位筹建生物演化与环境卓越创新中心，深入推进研究所改革发展。

南京古生物所下设基础研究部（包括古植物与孢粉学研究室、古无脊椎动物学研究室、微体古生物学研究室）、现代古生物学和地层学国家重点实验室、中国科学院资源地层学与古地理学重点实验室 3 个科研机构，拥有图书资料信息中心、公共技术服务中心、科普部（包括南京古生物博物馆、化石网及《生物进化》科普杂志）以及澄江古生物研究站 4 个支撑部门。

南京古生物所图书馆建于 1953 年，经过 60 多年的积累，目前收藏古生物学与地层学专业图书期刊约 28 万册（期），其中外文期刊近 2500 种，约 20 万册（期），是亚洲最大的地层古生物学专业图书馆。南京古生物所标本馆是在前中央研究院地质研究所标本室（建于 1928 年）的基础上发展起来的，目前馆藏正式发表的模式标本约 20 万件，不仅是我国最重要的古生物标本馆，也是世界上古生物标本收藏的重要机构。南京古生物所技术支撑平台包括扫描电子显微镜及能谱仪、X 射线断层成像显微镜、激光共聚焦显微镜、大型精密光学显微镜及成像系统、同位素质谱仪、气相色谱–质谱仪、光谱仪、元素分析仪、激光剥蚀机、化石处理及成像实验室、DNA 分析实验室、稳定同位素实验室、地球生物学实验室等国际一流的仪器设备和实验装置。

经过 60 余年的发展和几代科学家的努力，南京古生物所目前已成为分支学科齐全、科技力量雄厚、技术条件配套、学术成果丰硕、国际交流频繁的地层古生物综合研究中心。国外同行将她与英国自然历史博物馆和美国斯密逊博物研究院并称为世界三大古生物学研究中心。

截至 2016 年底，南京古生物所有在职职工 155 人，离退休职工 222 人。在职职工中有中国科学院院士 4 人、研究员及正高级工程技术人员 41 人、副研究员及高级工程技术人员 44 人。有中国科学院“百人计划”入选者 6 人，国家杰出青年科学基金获得者 6 人。

南京古生物所是国务院学位委员会首批批准的博士、硕士学位授予权单位之一。现设有古生物学与地层学、地球生物学、地质工程和矿物学、岩石学、矿床学 4 个专业二级学科硕士研究生培养点，古生物学与地层学、地球生物学和矿物学、岩石学、矿床学 3 个博士研究生培养点，并设有博士后流动站。截至 2016 年底，共有在学研究生 77 人（其中硕士生 43 人、博士生 34 人），在站博士后 9 人。

2016 年，南京古生物所共有在研项目 139 项（包括新增项目 36 项）。其中，主持 973 计划项目 1 项、课题 5 个，其他单位负责的 973 计划项目课题 5 个，承担国家科技基础性工作专项课题 2 个，参加国家重点研发计划 1 项（新增 1 项）；主持国家自然科学基金重点项目 5 项（新增 1 项）、国际合作项目 3 项（新增 1 项）、面上项目 41 项（新增 7 项）、重大项目 1 项、创新研究群体科学基金项目 1 项、国家重大科研仪器设备研制专项 1 项、优秀青年科学基金项目 1 项（新增 1 项）、青年科学基金项目 25 项（新增 9 项）、联合基金 2 项，参加外单位重大研究计划课题 2 个（新增 1 个）、地区科学基金 1 项、青年科学基金 1 项；承担中国科学院战略性先导科技专项课题 15 个（新增 7 个），承担院创新国际团队项目 1 项，院科研装备研制项目 1 项，院“百人计划”D 类入选者项目 2 项，院青年创新促进会项目 6 项（新增 2 项），承担院前沿科学重点研究项目1项（新增1项），承担中科院其他项目2项；承担英国皇家学会牛顿高级基金1项；参加中国地质科学院课题4个；主持江苏省自然科学基金项目7项（新增3项）；承担地方政府委托项目1项（新增1项）；承担大中型企业委托项目1项（新增1项）。

2016年，南京古生物所共发表学术论文355篇，其中SCI论文251篇；出版专著7本；获软件著作权授权1项。在河北发现距今15.6亿年前的大型多细胞生物化石群，改变了过去关于地球生命早期演化的既有认识，相关成果发表在*Nature Communications*。首次从分子层面证实了β角蛋白和色素体在距今1.3亿年前的始孔子鸟化石中的保存，使古生物的色彩复原更加科学、可信，相关成果发表在*PNAS*。“中国成为获得‘金钉子’最多的国家”系列成果入选国家“十二五”科技创新成就展。“距今6亿年前磷酸盐化动物和胚胎化石的发现与研究”成果被评为2016年度江苏省科学技术奖一等奖。另有一项科研成果获评2016年度中国“十大地质科技进展”，五项成果入选首届“中国古生物学十大进展”。

2016年，南京古生物所继续以我为主，积极开展国际合作。获批中国科学院“国际访问学者计划”6项。共有72批142人次先后出访参加国际学术会议或进行合作研究，接待56批85人次外宾来访合作或讲学。目前，南京古生物所共有20余位专家担任30多个国际学术组织的主席、副主席、选举委员等职务。

中国古生物学会挂靠在南京古生物所；主办的定期学术期刊有《古生物学报》、《微体古生物学报》、《地层学杂志》、*Palaeoworld*，以及不定期系列学术专著《中国古生物志》。

（撰稿：陈孝政　顾元达　审稿：詹仁斌）

南京土壤研究所

所　　长：沈仁芳
地　　址：江苏省南京市北京东路71号
邮政编码：210008
电　　话：025-86881114
传　　真：025-86881000
电子信箱：iss@issas.ac.cn
网　　址：http://www.issas.ac.cn

中国科学院南京土壤研究所（以下简称“南京土壤所”）成立于1953年，其前身是1930年创立的中央地质调查所土壤研究室，是中国现代土壤科学研究的发源地。

南京土壤所的发展目标和定位是：面向我国现代农业可持续发展和生态环境建设，针对耕地资源紧缺、质量退化、污染加剧和农业资源利用率低等亟须解决的问题，以土壤资源信息化管理、土壤质量培育、植物营养调控、土壤污染修复、土壤微生物功能调控、土壤利用适应性管理为核心领域，重点发展土壤障碍消减与地力提升、水肥增效、土壤污染控制与修复、土壤数字化管理等领域的核心理论和关键技术，为我国土壤资源合理利用、粮食安全保障和农业生态环境保护提供理论基础、决策依据和技术支撑，建成国际一流的土壤科学研究机构。2016年，南京土壤所扎实推进“一三五”规划实施和特色研究所建设，“一三五”规划在中科院发展规划局牵头开展的研究所“一三五”规划交流评议工作中被评为优秀规划；南京土壤所围绕特色研究所的建设目标，着力推进主要服务项目的开展实施，积极筹划和推进科研组织体系管理体制与运行机制改革，取得了阶段性成效。

南京土壤所目前拥有土壤与农业可持续发展国家重点实验室、土壤养分管理国家工程实验室、农田土壤污染防控与修复技术国家工程实验室、中国科学院土壤环境与污染修复重点实验室、农业部耕地保育综合性重点实验室等重要研究平台；设有土壤资源与遥感应用研究室、土壤-植物营养与肥料研究室、土壤化学与环境保护研究室、土壤物理与盐渍土研究室、土壤生物与生化研究室、土壤与环境生物修复研究中心、土壤利用与环境变化研究中心等研究单元；还拥有中国科学院生态系统研究网络土壤分中心、河南封丘农田生态系统国家野外科学观测研究站、江西鹰潭农田生态系统国家野外科学观测研究站、江苏常熟农田生态系统国家野外科学观测研究站、中国科学院三峡工程生态环境湖北秭归实验站。拥有联合国粮农组织的特约图书馆和亚洲最大的土壤标本馆。土壤与环境分析测试中心获得国家实验室认可和国家计量认证。

截至2016年底，南京土壤所现有在职职工300人。其中科技人员213人，科技支撑人员59人，包括中国科学院院士2人、研究员及正高级工程技术人员61人、副研究员及高级工程技术人员92人。共有“千人计划”入选者1人；中国科学院“百人计划”入选者14人；国家杰出青年科学基金获得者8人。

南京土壤所是1981年国务院学位委员会批准的博士、硕士学位授予权单位之一，现设有农业资源与环境、环境科学与工程、生态学3个专业一级学科博士研究生培养点，土壤学、植物营养学、环境科学等11个专业二级学科硕士研究生培养点，并设有农业资源与环境、环境科学与工程2个一级学科博士后流动站。共有在学研究生312人（其中硕士生129人、博士生183人，含15名留学生），在站博士后34人。

2016年，南京土壤所共有在研项目407项（包括新增项目108项）。其中，主持国家重点研发计划4项（新增4项），主持重点研发计划课题8项（新增8项）；主持（或承担）973计划和国家重大科学研究计划项目4项；主持国家科技基础性工作专项2项；主持国家自然科学基金重点项目5项、面上项目68项（新增21项）、国家杰出青年科学基金项目2项、国家优秀青年基金4项（新增1项）；国家自然科学基金重大研究计划重点项目1项；国家自然科学基金国际合作交流重点项目4项。承担课题10项，主持中国科学院战略性先导科技专项B类项目1项，课题5项；主持院重点部署项目6项（新增2项）、承担院地合作项目42项（新增28项）

2016年，南京土壤所围绕“一三五”规划积极推进重点科研工作的开展，取得了一系列新的进展和成绩。例如，在土壤养分高效与地力提升耦合增效研究方面，建立了不同类型土壤障碍消减与地力提升技术体系，集成创建的五大土类的土壤障碍消减与地力提升技术体系在河南省被大面积推广应用，建立了5个百亩以上的核心试验示范区和5个中低产田治理和高标准农田建设万亩示范区，改造中低产田和建设高标准农田35.9万亩，新增粮食生产能力3.91亿斤，获河南省科技进步奖二等奖。在农田土壤污染过程及其修复原理与技术方面，依托多项基础研究成果集成了多套重金属污染土壤修复技术模式并在全国多省份推广应用，复示范总面积达5000多亩，取得了显著的社会效果，得到了国家领导人、地方政府和社会公众的广泛认可。在土壤生物与界面过程及调控方面，解析了湿地土壤氧化大气甲烷的微生物代谢调控网络及其作用机制，为全球甲烷和碳循环、气候变化的计算模拟提供了新视角，研究成果在国际著名期刊 *Nature Communications* 上发表。2016年，南京土壤所共发表科研论文590篇，其中SCI论文373篇；申报国家标准制定项目26项，授权专利33件；申请获批软件著作权3项；赵其国院士等专家提交的《关于实施我国土壤安全科技工程专项的建议》获国家领导人批示。

2016年，南京土壤所相关团队面向市场和社会需求，积极发挥科技支撑作用，在20多个省（市）开展了卓有成效的工作，合作内容涉及新型肥料应用、设施农业和渔业技术推广、烟草土壤改良、污染农田修复、污染场地风险评估等，全年新争取到合作项目近50项，进一步提升了特色研究所科技服务国民经济主战场的能力。同时，制定出台了《科技成果转移转化管理暂行办法》，进一步规范知识产权统一管理与运营，加强科技成果转移转化和科技服务工作，积极推进科技成果产业化应用。

2016年，南京土壤所积极推进国际合作与交流。承办了“第十三届国际植物技术会议”“第五届土壤污染与修复国际会议”等重要国际学术会议，进一步促进了相关研究领域的国际合作与交流。全年共有91人次出国（境）参加国际会议和合作交流，60人次来访。在人才交流计划方面，新获院“国际杰出学者”“访问学者计划”等多个项目立项支持。

南京土壤所是中国土壤学会、江苏省土壤学会和全国土壤质量标准化技术委员会的挂靠单位；主办的中英文学术期刊有 *Pedosphere*、《土壤学报》和《土壤》，其中 *Pedosphere* 是我国唯一的土壤科学英文学术期刊且被收录为SCI源刊。

（撰稿：秦江涛　审稿：蔡　立）

南京地理与湖泊研究所

所　　长：沈　吉
地　　址：江苏省南京市北京东路 73 号
邮政编码：210008
电　　话：025-86882010；025-86882020；025-86882030
传　　真：025-57714759
电子信箱：niglas@niglas. ac. cn
网　　址：http://www. niglas. ac. cn

中国科学院南京地理与湖泊研究所（以下简称“南京地湖所”）的前身系 1940 年 8 月在重庆北碚成立的中国地理研究所，1958 年更名为中国科学院南京地理研究所，1988 年改为现名。中国科学院院士黄秉维、任美锷、周立三曾先后担任过所长。

南京地湖所的战略定位是开展自然和人文要素驱动下湖泊-流域系统过程、格局及其相互作用与调控机理研究，为国家湖泊资源合理利用、湖泊环境治理与生态保护及区域可持续发展做出基础性、战略性和前瞻性贡献；努力将研究所建成为国际著名湖泊-流域科学基础研究和高层次人才培养基地、国家湖泊资源利用与环境治理工程技术研究中心、经济发达地区可持续发展科学研究与决策咨询中心。

“十三五”期间，南京地湖所将继续围绕湖泊及其流域的生态环境变化格局、过程及机制的科学前沿，面向湖泊流域水资源管理、湖泊流域水环境治理及饮用水源地安全保障等国家重大需求，面向生态环境改善的城乡发展及流域可持续发展地方发展要求，继续深化自然和人文要素驱动下湖泊-流域系统过程、格局及其相互作用与调控机理研究，努力为国家湖泊资源合理利用、湖泊环境治理与生态保护及区域可持续发展做出基础性、战略性和前瞻性贡献。在湖泊生态系统演变与全球变化、浅水湖泊流域水质管理与生态系统调控、水环境与生态系统监测（模拟）技术及应用 3 方面形成重大突破，重点培育湖泊沉积与气候变化定量重建、湖泊生物群落结构功能与调控、湖泊复合污染的生态效应与防控治理、流域-湖库生态水文过程与模拟和新型城镇化区域的乡村转型及其资源环境的可持续管理 5 个方向。

南京地湖所现设有湖泊与环境国家重点实验室、中国科学院流域地理学重点实验室、湖泊生态与环境工程研究中心、区域发展与规划研究中心、湖泊野外观测与数据中心（含太湖湖泊生态系统国家野外观测研究站、鄱阳湖湖泊湿地观测研究站、抚仙湖高原深水湖泊研究站和湖泊-流域数据集成与模拟中心）。研究所现有 30 万元以上的大型仪器设备 100 余台（套）。图书馆馆藏图书期刊 12 万多册，各种地形图 63 000 多幅，航卫片 77 000 多张。此外，还馆藏地方志 4262 种 44 000 多册，其中善本近百种，孤本十余种。

截至 2016 年底，南京地湖所共有在职职工 245 人。其中科技人员 196 人、科技支撑人员 17 人，包括研究员及正高级工程技术人员 47 人、副研究员及高级工程技术人员 82。研究所共有国家“青年千人计划”入选者 2 人（新增 1 人）；“万人计划”入选者 1 人；中国科学院“百人计划”入选者 11 人（新增 1 人）；国家杰出青年科学基金获得者 4 人，国家优秀青年基金获得者 2 人（新增 1 人）。

南京地湖所是 1981 年国务院学位委员会批准的自然地理学硕士学位授予权单位之一，现设有地理学、环境科学与工程 2 个专业一级学科博士研究生培养点，自然地理学、人文地理学、地图学与地理信息系统、环境科学 4 个专业二级学科博士研究生培养点，自然地理学、人文地理学、地图学与地理信息系统和环境科学 4 个专业二级学科硕士研究生培养点，以及工程硕士（环境工程、建筑与土木工程领域）全日制专业学位培养点，并设有地理学专业一级学科博士后流动站。共有在学研究生 194 人，其中硕士生 80，博士生 114（含留学生 4 人），在站博士后 28 人。

2016 年，南京地湖所共有在研项目 328 项（包括新增项目 105 项）。其中，新增国家自然科学基金委创新研究群体项目 1 项，主持国家自然科学基金重点项目 7 项、面上项目 52 项（新增25项)、国家杰出青年科学基金项目2项、国家优秀青年科学基金项目1项（新增1项）；主持或承担国家重大科技专项5项；承担国家重点研发计划课题1项（新增1项）；主持中科院海外基地专项1项（新增1项）；主持973计划和国家重大科学研究计划项目2项、承担课题3项，承担863计划项目课题1项；主持中国科学院重点部署项目1项、重点国际合作项目2项(新增1项)。

2016年，南京地湖所作为第二完成单位参与完成的“亚洲季风变迁与全球气候的联系”获国家自然科学奖二等奖。主持“湖泊光学的理论方法与水色遥感应用”获得江苏省科学技术奖一等奖。主持“长江经济带的区域规划研究与应用”获得中国科学院科技促进发展奖。此外，南京地湖所积极发挥科学家智库作用，提升研究所社会影响和地位。关于淮安“多规合一”的工作获得江苏省委书记李强的批示。以南京地湖所为主要技术单位和首席专家协助国家发展改革委完成《长三角城市群发展规划》编制工作，该规划于2016年6月由国务院同意、国家发展改革委正式颁布。

据统计，2016年南京地湖所共发表论文418篇，同比增长13.3%；其中SCI论文273篇，TOP SCI论文104篇。王建军、沈吉等有关微生物多样性维持机制的研究论文“Nutrient enrichment modifies temperature - biodiversity relationships in large - scale field experiments”在*Nature Communications*上发表，该论文首次证明微生物同样具有沿着温度梯度分布的生物区系，与经典的动植物生物区系分布相一致。2016年，南京地湖所出版专著12部；申请和授权专利85件，其中发明专利57件；申请澳大利亚革新专利1件；软件著作权登记24项。

2016年，南京地湖所在科研支撑平台建设方面迈向新台阶。太湖湖泊生态系统研究站在CERN 2011-2015年综合运行评估中获评优秀生态站。抚仙湖高原深水湖泊研究站2016年完成了基建项目并顺利运行。鄱阳湖湖泊湿地综合研究站2016年与国内12所高校协商共建科研教学实践基地，签订协议并陆续挂牌，为环境、生态和地理等专业学生实习、科研项目提供服务。合作共建的呼伦湖湿地生态系统定位观测研究站和天目湖流域生态观测站2016年顺利推进野外各项定位监测及服务地方需求的生态监测工作。研究所在非洲筹建的东非大湖与城市生态研究站于2016年4月在中科院院长白春礼的见证下，与坦桑尼亚渔业研究所签署了合作备忘录。湖泊与环境国家重点实验室和中国科学院流域地理学重点实验室2016年分别召开了学术委员会。所级公共技术服务中心持续获得中科院所级中心年度择优经费的支持，积极筹建中国科学院南京地球资源环境大型仪器区域中心建设工作并顺利启动。

南京地湖所投资公司2个，分别为南京中科集团股份有限公司和南京中科水治理有限公司，从事科技开发人员数34人，年产值共约2.8亿元，研究所参股效益约2300万元。

2016年，南京地湖所深入推进国内外学术交流合作，派出134人次赴美国、英国、德国、澳大利亚等20余个国家和地区进行交流。同时，有来自世界各地近200人次访问研究所。组织举办“亚洲能源转型——研究与政策议程初期职业研讨会”“流域地理学国际研讨会”“科技服务‘一带一路’及长江经济带战略——地理学科发展战略研讨会”及“参与式乡村规划与建设培训会”等重大国内、国际会议，进一步促进研究所与国内外同行的交流，提升了研究所国际学术影响力。

南京地湖所目前是江苏省海洋湖沼学会、江苏省地理学会、江苏省遥感与地理信息系统学会、中国地理学会长江分会、中国地理学会湖泊与湿地分会、中国海洋湖沼学会湖泊分会、中国第四纪科学研究会生态环境演化分会、中国环境科学学会沉积物环境专业委员会的挂靠单位；主办学术期刊《湖泊科学》。

（撰稿：胡笑琪　陈亚芬　审稿：沈　吉）

紫金山天文台

台　　长：杨　戟

地　　址：江苏省南京市鼓楼区北京西路2号

邮政编码：210008
电　　话：025-83332000
传　　真：025-83332091
电子信箱：pmoo@pmo. ac. cn
网　　址：http://www. pmo. cas. cn

中国科学院紫金山天文台（以下简称“紫金山天文台”）成立于1950年5月20日。前身是1928年2月成立的国立中央研究院天文研究所。紫金山天文台是我国创建的第一个现代天文学研究机构，被誉为“中国现代天文学的摇篮”。党和国家领导人毛泽东、朱德、邓小平、江泽民和胡锦涛等都曾到紫金山天文台视察。

紫金山天文台是以天体物理和天体力学为主要研究方向的研究所，1999年3月成为中国科学院知识创新工程试点单位之一。依据“十三五”发展规划和“创新2020”组织实施方案，紫金山天文台总体发展目标是：到2020年，紫金山天文台进入国际天文研究机构的先进行列，成为满足国家特定需求的核心机构之一。近期，紫金山天文台将努力建成国际先进或国内领先的以暗物质粒子探测为核心的空间天文探测研究基地；以太赫兹探测技术为支撑，面向天文学重大科学问题的南极天文和射电天文研究基地；以人造天体动力学和探测技术为支撑，面向国家战略需求的空间目标和碎片观测研究中心；以近地天体探测研究为基础，面向深空探测的行星科学研究中心。

紫金山天文台设有4个研究部：暗物质和空间天文研究部、南极天文和射电天文研究部、应用天体力学和空间目标与碎片研究部、行星科学和深空探测研究部，共包含28个研究团组和2个研究中心；5个实验室：暗物质和空间天文实验室、毫米波和亚毫米波技术实验室、天文望远镜技术实验室、行星科学与深空探测实验室、天体化学和行星科学实验室。

紫金山天文台建设和运行4个中国科学院重点实验室：中国科学院射电天文重点实验室（联合）、中国科学院空间目标与碎片观测重点实验室、中国科学院暗物质与空间天文重点实验室、行星科学与深空探测实验室。紫金山天文台是中国科学院空间目标与碎片观测研究中心、中国科学院南极天文中心2个非法人单元的挂靠单位。4个科普创新基地分设于紫金山科研科普园区、青岛观象台、青海观测站、盱眙天文观测站。

紫金山天文台设有8个野外业务观测台站：青海观测站、盱眙天文观测站、南极昆仑站天文台、赣榆太阳活动观测站、洪河天文观测站、姚安天文观测站、青岛观象台和紫金山科研科普园区。其中青海观测站是我国最大的毫米波射电天文观测基地，盱眙观测站是我国唯一的天体力学实测基地，南极昆仑站天文台是我国唯一位于南极的天文观测基地。各野外台站运行13.7米毫米波望远镜、1米近地天体望远镜、多台套设备组成的空间目标与碎片观测网、Hα太阳精细结构望远镜、太阳射电频谱仪、近红外太阳光谱仪等观测设备。

截至2016年底，紫金山天文台共有在职职工340人。其中科技人员191人、科技支撑人员104人，包括中国科学院院士2人、研究员及正高级工程技术人员53人、副研究员及高级工程技术人员67人。共有“千人计划”入选者1人、青年“千人计划”入选者3人、“百千万人才工程”入选者7人；中国科学院“百人计划”入选者21人；国家杰出青年科学基金获得者13人。

紫金山天文台是1978年国务院学位委员会批准的首批硕士学位和1981年博士学位授予权单位之一。现设有1个天文学一级学科博士、硕士研究生培养点，控制工程、电子与通信2个专业一级学科硕士学位工程培养点，天体物理、天体测量和天体力学、天文技术与方法3个专业二级学科硕士、博士研究生培养点，并设有天文学博士后流动站。共有在学研究生176人（其中硕士生87人、博士生89人、联合培养硕士14人），在站博士后14人。

2016年，紫金山天文台共有在研项目286项（包括新增项目91项）。其中，主持973计划项目2项和子项8项；主持国家重点研发计划项目1项（新增1项）和课题3项（新增3项）；主持（或承担）863计划项目13项（新增3项）；主持（或承担）国家其他项目23项；主持（或承担）国家自然科学基金项目105项（新增32项），其中主持重大项目2项、重点项目8项（新增2项）、面上项目36项（新增9项）、杰出青年基金1项（新增1项），主持（或承担）国家自然科学基金重大科研仪器研制项目2项；承担中科院战略性先导科技专项课题10项和子课题9项，主持（或承担）中科院知识创新工程重要方向项目1项，院前沿科学重点研究项目4项（新增4项），“百人计划”项目3项；承担江苏省自然科学基金15项（新增4项）；横向项目14项（新增11项）。

2016年，紫金山天文台共发表科技论文311篇（国外发表264篇、SCI论文212篇，影响因子3.0以上的72篇，第一单位论文篇194篇，第一单位SCI论文113篇，第一单位论文SCI引用241篇次）；专利授权数12件。

2016年，紫金山天文台主要科研项目取得系列进展：由紫金山天文台作为有效载荷总体单位牵头承研的“暗物质粒子探测卫星——‘悟空’”在轨正常运行一周年，完成了全天区的两遍扫描，几个重要指标等都超过了国际最高水平或与国际最高水平相当，全面实现或超过了设计指标。在轨测试和验收及在轨运行一周年年度考评均获得满分，并再次入选国家主席习近平2017年新年贺词。暗物质粒子空间探测团队荣获中国科学院“十二五”突出贡献团队称号。中国南极天文台项目推进有实质性进展，中国科学院与国家海洋局达成共识，南极天文台建设方案建议书完善中。南极天文中心组织参加第33次南极科考。空间目标与碎片观测系统探测能力持续提高，执行并圆满完成多项国家任务。完成4项空间碎片专项标准的编写，并通过送审等全部阶段评审。完成“先进太阳天基天文台”（ASO-S）关键技术攻关和原理样机/件的研制，正式通过了空间中心组织进行的背景型号结题评审。ASO-S被正式列入空间科学先导专项“十三五”项目，启动立项综合论证。973计划项目“利用南极巡天望远镜在超新星宇宙学及太阳系外行星方面的前沿研究”进展顺利；重大仪器专项项目“太赫兹超导阵列成像系统”顺利进入验收阶段；国家重点研发计划“基于暗物质粒子探测卫星的科学研究”获得立项；紫外发射线小型卫星项目（CAFE）项目顺利通过评审并成功立项。

2016年，紫金山天文台在高能天体物理研究方面取得重要研究成果。首次在长短伽马暴的余辉中发现巨新星——引力波电磁辐射对应体的最佳候选之一。利用引力波事件精确检验爱因斯坦弱等效原理。给出了引力波速度的高精度直接测量。利用非局部和非定常的恒星对流理论，成功解释了OGLE和MACHO红巨星脉动的观测结果，提出湍流压是这些高光度红巨星脉动的主要激发机制。“银河画卷计划”共计完成1045个巡天单元，巡天计划完成过半。银河系结构研究取得重要进展，进一步证实银河系本地臂具有与银河系其他主旋臂类似的性质，并发现连接本地臂和人马臂的一个子结构。这是至今发现的银河系内最长的子结构，解决了关于天鹅座X恒星形成复合体内天体距离的长期争论。作为亮点报道发表于*Science*子刊*Science Advances*。南极冰穹A太赫兹远红外波段选址测量结果发表于*Nature*子刊*Nature Astronomy*创刊号，证实冰穹A台址在太赫兹远红外波段的独特优势。南极5米太赫兹望远镜方案设计与关键技术研究取得实质进展。利用近地天体望远镜发现1个新的近地小行星2016SE17和48个超新星候选体。论证了新疆阿勒泰地区曾发生过世界规模最大的陨石雨。通过研究银河系内卫星星系的分布，指出其分布与理论模型预言的一致，即银河系卫星星系呈现奇异分布，其概率大约为1%，表明银河系在我们的宇宙中真的可能比较特殊。合作研究发现“化石”星系中存在分子气体的直接证据，成果发表于*Nature*子刊*Nature Communications*。发现星系恒星形成活动终止机制与星系的中心核球形成密切相关。

紫金山天文台于1992年出资组建南京紫金山天文台星河电子系统工程公司，后更名改制为南京紫金山天文台星河电子有限责任公司。截至2016年底，公司职工总数90人。其中大专以上科技人员50人，大专以上研发人员20人；高级技术职称6人，其中研究员1人。2016年产值3930.59万元，利润总额1700万元。

2016年，紫金山天文台全年完成出访任务188人次，涉及25个国家/地区，出访形式主要为所级协议合作研究和国际会议等，出访国家/

地区以美国（63 人次）、意大利（22 人次）、韩国（14 人次）、德国和日本（各 11 人次）、法国（10 人次）等为主。出访活动中国际会议大会报告、分会报告或墙报等 67 人次。全年来访 75 批/148 人次，涉及 16 个国家/地区，主要是来华开展合作研究、参加国际会议等。

2016 年，紫金山天文台执行与国外研究机构和大学签订的国际合作协议 3 项；与英国杜伦大学、日本广岛大学、美国马萨诸塞大学签署了联合培养博士生计划，其中新增 3 项。人才培养方面，执行中欧联合培养博士研究生 1 人。中国科学院国际人才计划项目方面，执行“国际访问学者”3 项、“国际博士后”1 项，“台湾青年访问学者计划”1 项，新立项国际人才计划项目 2 项。紫金山天文台主办/承办的国际会议共 4 场，分别是第三届亚太合作天体物理国际研讨会、第二十七届空间太赫兹技术国际研讨会、第二届中澳天体物理学研讨会和最强恒星形成星系中的稠密分子气体巡天项目及数据处理与分析研讨会。截至 2016 年底，紫金山天文台共有国际天文联合会（IAU）正式会员 57 人

2016 年，紫金山天文台结合台“一三五”规划目标，重要国际合作项目取得显著进展。“暗物质粒子探测卫星（DAMPE，‘悟空’）”成功运行一周年，经中外专家评定，给予“悟空”年度考评“双优”的佳绩，其中 4 个有效载荷中，塑料闪烁体、BGO 量能器、中子探测器都 100% 正常工作，硅径迹探测器 99.85% 正常工作，也大幅度优于原定的 97.5% 的指标。在粒子的电荷测量、能量测量、方向测量、粒子鉴别等方面都取得了重要进展，全面实现或超过了设计指标。

2016 年 4 月 26 日，在北京举办的 2015 年度中国电子学会科学技术奖颁奖会议上，紫金山天文台“超高灵敏度太赫兹超导探测器技术及应用”成果获颁 2015 年度中国电子学会科学技术奖科技进步奖二等奖。

2016 年，依托紫金山天文台和澳大利亚国立大学建立的中澳天文联合研究中心（ACARMA）成功举办“第二届中澳天体物理学研讨会暨中澳天文联合研究中心工作会议”（2nd Australia-China Workshop on Astrophysics），推动了中澳双方在射电、光学、红外及南极天文学等方面的合作。积极参与东亚天文台（EAO）及 JCMT 望远镜的运行与管理工作。

紫金山天文台是我国开展天文科学普及的重点单位、全国科普教育基地、全国重点文物保护单位，以紫金山科研科普园区、青岛观象台等为重点科普基地，开展科普宣传，面向社会开放。2016 年，共接待社会公众 20 万人次；开展了对紫金山科研科普园区建筑和基础设施的维护与修缮。

2016 年，紫金山天文台仙林园区建设取得重要进展。计划 2017 年搬迁新园区。

紫金山天文台图书馆历经 80 多年的积累，现有图书和期刊（合订本和单行本）30 万余册，馆藏多种天文领域创刊开始的出版物，文献库之丰富系我国馆藏资源最为丰富的天文学图书馆，也是中国科学院的特色馆藏。

紫金山天文台机构知识库被中国机构知识库推荐在“2016 年第四届中国机构知识库研讨会”上展示宣传。紫金山天文台机构知识库是科学院特色库，收集大量的科普系列文章和报告。2016 年新增 1900 多篇内容，增加 9 个类别，科普报告、图片、音频、视频、学术报告等。已经有 6833 条信息源、浏览量已经达到 1 924 140 次、下载量 84 083 次。实现科技数据资源整合与共享，服务科技创新，支撑研究所“一三五”规划的实施。

中国天文学会、天文学报、小行星基金会挂靠在紫金山天文台；紫金山天文台是中文刊《天文学报》（双月刊）的第二主办单位及英文刊 *Chinese Astronomy and Astrophysics*（季刊）的协办单位。

（撰稿：徐瑾瑜　朱爱仲　审稿：张丽萍）

苏州纳米技术与纳米仿生研究所

所　　长：杨　辉

地　　址：江苏省苏州市苏州工业园区若水路 398 号

邮政编码：215123

电　　话：0512-62872509
传　　真：0512-62603079
电子信箱：office@sinano.ac.cn
网　　址：http://www.sinano.cas.cn

中国科学院苏州纳米技术与纳米仿生研究所（以下简称“苏州纳米所”）由中国科学院、江苏省人民政府和苏州市人民政府于2006年共同出资筹建，于2009年7月22日获中央编制委员会办公室批复正式成立，2009年12月9日通过中国科学院、江苏省政府、苏州市政府组织的筹建工作验收。

苏州纳米所定位于纳米科技的应用基础研究和产业化，在学科布局上坚持“应用需求牵引学科建设，学科建设支撑应用发展”的原则，主要围绕能源、环境、信息、生命与医学等领域开展研发工作；围绕半导体激光器及应用、半导体器件与技术、印刷电子学、胶体化学与界面化学和纳米材料等布局重点学科。

2016年，苏州纳米所认真贯彻落实中科院“率先行动”计划战略部署，以建设特色研究所为重点，顺利完成研究所“十三五”规划编制工作。

苏州纳米所目前建有8个研究部：纳米器件及相关材料研究部、纳米生物医学研究部、纳米仿生研究部、系统集成与IC设计研究部、国际实验室、学科交叉综合研究部、印刷电子学研究部和先进材料研究部；5个中心：信息与战略研究中心、技术转移中心、工程化中心、技术培训中心和太阳能电池检测分析中心；3个公共服务平台：纳米加工平台、测试分析平台、生化平台。

苏州纳米所建有中国科学院纳米器件与应用重点实验室、中国科学院纳米-生物界面重点实验室、省部共建国家重点实验室培育基地——江苏省纳米器件重点实验室3个省部级重点实验室和6个苏州市重点实验室，以及一批与企业和其他机构共建的联合实验室，是中科院太阳电池研究中心（筹）依托单位。

2016年，苏州纳米所与江西省南昌小蓝经济技术开发区管委会共建了中科院苏州纳米所南昌研究院，与张家港市人民政府和张家港经济技术开发区管委会共建了中科院苏州纳米所张家港研究院；中科院纳米器件与应用重点实验室通过院重点实验室评估并被评为良好；纳米加工、测试分析和生化平台继续面向社会全方位开放，除完成研究所的科研任务外，积极为国内高校、科研机构和企业提供加工测试服务，累计服务93 245机时，培训人员3753人次，为纳米科研发展和纳米技术相关产业发展提供了强有力的技术支撑。

2016年，苏州纳米所全面推进院地共建重大科技基础设施——纳米真空互联实验站建设工作，项目一期基建工程顺利开工，过渡期小型互联系统正式运行。

截至2016年底，苏州纳米所共有在职职工516人。其中科技人员312人、科技支撑人员149人，包括研究员及正高级工程技术人员82人、副研究员及高级工程技术人员101人；全所进入创新岗位375人。

2016年，苏州纳米所入选科技部“创新人才培养示范基地”和国家外专局“国家引进国外智力示范单位”，共有“千人计划”入选者8人，“青年千人计划”入选者9人；中国科学院“百人计划”入选者42人（新增1人）；国家杰出青年科学基金获得者7人（新增2人）；国家优秀青年科学基金获得者2人，国家“新世纪百千万人才工程”入选者1人；江苏省高层次创业创新人才引进计划入选者29人（新增4人），创新团队1个（新增1个），江苏省“333”高层次人才入选者35人（新增16人）；苏州市姑苏创新创业领军人才计划入选者9人（新增1人）。

苏州纳米所现设有电子科学与技术、化学、生物学3个一级学科博士研究生培养点，电子科学与技术、化学、生物学、生物医学工程4个一级学科硕士研究生培养点；微电子学与固体电子学、物理化学、细胞生物学3个二级学科博士、硕士研究生培养点；电子与通信工程、集成电路工程、化学工程、生物工程4个专业学位硕士研究生培养点，并设有电子科学与技术、化学2个一级学科博士后流动站。共有在学研究生527人（其中硕士生406人、博士生121人），在站博士后51人。

2016年，苏州纳米所共有在研项目1313项

（包括新增项目257项）。其中，主持（或承担）国家自然科学基金重点项目2项、面上项目29项（新增11项）、国家杰出青年科学基金项目3项（新增2项）；主持或承担国家重点研发计划23项（新增23项）；主持或承担技术创新引导专项3项（新增3项）；主持或承担基地和人才专项21项（新增9项）；承担（或参加）973计划和国家重大科学研究计划课题6项，主持（或承担）863计划项目2项；主持（或承担）（科技部、国家自然科学基金委、财政部和院）重大仪器研制项目17项；主持（或承担）中国科学院战略性先导科技专项课题7项；主持（或承担）院重点部署项目8项（新增4项）、承担重点国际合作项目5项（新增1项）。

2016年，苏州纳米所发表学术论文499篇，其中国际刊物发表443篇。申请专利238项，其中国内发明专利196项，国际专利11项。获授权专利102项，其中发明专利91项，国际专利4项。

2016年，苏州纳米所积极实施科技驱动发展战略，推进科技成果转移转化。根据研究所科技成果的具体情况，创新转移转化模式，拓展转移转化通道，并制定了鼓励科技人员创新创业的一系列政策。重点鼓励与企业之间的横向合作（包括技术服务）、知识产权许可和转让，以及科技人员创新创业等。实现横向合作经费8500万元，并积极为企业提供技术服务；作为江苏省知局首批高价值专利培育计划单位，积极培育碳纳米材料高价值专利，通过转让或许可方式实施专利18件，合同金额2085万元，到账金额1235万元。截至2016年底，研究所以无形资产出资设立企业11家，吸引社会投资近6亿元，其中2家公司2016年在资本市场成功融资1亿余元。

2016年，苏州纳米所积极抓好中科院苏州产业技术创新与育成中心工作，服务地方经济发展。先后与江西省南昌小蓝经济技术开发区管委会共建了中科院苏州纳米所南昌研究院，与张家港市人民政府和张家港经开区管委会共建了中科院苏州纳米所张家港研究院；根据中国科学院和苏州市人民政府深化院市合作备忘录的具体要求，以育成中心为执行机构，做好中国科学院科技服务网络苏州中心建设工作，协助中科院相关研究所在苏州研发机构推进建设工作。2016年共引进创业公司50家，协助29人（团队）获地方各类人才政策支持，推动中科院与苏州在科技成果转化、人才培养、科研机构建设等领域更加深入地合作。

2016年，苏州纳米所积极开展国际交流与合作。全年共有65人次因公出国出访，接待以伊朗副总统为代表的国外高级专家、知名学者及访问团队100余人次来所访问交流；主办第一届喷墨数码制造与3D打印国际会议，联合主办2016年中欧柔性与印刷电子论坛，协办第6届全国柔性与印刷电子研讨会，通过学术交流活动，提升了研究所的影响力。

（撰稿：曾光强　张明杰　审稿：刘佩华）

苏州生物医学工程技术研究所

所　　长：唐玉国
地　　址：江苏省苏州市高新区科技城科灵路88号
邮政编码：215163
电　　话：0512-69588000
传　　真：0512-69588088
电子信箱：office@sibet.ac.cn
网　　址：http://www.sibet.cas.cn

中国科学院苏州生物医学工程技术研究所（以下简称“苏州医工所”）是中国科学院唯一以医疗仪器为主要研发方向的国立研究机构，它由中国科学院、江苏省政府、苏州市政府三方共同出资建设。2008年8月1日，中国科学院委托长春光学精密机械与物理研究所负责苏州医工所的筹建和管理运行。2012年11月26日，苏州医工所顺利通过验收正式成为中科院序列研究所。

苏州医工所定位于面向世界生命与健康领域科技前沿、面向我国人口与健康重大需求，在先进生物医学仪器、试剂和生物材料三大领域重点开展医用光学、医学检验、医学影像、康复工程等方向的基础性、战略性、前瞻性的研究工作，建成医疗仪器科技创新与成果转化平台，引领我国生物医学工程技术的发展，推动医疗器械产业的进步，成为不可替代的国立研究机构。重大突破方向包括“生物医学超/高分辨显微光学技术”和“先进体外诊断技术”。重点培育方向包括“人体健康状态辨识与机能增强技术”“脑科学仪器技术”“生物医学超声成像与治疗技术”“医疗健康大数据技术”“医疗器械工程化技术”和“高端专科医学影像技术”。

截至2016年底，苏州医工所共设有6个管理部门和7个研究室。6个管理部门分别为：综合管理处、科研管理处、成果转化处、资产财务处、人事教育处、战略规划处；7个研究室分别为：医用光学技术研究室（江苏省医用光学重点实验室）、医学检验技术研究室（中国科学院生物医学检验技术重点实验室）、医学影像技术研究室、医用电子技术研究室、医用声学技术研究室、康复工程技术研究室、光与健康研究中心，其中包括精密机械技术和医用微纳技术2个工程技术支撑平台。

科研条件建设方面，苏州医工所一期基建总建筑面积6.9万平方米。二期基建总建筑面积0.9万平方米，已投入使用。全所科研装备投入已达2.3亿元。

截至2016年底，苏州医工所共有在职职工269人。其中科技人员230人、科技支撑人员39人，包括研究员及正高级工程技术人员40人、副研究员及高级工程技术人员64人；全所进入创新岗位269人。共有“千人计划”入选者1人，中国科学院“百人计划”入选者22人（新增7人）。

2016年，苏州医工所研究生教育归口单位由中国科学院大学调整至中国科学技术大学，现设有生物医学工程专业一级学科博士研究生培养点，光学工程、生物医学工程、生物学、机械电子工程等8个专业一级（或二级）学科硕士研究生培养点。共有在学研究生145人（其中硕士生119人、博士生26人），在站博士后21人。

2016年，苏州医工所共有在研项目210项（包括新增项目85项）。其中，主持（或承担）国家自然科学基金面上项目6项（新增1项）；主持或承担国家重点研发计划9项（新增9项）；主持（或承担）863计划项目5项；主持（或承担）（科技部、国家自然科学基金委、财政部和院）重大仪器研制项目1项；主持（或承担）中国科学院战略性先导科技专项课题1项；主持（或承担）院重点部署项目1项（新增1项）、承担重点国际合作项目2项（新增1项）。

2016，苏州医工所申请专利180项（其中，发明专利113项、实用新型63项、外观设计4项）；申请软件著作权11项；新授权专利134项（其中，发明专利73项、实用新型58项、外观设计4项）；新登记软件著作权9项；发表高水平论文130篇，其中SCI收录58篇，EI收录16篇。

苏州医工所自主研制的共聚焦样机已先后在中科院上海药物研究所，动物研究所等单位展开试用，用户反馈良好，正在开展工程化工作；研制完成了具有完全自主知识产权的大NA显微物镜，达到世界先进水平。自主研制的流式细胞仪拥有10多项发明专利，在荧光灵敏度、线性度、分辨率等指标上，均达到国际同类产品水平，该仪器已进入产业孵化阶段，上市公司中生北控生物科技股份有限公司以1500万元获得该技术的转让。视神经疾病诊断的数字化定量RAPD检测仪，可用于视神经相关的疾病早期诊断、治疗过程跟踪和愈后效果的定量评估，核心技术处于国际领先水平，填补国内空白。

2016年，苏州医工所进一步践行和推广新型成果转化模式，取得了一系列突破和进展，并分别得到新闻联播、朝闻天下等央视新闻栏目的广泛关注和《人民日报》头版头条的大幅报道。全年面向所内外征集成果转化项目187余项，设立项目公司7家，流式细胞仪、血栓弹力图仪等自主研发项目成功实现转化。与长春市政府签署战略合作框架协议，与长春新区政府、吉林亚泰（集团）股份有限公司、吉林大学第一医院等单位合作共建医疗器械孵化与产业化平台。中科院苏州医工所天津工程技术研究院、中国科学院先进医疗器械产业孵化器、中科院苏州医工所美国硅谷技术转移中心等机构相继揭牌成立。应邀参加第十八届中国国际光电博览会，承办2016中国（苏州）先进医疗器械技术转移大会，均取得热烈反响。江苏省产业技术研究院生物医学工程技术研究所以优异成绩完成预备所转正答辩验收。“甲醛检测仪”和相关专利获得中国发明协会“发明创业奖：项目奖”金奖。

2016 年，苏州医工所在国际合作方面积极联合约翰霍普金斯大学、NIBIB 等国际一流高校院所，通过引进、合作等方式部署基础及应用基础的研究。目前已与意大利高等研究院建立全面合作关系，成立纳米神经工程研究中心；与德国慕尼黑工业大学在脑科学方向开展合作，成立苏州脑工程国际联合研究中心；与伊朗 RCSTM 签署备忘录，拟建立联合中心；与白俄罗斯国家科学院开展多方面合作。全年组织了 30 余人次的出访交流，接待外国专家 70 余人次。有效推动了研究所国际学术交流和合作，扩大了研究所的国际学术影响力。

（撰稿：赵　鹏　肖心通　审稿：袁艳明）

合肥物质科学研究院

院　　长：匡光力

地　　址：安徽省合肥市蜀山区蜀山湖路 350 号

邮政编码：230031

电　　话：0551-65591295

传　　真：0551-65591270

网　　址：http:// www. hf. cas. cn（中文）

http:// english. hf. cas. cn（英文）

中国科学院合肥物质科学研究院（以下简称“合肥研究院”）坐落在合肥市西郊风景秀丽的蜀山湖畔科学岛上，面积约 2.65 平方千米。合肥研究院正式成立于 2003 年 5 月，由科学岛上原有的 4 个研究所（安徽光机所、等离子体所、固体物理所、合肥智能机械所）与原合肥分院合并组成，成立后又陆续建立中国科学院强磁场科学中心、先进制造技术研究所、技术生物与农业工程研究所、医学物理技术中心、中国科学院核能安全技术研究所、应用技术研究所 6 个非法人研究单位，与地方政府共建了安徽循环经济工程院、皖江新兴产业发展中心、淮南新能源中心、中科院合肥技术创新工程院、合肥离子医学中心，与安徽省科协共建并负责管理合肥现代科技馆。

合肥研究院拥有 1 个国家工程中心，17 个省部级重点实验室/工程中心，以及全超导托卡马克实验装置（EAST）、稳态强磁场实验装置 2 个国家重大科技基础设施，牵头建立了合肥战略能源和物质科学大型仪器区域中心。

合肥研究院的定位是：面向世界科学前沿、面向国家战略需求和我国产业技术发展需要，着力于核聚变、环境监测与治理、强磁场等已具优势基础的研究领域的发展；着力于推进光电空天技术、新型功能材料、现代农业、高端医疗等高新技术创新及其转移转化。合肥研究院目标是：建设并依托大科学装置集群，开展基础性研究和高新技术研发，将科学岛建成世界一流的科研机构。

2014 年，中科院启动“率先行动”计划，优先启动了中科院大科学中心的建设。经过近两年的努力，由合肥研究院和中国科大联合申请获批的“中科院合肥大科学中心”于 2016 年 11 月 18 日通过了中科院组织的专家答辩，在院长办公会上被评为“优秀”，圆满完成了筹建任务。

在中科院合肥大科学中心的基础上，合肥研究院积极推动安徽省、中科院联合申报合肥综合性国家科学中心。作为综合性国家科学中心建设方案编写小组主力成员之一，合肥研究院全程参加方案的编写与多轮修改，并先后配合省政府、国家发展改革委组织了两轮方案（初稿）专家论证会。

截至 2016 年底，合肥研究院共有在职职工 2589 人。其中科技人员 2172 人，包括中国科学院院士 2 人、中国工程院院士 4 人、研究员及正高级工程技术人员 296 人、副研究员及高级工程技术人员 709 人。共有“千人计划”入选者 9 人（新增 0 人），“青年千人计划”入选者 5 人（新增 1 人），“万人计划”入选者 6 人（新增 3 人），中国科学院“百人计划”入选者 49 人（新增 4 人），安徽省“百人计划”入选者 7 人（新增 1 人），国家杰出青年科学基金获得者 5 人（新增 1 人），国家优秀青年科学基金获得者 4 人（新增 1 人）。

合肥研究院现设有光学、核能科学与工程、

等离子体物理、环境科学与工程、材料物理与化学、凝聚态物理、生物物理学、计算机应用技术、检测技术与自动化装置、模式识别与智能系统、精密仪器及机械 11 个二级学科博士研究生培养点；设有制冷与低温工程、核技术及应用，以及以上 11 个二级学科共计 13 个硕士研究生培养点，并设有仪器仪表工程、材料工程、动力工程、控制工程、计算机技术、化学工程、核能与核技术工程、环境工程、生物工程 9 个专业学位硕士研究生培养点。共有在学研究生 1633 人（其中博士生 811 人，硕士生 822 人），在站博士后 82 人。

截至 2016 年底，合肥研究院共有在研项目 679 项（包括新增项目 173 项）。其中，主持（或承担）国家自然科学基金 634 项（新增 143 项），其中主持（或承担）国家自然科学基金重点项目 7 项（新增 2 项）、面上项目 215 项（新增 55 项）、国家杰出青年科学基金项目 2 项（新增 1 项）、国家自然科学基金重大研究计划重点项目 3 项（新增 0 项），国家重大科研仪器研制项目 2 项（新增 1 项），优秀青年基金项目 3 项（新增 1 项）；主持或承担国家重大科技专项 1 项；主持或承担国家重点研发计划 8 项；主持（或承担）863 计划项目 4 项；承担中科院院级科研装备研制项目 12 项（新增 3 项）；主持（或承担）中国科学院战略性先导科技专项课题 2 项（新增 0 项）；主持（或承担）院前沿科学重点研究项目 7 项（新增 7 项）、国家科技支撑计划 2 项；承担重点国际合作项目 18 项（新增 12 项）。

2016 年，合肥研究院在多个学科领域取得重大突破。自主研制的混合磁体装置调试成功，达到 40 万高斯稳态磁场，成为磁场强度排名世界第二的稳态强磁场装置。EAST 装置实现电子温度超过 5000 万摄氏度、持续时间达 102 秒的超高温长脉冲等离子体放电；并且实现超过 60 秒的完全非感应电流驱动（稳态）高约束模等离子体，成为世界首个实现稳态高约束模运行持续时间达到分钟量级的托卡马克核聚变实验装置。“高分五号”卫星大气气溶胶多角度偏振探测仪（DPC）和大气主要温室气体监测仪（GMI）正样通过航天八院环境卫星项目办组织的交付验收评审。牵头承担的“第二粮仓”STS 预研项目“淮北科技增粮县域技术集成与示范”历时两年时间，在技术示范与推广、科研成果产出、科技服务、技术产业化、社会关注等方面取得重大进展，超出预期成效，圆满完成项目既定目标等。

根据 2016 年科技部中国科学技术信息研究所发布“2015 年度中国科技论文统计结果”，合肥研究院 2015 年度科技论文产出再创新高，以第一署名机构发表的 SCI 论文数为 757，EI 论文数为 742，双双攀升到全国科研机构第 2 位。其中“卓越科技论文”达 254 篇，攀升至全国科研机构第 5 位。

2016 年，合肥研究院获 1 项国家自然科学奖二等奖（核能安全所“新型核能系统的中子输运理论与高效利用方法”），2 项安徽省自然科学奖一等奖（等离子体所“托卡马克高约束等离子体中缓解边界局域模的新方法研究”和智能所“面向环境痕量污染物的高活性敏感位点纳米传感原理与检测方法”），3 项安徽省科技进步奖一等奖（等离子体所“高载多元分流超导馈线系统关键技术与应用”、核能安全所“自主化核设计与辐射安全评价系统及国际规模化应用”及固体所“高效吸能合金及其在航天器着陆缓冲机构中的应用”）、1 项安徽省科技进步奖二等奖（强磁场中心“20MW 高稳定度电源系统的设计和研制”）。共申请专利 505 件，比去年增长 5.87%；其中发明专利申请 431 件，比去年增长 2.61%；通过 PCT 申请专利 4 件；授权专利 332 件，比去年增长 17.73%，其中发明专利授权 290 件，比去年增长 21.85%；计算机软件著作权登记 85 件；获批垄断性注册商标一件（商标名称：第二粮仓）。

合肥研究院李建刚、刘文清两位院士分获 2016 年度何梁何利基金奖；宋云涛研究员获光华工程科技奖青年奖；固体所加拿大籍专家尤金·格列戈良茨教授（Eugene Gregoryanz）获安徽省“黄山友谊奖”和首届外国专家“合肥友谊奖”。

作为中科院驻安徽和河南两省的派出机构，合肥研究院积极和中科院科技促进发展局及地方政府主管部门加强沟通，于 2016 年 8 月 16 日、

8 月 25 日，分别完成了河南、安徽两省的省院协议的签订工作。目前，合肥研究院共有中科院系列分支机构 28 个。其中，创新院被列为安徽省“全创改”11 个试点单位之一，河南中心被评为优秀“国家级技术转移示范机构”。

2016 年，合肥研究院积极申报中科院科技促进发展局 STS 项目。“河南粮食生产减肥增效示范”“水相关气象要素探测设备工程化研发和产业化”两个项目获批区域 STS 重点项目支持；“糖尿病无创检测仪的应用示范及产业化”“工业园区污水处理厂提标改造技术集成与工程示范（子课题）”2 个项目获得重点部署项目支持。承担的 2014 年第二粮仓 STS 预研项目“淮北科技增粮县域技术集成与示范”项目顺利结题。

2016 年，合肥研究院进一步规范了科技成果评估、转让工作。对 31 项科技成果进行评估，其中 5 项专有技术进行了评估转让，总价值为 563.6 万元；13 专利技术作价 8925 万元成立 9 家公司，股权奖励 6122.5 万元，2016 年股权分红 354.8 万元。

2016 年，合肥研究院全年共签订横向技术合同 266 项，合同额共计 1.28 亿元。其中，100 万元以上合同 32 项，合同额 6343 万元；100 万以下合同 234 项，合同额 6486.2 万元。

合肥研究院目前有参股企业 37 家（不包括在办企业），2016 年度营业收入达 5 亿元，比上一年增长 40%，上缴税收 4000 万元，比上一年增长 45%，企业中研究院在编人员约 200 人。

2016 年，合肥研究院国际学术交流活动发展态势良好，主办、承办 5 场国际会议，主办、共接待以开展合作研究、联合实验、举行学术报告为主要目的来访人员，以及开展合作研究和参加国际会议为主出访人员共计约 400 人次，全年出访参与国外联合实验、国际会议、交流访问 607 人次。依托 EAST 装置台，与俄罗斯、美国、法国、意大利、丹麦、日本、韩国等长期合作的国家继续保持并深化合作，同时与巴基斯坦、泰国等聚变界新兴国家开启了新的合作。依托稳态强磁场装置，开展丰富的国际交流活动。美、德、荷、日强磁场实验室的负责人先后来访，促进和加强了相互间的沟通和交流。

合肥研究院目前主办 4 种科技期刊，分别为英文期刊 *Plasma Science and Technology* 和中文科技期刊《量子电子学报》、《大气与环境光学学报》（出版 6 期）、《模式识别与人工智能》。

（撰稿：孙　策　程　艳　审稿：匡光力）

武汉岩土力学研究所

副 所 长：薛　强（主持工作）
地　　址：湖北省武汉市武昌小洪山 2 号
邮政编码：430071
电　　话：027-87199251
传　　真：027-87197386
电子信箱：irsm@whrsm.ac.cn
网　　址：http://www.whrsm.ac.cn

中国科学院武汉岩土力学研究所（以下简称“武汉岩土所”）创建于 1958 年，是专门从事岩土力学与工程应用基础研究、以工程应用背景为特征的综合性研究机构。

“十三五”时期，武汉岩土所将围绕国家重大战略，对标中国科学院“十三五”规划中提出的“8+2”科技布局和“三重大”产出目标，按照研究所“一三五”规划战略布局，聚焦研究所创新跨越发展总体战略定位，定位于岩土力学与工程的应用基础研究，致力于重大工程安全与灾害控制、深部资源及能源高效安全开发、废弃物地质处置和利用方面的基础性、战略性、前瞻性工作。在国家城镇化发展和基础设施建设、资源与能源开发中发挥重要作用，引领我国岩土力学与工程学科发展，成为本学科国际知名的研究机构。

武汉岩土所下设岩土力学与工程国家重点实验室、湖北省环境岩土工程重点实验室、污染泥土科学与工程湖北省重点实验室、能源与废弃物地下储存研究中心、湖北省固体废弃物安全处置与生态高值化利用工程技术研究中心、中国岩土工程研究中心、武汉岩土工程检测中心、岩土力学与工程实验测试中心等研究、开发与支撑平台，以及武汉中科岩土投资有限责任公司、武汉中岩科技有限公司、武汉中科岩土工程有限责任公司、武汉中力岩土工程有限公司和武汉中科科创工程检测有限公司等产业转化平台。2016 年，武汉岩土所新增各类仪器设备 14 台（套），价值 1990 万元。目前，武汉岩土所拥有 MTS 岩石三轴试验系统、岩石温度-应力-渗流耦合三轴流变仪、岩石双轴宏细观测量系统、大型粗粒土动静试验系统、静/动态空心圆柱扭剪实验系统、土体真三轴实验系统、土工织物多功能试验机、扫描电子显微镜、地形微变远程监测系统、96 通道高精度岩石微破裂监测系统、剑桥式自钻旁压仪、V8 网络化多功能电法仪等各类重要科研仪器设备 166 台（套），总价值逾亿元，为开展前沿科学研究与高技术研发提供了设备保障。

2016 年，武汉岩土所大力加强人才引进和培养力度，积极推进研究生教育。截至 2016 年底，武汉岩土所共有在职职工 315 人，其中中国工程院院士 1 人，研究员 44 人，副研究员及高级工程技术人员 98 人。共有“千人计划”创新长期项目入选者 1 人，国家“千人计划”外专项目入选者 1 人，“千人计划”青年项目入选者 2 人，“中青年科技创新领军人才”2 人，“百千万工程领军人才”1 人。中国科学院“百人计划”入选者 13 人，其中率先行动“百人计划”青年俊才备案 1 人。研究所现有国家杰出青年基金获得者 7 人，“百千万人才工程”国家级人选 8 人。1 人被院聘为外国专家特聘研究员。2016 年，武汉岩土所引进具有博士学位的科研骨干 5 人，2 人入选院青年创新促进会，3 人入选中科院特聘研究员。

武汉岩土所是国务院学位委员会批准的首批博士、硕士学位授予单位之一。现设有工程力学和岩土工程二级学科博士研究生、硕士研究生培养点，防灾减灾工程及防护工程二级学科硕士研究生培养点，建筑与土木工程、控制工程专业硕士研究生培养点，并设有土木工程一级学科博士后流动站。共有在学研究生 207 人（其中硕士生 85 人、博士生 122 人），在站博士后 28 人。

2016 年，武汉岩土所在研项目 458 项（新增项目 229 项）。其中，主持 973 计划项目 1 项、课题 7 项；国家科技支撑计划课题 3 项；国家重点研发计划课题 1 项；国家科技基础性工作专项项目课题 1 项；国家科技重大专项专题 1 项；国家自然科学基金创新研究群体项目 1 项（新增 1 项）、杰出青年科学基金项目 2 项（新增 1 项）、优秀青年科学基金项目 1 项、重点项目 7 项、重大国际（地区）合作与交流项目 1 项、重大科研仪器研制项目 1 项、面上项目 73 项（新增 12 项）、青年项目 49 项（新增 13 项）；中国科学院对外合作重点项目国际大科学计划培育专项 1 项、重点部署项目 1 项、重点部署课题 1 项、战略性先导科技专项课题 5 项、中国科学院前沿科学重点研究项目 2 项、科技服务网络（STS）计划 1 项、重大科研装备研制项目 1 项。新增 100 万及以上重大工程项目 23 项，涉及水利、矿山、交通、能源、建筑等领域。科研经费到款 17 602 万元，其中纵向课题进款 9473 万元，横向课题进款 8129 万元。

2016 年，武汉岩土所科研工作取得重要进展，参与完成并获得国家科技进步奖二等奖 1 项，主持完成并获得湖北省技术发明奖 1 项、科技进步奖一等奖 3 项。全所全年共有 416 篇论文被 SCI、EI、ISTP 三大检索收录，其中第一署名单位 SCI 论文 128 篇，发表于影响因子 2 以上期刊的论文占 40.5%，其中最高影响因子为 5.93，发表于岩土领域权威核心期刊占 37.2%，国际合作发表论文占 20.9%，合作单位分布于 15 个国家，其中合作较多的为澳大利亚、美国、英国；获得专利授权 128 项，其中发明专利 52 项；软件著作权授权 27 项；出版中英文专著 4 部（英文专著 1 部）；7 部标准/规范予以实施（国际标准、国家标准各 1 部）。

2016 年，武汉岩土所积极开展国际交流与合作。全年研究所共派出人员 107 人次，其中出国参加本学科领域国际学术会议 71 人次，其中作国际会议特邀报告 8 人次，24 人次在有关研究机构开展合作研究；共接待来访、顺访国际学者 42 人次。获批中国科学院国际大科学计划培育专项 1 项——深部地质工程安全与稳定国际合作计划。承办/协办国际会议 5 次，主办国内会议 1 次；主办第一届国际岩石工程安全学术大会（西安）、第二届国际岩石动力学大会（苏州），承办第三届国际多尺度多场耦合岩土力学工程研讨会（上海）、CO_2 地质封存力学国际论坛（武汉），协办第十四次全国岩石力学与工程学术大会香港国际分会（香港）；主办《岩石力学与工程学报》2016 年“陈宗基讲座”暨层状边坡灾变理论及控稳技术高端论坛（武汉）。

2016 年，武汉岩土所继续加强与岩土工程行业内相关单位沟通协作力度，共同打造岩土力学与工程产业链，形成科研、产业联盟，逐步建立系统完善的科技合作网。与中交一公局桥隧工程有限公司共建复杂地质条件盾构施工技术研究中心；联合贵州省质安交通工程监控检测中心有限责任公司共同搭建岩土工程技术研发中心平台。

武汉岩土所是中国岩石力学与工程学会支撑单位之一，也是其下属的地下工程分会、地面岩石工程专业委员会、岩石动力学专业委员会、中国力学学会岩土力学专业委员会和中科院自然科学期刊编辑研究会武汉分会的挂靠单位；武汉岩土所主办的《岩土力学》和承办的《岩石力学与工程学报》均为国内中文核心期刊，同时被 EI 数据库收录，与中国岩石力学与工程学会联合主办的《岩石力学与岩土工程学报》（英文版）是国内本学科领域第一家英文版学报。

（撰稿：艾东海　曾妍焱　审稿：薛　强）

武汉物理与数学研究所

所　　长：刘买利
地　　址：湖北省武汉市武昌区小洪山西 30 号
邮政编码：430071
电　　话：027-87199543
传　　真：027-87198238
电子信箱：wipm@wipm. ac. cn
网　　址：http://www. wipm. ac. cn

武汉物理与数学研究所（以下简称“武汉物数所”）坐落在著名的武汉东湖之滨和风景秀丽的珞珈山西麓，由原武汉物理所（始建于 1958 年）和武汉数学物理与计算技术研究所（始建于 1957 年）于 1996 年合并而成。经过半个多世纪的发展，现已建成为以核磁共振波谱学、原子分子物理、数学物理研究为主，积极开展原子频标等高技术研发，同时致力于高技术成果转移转化的综合型国立研究所。

近年来，武汉物数所围绕国家需求和核心科学问题，发挥磁共振波谱及与生命科学交叉、原子分子与光物理、原子频标与精密测量物理、数学物理等多学科综合优势，开展基础性、战略性和前瞻性研究，大力推进高新技术创新与转移转化，全面支撑国民经济和社会可持续发展，力争建成为不可替代的国家战略科技力量和国际一流的研发机构。

通过实施“率先行动”计划，武汉物数所在生命波谱分析、原子频标和精密测量物理技术等领域形成了一定的优势和特色。2016 年，以武汉物数所为依托的中科院战略性先导科技专项（B 类）“基于原子的精密测量物理”获批立项，研究所在此基础上，正务实推进四类机构改革，积极筹建精密测量物理卓越中心和国家自然科学基金委生命波谱分析交叉中心。

武汉物数所是波谱与原子分子物理国家重点实验室、国家大型科学仪器中心·武汉磁共振中心、中国科学院生物磁共振分析重点实验室、中国科学院原子频标重点实验室、湖北省波谱探测工程中心、中国科学院冷原子物理中心（武汉）的依托单位，是武汉光电国家实验室的组建单位之一。武汉物数所辖磁共振基础研究部、磁共振应用研究部、原子分子光物理研究部、原子频率标准研究部、理论与交叉研究部、数学物理与应用研究部、精密测量物理研究部、脑科学研究中心、高技术创新与发展中心 9 个研究单元，同时还设立了磁共振技术中心、原子频标与激光技术中心 2 个技术支撑中心。武汉物数所拥有 850MHz 超导高分辨核磁共振谱仪、7T/20cm 小动物磁共振成像仪、10m 喷泉式高精度原子干涉仪等价值 50 万元以上的大型科研仪器设备 139 台（套），总价值超过 2.5 亿元，为开展前沿科学研究与高技术研发提供了装备保障。

武汉物数所是 1986 年国务院学位委员会批准的博士、硕士学位授予权单位之一。现有物理、化学 2 个一级学科博士学位培养点，应用数学 1 个二级学科博士学位培养点，原子分子物理、无线电物理、光学、理论物理、精密测量物理、分析化学、物理化学、应用数学、基础数学9个二级学科学术型硕士学位培养点，电子与通信工程、生物工程2个工程硕士学位培养点，并设有数学、物理学2个博士后流动站。现有在籍研究生294人（其中硕士生135人、博士生159人），在站博士后26人。

截至2016年底，武汉物数所共有在职职工442人，其中科技人员374人（正高级人员56人、副高级人员124人），包括中国科学院院士1人、国家杰出青年科学基金获得者7人（新增1人）、973计划首席科学家5人、“百千万人才工程”国家级人选4人、国家“青年千人计划”入选者3人（新增1人）、“万人计划”青年拔尖人才入选者2人、国家“万人计划”科技创新领军人才”入选者2人（新增2人）、国家优秀青年基金获得者4人（新增2人）、中国科学院“百人计划”入选者19人、湖北省“百人计划”入选者3人、中国科学院“引进杰出技术人才”2人、“现有关键技术人才”3人（新增1人）、美国霍华德·休斯首届国际青年科学家奖获得者1人、享受国务院政府特殊津贴和院省有突出贡献的专家20人、中国第二代卫星导航系统重大专项特聘专家1人、总装惯性技术专家指导组特聘专家1人。另有1个国家创新群体、4个中科院国际团队、3个中科院创新交叉团队。

2016年，武汉物数所共有在研项目284项（新增96项）。其中，主持973计划（含国家重大科学研究计划）项目3项、承担课题5项，主持国家重点研发计划项目1项（新增1项）、承担课题4项（新增4项），主持863计划项目6项、国家重大科学（科研）仪器研制/开发项目7项；主持或承担国家杰出青年科学基金项目2项、重点项目3项（新增1项）、国际（地区）合作与交流项目4项，面上项目76项（新增17项）；承担中国第二代卫星导航系统重大专项3项，国家重大工程型号项目5项（新增1项）；主持中国科学院战略性先导科技专项1项，课题8项，承担院重点部署项目（课题）4项。

2016年，“北斗二号”卫星工程获得2016年度国家科技进步奖特等奖，武汉物数所星载铷钟作为其核心载荷，使得研究所成为获奖单位之一。新一代高性能星载铷原子钟核心指标达到国际顶尖水平，即将服务于我国新一代北斗卫星导航系统，该项成果入选湖北省2016年度“十大科技事件”。此外，武汉物数所制定了代谢组学评估纳米药物生物学效应的国家标准，国际上首次将单原子量子比特相干时间提高百倍。武汉物数所本年度共发表科技论文340篇，其中SCI收录论文283篇（JCR TOP 15%以上论文占36.4%）；共获发明专利授权31件，申请发明专利23件。“一种永磁极化器”荣获第十八届中国专利奖优秀奖。

2016年，武汉物数所成果转移转化和高技术产业发展势头良好。所投资控股企业全年销售收入1.7亿元，税后净利润657万元。核磁共振波谱仪产业化进入关键时期，首批磁体已下线，全新整机将于2017年对外销售；成立中科泰菲斯公司，开展芯片原子钟工程化和产业化工作；以“人体肺部磁共振成像仪”产业化项目为主体，支撑打造武汉市“中科武大·智谷”高端医疗影像产业。此外，代谢组学应用和服务、高效药物筛选和评估、中国脑功能计划等项目进入市场化运作。

2016年，武汉物数所共与15个国家和地区的研究机构开展了合作与交流并取得实质性成果，合作发表SCI论文88篇，占全年发表SCI论文的29.4%。“生命波谱分析国际团队”通过试运行评估，正式启动运行；“基于原子分子的精密测量物理研究”创新国际团队运行良好。美国莱斯大学Randall Gardner Hulet、约翰·霍普金斯大学Michael T. McMahon、印度物理研究实验室Bijaya Kumar Sahoo 3位外籍专家分别获院国际人才计划杰出学者和访问学者项目资助。2016年度累计出访83人次，接待来访106人次。

武汉物数所是中国物理学会波谱学专业委员会、湖北省晶体学会的挂靠单位；武汉物数所主办的《数学物理学报》（中、英文版）和《波谱学杂志》均为我国自然科学的核心刊物，其中《数学物理学报》英文版为SCI收录期刊，连续5年入选“中国最具国际影响力学术期刊”。

（撰稿：孙智波　罗　芳　审稿：刘买利）

武汉病毒研究所

所　　长：陈新文
地　　址：湖北省武汉市武昌区小洪山中区44号
邮政编码：430071
电　　话：027-87199162
传　　真：027-87198072
电子信箱：office@wh.iov.cn
网　　址：http://www.whiov.ac.cn

中国科学院武汉病毒研究所（以下简称“武汉病毒所”）坐落于武汉市风景秀丽的小洪山山麓、东湖之滨，始建于1956年，前身是武汉微生物研究室和湖北省微生物研究所，是我国专业从事病毒学基础研究及相关技术应用的综合性研究机构。

武汉病毒所面向国家生物安全的战略需求和人口健康、农业可持续发展，依托中国科学院高等级生物安全实验室团簇平台，瞄准病毒学及生物安全国际前沿，重点开展病毒学、新兴生物技术及农业与环境微生物学等方面的基础性、战略性和前沿性研究。

武汉病毒所目前设有分子病毒学、分析微生物学与纳米生物学、微生物菌毒种资源与应用、病毒病理、新发传染病5个科学研究中心。拥有病毒学国家重点实验室（联合）、国家级国际联合研究中心——新生疾病和病毒与病理学国际研发中心、中国科学院高致病性病原生物学与生物安全重点实验室、中-荷-法无脊椎动物病毒学联合开放实验室和所级公共技术服务中心。建有亚洲最大的病毒资源保藏库——微生物菌毒种保藏中心，保藏各类病毒近1400株。中国病毒标本馆是我国首批“全国青少年走进科学世界科技活动示范基地”，拥有我国最完整、最具特色的生物安全团簇平台，包括1个BSL-4实验室、2个BSL-3/ABS-3实验室、17个BSL-2实验室、10个BSL-1实验室。

截至2016年底，武汉病毒所共有在职职工295人。科技人员238人、管理人员30人、支撑人员47人，包括正高级专业技术人员37人、副高级专业技术人员57人。共有“万人计划”百千万领军人才1人、青年拔尖人才1人，“百千万人才工程”3人，国家杰出青年基金获得者4人，国家自然科学基金委“创新群体”1个，科技部“中青年科技领军人才”1人，享受国务院政府特殊津贴5人；中科院特聘研究员6人（新增1人），中科院“百人计划”15人（新增2人），中科院青年创新促进会优秀会员1人、会员9人；湖北省“百人计划”3人，湖北省“新世纪高层次人才工程”2人，湖北省有突出贡献中青年专家2人。

武汉病毒所现设有生物学、基础医学2个一级学科培养点，生物化学与分子生物学、微生物学、免疫学3个专业二级学科培养点，设有生物学专业博士后流动站，共有在学研究生295人（含留学生13人），其中硕士生131人、博士生164人；在站博士后43人（含联合博士后36人）。

2016年，武汉病毒所共有在研项目220项（新增86项）。其中，主持（或承担）国家自然科学基金重点项目2项（新增1项）、面上项目50项（新增12项）、国家杰出青年科学基金项目2项、国家自然科学基金重大研究计划重点项目3项（新增1项）；主持或承担国家重大科技专项2项（新增1项）；主持或承担国家重点研发计划16项（新增16项）；主持（或承担）国家重大科学研究计划项目2项、承担（或参加）课题14项，承担863计划项目2项；承担国家自然科学基金委重大仪器研制项目1项；主持（或承担）中国科学院战略性先导科技专项课题2项（新增1项）；主持（或承担）院重点部署项目2项（新增1项）、承担重点国际合作项目5项（新增4项）；承担院地合作项目33项（新增16项）。

2016年，武汉病毒所BSL-4实验室（简称“武汉P4实验室”）通过中国合格评定国家认可委员会认证，成为我国首个获得认可证书的四级生物安全实验室。

2016年，武汉病毒所共发表论文145篇；出版科普图书1部；申请发明专利13件，获授权发明专利7件。在病毒脱壳过程、蝙蝠SARS样冠状病毒研究、杆状病毒关闭宿主细胞转运通路、沙粒病毒影响天然免疫系统机制、氧化还原感应蛋白在结核性肉芽肿发生和形成过程的功能、RNA病毒聚合酶转位中间体晶体结构、多功能病毒样颗粒纳米器件、纳米线高通量病原分析技术、细胞内蛋白三聚体超分辨成像技术研究等方面取得重要进展。

2016年，武汉病毒所共有国际合作项目立项5项，国际人才项目立项2项。因公出访62人次，接待来访顺访46人次。相继召开第七届新生病毒性疾病控制学术研讨会、*Nature* 会议：病毒感染与免疫国际会议、第四届疱疹病毒与相关疾病及抗病毒策略国际研讨会等国际学术交流活动，来自中、美、英、法、澳、瑞等国家和地区共1000余位专家和代表参加会议。与世界卫生组织签订流感病毒预防和利益共享-标准材料转让协议，分别与巴基斯坦国家工程与科学委员会、乔莫·肯尼亚塔农业与技术大学签订谅解备忘录。武汉病毒所胡志红研究员正式担任国际无脊椎动物病理学会（SIP）副主席；袁志明研究员、石正丽研究员分别获法国国家功勋骑士勋章、法国棕榈教育骑士荣誉勋章。

2016年，武汉病毒所切实执行促进科技成果转化政策，激励推动成果转化工作。依托研究所核心技术生产的广谱病毒杀虫剂应用面积超过1000万亩；农药环境安全研究中心向企业提供农药登记环境毒理试验技术服务300余项，农药田间药效试验业务150余批次；在药物抗呼吸道病毒性能、寨卡病毒疫苗、病原检测新技术、药物筛选等方面与企业有效合作，为我国农业、生物医药产业的发展做出贡献。武汉病毒所主要投资公司4家，2016年营业收入约1.3亿余元，实现利税约2020万余元。

2016年，武汉病毒所“十二五”基本建设项目“病毒学与生物安全综合实验研究基地”于7月29日在武汉江夏区郑店科研园区举行了奠基仪式，标志着总建筑面积50 475平方米（地下建筑面积2333平方米，地上建筑面积48 142平方米）、总投资23 515万元的科研及配套设施建设正式进入工程施工阶段。

2016年，武汉病毒所结合建所60周年，举办了以“微生物与健康”为主题的一系列学术活动。

武汉病毒所作为湖北省暨武汉微生物学会和中国免疫学会青年工作委员会的挂靠单位，每年坚持开展学术交流、科普宣传、科技咨询、科技服务、科技开发、举荐人才、维护科技工作者的合法权益等活动。武汉病毒所编辑出版的国际英文期刊 *Virologica Sinica* 2016年共出版6期，刊发论文75篇，继2013年、2014年、2015年后，再次入选“中国最具国际影响力学术期刊”。

（撰稿：刘　汝　韩照菊　审稿：何长才）

测量与地球物理研究所

副 所 长：王　勇（主持工作）
地　　址：湖北省武汉市武昌区徐东大街340号
邮政编码：430077
电　　话：027-68881355
传　　真：027-68881355
电子信箱：bgs@whigg.ac.cn
网　　址：http://www.whigg.cas.cn

中国科学院测量与地球物理研究所（以下简称“测地所”）的前身为中国科学院地理研究所（南京）大地测量室，1957年成立中国科学院测量制图研究室，1958年迁至武汉，1959年改为测量制图研究所，1961年调整为测量与地球物理研究所，1970年划归地震局领导，1978年由中国科学院批准恢复重建。

测地所是我国大地测量领域最早的研究机构，也是中国科学院唯一从事大地测量学研究的研究所。多年来，研究所致力于大地测量学、地球物理学与环境科学等相关重要科学问题研究，面向地球系统科学圈层相互作用过程及动力学机制的重大科学问题，针对国家航空航天、军事和基础测绘、全球变化与灾害监测、资源勘探等方面的重大战略需求，面向国民经济主战场，开展与大地测量和地球物理相关的重大理论研究，突破核心技术瓶颈，在国内相关领域起骨干和引领作用，具有不可替代性。2016 年，测地所积极贯彻中央和中科院党组精神，按照“三个面向”“四个率先”的新时期办院方针，以实施“率先行动”计划为统揽，深入推进“十三五”规划实施，进一步聚焦关键科学问题，完成任务团队组建，明确举措与责任，推动体制机制改革，力求靶向施策、精准发力，改革考核评价方式和人才激励机制，强化目标导向，力促“三重”大产出，取得了较好成效。

测地所设有大地测量与地球动力学国家重点实验室，湖北省环境与灾害监测评估重点实验室，大地测量与地球物理观测技术实验室，计算与勘探地球物理研究中心，武汉大地测量国家野外科学观测研究站，中国科学院江汉平原小港湿地生态站（三峡监测重点站），国际 GNSS 监测评估系统分析中心，国家卫星定位系统工程技术研究中心（简称“GPS 工程中心”，合建，国家级），河南省中国科学院科技成果转移转化中心生态环境分中心（合建）等研究机构。拥有国际上先进的绝对重力仪、超导重力仪、相对重力仪、人卫激光测距仪、全球定位系统接收机、地基 InSAR、激光跟踪仪、北斗接收机、惯性导航系统、地震仪、高精度数控中心、便携式地物光谱仪、荧光光谱仪、水质垂直剖面自动监测系统、液相色谱仪、超级计算机等科研仪器设备。

截至 2016 年底，测地所共有在职职工 164 人。其中，科技人员 122 人，包括中国科学院院士 1 人、研究员 33 人、副研究员及高级工程师 46 人。共有“万人计划”入选者 2 人（新增 2 人）、“千人计划”入选者 3 人、中国科学院“百人计划”入选者 7 人（新增 1 人）、国家杰出青年科学基金获得者 4 人、“新世纪百千万人才工程”国家级人选 4 人、科技部“创新人才推进计划”中青年科技创新领军人才 2 人、湖北省重大人才工程“高端人才引领培养计划”首批培养人选 1 人。

测地所积极推进人才队伍建设。2016 年，新进职工 6 人。设有大地测量学与测量工程、固体地球物理学、自然地理学 3 个博士学位培养点和 3 个硕士学位培养点，1 个测绘工程专业硕士学位培养点，设有测绘科学与技术博士后流动站。在学研究生 138 人（其中硕士生 62 人、博士生 76 人），在站博士后 7 人。2016 年，录取硕士生 23 人、博士生 20 人；毕业硕士生 17 人、博士生 15 人。

2016 年，测地所不断开拓创新、奋发进取，项目争取取得重大突破。全年共有在研项目 160 余项（包括新增项目及课题 70 余项）。其中，主持国家重点研发计划项目 1 项（新增 1 项）、课题 5 项（新增 5 项），承担国家重大科技基础设施建设项目 2 项，军民融合专项 1 项（新增 1 项），主持 973 计划项目 1 项、课题 3 项，财政部国家重大科研装备研制专项 1 项，国家科技支撑计划课题 2 项，国家重大科学仪器设备开发专项 1 项；主持国家自然科学基金创新研究群体项目 1 项，国家自然科学基金重点项目 2 项、面上项目 47 项（新增 11 项），国家自然科学基金重大研究计划培育项目 1 项（新增 1 项），国家自然科学基金联合基金重点项目 1 项，国家自然科学基金国际合作交流项目 2 项（新增 1 项），国家自然科学基金优秀青年科学基金项目 2 项，国家自然科学基金青年科学基金 25 项（新增 7 项）；承担中国科学院战略性先导科技专项课题 5 项（新增 3 项）；另有国家相关部委、地方、企业项目等多项。

2016 年，测地所承担的各项科研任务进展顺利。发表论文 200 余篇，其中 SCI 论文 102 篇；专利授权 4 项；软件著作权登记 4 项；获湖北省自然科学奖二等奖 1 项（主持）。积极践行“创新科技、服务国家、造福人民”的科技价值观，针对 2016 年湖北特大汛期提交的防汛抗灾建议，得到地方政府高度重视，湖北省委书记、副省长、武汉市市长 3 人分别批示，为防汛抗灾工作提供了有效参考和科技支撑。

2016 年，测地所积极开展院地合作工作，与地方相关机构签署合作协议，组队参加成果转移、推介活动，组织专家与相关企业、地方进行良好对接。组织参加全国科普日、科技活动周和中国科学院公众科学日等活动，1 人获“全国科普工作先进工作者”称号。

2016 年，测地所加强国际合作与交流，提高合作层次，全年因公出访 28 团组、51 人次。与尼日利亚大地测量与地球动力学中心签署合作协议，联合承办国际大地测量与地球动力学学术研讨会。进行分类管理，确保国际合作“走得出去”“请得进来”，有力提升了研究所学术地位和影响力。

测地所是国家首批甲级测绘资格单位、国家环保部规划环境影响评价推荐单位、全国科普教育基地、全国青少年走进科学世界科技活动示范基地、湖北省科普教育基地、湖北省文明单位之一；是湖北省地球物理学会、湖北省天文学会、湖北省自然资源研究会的挂靠单位。联合主办学术刊物《大地测量与地球动力学》，协办学术刊物《地理空间信息》。

（撰稿：熊小敏　程方升　审稿：冯　灿）

水生生物研究所

名誉所长：刘建康
所　　长：赵进东
地　　址：湖北省武汉市武昌区东湖南路7号
邮政编码：430072
电　　话：027-68780789
传　　真：027-68780123
电子信箱：qlwu@ihb.ac.cn
网　　址：http://www.ihb.ac.cn

中国科学院水生生物研究所（以下简称“水生所”）是从事内陆水体生命过程、生态环境保护与生物资源利用研究的综合性学术研究机构，其前身是1930年1月在南京成立的国立中央研究院自然历史博物馆，1934年7月更名为中央研究院动植物研究所，1944年5月又分建成动物研究所和植物研究所。中国科学院成立后，于1950年2月将原中央研究院动物所的主体、植物研究所和山东大学的藻类学研究部分及北平研究院的部分研究人员合并组成了中国科学院水生生物研究所（上海），1954年9月由上海迁至武汉。2001年水生所进入中科院知识创新工程试点序列。2011年水生所整体进入院“创新2020”试点工程。2015年水生所正式进入特色研究所。

水生所战略定位与发展目标是：作为国内唯一从事内陆水体生命过程、生态环境保护与生物资源利用研究的综合性学术研究机构，水生所面向国家在水环境保护、渔业可持续发展和微藻生物能源利用方面的重大战略需求，针对相关领域的基础性、战略性和前瞻性关键科技问题，着力重大理论创新和核心技术突破，强化创新价值链的延伸，发挥在水生态环境、现代渔业及水生生物资源保护和可持续利用等领域不可替代的作用。

水生所自进入特色研究所以来，以“特色研究所提升竞争能力、创新突破驱动长足发展”为指导思想，在“率先行动”计划引导下，面向国民经济主战场，进一步明确了定位，深化体制机制改革，完善预算和科研经费管理、内部科技活动管理、对外合作管理，改革知识产权管理和内部人事管理等制度，加强队伍建设，紧扣3个突破和5个重点培育方向，积极部署、推进“我国重点受污染湖库水环境改善与生态修复工程示范”等五大服务项目，顺利完成年度计划。在西湖重建可自然更替的沉水植物复合群落，为G20峰会成功举办做出了贡献；关于长江“十年禁渔”的呼吁取得重大进展；水生所牵头申报的香溪河生态环境观测研究站获批为国家环保部科学观测研究站，淡水养殖病害防治重点实验室获批为农业部重点实验室；作为副主任单位申报的湖泊水污染治理与生态修复技术获批为国家发展改革委国家工程实验室。

水生所设有水生生物多样性与资源保护研究中心、淡水生态学研究中心、鱼类生物学及渔业生物技术研究中心、水环境工程研究中心、水生生物分子与细胞生物学研究中心和藻类生物学及应用研究中心；共有62个学科组；公共技术研发与服务部下设分析测试中心、斑马鱼资源中心、淡水藻种库；拥有淡水生态与生物技术国家重点实验室、国家淡水渔业工程技术研究中心（武汉）、东湖湖泊生态系统开放试验站、中国科学院水生生物多样性与保护重点实验室、中国科学院藻类生物学重点实验室、湖北省水体生态工程技术研究中心、武汉市水环境工程研究中心；拥有亚洲最大的淡水鱼类博物馆、白鱀豚馆及中国最大的淡水藻种库。有50万元以上大型仪器 113 台（套），总价值 1. 33 亿元。

截至 2016 年底，水生所共有在职职工 334 人。其中科研人员 184 人、科技支撑人员 87 人，包括中国科学院院士 6 人、发展中国家科学院院士 3 人、研究员及正高职称人员 73 人、副研究员及高级工程技术人员 78 人。共有“千人计划”“青年千人计划”入选者各 1 人；“万人计划”2 人；国家“百千万人才工程”人选 6 人；国家杰出青年科学基金获得者 11 人，国家优秀青年科学基金获得者 2 人；中国科学院“百人计划”入选者 23 人。

水生所是国务院学位委员会批准的首批博士、硕士学位授予权单位。现设有水生生物学、遗传学、环境科学、海洋生物学 4 个二级学科博士研究生培养点；动物学、水生生物学、遗传学、环境科学、环境工程学、水产养殖 6 个二级学科硕士研究生培养点；生物工程、环境工程 2 个工程硕士研究生培养点；设有生物学、环境科学与工程 2 个专业博士后流动站。在学研究生 524 人（其中硕士生 253 人、博士生 271 人），在站博士后 50 人。

2016 年，水生所共有在研项目 696 项（新增 168 项），合同经费 1. 3 亿。其中，承担国家重大科技专项课题 2 项，承担及参加国家重点研发计划课题 10 项（均为新争取）；主持国家自然科学基金重点项目 4 项（新增 1 项）、面上项目 87 项（新增 19 项）、国家杰出青年科学基金项目 2 项；主持（或承担）中国科学院战略性先导科技专项课题 13 项，主持（或承担）院重点部署项目 3 项、承担重点国际合作项目 2 项；承担院地合作项目 47 项。

2016 年，水生所共发表论文 554 篇（含国际合作论文 95 篇），其中 SCI 收录 343 篇（其中 JCR 学科分类前 30% 的论文 188 篇，占 55%）。共申请专利 61 项，其中 48 项为发明专利，13 项为实用新型；获得授权专利 30 项，授权量较去年增加 50%，其中 18 项为发明专利，12 项为实用新型。发表专著 2 部。国家标准《食品国家安全标准 水产品中微囊藻毒素的鉴定》（GB 5009. 273—2016）于 2016 年 12 月正式发布。发明专利《一种用于污水净化和回用的生物生态组合的方法及装置》（专利号：ZL200810197242. 9）获第十八届中国专利优秀奖。

2016 年，水生所的重要工作成果显著。研发出了大规模引水降氮、生态引布水和沉水植物恢复与群落优化等系列技术，在杭州西湖建设了相关示范工程。重建了可自然更替的沉水植物复合群落，形成了壮观的水下森林景观。成果为杭州 G20 峰会的水环境保障做出了贡献。发挥科技智库作用，通过全国政协、媒体等呼吁对长江实施“十年禁渔”措施。水生所的淡水养殖病害防治重点实验室 获批为农业部重点实验室。发现 ELL 作为一个 E3 泛素连接酶的新功能，主要结果发表在 *Nature Communications* 上。开展研究，将纤毛囊泡的分泌与纤毛解聚过程关联起来，证明了纤毛解聚的过程不仅是通过 IFT 机制将纤毛蛋白运回细胞，同时还有一部分纤毛蛋白被包裹至囊泡中输送到细胞外，为进一步解析纤毛解聚的分子机理和纤毛中信号通路的调控找到了一个新的方向。该研究成果于 2016 年 12 月发表在 *Current Biology* 杂志上。通过大量的系统性工作，揭示了能源微藻油脂生物合成的能量代谢机制，以及其应用于烟气生物减排的生物学基础并论证了其工业可行性。系列研究在相关领域发表高水平 SCI 论文 12 篇，申请发明专利 7 项（已授权 3 项）。首次证明了微藻用于工业烟气 NO_x 生物减排的可行性和实用性，提出并完善了烟气 NO_x 资源化和微藻生物转化工艺路线图。

在产学研方面，2016 年，水生所制定了《中国科学院水生生物研究所科技成果转化实施细则》并正式颁布实施。向企业许可发明专利 2 项，许可收益 22 万元。继续在湖北、江苏、福建等地建立异育银鲫‘中科 3 号’繁育、水产品繁育等基地进行新品种推广及渔业养殖模式和新技术推广应用，与企事业单位共建的淮安研究中心、国家淡水渔业工程技术研究中心（武汉）鲌鳜鳡分中心、国家淡水渔业工程中心（武汉）（安徽分中心）等机构运行良好。积极组建科技特派员团队，为地方和企业服务，继续在地方成立院士工作站及国家工程中心分中心，积极促进科研成果转移转化。

2016 年，水生所共承担 2 项国际项目，主办国际会议 2 次。全年出访人员 104 人次，来访人员 109 人次。2016 年，水生所获批国家留学基金委项目1项。有17名在读外籍研究生（12名博士，5名硕士）。与国外联合发表文章95篇，新签署国际科技合作协议3项。推荐的1名外国专家获中科院外国专家特聘研究员计划资助。

水生所是中国海洋湖沼（动物）学会鱼类学分会、中国动物学会原生动物学会、中国水产学会鱼病研究会、湖北省海洋湖沼学会、湖北省动物学会、武汉动物学会、中国环境科学学会环境生物学专业委员会7个学会和武汉白鱀豚保护基金会的挂靠单位；水生所负责出版科技期刊《水生生物学报》。

（撰稿：段佳琳　孙　慧　审稿：吴青丽）

武汉植物园

主　　任： 张全发
地　　址： 湖北省武汉市磨山
邮政编码： 430074
电　　话： 027-87510126
传　　真： 027-87510251
电子信箱： wbgoffice@wbgcas.cn
网　　址： http://www.wbgcas.cn

中国科学院武汉植物园（以下简称“武汉植物园”）筹建于1956年，成立于1958年11月，1963年改名为中国科学院中南分院华南植物所武汉植物园，1972年划归湖北省后改名为湖北省植物研究所，1978年回归中国科学院更名为中国科学院武汉植物研究所，2003年再次更名为中国科学院武汉植物园。

武汉植物园的发展定位是：收集保护亚热带和暖温带战略植物资源；拓展资源保护与可持续利用、湿地恢复与大型工程生态安全两大优势领域，引领我国特色农业种质创新与产业发展、水生植物与水环境健康和大型工程区生态修复技术的研究，成为国际同领域具有强大竞争力和重要影响的研究机构；进一步提升科普开放能力，成为世界知名的生物多样性与环境教育基地；服务国家生物产业、生态安全及全民素质教育的战略需求，建成世界一流植物园。

武汉植物园下设4个研究中心：生物多样性研究中心、资源植物研究中心、水生植物研究中心、流域生态研究中心；拥有中国科学院植物种质创新与特色农业重点实验室、中国科学院水生植物与流域生态重点实验室、湖北省湿地演化与生态恢复重点实验室3个省部级重点实验室；建有1个国家种质资源圃、1个省级成果转化中心和1个院级分中心、1个部级生态监测站、6个迁地保护基地、4个所级野外台站的网络支撑平台。2016年9月26日，武汉植物园完成我国第一个境外科教机构中国科学院“中-非联合研究中心”基础设施建设并顺利移交给肯尼亚政府。“十二五”基建项目顺利完工，基本完成光谷园区一期项目全部建设施工任务。

截至2016年底，武汉植物园共有在职职工265人。其中科技人员145人、园艺中心42人、管理人员29人、科技支撑中心人员12人、重点实验室2人、科技副职1人、辅助岗2人、公司人员21人、离岗人员11人，包括研究员及正高级工程技术人员28人、副研究员及高级工程技术人员76人。共有中国科学院“百人计划”入选者14人。

武汉植物园设有生物学、生态学2个一级学科博士培养点，植物学、生态学、园林植物与观赏园艺3个学术型硕士培养点和生物工程、环境工程2个专业学位硕士培养点，设有生物学、生态学2个一级学科博士后流动站。积极开展对非人才培养，建立并逐步完善了成熟的培养计划。截至2016年12月31日，共有在读研究生192人，其中硕士生113人（含留学生37人），博士生79人（含留学生14人）。导师共62人，其中博士生导师20人，硕士生导师42人。

2016年，武汉植物园共有在研项目265项（包括新增项目79项）。其中，承担973计划3项、承担863计划项目2项、承担国家重点研发计划5项（新增5项）、主持（或承担）国家科技基础性专项10项（新增2项）、承担国家重大科技专项1项、承担国家公益性行业性专项3项（新增1项）、承担农业部948项目2项（新增1项）、主持国家自然科学基金重点项目2项、国家基金面上项目等105项（新增19项）、主持

（或承担）国务院三建委项目 1 项（新增 1 项）、承担国家其他项目 2 项。承担中科院战略性先导科技专项 A 类项目 1 项（新增 1 项）、中科院战略性先导科技专项 B 类项目 1 项、主持中科院重大项目 1 项（新增 1 项）、主持中科院前沿重点项目 1 项（新增 1 项），主持中科院重点部署项目 2 项、主持中科院 STS 计划项目 4 项（新增 2 项）、主持中科院国际杰出学者和中科院国际访问学者计划 4 项（新增 3 项），主持中科院战略生物资源网络计划项目 4 项（新增 4 项），主持中科院海外科教基地项目 9 项（新增 8 项），主持中科院青年创新促进会项目 6 项，主持中科院人才引进项目 6 项（新增 1 项），主持（或承担）中科院其他任务 3 项。

2016 年，武汉植物园共发表论文 174 篇，其中 SCI 165 篇（118 篇 TOP 30%，包括 40 篇 TOP 10%）、CSCD 8 篇、其他 1 篇。著作 2 部。获授权专利 9 件，其中发明专利授权 8 件；申请专利 38 件，其中发明专利申请 37 件。猕猴桃育种创新及产业化应用团队获中国科学院科技促进发展奖 1 项。

2016 年，武汉植物园与泰顺县政府、云南省亿满源农业开发有限公司、蒲江橙海阳光农业科技有限公司等地方、企业签订各类合同、项目合作协议书及植物新品种许可协议 30 项，合同金额达 2565.9 万元。其中签订植物新品种许可合同 5 个，涉及‘满天红’‘猕枣 1 号’‘东红’和‘金艳’4 个猕猴桃专利品种，许可使用费达 1276 万元 。由武汉植物园、江西省科学院和中铁中基参与的江西省猕猴桃产业技术体系三方合作正有序推进。同时秉承“科技指导，精准扶贫”的理念，研发和集成县域特色生态农业模式，建立政-企-研合作模式，大力开展猕猴桃科技扶贫，在贵州、湖南、安徽、云南等省的 9 个国家级贫困县和 1 个省级贫困县建设 13 个猕猴桃核心标准种植基地，累计推广 25 万余亩。

2016 年，武汉植物园积极响应国家“一带一路”战略，聚焦重点突破方向，不断推进国际化进程，科研合作水平显著提升，国际科技影响力不断加强。“中-非联合研究中心/肯尼亚 JKUAT 植物园”基础设施顺利移交给肯尼亚政府。中非科技合作全方面深化，在坦桑尼亚、埃塞俄比亚、马达加斯加等国设立区域办公室，目前已建成以肯尼亚为大本营、辐射整个东非地区的合作平台网络，并与北非、南非、西非国家的高校及科研机构建立了合作关系。同时与肯尼亚马赛马拉大学联合修建药用植物资源圃，与肯尼亚国家博物馆合作编撰《肯尼亚植物志》，与肯尼亚野生生物保护署合作推进“反盗猎系统”项目及察沃野生动物水源地建设等双边合作项目，不断推进并扩大“中-非联合研究中心”在非洲地区的综合影响。在重点发展中非科教合作的同时，武汉植物园与美国、荷兰、日本等国在生物多样性保护与可持续利用、生态环境修复与治理等方面的合作继续稳步推动。2016 年，武汉植物园共有 33 批 63 人次因公出境，共接待 16 批 31 人次公务来访。

2016 年，武汉植物园全年引种 762 号，新增物种 203 个、品种 278 种，实现本土保育 80% 目标。入园游客全年超 78 万人次。

武汉植物园是湖北省暨武汉市植物学会、中国园艺学会猕猴桃分会的挂靠单位；主办的学术期刊《植物科学学报》（原名《武汉植物学研究》）是中国自然科学核心期刊。

（撰稿：韩　丽　班小泉　审稿：罗志强）

南海海洋研究所

所　　长：张　偲
地　　址：广东省广州市海珠区新港西路 164 号
邮政编码：510301
电　　话：020-84452227
传　　真：020-84451672
电子信箱：webmaster@scsio.ac.cn
网　　址：http://www.scsio.cas.cn

中国科学院南海海洋研究所（以下简称“南海海洋所”）成立于 1959 年 1 月，是综合性海洋研究机构。

南海海洋所面向“经略南海”和“建设 21 世纪海上丝绸之路”国家需求，明确了新时期的定位：立足岛礁、深耕南海、跨越深蓝、联动全球。重点研究热带边缘海海洋水圈-地圈-生物圈圈层结构及其相互作用特征与演变规律，探讨其对资源形成和环境变化的控制和影响，发展具有南海特色的热带海洋资源与环境过程理论体系和应用技术。以生态安全与绿色发展、海-陆-气相互作用与环境安全、边缘海与大洋板块相互作用和岛礁工程环境保障为战略主题，聚焦生态文明和国防安全建设工程，着力突破海洋领域前沿科学问题和关键核心技术，力争建成国际水平的热带海洋科学研究、人才培养、成果转移转化三高地，从而为发展我国海洋经济和维护海洋权益做出基础性、战略性和前瞻性贡献。

2016年，南海海洋所聚焦国家重大迫切需求，集院内外23个相关单位的优势力量，牵头承担南海环境专项（162专项），设4个项目共设23个课题、82个子课题。首次高精度揭示了岛礁的面貌和内部结构；繁育关键物种，建立了南沙首个珊瑚生态修复示范区；揭示了海马对岛礁环境的生态适应性机制，在国际顶级刊物*Nature*主刊发表封面长论文重要成果。

2016年，南海海洋所根据中科院党组要求，组织编写了《中国科学院南海生态环境工程创新研究院实施方案》《中国科学院非法人单元设立申请书》。多次召开相关参与单位共同会商研讨，形成《国家深远海技术创新中心建设实施方案》建议书。面向“一带一路”战略的重大机遇，规划“智慧海洋”之“南海岛礁智慧工程”，继续发挥中-斯中心在建设“海上丝绸之路”中的重要作用。

2016年，南海海洋所根据国家战略需求，以科技创新驱动发展为核心，以产出“重大原创成果、重大战略性技术与产品、重大示范转化工程”为导向，精心组织和实施研究所的“率先行动”计划，确定了研究所“十三五”规划目标和发展方向。新型地球物理综合科学考察船获批初步立项；获批岛屿区科研用地12亩，耐腐绿色实验楼完成主体工程建设；南沙新园区一期建筑工程主体工程建成，竣工验收后即可入驻办公。保密二级资质申报初步成功，拓展研究领域，增强承担和服务国家重大需求的能力。广东省海洋药物重点实验室、广东省应用海洋生物学重点实验室完成考评工作，省海洋药物重点实验室获得优秀。973计划项目“南海海气相互作用与海洋环流和涡旋演变规律”通过结题验收，评定结果为优秀。此外，在国家级项目立项、将帅人才引进与培养、科技成果奖励、院地合作、国际交流等方面取得显著成绩，综合实力显著提升，积极推进和实现研究所的“四个率先”目标。

南海海洋所拥有热带海洋环境国家重点实验室、中国科学院边缘海与大洋地质重点实验室、中国科学院热带海洋生物资源与生态重点实验室、中国科学院海洋微生物研究中心和中国科学院中国-斯里兰卡联合科教中心，以及广东省海洋药物重点实验室、广东省应用海洋生物学重点实验室。设有物理海洋、海洋生物、海洋地质、海洋生态4个研究室及海洋环境工程中心，以及海洋科考船队、海洋信息服务中心、仪器设备公共服务中心、海洋环境检测中心和海洋生物标本馆等。

南海海洋所还建有海南热带海洋生物实验站（国家野外试验站和中国生态系统研究网络“CERN”站）、大亚湾海洋生物综合实验站（国家野外试验站、中科院开放站和中国生态系统研究网络“CERN”重点站）、湛江海洋经济动物实验站、汕头海洋植物实验站和西沙深海海洋环境观测研究站、南沙深海海洋环境观测研究站；拥有“实验1”（共建）、“实验2”和“实验3”号三艘科考船。

截至2016年底，南海海洋所共有在职职工625人，其中管理人员41人、专业技术人员485人，包括中国工程院院士1人、正高级专业技术人员104人、副高级专业技术人员148人；博士生导师76人，硕士生导师169人。拥有“千人计划”入选者2人（新启动1人），“青年千人计划”入选者2人，“万人计划”入选者5人（新增4人），“百千万人才工程”人选4人，中青年科技创新领军人才5人；973计划和国家重大科学研究计划项目首席科学家4人；中科院特聘研究员17人（新启动3人），中科院“百人计划”入选者29人（新增1人），中科院“创新国际团队”1个，中科院科技创新“交叉与合作团队”1个；国家杰出青年科学基金获得者9人（新增1人）。

南海海洋所是国务院学位委员会批准的博士（1993年）、硕士（1970年）学位授予权单位之一。现设有海洋科学、环境科学与工程2个一级学科博士研究生培养点，物理海洋学、海洋生物学、海洋地质、海洋化学、环境科学5个二级学科研究生培养点，环境工程、生物工程和地质工程3个专业学位硕士研究生培养点，并设有海洋科学一级学科博士后流动站。共有在学研究生352人（其中硕士生184人、博士生168人），在站博士后26人。

2016年，南海海洋所共有在研纵向课题622项（新增198项）。其中，主持在研973计划项目和国家重大科学研究计划项目各1项、课题2项；主持在研863计划项目课题2项、国家科技基础性工作专项1项、国家海洋公益专项2项；主持在研国家自然科学基金重点项目6项（新增2项）；主持在研国家基金创新研究群体项目1项；主持在研国家自然科学基金-广东联合基金重点项目3项；主持在研国家杰出青年科学基金项目2项（新增1项）；主持在研国家优秀青年科学基金4项；主持在研国家自然科学基金重大项目课题1项；主持在研国家自然科学基金重大研究计划重点项目5项（新增1项）；主持在研国家基金面上项目102项（新增35项）；主持在研国家青年基金项目90项（新增17项），主持广东省自然科学杰出青年基金5项。主持在研中科院战略性先导科技专项——南海环境专项1项（新增1项），主持在研中科院战略性先导科技专项（海洋专项）项目1项；中科院中科院重点部署项目1项，中科院装备研制项目2项（新增1项）；中科院百人计划项目11项（新增1项）；中科院万人计划1项、中科院国际创新团队项目1项、中科院科技服务网络计划1项。

2016年，南海海洋所首次在国际顶级刊物*Nature*主刊以封面形式发表长论文，首次揭示了珊瑚礁物种（海马）对岛礁环境的适宜性及其岛礁生态的适应性的进化机制，该成果入选2016年度中国海洋科技十大进展。全年共发表论文479篇，第一单位署名南海海洋所的论文308篇，其中SCI论文290篇。出版《走近南海》等专著2部。向国家知识产权局申请专利84项，其中发明专利79项；授权中国专利46项，其中发明专利41项；新增PCT申请6项，1项分别获得美国授权；10项自主开发软件成功完成登记。获批两个水产品种，首次成功培育出砗磲稚贝，为珊瑚礁生态系统安全的维护建立了技术保障。获得省部级奖励成果2项目，其中一种含有海洋贝类活性肽的化妆品及其制备方法和应用（ZL201110079404.0）（完成人：孙恢礼等）获广东省专利金奖，南海海洋大气边界层特征及演变机制（完成人：王东晓等）获广州市科技进步奖一等奖。

2016年，南海海洋所积极促进地方社会经济发展，为政府科学决策提供咨询服务和技术支撑，目前在研横向项目共254项，在研项目总合同金额1.75亿元。新签订技术服务合同124项，合同总金额7896万元。针对地方和企业需求，重点组织和参与多场次的洽谈会、对接会，重点组织、推介研究所海洋生物医药研发、海水健康养殖、水产品深加工、海洋仪器研发、海洋工程技术咨询与服务方面的成果。加强与共建机构的联系，做好成果推广、项目推介工作，大力宣传所的科技成果，全面推进合作进程，开展与福建省科学技术厅、山东荣成科学技术局等洽谈与合作交流活动。在海洋工程技术咨询、技术服务领域积极为社会发展和地方经济建设服务，为政府科学决策提供科技支撑。

2016年，南海海洋所先后派出130批377人次科技人员赴美国、德国、澳大利亚等27个国家（地区）参加国际会议、培训、开展合作研究和组织涉外航次。接待来自美国、德国、英国、澳大利亚、匈牙利等20个国家80批102人次境外专家的来访。科技人员出访及境外专家来访人数与去年基本持平，互访质量明显提升。加强与东盟国家科研单位的合作，与巴基斯坦拉斯贝拉农业、水资源和海洋科学大学签订合作备忘录，积极推进南海海洋所“一带一路”工作，提升研究所国际影响力。

南海海洋所是中国海洋学会热带海洋分会、中国海洋学会海洋物理分会、广东海洋湖沼学会、广东海洋学会的依托单位；主办《热带海洋学报》（核心期刊）学术刊物。

（撰稿：徐晓璐　陈　忠　审核：张　偲）

华南植物园

主　　任：任　海
地　　址：广东省广州市天河区兴科路723号
邮政编码：510650
电　　话：020-37252711
传　　真：020-37252831
电子信箱：bgs@scbg.ac.cn
网　　址：http://www.scbg.ac.cn

中国科学院华南植物园（以下简称“华南植物园”）由著名植物学家陈焕镛院士于1929年创建，位于广州市天河区，占地约5000亩，是我国面积最大的南亚热带植物园，保育热带、亚热带植物14483个分类群。其前身为国立中山大学农林植物研究所，1954年改隶中国科学院后更名为华南植物研究所，2003年更名为中国科学院华南植物园。

华南植物园“十三五”时期定位于立足华南，致力于国家乃至全球同纬度地区的植物保护、科学研究和知识传播。利用5年时间，在植物学、生态学、植物资源保护及其可持续利用方面发展成为高水平的研究机构，并建成世界一流植物园。

华南植物园现有植物资源保护与可持续利用、退化生态系统植被恢复与管理、华南农业植物分子分析与遗传改良3个院级重点实验室。拥有鼎湖山和鹤山2个森林生态系统国家野外科学观测研究站，以及小良热带海岸带生态系统研究站。此外，还有广东省应用植物学和数字植物园2个省级重点实验室、1个广东省工程技术研究中心。拥有馆藏标本逾110万份的植物标本馆、专业书刊20余万册的大型图书馆、获得CMA及CNAS实验室双资质认证的公共实验室、华南植物鉴定中心等支撑系统。园内设有BGCI（国际植物园保护联盟）、IABG（国际植物园协会）的中国办事机构。其下辖的鼎湖山国家级自然保护区建于1956年，占地面积17 000余亩，就地保护植物2400多种，为我国第一个自然保护区，也是中国科学院唯一的自然保护区。

截至2016年底，华南植物园共有在职职工427人，其中专业技术人员335人，包括研究员及正高级工程技术人员60人、副研究员及高级工程技术人员80人。共有“千人计划”引进人才1人；中国科学院“百人计划”引进人才10人；国家杰出青年科学基金获得者3人，国家优秀青年科学基金获得者1人；“万人计划”领军人才1人；科技部创新人才推进计划“中青年科技创新领军人才”2人。

华南植物园是1993年国务院学位委员会批准的博士、硕士学位授予权单位之一。现设有博士学位授权点4个（植物学、生态学、生物化学与分子生物学、遗传学）；硕士学位授权点8个（植物学、生态学、生物化学与分子生物学、园林植物与观赏园艺、生物工程、遗传学、野生动植物保护与利用、生物工程专业学位），并设有2个一级学科（生物学、生态学）博士后流动站。在学研究生384人（其中硕士生230人、博士生154人），在站博士后43人。

2016年，华南植物园新增科研项目189项，作为第一主持单位，争取国家（科学院）重要科技计划项目（课题）共计47项。其中，国家重点研发计划项目1项，课题3项；国家自然科学基金项目35项，含重点项目1项；中科院战略性先导科技专项（A类）项目1项，含2个课题，共计10个子课题；中科院对外合作重点项目2项，前沿科学重点研究计划项目3项，战略生物资源专项1项。

2016年，华南植物园科研工作取得系列进展。①中国南海岛屿植物多样性研究及产业化（获广东省科学技术奖一等奖）：对南海岛屿238个岛屿进行了科学考察，基本查清了我国南海岛屿的植物种类和分布格局，共发现记录植物种类6200多种。首次对海南民族植物学进行了研究；首次发现海南石灰岩植被和植物群落；筛选出新优乡土植物42种推广应用。通过专利、新品种和关键技术在12个苗木基地进行产业化技术研究与示范，生产苗木4200万株，在国内带动辐射推广15万亩，累计实现经济效益约76亿元。②常绿阔叶林生态系统群落稳定性与土壤固碳对环境变化的响应机理（获广东省科学技术奖一等奖）：发现常绿阔叶林群落结构变化趋势和演替方向，发现并首次阐明全球变化下，地带性常绿阔叶林演替方向及其变化机制；进一步阐明了成熟常绿阔叶林土壤持续积累有机碳的机理。研究将推动生态系统生态学非平衡理论的建立，丰富全球变化生态学理论。在应用上直接服务于区域生态环境建设，特别是生态公益林建设；全面准确地估算森林固碳作用，增大森林固碳空间。③盐酸聚六亚甲基胍在防治柑橘酸腐病上的应用及其保鲜剂（获广东专利奖金奖）：首次发现PHMG对果实采后真菌的抑制作用并阐明其机理，属基础型专利，较好解决了柑橘产业关键、共性的技术难题。该专利对科技创新和进步、产业结构优化、保障食品安全和保护生态环境起了重要推动作用。④《中国迁地栽培植物志》编研：科技基础性工作专项“植物园迁地栽培植物志编撰”项目，充分利用植物园“同园”栽培条件，为植物分类学和基础植物学的深入研究提供丰富翔实的资料。目前已启动木兰科、紫金牛科、杜鹃花科、兰科、爵床科、樟科、百合科、山茶科、苦苣苔科等23卷册的编研，阶段性成果已由科学出版社出版。

2016年，华南植物园发表SCI论文295篇，其中TOP 30%论文179篇。获广东省科学技术奖一等奖2项、广东专利奖金奖和中国科普作家协会优秀科普作品银奖各1项。授权专利28件，申请专利74件。出版著作18部（卷、册）。获植物新品种权1个、通过省级审定品种4个、国际登陆品种7个。

2016年，华南植物园结合自身科技优势，立足华南孵化基地，依托创新平台与政府、企业、地方部门开展技术推广、成果转化合作。目前已辐射到西部（贵州）、中原（河南）、华南（广东、广西、海南）、华东（江苏、福建）、西北（陕西、宁夏），初步完成宏观战略布局。

2016年，西部扶贫攻坚平台——“中科院华南植物园贵州经济植物育成中心”完成2300万元投资（自筹），一期工程已投产使用；二期占地800多亩，建成年产能5000万株实验室，种植近200个品种，投产并推广种植组培苗3000万株。带动贫困户200余户，近300人就业脱贫。华南地区孵化平台——“佛山市顺德区中科院华南植物园经济植物育成中心”2016年为30家地方企业提供技术服务。申报广东省农业厅技术需求研究与示范项目7项，落实经费总计280万元；发表论文3篇，申报专利2项，申报新品种、企业标准各1项。中部地区科技平台——“豫南（桐柏）产业化合作项目基地”已签约，将于2017年后启动实施；“豫南（邓州）国际张仲景汉医文化产业园”项目已启动可行性论证工作。

华南植物园控股的广东中科琪琳股份有限公司2016年营业总额1.2亿元，营利400万元；华南植物园所持17%股份已在南方联合产权交易中心挂牌；园科技咨询开发服务部2016年营业收入162万元。

2016年，华南植物园共66批102人次出国（出境）参加学术会议或开展合作研究，海外来访达86批109人次。2016年9月，华南植物园代表团陪同王恩哥副院长访问哥伦比亚、厄瓜多尔和秘鲁；秘鲁总统和国务院总理李克强见证了“华南植物园-秘鲁圣马可斯大学”分子实验室挂牌仪式。2016年，华南植物园与越南林业大学、越南物种保育中心签署合作备忘录。申报发展中国家国际培训班项目“生物多样性保护与管理研讨班”获批，连续5次获得中科院国际培训班资格。

2016年，华南植物园执行外籍人才项目8项，新获批外籍人才计划5项（含延期），国家和外专局人才项目2项。获得中科院对外国际合作项目2项、俄乌白专项1项、东南亚中心项目2项、国际人才项目5项、国际组织任职资助2项，国家和广东省外专局高端人才项目各1项。

目前挂靠在华南植物园的学会有：广东省植物学会、广东省植物生理学会、广东省生态学会。据《中国学术期刊综合印证年度报告2016版》的统计，华南植物园主办的《热带亚热带植物学报》影响因子为0.756，总被引频次为1909次，网上下载达3.58万次，2016年进入中国科技核心期刊，同年被美国PubMed数据库收录。

（撰稿：周　飞　郑祥慈　审稿：张福生）

广州能源研究所

所　　长：马隆龙
地　　址：广东省广州市天河区五山能源路2号
邮政编码：510640
电　　话：020-87057639
传　　真：020-87057677
电子信箱：web@ms. giec. ac. cn
网　　址：http://www. giec. cas. cn

中国科学院广州能源研究所（以下简称“广州能源所”）成立于1978年，其前身为1973年成立的广东省地热研究室。1998年4月原中国科学院广州人造卫星观测站并入广州能源所。2001年成为中国科学院知识创新工程试点单位之一。2015年进入中科院清洁能源特色研究所培育阶段。

广州能源所为中国科学院高新技术研究与发展基地型研究所，主要从事清洁能源工程科学领域的高技术研究，并以后续能源中的新能源与可再生能源为主要研究方向，兼顾发展节能与能源环境技术，发挥能源战略的重要支撑作用，形成一主两翼一支撑的格局。

2016年，广州能源所根据中科院“三个面向”“四个率先”的要求，聚焦新能源、可再生能源领域方向，为着力突破可再生能源、新能源、节能环保领域的重大科技问题，在发展战略性新兴产业中发挥引领作用，确定了3个重大突破和5个重点培育方向。广州能源所建有中国科学院可再生能源重点实验室、中国科学院天然气水合物重点实验室2个院重点实验室，广东省新能源和可再生能源研究开发与应用重点实验室、国家可再生能源综合技术国际研发中心、广东省可再生能源综合技术国际科技合作示范基地、广东省生物质能工程技术研究开发中心、广东省太阳能光热先端材料工程技术研究中心、广东省城镇矿山清洁利用工程技术研究中心、广东省数据中心节能工程技术研究中心、广东省分布式储能与智能微电网工程技术研究中心、广东省低碳经济技术研究中心等国家级、省级工程研究基地/中心，作为依托单位与其他单位共建的中国科学院广州天然气水合物研究中心、广东省新能源生产力促进中心、广东省清洁发展机制（CDM）技术研究服务中心、广州市新能源工程技术研究中心、广东省低碳发展促进会、广州市分布式储能及微电网技术重点实验室等，是国家生物质能源产业技术创新战略联盟理事长单位。2016年，中加生物能源与材料联合创新中心、中瑞低碳城市发展合作中心正式成立。科研单元包括21个研究室，研究范围涵盖生物质能、海洋能、太阳能、地热能、天然气水合物、能源材料与储能、节能环保等。建有提供文献情报服务的图书馆，以及所级公共仪器分析测试平台，拥有大型仪器设备30多台（套）。

截至2016年底，广州能源所共有在职职工363人。其中科技人员277人、科技支撑人员46人，包括中国工程院院士1人、研究员及正高级工程技术人员48人、副研究员及高级工程技术人员105人。共有“万人计划”科技创新领军人才1人，中国科学院“百人计划”入选者9人，“百千万人才工程”国家级人选3人，国家杰出青年科学基金获得者1人，享受国务院政府特殊津贴7人，“广东省领军人才”1人。

广州能源所是1978年国务院学位委员会批准的硕士学位授予单位之一，2004年获得博士学位授予权。现设有工程热物理与动力工程和化学工程与技术2个一级学科博士研究生培养点，环境工程、材料物理与化学和海洋地质3个专业二级学科硕士研究生培养点，并设有动力工程及工程热物理专业一级学科博士后流动站。共有在学研究生178人（其中硕士生101人、博士生77人），在站博士后9人。

2016年，广州能源所共有在研项目472项（包括新增项目119项）。其中973计划项目2项、承担课题6项，承担863计划课题3项，承担国家支撑计划课题6项；承担国家自然科学基金重点项目2项、面上项目48项（新增9项）、国家杰出青年科学基金项目1项，承担中科院重点部署项目2项、国家重大仪器研制项目1项；承担国际合作项目39项（新增11项）；承担地方科技项目 119 项（新增 59 项）。

2016 年，广州能源所取得一系列科研成果。“一种采用固体酸催化剂和活塞流反应器连续生产生物柴油的方法”获中国专利奖优秀奖 1 项、广东省科学技术奖二等奖 1 项，广州市科学技术进步奖二等奖 1 项，蓝天奖 1 项、海洋科学技术奖二等奖 1 项、广东省农业技术推广奖一等奖 1 项，推荐申报国家科技奖 1 项。广州能源所全年发表论文 445 篇，其中 SCI 有 223 篇，EI 有 77 篇，核心有 41 篇，会议论文 104 篇；论著 6 部；年度申请国内专利 129 件，包括发明 97 件，实用新型 32 件，PCT 申请 10 件，6 件国际专利进入国家阶段，4 件国外专利授权；国内专利获授权 101 件（其中发明 86 件），维护有效专利 943 件；办理软件版权登记 14 件。

2016 年，广州能源所加大与地方政府、企业等的合作力度，促进院地合作和成果转移转化。联合企业申报地方政府产业引导、创新人才、成果转化类项目的经费资助，立项 12 项，总金额 482.5 万。实施专利技术转移 20 项，金额 803 万元，其中以专利权转让 11 项，共计 303 万元。新增技术入股企业西藏中科阳光新能源科技股份有限公司、黑龙江中科良大生物燃料科技有限公司和海南绿色能源与环境工程技术研究院有限公司（办理中），以技术入股方式新增权益预计 3150 万元。与企业、地方政府组建“自洁净玻璃技术研发中心”，每年经费 30 万。与合肥市政府、中国科学技术大学共同签署“联合共建合肥能源研究院战略合作框架协议”。目前参股企业 19 家，其中广州能源所直接持股 16 家，通过广州中科环能科技有限公司持股 3 家。截至 2016 年底，广州能源所拥有的所有者权益共计 2321.18 万元（不含天地科技，所持有天地科技 680 万股，市值 3692.4 万元）。

2016 年，广州能源所新争取国际合作项目 19 项，经费 1428.88 万元。共接待国外来访的专家学者 37 批 181 人次，出访 48 批 105 人次。签署所级合作备忘录 4 份、项目合作协议 31 份。举办 3 次国际会议，国际领域影响力进一步提升。承办第六届亚太可再生能源论坛，2016 年中国工程热物理学会工程热力学与能源利用学术会议暨国家自然科学基金项目进展交流会。参加 2016 年 8 月在秘鲁举行的亚太经合组织（APEC）科技创新政策伙伴关系机制第 8 次会议。

广州能源所是中国可再生能源学会生物质能专业委员会、天然气水合物专业委员会及广东省太阳能学会的挂靠单位。双月刊《新能源进展》按计划出版 6 期，被日本科学振兴机构（JST）数据库收录，双月刊《能量转换利用研究动态》（内部刊物）出版 6 期。担任新一届广东省情报学会常务理事单位和中科院文献情报系统领域示范情报网先进能源情报网副组长单位。

（撰稿：谢舜源　姜　洋　审核：夏　萍）

广州地球化学研究所

所　　长：徐义刚
地　　址：广东省广州市天河区科华街 511 号
邮政编码：510640
电　　话：020-85290702
传　　真：020-85290130
电子信箱：xuwenxin@gig.ac.cn
网　　址：http://www.gig.ac.cn

中国科学院广州地球化学研究所（以下简称“广州地化所”），其前身是 1987 年由中国科学院地球化学研究所整建制搬迁部分学科、研究室和学术带头人，与原中国科学院广州地质新技术研究所合并成立的中国科学院地球化学研究所广州分部。1994 年经中央编制委批准使用现名。

广州地化所 2002 年整体进入中国科学院知识创新工程二期试点序列，2011 年进入中国科学院“创新 2020”整体择优支持研究所行列。其定位与战略目标是：坚持面向国家重大需求、面向世界科技前沿、面向国民经济主战场，致力于推动有机地球化学、元素和同位素地球化学、环境科学、油气与矿产资源等重点学科的发展，着力提升研究所的综合创新能力。在“资源与固体地球科学”和“环境科学与工程”两大领域开展基础性、战略性、前瞻性研究，解决国家和地方经济社会可持续发展所面临的资源和环境等重大科技问题。主要研究方向包括大陆动力学与岩石圈演化、深部地质过程与地球系统变化、成矿规律与油气成藏动力学、海洋地质与边缘海演化、环境污染与控制等方向。

广州地化所现有有机地球化学和同位素地球化学2个国家重点实验室，边缘海与大洋地质和矿物学与成矿学2个中国科学院重点实验室，资源环境利用与保护和矿物物理与矿物材料研究开发2个广东省重点实验室，以及国家大型科学仪器中心——广州质谱中心。与香港大学地球科学系联合建立了化学地球动力学联合实验室。与兰卡斯特大学环境中心和城市环境所联合组建了国际环境研究与创新中心。此外，还设有中国科学院珠江三角洲环境污染与控制研究中心和可持续发展研究中心。并建有地学与资源科普教育基地，主办有地学核心刊物《地球化学》《大地构造与成矿学》和国内 SCI 英文期刊 *Solid Earth Sciences*。

截至2016年底，广州地化所现有在职职工339人，其中中国科学院院士1人、俄罗斯科学院外籍院士1人。共有973计划顾问与咨询委员会委员1人、国家级重大项目首席科学家3人；“百千万人才工程”国家级人选6名，“万人计划”科技创新领军人才3名、“青年拔尖人才”1名，科技部创新人才推进计划“中青年科技创新领军人才”4人；国家自然科学基金委创新研究群体3个、国家杰出青年基金获得者17名、国家优秀青年科学基金获得者4名；广东省特支计划入选者16人（含杰出人才即原南粤百杰入选者3名）、广东省杰出青年科学基金获得者3名；中科院“百人计划”入选者25名。此外，还有高级专业技术人员150余人，具有博士学位190余人。其中，本年度引进“百人计划C类”候选人1名、海外高端人才3名；获批国家级人才项目及奖励6项，院人才项目及奖励7项，广东省人才项目及奖励6项。

广州地化所现有地球化学、矿物学、岩石学、矿床学、构造地质学、环境科学和环境工程5个专业二级学科博士培养点，地球化学、矿物学、岩石学、矿床学、环境科学、第四纪地质、构造地质学、海洋地质、环境工程、地图学与地理信息系统和人文地理学11个专业二级学科学术型硕士培养点，并设有环境工程、地质学工程2个专业二级学科全日制工程硕士培养点，共有在学研究生547人。设有地质学和环境科学与工程2个一级学科博士后流动站，在站博士后68人。

2016年，广州地化所在研项目496项，其中新增155项，其中包括中科院战略性先导科技专项B类1项；国家重点研发计划项目1项、课题7个；国家自然科学基金项目55项（含青年科学基金21项，面上项目24项，重点项目课题3项，国家杰出青年科学基金1项，创新研究群体1项）；国家自然科学基金基础科学中心项目；广东省自然科学基金杰青项目1项；广州市科学研究专项重点项目4项。陈鸣等完成的“超高压下矿物的变化特征”获广东省科学技术奖一等奖。许德如等完成的“湘南千里山——骑田岭地区锡多金属矿床研究与找矿勘查”获湖南省科技进步奖一等奖。

2016年，广州地化所共发表研究论文603篇，其中国际SCI论文390篇、国内SCI论文30篇。申请专利24件，其中国内发明专利13件，实用新型11件；授权专利22件，其中发明8件，实用新型14件。

广州地化所研发的高负荷地下渗滤污水处理复合技术得到较好推广，2016年利用该技术新建农村和乡镇生活污水处理设施70多座，总处理规模9000多吨/天，社会经济产值约4500万元。

佛山环境检测中心现有630项检测项目获得CMA资质认定，在广东省第三方环境检测机构中名列前茅。2016年，佛山环境检测中心入选广东省环保厅通过公开竞争产生的“关于政府购买环境监测服务机构”50家名录单位，被广东省科技厅认定为2016年广东省第三批高新技术企业，并获得佛山市禅城区创新创业优秀企业（机构）荣誉称号。2016年检测业务金额超过831万元。

2016年，广州地化所国际合作与交流稳步发展，全年共派出100批158人次，赴美国、英国、日本、澳大利亚等30多个国家，以及港台地区参加学术会议、开展合作研究、进行野外考察等；接待来自美国、澳大利亚、英国、法国、荷兰等十几个国家，以及港台地区的专家学者共78批157人次。与英国兰卡斯特大学、华南农业大学签订三方合作协议，联合建立“中英环境科学研究中心（国际联合实验室）”；与日本东京工业大学签订向广州地化所捐赠高温高压实验地球化学仪器的协议；与澳大利亚昆士兰科技大学签订国际合作协议，双方就组织学术活动，开展人员交流，交换资料、出版物等方面开展双边合作；与菲律宾大学签订谅解备忘录，确定进行人员交流、开展研究项目、举办讲座和学术会议、交换学术信息和材料等方面的合作意向。主办了“中国-欧盟农业环境系统研讨会”“空气污染物来源、演化过程及健康效应：迈向基于健康效应的中国空气质量管理研讨会”和“第三届亚洲粘土会议”。

（撰稿：徐文新　陈　一　审稿：张海祥）

广州生物医药与健康研究院

院　　长：裴端卿
地　　址：广州科学城开源大道190号
邮政编码：510530
电　　话：020-32015300
传　　真：020-32015299
电子信箱：wang_jiongkun@gibh. ac. cn
网　　址：http://www. gibh. cas. cn

中国科学院广州生物医药与健康研究院（以下简称“广州生物院”）由中国科学院、广东省人民政府和广州市人民政府三方共建，2003年7月签订共建协议，2006年3月获中央机构编制委员会办公室批准成立，是隶属于中国科学院的具有独立法人资格的科学研究机构。

广州生物院的定位是以满足人类健康需求和探索生命科学前沿为导向，致力于疾病机制和生命过程机理研究，为人类健康和疾病防治提供创新与集成的解决方案，推动我国生物医药与健康产业创新发展，成为国家健康安全体系中的重要组成部分。广州生物院的建设目标是建成在健康和生物医药领域具有自主创新和国际竞争能力的研究机构，成为吸引、培养和造就具有国际先进水平的中国生物医药业领军人才的平台，成为疾病的发生和致病机理的研究及生物医药核心技术的研发平台，成为面向国内外生物医药业的社会化服务并带动地区相关产业发展的平台。研究院以“源头创新-产品技术开发-产业化”为价值链，主要研究领域包括干细胞与再生医学、化学生物学、感染与免疫学、公共健康学、科研装备研制。

广州生物院设有华南干细胞与再生医学研究所、化学生物学研究所、感染与免疫研究所和公共健康研究所4个二级非法人研究单元，建成呼吸疾病国家重点实验室（共建）、中国科学院再生生物学重点实验室（广东省干细胞与再生医学重点实验室）、广东省生物医药计算重点实验室等国家、中科院、广东省重点实验室，建有粤港干细胞及再生医学研究中心（共建）、干细胞与再生医学联合实验室（共建）、药物研发中心、中科院广州生物院-广州医科大学干细胞转化医学中心（共建）等应用开发平台，建有中国科学院广州生物医药产业技术创新与企业育成中心、中医药生物科技产业中心两个产业孵化基地，以及公用仪器中心、实验动物中心、信息情报中心3个公共支撑中心，同时牵头建设广州生命科学大型仪器区域中心、中科院超级计算广州分中心。

截至2016年底，广州生物院现有在职职工363人（含在站博士后15人、退休人员1人），包括科技人员316人、行政管理人员32人、工勤人员14人，其中研究员及正高级工程技术人员36人、副研究员及高级工程技术人员27人。共有“千人计划”入选者4人（新增0人），国家重大新药创制科技重大专项总体专家组成员1人（新增0人）、973计划首席科学家6人（新增0人），国家杰出青年科学基金获得者3人（新增0人），享受政府特殊津贴专家3人（新增0人），高端外国专家项目3人（新增0人），中国科学院“百人计划”入选者17人（新增0人），中科院特聘研究员6人（新增6人），中科院青年创新促进会14人（新增3人），中组部万人计划“青年拔尖人才”1人（新增1人），广州省领军人才4人（新增0人），广东省南粤百杰3人（新增0人），广州十大优秀留学人员2人（新增0人），中科院卓越青年科学家项目1人（新增0人）。

截至2016年底，广州生物院现有生物学一级学科博士培养点、基础医学一级学科硕士培养点，以及药物化学二级学科博士培养点，生物工程、化学工程2个工程硕士专业学位培养点，共计4个博士招生专业、10个硕士招生专业。并设有生物学专业一级学科博士后流动站。目前，在学研究生271人，其中硕士生124、博士生147人。

截至2016年底，广州生物院共有在研项目397项（包括新增项目125项）。其中，主持973计划和国家重大科学研究计划项目4项、承担课题14项，主持国家重点研发计划项目1项，承担课题8项，承担863计划项目4项；承担国家自然科学基金面上项目47项（新增8项），优秀青年科学基金项目4项（新增1项），青年科学基金项目42项（新增8项）；承担中科院前沿科学重点研究计划项目3项（新增3项），承担中国科学院重大科研装备研制项目1项（新增0项）；承担各类国际合作项目30项（新增14项）；承担地方性项目165项目（新增55项）；承担横向项目45项（新增16项）。广州生物院全年共发表论文113篇（第一作者单位61篇），其中SCI收录106篇（第一作者单位56篇），刊物影响因子大于20的3篇；新申请专利46件，新增授权29件；PCT专利申请5项，国际授权3项；累积申请467件，授权208件。

2016年，广州生物院“一三五”实施取得系列进展。①在干细胞及克隆研究方面：成功获得完全产生人胰岛素的基因编辑猪；揭示重编程中异染色质松散规律并筛选到重编程新型因子；发现生血内皮特异表面标记分子；揭示了TGF-β调控尿液细胞重编程命运决定的模式；揭示了组蛋白赖氨酸残基去甲基化酶LSD1在体细胞重编程过程中对细胞代谢和转录因子表达的调控机制；利用CRISPR技术实现早期干细胞谱系转换。②在药物及化学研究方面：“抗阿尔茨海默病”1.1类新药获临床试验批件；成功发现了RORγ可以作为治疗前列腺癌的新靶点；在双功能手性方酰胺催化的α-芳香基-β-三氟甲基二氢豆香素的不对称合成研究中取得重要进展；阐明GZD824抑制前体B系急性白血病的作用机理；开发BET溴结构域抑制剂研究方面取得新突破；在组蛋白去乙酰化酶抑制剂类抗肿瘤药物研发方面取得重要进展。③在感染免疫及公共健康研究方面，成功从猕猴体内分离出我国首例抗埃博拉病毒感染的高效单克隆中和抗体；证明了结核菌对恶唑烷酮类药物的抗性；成功研制出基于血糖仪定量检测汞离子的传感器平台。此外，“蛋白激酶小分子抑制剂及其抗肿瘤机制研究”获广东省科学技术奖二等奖和广州市科学技术进步奖一等奖；“过渡金属催化的C—H键活化构建杂环药物分子方法学研究”获2016年度广东省科学技术奖三等奖和广州市科学技术进步奖二等奖。

2016年，广州生物院推进实施转移转化项目3项，合同金额超过7000万元。分别为：与杭州百通公司合作，“iCD1培养基产品技术”项目以专利出资入股成立广州全悦生物科技有限公司，公司已注册成立；“1.1类抗耐药性肺癌药物”以合同金额5000万元转让给江苏奥赛康药业有限公司进行后续产业化开发，并正在申请临床批件；“1.1类抗结核菌药物”专利技术以合同金额2000万元转让给广州艾格生物科技有限公司，并正在申请临床批件。

2016年，广州生物院积极推进国际合作与交流。广州生物院香港中心暨粤港干细胞与再生医学中心（香港）入驻香港科技园，中科院院长白春礼授牌，梁振英特首见证；与马普学会签约共建了Max Plank-GIBH再生生物医学联合研究中心，此中心为马普学会在中国建立的首个马普国际研究中心；举办了“第九届广州国际干细胞与再生医学论坛”。全年因公出访共77批104人次，接待外事访问共47批92人次，公派出国6人次。

广州生物院是中国细胞生物学会再生细胞生物学分会的挂靠单位；与Biomed出版社合作出版期刊*Cell Regeneration*。

（撰稿：王炯坤　韩青海　审稿：陈广浩）

深圳先进技术研究院

院　　长：樊建平

地　　址：深圳市南山区西丽深圳大学城学苑大道1068号

邮政编码：518055

电　　话：0755-86392288

传　　真：0755-86392299

电子信箱：info@siat.ac.cn

网　　址：http://www.siat.cas.cn

中国科学院深圳先进技术研究院（以下简称“深圳先进院”）由中国科学院、深圳市人民政府及香港中文大学共同建立，旨在提升粤港澳地区及我国先进制造业和现代服务业的自主创新能力，推动我国自主知识产权新工业的建立。2006年2月24日，中国科学院、深圳市政府及香港中文大学在深圳签署共建先进技术研究院、先进集成技术研究所备忘录，成为深圳先进院筹建的起点。2006年7月17日，中国科学院深圳先进技术研究院进驻蛇口南山医疗器械产业园，标志着深圳先进院进入运营阶段。2006年9月22日，中国科学院、深圳市政府及香港中文大学在深圳签署共建先进技术研究院、先进集成技术研究所协议书，西丽新园区奠基仪式也于同日举行。2009年7月22日，获中编委批准正式纳入中国科学院序列。同年12月17日共建三方在深圳西丽先进院新园区对建设项目验收。

深圳先进院以成为国际一流的工业研究院为使命，在贯彻“创新2020”和“率先行动”计划过程中，已初步构建了以科研为主的集科研、教育、产业、资本为一体的微型协同创新生态系统。围绕高端医疗影像、低成本健康、医用机器人与功能康复技术三大突破和城市大数据计算、非人灵长类脑疾病动物模型、先进电子封装材料、肿瘤精准治疗技术、合成生物器件关键技术等重点培育领域进行研发和产业化突破。

深圳先进院现有7个研究平台（中国科学院香港中文大学深圳先进集成技术研究所、生物医学与健康工程研究所、先进计算与数字工程研究所、生物医药与技术研究所、广州中国科学院先进技术研究所、中国科学院深圳先进院-麻省理工学院麦戈文联合脑认知与脑疾病研究所、前瞻性科学与技术中心），一所特色学院（深圳先进技术学院）。面向国民经济主战场，设立天使、风投和国投基金，并建设深圳蛇口机器人、深圳龙岗低成本健康、深圳李朗云计算与物联网、上海嘉定电动汽车、龙华产业园5个特色产业育成基地，以及深圳创新设计研究院、深圳北斗应用技术研究院、济宁中科先进技术研究院、天津中科先进技术研究院、珠海先进技术研究院等专业创新平台。

深圳先进院在国内率先建立起一支以海归为主、国际化程度较高的人才队伍，成为华南地区人才新高地。截至2016年底，深圳先进院共有职工2243人，其中员工1283人，海归人员466人。2016年，深圳先进院新引进“千人计划”专家2人（目前在院工作19人，另有4位青年千人候选人进入公示），中国科学院“百人计划”技术英才1人，深圳市“鹏城学者”特聘教授4人。中青年人才影响力持续增长，年度新入选“万人计划”中青年领军人才2人，中国科学院特聘研究员3人，中科院技术支撑人才1人，广东省特支计划领军人才2人、青年拔尖人才10人，省杰青1人。新增“孔雀计划”技术创新项目8项。新获批深圳市孔雀人才30人次，深圳市高层次人才18人次，累计326人次，占博士生员工总数近70%。全院各类创新团队累计达到20支（含省市双入选团队3支），团队数量居广东省第一。

深圳先进院是年国务院学位委员会批准的博士、硕士学位授予权单位之一。现设有计算机科学与技术、控制科学与工程2个专业一级学科博士研究生培养点，化学、生物学、信号与信息处理、生物医学工程4个专业一级（或二级）学科硕士研究生培养点，形成集流动站、工作站为一体的博士后培养体系，已培养博士后165人，在站博士后达175名。全年共培养学生1252人，10年来累计培养学生（含国际留学生）近5000人。目前在读学生共960人，近50人次获得“中国科学院大学优秀学生”称号、中科院院长奖、广州教育基地奖、创新创业大赛金奖、银奖等奖励，学生就业率（含继续深造）高达100%，受聘于微软、腾讯、百度等国内外知名企业。学术前沿和产业需求相结合的培养模式获得社会好评。2016年11月19日，深圳市政府与中国科学院签署“在深合作办学备忘录”，双方将依托深圳先进院合作建设中国科学院大学深圳校区，为区域经济社会发展培养“国际化、产业化、复合型”人才，致力于建设世界一流的应用研究型大学。

2016年，深圳先进院新增纵向科研项目479项，总额44 505万元，其中国家级11 152万元、中科院3685万元、广东省2584万元、深圳市27 084万元。获批国家重大科研装备研制项目1项。科技部/国家发展改革委项目在深圳高校/科研机构中位居首位。新增专利申请887件，新增发表论文1018篇，在*Nature*子刊发表论文6篇（其中2篇以第一单位发表）、*PNAS*发表2篇（其中1篇以第一单位发表）、*Stroke*发表1篇，其中SCI论文528篇、JCR一区论文293篇，论文质量显著提升。截至2016年12月底，新增实验室场地约5000平方米，累计新增约30个实验室，本年度改建实验室场地约3500平方米。

2016年，深圳先进院在生物医学工程方面，首次实现了同步化的双色荧光成像和高灵敏的生物发光成像；研发全球首台光声/双光子/谐波三模态显微镜；组建介入诊疗一体化系统，在国内建立首个微创诊疗一体化集成应用研发平台；转化医学实现打通科研转化通路，与南山医院、港大深圳医院合作，并发起设立粤港3D打印医疗研发和服务中心；与联影合作的高分辨磁共振血管壁成像射频线圈已实现技术转移；与乐普合作的超声弹性成像样机已初步完成；人造视网膜项目完成一代样机。

生物医药方面，深圳先进院研发完全自主知识产权DR5新药，完成安全性评价，即将产业化；研发成功全世界首例全人源H7N9中和流感人源抗体；研发成功国内首个广谱癌症检测系统，已进入产业化；纳米生物智能材料的肿瘤诊疗一体化研究获得深圳市自然科学奖二等奖；发现大肠杆菌细胞周期控制规律研究成果，与华大基因合作启动噬菌体基因组计划。

脑科学方面，深圳先进院已构建完整脑认知功能的行为学测试平台，视觉认知及核心技术稳步发展；发现光遗传学技术对特定神经环路的影响，显著缓解癫痫样行为；发现光遗传学技术对大脑奖赏系统影响记忆的新机制；中枢神经损伤再生与修复方面已成功建立中枢损伤小鼠模型，为下一步科研进展奠定基础。

材料方面，深圳先进院首次发现低成本、高能量密度的铝石墨双离子电池，连续发表系列论文，多次被选为封面文章；自主开发我国首款满足超薄晶圆加工的临时键合胶材料实现转化；首次实现高稳定性二维黑磷的成果制备；铜铟镓硒薄膜太阳能光伏电池器件效率中国第一、全球第三，铜锌锡硫光伏器件效率居全球第二。

深圳先进院人脸分析与识别技术超过人眼识别和FACEBOOK算法位居国际前列；成功研发基于高压水射流的船体除锈爬壁机器人；与腾讯合作投影机器人已量产并上线销售；先进算法应用于世界第一的全国产超级计算机神威太湖之光上，计算结果处于该领域领先水平；开发出首套精准台风预报系统；实现超低功耗无线数据传输。

2016年，深圳先进院年度新签工业合作、技术转移与产学研合同总额超1.07亿元，新增有效合同超过200个，创历史新高。在重点领域与企业新建联合实验室16个，合同额超6000万元；新增以企业为主体的产学研合作项目101项。成立经管委和经管办，累计投资2.83亿元，持股企业187家，孵化企业502家，挂牌上市3家。深圳创新设计研究院、深圳北斗应用技术研究院、中科创客学院、济宁中科先进技术研究院、天津中科先进技术研究院等外溢机构蓬勃成长，服务地方效果显著。践行开放平台思路，与珠海市政府签订共建珠海先进院合作协议，获地方财政资助1亿元。深圳先进院牵头创建的深圳市机器人协会，2016年会员数量已超过260家，会员产值超400亿元，连续10年在高交会与经信委联合举办高交会机器人专展，引领深圳企业的迅速发展。

2016年，深圳先进院新增国际（地区）合作交流项目19项，获批金额1593万，在生物医学、新能源、新材料、信息技术、大数据、人工智能等领域的国际科技交流合作实现了与国际学术前沿的深度结合。与泰国曼谷医疗集团南部集团、宋卡王子大学签署的“中泰健康医疗科技联合计划”，不仅被中国-东盟技术转移中心列为中国与东盟重点科技合作项目签约之一，同时也是“中科院东盟（曼谷）创新中心”建设计划的一项重要内容。

2016年，深圳先进院举办“智能呼唤未来2016机器人与智能系统国际院士论坛”“非人灵长类脑科学未来发展态势国际研讨会”“情感神经环路国际研讨会”“2016第一届功能材料与界面国际学术会议”“第26届骨关节可注射生物材料与临床应用国际会议”等各类高端国际会议，海外影响力进一步提升。

2016年，深圳先进院主办的学术期刊《集成技术》发行6期，累计28期，年度合计出版7600余册并入选JST中文数据库来源期刊，刊物下载数、被引用次数、国际关注度和机构用户稳步提升。

（撰稿：丁宁宁　冯　春　审稿：毕亚雷）

亚热带农业生态研究所

所　　长：吴金水
地　　址：湖南省长沙市芙蓉区远大二路644号
邮政编码：410125
电　　话：0731-84615204
传　　真：0731-84612685
电子信箱：csiam@isa.ac.cn
网　　址：http://www.isa.ac.cn

中国科学院亚热带农业生态研究所（以下简称“亚热带生态所”）创建于1978年，其前身为中国科学院长沙农业现代化研究所，2003年10月改为现名。

亚热带生态所主要学科方向为亚热带复合农业生态系统生态学，下设区域农业生态、畜禽健康养殖、作物耐逆境分子生态3个研究中心，作为依托单位拥有畜禽养殖污染控制与资源化技术国家工程实验室、中国科学院亚热带农业生态过程重点实验室、农业生态工程湖南省重点实验室、湖南省畜禽健康养殖工程技术研究中心和广西石漠化治理工程技术研究中心，建有桃源农业生态系统观测研究站、环江喀斯特生态系统观测研究站、洞庭湖湿地生态系统观测研究站和长沙农业环境观测研究站。

截至2016年底，亚热带生态所共有在职职工229人，其中科研人员134人、科技支撑人员72人，包括研究员及正高级工程技术人员34人、副研究员及高级工程技术人员52人。现有中国工程院院士、国家“杰出青年科学基金”和“优秀青年科学基金”各1名，国家“百千万人才”高层人选2人，科技部“中青年科技创新领军人才”1人，中国科学院“百人计划”入选者9人、“西部之光”入选者23人（新增2人），中国科学院特聘研究员5人（新增2人），湖南省百人计划1人（新增），中国科学院卢嘉锡青年人才奖获得者1人，湖南光召科技奖1人，湖南省“十大同心人物”2人（新增1人）。

亚热带生态所现拥有生态学博士学位授予点，生态学、畜牧学及环境工程学硕士学位授予点；有生态学专业学科博士后流动站。2016年，亚热带生态所共有在学研究生151人，其中硕士生67人、博士生84人（包括4名CAS-TWAS博士生，1名尼日利亚政府奖学金资助博士生），在站博士后15人。

2016年，亚热带生态所共有科研在研项目333项，到账总经费17 632万元，院外经费占65%。年内新增科研任务128项，合同经费17 973万元。主持的主要在研科研任务包括国家重点研发计划项目2项（课题7个）；国家科技支撑计划项目2项（课题7个；新增）；主持973计划课题4个；国家自然科学基金重点项目3项，优秀青年基金项目1项，重点仪器设备研制项目1项，国际（地区）合作项目5项（新增1项），面上和青年基金项目92项（新增20项）；中科院前沿科学重点研究项目1项，中科院STS项目8项（新增3项）；湖南省科技重大专项项目1项，中央驻湘机构创新平台项目1项。

2016年，亚热带生态所围绕“一二三”规划，取得了新进展。突破一“亚热带稻作系统提质增效机理与机制”，探索良种和良田协同机制，稻田固碳机理研究获得新进展，高产巨型杂交稻品种培养进入中试阶段，产量和品种皆优，重金属超标稻田安全利用技术体系在湖南长株潭地区应用面积进一步扩大。突破二“家畜关键营养素代谢调控与高效利用”，进一步深化氨基酸高效利用规律研究，发明了系列饲用新型微量元素与功能性氨基酸螯合物，获得生猪养殖微量元素用量与 NRC 比较降低 30%—55% 的优异效果。重点培育方向一“西南喀斯特生态系统演变与服务功能提升”，喀斯特生态系统研究向生态恢复与功能提升协同方面转变，研发了中草药种植模式并开展林下生态种植示范，喀斯特科技扶贫工作效果明显。重点培育方向二“亚热带农区流域污染防控”，在亚热带农区流域污染防控方面，绿狐尾藻生态治理污水技术机理被逐步揭示，研发了尾端强化处理技术，技术体系进一步完善，在南方省区推广示范点达到 150 处以上。重点培育方向三“长江中游流域生态系统演变与适应性调控”，在长江中游流域生态系统研究方面，开发了洞庭湖湿地物种筛选、快繁、建群等关键技术，构建相应的湿地生态修复模式，在洞庭湖流域开展生态恢复示范。

2016 年，亚热带生态所科技产出取得新成绩。年度内获得科技奖项 4 项，其中“猪氨基酸营养代谢和生理功能的基础研究”成果获得国家自然科学奖二等奖；“功能性氨基酸及微量元素螯合物技术创新及产业化应用”和“洞庭湖湿地植被生态研究”成果分别获得湖南省技术发明奖一等奖、自然科学奖二等奖；“广西喀斯特峰丛洼地水文-侵蚀过程及其生态环境效应”成果获第八届中国水土保持学会科学技术奖一等奖。

2016 年，亚热带生态所共发表科研论文 244 篇，其中 SCI 收录论文 196 篇（第一单位 121 篇）；出版中文专著 2 部；受理申请发明专利 36 项，授权发明专利 19 项（其中国际专利 2 项，分别在美国、日本授权）；受理实用新型专利 1 项，授权 2 项。出版专著 2 部，获批国家标准 2 项（主编 1 项，参编 1 项），通过湖南省品种审定 1 项。

2016 年，亚热带生态所重点实验室和台站装备向高水准的系统集成方向迈进。依托研究所建设的畜禽养殖污染控制与资源化技术国家工程实验室获国家发展改革委批准；耕地重金属污染长期定位观测研究中心站获得湖南省农业委、财政厅批复。新建畜禽营养素生理生化过程研究平台、喀斯特流域生态水文过程研究平台、野外观测网络亚热带所生态系统观测平台 3 个技术条件平台。

2016 年，亚热带生态所院地合作取得了新的突破。与多省市、多企业开展了多领域、多形式的科技合作，全年共获得合作经费 946 万元。与湖南省农业厅、科技厅、教育厅、水利厅、林业厅、知识产权局等多部门合作，在全省推广应用了由亚热带生态所研发的在农业面源污染治理、畜禽安全生产、饲草高效利用、重金属污染治理、优良种质创新等方面的先进方法和技术，取得了良好的社会效益。与广西壮族自治区、贵州省、山东省、湖北省、西藏自治区等科技主管部门合作，推广应用了西南退化喀斯特地区的生态修复技术、生态畜牧业关键技术、生态高值化养殖技术、污水处理技术等。与企业进行了深度科技合作，共签订合作协议 8 项，合作经费共 189 万元、专利转让费 20 万元。

在国际合作方面，2016 年，亚热带生态所与德国莱布尼茨大学土壤研究所签订合作协议，组织召开了“第三届微量元素与饲料安全国际论坛”会议。新批准国家高端外国专家专家团队和合作项目各 1 项。

亚热带生态所是湖南省生态学会、湖南省土壤学会、湖南省动物营养与生态环境学会的挂靠单位；主办有《农业现代化研究》期刊。

（撰稿：文再坤　陈　冲　审稿：吴金水）

成都生物研究所

所　　长：赵新全

地　　址：四川省成都市人民南路四段九号

邮政编码：610041

电　　话：028-82890289

传　　真：028-82890288
电子信箱：swsb@cib. ac. cn
网　　址：http://www. cib. cas. cn

中国科学院成都生物研究所（以下简称“成都生物所”）成立于1958年，当时定名为中国科学院四川分院农业生物研究所，1962年9月更名为中国科学院西南生物研究所，1971年1月更名为四川省生物研究所，1978年启用现名。

成都生物所“十三五”科研定位与目标是：立足西南，在生命与健康、资源生态环境领域，坚持生态环境保护与生物资源利用研究，注重现代农业与生命科学的融合，着力解决高效生物农药研发与农产品安全检测、作物分子育种、农业生态环境保护与污染治理、生物多样性保护与生物资源高效持续利用等领域的重大科学问题，为区域生态保护、生物资源利用提供科学基础、技术支撑、实用产品和决策依据，实现区域农业高效、安全、可持续生产，将研究所建成特色鲜明、具有引领示范作用的科技成果产出与转移转化基地、科技创新人才聚集与培养基地以及国际一流的微生物源生物农药研发基地。

成都生物所的主要研究领域及学科方向为天然药物与人口健康、生态保护与环境治理、工业生物技术及现代农业等，设有生态研究中心、应用与环境微生物研究中心、农业生物技术研究中心、天然药物与临床转化重点实验室和两栖爬行动物研究室5个所级研究机构。

成都生物所两栖爬行动物、植物标本馆是全国青少年科技教育基地、全国青少年走进科学世界科技活动示范基地、四川省及成都市科普教育基地；馆藏两栖爬行动物标本10万余号，模式标本近660号，标本的种类、数量、各种文献等居国内领先地位；馆藏植物标本逾30万份。成都生物所公共实验技术中心拥有600兆赫兹核磁共振波谱仪、流式细胞分选仪等价值约1.3亿元人民币的各类先进科研仪器设备，并对社会开放。成都生物所科技信息情报中心馆藏以生物资源和生物技术的研究与开发为主的中外文文献21万册，拥有包括5台服务器在内的专门进行机构知识产出数据建设与服务、科技信息情报数据存储与服务、生物领域科研成果发布与传播的电子机房。成都生物所建立了中科院茂县山地生态系统定位研究站、中科院成都平原农业生态站、中科院若尔盖高寒湿地生态站和中科院马尔康小麦夏繁基地等研究站（点）。

2016年，成都生物所大力推进“一三五”规划的组织实施，加强学科凝练、体制机制创新及人才队伍和创新平台建设，将原来的14个学科团组整合为7个；开展了多次、多层面的战略研讨会，广泛征求意见，完成了《研究所“十三五”科研发展规划》。

成都生物所是1981年国务院学位委员会第一批批准的动物学硕士学位授予权单位，2000年国务院学位委员会第八批批准的植物学博士学位授予权单位。现设有植物学、动物学、微生物学、生态学、环境科学、药物化学、药理学7个专业博士研究生培养点，植物学、动物学、微生物学、生态学、环境科学、药物化学、药理学、病理学与病理生理学8个学术型学位硕士研究生培养点，生物工程、制药工程2个专业型学位硕士研究生培养点，共有在学研究生331人（其中博士生159人，硕士生172人）。设有生物学博士后流动站，有在站博士后16人。

截至2016年底，成都生物所共有在职职工333人。其中科技人员203人、科技支撑人员69人，包括中国科学院院士1人、研究员及正高级工程技术人员54人、副研究员及高级工程技术人员104人。共有中国科学院“百人计划”入选者11人，“西部之光”人才入选者109人（新增8人）；“万人计划”入选者2人（新增1人），四川省“千人计划”入选者1人。

2016年，成都生物所共有在研项目280项（包括新增项目170项）。其中，主持（承担）国家重点研发项目课题和任务17项（新增17项），国家自然科学基金面上项目70余项（新增16项），中国科学院项目55项，其中前沿科学重点研究计划项目2项，科技服务网络（STS）计划项目和课题7项，中国科学院战略生物资源计划10项，新增四川省项目17项。

2016年，成都生物所‘科成麦4号’‘川育25’‘中科麦36’3个小麦新品种通过省级审定，创制了一批优异新种质，育成了一批抗病、优质、高产小麦新品系，分子标记辅助育种取得较大进展。建立了一种基于串联PCR和小分子荧光基团的特异性DNA检测方法，在不饱和酮的生物催化不对称环氧化研究、孔道内表面胺基功能化SBA-15型介孔材料的合成方法研究、快速合成手性四氢喹啉衍生物研究、生物启发的α-氨基醛的产生与应用研究、铜催化二烯的不对称硼化偶联反应研究等方面获得重要进展。揭示了乡土旱生植物地上地下资源获取的关联性、森林生态系统中林下层植被对上层乔木生长的影响机理，在低效人工林间伐调控对土壤呼吸影响研究、红树林古菌群落研究、极端降雨对高寒草甸生态效应影响研究、极端降雨对花椒农林复合系统中花椒生长的影响研究、磷添加对土壤微生物影响研究、牦牛瘤胃细菌和产甲烷古菌多样性研究、气候变暖和氮沉降对青藏高原东缘高山林线土壤微生物群落影响机理研究、青藏高原生态系统格局演化对气候变化的响应研究、若尔盖泥炭地对环境变化响应研究、森林根系分泌物生态学效应研究、中国雾霾时空分布与经济发展之间的关系研究等方面获得重要进展。

2016年，成都生物所共发表论文325篇，其中SCI论文240篇；主编出版专著3部；申请专利42件，其中发明39件，实用新型3件；授权专利21件，其中发明专利19件、实用新型专利2件；审定农作物新品种3个；获得农药正式登记证2个。

成都生物所是四川省全面深化改革试点区首批科技体制改革试点单位。2016年，研究所推动中国科学院STS项目“四川高效生态农牧业技术研发与示范”在绵阳落地实施，建立了80立方米秸秆畜禽粪便高浓度厌氧发酵工程，与相关合作社达成合作意向；推动中国科学院STS项目“新型生物农药与增效肥料的研制与应用”在绵阳落地实施，举办了新型生物农药应用培训班，推广S-诱抗素在水稻上使用2500余亩。与广元利州区政府签署《建设川东北高效生态现代农业示范区战略合作协议》；推动石斛产业项目落地广元，为进一步加快其产业化进程，举办了石斛产业扶贫培训班，开展了石斛人工育苗基地和规范化种植基地的建设；绿色稻麦新品种推广项目落地广元，‘中科麦47’‘中科麦138’‘科糯麦1号’‘川育25号’‘科成麦4号’‘科优1599’在利州推广；推动核桃乳项目实现转化，为广元市天湟山核桃食品有限公司开发出“森湟”牌核桃乳饮料；组织相关成果参加杨凌农高会、重庆高交会以及绵阳科博会等成果对接活动。

2016年，成都生物所新增科研合同经费12 500余万元，到所科研经费14 258万元，留所科研经费11 473万元。专利转化7件，转化经费68万元。

成都生物所现有参股公司3家，从事科技开发人员20余人，年产值20多亿元，利税3亿余元。

2016年，成都生物所共执行国际合作项目与协议56项，其中新增21项，总经费970余万元。共派出30个团组37人次出访19个国家和地区，邀请和接待美、英、日、俄等27个国家和地区外国专家共计35批89人次，全年举办国际会议3场，国际培训班2场；与英国牛津大学药理学系联合成立“中英药用天然化合物研究与开发联合中心”。

成都生物所是国家天然药物工程技术研究中心、中国科学院山地生态恢复与生物资源利用重点实验室、中国科学院环境与应用微生物重点实验室、中国科学院四川转化医学研究医院的依托单位。主办的《应用与环境生物学报》是中国精品科技期刊、中国核心学术期刊和中国国际影响力优秀学术期刊，名列国内生物学期刊Q1区。成都生物所主办的英文学报*Asian Herpetological Research*是亚洲地区唯一的两栖爬行动物学SCI英文学术期刊，该刊2016年SCI影响因子为0.5。

（撰稿：舒　服　审稿：刘刚君）

成都山地灾害与环境研究所

所　　长：文安邦

地　　址：四川省成都市人民南路四段九号

邮政编码：610041

电　　话：028-85228816

传　　真：028-85222258

电子信箱：office@imde. ac. cn
网　　址：http://www. imde. ac. cn

中国科学院水利部成都山地灾害与环境研究所（以下简称“成都山地所”）由1965年成立的中国科学院地理研究所西南地理研究室发展而来，1966年2月改为中国科学院地理研究所西南分所，1978年更名为中国科学院成都地理研究所，1989年实行中国科学院和水利部双重领导并采用现名，2002年4月进入中科院知识创新工程，2015年4月进入中科院“率先行动”计划特色研究所建设首批试点。

成都山地所的基本定位与发展方向是以“认知山地科学规律，服务国家持续发展”为使命，立足地球表层系统科学前沿，提高创新能力，引领泥石流研究，发展山地灾害学、高山生态学；围绕山区环境灾害与工程安全的科技需求，在山区减灾、山地生态屏障、山区可持续发展研究方面为国家做出重大贡献；在重大山地灾害减灾理论与关键技术、生态保育与屏障建设支撑技术体系、流域水土保持与面源污染防控技术取得突破，提升山区可持续发展战略研究智库作用；加强科技联盟协同机制建设，形成科学–技术–工程–用户紧密关联的科技服务创新链条，成为国家不可替代的山地科学研究骨干引领力量，进入国际一流的山地科学研究机构。

成都山地所设有中国科学院山地灾害与地表过程重点实验室、中国科学院山地表生过程与生态调控重点实验室、山区发展研究中心和数字山地与遥感应用中心4个研究单元，设有四川省山区减灾工程技术研究中心和综合测试与模拟试验中心两个关键支撑平台；建有中国科学院东川泥石流观测研究站、中国科学院贡嘎山高山生态系统观测试验站、中国科学院盐亭紫色土农业生态试验站3个国家重点野外台站和其他5个院所级台站；与西南交通大学等共建国家工程实验室1个，与四川省测绘信息地理局等共建部级工程技术研究中心1个，建有1个480平方米的科技展馆。

截至2016年底，成都山地所共有在职职工278人，其中科技人员159人、科技支撑人员54人，包括中国科学院院士1人、研究员41人、副研究员及高级工程技术人员75人。共有中国科学院“百人计划”入选者6人，“西部之光”人才入选者82人（新增7人）；四川省学术技术带头人7人，四川省有突出贡献优秀专家7人，四川省“千人计划”入选者4人（新增1人），“新世纪百千万人才工程”国家级人选2人，国家杰出青年科学基金获得者2人，新增科技部中青年创新领军人才1人。

成都山地所是1981年国务院学位委员会批准的博士、硕士学位授予权单位之一。现设有自然地理学、人文地理学、生态学、岩土工程和土壤学5个博士培养点，自然地理学、人文地理学、地图学与地理信息系统、生态学、岩土工程、土壤学、建筑与土木工程和环境工程8个硕士培养点，并设有地理学博士后流动站。共有在学研究生225人（其中硕士生93人、博士生132人），在站博士后23人。

2016年，成都山地所共有在研项目482项（新增171项）。其中，主持973计划1项、承担课题6项，承担国家科技支撑课题2项，国家重点研发计划课题1项、参与7项，承担部委行业专项6项，主持国家自然科学基金重点项目1项、国际（地区）合作与交流重点项目1项、中英联合基金1项、重大研究计划重点项目1项、面上项目46项（新增14项）、国家优秀青年科学基金1项、青年基金35项（新增5）；承担中国科学院战略性先导科技专项子课题2项、对外合作重点项目“一带一路”专项1项、中科院重点部署项目课题3项、STS项目3项（新增1项）、课题5项、“西部之光”项目36项（新增7项），承担国际合作重点项目8项。承担院地合作项目198项（新增92项），部署研究所青年人才、“一三五”方向项目等38项（新增25项）。

2016年，成都山地所全年发表论文227篇（其中SCI/SSCI检索论文112篇、EI 21篇）；出版科技专著5部、科普专著1部；获得授权专利32项（其中发明11项、实用新型21项），实现专利转化1项；登记软件著作权19项；参与完成国家标准《土壤科学数据元数据》（GB/T 32739—2016）1套，主持编撰地方标准1套，参与完成地方标准2套。

2016年，成都山地所以学科发展带动技术创新并形成示范，积极构建科技服务网络，推动科技成果服务社会发展和保障改善民生。有效支撑西藏及长江上游生态环境建设，主持完成的西藏生态安全屏障工程建设成效评估报告在国新办发布、参与完成的全国生态环境10年变化评估报告，此两项工作入选中国科学院2016年度科技成果转化亮点工作；立足西南，推动山地灾害防治技术示范，成果在川藏铁路、川藏高速公路、中巴铁路、城市和樟木口岸等防灾减灾中得到应用；关注民生，服务山区发展，提出的咨询建议在西藏、四川得到采纳并具体实施。

2016年，成都山地所重点围绕“一带一路”国际减灾重大需求，继续深化国际科技合作，以中国科学院“一带一路”国际减灾计划为牵引，积极争取各类国际资源，并依托南亚战略成果初步形成了“一带一路”项目群，逐步推进“一带一路”实质性国际科技合作。全年办理出访99人次，接待来访136人次，并促成国家自然科学基金委与国际山地中心的双边合作，举行合作战略研讨会，启动国家自然科学基金委员会——国际山地综合发展中心合作研究项目，还承办了国际山地综合开发中心——国际山地中心中国委员会第一届指导委员会会议、国际山地综合开发中心5年工作绩效评估（QQR）中国区评估会和咨询会。新签署与比利时鲁汶大学地理与旅游学院、斯里兰卡信息技术研究所、印度米佐拉姆大学国际科技合作协议。

成都山地所是中国地理学会山地分会、四川省地理学会、中国水土保持学会泥石流滑坡专业委员会、中国自然资源学会山地资源研究专业委员会、中国生态学学会生态水文专业委员会、中国土壤学会土壤地质分专业委员会、国际数字地球学会中国国家委员会数字山地专业委员会等的挂靠单位，设有中国地理学会西南代表处。出版的英文双月刊 *Journal of Mountain Science*（SCI-E）连续4年入选“中国最具国际影响力学术期刊”，自然科学核心期刊《山地学报》入选全国首批A类学术期刊名录。

（撰稿：代　丹　张　坚　审稿：罗晓梅）

光电技术研究所

副 所 长：刘恩海（主持工作）
地　　址：四川省成都市人民南路四段9号
邮政编码：610041
电　　话：028-85100341；028-85100168；028-85100112
传　　真：028-85100268
电子信箱：ioesb@ioe.ac.cn
网　　址：http://www.ioe.ac.cn

中国科学院光电技术研究所（以下简称“光电所”）筹建于1969年，1970年6月起在成都大邑县雾山乡动工兴建，初名中国人民解放军1019所。1973年4月长春光机所进行人员分迁，1973年7月正式投入科研试制工作，1975年12月更名为中国科学院光电技术研究所。

光电所以“探索科学真理，追求技术极致，报效祖国人民”为使命，以国家安全和国民经济发展的战略需求为牵引，面向世界光电科技前沿和国民经济建设主战场，系统开展光束控制、天文目标观测、亚波长技术、超高精度光学光刻系统、空间光电精密测量、轻量化光学、先进光学制造与检测等光电领域应用基础性、前瞻性、战略性高技术研究与系统集成创新研究，成为不可替代的国家战略科技力量和国际著名研究所。

2016年，光电所制定了“十三五”发展规划，通过了中科院“十三五”规划“一三五”评估。评估指出光电所在“十三五”阶段定位准确，发展目标合理。按照“率先行动”计划的要求，光电所以“光波的操控”为研究核心，“光波的能量传输、信息获取和信息转移”为研究主线，积极申报中国科学院光电工程与技术创新研究院。

光电所现有1个国家重点实验室、2个院级重点实验室、9个重点学科研究室，建有精密机械制造、先进光学制造、轻量化镜坯与新材料、光学工程总体装配、计量与检测5个研制中心，以及1个技术保障中心——科技信息与情报中心，并投资创建了以产品与服务市场化、科技成果转移转化与产业化为宗旨的四川科奥达技术有限公司。

2016年，光电所紧紧围绕重大科研产出和学科建设，在若干领域建设和完善科研技术平台，全所新增离子束溅射镀膜机、六坐标数控射流抛光机、傅里页变幻红外光谱仪、高精度立式定心车床等50万元以上设备36台（套）。

截至2016年底，光电所共有在职职工1153人，其中科技人员673人、科技支撑人员447人。现有中国工程院院士2人、研究员及正高级工程技术人员75人、副研究员及高级工程技术人员347人。共有中国科学院“百人计划入选者”1人；“西部之光”人才入选者97人（新增7人）；青年创新促进会会员39人（优秀会员2人，新增5人）；国家杰出青年基金获得者1人；国家优秀青年科学基金获得者2人；

光电所于1981年开始研究生招生培养工作，现设有光学工程、信息与通信工程（下设二级学科信号与信息处理）、测试计量技术及仪器3个博士学位培养点，光学工程、精密仪器及机械、测试计量技术及仪器、信号与信息处理、检测技术及自动化装置和计算机应用技术6个学术型硕士学位培养点（涵盖5个一级学科），光学工程、仪器仪表工程、电子与通信工程、控制工程、计算机技术5个全日制专业硕士学位培养点，光学工程博士后流动站。共有在读研究生376人，其中硕士生194人、博士生182人，在站博士后7人。

2016年，光电所共有在研项目241项（新增项目141项）。其中，主持国家自然科学基金面上项目17项（新增5项）；承担国家重大科技专项课题7项；主持国家重点研发计划5项（新增5项）；主持973计划和国家重大科学研究计划2项、承担课题6项，承担863计划项目48项；承担（科技部、国家自然科学基金委、财政部和院）重大仪器研制项目8项；承担中国科学院战略性先导科技专项课题2项；主持院重点部署项目2项，承担3项；承担院地合作项目42项（新增27项）；其他各类课题99项。

2016年，光电所在微纳光学研究领域获得国家技术发明奖一等奖和四川省科技进步奖特等奖，在其他优势领域取得了一系列具有重大显示度的成果。①突破“全时段自适应光学闭环校正”核心技术难题，建成世界上首套全时段自适应光学闭环校正高分辨力光电成像系统。②研制成功我国首块口径超4米的大口径望远镜主镜，是全世界公开报道的口径最大的低膨胀石英玻璃蜂窝夹芯结构轻质主镜镜坯。③超分辨光刻具备初步曝光条件，超衍射光学、人工结构天线取得突破性进展。超衍射光学研究相关结果发表在*Science*子刊和*NanoScale*、*ACS Photonics*、*Scientific Reports*、*Advanced Optical Materials*等高水平期刊上。④在面阵三维成像激光雷达研究、太阳大气高分辨力层析成像技术研究方面取得的成果被《人民日报》、新华网、中国科学网等国内多家主流媒体报道。⑤完成四台量子通信地面望远镜的安装、调试及指标检测，正开展国际上首次星地密钥分发和双向纠缠分发实验。⑥在人眼视光学工程方面，研制了完备的视网膜细胞级高分辨率成像科学仪器，整体水平达到国际领先水平。

2016年，光电所共发表科技论文314篇，被SCI收录论文119篇，论文影响因子5.0以上的23篇，影响因子3.0以上的38篇，论文整体质量较往年有了较大提高；申请发明专利152项，授权发明专利144项，保护了自主知识产权，为我国科学研究进步做出应有贡献。

光电所产业发展重合作、推新品，以光电仪器产业化为目标，努力打造西南航空港开发区光电产业基地中心，推动产业发展。2016年，所控股公司各事业部创收继续“上扬”，紫外光刻机、核电设备研发面向工业市场创收创新高。2016年，光电所控股企业四川科奥达销售收入6406万元，利润263万元。在产业化与科技成果转化方面，新成立了科技成果转化处，在技术与市场之间搭建起了互通平台，并将通过公司改造、成都科学城高端产业基地打造进一步提振光电产业，提升核心竞争力。

2016年，光电所外事来访36批52人次，出访（含港、澳、台地区）20批68人次。其中，参加国际学术会议16人次，引进设备预验收18人次、科技合作34人次。光电所还与美国研究团队开展TMT纳导星系统设计合作研究。

光电所是四川省光学学会、中国光学学会光学制造技术专委会、中国光学学会情报专委会的挂靠单位。光电所主办的中文核心期刊和中文科技核心期刊《光电工程》是中国科学引文数据库来源刊物，为中国光学学会的一级学会刊物，2011年曾入选第二届中国300种精品科技期刊。

（撰稿：周鹏浩　郑　丽　审稿：刘恩海）

重庆绿色智能技术研究院

院　　长：袁家虎
地　　址：重庆市北碚区方正大道266号
邮政编码：400714
电　　话：023-65935555
传　　真：023-65935000
电子信箱：yzxx@cigit.ac.cn
网　　址：http://www.cigit.cas.cn

2011年3月，中国科学院与重庆市人民政府在北京签署《共建中国科学院重庆绿色智能技术研究院协议》，正式启动中国科学院重庆绿色智能技术研究院（以下简称“重庆研究院”）的筹建工作。2011年11月，国务院三峡办加入共建；2012年7月，重庆研究院获中央编制委员会办公室批准正式设立；2013年11月，《中国科学院重庆绿色智能技术研究院中长期发展规划》通过中国科学院院长办公会审议。2014年10月9日，正式通过中国科学院、国务院三峡办和重庆市人民政府的三方验收。

重庆研究院设立了战略咨询委员会，旨在发挥国内外著名院士专家在学科建设、人才培养、科学研究、成果转化等方面的参谋咨询作用；设有综合办公室、人事教育处、科技处、产业处、资产财务处及科研公共服务平台6个职能部门。

重庆研究院设立电子信息技术研究所、智能制造技术研究所、三峡生态环境研究所、生物医药与健康研究所（筹），下设22个研究中心及团队。电子信息技术研究所面向电子信息产业发展需求，以突破智能感知与控制等核心技术为目标，共设立大数据挖掘及应用、自动推理与认知、高性能计算应用、北斗导航、智能多媒体技术、量子信息技术6个研究中心；智能制造技术研究所面向装备制造业发展重点及技术需求，共设立表面功能材料及工程研发中心、微纳制造与系统集成、集成光电技术、智能工业设计、机器人与3D打印技术创新中心、太赫兹技术、精准医疗单分子诊断技术、手术机器人团队8个研究中心及团队；三峡生态环境研究所面向三峡库区生态环境建设与保护重大需求，共设立生态过程与重建、环境与健康、环境微生物与生态、水污染过程与治理、膜技术及应用工程、水质生物转化、环境友好化学过程、大气环境8个研究中心。启动筹建生物医药与健康研究所，该研究所由重庆市政府委托重庆研究院代建代管，主要围绕医疗器械、医疗大数据、智慧医疗、制药装备、药用辅料等方向，聚集国内外生物医药产业的相关企业、技术、团队等创新要素，突破传统科研机构的研发模式、管理模式、运行机制，形成一个开放、动态、创新的主体，为重庆生物医药产业集群发展提供强有力的科技支撑。

2016年，重庆研究院第一个中科院重点实验室——水库水环境重点实验室通过验收；院属企业重庆中领环保产业技术研究院有限公司和重庆市德环科技有限公司，成功获批2家重庆市院士工作站。

截至2016年底，重庆研究院共有全职员工350人，其中专业技术人员299人，管理及支撑人员51人，具有海外留学或工作背景的112名。研究员及正高级工程技术人员111人、副研究员及高级工程技术人员50人。共有中科院院士1人、“千人计划”入选者3人（新增2人）、国家“新世纪百千万人才”2名、国家杰出青年科学基金1人、973计划首席科学家1人、863计划专家1人，国家科技创新领军人才1人（新增1人），中科院“百人计划”入选者12人（新增3人）、中科院“西部之光”入选者39人（新增10人），重庆市百人计划等各类优秀人才20余人。

重庆研究院拥有一级学科博士学位授权点2个，一级学科硕士学位授权点5个，重庆市博士后工作站1个。其中，2016年新增“光学工程”一级学科博士培养点。截至2016年底，共有中国科学院大学博士研究生导师31人，硕士研究生导师35人。中国科学院大学学籍研究生101人，其中硕士研究生70人、博士研究生31人；联合培养研究生40人，客座研究生103人。

2016年，重庆研究院在研项目588项（新增158项）。其中主持国家重大科技专项课题1项、参加1项；主持973计划课题1项；参加863计划课题参加3项；主持国家科技支撑计划课题1项、参加1项；参加国家科技基础性工作专项1项；主持国家重点研发计划课题4项（新增4项）、参与2项（新增2项），主持国家杰出青年基金1项；参加国家基金重点项目1项；主持国家基金面上项目26项（新增7项）；参加中科院先导专项2项（新增1项）；主持中科院重点部署项目1项、参加3项（新增1项）。2016年，重庆研究院全年共发表论文441篇，其中SCI收录196篇；共申请专利201项，其中发明专利154项；全年授权专利124项，获软件著作权13项。

2016年，重庆研究院在科研工作方面取得系列进展。

信息技术领域 在大数据挖掘与分析方面，在国务院三峡办的支持下启动建设三峡生态环境信息中心，并在利用大数据挖掘技术高效地从海量、带有噪声的监测数据中挖掘出有科学和应用价值的相关知识取得进展；率先提出“基于稀疏矩阵非负隐特征分析的云服务质量预测框架”，结合稀疏矩阵非负隐特征分析、集成学习和高性能云计算，对云服务质量和变化趋势进行准确预测；率先提出“恒定非负的高维稀疏矩阵隐特征分析方法”，该方法能对高维稀疏矩阵这种典型大数据结构进行高效、恒定满足非负条件的隐特征分析，进而完成集簇探测、缺失值预测、趋势分析等知识发现任务。在零误差计算的理论与应用方面取得突破，研究提出了可充分保证计算结果无误差的浮点计算方法，并成功将其应用于多变元因式分解理论和算法分析，系列成果发表在 *Journal of Systems Science and Complexity* 和 *Science China Mathematics* 等刊物；重庆市超算服务平台建设取得进展，超算扩容总投资3100万，达到2.2PB存储和300万亿次计算能力，已分析处理西南医院20 000例耳聋基因样本，开展重庆风暴尺度集合预报系统建设等。

智能制造领域 在3D打印技术研发方面，开发出空间在轨3D打印实验样机，并完成了93次抛物线失重飞机试验任务，为我国首次微重力条件3D打印试验；在石墨烯材料与应用方面，开发出单屏电子书、柔性手机、电子皮肤、钙钛矿太阳能电池、探测传感器等产品；在精准医疗方面，制作出直径小于2纳米的固体纳米孔阵列，成功开发出基于纳米孔的体外HIV早期诊断技术；在基于光电导微天线的太赫兹近场显微系统研究中取得突破，成功研制透射式太赫兹近场显微系统，光谱范围为0.1—3.5THz，频谱分辨率小于10GHz，空间分辨率约为5微米（λ/100），超物理衍射极限达2个数量级，可对细胞进行超分辨成像，达到国内先进水平；在工程性自清洁表面空穴气体抑制结冰方面，首次提出“空穴气体对流紊动抑制结冰理论模型”，阐释了降温结冰过程中，贮藏于自清洁涂层微-纳米孔隙里温暖的空穴气体缓慢逸出，与水珠周围冷空气进行传热传质对流作用，导致水珠-气体体系中水珠的吉布斯自由能（结冰形核势垒）增大，引起显著的结冰延迟/滞后。

生态环境领域 在全球辐射参数化研究方面取得重要进展，研究结果使得辐射观测站点之间相互模拟成为可能，解决了全球辐射观测站点数量稀少制约研究的技术难题；在三峡库区消落带营养物质变化规律与驱动来源研究方面取得进展，研究发现土壤氨挥发主要受到气温、氮肥及施肥方式的影响，而N_2O排放主要受土壤温度、土壤水分、NO^3—N、NH^{4+}—N等因素的影响；在水环境生态监测传感系统研究方面取得突破，采用进口关键部件，自行设计光机电控制系统与数据采集系统的水环境生态监测传感系统研制成功，并实现下水与试运行；在环境健康方面，开发出了具有环境控制功能的$PM_{2.5}$滤膜称重箱，集成了温湿度控制、振动隔离、样品去静电和气体净化等技术，实现了对$PM_{2.5}$滤膜称重环境的精密控温（波动<0.2℃）和控湿（波动<2%）；研究出一种利用卵子体外保存技术，通过提前注射Cas9 RNA来提高基因敲除能力，大大提高*Cas9*基因的编辑和传代效率。

2016年，重庆研究院通过搭建企业平台，建设产业园区，多方式开展院地合作等方式，开展成果转移转化工作，取得成效。在产业园区建设方面，作为中科院全国首个综合业态环保产业基地，重庆中领环保产业基地已被纳入了《重庆市环保产业发展 2016 年推进计划》的重点工程，获重庆市级首批重庆膜材料与膜技术装备环保产业技术创新研究院；建设国家机器人检测与评定中心（重庆）、重庆两江机器人运用与培训中心（学院）、中科院重庆两江机器人育成中心，开展机器人研发测试、人才培养及产学研合作等；石墨烯产业园集聚了包括石墨烯薄膜生产商、触控、显示组件供应商、智能终端制造商等 10 余家高新技术企业。

2016 年，重庆研究院产生了一批重点产业化成果。开发商品化石墨烯系列产品，包括柔性电子书和柔性手机等重点产品等，并获得石墨烯领域第一个 863 计划项目，得到 872 万元专项经费支持；启动建设重庆石墨烯研究院有限公司，为公司化运营的新型科技研发平台；2016 年，重庆研究院人脸识别技术应用领域进一步扩大，人脸识别系列产品在银行、证券和安防领域的应用快速推进，其成果转化公司——中科云从已成为国内银行业人脸识别技术第一大供应商。

2016 年，重庆研究院深入开展院地合作，与重庆市江北区共建应用技术研究所与产业育成中心；与中国残疾人辅助器具中心、重庆市残联共建西南智能辅具研发和新产品示范中心；与四川省德阳市共建德阳数字中心；与深圳洛丁光电公司共建洛丁智慧城市技术研发中心；与嘉兴市南湖区政府联合成立了嘉兴工业设计工程中心；与中国科学院银川科技创新与产业育成中心共建工业智能设计中心（银川）。2016 年，重庆研究院建立的国家技术转移示范机构在科技部组织的全国 453 家同类机构考核中，以排序第一的名次获得优秀等次。

在国际合作方面，2016 年，重庆研究院启动了与澳大利亚共建流域与全球变化国际创新研究中心。承办了第八届超快现象与太赫兹波国际研讨会、第六届纳米操作制造与测量国际学术会议、第六届微光刻技术交流会暨微光刻分技术委员会年会等学术会议，参加会议的国内外专家教授 500 余人次；依托水库水环境、跨尺度制造技术等重点实验室成功举办各类学术交流与研讨会 30 余场。2016 年，共有来自美国、突尼斯、德国、法国、瑞士、英国、澳大利亚和中国香港等 10 余个国家和地区的 30 余名专家教授，受邀到重庆研究院院参加会议、考察访问和开展合作研究，其中包括澳大利亚南十字星大学 Richard Thomas Bush 教授 、墨尔本大学 Paul Mulvaney 教授、德国自由电子激光科学中心 Franz Xaver Kaertner 教授、斯坦福大学考察团等。

（撰稿：龙　晖　关媛媛　审稿：韦方强）

昆明动物研究所

所　　长：姚永刚
地　　址：云南省昆明市教场东路 32 号
邮政编码：650223
电　　话：0871-65130513
传　　真：0871-65130513
电子信箱：zhanggq@mail.kiz.ac.cn
网　　址：http://www.kiz.cas.cn

中国科学院昆明动物研究所（以下简称“昆明动物所”）直属于中国科学院，是我国生物多样性演化、保护与可持续利用领域的综合性研究机构。昆明动物所成立于 1959 年 4 月，其前身为昆虫研究所紫胶站，1963 年改名为中国科学院西南动物研究所，1970 年划归云南省后改名为云南省动物研究所，1978 年重归中国科学院，恢复原所名。

2016 年，昆明动物所完成“十三五”战略规划编制工作，确立了“一体两翼”跨越发展战略构想：“一体”即研究所“十三五”期间的“一三五”布局，“两翼”分别是“动物遗传与进化前沿交叉卓越研究中心”建设和“模式动物（灵长类）表型与遗传研究设施”。稳步推进动物复杂性状的进化解析与调控先导专项工作，顺利完成中国科学院发展规划局组织的国际评估和中期评议。依托先导专项，积极推进中国科学院动物进化与遗传前沿交叉卓越创新中心建设，力争建成具有学科高地性质的科学研究中心。重点部署模式动物表型与遗传研究设施（灵长类）国家重大科技基础设施建设，项目建议书获国家发展改革委批复，计划投资3.6648亿元，建设周期5年。目前已完成项目可行性研究报告的编制，各项工作正稳步推进。同时，昆明动物所作为建设依托单位的中国科学院-云南省人民政府西南生物多样性实验室顺利通过云南省发展改革委和中科院条件保障与财务局组织的竣工验收。

昆明动物所现有研究团队36个，拥有遗传资源与进化国家重点实验室、中国科学院-云南省动物模型与人类疾病机理重点实验室、云南省动物生殖生物学重点实验室、畜禽分子生物学重点实验室和活性多肽研究与利用重点实验室（培育），与香港中文大学联合共建生物资源与疾病分子机理联合实验室，与苏州大学联合共建疾病动物模型与新药研发联合实验室，与中国科学技术大学联合共建天然活性多肽联合实验室。建设有非法人研究单元中国科学院昆明灵长类研究中心、中国科学院非人灵长类种子中心等10个支撑机构与技术平台，以及无量山黑冠长臂猿监测站和昭通大山包野生动物野外观测站2个野外台站。

中国科学院与云南省合作共建的昆明动物博物馆，馆藏各类动物标本80万余号，是我国热带、亚热带动物种类、数量收藏最多的标本馆。图书馆有中、外文科技藏书3.8万册，中外文科技期刊16万余册。200万元以上大型仪器装备总值5000余万元。

截至2016年底，昆明动物所共有在职职工413人。其中科技人员175人、科技支撑人员197人，包括中国科学院院士1人、发展中国家科学院院士1人、研究员及正高级工程技术人员34人、副研究员及高级工程技术、高级实验技术人员55人。共有“千人计划”入选者1人，“青年千人计划”入选者4人；国家杰出青年科学基金获得者10人。国家优秀青年科学基金获得者4人（新增1人）；“百千万人才工程”国家级人选6人；享受国务院颁发政府特殊津贴人员12人；科技部中青年科技创新领军人才4人；新增“万人计划”3人；中国科学院“百人计划”入选者21人（新增1人）；中科院青年创新促进会会员17人（新增3人），优秀会员2人（新增1人）；“西部之光”人才入选者115人（新增8人）。

昆明动物所是1980年国务院学位委员会批准的博士、硕士学位授予权单位之一。现设有动物学、神经生物学、遗传学、细胞生物学4个专业二级学科博士研究生培养点，动物学、神经生物学、遗传学、细胞生物学、生物化学与分子生物学、生物工程6个专业二级学科硕士研究生培养点和基础医学专业一级学科硕士研究生培养点，并设有生物学专业一级学科博士后流动站。共有在学研究生354人（其中硕士生183人、博士生171人），在站博士后25人。

2016年，昆明动物所共有在研项目554项（新增113项）。其中，主持973计划项目2项、主持课题8项，参与重点研发计划课题7项（新增7项）；主持国家自然科学基金创新群体1项，国家杰出青年科学基金项目3项，国家优秀青年科学基金项目4项（新增1项），国家自然科学基金委-云南省联合基金重点项目10项（新增3项），重大研究计划7项（新增1项），国际合作与交流项目4项（新增3项），重点项目1项，面上项目68项（新增14项），青年项目48项（新增13项）；主持中国科学院战略性先导科技专项1项、项目3项、课题17项（新增3项），院重点部署项目3项（新增3项）。

2016年，昆明动物所在多个研究方向均取得了重要进展。在动物复杂性状的进化机制方向，揭示了金丝猴高原适应、家鸡视觉退化的遗传机制和金线鲃洞穴生活、翻车鱼快速生长的基因组进化奥秘，发现了高原哺乳动物瘤胃微生物组的趋同进化。在动物多样性方向，揭示了家犬扩散的迁徙路线，构建了蛙属物种的系统演化历史，发现鼩鼹类是一个单系群，证实近代物种加速消亡与人类活动有关。在人类进化方向，阐明了东亚人群肤色变浅的进化遗传机制和灵长类大脑起源进化过程中的表观遗传变化，发现低氧可能诱导藏族人群长寿。在疾病机理解析方向，证实脑源性神经营养因在欧洲人群中与双相情感障碍相关并揭示了银屑病的分子机制。在动物模型方向，揭示了树鼩缺失免疫基因RIG-I的机制，利用树鼩精原干细胞获得世界首只转基因树鼩。上述研究成果发表于*Nature Genetics*等国际一流期刊。

2016年，昆明动物所发表SCI论文249篇，包括发表在*Nature Genetics*、*Nature Communications*等5年影响因子（IF）>9的国际著名期刊论文29篇；申请专利（已获得申请号的专利）28项，其中包括24项发明专利和4项实用新型专利，授权专利16项，包括14项发明专利和2项实用新型专利；登记软件著作权1项。

2016年，昆明动物所共派出103人次出访17个国家和地区进行交流合作；接待国外来访学者83人次。在研的国际合作项目7项，新获中国科学院国际人才交流计划6项，延期资助2项。推进实施国际生命条形码和“国际两栖爬行类生命条形码计划（Cold Code）”，发起“千犬基因组计划”，积极参与“中非中心”“东南亚中心”“中斯中心”和“中亚生态与环境研究中心”的建设和国际合作项目的开展。

昆明动物所是云南省动物学会、云南省细胞与生物学会、云南省免疫学会、云南省实验动物学会的挂靠单位；负责编辑出版动物学核心刊物《动物学研究》，该刊物入选2016中国国际影响力学术期刊，获得2016—2018中国科技期刊国际影响力提升计划B类资助。

（撰稿：黄加元　杨　茜　审稿：沈　华）

昆明植物研究所

所　　长：孙　航
地　　址：云南省昆明市蓝黑路132号
邮政编码：650201
电　　话：0871-65223009
传　　真：0871-65223094
电子信箱：kibpub@mail. kib. ac. cn
网　　址：http://www. kib. cas. cn

昆明植物研究所（以下简称“昆明植物所”）前身是静生生物调查所和云南省教育厅于1938年7月合作成立的云南农林植物研究所。1950年4月转属中国科学院，更名为中国科学院植物分类研究所昆明工作站。1953年3月更名为中国科学院植物研究所昆明工作站。1959年4月，经国家科委批准，正式成立中国科学院昆明植物研究所。

昆明植物所以“原本山川 极命草木”为所训，旨在认识植物、利用植物、造福于民。办所方针为立足中国西南，辐射东南亚和喜马拉雅，在植物学、植物化学及植物资源发掘、利用与保育等领域取得重要突破，为我国生态文明建设、生物多样性保护、生物资源的持续利用和产业发展做出重要贡献。

2016年，昆明植物所“一三五”规划实施和特色研究所建设取得积极成效。制定并出台了“十三五”时期“一三五”规划；发布《云南生物物种名录》（2016版），云南成为我国首个发布生物物种名录的省份，成果入选2016年云南十大科技进展；积极推进“双创”平台，服务国民经济主战场；高质量论文产出创新高；启动所级公派留学计划，加强青年骨干人才培养；完成所级知识库（KIB-IR）建设；学科评估获优秀评价；Biotracks生命轨迹系统正式上线；多篇咨询报告被采纳，智库建设水平提升；举办吴征镒百年诞辰纪念活动，启动所史馆建设，文化建设成效明显。

昆明植物所研究系统设置“三室一库”，即植物化学与西部植物资源持续利用国家重点实验室、中国科学院东亚植物多样性与生物地理学重点实验室、云南省野生资源植物研发重点实验室和中国西南野生生物种质资源库；设有昆明植物园和丽江高山植物园，与世界农用林业中心共建山地生态系统研究中心，与浙江省海盐县共建海盐工程技术中心，中国科学院青藏高原研究所昆明部在此挂靠。

昆明植物所设有公共技术服务中心，是中国科学院昆明生物多样性大型仪器区域中心重要组成单元；设有科技信息中心，承担中国科学院超级计算环境昆明分中心和昆明储存分中心的运维工作。植物标本馆（KUN）馆藏标本140余万份，是全国第二大植物标本馆；种质资源库已保存野生植物种子9484种，占中国种子植物总数的31.8%。

截至2016年12月31日，昆明植物所有中国科学院院士2人，国家杰出青年科学基金获得者8人，国家优秀青年科学基金获得者3人，“百千万人才工程”国家级人选6人，“万人计划”科技创新领军人才2人（新增2），享受国务院政府特殊津贴人员11人，科技部“中青年科技创新领军人才”入选者2人，国家“外专千人计划”入选者1人，国家“青年千人计划”入选者4人；中科院“百人计划”入选者22人，中科院青年创新促进会会员23（新增4）人；云南省“科技创新领军人才”入选者2（新增1）人，云南省“高端科技人才引进计划”入选者14人（新增3），云南省“海外高层次人才”入选者13人。从国内外引进各类人才37（新增4）人。

昆明植物所现有生物学和药学2个一级学科博士培养点，下设植物学、生物化学与分子生物学、药物化学和药理学4个二级博士培养点和对应硕士培养点，并在生物工程和药学2个专业型硕士培养点招生。在读研究生458人，其中博士生212人、硕士生246人、含在读留学生27人。设有生物学和药学2个博士后科研流动站，2016年进站15人，出站8人，并获云南省首批受资助博士后科研流动站。

2016年，昆明植物所共获立项国家各级财政科技计划资助项目131项，新增经费8248.574万元。承担国家部委及地方在研的主要科技计划项目（课题）共有61项（新增23）。其中，承担国家重大科技专项课题1项（在研），主持国家重大科学研究计划项目1项（在研），承担（或参加）973计划2项（在研），承担863计划1项（在研），参加国家科技支撑计划项目3项（在研），承担科技基础性工作专项重点项目2项和课题1项（在研）；承担国家自然科学基金委重大项目1项（在研）、重大国际合作研究项目5项（新增2项）、重点项目2项（在研）、承担国家自然科学基金委-云南省联合基金项目11项（新增1项）、承担国家杰出青年科学基金项目3项（在研）、承担国家优秀青年科学基金项目3项（在研）、承担国家自然科学基金委重大研究计划培育项目1项（新增1项）。

2016年，昆明植物所共获授权专利33项，其中1项为美国专利；获计算机软件著作权登记证书2项；云南省园艺植物新品种登记证书2项；获云南省自然科学奖一等奖1项、云南省自然科学奖二等奖2项、云南省自然科学奖三等奖1项，科技进步奖创新团队类一等奖1项。2016年度，共发表SCI论文504篇，其中第一作者单位发表SCI论文236篇，TOP15%的有150篇，TOP30%的为248篇；中国科学引文数据库（CSCD）文章共有92篇；出版专著、译著7卷册。

2016年，昆明植物所进一步完善技术合同管理，推动科技成果转移转化，实现新增技术合同76份，新增技术合同金额5683.7万元；年度到位经费2292.3万元。与云南恩典科技产业发展有限公司合作开发的“抗凝新药LFG项目”全球独家转让于九芝堂股份有限公司，转让金额4000万元。

2016年，昆明植物所控股公司云南昆植园林科技有限公司完成股改，昆明赛森生物科技有限公司正式成为公司两大股东之一。2016年7月，由北京明弘科贸有限责任公司（植物医生品牌）投资布展的“扶荔宫”温室群对外试运行。

2016年，昆明植物所争取国内经费来源的国际科技合作项目18项，获得经费支持1272.79万元；争取国外经费来源的国际科技合作项目8项，合同总经费270万元；新签学术交流协议9项。全年短期因公出访共计106人，国境外来访141人。在中国境内开展中外野外科学考察5项。举办国际会议3项，国际培训班1项。共聘任14位外国学者在研究所全职工作。获得中科院国际人才计划8项、国家外国专家局高端外国专家项目2项。

昆明植物所的《植物分类与资源学报》完成改版并更名为 *Plant diversity* [《植物多样性》（英文）]，全年出版正刊6期42篇，文章被ScienceDiret数据库收录；*Fungal Diversity*（《真菌多样性》）2016年发表论文6期27篇，为真菌学领域排名第二的期刊，最新影响因子为6.991；*Natural Products and Bioprospecting*（《应用天然产物》）为开放源期刊，被ESCI收录。全年发表正刊6期34篇。

（撰稿：葛　蕾　朱卫东　审稿：王雨华）

西双版纳热带植物园

主　　任：陈　进
地　　址：云南省西双版纳州勐腊县勐仑镇
邮政编码：666303
电　　话：0691-8715071
传　　真：0691-8715070
电子信箱：office@xtbg. org. cn
网　　址：http://www. xtbg. cas. cn

中国科学院西双版纳热带植物园（以下简称“版纳植物园”）系我国著名植物学家蔡希陶教授领导下于1959年1月创建，1970年7月更名为云南省热带植物研究所。1978年3月更名为中国科学院云南热带植物研究所。1987年1月中国科学院云南热带植物研究所的植物群落室与昆明分院生态室合并成立昆明生态研究所，其余部分划归昆明植物所所辖的西双版纳热带植物园。1996年9月经中编办批准，昆明植物所所辖的西双版纳热带植物园与昆明生态研究所合并为独立的研究机构——中国科学院西双版纳热带植物园，沿用现名。2011年7月荣膺国家5A级旅游景区。2013年6月成为中国植物园联盟理事长单位。

版纳植物园立足中国热带，面向我国西南地区和东南亚国家，开展以森林生态学、资源植物学和保护生物学为主要研究方向的科学研究、物种保存和科普教育，促进生物多样性保护和可持续发展。

版纳植物园设有热带森林生态学和热带植物资源可持续利用2个院级重点实验室、西双版纳热带雨林生态系统和哀牢山森林生态系统2个国家级野外台站。建有综合保护中心、元江干热河谷所级野外台站、公共技术服务中心、标本与种质保存中心等支撑系统。

截至2016年底，版纳植物园共有在职职工382人（含项目聘用人员35人）。其中专业技术人员309人，包括研究员及正高级工程技术人员38人、副研究员及高级工程技术人员68人、物种保存和科普教育人员86人。现有“千人计划”入选者1人；中国政府“友谊奖”获得者1人；享受国务院政府特殊津贴6人（新增1人）；“十佳全国科技工作者”1人；中国科学院“百人计划”入选者7人（新增1人）；特聘研究员6人（新增1人）；卓越青年科学家1人；“西部之光”人才入选者68人（新增9人）；青年创新促进会会员9人（新增2人）；中国科协“青年人才托举工程”入选者1人；“云岭学者”1人；云南省高端科技人才3人；云南省百名海外引进高层次人才2人；云南省中青年学术和技术带头人3人（新增1人）；云南省中青年学术和技术带头人后备人才6人（新增1人）。

版纳植物园现设有生态学专业一级学科博士、硕士研究生培养点，植物学专业二级学科博士、硕士研究生培养点，并设有生物学专业一级学科博士后流动站。共有在学研究生266人，其中博士生95人（含留学生12人）、硕士生171人（含留学生13人），在站博士后共计15人（含外籍9人），其中与工作站联合招收1人。

2016年，版纳植物园共有在研项目288项（包括新增项目80项）。其中，承担国家重大科学研究计划项目课题1项，国家重点研发计划课题2项、子课题2项；主持国家基金-云南省联合基金重点项目8项（新增2项）、国家自然科学基金委重大研究计划项目2项、国家自然科学基金委国际合作重点项目1项（新增1项）、面上项目40项（新增16项）；主持（或承担）中国科学院战略性先导科技专项课题4项（新增2项），主持（或承担）院重点部署项目2项（新增1项）；承担重点国际合作项目2项；承担院地合作项目10项（新增2项）。

2016年12月11日，国务院副总理刘延东，原国务院副总理回良玉，全国人大常委会原副委员长路甬祥，中国科学院院长白春礼、党组副书记刘伟平、副院长张亚平、王恩哥，农业部副部长屈冬玉等领导来园调研。2016年6月15日，尼泊尔副总统南德·巴哈杜尔·普恩来园访问。

2016年，版纳植物园发表SCI（SSCI）刊物论文230篇，累计影响因子809.72，属于Q1的论文133篇（第一署名单位146篇），TOP 10%论文54篇。在热带生态学与进化领域：谭垦研究员团队首次在脊椎动物外发现精确的语音报警信号；在保护生物学与环境教育领域：Richard Corlett研究员在*Trends in Plant Science*上发表综述，从分子、细胞、组织、个体、物种、群落以至景观尺度上综合考虑现有的研究成果将极大地改善气候变化模型预测能力；在热带植物资源与农业领域：刘文杰研究员团队进行了种间竞争效应对橡胶树水分的有效利用研究，证实橡胶林复合生态系统显著地增强了土壤的保水能力。余迪求研究员团队获得云南省自然科学奖一等奖1项，彭艳琼研究员团队获得云南省自然科学奖三等奖1项。

2016年，版纳植物园出版专著2部。获得国内发明专利授权1项，新申请13项，其中PCT专利1项，发明专利11项，实用新型1项；获得美国专利授权2项。

2016年，版纳植物园主办和承办各类学术会议54次、各类培训班16次，包括成功举办国际可持续橡胶种植会议、第四届中泰科技合作会议等国际会议。全年来园进行学术交流、培训、合作研究的世界各地科学家共192人次，到国外参加学术会议、合作研究、引种考察等共118人次。XTBG Seminar全年举行中英文专题学术报告65场，Lunchtime Talk全年举办43次。

2016年，版纳植物园引种植物科学数据采集、管理及时规范，年内共引种1116种次，其中国内810种次，国外306种次。园区管理常年保持良好水平，入园人数77.03万人次。

2016年，版纳植物园荣获首个中国最佳植物园“封怀奖”；被中国科学院、科技部命名为首批国家科研科普基地；入选首批“全国研学旅游示范基地”。举办首届罗梭江科学教育论坛、艺术邂逅科学——热带雨林中国画写生作品展、植物园+青年科学节、兰花保护绘画全国植物园巡展、西双版纳热带雨林植物科普展、第五届版纳植物园观鸟节等。

2016年，中国科学院东南亚生物多样性中心正式运行，跨入新的发展阶段。中国科学院院长白春礼和缅甸自然资源与环境保护部常务秘书长U. KhinMaung Yee共同为东南亚中心揭幕。中心建成4个核心研究团队，即动物多样性与保护、水生生物多样性、传统医药与民族植物学和植物多样性保护与研究4个研究组。发表植物、节肢动物、两栖爬行类、鱼类等新分类125个，中心在东南亚地区生物多样性研究与保护方面的重要作用日益凸显。

2016年，景东亚热带植物园建设取得进展。景东县人民政府与云南省公投集团签订合作框架协议，成立股份公司对景东亚热带植物园进行建设。

2016年，中国植物园联盟一期项目通过验收，联盟正式成员单位发展到96家。年内举办植物分类、园林园艺、环境教育等6期培训，共培训176人次，并派出7人赴英国参加培训，联盟的国内、国际影响力进一步提高。

版纳植物园是云南省生态学会挂靠单位。

（撰稿：玉最东　杨　振　审稿：胡华斌）

地球化学研究所

所　　长：胡瑞忠

地　　址：贵州省贵阳市观山湖区林城西路99号

邮政编码：550081

电　　话：0851-85891217

传　　真：0851-85895095

电子信箱：huruizhong@vip.gyig.ac.cn

网　　址：http://www.gyig.ac.cn

中国科学院地球化学研究所（以下简称“地化所”）成立于1966年2月，主体由中国科学院地质研究所的相关人员从北京搬迁至贵阳组建。

2016年，地化所牢牢把握研究所战略定位，全面推进“率先行动”计划和“一三五”规划的实施。深入贯彻落实中科院新的办院方针，加强基础研究、注重原始创新、增强竞争力和可持续发展能力；加强应用和集成创新研究，形成“基础研究-技术研发-成果示范”为一体的创新价值链，提升解决国家和地方重大需求问题的能力。力争在元素超常富集规律与深部资源预测、石漠化和重金属污染机制与治理示范、地球内部物质与月球早期演化3个方面取得重大突破；重点培育地球化学基础理论——方法和技术、下一代战略性矿产资源成矿规律、矿产资源高效清洁利用、环境变化过程与记录、高原河湖库水环境与调控5个方向。实现了以PI制为主体的科研组织形式向以解决资源环境领域重大科技问题为主线的团队科研组织形式的转变；建立了以重大成果产出为目标的科技评价体系。

地化所现有矿床地球化学国家重点实验室、环境地球化学国家重点实验室、中国科学院地球内部物质高温高压重点实验室 、月球与行星科学研究中心和矿产资源综合利用工程技术研究中心 5 个研究机构。

截至2016年底，地化所共有在职职工（含项目聘用人员）395 人 。其中科技人员 195 人、科技支撑人员 122 人，包括中国科学院院士 2 人、研究员及正高级工程技术人员 79 人、副研究员及高级工程技术人员 134 人；全所进入创新研究院 70 人。共有“千人计划” 入选者 5 人（新增 1 人），其中“青年千人计划” 入选者 4 人；中国科学院“百人计划”入选者 21 人（新增 1 人）；“西部之光”人才入选者 86 人（新增 8 人）；国家级“百千万人才工程”入选者 3 人；国家杰出青年科学基金获得者 7 人（新增 1 人）；国家优秀青年科学基金获得者 2 人（新增 2 人）。

地化所是国务院学位委员会批准的首批博士、硕士学位授予权单位之一。现设有地球物理学、地质学、环境科学与工程 3 个专业一级学科博士、硕士研究生培养点，地质工程、环境工程 2 个全日制专业学位学科硕士研究生培养点，并设有地质学、环境科学与工程 2 个博士后流动站。共有在学研究生 360 人（其中硕士生 157 人、博士生 203 人），在站博士后 45 人。

2016 年，地化所共有在研项目 511 项（新增项目 136 项）。其中 973 计划项目 1 项，国家重大研究计划 1 项，973 计划课题 5 项，科技惠民计划 1 项、国家科技支撑计划 2 项，国家重大研发计划课题 7 项，国家自然科学基金项目 111 项、中科院战略性先导科技专项课题 2 项，中科院战略性先导科技专项课题 3 项，国际合作项目 4 项等。2016 年，地化所新增的主要项目除国家自然科学基金项目 47 项外，主要包括重点实验室运维 2 项；中科院人才项目 10 项；中科院项目 11 项；国外委托项目 2 项；其他科研机构委托 6 项；横向项目 16 项；地方政府项目 13 项；重点研发课题 7 项、子课题 13 项等。新增科研经费 15 872.65 万元。

2016 年，地化所共发表论文 376 篇，其中 SCI 论文 201 篇，中国科学引文数据库（CSCD）论文及其他 175 篇；出版专著 3 部；新申请发明专利 18 项；授权发明专利 10 项。

2016 年，地化所在华南大面积低温成矿作用和地幔柱成矿作用、深部矿产资源预测示范、喀斯特和重金属生态环境过程与治理技术等的研究中取得重大突破；在下一代战略矿产资源成矿规律、环境和气候变化的地球化学记录、高原梯级河流和深水型湖库水环境、地球内部物质与月球和行星演化、地球化学基础理论和新技术新方法等的研究中，取得重要进展。

2016 年，地化所院地合作项目进展顺利，经济社会效益显著。与地勘单位合作，在黔西北铅锌成矿区五指山背斜铅锌矿床研究中取得找矿新突破，找出目前贵州省规模最大的铅锌矿床。该成果获 2016 年度中国有色金属地质找矿成果奖一等奖。在石漠化治理方面提出以表层水资源开发利用、土壤改良为支撑、立体农业建设和产业化培育为动力的新型石漠化治理模式，为西南地区石漠化治理提供了示范样板；在重金属污染防治方面为铜仁国家土壤重金属污染防治先行区建设提供科技支撑服务，前期相关服务成果荣获 2016 年度贵州省科技进步奖一等奖及贵州科技合作奖；在水环境治理方面制定的《两湖一库底泥污染治理规划》被贵阳市政府采纳和实施。

2016 年，为了进一步加强产学研结合，结合地方需求，地化所与河南省有色金属地质矿产局签署战略合作协议；9 月，组织“石漠化治理与区域发展”咨询项目广西行活动。此外，地化所科技成果积极参展贵州省科技创新大会、大连中国国际专利技术与产品交易会、第十八届深圳高交会，促进科技成果的转移转化。

2016 年，地化所加强实验技术平台建设，注重仪器设备的统筹规划和高效利用，提高仪器设备研制和功能开发能力。在已有技术平台的基础上，加强有特色的分析测试和实验模拟平台的建设，包括超净化学实验室、地质样品制备实验室，一流的实验技术平台大大提升了地化所科技创新能力。

2016年，地化所国际科技合作活跃，共派出科研人员85人次前往美国、日本、加拿大等20余个国家和地区进行学术交流与合作研究；邀请来自英国、美国、法国等国家和地区的40余位国外专家到所访问及合作研究。

2016年，地化所新建了所史展览馆及矿物岩石陈列馆；主办了包括“地球与行星科学高级论坛”，“第十一届矿床模型与找矿勘查国际研讨会”等各类会议；开展了“地球演化与成矿高级学术论坛”“青年学术论坛”“早期地球与行星科学论坛”及“青年创新讲坛”等系列活动；并积极参加各类国际学术活动，科技人员在国际学术界的地位明显提升。刘丛强研究员担任国际SCI期刊*Chemical Geology*编委，胡瑞忠研究员担任国际矿床成因协会中国国家委员会副主席、国际经济地质学会会士和国际SCI期刊*Mineralium Deposita*副主编，冯新斌研究员担任国际SCI期刊*Environmental Toxicology and Chemistry*、*Journal of Environmental Sciences*编委和亚太地区环境地球化学与健康执行委员会委员，刘再华研究员担任国际水文地质学家协会地下水与气候变化委员会共同主席和国际SCI期刊*Journal of Cave and Karst Sciences*编委。

地化所是中国矿物岩石地球化学学会的挂靠单位，主办*Chinese Journal of Geochemistry*、《矿物学报》、《矿物岩石地球化学通报》和《地球与环境》4种学术刊物。

（撰稿：黄万才　陈娟弘　审稿：王世杰）

西安光学精密机械研究所

所　　长：赵　卫

地　　址：陕西省西安高新区新型工业园信息大道17号

邮政编码：710119

电　　话：029-88887711；029-88887717

传　　真：029-88887711

电子信箱：office@opt.ac.cn

网　　址：http://www.opt.ac.cn

中科院西安光学精密机械研究所（以下简称“西安光机所”）于1962年3月由中科院所属原子能研究所大部、陕西分院光学研究所、机械研究所、自动化研究所合并组建而成。研究领域包括空间光学、光电工程、基础光学，主要研究方向包括高分辨可见光空间信息获取和光学遥感技术研究、干涉光谱成像理论与技术研究、高速光电信息获取与处理技术研究、瞬态光学与光子学理论与技术研究。

2016年，西安光机所认真贯彻落实中科院新时期办院方针制定“十三五”规划，积极对接国家与中科院规划，以实现1个定位、3个突破、6个培育为目标。为有效推进规划的组织实施，采取的主要措施有：发挥人才聚集与学科积累优势，积极争取国家与中科院项目牵引与支持，获多项国家、部委专项支持；建立专项资金支持政策，“十三五”期间的自筹资金支持额度将超十二五；强化规划面向全所的宣贯，设立管理办公室，建立考核体系、强化目标责任，保证进度落实与目标实现。

西安光机所设有瞬态光学与光子技术国家重点实验室、中科院超快诊断技术重点实验室、中科院光谱成像技术重点实验室等研究室与技术支撑系统。2016年，西安光机所与青岛海洋国家实验室联合建立海洋光学联合实验室，与上海核电设备有限公司联合建立核电装备检测联合实验室，与陕西文化产权交易所共建西安书画艺术品光谱技术实验室。

截至2016年底，西安光机所共有在职职工917人。其中科技人员719人、科技服务人员149人，包括中科院院士1人、国际欧亚科学院院士1人、研究员及正高级工程技术人员106人、副研究员及高级工程技术人员221人。共有“万人计划”1人（新增1人），“千人计划”创新类5人（新增1人），创业类5人（新增1人）、“青年千人计划”入选者3人（新增1人，转移1人）；中国科学院“百人计划”14人，“西部之光”入选者51人（新增17人）；国家杰出青年科学基金获得者2人（新增1人）、国家优秀青年科学基金获得者1人（新增）、国家“新世纪百千万人才工程”入选者4人（新增1人）。获评科技部创新人才培养示范基地、中国科学院“十二五”人事人才工作先进单位、陕西省引智示范基地、西安市人才工作创新试验基地。

西安光机所是1981年国务院学位委员会批准的博士、硕士学位授予权单位之一。现设有物理学（光学、等离子体物理专业）、光学工程、电子科学与技术（物理电子学、微电子学与固体电子学专业）、信息与通信工程（通信与信息系统、信号与信息处理专业）一级学科博士及硕士培养点，材料科学与工程（材料物理与化学专业）、控制科学与工程（控制理论与控制工程专业）一级学科硕士培养点，以及光学工程、电子与通信工程、控制工程、材料工程硕士专业学位培养点，设有物理学（光学专业）、光学工程博士后流动站。2016年，西安光机所共有在学研究生469人（其中硕士生229人、博士生240人），在站博士后23人。2016年，西安光机所承建中国科学院大学未来技术学院光子与量子技术教研室；在中国科学院大学培养点评估中，信息与通信工程3个学科均排名全院第二。

2016年，西安光机所共有在研项目666项（新增327项）。其中，主持（或承担）国家自然基金重点项目8项（新增1项）、面上项目28项（新增4项）、国家杰出青年基金1项、国家自然基金重大研究计划重点项目2项（新增2项）；主持或承担国家重大科技专项20项（新增9项）；主持或承担国家重点研发计划7项（新增7项）；承担973计划课题4项，主持（或承担）863计划项目32项；主持（或承担）（科技部、国家基金委、财政部、中科院）重大仪器项目17项；主持中科院战略性先导科技专项B类1项、承担课题1项；主持（或承担）中科院重点部署项目5项（新增3项）、承担重点国际合作项目1项；承担院地合作项目1项。

2016年，西安光机所科研工作取得系列进展。突破超高分辨成像与超高灵敏度探测技术，西安光机所首次作为航天载荷总体单位承担星上3个分系统及地面综合测试系统研制；突破米级光谱成像及精细光谱探测技术，在研国内空间分辨率最高的遥感类星载高光谱成像仪且进展顺利；突破飞秒激光超精密极端制造技术，为我国实践十七号卫星磁聚焦霍尔电推进系统加工解决了多项重大技术难题圆满完成在轨飞行验证，列入中科院“十三五”规划“智能制造”方向中“机器人与超精密极端制造”专题已获科技部支持。培育成果主要有：提出一种新的光子成像方法，使激光雷达成像从传统每像素几千光子缩减到约一个光子；将研发的结构光照明显微镜成功应用于微小动物快速高分辨三维形态复原，为生物形态学深入研究提供直接的科研证据；在国际上首次实现基于SiN微腔的红外与绿光频梳同时输出，在片上光钟、自主导航等领域具有重要应用价值；完成了国内首台超高灵敏度接收原理样机研制，可支持星间/星地3.6万—7万千米长距离高速数据传输，技术指标与同期美国NASA水平相当；获中科院B类先导专项支持，首次在集成光子芯片上产生了偏振纠缠光子对、得到迄今为止带宽最宽量子频梳的纠缠光子源；自主研制的光纤与器件实现了单根输出功率超过5kW的指标。

2016年，西安光机所首获国家自然科学奖二等奖1项（图像结构建模与视觉表观重构理论方法研究）；再获中国科学院杰出科技成就奖。西安光机所全年发表论文517篇，SCI收录252篇，EI收录418篇；*Science*高质量论文1篇，高被引论文3篇，两人连续3年入选“爱思唯尔（Elsevier）中国高被引学者”榜单。申请专利294项，其中发明专利170项（含2件PCT），实用新型124项，软件著作权受理7件。授权专利204项，其中发明专利90项（含国防专利10件），实用新型108件，外观设计6件。软件著作权登记5项。

2016年，西安光机所面向国民经济主战场，主动担责、积极作为，认真贯彻落实中央创新驱动发展战略，以科技体制机制改革创新促进成果转移转化和新兴产业培育工作。全年新培育孵化企业70个，总数已达140家，共计吸引社会投资30亿元、纳税0.7亿元、创造就业5000多人、引进高端团队30个，4家企业挂牌“新三板”（新增3家）。“一院一所”模式连续3年被写入陕西省政府工作报告、2016年入选“陕西省十大科技新闻”位列首位；建成国内首家光电子集成电路先导技术研究院并运营，开展多型光电子集成电路技术研发、中试与产业孵化；建成西北地区首个面向青年科技创业者的专业化众创空间并运营，成为国家首批17个示范性国家专业化众创空间；“中科创星”科技产业化团队获中央电视台、中国科学院、科技部等8家单位联合主办的“2016科技盛典”年度团队奖。

2016年，西安光机所承办了第十届全国光子学学术会议、第二届光子学与光学工程国际会议、第十七届激光精密制造国际会议，主办了首届“水下光学”高峰论坛。全年来访外宾12批32人，出访23批41人次，获批国家外专局引智项目1项、院国际人才计划项目3项。

西安光机所是中国光学学会所属高速摄影与光子学专业委员会、纤维光学和集成光学专业委员会、陕西省光学学会的挂靠单位；编辑出版国家一级学术期刊《光子学报》。

（撰稿：张岗峰　刘明明　审稿：马彩文）

国家授时中心

主　　任：张首刚
地　　址：陕西省西安市临潼区书院东路3号
邮政编码：710600
电　　话：029-83890326
传　　真：029-83890196
电子信箱：office@ntsc.ac.cn
网　　址：http://www.ntsc.ac.cn

中国科学院国家授时中心（以下简称“国家授时中心”）成立于1966年，当时命名为中国科学院陕西天文台，2001年3月27日，经中央机构编制委员会办公室批准改为现名。国家授时中心是开展时间频率科学研究、时频高技术研发、时间服务和卫星导航技术研发的研究所，承担着我国标准时间频率的产生、保持和发播任务。

国家授时中心的科研工作定位是：立足时间频率与卫星导航领域，瞄准国家定位、导航与授时体系建设的重大任务需求和国家授时服务需求，围绕前沿科学与未来技术和空间两个研发领域，着力开展时间基准保持技术、量子频标、守时理论与方法、时间频率测量与传递、授时方法与技术、卫星精密测定轨、导航定位、用户终端的基础应用研究、技术攻关、系统集成及应用开发与服务，发展成为特色鲜明的先进科研机构。

2016年是中国科学院“创新2020”迈入跨越新阶段的重要一年，也是全面启动“十三五”规划的开局之年。一年来，国家授时中心加强组织领导，完善相关制度，加大资金投入，凝聚人才队伍，相互配合，在国家标准时间性能提升、天地综合授时服务体系、卫星导航增强与新技术试验验证3个重大突破，以及5个重点培育方向：空间时频技术、国家PNT体系技术研究、激光时间频率传递、多手段融合精密测定轨方法及应用、高性能时间频率仪器研制均顺利完成前期阶段任务，为“一三五”任务深入实施奠定了技术基础，开展的基础研究、应用研究、技术攻关对国家时频体系建设具有重大意义。

国家授时中心拥有时间频率基准、精密导航定位与定时技术2个院重点实验室。主要研究单元有量子频标研究室、守时理论与方法研究室、高精度时间传递与精密测定轨研究室、时间频率测量与控制研究室、授时方法与技术研究室、时间用户系统研究室、导航与通信研究室、时间频率基准实验室；主要下属单位有授时部。

国家授时中心所拥有的长短波授时系统是国家不可或缺的基础性技术工程和社会公益设施，被列为由国家财政部专项运行维护费支持的国家重大科技基础设施之一。短波授时台（BPM），每天24小时连续不断地以4个频率交替发播标准时频信号，覆盖半径超过3000千米，授时精度毫秒量级；长波授时台（BPL），每天24小时发播高精度长波时频信号，覆盖我国中部大部分地区和近海海域，授时精度为微秒量级。

截至2016年底，国家授时中心共有在职职工462人，其中科技人员290人、科技支撑人员120人、管理人员52人，科技人员包括：研究员及正高级工程技术人员26人、副研究员及高级工程技术人员57人。国家杰出青年科学基金获得者1人，国家“百千万人才工程”国家级人选1人，国家“青年拔尖人才”1人，中科院“百人计划”入选者6人，中科院“西部之光”

人才入选者36人（含新增8人）。

国家授时中心是1982年国务院学位委员会批准的博士、硕士学位授予权单位之一。现有天体测量与天体力学、测试计量技术及仪器、通信与信息系统3个专业二级学科博士研究生培养点；天体测量与天体力学、测试计量技术及仪器、通信与信息系统、精密测量物理、电子与通信工程5个专业二级学科硕士研究生培养点；设有1个天文学专业一级学科博士后流动站。在学研究生153人（其中硕士研究生75人、博士研究生78人），在站博士后3人。

2016年，国家授时中心有在研项目110余项，其中承担国家自然科学基金31项（新增6项）；中科院国防创新基金4项（新增2项）；"西部之光"人才项目28项（新增8项）；大科学装置维修改造项目3项（新增1项；修缮购置专项4项（新增3项）；中科院装备研制4项（新增1项）；中科院前沿科学重点研究项目3项（新增3项）；承担院先导科技专项B课题1项，参与3项；科技部重点研发计划课题2项，参与3项；关键技术攻关21项。

2016年，国家授时中心在确保常规授时发播工作的同时又多次执行重大授时保障任务，任务期间实现了零阻断。在守时工作方面，根据国际权度局公布的数据，授时中心所保持的独立原子时TA（NTSC）中长期稳定度指标综合评定排名在全球第四（共74个实验室），所保持的协调世界时UTC（NTSC）与协调世界时UTC的偏差小于10ns，是"北斗卫星"导航系统、"长河二号"系统等系统的溯源基准；对国际原子时TAI计算贡献的5.5%权重，排在全球守时实验室的第4位。计算机网络授时服务系统、时间科普网站等向社会提供有关服务，网络授时系统年服务227多亿人次。

2016年，国家授时中心由于在"北斗二号"卫星工程中的突出贡献获2016年"国家科学技术进步奖特等奖"（参与单位）；毫秒脉冲星时间尺度在引力波探测中的应用获陕西省科学院科学技术奖一等奖。

2016年，国家授时中心共发表学术论文131篇；专著3部；申请专利26项，授权专利14项（其中发明12项，实用新型2项）；软件著作权登记115件。

2016年，国家授时中心积极推动科研成果转化和产业化，成立了转移转化办公室，与地方政府建立了良好的合作关系，合作单位有陕西省科技厅、西安民用国家产业基地、西安国际港务区，重点转化项目有：可信时间认证、低频时码、北斗高精度位置服务、与德国TimeTech公司合作时频产品。现有控股企业骊天物业发展有限责任公司；参股企业西安爱乐电子科技有限责任公司；北京联合信任技术服务有限公司。

2016年，国家授时中心代表我国政府参与国际时间频率协调工作；作为北斗国际合作研究中心副主任单位，负责全球导航卫星系统（GNSS）互操作议题，为北斗争取在ICG平台上的话语权、主动权、主导权做了重要贡献；作为中俄GNSS系统时间兼容互操作工作组组长单位，推进GNSS时间兼容和互操作工作；负责国际全球连续监测评估系统（iGMAS）英国伦敦跟踪站和德国布伦瑞克跟踪站建设和运行；与澳大利亚克廷大学合作，开展多模GNSS研究合作；与德国TimeTech公司开展卫星双向调制解调器、频率无缝切换器等方面研究合作；与美国思博伦通信公司开展时钟源同步处理技术研究合作，形成授时中心国际合作的新局面。参加各类国际学术活动33人次，全年出访41人次，国外专家来访9人次。

国家授时中心是国际电信联盟（ITU）科学业务组ITU-R7A国内对口工作组单位、北斗导航国际合作研究中心副主任单位、中国天文学会时间专业委员会负责单位、中国GPS技术应用协会授时与时间专业委员会负责单位、陕西省天文学会的挂靠单位、中国卫星导航定位协会常务理事单位；编辑出版的刊物有《时间频率学报》《时间频率公报》。

（撰稿：郐维国　赵海成　审稿：李孝辉）

地球环境研究所

所　　长：刘　禹

地　　址：西安市雁塔区雁翔路97号

邮政编码：710061

电　　话：029-62336270
传　　真：029-62336234
电子信箱：office@loess. llqg. ac. cn
网　　址：http://www. ieexa. cas. cn

中国科学院地球环境研究所（以下简称“地球环境所”）成立于1999年，是在1985年建立的中国科学院黄土与第四纪地质研究室基础上升格而成的。

地球环境所是从事地球科学基础研究的研究机构，定位于区域和全球不同时间尺度气候和环境变化过程、规律、机制、趋势与对策研究，旨在发展亚洲季风-干旱环境变化理论，探索气溶胶与同位素等环境示踪新方法，在国际地球环境科学前沿做出创新性科学贡献，为我国西部经济社会可持续发展和生态环境修复提供基础性、战略性和前瞻性科学建议，将研究所建设成为国际一流的大陆环境变化科学研究中心和高水平人才培养基地。

地球环境所现拥有黄土与第四纪地质国家重点实验室、中国科学院气溶胶化学与物理重点实验室、陕西省加速器质谱技术及应用重点实验室和陕西省环境保护大气细粒子重点实验室；有古环境研究室、现代环境研究室、粉尘与环境研究室、生态环境研究室和加速器质谱中心5个研究单元；同时有共建的3个中外联合研究中心：中瑞树轮研究中心、中美加速器质谱中心和中美气溶胶实验室。地球环境所拥有先进系统的高精度实验设施及装置，可将实验科学，观测科学和模拟研究有机结合起来，利于深入开展环境变化及其动力学研究。

截至2016年底，地球环境研究所共有在职职工118人。其中科技人员73人、科技支撑人员32人，包括中国科学院院士2人、发展中国家科学院院士1人、美国科学院外籍院士1人、研究员及正高级工程技术人员32人、副研究员及高级工程技术人员29人；全所进入创新岗位118人。共有“千人计划”入选者5人（新增1人），“青年千人计划”入选者1人；中国科学院“百人计划”入选者13人，“西部之光”人才入选者37人（新增6人），国家杰出青年科学基金获得者9人（新增1人）。

地球环境所现有地质学、环境科学与工程2个一级学科博士研究生培养点，设有地质学、环境科学与工程2个一级学科硕士研究生培养点，以及环境工程（专业硕士）1个二级学科硕士研究生培养点，同时拥有地质学专业一级学科博士后流动站。共有在学研究生118人（其中硕士研究生58人、博士研究生60人），在站博士后20人。

2016年，地球环境所认真学习习近平总书记系列重要讲话精神，贯彻落实中科院新时期“三个面向”的方针，积极参与“率先行动”计划，将推进特色研究所建设作为未来5年工作重点，强化问题导向，完成了“十三五”规划编制工作。

2016年，地球环境研究所在研项目176项（新增项目52项）。其中，主持国家自然科学基金重大项目1项、承担课题4项（新增1项），重点项目4项（新增1项），面上项目35项（新增8项），国家杰出青年科学基金项目4项（新增1项），优秀青年基金项目1项（新增1项），国家自然科学基金重大研究计划重点项目1项（新增1项）、重大研究计划培育项目1项，重点国际合作项目1项、国际合作项目2项（新增2项）；主持国家重点研发专项计划2项（新增2项）、承担课题3项（新增3项）；主持国家重大科学研究计划项目1项、承担4课题4项，主持国家科技基础性工作专项2项；主持中国科学院战略性先导科技专项课题2项；主持院仪器研制项目1项；主持院重点部署项目3项（新增1项）、承担重点国际合作项目4项（新增2项）；承担院地合作项目2项。

2016年，地球环境所获国家自然科学奖二等奖1项；公开发表各类研究论文349篇，其中SCI收录246篇（第一著作单位105篇），在*Science*上发表3篇，*Nature Geoscience* 1篇，*PNAS*1篇等；申请国家专利10项，授权发明专利1项，实用新型专利4项。

2016年11月，地球环境所王格慧研究员等在*PNAS*发表研究论文，发现并证实大气细颗粒物上二氧化氮液相氧化二氧化硫是我国当前雾霾期间硫酸盐的重要形成机制，引起了国内外著名媒体的广泛关注，如《每日邮报》《华盛顿邮报》《陕西日报》《中国青年报》等媒体都做了评论报道。

2016年8月，地球环境研究所曹军骥研究员在*Science*上发表政策性论文，讨论了当前世界面临的气候变暖、能源短缺及中国面临的大气污染等问题，探讨核能这种低碳能源对解决这些挑战所能做出贡献的可能性。

2016年，地球环境研究所金章东研究员团队在*Geology*上发表系列文章，阐述汶川大地震对环境的影响。研究团队首次定量评估了汶川地震造成的滑坡对河流POC输移的影响，进而讨论了地震滑坡侵蚀的POC归宿及其控制因素。结果表明，在汶川地震之后4年里，杂谷脑河由滑坡供给的现代POC增加了约2倍。

2016年，地球环境所谭亮成博士和蔡演军研究员等联合国内外同行，在*Climate Dynamics*上发表论文，从历史角度揭示西南大旱成因。发现最近250年，西南地区降雨有长期下降趋势，而2009—2012年的连旱是最近250年西南最干的时期。

在开展基础研究的同时，地球环境所面向国家和地方需求，以大气$PM_{2.5}$治理为突破口，坚持为国家和陕西大气污染治理建言献策。2016年12月22日下午，第十二届全国政协副主席、民进中央常务副主席罗富和率调研组专程到中国科学院地球环境研究所调研大气灰霾研究工作，并对气溶胶团队发表于*PNAS*的研究成果表示赞扬和祝贺，认为该成果显示了地球环境所在国际气溶胶研究领域的实力。地球环境所还着力开发污染控制技术与产品，在光催化技术控制治理气溶胶污染方面，进行了有效的探索，已建成“除霾净化塔”并试运行。

2016年是地球环境所积极开展实质性的国际科技合作的一年。中美重点国际合作项目进展顺利，国际合作成果丰硕。成功举办UMN-CAS第三届双边论坛、第二届中日空气污染及控制技术研讨会、亚洲季风-干旱环境演化与青藏高原北部的生长的中美双边讨论会、第十四届海峡两岸气溶胶技术研讨会暨第九届细及超细粒子研讨会。地球环境所全年出访34人次，来访139人次（含港澳台）。地球环境研究所安芷生研究员当选美国科学院外籍院士。地球环境所客座教授John Kutzbach获得2016年国家国际科学技术合作奖和西安市优秀外国专家奖。

2016年10月，地球环境所主办并在国内外公开发行核心期刊《地球环境学报》入选中国科技核心期刊。

（撰稿：白　洁　于学峰　审稿：孙有斌）

近代物理研究所

所　　长：肖国青

地　　址：甘肃省兰州市城关区南昌路509号

邮政编码：730000

电　　话：0931-4969220

传　　真：0931-4969800

电子信箱：office@impcas.ac.cn

网　　址：http://www.impcas.ac.cn

中国科学院近代物理研究所（以下简称“近代物理所”）是根据1956年周总理指示设立的原子核科学研究基地，前身为1957年成立的中国科学院兰州物理研究室，1962年正式使用现名。

近代物理所是一个依托大科学装置，开展重离子科学与技术、加速器驱动的先进核能系统研究的基地型研究所。其战略定位是：建成国际一流的重离子科学与技术、加速器驱动的先进核能技术研究基地，主要研究方向有：原子核物理、ADS嬗变研究、原子分子物理、材料科学、生命科学、先进离子加速器研究等。

近代物理所建有兰州重离子加速器国家实验室、甘肃省重离子束辐射生物医学重点实验室、中科院重离子束辐射生物医学重点实验室、中科院高精度核谱学重点实验室等，并作为共建单位成立所级公共技术服务中心纳入兰州资源环境科学大型仪器区域中心。除重离子加速器及其配套终端外，近代物理所还拥有320kV高电荷态综合研究平台、大功率电子加速器等重要科研设施及装置。目前，研究所有47个研究室（组）。

截至2016年底，近代物理所共有在职职工919人。其中科技人员819人，包括中科院院士2人、中国工程院院士1人、亚太材料院士1人、研究员及正高级工程技术人员84人、副研究员及高级工程技术人员241人。共有“百千万工程人才”入选者5人；“万人计划”科技创新领军人才入选者1人（新增1人）；“青年千人计划”入选者1人；中科院“百人计划”入选者27人（新增1人），“西部之光”人才入选者114人（新增11人）；国家杰出青年科学基金获得者8人。

近代物理所是国务院学位委员会批准的博士、硕士学位授予权单位之一。现设有物理学、核科学与技术2个一级学科和生物物理学二级学科博士研究生培养点，材料学、控制理论与控制工程2个二级学科硕士研究生培养点，材料工程、生物工程、控制工程、核能与核技术工程4个专业硕士培养点，并设有物理学和核科学与技术2个一级学科博士后流动站。共有在学研究生341人（其中硕士研究生150人、博士研究生191人），在站博士后16人（其中外籍博士后11人）。

2016年，近代物理所共有在研项目482项（新增156项）。其中，主持国家自然科学基金重点项目5项（新增1项）、面上项目68项（新增17项）、国家杰出青年科学基金项目1项（新增）、国家自然科学基金重大研究计划重点项目1项；主持或承担国家重大科技专项2项（新增1项）；主持基地和人才专项2项（新增）；主持国家重点研发计划1项、承担课题1项，承担（科技部、国家自然科学基金委、财政部和中科院）重大仪器研制项目2项；主持（或承担）中科院战略性先导科技专项课题38项（新增1项）；主持院重点部署项目5项、承担重点国际合作项目3项（新增1项）；承担院地合作项目2项。

2016年，近代物理所科研工作取得一批重要成果。在重离子科学基础前沿研究方面，首次测量了短寿命核素^{52}Co基态及其同质异能态的质量，精度达到了10^{-7}量级，是目前国际上同类技术的最高水平；利用数据重新构建了^{52}Ni的β衰变纲图，指认了^{52}Co中T=2的同位旋相似态，指出了普遍使用了50年之久、利用β缓发质子谱指认同位旋相似态方法的局限性；利用充气反冲核谱仪合成3种缺中子镎系新核素^{219223224}Np；利用重离子径迹模板制备出了极尖的纳米锥，并阐明了纳米线氧化动力学过程；科研人员还发现了石墨辐照新现象，获得石墨烯辐照损伤新特性。在面向国家需求方面，未来先进核裂变能-ADS嬗变系统先导专项取得系列进展和突破。超导质子直线加速器注入器II安装完成，创造了连续束的世界纪录，顺利通过中科院重大科技任务局组织的达标测试；ADS颗粒流散裂靶台架搭建完成，并通过了原理调试实验；与原子能院合作研制的水堆和铅堆“双堆芯”零功率装置达到临界，并开展了大量验证实验。2016年，“ADS研究团队”被评为中科院“‘十二五’突出贡献团队”。同时，完成两项国家“十二五”重大科技基础设施——强流重离子加速器（HIAF）和加速器驱动嬗变研究装置（CIADS）的可研报告，广东省和惠州市匹配经费已落实，各项前期工作有序推进。在重离子加速器（HIRFL）运行及研究方面，HIRFL全年运行7488小时，供束5547小时，完成实验150余项；自主设计研制的国内首台强流重离子IH-DTL直线加速器成功调试出束，测得出口能量293.1keV/u，传输效率大于80%，达到设计指标；研制了备用超导离子源SECRAL II，实现该类超导磁体的国产化，并且创造了O^{6+}离子束达到6emA以上的国际记录。

2016年，近代物理所产业化工作取得重要进展。医用重离子加速器产业化被确定为中科院“十三五”规划的一项重大突破。碳离子治疗系统（武威）建设方面，开展了电气安全、EMC和性能检测，临床试验方案已通过专家评审，完成了120—400MeV/u范围5个能量点的束流调试和终端测试，流强达标；初步建立了医疗器械生产质量GMP管理体系，完成了医用重离子加速器产品技术要求和技术说明书等随机文件的编写，编制修订了《医用重离子加速器临床试验方案》。碳离子治疗系统（兰州）建设方面，完成了主要设备的机械安装。签订多台重离子治癌装置意向协议。推广种植甜高粱40.2万亩，示范生产甜高粱白酒和青贮饲料；获得“劲甜”和“陇梦春”两个注册商标。近代物理所控股和参股的7家公司实现销售收入1.57亿元，净利润1493万元。全所共180人从事科技开发。

截至2016年底，近代物理所科研人员出国（境）参加国际会议、访问及合作研究313人次，接待来所交流访问和合作研究的外籍专家292人次。执行中科院“国际人才项目”10项，获批2017年度国际人才计划16项，国家公派项目获批6人次，中科院公派出国留学项目8人次；执行1项国家外专局“引进国外技术、管理人才”项目，9项高端外国专家项目。获得批复的国际合作项目有：2016年度国家重点研发计划“政府间国际科技创新合作”重点专项1项（中美政府间合作），中科院对外合作重点项目2项，“俄乌白”科技合作专项5项；分别与欧洲散裂中子源、俄罗斯联合核子研究所和美国密苏里科学技术大学签订了3项国际科技合作备忘录；成功举办了9次国际会议或专题讨论会。

近代物理所是甘肃省物理学会、甘肃省核学会的挂靠单位；编辑出版《原子核物理评论》、《高能物理与核物理》的核物理部分、《中国科学院近代物理研究所和兰州重离子加速器国家实验室年报》（英文版）。

（撰稿：李嘉懿　尹经敏　审稿：肖国青）

兰州化学物理研究所

所　　长：夏春谷
地　　址：甘肃省兰州市天水中路18号
邮政编码：730000
电　　话：0931-4968009；0931-4968286
传　　真：0931-8277088
电子信箱：office@licp.cas.cn
网　　址：http://www.licp.cas.cn

中国科学院兰州化学物理研究所（以下简称“兰州化物所”）始建于1958年6月，其前身是中国科学院石油研究所兰州分所，1962年6月启用现名。

兰州化物所的战略定位是：建成西部资源与能源化学和新材料高技术创新研究基地，主要开展资源与能源、新材料、生态与健康等领域的基础研究、应用研究和战略高技术研究，力争将研究所建成特色鲜明、国内不可替代并具有可持续发展能力的国立研究机构。

兰州化物所目前拥有2个国家重点实验室，分别是羰基合成与选择氧化国家重点实验室、固体润滑国家重点实验室；1个国家工程中心，即精细石油化工中间体国家工程研究中心（甘肃省污染物减排与环境控制工程实验室）；1个中国科学院与甘肃省共建的重点实验室，即中国科学院西北特色植物资源化学重点实验室（特色药用植物资源高值化利用国家地方联合工程研究中心，甘肃省天然药物重点实验室、甘肃省特色植物资源高值化利用工程研究中心和甘肃省中药提取分离行业技术中心）；1个甘肃省重点实验室，即甘肃省黏土矿物应用研究重点实验室（环境材料与生态化学研究发展中心）；2个所级研究单元，分别为先进润滑与防护材料研究发展中心、清洁能源化学与材料实验室。兰州化物所在白银市建立了白银中试基地，与青岛市政府、崂山区政府联合共建了兰州化物所青岛研发中心，与苏州市工业园区共建了兰州化物所苏州研究院。

截至2016年底，兰州化物所共有在职职工600人。其中科技人员514人，包括中国科学院院士、发展中国家科学院院士1人，研究员及正高级工程技术人员100人（含项目岗位）、副研究员及高级工程技术人员189人（含项目岗位）。共有首批“万人计划”入选者3人、“千人计划”入选者5人、杰出青年基金获得者6人、中科院特聘研究员12人；中国科学院“百人计划”入选者27人（新增1人）、“西部之光”入选者56人（新增10人）。

兰州化物所是1981年国务院学位委员会批准的首批硕士学位授予权单位之一，1986年成为博士学位授予单位，2012年成为化学一级学科（博士）培养点。现设有物理化学、分析化学、有机化学、材料学4个博（硕）士研究生培养点，工业催化、材料工程、化学工程、制药工程4个硕士研究生培养点，并设有化学学科博士后流动站。共有在学研究生333人（其中博士生186人、硕士生147人），在站博士后18人。

2016年，兰州化物所共有在研项目330项（包括新增项目135项）。其中，主持（或承担）国家自然科学基金重点项目4项（新增1项）、面上项目55项（新增18项）、国家自然科学基金重大科研仪器设备研制项目2项（新增1项），国家自然科学基金优秀青年科学基金3项（新增1项），重大研究计划培育项目1项；承担国家重大科技专项1项；主持或承担国家重点研发计划2项；主持973计划1项、承担（或参加）课题6项，主持（或承担）863计划项目3项；主持（或承担）（国家自然科学基金委和中科院）重大仪器研制项目2项（新增1项）；主持（或承担）中国科学院战略性先导科技专项课题3项（新增1项）；主持院重点部署项目1项、承担重点国际合作项目3项（新增3项）；承担院地合作项目60项（新增35项）。

2016年，兰州化物所继续深入推进“十三五”规划和“率先行动”计划，经多次研讨凝练，进一步理清了发展思路，明确了“十三五”各项目牵头负责部门和所属领域。稳步推进参与建设的中科院药物创新研究院相关工作，积极参与中科院材料、能源领域规划工作。

2016年，兰州化物所在润滑材料制备与性能研究、材料表面界面行为与功能调控、羰基合成与选择氧化、催化新材料、清洁能源材料与技术、中药化学成分的发现与表征、分离分析新材料新方法等领域取得新进展，相关成果刊登在*Nature Communications*、*Journal of the American Chemical Society*、*Advanced Energy Materials*、*Angewandte Chemie Internatiend Edition*等杂志上。应用研究方面，甲醇经三聚甲醛合成聚甲氧基二甲醚（DMMn）技术5万吨/年工业示范装置主体设备正在安装，预计2017年建成试车；异丁烷脱氢制丙烯技术实现工业应用并稳定开车16个月，混合碳四脱氢制烯烃技术完成15万吨/年工艺包编制，丙烷脱氢制丙烯完成30万吨/年工艺包编制。发展了多种高性能润滑材料和技术，成功应用于新型运载火箭、“神舟十一号”飞船等，保证了相关运动机构在轨可靠运行；针对我国对强韧与润滑一体化碳基薄膜的迫切需求，在强韧与润滑一体化碳基薄膜设计、关键技术及工程化应用方面取得重要突破，获国家技术发明奖二等奖。开展了枸杞高值化利用的分离制备关键技术研究，开发出了具有延缓衰老、对化学性肝损伤具有保护功效的健康食品；研发出分离制备驼血多肽关键技术及相关功能产品，并在内蒙古实现产业化。建成了自动化控制1万吨/年玉米赤霉烯酮吸附剂湿法生产线，产品将用于饲料行业的无抗养殖；研发的马铃薯淀粉加工废弃物资源化利用与污染控制技术与装备，在上海、甘肃、宁夏、张家口等多家企业获应用。

2016年，兰州化物所共发表科技论文756篇，其中国外论文596篇，国内论文160篇，影响因子大于5的124篇；共申请专利161件，授权专利82件。“强韧与润滑一体化碳基薄膜关键技术与工程应用”获国家技术发明奖二等奖。此外，兰州化物所还获得甘肃省技术发明奖一等奖1项、甘肃省自然科学奖二等奖1项和江西省自然科学奖二等奖1项。刘维民院士获得2016年“何梁何利科学与技术进步冶金材料技术奖”。

2016年，兰州化物所继续深化与中国一汽、金川集团、吉林昊融集团、山东核电等大型企业的战略合作，共同推进节能降耗、绿色化工等领域的项目合作和产业化。利用所外中心有利地缘优势，加强与山东半岛、长三角地区的科技成果推广和对接活动。截至2016年底，研究所共有6家投资公司，2016年实现营业收入33 687万元，上缴国家税收2439万元，从事科技开发人员50人。

2016年，兰州化物所与沙特阿拉伯、比利时、马来西亚、日本等国家开展了深层次的合作交流；多人获中科院国际合作人才计划资助。研究所主办了第16届国际催化大会会前会等多个国际学术会议。近60位科技骨干赴国外参加学术会议，30多位国外专家来所访问交流。

兰州化物所是甘肃省化学会的挂靠单位；负责编辑出版《摩擦学学报》《分子催化》《分析测试技术与仪器》3种学术期刊。

（撰稿：张长春　张慧玲　审稿：夏春谷）

寒区旱区环境与工程研究所（西北生态环境资源研究院）[1]

所长/院长：马　巍/王　涛[2]

①据中科院科发人任字［2016］46号，2016年6月24日，中国科学院西北生态环境资源研究院（筹）在兰州宣布成立。

②据中科院科发人任字［2016］46号，中国科学院党组任命王涛为西北生态环境资源研究院（筹）院长，马巍任研究院院务委员会委员，保留原行政级别。

地　　址：甘肃省兰州市东岗西路 320 号
邮政编码：730000
电　　话：0931-4967549
传　　真：0931-8273894
电子信箱：zhangjg@lzb.ac.cn
网　　址：http://www.nieer.cas.cn

中国科学院寒区旱区环境与工程研究所（以下简称“寒旱所”）是 1999 年 6 月在中国科学院“知识创新”工程试点工作中，由 1958 年成立的原兰州冰川冻土研究所、兰州沙漠研究和 1959 年成立的原兰州高原大气物理研究所整合而成，是 2007 年进入中国科学院综合配套改革试点的单位，是中国科学院首批进入“创新 2020”的单位。

寒旱所是我国专门从事干旱沙漠、高寒、极地环境与工程研究的国家级研究机构，是“西北资源环境与可持续发展研究基地”的核心组成部分。寒旱所瞄准 21 世纪国家发展的战略目标和学科发展的国际前沿，针对国家“一带一路”重大决策和西北地区生态环境建设面临的重大科学问题开展西北地区特殊自然条件下环境与工程的基础性、战略性和前瞻性研究，为国家解决西北地区在资源、环境、重大工程和社会经济等领域的重大问题提供科学依据，为西部地区可持续发展提供技术支撑。

为支撑国家西部大开发战略与“一带一路”战略，中国科学院党组经过充分调研和慎重研究后，于 2016 年 6 月 24 日成立了中国科学院西北生态环境资源研究院（筹），（以下简称“西北研究院”），以全面统筹中国科学院西北地区相关优势科研力量。西北研究院实行院长负责制，整合了寒区旱区环境与工程研究所、兰州油气资源研究中心、兰州文献情报中心及西北高原生物研究所、青海盐湖研究所，专门从事高寒干旱地区生态环境、自然资源和重大工程研究。西北研究院瞄准 21 世纪国家发展的战略目标和学科发展的国际前沿，针对国家“一带一路”重大决策和西北地区生态环境建设面临的重大科学问题开展西北地区特殊自然条件下环境与工程的基础性、战略性和前瞻性研究，为国家解决西北地区在资源、环境、重大工程和社会经济等领域的重大问题提供科学依据，为西部地区可持续发展提供技术支撑。

2016 年是“十三五”“一三五”规划开局之年。寒旱所（西北研究院）“一三五”规划涵盖“一个定位”“五个突破”“十个重点培育方向”。“一个定位”指西北研究院是我国专门从事西北及高寒干旱地区生态环境、自然资源和重大工程研究的国家级研究机构。“五个突破”指冰冻圈变化及其影响与适应，西北内陆区水资源安全保障技术集成与应用，干旱区典型陆表过程与调控，青藏高原盐湖锂镁绿色分离与特色高值化利用，青藏高原典型生态系统修复与生态畜牧业模式优化示范。“十个重点培育方向”指西北地区环境演变与全球变化，北方沙区生态修复的生态-水文学基础，寒区旱区陆面过程及其气候环境效应，寒区旱区重大工程关键技术与示范，寒旱区多源遥感与信息综合集成，钾资源可持续开发、盐湖与关联资源储能材料及精细化学品研发，青藏高原特色生物资源高值利用，极端环境下物种适应机制及农作物分子育种，非常规油气形成、聚集机理与关键探测技术，资源环境战略研究知识集成与决策咨询。

2016 年，寒旱所（西北研究院）“一三五”部署取得丰硕成果，获得国家及省部级科技奖励 11 项：“三江源区草地生态恢复及可持续管理技术创新和应用”成果获得国家科技进步奖二等奖；“一种促进胡杨无性繁殖的嫁接方法”获第十八届中国专利奖优秀奖；“寒旱区遥感与数据同化的基础理论与方法”获甘肃省自然科学奖一等奖；“半干旱典型黄土区与沙地退化土地持续恢复技术”获甘肃省科技进步奖一等奖；“中国特征环境重大工程风沙危害形成机理、防治技术及其应用”获中国科学院科技促进发展奖；“青海高镁锂比盐湖提锂关键技术及应用”获中科院科技促进发展奖；王涛研究员获 2016 年中国产学研合作创新奖；“中国西部沙产业发展模式与对策研究”获甘肃省科技进步奖二等奖；“一种百合隐症病毒、斑驳病毒和黄瓜花叶病毒双向胶体金免疫层析速测卡及制备方法”获甘肃省专利奖二等奖；“压砂瓜水肥高效利用及压砂地持续利用研究与集成示范”获宁夏科技进步奖一等奖；“西北干旱区水资源形成、转化与未来趋势研究”获新疆科技进步奖一等奖。

2016年，寒旱所（西北研究院）在研重大项目中包括“冰冻圈变化及其影响研究”“青藏高原重大冻土工程的基础研究”“植物固沙的生态-水文过程、机理及调控”“青藏高原沙漠化对全球变化的响应”4个973计划项目，新增“中国北方半干旱荒漠区沙漠化防治关键技术示范”“生态系统关键参量监测设备研制与生态物联网示范”2个重点研发计划项目，新增基金重大项目“中国冰冻圈服务功能形成过程及其综合区划研究”，新增基金委创新群体项目“干旱区生态水文学”，新增科技基础性工作专项“中国荒漠主要植物群落调查”“中国积雪特性及分布调查”。

寒旱所（西北研究院）目前拥有冻土工程国家重点实验室和冰冻圈科学国家重点实验室2个国家重点实验室；中国科学院沙漠与沙漠化重点实验室、中国科学院藏药研究重点实验室、中国科学院盐湖资源综合高效利用重点实验室等7个院重点实验室；甘肃省黑河生态水文与流域科学重点实验室、甘肃省油气资源研究重点实验室、青海省青藏高原特色生物资源研究重点实验室等20个甘肃青海省级重点实验室/工程中心及科技创新主体。目前，寒旱所（西北研究院）共有22个野外台站，其中包括6个国家站、2个中科院院级站、14个西北研究院院级站，已形成以国家、中国科学院和西北研究院重点实验室为主的实验研究分析系统，以野外观测试验研究站为主的观测研究试验系统，以信息共享、计算和网络、信息情报、图书编辑服务为主的信息平台系统构成的科技平台体系。

截至2016年底，寒旱所（西北研究院）共有在编职工1270人，其中科技人员1045人，研究员及正高级工程技术人员188人。中国科学院院士、中国工程院院士5人，973计划首席8名，中国科学院“百人计划”入选者44人，“西部之光”人才入选者162人，国家杰出青年科学基金获得者12人，基金创新群体4个。

寒旱所（西北研究院）现设有自然地理学、人文地理学、地图与地理信息系统、地球化学、情报学等13个专业一级学科博士研究生培养点；设有自然地理学、人文地理学、地图与地理信息系统、气象学、大气物理学与大气环境、生态学、岩土工程、环境工程、生物工程等17个专业一级（或二级）学科硕士研究生培养点。截至2016年底，共有在读研究生828人，其中硕士生418人、博士生410人。

2016年，寒旱所（西北研究院）共获得国家自然科学基金103项，资助直接经费达8555.69万元。按资助类别创新研究群体计划1项、重大项目1项、重点项目3项、优秀青年科学基金项目1项、国际合作与交流项目1项、重大研究计划4项、面上项目51项、青年基金35项。

2016年，寒旱所（西北研究院）在促进重大成果产出的同时，进一步加强知识产权工作，全年申请专利273项，获授权204项，其中发明专利138项、实用新型专利66项；软件著作权登记25项；编写行业标准3项；植物新品种授权1项。

据不完全统计，寒旱所（西北研究院）2016年共发表论文1322篇，其中SCI论文427篇，EI论文47篇，中文核心420篇；编制技术规程40项；完成咨询报告1份，建议1份；出版专（译）著共10部。

2016年，寒旱所（西北研究院）积极加强国际交流与合作，不断提高国际影响力，在已与20多个国家和地区的科研机构和高等院校及国际组织建立合作交流关系的基础上，进一步加强与美国、俄罗斯、德国、法国、意大利、比利时、澳大利亚、加拿大、日本、西班牙、瑞士等国家的有效合作。全年来访团组达220余次，出访团组达360余次。

寒旱所（西北研究院）是中国科学院减灾中心西北分中心、中国气象学会大气物理专业委员会雷电物理监测与防护分会、中国地理学会冰川冻土分会、中国地理学会沙漠分会、联合国环境规划署（UNEP）“国际沙漠化治理研究与培训中心”等单位的挂靠单位。西北研究院成立后，原各单位文献情报期刊进行重组，建立了文献情报中心新架构，包括战略情报部、区域发展研究部等在内的7个子部门，并着力打造资源环境科技期刊创新集群，已拥有《冰川冻土》《沉积学报》《地球科学进展》《高原大气》等10种学术期刊。其中，《冰川冻土》期刊连续两次入选“中国最具国际影响力学术期刊”，《地球科学进展》获中国科学院出版基金资助，《沉积学报》《高原气象》等获甘肃省十佳科技期刊。

（撰稿：陈治理 审稿：张景光）

青海盐湖研究所

副 所 长：吴志坚（主持工作）
地 址：青海省西宁市新宁路18号
邮政编码：810008
电 话：0971-6303490
传 真：0971-6306002
电子信箱：wangyy@isl.ac.cn
网 址：http://www.isl.ac.cn

中国科学院青海盐湖研究所（以下简称“青海盐湖所”）建立于1965年，是以中国科学院西北化学研究所为基础，与北京化学研究所、兰州地质研究所等单位的盐湖专业组合并搬迁组建而成。1966年6月，经国家科委批准，与在西宁毗邻组建的化工部盐湖化工综合利用研究所合并，隶属中国科学院。

青海盐湖所是资源环境类的公益性研究所，2002年成为中国科学院知识创新工程试点单位之一，是我国唯一专门从事盐湖资源环境科学应用基础研究、盐湖资源综合开发利用、培养盐湖科研高级人才的国家级科研机构，致力于攻克制约我国盐湖资源综合开发利用的关键技术，为盐湖资源的可持续发展提供科学基础，使我国盐湖科技走在世界前列。

2016年5月，经中国科学院党组决定，由寒区旱区环境与工程研究所、兰州油气资源研究中心、兰州文献情报中心、西北高原生物研究所及青海盐湖研究所整合成立中国科学院西北生态环境资源研究院（筹，以下简称“西北研究院”），青海盐湖所成为西北研究院二级事业法人单位。

2016年，青海盐湖所着力推进重点工作，围绕西北研究院筹建工作大局，深入谋划所研究领域和方向工作重心，进一步凝练“一三五”发展目标，统筹布局“十三五”发展规划。以促进成果产出落地为主线，统筹布局科研工作和有效推动科技成果转化，充分服务青海地方社会经济发展。

青海盐湖所设有中国科学院盐湖资源综合高效利用重点实验室、青海省盐湖地质与环境重点实验室、青海省盐湖资源化学重点实验室、青海省盐湖资源综合利用工程技术研究中心、盐湖数据中心5个研究平台，盐湖化学分析测试中心、盐湖资源环境信息中心、青海中科盐湖科技创新有限公司、甘河工业园区盐湖资源综合利用中试基地4个支撑平台。

青海盐湖所设有科技成果展览室和图书阅览室，有以下大型仪器设备：场发射扫描电子显微镜、电感耦合等离子体质谱仪、低真空扫描电子显微镜、气体稳定同位素质谱仪、气相色谱质谱联用仪、激光粒度分析仪、傅立叶变换红外光谱仪、X射线衍射仪、X射线荧光光谱仪、原子吸收光谱仪、全谱直读等离子体光谱仪、热电离同位素质谱仪、元素分析仪、X射线单晶衍射仪、释光测年仪、同步热分析仪、原子荧光光谱仪、比表面仪、离子色谱仪。

截至2016年底，盐湖所正式职工共245人（不含博士后、访问学者及客座人员）。其中专业技术人员197人，占职工总数的80.4%；正高级人员26人，占专业技术人员的13.19%；副研究员及高级工程技术人员54人，占专业技术人员的27.4%；有博士学位的65人、硕士学位的74人，分别占职工总数的26.53%和30.2%；全所职工平均年龄41岁，35岁以下的职工99人，所占比例为40.4%。

青海盐湖所是1981年国务院学位委员会批准的硕士学位授予权单位之一，1997年国务院学位委员会批准的博士学位授予权单位之一。现设有化学、地质学2个一级学科博士研究生培养点，化学、地质学、化学工程与技术3个一级学科学术型硕士研究生培养点，化学工程、材料工程和地质工程3个全日制专业学位硕士培养点。2016年青海盐湖所招收研究生39人（其中硕士生27人、博士生12人），共有在学研究生122人（其中硕士研究生81人、博士研究生41人）。

青海盐湖所还设有化学、地质学2个专业一级学科博士后流动站。博士后出站2人、进站1人，在站博士后2人。

2016年，青海盐湖所认真学习深刻领会国家和中国科学院有关科技发展的政策法规、发展纲要，不论是在申请国家项目、与企业深度合作方面，还是在科研平台的建设方面都取得了重大进展。

在战略规划方面，根据中科院“十三五”发展规划，深入研究分析盐湖主要研究领域的科技发展态势和特点、国家和区域发展的战略需求，谋划与西北研究院学科交叉、融合，广泛交流，征求意见，调整和凝练“一三五”发展目标任务，确立了新的战略定位，即面向世界盐湖科技前沿，面向国家对钾肥，以及锂、镁、硼等重要原材料及高端产品的战略需求，面向我国西部地区区域经济和社会发展的需要，从事盐湖成因与演化、盐湖资源与化学、盐湖资源综合与高值化利用等的研究与研发工作，为我国钾、锂、镁、硼等战略资源的可持续开发及高效与高值化利用提供科技支撑，对我国西部地区区域经济和社会的跨越发展进行科技引领，提供人才储备，将青海盐湖所建成在国际上有重要影响的特色研究所；3个重大突破（青藏高原盐湖锂资源绿色分离及高效开发、盐湖镁资源特色与高值化利用、钾资源可持续利用）和5个重点培育项目（铬铁电化学溶出法制备铬酸钠工艺研究及系列铬盐产品的清洁化制备工艺、基于盐湖资源的储能材料研究与应用、盐湖资源环境数据集成与应用、柴达木盆地盐尘暴的环境效应及生态修复、塔里木隐伏钾盐矿预测及探查方法体系构建）。

在科研项目方面，2016年，青海盐湖所继续鼓励科研人员申请各类国家项目和地方政府项目，并与企业积极开展合作。截至2016年12月底，青海盐湖所纵向科研项目争取及获批情况如下。国家自然基金全所共申请42项，其中面上项目15项、青年项目27项，获批6项，其中面上和青年项目各3项。联合基金青海盐湖所牵头申报共28项，获批4项。获批青海省科技厅项目17项，其中基础研究类项目11项，成果转化类5项，重大专项1项（绿色、清洁铬化工技术的研发及产业化示范）。企业横向委托项目7项。

在科研产出方面，2016年，青海盐湖所申请发明专利84项，授权48项；发表CI 38篇，EI 10篇，中文核心55篇。青海高镁锂比盐湖提锂关键技术及应用团队获2016年度中科院科技促进发展奖。该技术分别以2000万元价格以普通许可方式授权青海锂业公司和青海东台吉乃尔锂资源股份有限公司使用，合计价款4000万元。

在国际合作方面，青海盐湖所鼓励和加快国际交流与合作，先后出访美国、德国、日本、韩国、老挝、伊朗、澳大利亚等多个国家。2016年，出访团组19个，46人次；公派留学6人。

2016年，青海盐湖所获批的人才项目有：青海省“千人计划”3项；特聘研究员3人，中国科学院“百人计划”入选者在岗4人；“西部之光”人才入选者在岗24人（新增6人）；中国科学院青年创新促进会会员3人。

2016年，青海盐湖所继续大力加强研究所学术氛围的建设工作，组织“盐湖科技论坛”4期，至2016年12月已邀请所内外科研人员、政府科研主管部门专家等做了4场10个学术报告，活跃了学术氛围、加强了所内外学术交流，为青海盐湖所中长期发展奠定了良好的文化基础。

青海盐湖所是青海省化学会的挂靠单位，也是青海省锂产业技术创新战略联盟和青海省镁产业技术创新战略联盟理事长单位和秘书处设置地；编辑出版科技期刊《盐湖研究》。

（撰稿：党小刚　赵昌林　审稿：王永晏）

西北高原生物研究所

所　　长：张怀刚
地　　址：青海省西宁市新宁路23号
邮政编码：810008
电　　话：0971-6143530
传　　真：0971-6143282
电子信箱：nwipb@nwipb. cas. cn
网　　址：http://www. nwipb. cas. cn

中国科学院西北高原生物研究所（以下简称“西北高原所”）成立于1962年，是以从事青藏高原生物科学研究（包括基础理论、应用基础和应用开发研究）为主的公益性综合研究所。

西北高原所的战略定位是：针对青藏高原生态环境和区域经济社会持续发展面临的重要问题，开展生态环境保护与建设、生物资源持续高效利用研究，为青藏高原生态安全和区域经济社会持续发展提供科学依据和技术支撑，推动区域经济社会持续发展。根据国家和地方中长期科技发展规划，围绕国际前沿科学问题和青藏高原生物资源与生态环境重大战略需求，开展高原生态、特色生物资源、高原生态农业3个重点领域方向基础性和前瞻性的战略研究及应用研究。

西北高原所现有区域可持续发展、藏药现代化、高原生物适应进化机制与分子育种、青藏高原生物资源持续利用、高寒草地对全球变化的响应5个学科团组。

2016年，西北高原所在全面总结“十二五”成绩的基础上，群策群力，积极谋划“十三五”发展思路，在“十三五”期间拟重点开展以下6方面工作。①基于生态过程的高寒草地生态系统适应性管理。②高原特色生物资源高值利用及产业化推进。③极端环境下的物种形成及其功能适应的分子机制。④高原特色作物与牧草新品种培育与应用。⑤藏药共性关键技术集成研究。⑥高原特有动物资源发掘与管理。中国科学院西北生态环境资源研究院（筹）的“一三五”规划中将西北高原所的6个方向整合为一个突破两个培育，突破方向为：青藏高原典型生态系统修复与生态畜牧业模式优化示范，培育方向为：青藏高原特色生物资源高值利用和极端环境下物种适应机制及农作物分子育种。

西北高原所现有3个研究中心，分别为高原生态学研究中心、特色生物资源研究中心、高原生态农业研究中；4个野外台站，分别为青海海北高寒草地生态系统国家野外科学观测研究站、三江源草地生态系统观测研究站、海东生态农业实验站和武威绿洲现代生态农业试验站；2个中科院重点实验室，分别为中国科学院高原生物适应与进化重点实验室、中国科学院藏药研究重点实验室；6个省级重点实验室，分别为青海省寒区区域恢复生态学重点实验室、青海省青藏高原特色生物资源研究重点实验室、青海省藏药药理学和安全性评价研究重点实验室、青海省作物分子育种重点实验室、青海省藏药研究重点实验室、青海省动物生态基因组学重点实验室（新增）；1个创新中心，即中科院西北高原生物所湖州高原生物资源产业化创新中心；3个支撑机构，分别为青藏高原生物标本馆、所级公共技术服务中心、信息与学报编辑室。

截至2016年底，西北高原所共有在职职工182人。其中科技人员127人、科技支撑人员31人，包括中国科学院院士1人、研究员及正高级工程技术人员36人、副研究员及高级工程技术人员46人。中国科学院“百人计划”入选者2人，“西部之光”人才入选者38人（新增5人）。

西北高原所是1991年、1981年国务院学位委员会批准的博士、硕士学位授予权单位之一。现设有生态学、生物学专业2个一级学科博士研究生培养点，生态学、植物学、动物学、中药学4个专业硕士研究生培养点，设有生物学、生态学等2个专业一级学科博士后流动站。共有在学研究生151人（其中硕士生82人、博士生69人），在站博士后10人。

2016年，西北高原所共有在研项目249项（包括新增项目86项）。其中，主持（或承担）国家自然科学基金面上项目20项（新增5项）、青年科学基金项目14项（新增3项）；主持或承担国家重点研发计划8项（新增8项）；主持或承担基地和人才专项1项（新增1项）；主持（或承担）973计划和国家重大科学研究计划项目7项、承担（或参加）课题4项；主持财政部中央级科学事业单位修缮购置专项5项；主持（或承担）中国科学院战略性先导科技专项课题7项（新增1项）；主持（或承担）院重点部署项目2项（新增1项）；承担院地合作项目33项（新增3项）；承担地方科技计划项目133项（新增41项）。

2016年，西北高原所共登记科研成果37项。其中，以第一完成单位登记国际先进或国际领先水平成果4项；发表论文268篇，其中SCI（E）89篇，中国科学引文数据库（CSCD）70篇；出版著作8部；培育农作物新品种1个；申请专利45件，授权专利43件。2016年，西北高原所知识产权转移转化主要涉及专利权转让，全年共转让发明专利3件。

西北高原所作为第一完成单位，与青海大学、青海省畜牧兽医科学院、西南民族大学、青海省牧草良种繁殖和青海师范大学共同完成的“三江源区草地生态恢复及可持续管理技术创新和应用”成果获2016年度国家科学技术进步奖二等奖。

在国际合作方面，西北高原所申报获得外国专家局外国专家重点项目“青藏高原生物适应与进化及资源利用研究”，先后有29名外国专家前来执行此研究方面的科研任务。申报获得青海省科技厅国际合作项目“青海省小麦抗 *Ug99* 基因的分子聚合育种”，2016年已完成种质资源引进、杂交组合的配制及分子生物学鉴定。青藏高原植物适应与进化学科组分别与巴基斯坦白沙瓦大学和巴西圣卡洛斯联邦大学签订合作协议。全年因公出国人员4批，其中长期出国2人次；接待来访人员16批33人次；组织进行了外籍学者学术报告3场12个，签订国际合作协议2项。

《兽类学报》是由西北高原所和中国动物学会兽类学分会主办的兽类（哺乳动物）学综合性学术刊物，也是我国唯一报道野生哺乳动物的基础理论研究及其应用基础研究成果和信息的学术性刊物，为促进我国同国际兽类学界的学术交流与合作起到了平台作用。

（撰稿：王文娟　杨勇刚　审稿：魏立新）

新疆理化技术研究所

所　　长：李　晓

地　　址：新疆维吾尔自治区乌鲁木齐市北京南路40号附1号

邮政编码：830011

电　　话：0991-3835823

传　　真：0991-3838957

电子信箱：lhszhb@ms. xjb. ac. cn

网　　址：http://www. xjb. ac. cn

中国科学院新疆理化技术研究所（以下简称“新疆理化所”），于2002年3月28日，在原中国科学院新疆物理研究所和中国科学院新疆化学研究所（均于1961年成立）的基础上整合成立。

新疆理化所的定位是：围绕国家“一带一路”发展战略，依托丝绸之路经济带核心区优势，面向新疆区域经济发展、中亚科技合作和国家航天与海洋需求，加强维药现代化学科建设，推进维吾尔医药的现代化、标准化、产业化、国际化；加强电子元器件累积辐射效应学科建设，为各类元器件抗累积辐射效应加固和可靠应用提供稳定的服务能力；加强敏感材料与器件学科建设，为我国航天、海洋工程中极端环境探测装备所需的温度传感器提供共性技术支撑，保持优势学科不可替代的地位；加强维哈柯文信息处理学科建设，为新疆长治久安及“一带一路”核心区的信息化建设提供技术支撑。同时，强化中科院向西开放“桥头堡”作用，强化与中亚等国家交流与合作，强化院内合作和学科交叉，培育新的增长点。将研究所建成国内特色鲜明和中亚有影响力的研究机构。

新时期，新疆理化所紧紧围绕“创新2020”及“率先行动”计划，确立了“现代维吾尔药创制”“面向‘一带一路’的多语言机器翻译系统研究与应用”“元器件空间累积辐射效应试验技术”3个重大突破方向，以及“中亚地区药用资源持续利用”“人机物数据融合与智能分析”“空天海洋温度传感器研发及推广应用”“多波段全固态激光器用光电功能晶体材料”“基于新疆优势资源的环境功能材料及其在油田化工污染控制中的应用”5个重点培育方向。在“一三五”规划组织实施工作领导小组及全体员工的共同努力下，2016年，新疆理化所“一三五”规划工作均完成了各项年度考核指标。

新疆理化所设有资源化学、材料物理与化学、多语种信息技术、环境科学与技术4个研究室，建设了维吾尔药活性筛选技术平台、药用植物组培与生物育种平台、特种热压敏研发平台、辐射效应评估技术平台、光电功能材料研发平台、多语种软件测试平台、微纳米环境功能材料平台，以及大型仪器分析测试中心、辐照中心、信息情报中心3个技术支撑平台。

新疆理化所现有中国科学院干旱区植物资源化学重点实验室、中国科学院特殊环境功能材料与器件重点实验室、民族药关键技术及工艺国家地方联合工程研究中心，省部共建新疆特有药用资源利用国家重点实验室培育基地，以及新疆植物资源化学重点实验室、新疆电子信息材料与器件重点实验室、民族语音语言信息处理实验室3个省级重点实验室和新疆精细化工工程技术中心；与中亚地区及我国东部有关研究机构共建了中亚地区可食植物功能成分联合实验室；与新疆公安消防总队成立了火灾科学与消防工程合作实验室。

截至2016年底，新疆理化所共有在职职工238人，其中科技人员178人、科技支撑人员33人，包括研究员及正高级工程技术人员44人、副研究员及高级工程技术人员80人。共有“青年千人计划”入选者22人（新增3人），中国科学院“百人计划”入选者17人，“西部之光”人才入选者151人（新增14人）；国家杰出青年科学基金获得者2人，“万人计划”领军人才1人，国家级“新世纪百千万人才工程”候选人2名，新疆维吾尔自治区高层次人才计划22人（新增2人）。

新疆理化所是1987年国务院学位委员会批准的硕士学位授予权单位之一，2004年经中国科学院批准增列博士培养点。现设有化学、电子科学与技术2个专业一级学科博士研究生培养点，有机化学、物理化学、材料物理与化学、微电子学与固体电子学、物理电子学、计算机应用技术6个二级学科博士培养点，有机化学、物理化学、材料物理与化学、微电子学与固体电子学、物理电子学、药物化学、计算机应用技术、计算机技术、材料工程9个专业二级学科硕士研究生培养点，并设有化学、电子科学与技术2个专业一级学科博士后流动站。共有在学研究生290人（其中硕士生133人、博士生157人），在站博士后29人。

2016年，新疆理化所共有在研项目697项（新增项目171项）。其中，承担（或参加）国家重点研发计划课题4项（新增4项）；承担973计划项目1项、承担（或参加）课题1项；承担（或参加）863计划项目课题4项；承担国家自然科学基金面上项目27项（新增5项）、国家杰出青年科学基金项目2项、国家自然科学基金国际合作重点项目1项、国家自然科学基金－新疆联合基金14项（新增1项）；承担中国科学院战略性先导科技专项课题3项；承担（或参加）中科院科技服务网络计划6项（新增2项）；承担院科研装备研制项目8项（新增1项）；承担院地合作项目4项；承担新疆维吾尔自治区重大专项项目4项（新增2项）、承担（或参加）课题19项（新增12项）。

2016年，新疆理化所申请国家发明专利102项、国际发明专利2项，授权国内发明专利53项；发布地方标准2项，行业军标1项；获批软件著作权16项；科技成果登记40项；发表各类科技论文173篇，其中SCI收录139篇。

2016年，新疆理化所李晓研究员获2015年度新疆维吾尔自治区科技进步奖特等奖，“18种新疆特色药用植物化学成分与生物活性研究”等2项获得2015年度自治区科技进步奖一等奖。新疆理化所推荐的乌兹别克斯坦科学院院长Shavkat Salikhov院士获中国科学院2016年度国际科技合作奖，研究所聘请的乌兹别克斯坦籍专家Shamansur Sagdullaev获2016年度中国天山奖。

2016年，面向社会经济发展需求，新疆理化所与企业合作更加深入，科技成果转移转化呈现一片新气象。“新型油水分离材料”专利以专利使用权作价投资入股新办企业；“棉花花总黄酮片”新药临床批件转让第一批收益奖励正在有序进行。新疆理化加入了全国科研院所科技成果转化联盟，成为理事单位并积极利用这一平台宣传推广研究所成果。

按照中科院“走出去”发展战略和研究所发展的实际需要，2016年新疆理化所全年出访55人次，来访55人次；国际合作项目立项13项；在深圳举办了第五届可食和药用植物资源及功能成分国际学术研讨会，在乌鲁木齐举办了2016年半导体光电材料与器件辐射效应国际学术研讨会。

新疆理化所是新疆物理、化学、自动化、生物化学、核学会的理事长挂靠单位。

（撰稿：池景慧　冯　涛　审稿：崔旺诚）

新疆生态与地理研究所

所　　长：陈　曦
地　　址：新疆乌鲁木齐市北京南路 818 号
邮政编码：830011
电　　话：0991-7885505；0991-7885507
传　　真：0991-7885300
电子信箱：hpjiang@ms. xjb. ac. cn；
xjgi@ms. xjb. ac. cn
网　　址：http://www. egi. ac. cn

中国科学院新疆生态与地理研究所（以下简称“新疆生态所”）成立于 1998 年 7 月 7 日，由中国科学院新疆生物土壤沙漠研究所（1961 年成立）和中国科学院新疆地理研究所（1965 年成立）合并而成。

2016 年，根据中科院“率先行动”计划和相关部署，新疆生态所完成了特色研究所建设的年度任务。研究所制定了“一三五”规划，即面向国际干旱区生态、环境、资源领域科技前沿，面向国家“丝绸之路经济带”建设重大需求，面向新疆社会稳定与长治久安主战场，立足新疆，面向中亚，辐射世界干旱区，重点开展“丝绸之路经济带”生态与环境监测和评估、干旱区水土资源利用与生态安全、新疆和中亚矿产探测与环境治理、干旱区战略生物资源可持续利用、新疆农牧民增收和区域发展等研究。

在科研机构设置方面，新疆生态所建有荒漠与绿洲国家重点实验室、中科院干旱区生物地理与生物资源重点实验室；国家荒漠-绿洲生态建设工程技术研究中心，中科院与新疆维吾尔自治区人民政府共建了中国科学院新疆矿产资源研究中心。在国内建有 10 个野外台站，其中，新疆阜康荒漠生态系统国家野外科学观测研究站、新疆阿克苏农田生态系统国家野外科学观测研究站、新疆策勒荒漠草地生态系统国家野外科学观测研究站为 3 个国家野外观测站，并和中亚国家联合建立了 15 个境外野外台站。另有文献信息中心、标本馆等科研支撑平台。

除了国内科研平台外，新疆生态所还与中亚、国内生态与环境相关领域研究所、大学共建有中国科学院中亚生态与环境研究中心，与美国加州大学河滨分校、美国内华达大学、日本静岗大学共建了国际干旱区生态研究中心和中日干旱区生态研究中心，与德国国防大学、澳大利亚科工组织、中亚五国、毛利坦尼亚及卢旺达共建了干旱区水与生态研究中心。2016 年，新疆生态所与比利时根特大学、卢旺达基加利基督复临大学分别新建中国-比利时地理信息联合实验室、东非自然资源与环境研究中心等国际合作平台。

在人才队伍建设方面，截至 2016 年底，新疆生态所共有在职职工 539 人。其中，科技人员 339 人、科技支撑人员 157 人、科技管理人员 43 人。研究员及正高级工程技术人员 94 人、副研究员及高级工程技术人员 83 人。共有“千人计划”入选者 14 人（新增 3 人），“青年千人计划”入选者 12 人；中国科学院“百人计划”入选者 18 人（新增 1 人）。

新疆生态所是 1983 年国务院学位委员会批准的博士、硕士学位授予权单位之一。现设有地理学、生态学、地质资源与地质工程 3 个专业一级学科博士研究生培养点，自然地理学、人文地理学、地图学与地理信息系统、植物学、生态学、环境科学、水土保持与荒漠化防治、地球探测与信息技术、环境工程、测绘工程、生物工程 11 个专业一级（或二级）学科硕士研究生培养点，并设有地理学、生物学、生态学 3 个专业一级学科博士后流动站。共有在学研究生共有在学研究生 434 人（其中硕士生 220 人、博士生 214 人），在站博士后 50 人。

在争取和承担科研任务方面，新疆生态所 2016 年度列入科研计划管理的课题 445 项（新增 165 项），其中，国家级课题 36 项（新增 15 项），国家基金课题 122 项（新增 33 项），中科院级课题 80 项（新增 30 项），省部级课题 62 项（新增 25 项），地方委托课题 79 项（新增 32 项），国际合作课题 13 项（新增 7 项），所级课题 53 项（新增 23 项）。

2016 年，新疆生态所在科研工作方面取得系列进展。国家科技合作项目“中亚地区生态环境保护与资源管理联合调查与研究”系统性地开展了中亚地区资源与生态环境综合考察和遥感调查，全面提升了我国对中亚地区生态与自然资源的科学认识，联合并引领了中亚国家科学家开展气候变化、生态与环境、资源与管理、经济与社会等领域的前瞻性和战略性研究。“中亚地质大数据与成矿预测方法体系及应用”建成了目前数据量最大、功能最全的新疆及中亚地质矿产大数据库，为“一路一带”地质矿产资源的开发和经济发展战略等提供重要的科技支撑。“我国与中亚邻国跨境河流生态环境评估关键技术及应用”以伊犁河-巴尔喀什湖流域、咸海流域为重点，系统开展了我国与中亚邻国跨境河流生态环境评估关键技术及应用研究工作，为我国与中亚的跨境河流谈判、流域生态环境保护建设等提供了重要的科技支撑。

2016 年，新疆生态所两项科技成果“中亚地质大数据与成矿预测方法体系及应用”“我国与中亚邻国跨境河流生态环境评估关键技术及应用”获新疆维吾尔自治区科技进步奖一等奖。全年发表论文 641 篇，其中 SCI 共 310 篇；出版学术专著 7 部；受理专利 41 项，授权专利 35 项。

在科技促进发展方面，2016 年，新疆生态所新成立新疆中科吉奥地质勘查有限责任公司、新疆丝路畅游信息科技有限公司、乌鲁木齐中科帝俊环境技术有限责任公司，将面向矿产勘探开发、旅游、环保等领域，实现科研成果转移转化，服务新疆的社会经济发展。

在国际合作中非荒漠化防治中，新疆生态所通过 6 个合作项目，与毛里塔尼亚、尼日利亚、肯尼亚、埃塞俄比亚和卢旺达等国开展联合考察、研讨交流、技术示范、平台建设、技术培训等，实现了中国生态建设技术走出国门。在中哈丝绸之路经济带新兴城市生态屏障建设技术合作研究中，优选了中国成熟的生态屏障建设技术和管理技术，为哈萨克斯坦首都圈生态屏障建设提供技术保障和支撑。在“中亚地区综合减防灾与适应气候变化”项目中，与哈、吉、塔三国国立科研机构分别共建阿拉木图农业应对气候变化与减灾分中心、比什凯克洪水灾害预测分中心和杜尚别泥石流灾害分中心，构建了中亚区域 DDR/CCA（减灾防灾与气候变化适应）政策、人员和信息交流平台。

在国际交流合作中，新疆生态所 2016 年国际交流与合作总量为 174 批 400 人次，其中出访 93 批 216 人次，接待来访 81 批 184 人次。引进 11 位外国专家，包括 2 位国家“千人计划”入选者、4 位中科院国际访问学者、3 位中科院国际博士后、2 位所项目聘用的青年外籍人才。新疆生态所特聘研究员、以色列 David Blank 教授获中国政府奖“友谊奖”，研究所引进的高端外国专家、比利时根特大学 Philippe De Maeyer 教授获新疆维吾尔自治区外国专家“天山奖”，研究所陈曦研究员当选塔吉克斯坦科学院外籍院士和哈萨克斯坦农业科学院外籍院士。此外，新疆生态所与奥地利 Salzburg 大学、德国特利尔大学、美国德克萨斯理工大学、卢旺达基加利基督复临大学签署了高等教育能力建设项目伙伴计划、科技合作备忘录等。新疆生态所全年举办了 6 次重要国际和双边学术会议，包括在北京举办的第 33 届国际地理大会丝绸之路经济带中亚资源与环境论坛、在塔吉克斯坦杜尚别举行的丝绸之路资源开发与防灾减灾专题学术研讨会。

新疆生态所是新疆土壤肥料学会、新疆地理学会、新疆植物学会、新疆科学探险协会、新疆自然资源学会的挂靠单位；承办的英文刊物有 *Journal of Arid Land*（《干旱区科学》），是新疆第一个 SCI 学术刊物；中文刊物有《干旱区研究》和《干旱区地理》，以及同名在国内发行的维文版刊物；拥有国家甲级水文水资源调查评价甲级资质证书、国家乙级测绘资质证书、国家乙级旅游规划设计资质证书、农林行业（营造林）乙级工程设计证书、丙级林业调查规划设计资质证书。

（撰稿：张向军　蒋慧萍　审稿：雷加强）

学校及公共支撑单位

中国科学院大学

校　　长：丁仲礼
地　　址：北京市石景山区玉泉路19号（甲）
邮政编码：100049
电　　话：010-88256030
传　　真：010-88256006
电子信箱：leader@ucas.ac.cn
网　　址：http://www.ucas.ac.cn

中国科学院大学（以下简称“国科大”）是教育部批准成立的一所以研究生教育为主的科教融合、独具特色的高等学校。国科大的前身是中国科学院研究生院，成立于1978年，是经党中央国务院批准创办的新中国第一所研究生院，培养了新中国第一个理学博士、第一个工学博士、第一个女博士、第一个双学位博士。经教育部批准，国科大从2014年起招收本科生，形成了覆盖本科、硕士、博士3个阶段的完整高等教育体系。

2016年，国科大依托中国科学院各研究所的高水平科研优势和高层次人才资源，形成由京内4个校区、京外5个教育基地和分布在全国的114个研究所（中心、园、台、站等）组成的“大学校”。中国科学院大学玉泉路校区面积11.83万平方米，雁栖湖校区面积312.14万平方米，中关村校区面积5.68万平方米，奥运村校区面积3.98万平方米。国科大有博士学位授权一级学科点40个，分布在教育学、理学、工学、农学、医学、管理学6个学科门类；硕士学位授权一级学科54个，硕士学位授权二级学科1个，分布在哲学、经济学、法学、教育学、文学、理学、工学、农学、医学、管理学10个学科门类。本科招生专业9个，分别是：数学与应用数学、物理学、化学、生物科学、材料科学与工程、计算机科学与技术、天文学、电子信息与工程、环境科学。中国科学院大学还拥有工程、工商管理、应用统计、应用心理、翻译、农业、药学、工程管理、金融、公共管理10个专业学位授权点，另有178个博士后流动站。

2016年，国科大招收全日制研究生14 483人（博士生6373人、硕士生8110人），其中招收来华留学研究生371人（博士生241人、硕士生130人）。招收在职专业学位研究生541人（工程硕士465人、工商管理硕士76人）；非计划在职研究生同等学力77人（博士生4人、硕士生73人）。录取本科生398人。

2016年，国科大全日制研究生毕业9894人（博士生5116人、硕士生4778人）。其中，来华留学研究生毕业110人；授予工程硕士专业学位1892人；授予工商管理硕士（MBA）专业学位302人。

2015—2016学年，国科大共有在校研究生45 479人（博士生23 289人、硕士生22 190人）；在校本科生1058人；在校留学生研究生1号码214人（博士生873人、硕士生341人）；在职人员攻读专业学位研究生2072人（工程硕士1959人，工商管理硕士113人）。

截至2016年底，国科大共有研究生指导教师15 297名。其中，博士生导师7210名，中国科学院院士306人，中国工程院院士75人；“千人计划”入选者558人；国家杰出青年科学基金项目获得者987人；长江学者奖励计划80人（特聘和讲座教授65人，青年教授15人）。分布在各培养单位的3个国家实验室、77个国家重点实验室、189个中国科学院重点实验室、30个国家工程研究中心（实验室），以及众多国家级前沿科研项目，为学生培养提供了宏大的科研实践平台。

2016年，国科大校部有在职职工849人。其中，教学科研人员442人，包括中国科学院院士2人、教授160人、副教授187人；管理支撑人员394人；有中国科学院“百人计划”入选者30人；国家杰出青年科学基金项目获得者5人；优秀青年科学基金获得者4人；“千人计划”入选者3人；“青年千人计划”6人。设有物理学等10个专业一级学科博士后流动站，有在站博士后97人。

2016年，国科大科教融合建设进入实质性推进阶段，新建了存济医学院、网络空间安全学院、未来技术学院、深圳先进技术与工程学院、海洋学院、能源学院6个科教融合学院。在全校25个院系中，有20个科教融合学院。结合科教融合学院建设，学校在中国科学院院属相关研究机构中遴选、聘请学术水平高、且愿意参与教学工作的科研人员作为岗位教师，形成了一支由从研究所遴选承担课程教学任务的岗位教师、承担学生指导任务的学业导师及校部专任教师共同组成的科教融合的师资队伍。截至2016年底，共遴选了2599名岗位教师。

2016年，国科大有授课教师3295人，其中校部专任教师373人，岗位教师2599人，外聘授课教师323人。

2016年，国科大全面实施研究生课程体系改革。改革后的研究生课程体系包括纳入课程设置的核心课、普及课、研讨课、科学前沿讲座、公共必修课和公共选修课、夏季学期国内外一流学者开设的高级强化课，以及秋春学期数学学院开设的博士专业课等其他课程。在对总学分要求基本不变的前提下，通过调整课程类型、学时、学分、授课教师标准和授课方式等，提高教学质量。2016年，国科大开课总门数1680门，其中公共必修课36门、核心课486门、普及课484门、公共选修课266门、研讨课177门、高级强化课135门、科学前沿讲座专题课65个、其他课程31门。

2016年，国科大教学科研平台建设稳步推进。按招生专业及开课进度分批分类建设本科实验课和研究生集中教学所需基础教学实验平台共10个。其中，物理1个、化学1个、生命6个、天文2个。公共教学实验平台建设方面，完成了物理、电子、资源环境和生命等学院负责的分析测试中心相应仪器和超净间建设的论证工作。

2016年，国科大在科技部新设立的重点研发计划中，首次申报获得两项资助，共计5000万元。各类项目批复总额超过1.2亿元，其中集中申请期间共申请国家自然科学基金项目189项，获批55项，获批直接经费3953万元。连续第四年获批中国科学院装备研制项目1项；获批前沿科学重点研究项目7项。校部科研人员共申请发明专利16项，授权发明专利4项。校部教师共发表学术论文1239篇，其中SCIE 482篇、SSCI 35篇、EI 215篇、CPCI-S 72篇、国内核心期刊论文435篇。校部教师申报教育部青年奖1项；全国教育科学优秀成果奖1项；北京市哲学社科优秀成果奖2项。

2016年，国科大与8所大学签订了本科生交流协议或合作备忘录，包括：麻省理工学院、哥伦比亚大学、南加州大学、瑞士洛桑联邦理工学院、新加坡国立大学、澳大利亚国立大学、西澳大利亚大学和新西兰惠灵顿维多利亚大学。

2016年，国科大共接待外宾及港澳台人士500多人次，比上一年增加了167%；举办9项国际学术论坛、研讨会；派出337批422人次进行国际交流合作；资助研究生国际合作培养计划、博士生赴发展中国家考察学习计划101人；资助博士生参加国际学术会议近500人次；612名博士生获得国家留学基金委项目资助派出，比上一年增加了140%。与“一带一路”沿线国家高校签署协议和谅解备忘录12份。推动中国-丹麦科研教育中心建设项目，建立中外联合办学机构——中丹学院，采用“1对8”双向交流模式，成体系、成规模、集约化地引进海外优质教育资源。聘请外国文教专家40人次，成功申请中科院国际杰出学者项目2项，国际访问学者项目5项，国际博士后项目5项。聘请诺日本东京理科大学校长藤嶋昭为我校名誉教授。授予诺贝尔奖获得者戴维·格罗斯（David J. Gross）和菲尔兹奖获得者爱德华·威滕（Edward Witten）名誉博士学位。

2016年，国科大网络基础设施、多媒体教学设施及信息化系统建设运维投入经费2605万元。其中，信息化系统建设实施与运行维护经费727万元；校园网络软硬件升级改造及安全保障投入708万元；多媒体教学设施升级改造投入650万元；网络通信费520万元。

2016年，国科大图书与数字文献资源建设投入498.1万元。其中，电子资源使用费262.3万元；图书期刊订购费235.8万元。图书馆提供的电子文献资源有：中文数据库包括中文期刊数据库3个、中文图书数据库2个、中文学位论文数据库2个；通过参团订购及全院开通，可即查即得期刊21 819种（西文期刊7843种、中文期刊13 972种、日文期刊4种）；自主订购共计13个数据库，可访问约170万种图书，7.5万种电子期刊及1737.8万篇期刊会议及法律条文等文献。

2016年3月，国科大参与全国第四轮学科排名评估，共48个一级学科获初审通过，共有5000余位专家加入教育部专家信息库。在首次开展的学位授权点动态调整工作中，经北京市学位委员会审议，国务院学位委员会批准，调整增列了基础医学一级学科博士学位授权点；调整撤销了农林经济管理一级学科博士学位授权点；增设食品安全与健康及再生医学两个自主设置交叉学科。2016年，国科大向教育部申请增设5个本科专业，分别是：天文学、电子信息工程、环境科学、理论与应用力学、人文地理与城乡规划。向北京市教委申请6个专业本科学士学位授权点，分别是：数学与应用数学、物理学、化学、生物科学、材料科学与工程、计算机科学与技术。

（撰稿：沈　伟　张怡然　审稿：高随祥）

中国科学技术大学

校　　长：万立骏
地　　址：安徽省合肥市金寨路96号
邮政编码：230026
电　　话：0551-63602184
传　　真：0551-63631760
电子信箱：dzb@ustc.edu.cn
网　　址：http://www.ustc.edu.cn

中国科学技术大学（以下简称“中国科大”）1958年9月创建于北京，1970年迁至安徽合肥，是中国科学院所属的一所以前沿科学和高新技术为主、兼有特色管理和人文学科的综合性全国重点大学。

中国科大现有15个学院、5个科教融合共建学院、30个系，设有研究生院，以及苏州研究院、上海研究院、中国科大先进技术研究院。有数学、物理学、力学、天文学、生物科学、化学共6个国家理科基础科学研究和教学人才培养基地和1个国家生命科学与技术人才培养基地，8个一级学科国家重点学科、4个二级学科国家重点学科、2个国家重点培育学科、18个安徽省一级学科重点学科。建有国家同步辐射实验室、合肥微尺度物质科学国家实验室（筹）、稳态强磁场科学中心、火灾科学国家重点实验室、核探测与核电子学国家重点实验室、语音及语言信息处理国家工程实验室、国家高性能计算中心（合肥）、安徽蒙城地球物理国家野外科学观测研究站等国家级科研机构和50个院省部级重点科研机构。

截至2016年底，中国科大共有教学与科研人员1916人，其中教授613人（含相当专业技术职务人员），副教授699人（含相当专业技术职务人员）；中国科学院和中国工程院院士48人，发展中国家科学院院士17人；“万人计划”领军人才17人，“青年拔尖人才”13人，国家杰出青年科学基金获得者116人，优秀青年科学基金获得者72人，教育部长江特聘教授48人，长江青年学者10人，“千人计划”44人，“青年千人计划”160人，国家级教学名师7人，中国科学院“百人计划”146人。

截至2016年底，中国科大共有本科生7413人，硕士研究生10 707人，博士研究生3885人。图书馆藏书224.79万册，已建成国内一流水平的校园计算机网络和若干高水平科研、教学公共实验中心。

2016年4月26日，中共中央总书记、国家主席、中央军委主席习近平考察中国科大，对学校建设世界一流大学寄予厚望：“中国科技大学要勇于创新、敢于超越、力争一流，在人才培养和创新领域取得更加骄人的成绩，为国家现代化建设做出更大的贡献。”中国科大贯彻落实习近平总书记系列重要讲话精神，尤其是考察中国科大重要讲话精神，结合“两学一做”学习教育，积极参与国家“双一流”建设、中国科学院“率先行动”计划、安徽省系统推进全面创新改革试验，谋划和推动“十三五”改革创新发展，绘出未来发展的路线图。

从2015年4月开始，中国科大启动“十三五”改革发展总体规划的编制工作，历时一年多，制定了《中国科学技术大学“十三五”改革发展总体规划》，于2016年10月14日获中国科学院院长办公会审核通过。

2016年5月，安徽省政府第72次常务会议决定，支持学校建设世界一流大学、在安徽省系统推进全面创新改革试验中发挥引领和示范作用，并予以稳定经费支持。《中国科学院“十三五”发展规划纲要》明确表示：“支持中国科学技术大学建设世界一流大学”。10月14日，中国科学院院长办公会决定，“十三五”期间在原有支持的基础上，加大力度，支持学校世界一流大学建设。

2016年，中国科大和中国科学院合肥物质科学研究院共同推进合肥综合性国家科学中心建设，《合肥综合性国家科学中心建设方案》获批；10月14日，中国科学院党组会议审议通过了《中国科学院关于建设量子信息与量子科技创新研究院的工作方案》；11月29日，量子信息与量子科技前沿卓越创新中心顺利通过验收，并更名为量子信息与量子科技创新研究院；先进技术研究院已成为安徽省、合肥市探索科技体制机制改革的重大实践基地；与紫金山天文台共建天文与空间科学学院，和苏州纳米技术与纳米仿生研究所共建纳米技术与纳米仿生学院。

在人才培养方面，中国科大启动了生物医学交叉学科人才培养计划（与协和医学院合作）、少年班交叉学科英才班培养计划、管理学院中美合作3+1+1“金融与商务”英才班、精密光机电与环境科技英才班（与合肥物质科学研究院合作）等项目。截至2016年10月，全校“拔尖计划”共培养学生1339人，其中在读663人，毕业676人，毕业生中继续深造人数达到636人（其中出国深造人数390人），深造率达到94.1%（其中出国深造率57.7%），远高于全校本科生的平均深造率。

2016年，中国科大通过少年班、创新试点班、自主招生、三位一体、提前批录取等形式选拔录取一批优秀学生，自主测试类招生人数达到总人数的36.4%，继续保持学校总体生源质量位于全国高校前列。

2016年，中国科大接收推免生1886人，比去年增长216人，增幅达13%。科学学位硕士研究生中，推免生所占比率达80%以上。强化硕博连读长周期培养模式，取消博士研究生统一入学考试，充分发挥学院、学科、导师在博士生选拔中的自主性和积极性。南京分院所属的紫金山天文台、南京地质古生物研究所、南京天文仪器研制中心、苏州纳米技术与纳米仿生研究所、苏州生物医学工程技术研究所等单位，以及长春应用化学研究所的研究生教育完全归口中国科大，由学校负责统一招生、统一培养、统一授予学位。

2016年，中国科大累计授予博士学位850人、科学硕士学位924人、专业硕士学位1795人、学士学位1766人。积极拓宽就业渠道，实现博士生初次就业率为95.4%，硕士生初次就业率为97.6%，本科生初次就业率为91.4%（国内外深造率为75%、出国率为31.1%）。博士研究生学术论文发表量稳中有升，发表SCI学术论文1671篇，其中在*Science*上发表1篇，在*Nature*及其子刊上发表18篇；人均发表SCI论文2篇，人均SCI Ⅰ/Ⅱ区论文1.1篇。

在师资队伍建设方面，中国科大2016年新增“千人计划”2人、国家杰出青年科学基金11人、“万人计划”领军人才13人、创新人才推进计划8人、“青年千人计划”27人、国家优秀青年科学基金15人。国家杰出青年科学基金“青年千人计划”国家优秀青年科学基金增长速度位居全国高校前列，国家杰出青年科学基金年度入选数首次达到两位数，高层次人才不重复统计总数达到361人，约占固定教职总数的30%。学校通过公派留学项目、“青年骨干教师出国研修计划”等，2016年共派出40名青年教师，赴世界一流大学或著名科研机构深造。聘期制科研人员规模达到721人，已成为学校科研产出的生力军和后备人才的资源库。

在平台建设方面，2016年，中国科大新增2个国家自然科学基金委创新群体，目前中国科大共获批16个群体，位列全国高校第三。中国科学院重大科技基础设施维修改造项目“合肥光源重大维修改造项目”顺利通过验收，类脑智能技术及应用国家工程实验室获国家发展改革委批准立项，成为学校第二个国家工程实验室；学校牵头的中国科学院微观磁共振重点实验室获批成立，成为中国科学院首批成立的交叉科学研究的两个重点实验室之一；中国科学院量子信息重点实验室评估优秀。学校共有2个国家实验室、3个重大科技基础设施、8个国家级科研机构、19个中国科学院重点科研机构和54个省市及所系联合实验室。

在科学研究方面，中国科大2016年牵头承担国家重点研发计划项目20项，获批经费3.89亿元，位居全国高校第四；特别是在量子调控与量子信息、大科学装置前沿专项中占绝对优势，学校牵头承担的项目数量和经费均位居全国高校首位；在纳米科技、公共安全专项中，经费数量位居全国高校第一。积极参与国家“十三五”规划重大项目，牵头组织“量子通信与量子计算机”重大科技项目，参与“天地一体化信息网络”重大工程。获批国家自然科学基金委重大项目、重大仪器研制项目（部委推荐）各1项，承担中国科学院先导科技专项B类1项，获批中国科学院前沿交叉重点研究项目24项。截至2016年11月30日，组织申报各类纵向科研项目1631项，其中获批653项，获批经费达14.2亿元；签订横向合同155项，总经费5442万元。国家基金各类项目获批直接经费4.1亿元，位居全国高校第五；面上项目和青年科学基金项目资助率分别为46.55%和44.88%，资助率均位居全国高校前列，学校还荣获2011—2015年度“国家自然科学基金管理工作先进单位”称号。

据Web of Science的数据显示，中国科大2016年发表SCI论文4737篇，其中以第一署名单位发表的论文2812篇，分别比去年增长了5.2%和7.2%。据汤森路透公布的数据显示，截至2016年8月发表SCI/SSCI论文篇均被引（ESI）13.08次，超过世界平均值（11.67次），在大陆高校中排名第一。10个学科领域进入ESI世界前1%，其中物理学、化学、材料科学、工程学、地球科学、数学、临床医学、环境学与生态学8个ESI学科领域篇均被引次数超过本领域世界平均水平。获得国家自然科学奖二等奖2项、国际科学技术合作奖1项、教育部高等学校科学研究优秀成果奖3项（其中自然科学奖、科技进步奖、青年科学奖各1项）。申请各类专利437件，获得授权专利334件，获中国专利奖优秀奖2项。

2016年，中国科大主导研制的全球首颗量子科学实验卫星“墨子号”成功发射；研制的空间应用系统有效载荷——空地量子密钥分配试验专项随“天宫二号”发射升空，载荷各项在轨指标正常；量子保密通信“京沪干线”项目实现全线贯通；作为唯一承担完整有效载荷研制任务的高校，参与首次火星探测计划环绕器有效载荷分系统磁强计研制。

在科技成果转化方面，2016年中国科大已经转化科技成果4项，总金额5400万元；正在按照流程转化科技成果3项；成立技术转移甘肃中心、金华中心。

在国际交流方面，2016年中国科大推荐的外国专家凯瑟琳娜·科瑟-赫英郝斯教授荣获2016年度中国政府奖友谊奖、Matthias Weidemüller教授荣获首届合肥友谊奖；设立“大师论坛”，邀请包括多名诺贝尔奖得主在内的11位世界著名学者来校开展学术研讨、文化交流等活动；与海外著名高校签署20余项校际合作协议和学生交流协议；选派379人次本科生赴境外交流，131名研究生赴国外进行联合培养和攻读博士学位，近900人次研究生赴境外参加学术交流；教师参加境外学术交流1300多人次，海外专家来访1300多人次；录取留学生233名，目前在校留学生来自50个国家、共计528人。

中国科大是中国物理学会同步辐射专业委员会、中国自动化学会仿真专业委员会等24个学会的挂靠单位；主办的学术刊物有《中国科学技术大学学报》、《火灾科学学报》、《低温物理学报》、《化学物理学报》、《实验力学》、《研究生教育研究》、*Cellular & Molecular Immunology*等。

（撰稿：马　壮　牟　玲　审稿：陈晓剑）

计算机网络信息中心

主　　任：廖方宇
地　　址：北京市海淀区中关村南四街 4 号
邮政编码：100190
电　　话：010-58812020
传　　真：010-58812020
电子信箱：support@cnic.cn
网　　址：http://www.cnic.cn

中国科学院计算机网络信息中心（以下简称“网络中心”）成立于 1995 年 3 月，是中国科学院科研信息化与管理信息化的系统集成、运行和服务保障机构，信息化应用技术的研发和示范基地。

网络中心以开展计算机网络及信息技术研究，促进科技发展、计算机网络技术研究、大数据技术研究、大规模科学计算技术研究及科研信息化技术研究、管理信息化与网络科普技术研究、互联网、云计算、物联网技术研究、“中国科技网”运行与管理、相关技术开发与服务、相关研究生教育、继续教育、专业培训与学术交流、《科研信息化技术与应用》和《中国科学数据》（中英文网络版）出版等为宗旨和业务范围，充分发挥信息化对中国科学院科技创新和科技管理的支撑保障作用，加强信息化技术研发与示范应用，汇聚科技和管理信息化资源，促进科研模式转变和科学思想传播，大力培养信息化应用交叉学科领军人才，成为信息化基础设施建设、系统集成、运行管理和服务保障的一流信息中心，引领中国科研信息化发展。

网络中心现有 13 个业务部门、5 个职能部门和 2 个中科院非法人单位。其中，非法人单位为中国科学院计算科学应用研究中心和中国科学院科学新闻中心。同时，设有国有资产管理公司北京中科北龙科技有限责任公司，负责对网络中心直接投资的全资、控股、参股企业经营性国有资产行使出资人权利，并承担相应国有资产的保值增值责任，直接投资北龙中网（北京）科技有限责任公司等 7 家科技公司。

截至 2016 年底，网络中心共有在职职工 450 人。其中科技人员 165 人、科技支撑人员 243 人，包括研究员及正高级工程技术人员 26 人、副研究员及高级工程技术人员 146 人。中国科学院“百人计划”入选者 2 人。

网络中心是 2012 年国务院学位委员会批准的博士学位授予权单位之一。现设有计算机科学与技术 1 个专业一级学科博士研究生培养点，计算机科学与技术、网络空间安全 2 个专业一级学科硕士研究生培养点。现有在学研究生 188 人（其中硕士生 141 人、博士生 47 人）。

2016 年，网络中心共有在研项目 240 项（包括新增项目 152 项）。其中，主持（或承担）国家发展改革委课题 1 项，863 计划项目 5 项，国家重点研发计划项目（课题）16 项，国家科技基础条件平台项目 1 项，国家科技支撑计划项目 2 项，国家自然科学基金项目 22 项（新增 4 项），财政部修购专项项目 2 项，国家其他项目（课题）32 项，中科院信息化专项项目 17 项（新增 16 项），中国科学院战略性先导科技专项课题 3 项（新增 2 项），中科院其他项目 36 项（新增 26 项），院地合作项目 113 项（新增 71 项），网络中心所级项目 20 项（新增 6 项）。

网络中心获批牵头国家重点研发计划项目 3 项，获批牵头大数据分析与计算技术国家地方联合工程实验室。中心自主设计的“可扩展紧致指数时间差分算法在合金微组织结构演化相场模拟”并行算法，成功入围超级计算应用领域诺贝尔奖之称的戈登·贝尔奖。中国科普博览的品牌和影响力获广泛认可，先后被评为今日头条 2016“年度最具影响力政务头条号”、百度知道日报 2016“年度影响力机构”、中国科协 2016 年十大网络科普作品。

2016 年，中国科技网国际出口、国内互联互通及骨干线路可用率达 99.99%，北美节点升级至万兆带宽，服务单位数 299 家，终端用户近 100 万；中国国家网格计算能力超过 60PFlops、存储能力超过 50PB、服务可用率达 99% 以上，有效支撑 14 个超算云服务平台；中国科学院超级计算网格共包括 9 家分中心、19 家所级中心和 11 家 GPU 单位，CPU 能力大 1300 万亿次、

GPU 能力达 3000 万亿次、服务率达 99% 以上；中国科学院存储环境存储数据总量 2.9PB，支持 292 个应用系统，可用率超过 99.99%；中国科学院数据云资源量达 655TB，在线访问 9565 万人次，典型应用案例达 130 余项；国家科技基础条件平台基础科学数据共享网数据资源总量达 420.86TB，服务国家重大研究开发和重大工程建设等科技创新活动，典型应用案例累计 180 余项；物联网标识管理公共服务平台注册总量达标识注册量已达 11.2 亿条，累计标识服务量超过 8.2 亿次；中国科学院 ARP 系统活跃用户达 30 000人；中国科普博览有效支撑院内外 250 多个科普团队进行内容创作与传播，阅读量超过 4 亿；中国科学院网站群平台运行稳定，为院、所网站提供高效便捷的应用支持和技术服务；中国科学院继续教育网共开发 250 多个课件，为全院职工提供便捷的线上线下学习环境；中国科学院大型科研仪器共享管理平台全面上线，入网设备达 7108 台，用户数达 36 138 人，服务正常率达 99.9%；中国科学院重大科技基础设施共享服务平台正式上线，服务正常率达 99.9%；“中国科技云”通行证实现了与文献资源、微信企业号、桌面会议系统等的对接，用户总量达 54 万；中国科学院视频会议系统保障院级大中型会议 59 次。

网络中心与中科院信息工程研究所、中国农业科学院农业信息研究所、江西出版集团等多家企事业单位签订战略合作协议，作为理事单位加入北京材料基因工程创新联盟，与社会企事业单位签订技术合同 576 份，获得中国科学院北京分院第六届技术转移工作组织奖。

2016 年，网络中心全年境外出访 61 人次，境外来访人员 39 人次。中心举办了理论与高性能计算化学国际会议、第三届科学数据大会、纪念 HPC@ CAS20 周年学术研讨会暨自主软件发布会、发展科学大数据与科技创新——发展中国家国际培训班等国内外知名会议。黎建辉研究员连续当选 CODATA 国际学术会议执委委员，对我国在国际科学数据政策、数据科学前沿和数据科学家培养方面产生积极影响。网络中心成为我国首个以科研组织会员身份加入 LoRa-Alliance 国际联盟的机构，积极参与推进低功耗广域网的全球标准化进程。

网络中心是国际科学数据委员会（CODATA）中国全国委员会秘书处、超级计算联盟的挂靠单位；是《科研信息化技术与应用》（CN—11—5943/TP）、《中国科学数据》（中英文网络版）（*China Scientific Data*）（CN—11—6035/N，ISSN—2096—2223）、《中国科学院超级计算发展指数报告》的主办单位。

（撰稿：张玉红　王恩海　审稿：韩　华）

文献情报中心

主　　任：黄向阳
地　　址：北京市中关村北四环西路 33 号
邮政编码：100190
电　　话：010-82626684
传　　真：010-82626600
电子信箱：office@mail.las.ac.cn
网　　址：http://www.las.ac.cn

中国科学院文献情报中心（以下简称“文献中心”）成立于 1950 年 4 月，为中科院直属事业法人单位，负责全院文献情报服务的组织、管理和协调，全院科技文献资源保障体系建设，全院公共文献信息服务的建设和管理，下设中国科学院成都文献情报中心和中国科学院武汉文献情报中心 2 个二级事业法人单位，负责相应领域战略情报研究和科技信息服务，协同组织所在区域的科技信息服务工作。

文献中心围绕国家科技发展需求，按照“服务科研、支撑创新”的宗旨，面向科技决策一线、面向科学研究一线、面向区域服务一线，将知识服务体系协同和有机嵌入科研与决策过程，为科技创新提供国际一流、国内领先的基础性战略性支撑服务。围绕知识资源收集、组织、加工、服务、保存和传播的发展主线，全面开展文献资源保障与服务、知识产品研发与服务、智慧知识应用环境建设、科技期刊管理与创新、科学文化交流与传播等工作，在空间上更多地发挥文化传播的功能，在业务上强化知识服务的能力，开拓文献情报服务的新模式。统筹全院文献情报系统协调发展，加强战略性科研大数据知识基础设施建设，提升与世界科技强国建设目标相适应的知识服务能力，成为国际一流的国家科技知识服务中心。

2016 年，文献中心在新的定位下调整优化业务结构、探索工作创新发展机制，积极支撑“四个率先”，全面推动实施全院文献情报系统及中心“十三五”规划，面向科技决策、面向科技创新、面向区域发展战略性科技信息需求创新深化文献情报服务，在全中心的共同努力下，围绕“十三五”规划目标和任务，全院文献情报系统重点建设面向适应数字开放科研时代的新型知识服务模式，在继续提升全院数字文献资源保障、不断夯实数字网络信息服务系统的同时，着力建设支撑科技决策的战略性前瞻性情报研究能力，着力建设嵌入研究过程和团队的知识化信息服务能力，着力建设支撑科技创新全谱段需求的集成综合知识基础设施，在国家科技文献平台建设、数字资源长期保存系统、科技信息资源开放共享等方面形成积极示范效应。

截至 2016 年底，文献中心及挂靠单位共有在职人员 458 人（其中正高级专业技术人员 44 人，副高级专业技术人员 109 人），现设有图书情报与档案管理一级学科博士学位授予点与一级学科博士培养点，设有图书馆学、情报学博士后流动站，在读研究生 178 人。全中心职工平均年龄 38 岁。

2016 年，文献中心继续夯实综合知识资源基础设施建设，全面开展综合知识资源体系建设。共引进数据库 171 个，外文期刊 16 836 种，外文图书 112 160 卷/册，外文工具书 31 211 卷/册，外文会议录 45 303 卷/册，外文学位论文 607 946 篇，外文行业报告 1 711 835 篇；中文图书 353 854种（套）/382 461 册，中文期刊17 201 种，中文学位论文 311 057 篇。持续执行印本资源采集规范，在资源采集过程中从用户需求出发，结合资源采集服务效益，优化光盘资源引进内容。共订购国外出版印本期刊 3554 种，中文图书 4779 种，西文图书/会议录 7487 种/7641 册，光盘数据库 8 种。持续拓展重要数字科技文献资源的长期保存。截至 2016 年底，实现对 18 种重要科技文献数据库的长期保存，覆盖电子期刊 17 261 种（其中包括 3261 种外文期刊、14 000 种中文期刊）、电子图书 75 022 种、100 万篇论文、实验室指南 34 000 种、预印本999 619种。

2016 年，文献中心情报服务实现战略情报、学科情报、产业情报多元发展态势，战略情报与智库咨询服务能力全面提升。加大对国家战略问题、科技体制改革和科技发展的深度支撑，紧密结合中科院“率先行动”计划实施方案高端科技智库建设需求，围绕文献情报系统“十三五”规划方向，面向决策一线，部署科技领域战略情报研究、宏观科技战略与政策情报研究；面向科研一线，部署面向研究所/四类机构的学科/技术情报协同服务体系，融入重大专项及学科领域智库的专题情报服务体系，领域科学家精准情报服务网络建设；面向产业/区域一线，部署面向区域发展的集成性科技情报服务体系建设，支持开放创新创业的信息服务网络与平台建设；科研影响力分析评价咨询情报服务体系和知识产权管理与技术转移转化情报服务。针对高端智库项目“构建以国家实验室为核心的新型国家科研体系”需求，对大科学装置整体分布情况、全面创新改革试验区科技力量布局情况、国家重大科技任务布局情况、国外国家实验室案例进行分析、研究与报告。

2016 年，文献中心在政策研究方面完成《关于国家实验室体系总体规划布局的建议》，为国家自然科学基金委、科技部、中科院各业务局、中科院科技战略咨询研究院等完成并提交了《全球国家创新能力评估概述》《WIPO 全球创新指数报告 2016 解读简报》《国家创新能力的评价与解析综述报告》《生物制造国际发展态势分析 2015》《中国微生物资源发展报告》《中国生物工业投资分析报告 2016》《中国科学院成都分院 2025 创新发展规划》《2016 中国激光产业发展报告》《加强我国生物安全实验室装备研发的建议报告》，为《科技前沿快报》《科技政策与咨询》《全球近期重要科技进展速览》提供稿件约 123 篇，正式出版《CCS 重要技术知识产权分析》，参与编写并正式出版《国际科学技术前沿报告 2016》《科学发展报告 2016》，完成《全球标准化发展态势与战略》《页岩气：崛起中的新能源》等书稿。

2016 年，全国科学院联盟文献情报共享服务向区域战略和产业情报方向发展，编制《产业技术情报》24 期，联合省科院加强为省科院重大项目和重点领域提供情报服务。组织完成情报研究报告 16 份，涉及产业技术分析、技术路线分析、应用市场分析、学科态势分析、管理模式分析。开展产业规划与战略研究 2 份，开展科技评估 1 项，《创新驱动发展动态》9 期，开展情报服务平台建设 3 个；为黑龙江、北京、山东、河北等省科院，完成山东省科院海洋浮标国际发展态势研究，黑龙江省科院黑龙江省产业结构转型与技术竞争力分析蓝皮书，新疆农垦科学院监测平台重点领域；河南省科院开展《河南省科学院主攻方向科技创新能力评估》，北科院调研开展“北京市科学技术情报研究所数据资源建设”项目研究；省科院文献情报共享服务已经从基础文献保障服务逐步转向区域发展与产业情报服务。

2016 年，文献中心在夯实基础服务同时持续深化院所协同服务。中心全年共接待读者 264 674人次，借出图书 86 023 册，上机读者 18 531人次。通过各种方式解答读者咨询 36 690 人次。文献传递服务总体传递数量 132 179 篇，满足率 94.3%。完成查新、引证检索、专题服务项目 8010 项。学科馆员累计开展培训 900 多场次，培训人数 35 000 人次，服务用户 3.1 万余人次，提供各类咨询服务 5.9 万人次。

2016 年，文献中心信息服务支撑能力显著提升，系列服务系统和工具投入使用。中科院科技论文预发布平台（ChinaXiv）公开发布，创建并引领中国基于预印本的新型学术交流模式，该平台为全国科研人员提供本土领域的中英文科技论文预印本存缴和已发表科学论文的开放存档，保障优秀科研成果首发权的认定。科技决策知识服务平台开始提供服务，支撑科技态势跟踪分析、科技前沿遴选、技术可转移性分析、优秀科研人才发现、科技竞争力评估等方面决策需求。网络科技自动监测服务云平台服务成果显著，支持了 50 多个团体用户对 174 个领域的监测服务。全院图书馆统一自动化系统新增研究所 12 家，书目数据量已达 170 万余条。“中国科讯”文献移动获取第一平台的正式发布，促进科技文献服务在移动、开放、互联环境下的服务转型。为科研用户提供了基于 APP 的文献查询、远程获取，科技资讯、情报动态推送，科技报告订阅下载等服务，同时集成文献传递、科技查新、专题检索、科研差旅等多方位科研服务。

2016 年，文献中心持续发挥国家平台核心力量作用，开展国家重大科技信息政策研究，引领新型国家科技信息保障体系的建设。在国家科技图书文献中心（NSTL）的支持下，文献中心作为核心力量承担国家科技资源战略保障工作。2016 年印本文献采集的续订、停订品种为：外文印本期刊续订 2822 种，停订 45 种；光盘资源续订 8 种；非刊连续出版物续订 246 套/种，停订 21 套/种。积极促进国家保存体系可信赖建设，推动国家保存体系与国内外相关领域的高层次交流和联合行动，进一步推动保存资源新增拓展等方面取得有效进展。已初步建立起符合可信赖要求的数字文献资源长期保存系统，为建设国家数字科技文献资源长期保存体系打下了良好基础。成功举办香山科学会议，推动国家保存体系建设迈向新高度。

2016 年，文献中心积极推动我国科技期刊发展。在国家科技期刊战略研究、政策出台中发挥的重要作用进一步凸显。主持了国家新闻出版广电总局《关于推动学术期刊繁荣发展的意见》文件制定、承担《中国科协科技期刊发展报告》研究与出版、参与《中国学会发展报告》研究并负责“全国学会科技期刊建设与发展”专题研究。

2016 年，文献中心承担中科院多模式集中办刊重任。承担中科院期刊改革项目（《多模式集中办刊支持》《集中办刊出版生产系统建设》《期刊出版云服务平台及应用示范》《中科院文献中心期刊整合实施》等），并在部门 11 个期刊中的 6 个期刊先行先试，取得宝贵的探索经验与成果。积极推动中科院 30 份期刊加入了中科院采编发平台，实现了中科院多模式集中办刊历史性的突破。中心承办的 17 种期刊继续保持良好发展势头，质量稳步提升。

2016 年，文献中心积极推动科学传播工作，全年共组织和承接各类科学文化传播活动 260 余场，到馆受众超过6万人次，各类专题巡展观众超过100万人次，产生了良好的科学文化传播效果和影响。组织“科学重器专题展”展示中科院成果和形象，获得中央领导和各级各界的广泛好评。继续组织举办“中科院科技创新年度巡展2016”，展示全院重大突破和标志性进展成果25大项设计具体成果近百项。展览受到各级领导和中小学生朋友的欢迎和好评，已成为中国科学院的重要科普品牌。

文献中心是中国科学院档案馆、中国科学院现代化研究中心、全国科学技术名词审定委员会事务中心、中国图书馆学会专业图书馆分会、中国科学院自然科学期刊编辑研究会、中国科学院科学传播研究中心的挂靠单位。中心主办的期刊有《图书情报工作》、《现代图书情报工作》、《化学进展》、《电子政务》、《中国生物工程杂志》、《高科技与产业化》、《科学观察》、《数据与情报科学学科》（英文刊）、《中国科技期刊研究》、《黄金科学技术》、《世界科技研究与发展》、《天然气地球科学》、《地球科学进展》、《天然产物研究与开发》、《遥感技术与应用》、《长江流域资源与环境》和《智库理论与实践》共17种。

（撰稿：刘峻明　汪　维　审稿：黄向阳）

其 他 机 构

中国科学报社

社　　长：陈　鹏
地　　址：北京市海淀区中关村南一条乙3号
邮政编码：100190
电　　话：010-62580800
传　　真：010-62580899
电子信箱：bangongshi@stimes.cn
网　　址：http://www.csd.cas.cn

中国科学报社成立于1959年1月，是中国科学院所属唯一经国家新闻出版广电总局批准的新闻媒体单位，具有主办报纸和期刊的特许出版权和发行权、记者和记者站的管理权、广告经营权和新闻类网站的主办权等。

中国科学报社现有媒体包括两报（《中国科学报》《医学科学报》）、两刊（《科学新闻》《科学新生活》）、一网（科学网），以及微博微信等新媒体。

中国科学报社的主要媒体《中国科学报》前身是1959年1月1日正式出版的《科学报》，1989年更名为《中国科学报》，1999年1月1日更名为《科学时报》，2012年1月1日复名为《中国科学报》。《中国科学报》由中国科学院、中国工程院、国家自然科学基金委员会和中国科学技术协会四家单位共同主办。目前，《中国科学报》出版刊期为一周五刊，每期八版，彩色印刷，面向全国发行。

截至2016年底，中国科学报社共有在职职工128人，其中采编人员为76人。职工中60人具有研究生及以上学历；27人具有高级职称，47人具有中级职称。中国科学报社在全国15个省（市、区）建有记者站，与国内近百所高校建立了紧密的合作关系。

2016年，中国科学报社加强报道策划性，发挥中科院宣传旗帜作用。紧贴科技热点，推出一批社会效应强、传播效果好的品牌报道，在宣传中科院中心工作、正确引导社会舆论方面发挥了应有的作用。

按照中国科学报社新的发展规划要求，《中国科学报》在2016年进一步提高了对中科院的宣传服务水平。积极配合中科院重大宣传报道活动，针对中科院大科学装置、优秀共产党员等的宣传得到了院相关部门的好评，“墨子号”量子科学实验卫星主题报道还被中科院采纳为向中央领导汇报工作的重要材料；《创新周刊》推出的“十三五”规划院所长访谈系列、中科院先进个人与集体系列、中科院优秀党员与基层党支部系列、“一带一路”中科院在行动系列等主题系列报道，以更多篇幅、更细触角全面展示了中科院的重点工作思路，以及突出人物和成绩。可以说，《中国科学报》作为中科院宣传旗帜的作用，在2016年得到了更加明显的体现。

2016年，中国科学报社打造媒体矩阵，形成有效传播。《中国科学报》各周刊进一步加深了对各自关注领域的理解，推出了一系列主题性报道，如《技术经济周刊》紧跟人工智能、量子计算等最新技术进展的报道；《农业周刊》策划的“农村改革试验区”“农业文化遗产”等系列报道；《大学周刊》聚焦高校历史建筑的“风物”栏目、“送走‘211’、‘985’，能否迎来‘双一流’”等专题；周末版的“他们为什么坚守科学博客”“预测诺奖，有章可循?”等重点选题，都彰显了周刊特色，在所关注领域引起了较好的反响。

中国科学报社《医学科学报》于2014年创刊，2016年继续扎根医疗领域，完成了多个热点选题。对丁健、郭应禄等院士专家的采访，推出的“医学与科学：究竟是何关系”“医者为何难自医”等重点报道，对医保支付方式改革、家庭医生制度推广等热点话题的解读，以及对2016世界生命科学大会、中国医学科学院建院

60周年系列活动的报道，都做到了高端性和专业性兼顾，在医疗类行业媒体中表现了独特的“科学味儿”。

中国科学报社《科学新闻》在2016年继续发挥深度报道特长，探索新的发展模式，着眼于对中科院宣传的报社核心职责，推出了《中科院“十二五”科技巡礼》《光耀西部 汇聚栋梁》等多期专题特刊，得到中科院相关领导和主管部门的肯定；同时，还推出了《中国血浆调查报告》《建材科技“中国梦”》等主题特刊，实现了创新与发展的有效突破。

2016年，科学网总体运行情况稳中有升，用户数量及信息发布量保持稳定增长，Alexa国际排名和国内排名均有提升。热门新闻《2015年中国高被引学者榜单发布》点击量接近11万；张磊博主的科技史系列博文、马军博主投稿审稿系列博文等一系列特色学术科普类博文，广受关注；关于《中国公民科学素质基准》争议的专题领先于全国各大媒体及各微信平台，在国内外科教圈和传媒界有一定反响。

2016年，中国科学报社开展各项公益活动，进一步彰显社会责任。2016年，报社连续第23次举办的“两院院士评选中国/世界十大科技进展新闻”继续备受关注，已成为科技进展类评选的权威品牌；“中国年度科学新闻人物”评选已经举办第七届，影响力持续攀升；创新中国智库再行南北，举办多场创新中国论坛，为国家进步与发展出主意、想点子；再次举办的“首都十大杰出青年医生评选”衍生出“携手同行”基层青年医生成长计划等公益活动。中国科学报社全年各项公益活动普遍体现出站位高、接地气的显著特点。

2016年，中国科学报社重视新媒体建设，开拓新型传播渠道。新媒体是报社近年来一直重点加强的业务模块。2016年，中国科学报社官方微信在全国行业报公号中位居前列；《医学科学报》的“医问医答”“掌握健康”“药师论坛”等公众号用户数量近百万；此外，“科学周末”等公众号也逐渐崭露头角。目前，中国科学报社网站、新媒体用户数已有数百万。报社微信矩阵也初步形成。

2016年，中国科学报社继续推进媒体融合，自2016年8月起改进了报纸记者稿件的上网方式，通过全媒体平台转发到科学网的邮件2400余封，报纸记者提前上网稿件2000多篇。“先网后报”模式已经渐趋成熟。

2016年，中国科学报社完善体制机制改革，加强管理保障力度，进一步改革体制机制，继续推动社属企业投资体系建设，正常运行北京科学网科技有限责任公司；报社各管理部门根据报社规划和业务发展需要，进一步完善规章制度、梳理办事流程，确保了各项工作的紧张有序。

（撰稿：张赋兴　张　京　审稿：刘峰松）

行政管理局

局　　长：顾　全
地　　址：北京市海淀区中关村南三街15号
邮政编码：100086
电　　话：010-62571850
传　　真：010-62560929
电子信箱：office@caseab.ac.cn
网　　址：http://www.ab.cas.cn

中国科学院行政管理局（以下简称“行管局”）成立于1955年，前身为中国科学院管理局，作为中科院机关职能部门之一，负责中科院机关和京区科研单位后勤保障工作。1991年，经过中科院院部机构改革，行管局成为直属事业单位，实行差额预算管理。

行管局紧紧围绕中科院“率先行动”计划，进一步贯彻实施“搭建知识创新服务平台，打造行政后勤管理旗舰”的工作指示，深入实施双轮驱动战略，以“3H工程”为重点，以“一三五”规划为抓手，锁定目标、聚焦重点，为保障中科院科研院所科技创新、改善京区科研人员生活环境发挥了重要作用。目前，行管局已基本形成了科技物业、基础教育、生活服务、科学文化传播和科技成果转化五大服务保障领域。

行管局现有6个综合管理部门、6个业务管理部门、1个直属中心，以及1个局本级国有全资控股公司统领的9个控股公司。截至2016年底，行管局共有在职员工 6678 人，其中在职职工 3859 人（均含中科建设 1399 人）。

2016 年，行管局在中科院党组及北京分院、京区党委的关怀和领导下，全体干部职工以纪念建局 60 周年为新起点，进一步明确事业改革与发展目标和重点领域，进一步完善管理制度和资源配置，取得了“十三五”改革发展的良好开局，为“十三五”时期更好地改革与创新奠定了基础。

2016 年，行管局顺利完成党委换届工作，肖建春同志任党委书记，胡伟同志任党委副书记、纪委书记。新一届党政领导班子在班长顾全局长的带领下，团结统一，步调一致，不断加强领导班子的思想政治建设，深入开展“两学一做”学习教育活动，以领导班子专题学习、党委中心组学习、民主生活会等形式，着力强化班子的全局观念和服务意识，为各项事业发展奠定了坚实的政治基础。

2016 年，行管局继续深入推进人才系统工程，进一步充实人才队伍，各类人才数量稳定增长。一是通过公开招聘和内部竞聘，引进与选拔机关处长和控股公司副总以上骨干 12 人，机关业务主管和控股公司中层 54 人，中级以上专业技术人员 82 人，研究生以上人才引进和培养 25 人；二是通过事业编制岗位动态管理工作机制，开展职员和专业技术岗位竞聘工作，共有 63 人竞聘专业技术岗位，21 人竞聘职员岗位。目前，行管局共有领军人才 23 人，骨干人才 118 人，储备人才 224 人。编制动态管理纳编 167 人，参编 216 人。56 人通过了国家专业技术中级、高级资格考试。

2016 年，行管局全力推进中科院京区单位“3H 工程”。

（一）Housing 工程

以“Housing”工程建设为抓手，启动中关村生命园和上庄学校等基建项目前期调研。努力寻求以“行政化+市场化”的方式解决新建人才公寓的相关难点问题。中关村人才苑已于 2016 年 1 月 26 日竣工，3 月 1 日正式入住，为京区 45 家单位提供 702 套人才公寓。中关村北二条人才周转公寓于 2016 年 5 月 26 日完成四方验收，可为京区 37 家单位提供 206 套人才公寓，拟于 2017 年上半年开始入住。科学园南里人才公寓项目、老旧小区综合整治及幼儿园综合改造项目正在稳步推进。2015 年修购项目顺利通过院条件保障与财务局组织的专家组验收。

（二）Home 工程

2016 年新接收中科院院院内幼儿入园 748 人（京内 724 人，京外 24 人），院内在园人数已达 1970 人（京内 1847，京外 123）。解决新生入学 329 名。其中，“幼升小”243 人，“小升初”86 人。“千人计划”、中国科学院“百人计划”等重点科研骨干子女“幼升小”“小升初”择优入学率达 100%。同时，进一步拓展合作领域，与海淀区民族小学、海双榆树第一小学、林大附小等三所学校首次建立了合作关系。2016 年，3 所学校接收中科院子弟 7 名，为解决北辰路、中关村、学院路地区部分院所科研人员子女入学问题提供了新途径，实现了院所分布区域入学保障全覆盖。

（三）Health 工程

“Health”工程稳步推进。2016 年有 6875 人报名进入就医问诊绿色通道信息系统，2324 人次京区院所科研人员通过绿色通道就诊，随访满意度 100%。对 123 名科研骨干人才开展了为期一年的个性化健康管理工作。其中，68 人已完成全面评估，29 人体重减轻，39 人风险评估等级有所降低。联合中科院中关村医院，开展了健康讲座、义诊咨询 36 场，健康巡展 42 场，覆盖京区 35 个院所、3500 余人次；与海淀区卫计委联合开展了京区院所科研人员肿瘤筛查防治工作，目前已经走入 7 个院所。

截至 2016 年底，行管局资产总量达 34.75 亿元，货币资金和净资产规模继续保持良性增长。财政预算经费收入与创收收入发展较为平衡，各产业方向市场创收能力较 2015 年总体保持增长态势，保障能力与发展后劲得到加强和提升。

2016 年，行管局后勤服务保障不断取得新的突破。科住物业围绕“服务、保障，创新、发展”的发展思路，以“平台化、多元化、科技型、管作分离”为新方向，以“智力和科技密集型”为新标志，苦练内功，固本强基，重点工作围绕精细化管理和细节化服务能力建设，以人才驱动和科技驱动促公司快速发展，多元创业业务取得突破性进展。2016年，续签项目60个，拓展新项目21个；工程业务新申请资质5项，入围中央国家机关工程定点施工企业名单；试剂耗材收入翻番；车务服务已培育优质客户118家；餐饮业务营收稳定，逐步形成了适应发展的跨地域管理模式；净水业务取得碧然德中型净水设备的大中华区代理权。2016年，启元公司提出以“业务多元化内生式发展”和“资本运作外延式发展”的双轮驱动战略，加快推进现代企业管理体系构建和核心竞争力打造。各业务板块健康发展，早期教育服务幼儿月均近800名；幼儿园新增直营园1所，管理输出园27所；启元学校在校学生达330名，被评为“京城领军民办中小学”；儿童发展中心在以高品质服务内部12所幼儿园的同时，开拓3家外部市场合作业务；少儿培训完成近2.5万人次，同时与新东方百学汇建立合作，启仁培训实现了单校区人数过百的业绩；成人培训整合内部资源，打造了品牌培训课程。中科院附属实验学校建立了“校务会统筹全局，校职能部门贯穿管理和各校部分工负责相结合”的管理格局。获得了北京市“星星火炬奖”，被评为朝阳区级“科技教育示范校”“素质教育示范校”“卫生工作先进单位”等称号。

2016年，行管局启动了部分院京区老旧生活区和幼儿园加固修缮工作。完成了科学园南里六区电梯及消防改造，预计2017年1月进行项目验收。黄庄小区改造因居民意见分歧的客观原因，未完成办理施工许可证，处于施工准备阶段。东南小区科煦社区改造完成了外墙保温及窗户更换工作。东南小区科星社区、东南社区及华严北里完成招标，正进行合同审核、签订及备案工作。幼儿园加固修缮工程克服了在园家长不配合等诸多困难，完成了阶段性任务。一幼、三幼加固修缮工程于2016年11月16日取得《施工许可证》，五幼加固修缮工程于2016年12月7日取得《施工许可证》，目前施工相对正常。四幼、六幼招标于9月完成，目前正在进行合同审核、签订及备案工作。

2016年，行管局供暖节能改造及奥运村科技园西区给排水等地下管网及道路系统改造两个项目通过了中科院条件保障与财务局组织的专家组验收。北京新技术基地锅炉房及苇子坑锅炉房经改造后，设施运行稳定，园区供暖能力有了明显提升，供暖效果得到明显改善。奥运村科技园西区给排水等地下管网及道路系统改造项目完成后，解决了该园区部分基础设施破损老化及跑冒滴漏等问题，改善了相关研究所的科研支撑条件。

2016年，行管局党委继续以马列主义、毛泽东思想、邓小平理论、“三个代表”重要思想及科学发展观为指导，全面贯彻落实党的十八大以来的重要会议精神和习近平总书记系列重要讲话精神，认真开展“两学一做”学习教育及十八届六中全会精神宣传和学习。全年组织中心组学习5次，并通过集中学习、研讨交流、自学等多种形式，组织党员干部重点学习《习近平在庆祝中国共产党成立95周年大会上的讲话》《中国共产党问责条例》《关于新形势下党内政治生活的若干准则》《中国共产党党内监督条例》《胡锦涛文选》《十八届六中全会公报》《中国共产党的九十年》《党委会的工作方法》等内容，不断提高党员干部思想政治素质和理论水平。

2016年，行管局党委着力加强基层党组织建设，不断提高党员干部履职能力。严格按照“两学一做”各项要求，落实各项工作部署。把抓班子、带队伍与巩固“三严三实”专题教育成果、整改落实建章立制、深入开展正风肃纪、全面加强党的建设与局中心工作充分结合。组织全局总支、支部书记积极参加京区各项培训，着力提升支部书记思想政治水平和支部工作水平。按照优化结构、提高质量、发挥作用的要求，严格党员发展和管理，加强对党员同志的谈心、谈话，进一步发现和培养基层组织的党务工作者，为党的事业发展不断提供新鲜血液。2016年，行管局中科院幼儿园党总支在全院纪念建党95周年表彰大会上，被授予“中国科学院先进基层党组织”荣誉称号。

2016年8月，行管局党委召开第六次代表大会进行“两委”换届选举，顺利产生新一届党委和纪委。

2016年，行管局切实抓好党纪党规学习，认真学习贯彻《中国共产党廉洁自律准则》《中国共产党纪律处分条例》《关于新形势下党内政治生活的若干准则》《中国共产党党内监督条例》和《中国共产党问责条例》等。深入开展党风廉政教育，进一步落实廉政责任，认真抓好领导干部收入申报、重大事项报告、廉政谈话、诫勉谈话、述职述廉等制度的贯彻执行。运用好“四种形态”，持续加强改进作风建设，按照有关要求组织落实中央“八项规定”和中科院党组“12项要求”“回头看”专项检查工作，加强对政治纪律、组织纪律、廉洁纪律、工作纪律、生活纪律、群众纪律执行情况的监督检查。坚持“一案双查”，强化责任追究，查结的违法违纪问题根据情况分级在一定范围内进行通报。行管局纪委及时按照中科院纪检组和京区纪委要求，回复交办信访件4起，对有关问题进行局内通报1次，并对1名干部进行违纪处理。

2016年，行管局继续加强对控股公司一把手及分支负责人的任期经济责任审计。完成6家下属企业法人任期经济责任审计工作，涉及审计收入2亿3990万元，审计支出1亿2928万元，提出审计建议13条；对18家单位进行了基层领导干部任期经济责任审计，涉及审计收入13 504万元，审计支出10 710万元，提出审计建议14条，继续加强审计问题整改落实及保证审计成果运用。

2016年，行管局积极发挥统战人士汇集力量的重要作用，组织民主党派成员和归侨侨眷交流座谈活动；以“党组织放心、老同志满意”为目标，充分发挥老同志的经验优势、智力优势和正能量作用，支持和鼓励他们为局各项事业发展献计献策。召开第五届职工代表大会暨第七届工会会员代表大会，顺利完成职代会换届。充分发挥群团组织的桥梁纽带作用，全面反映和表达职工的意愿和要求，以实际行动带动和团结广大职工，凝心聚力。加大对职工工作和生活关心、关怀力度，加大对青年职工培养力度及对生活困难职工帮扶力度，2016年共计慰问困难职工24人次，发放慰问金8.1万元；以建局60周年暨改革35周年为契机，开展健步走、知识问卷、征文比赛、摄影比赛等系列文体活动，丰富职工的业余文化生活。继续关注离退休老同志工作，加强离退休党支部建设。在落实中央、中科院关于离退休各项待遇的同时，进一步完善局共享机制，将发展成果回馈离退休老同志。

（撰稿：王国民　齐凯戈　审稿：肖建春）

青岛疗养院

院　　长：万述鉴
地　　址：山东省青岛市南区珠海路1号
邮政编码：266071
电　　话：0532-85967888
传　　真：0532-85968780
电子信箱：swan@public.qd.sd.cn
网　　址：http://www.zylhotel.com

中国科学院青岛疗养院（以下简称“青岛疗养院”）始建于1956年，原址有青岛栖霞路12号、15号两处院落，郭沫若先生曾来休养过，时称中国科学院青岛休养所，隶属中国科学院海洋研究所并由其代管。文化大革命前后，海洋研究所将栖霞路12号改为海洋所同位素实验室及职工宿舍使用，休养所停办。1978年5月18日，邓小平同志亲自圈阅了中国科学院《关于恢复中国科学院青岛疗养所和建立庐山疗养所的请示》（〔78〕科发计字0713号文），遂改为中国科学院直属事业单位。1983年改称中国科学院青岛疗养院。继之，中科院批准在青岛选址、征地（辛家庄）扩建新院；1988年在即将开工建设之际，遭遇国家政策性全面压缩基建项目，终以“缓建”告结。1992年，青岛市政府土地管理局以青土管字（1992）第49号文《关于收回科学院青岛疗养院征而未用土地的通知》拟“收回”新址土地。面对危局，时任副院长万述鉴抓住机遇，锐意进取，在中科院没有任何资金投入的情况下，果断提出“自行集资扩建新的疗养院”意见。1993年，中科院正式批复了《关于集资扩建中国科学院青岛疗养院协议书》。1999年5月，疗养院新址竣工并投入使用。同年，根据中国科学院领导指示，将栖霞路15号旧址全部移交中国科学院海洋研究所管理使用。

新建青岛疗养院位于青岛市东部政治、经济、文化、商贸中心地带，园区占地100亩，康复中心楼高15层，建筑面积15 000平方米，绿化面积达19 000平方米；拥有海景山景标准间、商务间、普通套房、豪华套房等277套，客房硬件设施在青岛三星级酒店中名列首位，有会议室、餐厅、无柱多功能厅、商务中心等服务设施，还有能停放百余辆机动车的大型停车场及中心花园及灯光网球场，是一座闹中取静的田园式三星级涉外宾馆，是我国广大科技工作者温馨的家园，也是中国科学院后勤单位对外服务的窗口。

青岛疗养院与致远楼宾馆为一个单位两块牌子，设八部一室（总经理办公室、人事部、前厅部、客房部、餐饮部、财务部、保安部、工程部、营销部）。截至2016年底，有事业编在职职工5人，合同制员工及劳务40余人，其中高级技术工人4人、中级技术工人12人。

青岛疗养院的经营方针是自力更生、艰苦奋斗、创新创业；经营方式：既为中国科学院服务，又面向社会赢利。青岛疗养院获得了山东省卫生厅颁发的“餐饮业卫生信誉度A级单位”称号及青岛市卫生局卫生监管局颁发的“公共场所卫生信誉度A级单位”称号，每年通过审核继续保持至今；2016年底续签了2017—2018年财政部党政机关会议定点饭店资质协议。

针对住房与就餐、会议建筑面积严重不匹配的问题，青岛疗养院自筹资金加建610平方米会议室，业经青岛建委、规划局等有关部门审批，2015年加建工程正施开工，2016年已办妥该工程项目规划验收手续。

2016年1—5月，青岛疗养院节能更新改造康复中心大楼热水系统和宾馆整体中央空调系统，经青岛市发展改革委委托青岛市企业投资与技术咨询中心审核，确认该项目节能率达到24.7%。

青岛疗养院在2016年短短7个月经营时间内，在为中科院各单位提供会议和疗养后勤保障工作的同时，也对外接待各类会议、旅游团队。2016年不仅成功接待了中科院知识产权管理骨干培训班、知识产权高级知识研讨（管理与应用专题）培训班、院所级内部审计研讨培训班、条件保障与财务局2016年度基建管理培训班及多批科技骨干疗养团，还对外接待了全国机场规划建设与通用航空产业发展培训会议、2016中国石油化工重点工程节能减排及维修改造技术交流会、食品安全标准与风险监测工作培训会议、山东省全省环保工作会议、全省水利工作会议等等全国、省级大型会议，为参会人员提供全方位热情周到的服务，获得了主办单位的一致好评。

青岛疗养院2016年度营业时间仅有7个月，但疗养院全体员工齐心协力，完成营业收入795万元，实现利润22万元，上交国家税款109万元。

（撰稿：张建华　李　霞　审稿：万述鉴）

庐山疗养院

院　　长：张纪文
地　　址：江西省庐山芦林52号
邮政编码：332900
电　　话：0792-8282529；0792-8281940
传　　真：0792-8281412
电子信箱：hanpokoubinguan@sina.com
网　　址：http://www.hpkbg.com

中国科学院庐山疗养院（以下简称“庐山疗养院”）成立于1978年，是我国著名地质学家李四光创办的我国第一个地质研究所的旧址，当时主要服务于中国科学院长期从事野外、海上考察，常年与毒品、辐射物质接触的科技人员，恢复他们身体健康，使他们以更大的热情和积极性投身生产和科研。庐山疗养院的宗旨是：为中科院科技提供服务，以中科院研究支撑服务为目的。

为使更多的科研人员能从繁重的工作中得到片刻的休息，也为了提供更好的疗养环境，1986年庐山疗养院扩建了两栋疗养楼一栋理疗楼。至此，庐山疗养院已初具规模，建筑面积达8694平方米，拥有180张床位及报告厅、餐厅、锅炉房等相关设施。

2005年经中科院院长办公会研究决定，庐山疗养院定位为中科院科技骨干疗休养基地及小型学术会议中心（见《人教字［2005］30号》）。

多年来，由于科研任务繁重，科技工作者超负荷工作，身体每况愈下，英年早逝的现象经常发生，引起了社会的广泛关注。城市里的空气越来越让人担忧。目前已发展到雾霾中毒，莫名的低烧、胸闷、咳嗽和浑身无力时常困扰着大家。党中央国务院高度重视这项工作，1987年7月，党中央邀请全国科技界各领域14位中年科技专家到北戴河休息，首开休假制度先河；2001年经党中央批准，每年暑期邀请各行业、各领域、各层次的人才和专家休假，十几年来从未中断过；中组部已正式建立专家疗养休假制度。

庐山疗养院坐落在环境优美的芦林湖畔，与著名的含鄱口景区相邻，是游览五老峰、三叠泉、三宝树、毛主席旧居景点的好住处，并且是到含鄱口观日出、观鄱阳湖的最佳住处。疗养院内布局独特，为花园式庭院格局，环境典雅、舒适、宁静、空气清新。院内有天然矿泉水，经国家有关部门鉴定，该矿泉水含有10多种对人体有益的微量元素，尤其对心脑血管病人有显著疗效。从1979年3月开始，环境优美、空气清新的庐山疗养所迎来送往了一批又一批的科研人员。他们中有掌握核心技术的院士们；有跨世纪的青年科学家们；有学术带头人；有长期生活在环境艰苦的高山地区进行考察的科研人员；有长期接触有毒有害物质的技术工人。他们中有的身体受到一定的损害，有的身体处于亚健康状况。他们在疗养院生活一段时间后，感觉身心得到了很好的恢复，庐山疗养院为保障祖国科学事业的发展做出了贡献。

2016年，庐山疗养院认真贯彻习近平总书对中科院提出的“四个率先”的要求和中国科学院全面深化改革的“率先行动”计划，深入实施“创新2020”和“一三五”规划，充分利用庐山疗养院的疗、休养资源，在中科院已开展的巡诊、义诊、讲座的平台上，积极组织身体处于亚健康状态的科技、管理和支撑骨干疗休养，使庐山疗养院在“率先行动”计划和“3H工程”中能够真正发挥更大的作用。

截至2016年底，庐山疗养院共有在职职工25人，管理岗位9人，技术岗位2人，工人14人；设有办公室、营销部、客房部、餐饮部、后勤部等管理机构。

2016年，庐山疗养院围绕年初制定的工作目标，以市场为导向、细化管理为手段，稳抓经营和管理，克服各种不利因素，顺利地完成任务指标。

2016年，庐山疗养院共接待客人6561人次，其中中科院客人占总人次的67%，各网站客人占总人次的17%，其他客人占总人次的16%，每批疗养团和会议对我庐山疗养院周到、细致的服务感到十分满意。庐山疗养院2016年预算收入212.98万元，预算执行率为100%，实现经营收入286.18万元。

庐山疗养院园区面积有20 000平方米，有四栋别墅疗养楼，拥有观景套房、豪华标间、豪华单间、普通标间等150套，设有宴会厅、小餐厅、贵宾厅、各式包厢，还配有大、小会议室数间等其他配套设施。

（撰稿：曹俊升　刘　莉　审稿：梅庐溪）

院直接投资的全资及控股企业

中国科学院国有资产经营有限责任公司

董 事 长： 吴乐斌（法定代表人）

总 经 理： 索继栓

地　　址： 北京市海淀区科学院南路 2 号融科资讯中心 B 座 14 层

邮政编码： 100190

电　　话： 010-62800118

传　　真： 010-62800120

电子信箱： casholdings@rose.cashq.ac.cn

网　　址： http://www.casholdings.com.cn

经国务院批准，中国科学院国有资产经营有限责任公司（以下简称“国科控股”）于 2002 年 4 月 12 日注册成立，代表唯一出资人——中国科学院统一管理院、所两级的经营性国有资产。国科控股统一负责对院属全资、控股、参股企业有关经营性国有资产依法行使出资人权利，承担相应的保值增值责任；根据《中国科学院章程》，对中国科学院所属事业单位占用的经营性国有资产的营运行使监管权。受中国科学院委托，代管中国科学院青岛疗养院、庐山疗养院和科技促进经济基金委员会；负责中国科学院联想学院日常组织管理工作。

国科控股第五届董事会由 5 人组成，吴乐斌任董事长；第五届监事会由 5 人组成，张平任监事会主席；经营班子由 7 人组成，索继栓任总经理；中共中国科学院京区企业党委由 9 人组成，设由 5 人组成的常委会，吴乐斌任党委书记。截至 2016 年底，国科控股本部共有在册员工 47 人，设有综合管理部、财务与稽核部、股权管理部、资产营运部、资产监管部、企业发展部及中共中国科学院京区企业党委办公室 7 个部门。

截至 2016 年底，国科控股本部注册资本 51 亿元，资产总额 254.55 亿元，净资产 225.91 亿元。国科控股持股企业共 48 家，其中全资和控股企业 27 家，上市企业 2 家，新三板挂牌 3 家（表 8）。

表 8　国科控股持股企业及股权比例情况（截至 2016 年底）

序号		公司名称	成立日期	股权比例/%
全资及控股企业	1	联想控股股份有限公司（03396. HK）	1984 年 11 月 9 日	29.05
	2	中科实业集团（控股）有限公司	1993 年 6 月 8 日	67.50
	3	东方科仪控股集团有限公司	1983 年 10 月 22 日	48.01
	4	中国科技出版传媒集团有限公司	2005 年 6 月 21 日	100.00
	5	中国科技产业投资管理有限公司	1987 年 10 月 17 日	43.08
	6	北京中科科仪股份有限公司	2000 年 12 月 28 日	50.68
	7	北京中科院软件中心有限公司	2001 年 9 月 17 日	65.25
	8	中科院建筑设计研究院有限公司	2001 年 10 月 24 日	51.00
	9	北京中科资源有限公司	2001 年 12 月 7 日	45.92
	10	中国科学院沈阳计算技术研究所有限公司	2001 年 6 月 25 日	60.00
	11	中国科学院沈阳科学仪器股份有限公司（新三板代码：830852）	2001 年 4 月 18 日	48.79
	12	中科院南京天文仪器有限公司	2001 年 11 月 28 日	60.00
	13	中科院广州化学有限公司	2001 年 12 月 21 日	55.30

续表

序号		公司名称	成立日期	股权比例/%
全资及控股企业	14	中科院广州电子技术有限公司	2001 年 12 月 30 日	87.92
	15	中国科学院成都有机化学有限公司	2001 年 6 月 8 日	65.00
	16	中科院成都信息技术股份有限公司	2001 年 6 月 26 日	47.88
	17	中科院科技服务有限公司	2002 年 12 月 25 日	65.00
	18	上海碧科清洁能源技术有限公司	2009 年 1 月 21 日	45.33
	19	深圳中科院知识产权投资有限公司	2009 年 2 月 3 日	85.70
	20	国科嘉和（北京）投资管理有限公司	2011 年 8 月 24 日	41.00
	21	国科健康生物科技有限公司	2015 年 4 月 2 日	34.00
	22	中科院创新孵化投资有限责任公司	2015 年 10 月 15 日	100.00
	23	国科羲裕（上海）投资管理有限公司	2016 年 4 月 12 日	100.00
	24	国科健康管理股份有限公司	2016 年 6 月 23 日	33.00
	25	北京科诺伟业科技股份有限公司（新三板代码：836644）	2001 年 1 月 31 日	33.85
	26	国科量子通信网络有限公司	2016 年 11 月 29 日	50.00
	27	喀斯玛控股有限公司	2016 年 12 月 12 日	81.96
参股企业	28	北京中科普惠科技发展有限公司	2002 年 12 月 2 日	25.00
	29	北京东方阳光国梦科技服务有限公司	2002 年 1 月 28 日	30.00
	30	北京中科创嘉人力资源咨询有限公司	2002 年 7 月 3 日	30.00
	31	北京中科院国际学术交流中心有限公司	2001 年 12 月 18 日	20.00
	32	北京中科国金工程管理咨询有限公司	2002 年 6 月 25 日	5.99
	33	北京中生医学检验所有限责任公司	2006 年 10 月 13 日	33.33
	34	沈阳高精数控智能技术股份有限公司（新三板代码：836408）	2005 年 1 月 28 日	27.10
	35	长春国科彩晶光电有限公司	2004 年 11 月 1 日	35.00
	36	中国技术交易所有限公司	1999 年 4 月 15 日	10.71
	37	中国科技出版传媒股份有限公司（601858. SH）	2009 年 11 月 20 日	0.74
	38	国科瑞祺物联网创业投资有限公司	2010 年 7 月 22 日	11.76
	39	广东国科创业投资有限公司	2010 年 10 月 28 日	16.67
	40	上海联升创业投资有限公司	2010 年 4 月 9 日	16.30
	41	上海联升承业创业投资有限公司	2015 年 1 月 20 日	16.53
	42	中科纳新印刷技术有限公司	2009 年 11 月 20 日	6.67
	43	天津海光先进技术投资有限公司	2014 年 10 月 24 日	3.58
	44	科大国盾量子技术股份有限公司	2009 年 5 月 27 日	7.60
	45	中信国科资产管理有限公司	2016 年 2 月 6 日	19.00
	46	苏州中科医疗器械产业发展有限公司	2016 年 2 月 2 日	48.00
	47	北京科益虹源光电技术有限公司	2016 年 7 月 29 日	19.00
	48	渤海粮仓南皮种业有限公司	2016 年 7 月 13 日	20.00

2016 年，国科控股深入贯彻落实“率先行动”计划，全面实施“联动创新”纲要，围绕“改革、创新、布局、引领”的工作主题，努力开创全院产业发展新局面。

（一）2016 年全院企业经营情况

2016 年，全院纳入统计范围的 542 家院所投资企业营业收入 3850 亿元，同比增长 3%；资产总额 4823 亿元，同比增长 9%；利润总额 134 亿元，同比增长 3%；净利润 76 亿元，同比增长 10 %；上缴税金 109 亿元，同比增长 21%；中国科学院经营性国有资产权益 355 亿元，同比增长 7%。其中，国科控股持股企业实现营业收入 3302 亿元，同比增长 2%；资产总额 3646 亿元，同比增长 9%；利润总额 95 亿元，同比增长 3%；净利润 46 亿元，同比增长 9%；上缴税金 83 亿元，同比增长 33%；国科控股权益 24 亿元，同比增长 7%。

2016 年，院所投资企业共有 1 家企业成功上市（国科控股下属企业东方中科），新三板挂牌 5 家。截至 2016 年底，院所投资企业共有 24 家上市公司，新三板挂牌 14 家。上市公司（不含新三板）总市值约 3401 亿元；中科院直接或间接持有股份市值约 305 亿元（按 2016 年 12 月 31 日收盘价计）。

（二）强化投融资平台建设，布局新兴产业，助推企业发展

1. 创新建设投资平台，引领资本向战略性新兴产业聚集

首次完成海外基金投资，投资以色列 Vertex Ⅳ期基金，打通境外投资路径；推动中科院首次制订院科技成果转移转化基金方案并获院长办公会议通过。积极推动“联动创新母基金”“绿色发展母基金”的设立。2016 年，国科控股新增基金投资 6 项，新增认缴出资 7 亿元，并入选由国内股权投资领域权威研究机构清科研究中心独立评选的“2016 年中国私募股权投资机构 LP20 强”。截至 2016 年底，国科控股总计已投资 33 支基金，投资基金总规模超过 1000 亿元。

瞄准科技产业前沿布局量子、光子、离子等新兴产业进行战略直投。推动量子通信技术产业化，联合中国科学技术大学发起设立国科量子通信网络公司；布局准分子激光光源，联合中科院光电研究院、微电子研究所发起设立北京科益虹源光电科技公司，研发生产国家重大战略装备光刻机核心部件；积极推进医用重离子加速器产业化，联合中科院近代物理研究所筹划设立离子医疗运营管理公司；布局大健康和粮食种业，投资国科医疗、渤海粮仓种业公司、低蛋白大米项目；布局新能源产业，支持上海碧科清洁能源技术有限公司北美项目取得重要进展、投资北京科诺伟业科技股份公司等。

2. 加快企业资产证券化，完善搭建融资平台

2016 年，国科控股加快持股企业资产证券化工作。11 月 11 日，东方中科在深交所上市；12 月底，中国科传获得证监会主板上市核准。此外，高精数控、成都瑞拓 2 家企业成功在新三板挂牌。

积极拓宽融资渠道，首次开展内保外贷等多种融资业务，并成功发行了银行间市场交易债，酝酿发行公司债，有效解决了企业融资难和融资成本高问题，展现了良好的集团化财务支撑能力。

3. 创新科技金融体系，加快组建科技保险和科技银行

向国家领导人汇报科技保险公司、科技银行等打造“投、贷、保”一体科技创新金融服务体系的有关情况，得到肯定和支持。已形成由国科控股作为主要发起人，联合金融企业、科技企业及地方产业园等股东发起设立“中国科技保险股份有限公司（筹）”的组建方案，并与保监会进行了初步沟通，得到肯定；正制定由国科控股作为主要发起人，联合金融企业、地方政府等出资人在内的“中国科技银行组建方案”。

（三）加强“三链联动”，助推科技与产业相结合

1. “两链嫁接”联盟建设初显实效

2015 年开始，国科控股大力推进“两链嫁接”联盟建设。截至 2016 年底，已组建先进计算、智能制造与机器人、特种新型精细化学品、先进晶体材料高端装备制造、先进医疗器械产业孵化、绿色城市产业 6 家联盟，总计 39 家企业、47 家研究所及 3 家临床医院等 89 家院内外

成员单位，涵盖高端装备制造、新一代信息技术、新材料、节能环保和生命健康等新兴产业领域。正筹建智慧城市产业和化工新材料产业等联盟。

各联盟首批启动协同研发项目 19 项，预计研发总投入 3 亿元，其中国科控股投入研发引导基金约 1 亿元，已有 10 个项目完成研发并通过验收，部分产品实现批量化生产销售。

2. 搭建领军人才平台，首设“联动创新贡献奖”

2016 年，国科控股以“论业绩、重价值、求突破、比贡献、奖优秀”为原则，以企业经营的业绩与效率、发展的速度与质量、核心竞争能力的创新突破、企业上市及对股东的实际贡献为标准。国科控股首次设立“联动创新贡献奖”，分设“创新发展奖”和面向全院企业的“资产证券化奖”，用于奖励对企业创新发展有突出贡献的企业高管，培育领军人才。

联想控股获得首届“资产证券化奖”；东方科仪、中科资源、科学出版社获得首届“创新发展奖”，进一步激励了高管团队，激发了企业发展动力。

2016 年，中科院联想学院共举办 13 期培训班，培训学员 861 人。

3. 推进“双创”平台，加强产业智库建设

联合科研、孵化、产业、投资等机构，发起科技“双创”联盟，协同推进成果转化。其中，2016 年中科创星孵化企业 70 余家，36 氪报道创业项目 5000 多个，深度孵化 86 个项目，帮助 26 个初创企业融资超 2 亿元。依托国科创新和深圳 IP，建设市场化的、面向全院的知识产权运营体系，并筹建知识产权投资基金。

与英国卡文迪什集团合作举办“联动创新”论坛国际会议，探讨绿色能源、量子科技前沿。组织战略新兴产业沙龙 8 次，聚焦大数据、5G、工业 4.0、人工智能等热点领域，为科学家、企业家和投资人搭建交流合作平台。与 Summitem、Beau Consulting、VC Finance 等海外信息服务机构签订信息服务协议，覆盖美东、美西、欧洲地区，收集整理 TMT、新能源、新材料、环保、医疗健康、高端制造、重大科技和产业政策、重大并购等国际信息。

（四）强化战略引领，开拓新机遇，推动现有产业转型升级

强化国科控股战略引领作用，启动“动态监管升级”工作，优化管控体系和治理结构的顶层设计，支持企业做强做优做大。

围绕全国智慧城市、绿色城市、健康城市和新型科技园建设机遇，结合“一带一路”发展战略，积极与地方政府和企业开展广泛合作，开拓新机遇。与顺义区签署“中国科学院联动创新产业园”战略合作协议，打造中科院产业发展旗舰园区；与天津、昆明、厦门、合肥、青岛等地方政府合作，抓住“三城”发展机遇，推动区域经济发展；与中国国能集团、渤化集团等企业签署战略合作协议，形成合作伙伴。

支持持股企业重组整合，突破发展瓶颈。支持中科集团重组 7 家环保子公司设立统一的平台聚焦发展环保产业、东方科仪战略转型为综合性科贸控股企业集团、中科资源专注发展电子商务新兴业务；推动以联泓新材料为主的化工新材料产业板块整合，促进联泓、成都有机、广州化学、院属研究所等开展合作。

（五）加强企业党的建设，保障企业做强做优做大

贯彻落实全国国有企业党建工作会议精神，中科院党组领导院有关部门、国科控股研究制定《中共中国科学院党组关于新形势下加强院所投资企业党建工作的实施意见》，并于 2016 年 12 月 27 日召开全院部署会议，中科院党组书记、院长白春礼出席并作重要讲话，强调以全面从严治党强化院、所投资企业责任担当，实现院所投资企业保值增值，把院所投资企业做强做优做大。

为更加有针对性地加强京区企业党的工作，2016 年 4 月 7 日，京区企业党委和纪委选举成立，同时设立京区企业党委常委会。研究制定了《中共中国科学院京区企业委员会工作规则》。其中，完善了双向进入、交叉任职的领导体制；明确了企业党委会前置审议重大事项的要求等。

（撰稿：王文杰　李　蒙　审稿：张　勇）

联想控股股份有限公司

董 事 长：柳传志
总　　裁：朱立南
地　　址：北京市海淀区融科咨询中心B座18层
邮政编码：100086
电　　话：010-62509088
传　　真：010-62509168
电子信箱：qiantai@legendholdings.com.cn
网　　址：http://www.legendholdings.com.cn

联想控股股份有限公司（以下简称“联想控股”）于1984年由中国科学院计算技术研究所投资，柳传志等11名科研人员创办。联想控股以产业报国为己任，从单一IT行业起步，致力于成为一家值得信赖并受人尊重，在多个行业拥有领先企业，在世界范围内具有影响力的国际化投资控股公司。经过30多年的发展，联想控股构建起“投资+实业”的创新商业模式，现已成为中国最大的多元化投资控股公司之一。截至2016年12月31日，联想控股综合营业额约3070亿元，综合总资产约3223亿元。

在产业布局方面，联想控股重点发展IT、金融服务、创新消费与服务、农业与食品、先进制造与专业服务，并通过不断提升企业经营管理水平，增加企业价值，打造行业内领先企业，为国家经济社会发展贡献力量。

2016年是联想控股战略2.0实施的第一年。在战略的指导下，公司一方面调整优化已有的资产组合，另一方面重点加强投管工作，同时精选新的增量资产，多管齐下持续释放战略投资价值，让控股的价值持续稳定增长。

在优化已有的资产组合方面，2016年联想控股适时出售了地产板块的绝大部分资产，使公司得以集中资源，聚焦战略重点业务领域；支持原拉卡拉集团完成支付业务与金融业务的拆分；成功为正奇金融引入战略投资者，让联想控股在正奇金融的投资增值了53亿元人民币。

在加强投管工作方面，联想控股扭亏为盈，净利润显著提高至人民币41.86亿元。联泓集团依托中科院DMTO专利技术，凭借专业的管理团队，实现核心DMTO装置连续稳定运行24个月，创造了同类装置稳定运行时间记录，通过提高设备效率提升了企业效益，在整个行业下滑的情况下，实现收入42.6亿元，净利润2亿元。同样依托中科院技术成立的星恒电源，不断开发新应用，实现销售7.8亿元，净利润较15年增长超过3倍，达1.2亿元。农业板块的佳沃集团与鑫荣懋进行了战略合并后，合并效应初步显现，成为中国首家年经营总额突破50亿元人民币、净利润突破2亿元人民币的水果企业，未来将为提高中国水果产业的水平和中国人的生活品质做出更大的贡献。

在新增投资方面，2016年联想控股通过投资英国养老保险公司PIC和战略控股澳洲海产品企业KB Seafoods，在金融服务及农业与食品领域，在跨境投资方面形成突破。在医疗业务板块，完成了对以临床脑科学为主的“强专科，小综合”专科医院上海德济医院的战略投资，实现又一个专科领域的医疗服务行业布局。

2016年，联想控股的财务投资业务面对市场的挑战，继续发挥灵活调整、敏锐判断的优势，三家基金公司覆盖天使投资、风险投资及私募股权投资，均为业内顶尖基金，继续对联想控股利润与现金流形成重要贡献，板块全年归属母公司净利润人民币29.01亿元。截至2016年底，君联资本在管基金规模超过300亿元人民币；弘毅投资共管理资金680亿元人民币。

（撰稿：李　昊　审稿：居劲松）

中科实业集团（控股）有限公司

董 事 长：张国宏
总 经 理：方建华
地　　址：北京海淀区苏州街3号大恒科技大厦南座15层
邮政编码：100080
电　　话：010-82569888

传　　真：010-82569875
电子信箱：bot@csh.com.cn
网　　址：http://www.csh.com.cn

中科实业集团（控股）有限公司（以下简称“中科集团”）原名中科实业集团公司，成立于1993年，由中科院将30余家院管企业资产及院投7500万元现金整合创办，是中科院“一院两制”办院方针指导下设立的大型高科技企业集团。1997年底，中科实业集团公司更名为中科实业集团（控股）公司。2008年6月6日，中科实业集团（控股）公司完成整体改制，名称变更为中科实业集团（控股）有限公司，成立了首届股东会、董事会、监事会。

经过20多年发展，中科集团从产业布局分散、经营管理良莠不齐的企业，到清理整顿，到战略转型，经历了探索发展实业和跨越式成长阶段，积极开辟新领域，投资新项目。目前中科集团在新材料、能源环保、光通信等领域拥有十余家具有相当规模的大型高技术企业。

2016年，中科集团继续按照战略发展规划，重点发展以钕铁硼永磁材料为核心业务的新材料产业和以垃圾焚烧发电为核心业务的环保产业，整体经营有序、发展稳定、业绩良好。同时，在落实联动创新、融资平台建设、技术创新、信息管理平台建设等方面取得较大突破和进展。截至2016年底，中科集团总资产约97.86亿元，实现营业收入42.98亿元，员工总数总人数6051人（注：持股企业人员口径）。

2016年，中科集团完成营业收入429 771.60万元，与2015年基本持平；利润总额87 514.36万元，同比增长45.41%；实现净利润74 124.25万元，同比增长55.13%；实现归属于母公司净利润41 924.79万元，同比增长120.12%。国有资产保值增值率为118.10%。

2016年，中科集团在新材料板块推进技术创新，积极开拓市场。北京三环新材料高技术公司控股子公司北京中科三环高技术股份有限公司（以下简称“中科三环”，股票代码：000970）2016年继续加强自主研发和技术创新力度，开拓了高端钕铁硼产品市场，签署《特斯拉零部件采购通用条款》，正式进入特斯拉供应链；中科三环与日立金属（全球顶级钕铁硼磁体制造商）合资在江苏南通建高端钕铁硼工厂，注册资本4.5亿元，持49%股权。

2016年12月1日，中科集团环保板块业务重组大会召开，中科集团将现有6家电厂增资进入北京润宇工程技术有限公司，“中科环保”正式宣布成立，为中科集团环保产业进入资本市场明确了主体。2016年6家电厂各项工作进展顺利，其中防城港建成中科环保产业第一个新建炉排炉工程项目，绵阳项目入选国家第三批政府与社会资本合作（PPP）示范项目，汾阳中科纳入2016年度国家可再生能源电价附加资金目录。公司还注重不断提升技术管理水平，加强技术研发能力，已完成炉排炉技术的引进工作，具备了自行进行焚烧炉制造图设计的能力，开始了炉排炉生产制造工作；渗滤液处理技术实现突破，改进了传统工艺诸多方面的局限性；完成六项专利申请，其中三项获得授权。公司获“北京市2016年第一批高新技术企业”证书，技术竞争优势显著增强。

2016年，中科集团持控股企业发展各自核心业务，经营情况良好。上海中科股份有限公司（以下简称“上海中科”）逐渐剥离非主营业务，继续重点支持光通信主业规模发展。科技创新方面，下属企业上海中科创欣通讯设备有限公司获批为高新技术企业。深圳科技工业园有限公司、成都地奥集团、中国大恒（集团）有限公司、北京中科用通科技股份有限公司、上海尼赛拉传感器有限公司、北京中科工程管理总公司等公司经营情况正常。

2016年，中科集团落实联动创新，积极探索商业模式。2016年是中科集团牵头的中国科学院绿色城市产业联盟（以下简称“绿盟”）正式授牌后运营的第一年，组织开展了以下工作。①建全体制机制。完成了绿盟代表大会、理事会、秘书处的组建，目前成员单位26家。绿盟定期组织沙龙活动，形成交流机制，通过参加国内知名论坛提升知名度。②促进政企对接。绿盟开展的四川行、江西行、普洱行等系列活动，得到地方政府、国科控股、中科院领导的认可，拓展项目近20项，并促成和地方签订框架合作协议。③开展课题研究。申报了国科控股《绿色城市建设与发展的研究》课题，将与中科院相关院所共同研究“中科院绿色城市评估体系”的制定，为绿色城市发展提供理论支撑。

2016年，中科集团探索资金管理渠道，积极开展多元化金融投资业务。中科集团在与传统信托及银行、证券公司合作的基础上，建立起与光荣资产、天星资本、鼎一投资等机构的合作，开展银行理财、信托投资、契约型基金的投资，实现了私募股权投资的突破。集团采取以发行债券为主、其他融资手段为辅的融资模式，2016年完成超短期融资券注册20亿元（有效期2年）；取得建行及光大银行7亿元授信额度；启动交易所公司债券的申请工作。

2016年，中科集团加强内部管理，完善内部控制制度建设。集团秉持“安全、发展、富裕”的经营方针，将安全工作作为首要工作常抓不懈，将审计内控作为保障公司整体安全的有力抓手，2016年集团颁布了《审计整改落实规定》，审计内控范围延伸到各主要业务板块，在内控审计基础上强化了审计整改和跟踪督导。同时，集团高度重视保密工作，制定了《中科集团保密制度》，明确了公司涉密人员的责任及涉密设备的安全管理。并对新成立的中科环保公司加强管理，强化人员管控、财务管控及子公司管控，提升精细化管理水平。

2016年，中科集团注重人员培训，推进人才梯队建设。集团针对中高层管理人员成功举办“中科集团培训学院”第二期管理干部培训班，各子公司采取了“青年骨干职业化塑造训练营”、网络平台教育培训、生产技能考试等多种形式的培训手段，平均培训时长为56小时/人。

2016年，中科集团积极参与公益活动，履行社会责任。中科集团自2013年在中国科学院大学捐资设立环保发展基金及环保奖学金以来，已奖励在环保领域有较高的业务水平和科研能力，并取得一定科研成果的优秀研究生60人，发放奖学金12万元；中科集团工会、团委、青年志愿者协会组织各成员企业积极开展公益活动，2016年组织朱家沟苹果义卖活动，吸引中科院近十家各成员单位参与，义卖苹果一万多斤，募得善款3万元。组织“益路同行”公益健走活动、两次图书及衣物募捐活动、“益起行动关爱家园”五四环保公益活动及赴昌平城北街道敬老院社区服务送温暖活动等。

2016年，中科集团推树典型加强党的建设，多彩活动促进文化建设。集团党委以支持、服务、保障企业经营工作为目标，在反腐倡廉与党风建设方面，严格按照上级党委要求制定了方案及计划表，抓严抓实“两学一做”学习教育工作；第一时间落实中科院党组副书记刘伟平的重要指示，组织“向三环党总支学习”学习动员会，以推树典型作为强党建促发展的有力抓手。在思想建设和文化建设方面，集团党委以加强“领导班子建设”“企业文化建设”和“青年工作”为主线，开展“对话青年”交流分享会、“营养饮食和科学健身”知识讲座等各具特色的主题活动10余次。2016年，集团荣获中国科学院工会工作优秀奖和中国科学院第五届“全民健身日”活动先进单位。

2016年，中科集团做好矛盾化解，妥善解决代管离退休人员待遇问题。集团受中科院、国科控股委托，代管离退休人员共计308人，部分老同志多次上访要求提高待遇。2016年，中科集团一方面通过座谈会、访谈等方式听取老同志的诉求，积极做好思想化解；另一方面，在大量调研的基础上，向国科控股报送《关于增加中科集团原事业编制2007年底以前退休人员生活补贴的请示》，积极推动解决老同志的待遇问题。2016年4月，国科控股下发文件提高退休人员“468补贴”标准，调整为“600、900、1200”每月，每年增加补贴116.04万，得到了老同志的好评。

（撰稿：刘　嘉　薄　婷　审稿：秦　怡）

东方科仪控股集团有限公司

董事长：王　戈
总　裁：魏　伟
地　址：北京市海淀区阜成路67号银都大厦十四层
邮政编码：100142
电　话：010-68725599

传　　真：010-68726610
电子信箱：osic@osic.com.cn
网　　址：http://www.osic.com.cn

东方科仪控股集团有限公司（以下简称“东方科仪”）成立于1980年，是由中国科学院控股的大型专业综合性集团企业。经过36年的经营发展，公司由单纯的代理进出口贸易发展成为集进出口代理和招标业务、高科技产品出口和项目承包业务、科技租赁业务、国内代理分销和运营业务、医疗器械和医疗健康服务、科技风险股权投资和资本运营业务等大型综合性科技服务集团公司。截至2016年底，公司所属控股、参股企业25家，共有员工1036人，其中大专以上学历者约占87%。

东方科仪的定位是：以人为本，追求卓越。立足中国科学院，面向国内国际两个市场，把公司建设成为“一业为主，相关多元”的综合性科贸控股企业集团，并成为中国科技综合服务领域的领导者。

2016年，东方科仪围绕“结构调整、重点布局、内控完善、创新突破”的工作方针和年度重点工作，以进出口主营及相关业务、内贸综合及电商平台业务、生命科学及医疗健康业务、投资及资产管理业务四大业务板块为核心，注重从创新开拓、强化管理、风险控制、团队建设、企业文化建设、党群建设工作等几个方面开展重点工作。通过全体员工的共同努力，集团各业务板块运营整体有序，业务创新及结构调整初显成效，主要经营指标达到历史最高水平。2016年，东方科仪完成进出口总额近8亿美元，销售总额超过77亿元人民币。

为实现东方科仪新三年战略规划的要求，实现集团战略转型和控股集团管理模式的转变，东方科仪总部将名称变更为“东方科仪集团有限公司”。

在进出口主营及相关业务领域，为更好地提升集团主营进出口代理业务的服务品质，加强对中国科学院院内各单位及其他高等院校、科研单位和社会客户服务的专业性与针对性，东方科仪总部实现了业务下沉，成立了全资子公司“东方国科（北京）进出口有限公司”；在国科控股创新基金的支持下，东方科仪积极践行“互联网+”，充分利用互联网的现代化工具，不断完善O-Science招标及进出口业务综合服务平台，提高服务水平，拓展服务领域；为进一步延伸进出口业务服务范围，东方科仪招标业务在继续承担和完成中科院集中采购工作的同时，积极落实“重点布局”战略，加强了在华东、华中、西南和华南的业务布局，从而更大范围地实现了向客户提供从招标到外贸代理的一条龙服务；此外，集团其他各主营业务相关板块也通过高效、周到的服务，保持了集团主营业务的稳固发展。

在内贸综合和电商平台领域，东方科仪旗下控股的北京东方中科集成科技股份有限公司于2016年11月成功登陆深圳证券交易所中小板，顺利地完成了上市工作，为集团所属的其他业务板块的公司逐步上市探索和积累了经验，进一步促进了集团整体战略的落地与实现；五洲东方公司保持了良好的发展态势，继续在行业内保持了领先地位；集团利用自身优势，积极拓展新业务模式，成立了第三方实验室电商平台-虫洞空间公司，探索跨境电商和小额高频产品基础服务平台的建设，实现了集团“互联网+”的再次突破。

在生命科学及医疗健康领域，东方科仪紧密围绕国家重点支持和发展的行业，前瞻性布局生命科学和医疗健康领域，旗下控股的国科恒泰公司继续保持了经营业绩的快速增长，并完成了公司B轮融资及股份制改制工作，预计在2017年申报IPO资料；大连东方的保健品在团队建设和市场培育方面的工作也达到了预期的效果。同时开发了叶黄素及配合氨糖使用的维生素D软胶囊等产品，形成了系列保健品体系。

在投资及资产管理领域，东方科仪旗下各投资平台均取得了长足进步。东方瑞泰公司，注重内部运营和风控机制建设，所投项目经营状况良好；拉萨安龙公司完成了增资扩股和在基金业协会的注册手续，搭建了专业管理团队；西藏龙脉得完成了资金的募集和基金业协会备案等工作，所投企业运营情况良好。

东方科仪积极推动国科控股“联动创新”纲要，助力落实中科院面向科技“一带一路”

和面向国民经济主战场的重大部署，依托集团丰富的国际贸易及商务服务经验、充分利用海外渠道优势，协助中科院成立了第一个以促进联动创新和科技成果转移转化为目的非营利性境外机构——曼谷创新合作中心。

2016年，东方科仪不断深化控股集团及部分控股公司的内控建设工作，通过梳理管理和业务流程，查找风险防控点，从而进一步完善和补充各项规章制度，明确风险管理应对措施，完善公司内部控制，提升公司的风险管理水平。

东方科仪从加强领导班子建设、认真推进“两学一做”活动、加强人才队伍建设及基层党支部建设4个方面重点开展党建工作。2016年，按照上级党委的要求完成了党员组织关系集中排查、党费收缴专项检查与整改、基层党组织换届、组织发展等各项基层党建工作。在“两学一做”学习教育活动中，东方科仪各级党组织按照相关规定和要求，按时完成了支部教育活动方案的制定和各个阶段的学习。在加强集团层面领导干部管理的基础上，始终关注集团各所属控股公司主要领导干部的培养、任用与选拔，集团党委从德、政、勤、绩、廉5个方面，通过民主测评、问卷调查和中层以上干部及部分员工代表谈话等多种形式，组织了各控股公司换届考核工作。根据党委、领导班子及中层以上管理人员的任命情况及职责分工，集团党委、纪委联合制定了东方科仪个性化廉政建设责任书，并与集团中层以上领导干部、重点岗位人员及各控股公司总经理签订了责任书，从而使集团反腐倡廉体系建设的各项责任得到进一步落实，同时进一步强化了各级领导干部和重点岗位人员廉洁从业意识，有效预防和遏制腐败现象发生，促进了企业党风廉政建设与规范管理的有机结合。

2016年，东方科仪通过积极的战略转型举措及创新业务发展布局，实现了企业高质量、高速度的发展，良好的经营业绩与效率带给股东突出的实际贡献，连续两年获得国科控股颁发的“联动创新贡献奖——创新发展奖”第一名，旗下东方中科公司获“资产证券化奖”。

（撰稿：张　洪　金长琳　审稿：王　戈）

中国科技出版传媒集团有限公司

董 事 长：索继栓
总　　裁：林　鹏
地　　址：北京市东城区东黄城根北街16号
邮政编码：100717
电　　话：010-64002238
传　　真：010-64002238
电子信箱：cspmg@mail.sciencep.com
网　　址：http://www.cspmg.cn

中国科技出版传媒集团有限公司（以下简称“出版集团”）是我国最大的综合性科技出版机构，经国务院批准于2011年7月19日正式成立，是国家三大出版传媒集团之一。集团依托原中国科学出版集团组建而成，旗下拥有科学出版社、龙门书局、中国科学等著名出版品牌。集团的主要业务包括组织所属单位出版物的出版、发行、印刷、复制、进出口相关业务；经营、管理所属单位的经营性国有资产（含国有股权）。集团成员单位包括中国科技出版传媒股份有限公司（简称“中国科传”，股票代码：601858）、北京中科印刷有限公司、北京中科希望软件股份有限公司。截至2016年底，集团在职员工人数约2400人。

2016年，出版集团继续保持良好运营态势。截至2016年底，集团合并总资产为38.51亿元，同比增长10.7%；营业总收入20.63亿元，同比增长12.5%；净利润2.87亿元，同比增长10.4%；归属于母公司的所有者权益21.97亿元，同比增长12.7%。

2016年，出版集团出版新书4666种，比去年同期增长819种，增幅为21.3%；其中POD新书1161种，比去年同期增长559种，增幅为92.9%。出版期刊300种。2016年，出版集团图书发货实洋91526万元，实现同比增长7.7%。

2016年，出版集团给予股份公司上市工作充分的指导和支持，上市团队与中介机构密切配合，股份公司IPO项目在11月23日通过证监会发审会审核。股份公司在中央出版机构中实现了率先上市，提升了集团的综合实力和社会影响力，也为今后借力资本市场做强做大提供了有效的融资平台。

作为科技专业出版的国家队，出版集团不断加强内容生产，提升出版质量，出版品牌和影响力进一步提升。①深入实施“内容质量全面提升工程”，进一步完善质量保障体系，加强质检队伍建设，着力提升出版物编校印装质量。进一步优化产品结构，聚焦国家重大战略需求和科技热点，出版了一批反映当代中国科技进步成果的精品力作。②重大项目建设成效显著。4个项目入选国家新闻出版广电总局新闻出版改革发展项目库，“科学文库”项目被评为改革发展项目库示范项目；34个项目入选首批“十三五”国家图书重点出版规划项目，入选数量在全国出版社中位列第一；5个项目获国家出版基金资助；3个项目获得国家文化产业发展专项资金支持；107个项目获得2016年国家科学技术学术著作出版基金资助；5个项目入选国家哲学社会科学成果文库；12个项目入选国家哲学社会科学后期资助项目。③获多项重要出版奖项。《中国城市人居环境历史图典》《车辆-轨道耦合动力学》荣获第六届“中华优秀出版物奖”，《固体表面分子组装》获提名奖。

2016年，出版集团期刊业务加快创新，整体发展有所突破集团抓准主要着力点和重点努力方向，在重点刊、集群化、平台化方面取得了显著进步，期刊的学术影响力不断提升。①期刊影响力大幅提升。2016年，公司期刊SCI影响因子创历史新高，其中《中国科学》化学辑和生命科学辑超过2，《科学通报》年度总被引量位居国内SCI期刊之首，《国家科学评论》首个SCI影响因子突破8.0，位列国际同类期刊第5名。3种期刊获国际影响力提升计划二期资助，《科学通报》等4种期刊入选中国科协“登峰行动计划”。②学科集群建设稳步推进。以学科集群建设为重点，以平台运营和为编辑部提供线上服务为抓手，以积聚优秀科技期刊资源为目标，增强了期刊业务的核心竞争力和可持续发展能力。

2016年，出版集团知识服务业务的探索布局取得新进展。公司以健康医疗和数字教育为突破口，不断加强内容资源集聚，努力提升数字产品研发能力，进一步完善数字化集成发布平台。中科医库平台和数字教育综合服务平台完成一期建设，资源数量平稳增长、合作机构及专家进一步扩充；在线优先出版平台已完成一期建设，并试点在线发布；“科学文库”完成新书入库上架、历史数据备份等工作，最新开通约150家机构用户试用；电子商务平台完成一期项目开发工作，实现电子书和纸质图书在线交易；“科学在线”（Sciencereading）网站完成一期建设，为公司资源平台建设提供统一的入口。集团还加强与院内单位的合作，与中科院自动化研究所和计算机网络信息中心联合申报的“中科知识服务融合发展重点实验室”入选国家新闻出版广电总局出版融合发展重点实验室，为今后技术研发提供了一个综合平台。

2016年，出版集团继续创新思路，深化人才队伍建设。继续加强专业化人才队伍建设，以深入实施“科学百人”和“青年编辑成长基金”计划为抓手，培养和集聚能力优秀的业务骨干和专业化管理人才。2016年，共有2人获评“科学百人”，10人获评“青年编辑成长基金”，3人获评分社首席策划，骨干人才储备进一步加强。加大优秀人才培养力度，4位同志成功入选第四批国家新闻出版领军人才。人才结构进一步优化，25位同志被评定为副编审，6位同志被评定为编审。2016年整体引进人民军医核心编辑团队17人，大大提升公司在医学出版领域的地位。2016年，集团进一步加强员工在职培训，关注员工的专业能力和综合素养提升。全年组织骨干员工参加伦敦书展、美国书展、德鲁巴印刷展、东京书展、罗马尼亚书展、法兰克福书展等共计13批66人次。先后组织29人次骨干员工到Taylor & Francis、爱思唯尔学习。此外，2016年共计组织培训31场，提升了员工工作技能和专业水平。

出版集团是推动中国科技出版“走出去”的“国家队”，多次受到中宣部、国家新闻出版广电总局等上级部门表彰。2016年，科学出版社输出版权135项，51个项目获“北京市提升出版业国际传播力奖励扶持专项资金”的资助，1个项目获“‘丝路书香’文化翻译工程”的资助，1 个项目获“经典中国国际出版工程”的资助，5 个项目获“中国图书对外推广计划”资助。《中国植物》等 4 个项目荣获“第十五届输出版、引进版优秀图书奖”。2016 年，股份公司再次入围“2015—2016 年度国家文化出口重点企业”，科学出版社再次蝉联“中国图书世界馆藏影响力出版 100 强”榜首。

（撰稿：王贻社　孙红磊　审稿：林　鹏）

中国科技产业投资管理有限公司

董 事 长：孙　华
总 经 理：刘千宏
地　　址：北京市海淀区北四环西路 58 号
　　　　　理想国际大厦 1606 室
邮政编码：100080
电　　话：010-82607629
传　　真：010-62137930 转 802
电子信箱：casim@casim.cn
网　　址：http://www.casim.cn

中国科技产业投资管理有限公司（以下简称“国科投资”）的前身是 1987 年设立的国家经济委员会、中国科学院科技促进经济发展基金会，1993 年名称变更为中国科技促进经济投资公司，2006 年 1 月改制为有限责任公司，并更名为中国科技产业投资管理有限公司。中国科学院国有资产经营有限责任公司是国科投资第一大股东，国务院国有资产监督管理委员会、星星集团有限公司和北京国科才俊咨询有限公司为参股股东。公司设置智能装备组、TMT 组、集成电路组、消费与医疗组、投资分析部、投后管理部、投资者关系管理部、证券投资部等业务部门，以及财务部、综合部 2 个支持部门。

截至 2016 年底，国科投资共有在册员工 40 人，其中具有博士学位 5 人、硕士学位 20 人；高级专业技术职称 13 人，中级专业技术职称 8 人；员工平均年龄 34.5 岁。

国科投资主要从事私募股权基金管理业务。公司目前管理了国科瑞华、国科瑞祺、国科瑞孚、国科瑞华二期人民币基金和国科瑞华二期美元基金等五支私募股权投资基金，并受托管理了中国科学院大学教育基金会部分资产。

2016 年在董事会和经营班子的领导下，国科投资按照“推进专业化，鼓励奋斗者”的工作方针开展工作，面对巨大挑战，全体员工齐心协力、攻坚克难，较为圆满地完成了年初设定的各项目标，公司迈上了新的台阶。在国科瑞华二期基金第一个完整的投资年度中，超额完成了年度投资计划，国科瑞祺投资也圆满收官；在芯片、新能源汽车、大数据和云计算、母婴等领域的研究更加深入，并进行了较为系统的布局；在上海设立了分公司，在美国设立了全资子公司，标志着国科投资在集团化管理和全球化经营上迈出了第一步；基金管理数据库上线；对外宣传工作进一步加强，被清科集团评为“2016 年中国私募股权投资机构 100 强”，被投中集团评为“2016 年中国最佳先进制造领域投资机构 TOP 10”。

国科投资通过不断引进优秀人才并且经过长期系统的训练，逐步优化公司人力资源结构，现在员工队伍已基本成熟，并且开始形成自己的特色——内敛、厚道、勤奋、扎实。

（撰稿：王红姝　审稿：孙　华）

北京中科科仪股份有限公司

董 事 长：张永明
总 经 理：陈　静
地　　址：北京市海淀区中关村北二条 13 号
邮政编码：100190
电　　话：010-82548182
传　　真：010-62564613
电子信箱：zcb@kyky.com.cn
网　　址：http://www.kyky.com.cn

北京中科科仪股份有限公司（以下简称“中科科仪”）始建于 1958 年，其前身是主要服务于中国科学院和国家重大工程的中国科学院北京科学仪器研制中心（原中国科学院科学仪器厂），曾在“两弹一星”“正负电子对撞机”的研制和核工业的发展中做出了卓著贡献，并成功研制出我国第一台扫描电子显微镜、第一台涡轮分子泵、第一台氦质谱检漏仪。2000年12月28日，原北京科学仪器研制中心实现整体转改制，成立北京中科科仪技术发展有限责任公司，成为一家集科学仪器研制、开发、生产和经营为一体的综合性高新技术企业。2011年12月16日，完成股份制改造，整体变更为北京中科科仪股份有限公司，以公司治理结构完善、主营业务突出的现代高科技企业形象，进入了全新的历史发展时期。下辖控股子公司成都中科唯实仪器有限责任公司和北京中科科美科技股份有限公司整体运营良好。截至2016年12月31日，员工总数423人。

2016年，中科科仪以“抢抓机遇、精准发力、协同进取、确保发展”为总体经营工作指导方针，协同进取、奋发努力，各项工作扎实推进，取得了较好成效。2016年度公司实现营业收入3.17亿元，净利润3804万元。

中科科仪高度重视企业自主创新工作。2016年持续加大研发投入力度，公司合并研发投入共计3318万元、本部研发投入2325万元，分别占合并营业收入和本部营业收入的10.46%和13.2%，远远高于高新技术企业认定条件规定的3%和4%研发投入比例要求，体现了中科院企业技术创新的优势和公司持续健康发展的理念。不断加强自主知识产权工作，本部全年获得授权国际专利5件，其中美国2件、德国3件，为进一步参与国际竞争奠定了基础。明确关键技术研发的方向和重点，完成全年新产品研发任务，完成公司承担的国家重大项目02科技重大专项磁浮分子泵系列产品开发与产业化项目、场发射枪扫描电镜项目、光电发射电子显微镜（PEEM）项目任务。2016年，中科科仪面向用户，面向市场，做好应用技术研究，支持市场开拓，磁悬浮项目着力解决新品在生产、客户应用等推向市场的过程中出现的技术问题，小批量推向市场；场枪电镜8000F实现4台销售及现场安装，对国外竞争对手造成一定冲击，国内市场价格出现大幅下降，促进了国家民族工业的发展。

2016年，中科科仪以精益制造为核心，深入学习德国制造的丰富文化内涵和精髓，弘扬精益求精、追求卓越的工匠精神，通过创新生产过程管理，提高效率，降低成本，持续完善制造系统，全面加强制造能力建设，将精益制造理念落实到生产制造的各个环节。坚持市场为先，以销定产，优化生产布局、落实现场精细化管理，保证生产计划的有效落实、确保供应；通过强化绩效考核，优化工时核算及加强关键物料成本管控，提高效率、降低成本；加强对供应商的指导和培训，引入竞争退出机制，提升供应质量。

2016年，中科科仪各业务单元围绕公司年度工作计划，以战略为指引，深入实施本地化和“滴灌”策略，市场营销实现突破，公司主营产品“分子泵”“检漏仪”“电镜”产品销售均实现了16%以上的增长，高于同行业同期平均增长率11.29%。市场部着力做好年度销售计划及重点产品的市场营销策划，重点推广高附加值新品，提高产品盈利能力，统筹协调销售、生产、客服各部门协同作战，建立规范有序、有竞争力的营销体系，制订灵活机动的营销和销售策略，促进销售，提高市场占有率。北京销售公司超额完成全年任务，实现覆盖区域销售收入全面增长，科研军工领域得到稳固和显著提升，开创生产线新领域，在制镜行业取得突破；上海销售公司贯彻“滴灌”策略，充分发挥本地化优势，在光学镀膜、LNG后续检测、动力电池等新兴行业取得突破；深圳销售公司经营质量逐步回升，积极抢占竞争对手市场，在晶体晶振行业取得突破性进展。各业务单元面对有限的市场机会，主动出击，抢抓机遇、抢占客户、抢占市场，精准发力，在行业投资普遍低迷的状况下，取得了较好成绩。

2016年，中科科仪子公司经营业绩取得新突破。成都唯实子公司全面完成全年任务，实现营业收入首次突破1亿元。2016年3月16日，持股企业“瑞拓科技”（证券代码：835769）正式在全国中小企业股份转让系统挂牌，进入资本市场；2016年7月，将气阀业务单独设立子公司，独立运营。中科科美子公司经营质量日趋稳健，在中国惯导陀螺设备制造领域、重大项目和重点行业、大科学工程领域均取得重要成果。2016年，完成股改，启动新三板挂牌工作。

2016年，中科科仪对战略执行情况进行了深入梳理，重点分析战略实施中存在的问题，对市场、销售、研发、工厂、电镜业务发展战略进行专题研讨，推进业务战略的细化落实和公司经营管理。修订凝练公司愿景和定位，基于对2017—2020年宏观经济形势、行业发展态势、市场情况的基本判断，结合中科院“率先行动”计划和国科控股“联动创新”战略，研究制订了2017—2020年战略规划，提出未来三年五项突破目标。

中科科仪始终将人才视作发展的决定性因素，在人力资源配置结构上重点做好高素质、专业、领军型人才的引进和培养。2016年，中科科仪在岗员工平均年龄37.4岁，研究生和本科以上学历员工占员工总数的60%，人员结构不断优化，人均效益持续提升，人均销售收入比去年同期长8%，中青年员工已经成为公司员工队伍的中坚力量。公司加强落实各级管理者的管理责任，建立目标导向的内部激励机制，进一步激发干部队伍活力。对于青年骨干在工作中给平台，加担子，在各级岗位上独当一面。80后在一线担当重任，成长、提升，在各自岗位上都有出色表现。进一步改革业务单元预算管理考核机制，突出考核收益贡献，提升了业绩；修订薪酬管理制度，出台休假、差旅相关制度，不断完善员工福利，激发活力。

2016年，中科科仪党建工作迈上新台阶。贯彻落实全面从严治党的要求，坚持以上率下，全面开展、有力推动“两学一做”学习教育高起点展开、高标准推进。2016年9月，中科院巡视组对公司进行了专项巡视，公司党委积极配合，并围绕巡视组反馈的意见建议，召开专题会议，研究制定了整改落实方案，以此次巡视为契机，进一步建立健全党委工作制度和运行机制。规范管理干部培养、选拔任用程序，完善了纪委工作流程，强化公司基础管理，真正把全面从严治党落到实处。公司党委建立健全教育、制度、监督并重的惩治和预防腐败体系，将落实党风廉政建设责任制置于公司发展的全局之中，纳入各级领导干部目标责任管理。把加强党支部建设作为夯实党建工作的基础和保障，积极探索和实践。深入开展精益改善、挖潜增效和QC活动，全年共完成33个QC课题，课题涵盖生产、研发、销售、管理、服务方面，广大党员、员工踊跃参与，充分发挥了积极性和创造性，为企业发展增添了活力和动力。

（撰稿：郭晓玲　许　晶　审稿：陈　静）

北京中科院软件中心有限公司

董 事 长：奉旭辉
地　　址：北京市海淀区中关村南四街四号4号楼南楼
邮政编码：100190
电　　话：010-62587492
传　　真：010-62649248
电子信箱：office@sec.ac.cn
网　　址：http://www.sec.ac.cn

北京中科院软件中心有限公司（以下简称“软件中心”）成立于1986年，前身中国科学院北京软件工程研制中心，是国内最早引入软件工程的机构之一。2001年9月在中国科学院知识创新工程中作为应用型研究机构成为首批转制单位。

软件中心是中国软件行业协会副理事长单位、北京市信息化协会副会长单位、中国电子商务协会副理事长单位、国家高技术产业化示范工程单位。公司主要业务涉及政府和行业信息化、系统集成、IT运维服务、嵌入式软件、互联网和移动互联网的应用服务等领域，科技成果和软件产品已广泛运用于轨道交通、数字出版、数字科技馆、医疗健康、信息安全、智能家居、互联网基础服务等众多行业及领域。公司下设市场发展部、系统集成部、政府行业事业部、IT服务部、应用服务部、信息工程部等业务部门，另设有综合部、财务部、物业经营服务部等管理和支撑部门，旗下拥有中科三方网络技术有限公司、北京凯思昊鹏软件工程技术有限公司、北京思元软件有限公司等控股参股公司。

软件中心长期承担863计划、国家科技支撑计划、国家重点研发计划等多项国家级科研课题，拥有一大批自主知识产权和专利，获得了十余项国家和省部级科技进步奖，在市场及业务拓展、人才储备、产品及项目资源等多个层面拥有深厚的积淀。

2016 年，软件中心全体员工围绕“聚焦主营、深入行业、建设平台、稳步增长”的总体工作思路和年初制定的各项指标，团结协作、开拓进取，不断聚焦行业领域，持续推动业务融合与创新，营业收入、净利润同比较快增长，总体经营业绩保持良好增长态势。

2016 年是国家“十三五”规划的开局之年，新经济发展势头良好，其中软件和信息技术服务业切合我国产业升级发展方向，行业整体前景较好。软件中心在战略规划的指引下，先后组织多次战略研讨，就重点业务、管理模式、技术积累和团队建设等方面进行客观分析，寻求业务的创新发展和市场突破。软件中心一方面全面巩固现有的市场、客户、技术和人力资源，积极进行市场调研，跟踪主要客户的发展规划，在相关行业内进行深度开发；另一方面通过拓展新市场、组织创新、联合协作等方式积极开展工作，进一步提升了公司在市场、人才、技术、文化方面的建设能力。

2016 年，软件中心积极参与到智慧城市、绿色城市和相关行业的信息化建设中，在大交通板块，顺利承接并完成北京地铁（四号线、十四号线、十六号线和大兴线）、青岛地铁和石家庄地铁等多个信息化项目的实施和运维，在轨道交通方面的行业经验和技术能力得到不断积累。开发的北京公共自行车运营管理平台和 APP 软件支持着北京市每天 30 万人次的绿色出行，为绿色北京的建设贡献力量；在文化产业板块，公司成功入选国家新闻出版广电总局推出的新闻出版企业数字化转型升级软件技术服务商推荐名录，服务客户由科学出版社扩展至人民卫生电子音像出版社、中科期刊出版公司等多家单位，项目涉及 POD 智能生产管理、数字资源产品研发、门户网站建设、系统维护等多个业务环节。北京市平谷区科学技术协会数字科普馆建设项目（一期、二期）顺利完成，建成后的数字科普馆达到全国科普领域先进水平。北京天文馆新媒体展览辅助信息系统通过北京市联合专家组的终验，交付使用的系统大大提高了北京天文馆的导览能力；加入中国卫生信息学会健康医疗大数据家庭健康专业委员会，在智慧城市中互联网医院、医疗健康大数据领域和标准制定等方面开展深入的研究与广泛的合作。

软件中心拥有国家高新技术企业资质、ISO 质量管理体系和信息安全管理体系认证、“双软”企业认证，计算机信息系统集成资质；已登记 205 项软件著作权、20 项注册商标，拥有 3 项授权发明专利。2016 年，软件中心持续加大平台建设，进一步发挥技术创新在企业发展中的重要作用。知识管理工作得到有效推进，实现项目资源的共享和复用。成立 ISO 质量管理长期工作组，借助 ISO 体系使公司在项目、工作流程等管理过程中更加规范化；软件中心不断加大研发力度，积极探索行业相关技术，不断完善现有的开发框架，在项目中对新技术和新开发工具进行了探索和应用。

2016 年，软件中心坚持统筹协调发展，内部管理显著增强。以深入推进公司中长期战略发展规划为重点，扎实抓好各项工作的细化落实，全面预算管理深入推进，在指导经营发展、业务决策、配置资源等方面发挥了重要作用；软件中心进一步加强对业务发展的过程监控，对业务开展存在难度的板块重点关注，动态掌控经营全局，确保了公司全年预算计划得以落实；软件中心加强财务精细化管理，强化资金管理，及时准确的财务数据和管控为经营决策提供了有力支撑，逐步建立起了面向业务的财务管理体系。

截至 2016 年底，软件中心职工总数 370 人，硕士研究生占比 34%，强化人力资源管理，积极引进高端人才，优化现有人才队伍，建立骨干人才梯队，畅通内部培养外部引进相结合的人才渠道，已形成公开、公平、培养、选拔的用人机制和人才内部适度竞争的格局。

2016 年，软件中心党委围绕中心、服务大局，持续加强作风建设，认真执行中央“八项规定”精神和中科院党组“12 项要求”，坚持与“两学一做”专题教育活动紧密结合，着力构建作风建设的长效机制；充分发挥党支部的战斗堡垒和党员先锋模范作用，积极开展评优活动。软件中心坚持构建和谐的企业环境，积极推进企业文化建设，搭建交流与沟通的平台，积极开展丰富多彩的文体活动，内部和谐向上的企业文化初步形成，凝聚力和集体荣誉感得到进一步加强，为软件中心创造了良好的发展环境。

（撰稿：李　静　张文卉　审稿：奉旭辉）

中科院建筑设计研究院有限公司

董 事 长：王全新
总 经 理：王全新（代行）
地　　址：北京市海淀区中关村北一街 4 号
邮政编码：100190
电　　话：010-62565107
传　　真：010-62550658
电子信箱：liuchg@adcas.cn
网　　址：http://www.adcas.cn

中科院建筑设计研究院有限公司（以下简称"中科设计"）成立于 1951 年，是直属于中国科学院的唯一一家建筑设计与研究机构。2001 年整体转制，更名为"中科建筑设计研究院有限责任公司"，2008 年 2 月启用现名，是中科院国有资产经营管理有限责任公司的控股企业。

中科设计在北京总部设有建筑、结构、机电、热力、惠中等 25 个工作室，并在广东、浙江、四川、河南、上海、陕西、江苏、安徽、重庆、福建、天津共 11 个省市设有分公司。截至 2016 年底，中科设计共有员工近 800 人，其中，全国工程勘察设计大师 1 人，高级及以上职称 120 人，各专业国家一级注册人员 81 人。公司拥有建筑行业建筑工程甲级、市政公用行业（热力）甲级、城乡规划编制乙级资质及对外承包工程资格，致力于提供建筑行业全专业设计总承包业务，能够实现全过程、全专业的设计服务，包括城市规划、建筑设计、市政热力设计、园林景观设计、光环境设计、室内设计、智能化系统设计、节能减排咨询、绿色建筑等。

作为国家级的建筑设计院，中科设计擅长大型科研、教育、文化、居住、办公、医疗、体育类建筑设计，完成了多项国家级大型项目的建筑设计工作，创作设计了一批具有社会影响力的建筑精品。其中，科研、教育类作品，如中科院文献情报中心（中国国家科学图书馆）、北京正负电子对撞机工程、国家天文台 LAMOST 天文望远镜项目、中国科学院大学怀柔校区、北京林业大学学研中心、新材料与产业技术北京研究院等，文化类作品，如广州市亚运城岭南水乡民俗主体建筑工程、泰国曼谷中国文化中心、中国驻埃塞俄比亚大使馆、中国驻贝宁大使馆、中国驻巴西圣保罗总领事馆、北京基督教丰台教堂和朝阳教堂等，办公类作品，如国家开发银行北京总部、中国人民银行重点库、天津于家堡金融区、京东商城北京总部基地等，居住类作品，如上海万科城市花园、郑州金印现代城、万科环渤海地区（北京、天津、沈阳、大连、长春、鞍山）住宅项目等。

作为国内最权威的科研及实验室建筑设计研究机构，中科设计是国家《科研建筑设计规范》《科学实验室建筑设计规范》《科研建筑工程规划面积指标》的主编单位，并主编国家建筑标准设计图集《实验室建筑设备》及《建筑设计资料集》的科研建筑部分。中科设计是国家高新技术企业、北京市设计创新中心，还是中国科学院绿色城市产业联盟的发起单位，被中国勘察设计协会评为首批"全国建筑设计行业诚信单位"，被中国建筑学会评为"当代中国建筑设计百家名院"，被住建部中国建筑文化中心评为"中国最具影响力建筑设计机构"，被地产界评为"北京地产十佳建筑设计机构"，获得万科集团最佳设计合作伙伴奖。

中科设计成立 65 年来成绩斐然，建筑创作水平在国内名列前茅，曾先后获得国家级奖励 10 余项，省部级奖励 70 余项。"十二五"期间，主要获奖项目有：中国科学院 LAMOST 天文望远镜项目，2011 年北京市第十五届优秀建筑设计公共建筑奖二等奖；中国农业大学生命科学楼项目，2011 年北京市第十五届优秀建筑设计公共建筑奖三等奖；中国科学院研究生院新园区规划设计项目，2011 年度北京市优秀城乡规划设计奖三等奖；广州市亚运城岭南水乡民俗主体建筑工程项目，2012 年北京市第十六届优秀工程设计奖公共建筑奖三等奖；郑州隆福国际项目，

2012年北京市第十六届优秀工程设计奖居住建筑奖三等奖；中国科学院学术会堂夜景照明工程项目，2012年中国照明协会第七届中照照明奖照明工程设计奖三等奖；遥感卫星地面站科研楼项目，2013年全国优秀工程勘察设计行业奖公共建筑奖三等奖、北京市第十七届优秀工程设计奖公共建筑奖二等奖；郑州金印现代城项目，2013全国人居经典建筑规划设计方案竞赛建筑、环境双金奖；北京林业大学学研中心夜景照明工程项目，2014年中国照明协会第九届中照照明奖照明工程设计奖二等奖；曼谷中国文化中心项目，2015年度全国优秀工程勘察设计行业奖公共建筑奖一等奖、北京市第十八届优秀工程设计奖公共建筑奖一等奖，2016中国建筑学会建筑创作奖金奖；国家开发银行项目，2015年度全国优秀工程勘察设计行业奖公共建筑奖一等奖、北京市第十八届优秀工程设计奖公共建筑奖一等奖；北京林业大学学研中心项目，2015年北京市第十八届优秀工程设计奖公共建筑奖二等奖；CM三维高强复合地基处理新技术，2015年度中国建筑学会科技进步奖二等奖；大连东方水城等照明工程项目，2015年中国照明协会第九届中照照明奖照明工程设计奖三等奖；中国科学院研究生院新园区建设工程项目，2016—2017年度国家优质工程奖。

60多年来，中科设计始终热心投入各项社会公益事业。在革命老区江西兴国县捐资建设中科兴国希望小学；汶川地震后，中科设计派专家到灾区做建筑安全鉴定，为灾后重建提供科学依据，承担设计了北川抗震纪念园、央企办公区、十几所学校及医院等项目；在2008—2009年，中科设计参与奥运会残奥会环境建设工作及北京市对口援建新疆和田地区设计工作，受到北京市的表彰。2011年，中科设计在成立60周年之际，出资设立了“中科设计志愿者基金”，面向全国高校，倡导“奉献、友爱、互助、进步”的青年志愿者精神，培养志愿者队伍。志愿者基金陆续资助了中国科学院大学、清华大学、天津大学等8所高校的在校学生，开展了“爱心行动”科院学子创新型支教、“关爱农民工子女圆梦逐梦行动”“心心幼儿园关爱活动”等公益活动。2016年，中科设计再次捐赠65万元，正式开启第二个五年志愿者活动周期。

中科设计特别注重国际学术交流与合作设计，依托中国科学院的专业科研院所，先后与美国Perkins Eastman建筑设计事务所、英国BDP建筑设计事务所、法国安东尼·贝叙建筑设计公司、西班牙BIY建筑师事务所、美国科万尼国际集团、日本太平洋咨询株式会社签订了长期合作协议。

中科设计秉承“尽责、规范、协作、发展”的院训，精心设计，诚信守约，追求精品，锐意创新，凭借自身的实力和优势为客户提供无边界的服务，实现“客户满意、员工满意、股东满意、社会满意”的企业使命。

（撰稿：刘晨光　谢　琨　审稿：周　湧）

北京中科资源有限公司

董 事 长：张　平
总　　裁：薛　岸
地　　址：北京市海淀区中关村南三街6号
邮政编码：100190
电　　话：010-82648630
传　　真：010-62545879
电子信箱：deptzh@zkzy.com.cn
网　　址：http://www.zkzy.com.cn

北京中科资源有限公司（以下简称“中科资源”）是中国科学院控股的国有企业，成立于2001年12月7日，注册资本9200万元，是由原中国科学院科技物资中心整体转制设立的有限责任公司。

中科资源的前身一直承担着中国科学院所属机构的科研、生产、开发、基建所需的各类物资材料器材和进口物资设备的采购、仓储和供应业务，为中国科技事业的发展做出过重要贡献。最早可追溯至1949年11月中国科学院成立之初的办公厅器材处，20世纪50年代为保障和实施国家十二年科技规划任务，升格为中国科学院器材局；60年代相应职能划归中国科学院新技术局；60年代中期为保证“两弹一星”任务特殊材料设备的需求，划归国防科工委领导，被国务院和中央军委授予中国科学院军工0四单位单位代号；70年代初复归中国科学院，70年代末更名为中国科学院技术条件与进出口局；80年代先后更名为中国科学院物资局、中国科学院技术条件局；90年代更名为中国科学院科技物资中心；2001年整体转制为公司。

中科资源主营业务涉及技术开发、技术服务；货物进出口、技术进出口、代理进出口；批发预包装食品；销售保健食品；销售家用电器、金属材料、日用品、机械设备、五金交电、电子产品；普通货运；出租商业用房。公司拥有中科资源（天津）贸易有限公司、喀斯玛（北京）科技有限公司、云南中科本草科技有限公司、北京中科喀斯玛孵化器科技有限公司4家控股子公司，新疆中科传感有限责任公司、南京中科电机有限公司、北京恒源小额贷款有限公司、北京中科新视界科技有限公司4家参股子公司。公司设有综合管理部（党群办公室）、人力资源部、资产财务部、战略与投资管理部4个职能部门，室内环境事业部、平台运营事业部2个业务部门，信息管理中心、物业建设管理中心2个支撑部门，现有员工近300人。

中科资源始终秉持“实现共赢发展、创新现代生活”的发展理念，依托中国科学院科技资源和服务需求，坚持“贸工技”协调发展，以建设无店铺销售体系为抓手，在统筹原有业务基础上，不断拓展新的经营方向和业务领域，积极推进科技产品市场化和科技服务产业化，成为独具特色、具有广泛影响力的现代商贸服务集团公司。

2016年，中科资源紧紧围绕“建平台、树品牌、创产品”的发展思路，大力推进经营模式和管理机制转型升级，基本实现了历史性的“四大转变”，核心竞争能力显著提升，进一步增强了企业活力，奠定了持续发展的基础。

基本实现了由传统商贸到现代商贸的转变 突破传统商贸的线下销售方式，逐步关停并转了金属材料大宗贸易业务，不断发展电视购物、电子商务、电话销售等现代商贸业务，积极构建专业化、品牌化的无店铺销售平台，培养组建了一批商品开发、策划制作、电子商务运营等专业团队，积极与拥有广电背景和牌照的电视购物公司及国内主流电子商务平台建立战略合作伙伴关系，业务渠道不断拓展，核心业务能力快速发展，公司的行业影响力显著提升。

基本实现了由简单产品销售到科技产品服务经营的转变 坚持“市场+科技”的发展方向，聚焦高科技产品销售和科技服务经营，不断加大高新技术业务培育力度和创新投入，大力推广中国科学院民用科技成果，公司经营重心逐步向科技产品服务经营转变，初步形成了多种科技产品开发、销售、服务为一体，创新链与产业链有效衔接的现代营销网络，进一步凸现了公司的科技特色，提升了企业品牌效益。

基本实现了由非相关多元化业务向相关多元化业务的转变 立足公司现有资源条件，积极梳理调整公司业务整体布局，针对主营业务相对分散、行业跨度大、协同配合难等矛盾问题，不断加强战略统筹，理顺内部关系，增强横向协调，实现资源共享，主营业务逐步向相关多元化转变，形成了以科技产品和服务为核心、各业务板块相互配合、互为支撑的战略格局，进一步增强了公司的市场竞争能力和长远发展潜力，融合发展、协调发展、持续发展的效应逐步显现。

基本实现了传统管理方式向集团化管控方式的转变 着眼公司规模和业务领域快速扩张的实际，积极构建以“战略管控+”为核心的现代企业管理模式，进一步建立健全了法人治理机制，完善了战略及投资管理体系、人力资源管理体系、文化建设管理体系、财务管理及风险防控体系和信息化保障体系，规范了业务流程和管理流程，公司管理的科学化水平和广大员工的创新力执行力明显提升，为建设一流的现代企业打下了坚实基础。

2016年，由于国际环境、国家政策调整和市场因素的干扰影响，中科资源业绩一度出现波动。公司积极顺应形势任务的发展变化，科学研判面临的机遇和挑战，及时调整经营方向和工作重点，在逆境中保持了平稳发展，经受住了市场动荡和自身转型升级的考验。为进一步调整经营战略、打造核心竞争能力，公司在战略复盘的基础上，积极开展未来发展规划研究论证，明确了“围绕科技、依托市场、形成特色，开展三项建设、实现三大目标”的发展构架，不断强化战略引导、目标管理、过程控制和风险管控，公司运行更加顺畅，经营管理更加规范，整体转型进一步加快，确保了公司持续稳定健康发展。

（撰稿：黄　青　常　杰　审稿：张　平）

中国科学院沈阳计算技术研究所有限公司

董 事 长：郭锐锋
总 经 理：徐庆峰
地　　址：沈阳市浑南新区南屏东路 16 号
邮政编码：110168
电　　话：024-24696180
传　　真：024-24696179
电子信箱：nielin@sict.ac.cn
网　　址：http://www.sict.ac.cn

中国科学院沈阳计算技术研究所有限公司（以下简称“沈阳计算”）创建于 1958 年 8 月，原为中国科学院沈阳计算技术研究所，2001 年 6 月整体转制为高新技术企业。沈阳计算以计算机科学及相关技术为主要研究方向，以技术创新和产业化为目标，主营业务涉及数控与智能制造、电力信息化、融合通信与移动应用、安监环保、智慧城市和智慧物流等领域，为用户和行业提供整体解决方案、产品与技术服务。

沈阳计算拥有 3 个国家级创新平台（高档数控国家工程研究中心、数控控制总线技术国家地方联合工程实验室、开放式数控系统支撑技术创新平台）；4 个省级研究中心（辽宁省 IP 通信工程技术研究中心、辽宁省环境污染监控信息工程技术研究中心、辽宁中科计算智能电网云计算专业技术创新平台等）；并与中国科学技术大学共建了联合网络与通信实验室。沈阳计算是全国机械电气系统标准化技术委员会安全控制系统分技术委员会、中科院数控技术创新联盟、《小型微型计算机系统》核心期刊、辽宁省计算机学会等机构依托单位，中国科学院大学的博士、硕士培养单位，设有国家级博士后工作站。截至 2016 年 12 月 31 日，公司本部共有在职员工 309 人，其中研发及工程技术人员 237 人。设有系统与软件事业部、智能控制与装备事业部、系统集成事业部、研发中心、信息技术实验室等业务部门。

2016 年，沈阳计算在东北经济持续下滑的市场环境下，克服不利因素，砥砺前行，逆势进取，创新业务快速增长、传统主营业务企稳回升，营业收入同比增长 23%、净利润同比增长 14%。

2016 年，沈阳计算紧抓“智慧城市建设”“中国制造 2025”和“工业 4.0”的大好机遇，继续实施“聚焦方向、整合资源、分类管理、择优支持”的战略方针。围绕公司“战略年”总体部署，布局新技术、新业务、新市场，创新商业模式（平台+服务+运营），完成业务战略复盘工作，修订发展目标，构建增长组合，加大战略增长比重，初步形成了能源信息化、智能制造和智慧城市三大业务方向集群架构。

能源信息化集群　2016 年，沈阳计算进一步夯实东北区域电力市场基础，进一步拓展蒙东、蒙西等新的区域市场。在原有业务基础上，通过加强与行业内其他企业的合作，通过业务模式创新，形成优势互补、互惠双赢的良性机制。逐步加大产品研发投入，继续打造和保持核心竞争力，电力调度自动化资源管理系统等产品日趋成熟，信息安全防泄漏系统在网络防泄漏、透明加密技术方面，取得了技术突破，为今后业务面向全国市场奠定基础。

智能制造集群　针对行业转型升级所面临的新环境和新问题，沈阳计算积极布局创新链，实现产品的升级，提高竞争优势，以已有业务模式为基础，针对传统配套市场的新需求，以及智能制造发展带来的新机遇，发展延伸业务，实现了收入快速增长。用户逐步向细分领域的市场用户拓展，形成面向航空制造、橡胶制造领域的数字化车间解决方案，以及高铁轨道板自动化业务。同时开展面向航空、汽车发动机等行业的自动化生产线及工业系统集成业务，进一步拓展产品链和产业链，培育新增长动力，以实现新供给。此外，沈阳高精数控智能技术股份有限公司作为沈阳计算的控股子公司在全国中小企业股份转让系统成功挂牌，2016 年进行新一轮融资，打造资本链，进一步激发发展活力。

智慧城市集群 沈阳计算紧抓“智慧城市建设”的大好机遇，构建增长组合，重点打造涉及智慧物流、安监、环资、基于融合通信的移动应用等方向的智慧城市业务集群，营业收入同比增长33%，并实现连续两年快速增长。

2016年，沈阳计算着力推进技术创新，在国家、省市科技项目的支持下，持续加大研发经费投入。电力调度自动化资源管理系统、中科院仪器设备管理平台、融合通信平台等产品随着市场的开拓已日趋成熟；信息安全防泄漏系统在网络防泄漏、透明加密技术方面，取得了技术突破；自动生产线技术向不同行业、不同工艺方面进行拓展推广；AGV运动控制软件、智慧党建平台、环境在线系统等移动应用产品研发也取得成功，并先后投入运行，这些新产品及解决方案将逐渐成为公司未来营业收入和利润的增长点。2016年，沈阳计算申请专利36件，其中发明专利33件、实用新型2件、外观设计1件；申请软件著作权7项；获得专利授权27件，软件著作权3项。

2016年，沈阳计算党委深入贯彻落实中央和中科院党组党风廉政建设工作部署，扎实开展“两学一做”学习教育，精心组织，有序推进，结合实际制定了切实可行的学习教育方案，公司网站同步开设学习教育专栏，加大“两学一做”宣传力度，拓宽学习教育的覆盖面，有效提升学习教育的影响力。沈阳计算党委根据不同岗位、不同工作职责，对相关责任人廉政建设责任进行重新修订和细化，签订个性化责任书52份，使反腐倡廉体系建设的各项责任得到进一步落实。沈阳计算党委高度重视党的组织生活开展，定期召开党委会、中心组学习、民主生活会，坚持“三会一课”制度，通过学习理论政策、领会文件精神，开展批评和自我批评，增强广大党员的党性观念，严格党的组织生活制度，增强党的组织生活活力，强化党的组织建设，提升了党建工作水平。

沈阳计算坚持“人文关怀”的价值理念，重视对贫困地区爱心捐助活动和对困难职工的帮扶工作，并将此制度化，长期坚持。2016年，公司为对口帮扶单位捐款3万元，还选派尖子生辅导老师与贫困地区学生进行了帮扶对接，资助贫困学生。

（撰稿：彭晓彤　聂　林　审稿：郭锐锋）

中国科学院沈阳科学仪器股份有限公司

董 事 长： 雷震霖
总 经 理： 李昌龙
地　　址： 辽宁省沈阳市浑南新区新源街1号
邮政编码： 110179
电　　话： 024-23826801
传　　真： 024-23826800
电子信箱： sales@sky.ac.cn
网　　址： http://www.sky.ac.cn

中国科学院沈阳科学仪器股份有限公司（以下简称“沈阳科仪”）创建于1958年，前身为中国科学院沈阳科学仪器研制中心，2001年4月整体转制为“沈阳中科仪技术发展有限责任公司”，2002年12月更名为“中国科学院沈阳科学仪器研制中心有限公司”，2011年12月整体变更设立为股份有限公司，公司名称为“中国科学院沈阳科学仪器股份有限公司”。2014年7月，公司在全国中小企业股份转让系统正式挂牌。

沈阳科仪以“引领真空技术、支撑科技创新、促进产业发展”为使命，以“与所有利益相关者共同创造、共同分享、共同发展。让员工能够受人尊重和体面地生活”为愿景，以“真诚待人、敬重客户、勇于担当、乐于奉献”为核心价值观，面向工业与科研领域，以真空应用产品、真空获得产品、高端装备及工业化产品、技术服务为主要产品和业务，是我国集成电路装备和高档科学仪器的研制、生产基地。公司由5个业务及研发部门，8个管理职能部门组成。截至2016年底，沈阳科仪在职员工总数288人，其中高级职称人员98人，本科以上学历141人，逐步建设一支综合素质高，创新能力强的科技人才队伍。

公司聚焦重点地区、重点客户，持续凝练战略目标。打造核心技术，强化高真空、超高真空、超洁净真空技术品牌。公司坚定走模块化、标准化、产业化、市场化道路，本年度重点关注“创新链与产业链”联盟项目、重大科技基础设施项目及干泵的批量化应用。

2016年9月，“两链”项目——“120kg蓝宝石晶体生长装备研发”通过验收。项目在实施过程中充分利用内部、外部优势资源，实现了研发-中试-产业化的紧密结合。各项共性、关键、核心技术得以顺利突破，为后续研制下一代大尺寸晶体生长设备提供了技术支持。项目通过技术领先策略，提升晶体生长高端装备设计及制造水平，获取装备制造核心竞争优势，满足行业发展的需求，最终实现“共同开发，合作共赢”的指导思想。

重大科技基础设施项目方面，中科院苏州纳米技术与纳米仿生研究所“纳米真空互连管道及传输系统”一期项目工程已交付客户使用，上海光源二期中标6条前端区，与中科院高能物理研究所签订战略合作协议。真空干泵通过了深圳中芯、北京中芯、武汉新芯等多项工艺测试，在北微、中微、七星、拓荆、深圳中芯、北京中芯、天津中芯等半导体厂家实现了批量销售。通过大基金投资意向，计划引进资金2亿—3亿，扩大量产规模和研发新一代高效节能干泵，并规划技术引进和整合并购业务，实现合作共赢。

2016年，沈阳科仪完成了包括国家02专项、863计划、国家支撑计划等7个项目的验收工作；获批国家发展改革委新兴产业三年滚动计划项目1项，“高性能离子泵开发和应用”列入国家重大科学仪器设备开发专项2017年指南。

2016年，沈阳科仪根据公司薪酬体系，进行年度员工岗位评估及薪酬等级晋升，对薪酬结构进行了逐步优化和调整，保证了员工岗位晋升通道的畅通。实施差异化薪酬策略，通过年度人才盘点，对各部门骨干人员进行动态评估，同时结合行业薪酬调研数据，薪酬向骨干员工适当倾斜，保证其薪酬水平的对外竞争力，体现了其岗位价值。

2016年，沈阳科仪充分发挥网络培训学院在公司培训中的作用，面向助理及以上管理人员建立E-learning季度培训跟踪考核制度，定期举办线下沙龙活动，同时开放公众号鼓励广大普通员工充分利用业余时间“充电”。年度E-learning平台计划人均完成学习学时12学时，实际人均完成学习学时24.22学时，平均达成率为200%。

2016年，沈阳科仪围绕战略目标，划小核算单元，引入竞争机制，对业务部门和销售部门用现金流、利润、收入进行考核，实行独立核算。通过完善制度流程，使得账物相符，统一管理平台，要求公司所有设计部门全年优先使用账外及库存积压物资，多种手段，多管齐下。2016年全年消耗库存积压物资约713万元，目标达成率为94%。

沈阳科仪ERP系统自2016年5月3日起正式运行，同步建立了ERP运行考核机制，推进ERP系统规范运行，提高系统数据质量；搭建BI决策平台，与ERP系统同步上线，建立公司统一的数据展示平台，同步抓取业务实时数据，省去人工收集数据、编制报表的工作，为管理决策提供及时、真实可靠的数据支持。

2016年，沈阳科仪将党建与企业文化建设有机结合，不搞两层皮，组织党办、人力、工会统一目标、协同工作，形成《党建工作与文化建设相结合工作实施方案》；起草印发《关于切实加强党支部建设 发挥党员先锋模范作用的工作方案》，从“发挥党支部书记应有作用”“规范支部三会一课和党费收缴工作”“发挥党员模范作用 带头践行公司价值观”三方面，对党支部和全体党员提出了具体要求。

离退休管理方面，沈阳科仪始终关心离退休人员的生活待遇，解决离退休人员的实际生活困难，始终做到在政治上尊重老同志，思想上关心老同志，生活上照顾老同志。公司党委、工会定期看望离退休老员工，并多次组织离退休员工体检、活动。

（撰稿：孙俏俏　白　璐　审稿：李昌龙）

中科院南京天文仪器有限公司

董 事 长：王 永
总 经 理：王进步
地 址：江苏省南京市玄武区花园路6—10号
邮政编码：210042
电 话：025-85482007
电子信箱：office@nairc.ac.cn
网 址：http://www.nairc.com

中科院南京天文仪器有限公司（以下简称“南京天仪”）是中国科学院直属的科技型企业，其前身是组建于1958年12月的中国科学院南京天文仪器厂，1991年10月更名为中国科学院南京天文仪器研制中心，2001年11月实行整体转制，2013年1月启用现名。

南京天仪主要研制生产的产品分为三大板块：①大精专仪器设备：大型天文专业仪器、空间观测仪器、大气环境监测仪器、大中型系列平行光管、军用光电仪器、光学制品、轻量化主镜、高精度大口径光学冷加工、离轴非球面光学加工、大中型转台等；②天文科普仪器设备：天文科普望远镜、天文圆顶、光学天象仪系列产品、数字天象仪、天幕、古典天文仪器模型及产品等；③专用电子产品：系列圆光栅编码器、系列燃气灶具电子脉冲点火控制装置等。南京天仪在双折射晶体、离轴非球面等大口径光学镜面的设计、加工工艺、光学装校和检测等领域居国内领先地位。

南京天仪注册资本3856万元，资产2.4亿元，占地面积240亩，总建筑面积9万平方米。下设耐尔思、天富公司2个全资或控股子公司和研发、销售、生产、管理等8个部门。南京天仪是中国科学技术大学“天体物理”“天文技术与方法”学科的硕士生培养单位。设有江苏省光电仪器设计与制造工程技术研究中心、江苏省院士工作站和中科院南京光学技术工程中心等技术创新平台。截至2016年底，公司共有在职职工217人，其中科技人员64人，包括中国工程院院士1人、副高级以上专业技术人员26人。

南京天仪拥有50余年专业天文仪器研制经验，多年来研制专业仪器70余种600多台（套）。其中，2.16米天文光学望远镜、天文望远镜光学研究等50余项科技成果分别获得国家科技进步奖一等奖、国家自然科学奖二等奖及中科院和省部级奖。

南京天仪是江苏省高新技术企业，具有自营进出口权，通过了ISO9001质量管理体系认证，是3A级信用等级企业、重合同守信用企业。“耐尔思”注册商标是江苏省著名商标。先后荣获江苏省五一劳动奖状、省厂务公开民主管理先进单位、省工人先锋号等各项荣誉。

2016年，南京天仪大力落实战略发展规划，实施双轮驱动战略，完成批量化产品布局。全年共承担各类政府科技计划项目11项，发明专利获批2项。参与研制的“1米新真空太阳望远镜研制及其在太阳观测中的应用”项目，获得2015年度云南省科技进步特等奖。为中科院重大科技先导项目量子科学实验卫星地面支撑系统成功研制了“量子隐形传态发射阵列”设备

2016年，南京天仪新增高精度大口径离轴非球面镜、平面镜、棱镜、球面镜等加工设备，扩展大型光学平行光管的红外、黑体、低温技术。积极发展光机电设备，保持光学机床的增长态势，开发智能环抛机新技术，形成批量产品，光学机床设备已具有一定市场规模。同时积极推动智能温控变色遮阳玻璃的生产研发，2016年11月温控遮阳中空玻璃产品在省建设领域“十三五”重点推广应用新技术的公告中被推广使用，并在第九届江苏国际绿色建筑大会参展。

为了适应市场发展的需求，南京天仪经营层于2016年初提出了发展娱乐设施的计划，并于6月正式将“小火车”样机投入生产，于9月底已将小火车样机加工装配完成，为后续批量生产积累了丰富的经验。

在努力提高经济效益的同时，南京天仪始终坚持开展献爱心活动，设定红山子弟学校为永久赞助对象，定期为孩子们捐助各类图书，使学生们接受良好教育。公司还积极响应南京市慈善总会“慈善一日捐”活动，为社区捐款。积极参

与天文科普活动，2016 年全国科技活动周公司组织多场天文观测活动，共接待 2000 多人。

（撰稿：朱　慧　丁丽媛　审稿：华　伟）

中科院广州化学有限公司

董 事 长：胡美龙
总 经 理：吕满庚
地　　址：广东省广州市天河区兴科路 368 号
邮政编码：510650
电　　话：020-85231230
传　　真：020-85231119
电子信箱：bgs@gic.ac.cn
网　　址：http://www.gic.ac.cn

中科院广州化学有限公司（以下简称“广州化学”），前身为中国科学院广州化学研究所，成立于 1958 年 10 月，于 2001 年 12 月整体转制为由中国科学院直接控股的有限责任公司。经过转制 10 余年的发展，广州化学已经成为集科研、研究生教育、化工新材料产品生产与销售、检验检测认证（权威的第三方检测服务）及化工行业高新技术服务于一体的国家高新技术企业，为国家知识产权试点单位。

广州化学目前已经形成了四大业务板块：化工产品板块、化灌工程板块、检测检验及认证板块、技术创新与技术服务板块；拥有 6 家全资或控股子公司：中科院广州化灌工程有限公司（国家高新技术企业）、广州中科检测技术服务有限公司（以下简称“中科检测”）、嘉兴中科检测技术服务有限公司、重庆中科检测技术服务有限公司、湛江中科技术服务有限公司、海南中科翔新材料科技有限公司。

广州化学的主要业务领域涉及建材化学品、胶粘剂、电子化学品、有机新材料及化学灌浆和防水材料等产品的研发、生产和销售；建筑、水利、交通、矿山、电力、地质灾害治理、文物保护等领域的化灌工程施工；化学化工产品成分分析、二噁英检测、环境监测、材料性能测试、环境可靠性测试、危废鉴定、再生资源鉴定等测试技术服务及咨询服务等。

广州化学本部位于广州市天河区，毗邻中科院华南植物园，园区面积为 27 万平方米（400 亩），在广东省韶关南雄精细化工园投资建设的材料生产基地面积为 6.67 万平方米（100 亩）。公司设有财务部、南雄材料生产基地（以下简称“南雄基地”）、营销中心、采购部、科技发展部、技术服务部、研发技术一部、研发技术二部、研发技术三部、研发技术四部、研发技术五部、综合办公室、人力资源部、物业管理部、网络信息中心等经营管理机构。现有 2 个部级研究院（中科院广州新型特种精细化学品研究院、中科院韶关精细化工与有机新材料研究院），2 个省部级重点实验室（中国科学院纤维素化学重点实验室、广东省电子有机聚合物材料重点实验室）、4 个省级重点工程中心（广东省化学灌浆工程技术研究中心、广东省建材功能精细化学品工程技术研究中心、广东省触显器件电子材料工程技术研究中心、广东省陶瓷产业用精细化学品工程技术研究中心），1 个广州市工程中心（广州市电子信息聚合物工程中心），1 个广州市重点实验室（广州市绿色建材化学品重点实验室），1 个广州市研究院（广州市中科广化绿色建筑材料研究院），1 个院士工作站（广东省中科化灌工程与材料院士工作站），2 个市级育成中心（中科院广州化学所韶关技术创新与育成中心、中国科学院佛山功能高分子材料中心）。

截至 2016 年底，广州化学共有员工 299 人，其中研究员 14 人，副研究员及高级工程师 20 人。作为国家化学学科重要的高级人才培养基地，广州化学有博士生导师 8 人，硕士生导师 15 人，现有 2 个博士生招生专业（有机化学、高分子化学与物理）和 5 个硕士生招生专业（有机化学、高分子化学与物理、应用化学、化学工程、材料工程），共有在读研究生 87 人，其中博士研究生 28 人、硕士研究生 59 人；2016 年毕业博士研究生 12 人、硕士研究生 13 人，就业率 100%。2016 年广州化学研究生获国家奖学金 2 人，中国科学院大学三好标兵等校级奖励 15 人。2016 年 12 月通过国科大学位办组织的化学一级学科学位授权点合格评估。广州化学负责主编的专业学术期刊《广州化学》和《纤维素科学与技术》在国内外公开发行。

2016年，广州化学实现营业收入2.218亿元，利润总额2772万元，净利润2422万元，净利润较上年增加57.44%，归属于母公司所有者的净利润2113万元，比上年增加47.68%，公司经营总体稳健。

2016年，广州化学承担在研纵向项目73项，其中新增19项，新增纵向项目经费约1206.3万元；申请并获得国家自然科学基金3项。发表科技论文43篇，其中SCI收录28篇。申请国家发明专利54项，获得授权发明专利95项，获得广州市科技奖二等奖1项，广州市科技奖三等奖1项。新签订横向技术合作合同3个，合同额120万元，横向到款总计271.5万元。2016年，广州化学继续深化院地合作，积极推进与广东省、海南省、浙江省和重庆市等地方的科技合作。

2016年，广州化学统一规划，全面建设并提升本部和控股及全资子公司创新能力建设。在化工产品板块，通过整合内部科技资源，提升创新能力，完成了产品结构的调整及优化，产品盈利能力得到大幅上升。在化灌工程板块，取得了防水防腐保温工程专业承包一级资质证书、地基基础工程专业承包一级资质、环保工程专业承包三级资质等一系列资质。创新发展模式，选择"开门办公司"，有选择、有重点地进行区域的布局与调整。在检验检测及认证板块，通过院地合作、成立子公司、设立办事处等多种方式实现快速扩张及区域布局。通过完善市场营销体系，加强资质建设（成功扩项CMA/CMF、CNAS、CATL），扩大业务范围，实现了营业收入的大幅增长。在技术创新与技术服务板块，通过整合内部资源、借助联盟联合院内外优势单位，大大增强了对产品板块的技术创新服务能力，并通过进一步规范基础科研设施建设和科技人才队伍培养，大大提升了为国家和地方的科技服务的能力。

2016年，广州化学积极推进"中科院新型特种精细化学品技术创新与产业化联盟"建设工作，与南雄市委市政府达成合作协议，共建"中科院南雄新型特种精细化学品专业孵化器"，为联盟创新成果产业化落地提供专业的科技服务平台，实现联盟、孵化器、专业园区的有效对接，为韶关乃至广东科技成果转化提供创新模式。

2016年，广州化学自主产业化的产品获得多个奖项：新型高效节能陶瓷助剂研制关键技术及应用获广州市科技奖二等奖；高性能无机硅酸盐涂料的研制与应用获广州市科技奖三等奖。

2016年，广州化学持续加大公司本部和子公司的体系认证工作：广州化学本部和子公司中科检测获得质量管理体系ISO9001、环境管理体系ISO14001和职业健康安全管理体系OHSAS18001三体系认证证书，提升了公司生产管理的规范化，进一步提高了公司运营的效率。

2016年，广州化学在上级党组的指导下，贯彻落实"两学一做"主题教育活动方案，并始终坚持"以人为本、和谐共赢"的价值观，稳步提高了员工的福利；通过投资改善员工工作、生活和娱乐基础设施，开展形式多样的职工文体娱乐活动，不断推动企业和谐文化的建设工作。

（撰稿：申智慧　臧　丹　审稿：胡美龙）

中科院广州电子技术有限公司

董 事 长：张　勇
总 经 理：陈　斌
地　　址：广东省广州市先烈中路100号大院23栋
邮政编码：510070
电　　话：020-87682806
传　　真：020-87683247
网　　址：http://www.giet.ac.cn;
http://www.caset.ac.cn

中科院广州电子技术有限公司（以下简称"广州电子"）创建于1970年，前身为广东省701研究所，1978年划归中国科学院，更名为中国科学院广州电子技术研究所，2001年12月整体改制为有限责任公司，更名为中科院广州电子技术有限公司。

广州电子是国有控股有限责任公司，中国科学院国有资产经营有限责任公司持股比例为87.92%。广州电子公司设有6个事业部、1个销售部和4个职能部门，即3D打印事业部、电子产品事业部、智能光电产品事业部、工业控制与系统集成事业部、电子信息事业部、多媒体应用事业部、销售部、综合办公室、企业发展部、资产财务部和后勤服务中心，主要产品和业务有3D打印机及服务、多媒体核心版、分子泵电源、光纤感温传感系统、人脸图像识别系统、机器视觉检测设备、信息系统集成等。

截至2016年12月31日，广州电子有在职职工279人（含子公司），其中科技人员167人，包括研究员5人、副研究员1人，高级工程师15人。

广州电子是广东省3D打印产业创新联盟事长单位，拥有两个省级科研平台，即广东省3D打印技术及装备工程研究中心和广东省增材制造工程实验室。广州电子通过了ISO9001质量体系认证，现拥有高新技术企业认定证书、计算机信息系统集成三级资质证书、广东省安全技术防范设计施工维修资格证、软件企业认定证书、信用等级“AAA”证书、“守合同重信用”证书。

2016年，广州电子完成营业业务收入10 230万元，首次突破亿元，利润总额357万元。全年获得授权的实用新型专利2件、软件产品登记1件。

广州电子现有投资企业3个，其中持股企业1个、控股企业2个。

广州晶体科技有限公司成立于2001年7月，广州电子公司持股比例为49%，主要从事人造金刚石工具开发及生产，产品有锯片、磨轮、钻头、树脂砂轮四个系列，广泛用于石材、陶瓷、玻璃、宝玉石、硬质合金加工。2016年收入2176.2万元，净利润20.6万元。

广州智诚科技有限公司成立于1998年，是广州电子公司全资控股子公司，主要从事计算机网络信息系统工程监理、技术设计咨询、技术服务业务。2016年收入387.6万元，净利润11.6万元。

潍坊中科工业设计研究院有限公司成立于2016年11月，广州电子公司持股比例为85%，主要从事工业设计、产品验证等业务。2016年收入867万元，净利润12.3万元。

（撰稿：陈　晖　审稿：张　勇）

中国科学院成都有机化学有限公司

董 事 长：郑月明
总 经 理：倪宏志
地　　址：四川省成都市人民南路四段9号
邮政编码：610041
电　　话：028-85222143
传　　真：028-85223978
电子信箱：bgs@cioc.ac.cn
网　　址：http://www.cioc.ac.cn

中国科学院成都有机化学有限公司（以下简称“成都有机”）是由成立于1958年的中国科学院成都有机化学研究所，于2001年整体转制为中国科学院控股的科技型企业。成都有机致力于精细化工和新材料行业的成果转化及规模产业化，并提供有特色的产品和技术服务，目前已发展成为集研究开发、工程化验证、产品生产经营等为一体的综合性高新技术企业。

成都有机拥有手性药物国家工程研究中心、863计划成果产业化基地、四川省节能及清洁生产催化工程技术研究中心、不对称合成与手性技术四川省重点实验室、四川省企业技术中心、中国科学院成都分院分析测试中心等国家和省部级技术研发和服务平台，具有较强的技术创新和成果产业化能力。

成都有机现设有运营管理部、市场营销部、研发管理中心、财务资产部、人力资源部、综合管理部、催化剂产品事业部、纳米碳材料产品事业部、有机中间体产品事业部、新产品事业部等10个部门。公司还在东部沿海地区建立了3个分中心（常州分中心、嘉兴分中心和台州分中心），拥有3家全资或控股高新技术企业（成都丽凯手性技术有限公司、成都中科普瑞净化设备有限公司、成都中科能源环保有限公司）。

成都有机拥有一支高素质的员工队伍，截至

2016 年底，公司共有员工 333 人，其中具有高级专业技术职称人员 100 余人，具有硕士以上学位研发人员 100 余人，获国务院政府特殊津贴 40 余人，四川省学术技术带头人 9 人，四川省突出贡献优秀专家 4 人，四川省“千人计划” 2 人，四川省技术创新团队 2 个，四川省青年科技奖 2 个。

2016 年是成都有机实现 2014—2016 年三年发展规划目标（“321” 目标）的收官之年，成都有机以“夯实产业基础、保证重点产品发展”为公司经营工作主线，围绕主线继续以打造公司核心主导产业为目标，以公司自主培育的技术型产品为切入点，精准发力、逐渐壮大，快速提升公司经营业绩；在公司重点产品熊去氧胆酸的产能扩大、新产品的自主开发及产业化、大邑产业园区平台建设及生产项目的环评工作等方面取得了较为显著的成效，公司的经营业绩得到大幅提升。公司 2016 年营业收入首次突破 2 亿元，公司本部产业收入首次超过 1 个亿，单个产品销售收入首次突破 7000 万元。

成都有机承担多项国家科技支撑计划、863 计划、973 计划和国家产业化示范工程等重大科技项目，通过与地方政府和企业开展院地合作，推动技术成果转化，促进地方经济发展。2016 年，成都有机获得“十三五”国家重点研发计划项目 2 项，国家自然科学基金项目 2 项，四川省科技厅、四川省经信委、成都市科技局等各类地方项目 11 项，申请专利 19 件，获得授权专利 5 件。公司“耐热绝缘纸助剂研制和应用技术”项目获得 2016 年度四川省科技进步奖二等奖。

2016 年，成都有机结合经营业务发展的需要，围绕公司“321”战略目标，进一步加强了事业部经营模式的协同配合性，并就公司产品发展瓶颈问题进行了重点部署，如园区的环评工作、安全生产工作、重点产品规划和执行监督工作等。在基础建设方面，公司在近两年对产业园区投资进行了一系列的配套设施的新建、改建工作，为公司产业发展提供有力的保障。

成都有机在 2016 年启动了公司本部新园区迁建计划，公司新园区选址成都天府新区科学城，占地面积 50 余亩，一期工程建设面积近 4 万平方米，公司成都科学城新园区已于 2016 年 10 月底开工建设，预计 2018 年底建成。

（撰稿：陈　勇　方　园　审稿：王公应）

中科院成都信息技术股份有限公司

董 事 长： 王晓宇
总 经 理： 付忠良
注册地址： 四川省成都高新区天晖路 360 号晶科 1 号大厦
办公地址： 四川省成都市人民南路四段 9 号
邮政编码： 610041
电　　话： 028-85135151
传　　真： 028-85229357
电子信箱： bgs@casit. com. cn
网　　址： http://www. casit. com. cn

中科院成都信息技术股份有限公司（简称“成都信息”）是由创立于 1958 年的中国科学院成都计算机应用研究所于 2001 年 6 月整体转制而来，是由中国科学院控股的高科技企业。1958 年成立时，命名为中科院四川分院数学所；1960 年更名为中科院四川分院计算所；1962 年更名为西南电子所计算站；1968 年更名为总字 821 部队西南计算站；1971 年更名为四川省计算站；1978 年更名为中科院成都计算站；1981 年更名为中科院成都计算机应用研究所；2001 年 6 月，整体转制为四川中科院信息技术有限公司；2005 年 1 月更名为中科院成都信息技术有限公司；2013 年 4 月整体变更为中科院成都信息技术股份有限公司。

成都信息是中国软件行业协会理事单位、四川省计算机学会理事长单位。公司以高速机器视觉、智能分析技术为核心，为政府、烟草、油气、特种印刷等行业提供信息化整体解决方案、智能化工程和相关产品与技术服务。在计算机软件工程、办公自动化、工业计算机应用等领域具有较高的创新水平和突出的应用特色。公司以“服务客户、成就员工、回报股东、贡献社会”为使命，以科技创新为动力，聚焦行业信息化建设，努力成为我国软件产业内有突出贡献、受人尊敬的高科技股份企业（集团）。

成都信息现有员工 403 人，其中博士占 2.5%，硕士占 20.9%，本科占 65%，平均年龄 34.89 岁。公司下设工业计算机应用事业部、图像视觉事业部、办公自动化事业部、软件与通信事业部、油气信息化事业部、智能工程事业部等业务部门，另设有公司办公室（保密办公室）、人力资源部、市场部、企业管理部、财务管理部、审计部、研发中心、自动推理实验室、物业管理中心等管理与支撑部门，拥有全资子公司成都中科信息技术有限公司、中科院金华信息技术有限公司和控股子公司成都中科石油工程技术股份有限公司。公司还拥有计算机软件与理论、软件工程博士学位授予点，计算机软件与理论、计算机应用技术、计算机技术、软件工程硕士学位授予点和计算机科学与技术博士后科研流动站。

成都信息主要面向政府、烟草、特种印刷、石油行业提供信息化整体解决方案，产品线不断丰富，业务规模逐步扩大，盈利能力不断提升，内部管理日益完善，经营实力持续增强。

2016 年，成都信息数字会议业务快速增长。会议服务项目大幅增加，表决器销售订单持续不断，物联网业务持续增长。公司结合基层社区民主选举需求，采用为党的十八大选举研发的电子计票系统核心技术，成功开发出的适合社区选举等基层组织使用的社区选举系统“计票通”，继 2015 年在南昌、北京、天津、武汉等地的 153 个社区使用获得好评之后，2016 年又在黑龙江省穆棱市（县级市）人大代表换届选举中成功应用，这也是我国首次在县/乡人大代表换届选举中采用电子计票方式计票。与此同时，成都信息积极响应国家需求，为人民大会堂电子表决系统提供技术保障，确保了全国人大会议的顺利进行。

2016 年，成都信息烟草农、工、商传统行业市场区域稳步扩张，重大项目推进顺利；油气行业市场稳定，业务稳步拓展；智能工程业务快速增长，新市场拓展进展顺利；广泛开展战略合作，与浙江金华市政府联合成立金华研究中心并注册成立金华全资子公司。基于机器视觉技术的印钞检测产品在泰国、香港成功使用，卡清分、玻璃边检等新兴产品在印钞行业外的市场均取获得订单。

2016 年，成都信息在新技术和新产品研发方面取得成效。新一代选举系统、新型表决产品开发成功，移动应用技术在烟草、人大、医疗多个领域的产品均开发成功并获得订单，智能医疗及医学虚拟仿真产品进一步完善，卷包生产数据智能分析系统初具形态。成都信息 2016 年获授权专利 9 项，其中发明专利 6 项，获授权软件著作权 22 件，软件产品登记测试 1 件。

2016 年，成都信息进一步加强内控体系建设，完善了内部管理，强化了内部审计。对项目采购存货和成本归集的真实性进行严格审查，进一步规范了备用金、投标保证金管理。大力推进资质体系建设及知识产权工作。完成了涉密乙级资质的延续，启动了涉密甲级资质申报，顺利通过了三标体系年度审核。

2016 年，成都信息完成了股份公司第二届董事会换届及高管和中层干部的聘任。一批年轻中层干部进入公司高管层，一批骨干进入中层，中层干部平均年龄 42.3 岁，本科及以上学历占 87.5%。成都信息继续加大培训投入，开展了管理、技能、安全、资格认证、专业技术等多方面的培训，人才队伍综合素质和专业技能不断提升。技术骨干有 1 人进入中科院西部之光人才培养计划。办公自动化事业部党支部获得了由中国科学院授予的“中国科学院先进基层党组织”称号。

（撰稿：吴琳琳　尹邦明　审稿：付忠良）

成都中科唯实仪器有限责任公司

董 事 长：董成生
总 经 理：陈　静
党委书记、常务副总经理：蒋红雨
地　　址：成都市高新区科园南一路 7 号
邮政编码：610041
电　　话：028-85121820
传　　真：028-85121830
电子信箱：zjlbgs@cdzkws.com
网　　址：http://www.cdzkws.com

成都中科唯实仪器有限责任公司（以下简称“成都唯实”）成立于2001年10月16日。其前身是中国科学院成都科学仪器研制中心，始创于1959年9月。

成都唯实位于成都市高新区科园南一路七号，占地50亩，是一个以科研试制、技术开发、生产经营为一体的高新技术企业。成都唯实致力于提供优质的真空控制、检测仪器、非标真空设备、光机电一体化设备，以卓越的产品和服务为客户创造价值。公司以技术创新为手段，以产品专业化、规模化生产为基础，努力发展成为国内仪器设备，特别是在真空领域具有竞争力的生产、服务型企业。

2016年，面对复杂不利的经济形势，在董事会的领导下，成都唯实经营班子带领全体员工努力拼搏，勤奋工作，坚持技术创新驱动发展，使得公司合并营业收入首次突破亿元，利润总额和经营活动产生的现金流净额也创历史新高，较好地完成了年初董事会提出并经股东会审议批准的主要经营预算目标。

目前，成都唯实设有综合办公室、财务管理部、物业管理部、质量管理部、技术开发部、真空事业部、光电设备事业部、机加事业部共8个部门。2016年公司继续控制人员规模，严控人员入口关。截至2016年底，成都唯实有在岗职工114人，其中公司中高层管理干部20人；工程技术人员21人；工人47人。具有专业技术职称的人员35人，其中高级职称11人、中级职称19人、初级职称5人。

2016年，成都唯实发展战略再次明确牢固确立技术创新在企业发展中的核心作用，切实提高公司整体技术创新能力，坚定走基于产品技术创新的企业发展之路的战略措施。

2016年，成都唯实结合业务发展战略规划，继续加大对新产品研发的投入，新产品研发工作取得了新的成效，全年新申请专利5项，其中2项发明专利、3项实用新型专利；取得授权7项，其中，6项实用新型、1项外观设计。

2016年，成都唯实继续加强人才队伍建设，通过科学预测分析2016—2018年公司人才队伍的供给与需求，完善了人力资源政策和措施，制订了《成都中科唯实仪器有限责任公司2016—2018人力资源规划》，以期引进和培养关键人才队伍，满足公司三年战略规划发展对人才的需求。

为更好地促进气阀业务的发展，2016年6月底成都唯实完成了气阀业务独立经营成立新公司——成都中科智成科技有限责任公司的工作。截至2016年12月底，新公司半年销售收入超过千万，实现利润近两百万元，完成了董事会确定的首个经营目标。

为适应市场经营和企业发展的需要，2016年3月16日成都唯实的参股公司成都瑞拓科技股份有限公司正式在全国中小企业股份转让系统挂牌。借助资本市场的力量，瑞拓科技将实现自身的跨越式发展，做大做强，实现国有资产的保值增值，回馈股东、回馈社会。

（撰稿：谢　刚　杨文晴　审稿：吕亚东）

中科院科技服务有限公司

董 事 长：赵红岩
总 经 理：冯桂强
地　　址：北京市西城区三里河路52号
邮政编码：100864
电　　话：010-62578611；010-68597915
传　　真：010-62578665
网　　址：http://www.zkfw.com.cn

中科院科技服务有限公司（以下简称“中科服务”）是2002年12月25日由中国科学院机关服务中心（局）整体转制而成的现代服务企业，主要以为中国科学院机关后勤服务、餐饮经营、物业服务、宾馆接待等为主营业务。中科服务设有综合部、财务部、企业管理部三个职能部门，下设机关服务事业部、餐饮分公司、物业分公司三个业务单元及一家控股公司（北京博思园客座公寓有限公司）。截至2016年底，公司员工规模500人。

2016年，中科服务领导班子在董事会和公司党委的正确指导下，紧密围绕“依法整改，规范经营，内控落地，队伍建设”的年度工作思路，带领各级干部员工共同努力，积极推动公司经营难题的解决，持续推进规范管理工作，较好地完成了2016年度各项工作目标。

2016年，中科服务继续严格执行“三重一大”决策程序，认真执行各项规章制度，做到决策依规、透明；继续坚持企务公开、党务公开，加强宣传和沟通，提高职工、党员的知情度，努力维护公司和谐稳定的发展环境；继续加强对各业务板块的分类指导和资源保障，提高日常经营管理工作质量，公司2016年度经营收入同比增长12.23%，净利润同比增长38.68%；在国科控股的支持、指导和帮助下，通过法律手段积极推进落实中关村大楼的巡视整改要求，年初起诉立案，年内取得一审胜诉；落实“人才队伍建设年”工作规划，一方面通过“内部培养加外部引进”的方式补充重要岗位，另一方面，通过绩效导向、考核激励、加强培训等方式调动员工的工作积极性，提升业务能力；根据公司发展需要，整合成立了企业管理部，进一步强化公司战略管控、市场拓展、运营监管及内控建设等工作；继续高度重视并做好安全生产工作，荣获国科控股“2016年度安全生产保卫保密先进单位”；以ISO9001：2008标准化体系落实及三级巡检为抓手，持续提升各业务板块的经营管理质量；继续加强反腐倡廉宣传教育，进一步提高干部员工廉洁从业的意识和自觉性。

2016年，中科服务机关服务事业部较好地配合完成了中科院机关装修改造及回迁工作，完成了中科院重大活动服务保障工作及日常服务支撑工作，机关服务满意度持续提升。餐饮分公司继续落实“经营规模化与管理规范化并重”的工作思路，年内成功进驻电子所怀柔园区、顺义园区项目，持续推进各项标准化体系的落实工作，经营收入、利润总额再创历史新高。物业分公司以质量管理体系落实为抓手，努力促进自管住宅、一招等项目经营管理和服务质量的提升，服务对象满意度较高。客座公寓严格遵守行业安全规范，结合经营实际，动态关注市场客源变化，规范并稳定服务标准、完善服务效果，加强业务拓展增加经营收入，较好地完成了2016年度各项工作目标。

结合公司层面及各业务单元存在的问题与不足，公司确定了2017年度工作思路：依法整改，规范经营，队伍建设，考核激励，明确了“抓重点，补短板，谋创新，求发展”的工作原则，计划进一步完善法人治理体系建设，积极推进研发大楼的整改落实工作，继续指导各业务板块规范经营管理，落实公司“人才强企”发展战略，加强业务培训与考核激励，积极拓展新的业务模式，促进公司经营管理工作再上台阶。

（撰稿：武文洋　审稿：邓　月）

上海碧科清洁能源技术有限公司

董 事 长： 吴乐斌
总 经 理： 张小莽
地　　址： 上海市浦东新区浦建路76号由由国际广场2301—2303
邮政编码： 200127
电　　话： 021-61060100
传　　真： 021-61060086
电子信箱： contact@cecc-tech.com
网　　址： http://www.cecc-tech.com

上海碧科清洁能源技术有限公司（以下简称“上海碧科”）是一家成立于2009年1月的合资公司，注册资本1.82亿元，控股股东中国科学院国有资产经营有限责任公司（“国科控股”）持有公司45.33%的股权。上海碧科是一家专注于清洁能源产业链开发、具有自主知识产权创新技术和工程化能力的技术商业化公司。

上海碧科设有催化技术、工程开发、业务拓展与项目开发等部门和内控与财务、人事行政管理等支持部门，实施项目驱动的矩阵式管理机制。截至2016年12月底，上海碧科员工总数为42人，平均年龄37周岁。男女性别比例1.47∶1。大学以上学历人才占较大比重，其中，博士学历8人，硕士学历16人，大学本科学历12人。

在公司董事会的领导和管理层的努力下，上海碧科致力于打造和发展以甲醇为纽带、连接北美西海岸天然气资源和中国沿海石化产品市场的“甲醇产业链”在2016年获得了进一步的发展，产业链的上游天然气制甲醇和下游甲醇制烯烃项目及相关的甲醇承购和投融资运作有效实现创新链、产业链、资本链的联动，与国科控股“三链联动、九项举措、发展七大产业”战略有机地融为一体。

在项目开发方面，上海碧科搭建的跨太平洋天然气-烯烃产业链架构多种优势逐渐突显。北美天然气制甲醇项目开发在环评许可申请、政府和社会支持、天然气供应与管道搭建、甲醇承购等方面取得实质稳健进展。通过针对各项目场址量身定做的环评许可申请及政府公共关系工作方法与策略，结合国际领先的天然气制甲醇工艺技术许可商所提供的甲醇技术，以及经验丰富的跨国工程技术服务商所提供的工程造价成本估算，共同确保了项目开发工作的有序、平稳、按时推进；在与北美西北部多家主要供气公司和管道公司展开了多轮谈判后，直接通往各项目场址的天然气管道支线的建设许可也陆续获得政府相关机构的审批许可，共同保障了各场址所需的天然气原料供应；另外，在下游中国市场东部沿海地区的四大甲醇枢纽地区展开了高效的市场开发与拓展工作，与多家包括知名国内外企业在内的大型甲醇买家签署了甲醇承购关键条款书。创新技术研发方面，上海碧科与股东方之一的庄信万丰在催化剂研发方面，特别是CMTO的分子筛催化剂项目开展了更加深入的全方位合作；并且利用上海碧科在2015年已获得国际先进水平鉴定的CMTX技术，与庄信万丰就知识产权方面的战略合作签署了技术许可授权分红的协议。投融资运作方面，上海碧科在集团公司引入战略投资人和北美子公司引入项目投资人的相关工作均有实际进展。战略投资人方面，与全球甲醇贸易及航运公司为主的投资人展开了深入商谈，积极主动地与产业链上下游所涉及的大型企业接触，谋求战略投资机会；项目投资人方面，与美国国家能源部及能源基金公司为主的投资人所展开的谈判已分别进入到最终尽职调查及深入细致的谈判阶段。

（撰稿：连　明　审稿：张小莽）

深圳中科院知识产权投资有限公司

董 事 长：陈晓峰
总 经 理：李　K
地　　址：广东省深圳市南山区粤兴三道二号虚拟大学园产业化基地A701室
邮政编码：518057
电　　话：0755-86180100
传　　真：0755-86180400
电子信箱：info@caship.ac.cn
网　　址：http://www.caship.ac.cn

深圳中科院知识产权投资有限公司（以下简称“深圳IP”）成立于2009年2月，由国科控股投资在深圳注册成立。公司依托中国科学院研究院所和重大研发项目的知识产权全流程服务，成为中国科学院知识产权创造、应用、保护和运营管理的服务平台；通过建立与社会有机结合的知识产权运营模式，促进科技创新成果的知识产权化和高效的转移转化，成为知识产权运营价值链的专业化、市场化的系统服务商和系统集成商。

深圳IP下设运营部、信息部、市场部、财务部与综合部五个部门；在南京、西安设立两个办事处。截至2016年底，深圳IP有职工30名，其中硕士及以上学历8名，本科21名，大专1名，具备知识产权、理工、法律、管理等行业背景。

深圳IP的主营业务为知识产权全流程服务、专利许可与转让、专利诉讼、专利投资、待上市企业知识产权尽职调查与无形资产包装等。通过承接院所、院控股/持股企业和社会企业委托的知识产权服务，从前端的专利调研入手，通过深入的专利分析与规划，优化专利质量，实现后续专利许可、转让、拍卖等专利交易。截至2016年底，深圳IP服务中国科学院研究院所近50家；服务中国科学院参股、持股企业20余家；并与数千家社会企业对接，实现知识产权服务与运营；共许可/转让院属专利近170项。

2016年深圳IP积极联合中科院内数家研究所，主动在LED领域发起了专利诉讼，起诉世界领先的LED制造商——美国科锐（Cree）公司，采用诉讼、许可、谈判等方式展开运营，有效帮助国内企业应对国际LED专利风险，为民族工业保驾护航。

深圳IP在中科院深圳先进技术研究院全民低成本健康项目、理化技术研究所大型低温制冷系统项目、沈阳新松机器人项目、苏州生物医学工程技术研究所超分辨显微项目、地质与地球物理研究所深部资源探测核心装备研发项目、长春光学精密机械与物理研究所新型角度传感器项目、西安光学精密机械研究所超快激光精细加工项目等重大项目中取得了突破性进展。

2016年，深圳IP进一步建设并完善了中科院知识产权全流程服务与运营云平台——专利智能检索平台、专题数据库平台、智能分析和预警平台、知识产权管理体系标准及管理平台、交易平台、投资平台、培训平台及中科院知识产权专员与企业交流平台，并已在中科院广州生物医药与健康研究院、天津工业生物技术研究所等院所投入试点使用。

深圳IP相继获得国家技术转移示范机构、国家首批知识产权分析评议服务示范创建机构、全国知识产权服务品牌机构、国家向国外申请专利资助第三方检索机构、国家科技部火炬计划深圳市科技服务体系建设成员单位、国家专利运营试点企业等荣誉称号。

2016年，深圳IP共主办、承办知识产权各类培训10余场，为研究院所及企业的知识产权工作人员提供知识产权运营、专利布局与规划策略、专利侵权分析与回避设计、商标基础、PCT专利申请、科技创新与知识产权管理在内的专项培训。深圳IP积极在重庆、长春、济南等地筹建分支机构，加速市场拓展，不断探索知识产权运营的新模式，打造新的业务增长点。

深圳IP秉持“敬、静、净、竞”的企业文化，依托内部报刊《CASIP风采》，通过文化宣传、交流培训、文体活动、公益活动、节日庆典等一系列方式推进企业文化落地，将通过企业文化建设增强团队凝聚力，发挥创新精神，实现员工价值升华与企业蓬勃发展的有机统一。

（撰稿：李棱梅　龚一闻　审稿：李　K）

国科嘉和（北京）投资管理有限公司

董 事 长：王　琪
总 经 理：王　琪
地　　址：北京市东城区东直门南大街11号中汇广场B座18层1803室
邮政编码：100007
电　　话：010-59786889
传　　真：010-59786627
电子信箱：bp@cashcapital.cn
网　　址：http://www.cashcapital.cn

国科嘉和（北京）投资管理有限公司（以下简称“国科嘉和”）成立于2011年8月，是由中国科学院国有资产管理经营有限责任公司（以下简称“国科控股”）作为发起人设立的投资管理公司，主要通过管理私募股权投资基金的方式促进中小高技术企业的产业化发展，以及科研成果的转移转化工作。

过去十多年，中国多层次资本市场体系正逐步完善，创业投资相关的政策法规也在逐步健全，为创业投资机构的发展创造了良好的条件。正是在这种大的历史背景下，国科控股作为主要发起人联合国内知名大型企业集团、政府基金等有限合伙人，发起设立人民币一期基金：国科鼎鑫基金、人民币二期基金：国科鼎奕基金和人民币一期并购基金：国科嘉和金源基金，国科嘉和为国科鼎鑫基金、国科鼎奕基金、国科嘉和金源基金的执行事务合伙人和管理人。

国科嘉和通过发展创业投资，立足中科院有效开展资源整合和资本营运，实现资本和技术的高效结合，推动产业升级换代，促进院内外高技术企业的社会化、规模化发展，对国家创新体系的建设和落实中科院的战略定位具有重要的意义。

截至2016年底，公司员工总数为18人。

国科嘉和受国科鼎鑫基金、国科鼎奕基金、国科嘉和金源基金委托负责管理基金日常运作和投资管理，重点聚焦四个行业：电子信息、新能源、节能减排、生命科学，偏重于早期的企业项目。投资规模方面，每一笔投资的规模为500万—5000万元人民币；一个项目的累计投资总额不超过10 000万元人民币；不追求控股，持股通常在10%到35%。投资的地理区域面向全国。

（撰稿：蒋　梅　审稿：王　戈）

截至2016年底院设非法人单元列表

序号	院设非法人单元名称	依托单位	主管部门
1	中国科学院档案馆	文献情报中心	办公厅
2	中国科学院量子信息与量子科技前沿卓越创新中心	中国科学技术大学	前沿科学与教育局
3	中国科学院青藏高原地球科学卓越创新中心	青藏高原研究所	前沿科学与教育局
4	中国科学院脑科学与智能技术卓越创新中心	上海生命科学研究院（委托神经科学研究所管理）	前沿科学与教育局
5	中国科学院大科学装置理论物理研究中心	高能物理研究所	前沿科学与教育局
6	中国科学院上海临床研究中心	上海生命科学研究院	前沿科学与教育局
7	中国科学院上海超导中心	上海微系统与信息技术研究所	前沿科学与教育局
8	中国科学院上海植物逆境生物学研究中心	上海生命科学研究院	前沿科学与教育局
9	中国科学院广州天然气水合物研究中心	广州能源研究所	前沿科学与教育局
10	中国科学院中国人民解放军第二军医大学转化医学研究院	上海生命科学研究院	前沿科学与教育局
11	中国科学院气候变化研究中心	大气物理研究所	前沿科学与教育局
12	中国科学院分子科学中心	化学研究所	前沿科学与教育局
13	中国科学院北京生命科学研究院	动物研究所	前沿科学与教育局
14	中国科学院北京转化医学研究院	生物物理研究所	前沿科学与教育局
15	中国科学院四川转化医学研究医院	成都生物研究所	前沿科学与教育局
16	中国科学院生物与化学交叉研究中心	上海有机化学研究所 上海药物研究所	前沿科学与教育局
17	中国科学院先进轨道交通力学研究中心	力学研究所	前沿科学与教育局
18	中国科学院国家数学与交叉科学中心	数学与系统科学研究院	前沿科学与教育局
19	中国科学院政府行政管理系统分析研究中心	数学与系统科学研究院	前沿科学与教育局
20	中国科学院珠江三角洲环境污染与控制研究中心	广州地球化学研究所	前沿科学与教育局
21	中国科学院资源环境科学数据中心	地理科学与资源研究所	前沿科学与教育局
22	中国科学院预测科学研究中心	数学与系统科学研究院	前沿科学与教育局
23	中国科学院虚拟经济与数据科学研究中心	中国科学院大学	前沿科学与教育局
24	中国科学院晨兴数学中心	数学与系统科学研究院	前沿科学与教育局

续表

序号	院设非法人单元名称	依托单位	主管部门
25	中国科学院减灾中心	大气物理研究所	前沿科学与教育局
26	中国科学院蛋白质科学中心	北京中心依托生物物理研究所、上海中心依托上海生命科学研究院	前沿科学与教育局
27	中国科学院量子技术与应用研究中心	中国科学技术大学	前沿科学与教育局
28	中国科学院湿地研究中心	东北地理与农业生态研究所	前沿科学与教育局
29	中国科学院强磁场科学中心	合肥物质科学研究院	前沿科学与教育局
30	中国科学院新疆矿产资源研究中心	新疆生态与地理研究所	前沿科学与教育局
31	中国科学院磁约束等离子体物理理论研究中心	合肥物质科学研究院	前沿科学与教育局
32	中国科学院北京纳米能源与系统研究所	国家纳米科学中心	前沿科学与教育局
33	中国科学院流感研究与预警中心	微生物研究所	前沿科学与教育局
34	中国科学院纳米科学卓越创新中心	国家纳米科学中心	前沿科学与教育局
35	中国科学院分子植物科学卓越创新中心	上海生命科学研究院(委托植物生理生态研究所管理)	前沿科学与教育局
36	中国科学院分子细胞科学卓越创新中心	上海生命科学研究院(委托生物化学与细胞生物学研究所管理)	前沿科学与教育局
37	中国科学院区域大气环境研究卓越创新中心	城市环境研究所	前沿科学与教育局
38	中国科学院超导电子学卓越创新中心	上海微系统与信息技术研究所	前沿科学与教育局
39	中国科学院阿里巴巴量子计算实验室	中国科学技术大学	前沿科学与教育局
40	中国科学院半导体材料与光电子器件科教融合卓越创新中心	半导体研究所	前沿科学与教育局
41	中国科学院生态环境科学科教融合卓越创新中心	生态环境研究中心	前沿科学与教育局
42	中国科学院生物大分子科教融合卓越创新中心	生物物理研究所	前沿科学与教育局
43	中国科学院分子科学科教融合卓越创新中心	化学研究所	前沿科学与教育局
44	中国科学院凝聚态物理科教融合卓越创新中心	物理研究所	前沿科学与教育局
45	中国科学院数学科学科教融合卓越创新中心	数学与系统科学研究院	前沿科学与教育局
46	中国科学院青岛科教园发展中心	海洋研究所	前沿科学与教育局

续表

序号	院设非法人单元名称	依托单位	主管部门
47	中国科学院粒子物理前沿卓越创新中心	高能物理研究所	重大科技任务局
48	中国科学院 02 专项光刻机关键部件研发任务管理办公室	光电研究院	重大科技任务局
49	中国科学院月球与深空探测总体部	国家天文台	重大科技任务局
50	中国科学院北方粳稻分子育种联合研究中心	遗传与发育生物学研究所	重大科技任务局
51	中国科学院加速器驱动次临界嬗变系统研究中心	近代物理研究所	重大科技任务局
52	中国科学院低阶煤利用先导专项管理中心	山西煤炭化学研究所	重大科技任务局
53	中国科学院钍基熔盐核能系统研究中心	上海应用物理研究所	重大科技任务局
54	中国科学院空间目标与碎片观测研究中心	紫金山天文台	重大科技任务局
55	中国科学院空间环境研究预报中心	国家空间科学中心	重大科技任务局
56	中国科学院空间科学与应用总体部	空间应用工程与技术中心	重大科技任务局
57	中国科学院核能安全技术研究所	合肥物质科学研究院	重大科技任务局
58	中国科学院浮空器系统研究发展中心	光电研究院	重大科技任务局
59	中国科学院微小卫星工程中心	上海高等研究院	重大科技任务局
60	中国科学院新一代信息技术先导研究中心	信息工程研究所	重大科技任务局
61	中国科学院通用芯片与基础软件研究中心	上海高等研究院	重大科技任务局
62	中国科学院上海产业技术创新与育成中心	上海高等研究院	科技促进发展局
63	中国科学院上海技术转移中心	上海分院	科技促进发展局
64	中国科学院上海辰山植物科学研究中心	上海生命科学研究院	科技促进发展局
65	中国科学院上海浦东科技园	上海分院	科技促进发展局
66	中国科学院山东综合技术转化中心	沈阳分院	科技促进发展局
67	中国科学院广州生物医药产业技术创新与育成中心	广州生物医药与健康研究院	科技促进发展局
68	中国科学院广州产业技术创新与育成中心	广州分院	科技促进发展局
69	中国科学院广州技术转移中心	广州分院	科技促进发展局
70	中国科学院天津产业技术创新与育成中心	天津工业生物技术研究所	科技促进发展局
71	中国科学院云计算产业技术创新与育成中心	广州分院	科技促进发展局
72	中国科学院内蒙古草业研究中心	植物研究所	科技促进发展局
73	中国科学院长春技术转移中心	长春分院	科技促进发展局
74	中国科学院北京技术转移中心	北京分院（筹）	科技促进发展局
75	中国科学院电子设计自动化软件中心	微电子研究所	科技促进发展局

续表

序号	院设非法人单元名称	依托单位	主管部门
76	中国科学院电动汽车研发中心	深圳先进技术研究院	科技促进发展局
77	中国科学院兰州技术转移中心	兰州分院	科技促进发展局
78	中国科学院半导体照明研发中心	半导体研究所	科技促进发展局
79	中国科学院宁波产业技术创新与育成中心	宁波材料技术与工程研究所	科技促进发展局
80	中国科学院台州应用技术研发与产业化中心	上海分院	科技促进发展局
81	中国科学院地理信息与文化科技产业基地	地理科学与资源研究所	科技促进发展局
82	中国科学院扬州应用技术研发与产业化中心	南京分院	科技促进发展局
83	中国科学院成都技术转移中心	成都分院	科技促进发展局
84	中国科学院苏州生物医学工程与生物医药产业化基地	苏州生物医学工程技术研究所	科技促进发展局
85	中国科学院苏州产业技术创新与育成中心	苏州纳米技术与纳米仿生研究所	科技促进发展局
86	中国科学院佛山产业技术创新与育成中心	广州分院	科技促进发展局
87	中国科学院沈阳技术转移中心	沈阳分院	科技促进发展局
88	中国科学院青岛产业技术创新与育成中心	青岛生物能源与过程研究所	科技促进发展局
89	中国科学院昆明灵长类研究中心	昆明动物研究所	科技促进发展局
90	中国科学院知识产权研究与培训中心	科技政策与管理科学研究所	科技促进发展局
91	中国科学院知识产权信息服务中心	文献情报中心	科技促进发展局
92	中国科学院物联网研究发展中心	微电子研究所	科技促进发展局
93	中国科学院河南产业技术创新与育成中心	合肥物质科学研究院	科技促进发展局
94	中国科学院南京高新技术研发及产业化中心	南京分院	科技促进发展局
95	中国科学院贵州现代资源技术研究与成果转化中心	昆明分院	科技促进发展局
96	中国科学院哈尔滨产业技术创新与育成中心	长春分院	科技促进发展局
97	中国科学院重庆产业技术创新与育成中心	重庆绿色智能技术研究院	科技促进发展局
98	中国科学院泰州应用技术研发及产业化中心	南京分院	科技促进发展局
99	中国科学院唐山高新技术研究与转化中心	北京分院（筹）	科技促进发展局
100	中国科学院烟台海岸带生物产业技术创新与育成中心	烟台海岸带研究所	科技促进发展局
101	中国科学院海西育成中心	福建物质结构研究所	科技促进发展局

续表

序号	院设非法人单元名称	依托单位	主管部门
102	中国科学院能源动力研究中心	工程热物理研究所	科技促进发展局
103	中国科学院常州先进制造技术研发与产业化中心	南京分院	科技促进发展局
104	中国科学院银川科技创新与产业育成中心	西安分院	科技促进发展局
105	中国科学院清洁能源技术发展中心	上海高等研究院	科技促进发展局
106	中国科学院深圳现代产业技术创新和育成中心	深圳先进技术研究院	科技促进发展局
107	中国科学院厦门产业技术创新与育成中心	城市环境研究所	科技促进发展局
108	中国科学院湖北产业技术创新与育成中心	武汉分院	科技促进发展局
109	中国科学院湖州应用技术研究与产业化中心	上海分院	科技促进发展局
110	中国科学院湖南技术转移中心	武汉分院	科技促进发展局
111	中国科学院新农村信息化研究中心	合肥物质科学研究院	科技促进发展局
112	中国科学院嘉兴应用技术研究与转化中心	上海分院	科技促进发展局
113	中国科学院西北生物农业中心	西安分院	科技促进发展局
114	中国科学院合肥技术创新工程院	合肥物质科学研究院	科技促进发展局
115	中国科学院知识产权运营管理中心	计算技术研究所	科技促进发展局
116	中国科学院上海交叉学科研究中心	上海分院	发展规划局
117	中国科学院中国现代化研究中心	文献情报中心	发展规划局
118	中国科学院文化遗产科技认知研究中心	自然科学史研究所	发展规划局
119	中国科学院自然与社会交叉科学研究中心	科技战略咨询研究院	发展规划局
120	中国科学院创新发展研究中心	科技战略咨询研究院	发展规划局
121	中国科学院战略研究中心	科技战略咨询研究院	发展规划局
122	中国科学院管理创新与评估研究中心	科技战略咨询研究院	发展规划局
123	中国科学院水资源研究中心	地理科学与资源研究所	发展规划局
124	中国科学院可持续发展研究中心	地理科学与资源研究所	发展规划局
125	中国科学院农业政策研究中心	地理科学与资源研究所	发展规划局
126	中国科学院合肥大科学中心	合肥物质科学研究院	条件保障与财务局
127	中国科学院上海大科学中心	上海应用物理研究所	条件保障与财务局
128	中国科学院计算科学应用研究中心	计算机网络信息中心	条件保障与财务局
129	中国科学院天文大科学研究中心	国家天文台	条件保障与财务局
130	中国科学院科学传播研究中心	文献情报中心	科学传播局
131	中国科学院科学新闻中心	计算机网络信息中心	科学传播局